Lederfärberei und Lederzurichtung

Von

M. C. Lamb

Zweite deutsche Aufla

(Autorisierte Übersetzung der
3. englischen Auflage)

von

Dr. Ludwig Jablonski

im Bezirk der Handelskammer zu Berlin öffentlich angestellter und beeidigter Sachverständiger für die physikalische und chemische Untersuchung und Begutachtung von Gerbereifabrikaten und Rohstoffen

Mit 218 Textabbildungen und 10 Tafeln
mit Lederproben

Berlin
Verlag von Julius Springer
1927

ISBN 978-3-642-50414-3 ISBN 978-3-642-50723-6 (eBook)
DOI 10.1007/978-3-642-50723-6

Softcover reprint of the hardcover 1st edition 1927

Aus dem Vorwort zur ersten englischen Auflage.

Die verhältnismäßig kleine Anzahl von Büchern, die sich mit der Lederbearbeitung befassen, wird durch das vorliegende Werk über die Lederzurichtung um eines vermehrt, in der zuversichtlichen Hoffnung, mit ihm Fabrikanten, Arbeitern und Studenten zu dienen. Es ist das Resultat einer nicht geringen Erfahrung, eines eingehenden Studiums von vielen Schwierigkeiten, die dem Autor von seinen Klienten aus dem Kreise der Fabrikanten unterbreitet wurden, und von einem intensiven experimentellen Studium in der Praxis.

Das vorliegende Buch behandelt zum ersten Male die Lederfärberei und -zurichtung vollständig gesondert von dem nur vorbereitenden Gerbprozesse für sich zusammengefaßt, als einheitlichen und besonderen Gegenstand. Besonders eingehend widmete sich der Autor in dem vergangenen Jahrzehnt der Anwendung wissenschaftlicher Grundsätze auf die Lederfärberei, um ein Gewerbe, das bis vor kurzem nur auf Erfahrungen und Rezepte sich gründete und rein empirisch arbeitete, mit modernen Anschauungen in Einklang zu bringen.

M. C. Lamb.

Aus dem Vorwort zur ersten deutschen Auflage.

Die deutsche Ausgabe des Lambschen Buches rechtfertigt sich dadurch von selbst, daß ein deutsches Buch bisher nicht erschienen ist, das in einer auch nur annähernd ähnlichen Weise von dem Grundsatz mehr oder minder sinnloser Rezeptanhäufung sich abwendete und an ihrer Stelle eine systematische Darstellung des schwierigen Arbeitsgebietes der „Lederfärberei und -zurichtung“ bot. Ein neues Buch zu schreiben, ohne von Lambs Erfahrungen viel zu benutzen, erschien nicht möglich und daher eine deutsche Ausgabe des englischen Originals angebracht.

Der Herausgeber hat sich bemüht, nicht nur zu übersetzen, sondern den Inhalt den deutschen Verhältnissen möglichst anzupassen.

Sollte der eine oder der andere Fachausdruck nicht vollständig getroffen sein, so darf der Übersetzer bei der Schwierigkeit der Sachlage um Nachsicht bitten; denn die englischen Fachgenossen kennen die Feinheiten des deutschen Fachausdruckes ebensowenig, wie den deutschen Fachfreunden, selbst denjenigen, die viel in den englischen Ländern reisen, die englischen geläufig sind. Für jede Mitteilung eines Fehlgriffes würde der Übersetzer sehr dankbar sein.

Den Fabriken, die die deutsche Ausgabe dieses trefflichen Buches durch Überlasssung von Klischees und von Färbungen ermöglichten, sowie Herrn Lamb, der einen Teil der Färbungen selbst besorgte, sei auch an dieser Stelle herzlich gedankt, auch der Verlagsbuchhandlung, die sich um die Ausstattung des Werkes sehr bemüht hat.

Mit dem gleichen Wunsche, dem Lamb Ausdruck gab, sei diese deutsche Ausgabe seines Werkes der deutschen Lederindustrie übergeben: den Fabrikanten, den Arbeitern und den Studierenden zu dienen.

Berlin, im Oktober 1912.

Ludwig Jablonski.

Vorwort zur dritten englischen Auflage.

Die zweite Auflage der „Lederzurichtung" ist seit fast sechs Jahren vergriffen. Die Nachfrage nach einer neuen Auflage ist so stark gewesen, daß der Verfasser sich gezwungen fühlte, dem Wunsche der Lederindustrie zu entsprechen. Die vorliegende Auflage ist völlig umgeschrieben und den modernen Arbeitsweisen der Lederherstellung mehr angepaßt worden.

Jn klarer Erkenntnis der Tatsache, daß der wirkliche Fortschritt in der Hauptsache auf der Arbeit des Handwerkers beruht, hat der Verfasser sich bemüht, seinen Lesern den Stoff in so einfacher und gedrängter Form zu bieten, wie es nur möglich ist, um von dem praktischen Arbeiter ebenso wie von dem technisch-gebildeten Studenten und von dem Fabrikanten verstanden zu werden. Jn der Lederzurichtung der letzten Jahre vereinigt sich chemische Technologie, Maschinenkunde, Naturwissenschaften und Kunst mit Geschicklichkeit der Ausführung, und darum hofft der Verfasser, daß die veränderte Darstellung des Stoffes, wie er sie in dem vorliegenden Werke bietet, als lehrreich befunden werden wird.

Der Verfasser ist vielen Personen und Firmen zu Dank verpflichtet, die ihm Klischees, Zeichnungen usw. überlassen haben, und ebenso Freunden, die ihm praktische Ratschläge gaben; besonders dankt er Miß Mounter für das sorgfältige Lesen der Korrekturbogen und ihre allgemeine Unterstützung bei allen Schwierigkeiten.

London T. E., März 1925.

M. C. Lamb.

Vorwort zur deutschen Ausgabe der dritten englischen Auflage.

Die Tatsache, daß die erste Auflage vollständig vergriffen ist, und die Beurteilung, welche sie erfahren hatte, darf als Begründung der vorliegenden neuen Auflage gelten. Ich habe den guten Wünschen für ein gedeihliches Wirken zur Hebung des Könnens in der deutschen Lederwirtschaft nichts hinzuzufügen als den Dank an die deutschen Maschinenfabriken, den besonderen Dank an die Leitung der J. G. Farbenindustrie und an die Verlagsbuchhandlung, welche alle das Werden des Buches freundlichst gefördert haben.

Berlin, im September 1927.

Dr. Ludwig Jablonski.

Seite

XXVII. Appretieren und Glänzen 267
Appretieren S. 267. — Anwendung der Appretur S. 268. — Appretieren mit Maschine S. 269. — Glasen von Hand S. 271. — Glanzstoßen mit Maschine S. 272.

XXVIII. Verschiedene Arbeitsgänge beim Zurichten 283
Krispeln oder Pantoffeln S. 283. — Krispeln von Saffian mit der Hand S. 285. — Krispeln mit der Maschine S. 287. — Chagrinieren und Pressen S. 290. — Bürsten S. 296. — Rollen S. 297. — Bügeln S. 299. — Satinieren S. 300.

XXIX. Mode- und Galanterieleder 300
Spanisches oder Antikleder S. 300. — Marmoriertes Leder S. 302. — Gesprenkelte Leder S. 304. — Bronzierte Leder S. 305. — Gold- und Silberleder S. 306.

XXX. Sammetleder 307
Sammet-Schafleder S. 308. — Sammet-Kalbfelle S. 311.

XXXI. Farbstoffvergleichung und Farbstoffprüfung 312
Prüfung der Farbstoffe auf Lichtechtheit S. 319.

XXXII. Färben mineralgarer Leder 320
Alaungares Leder. Chromgares Leder S. 320. — Vorbehandlung und Färben von alaungarem Leder S. 320. — Färben mit der Bürste S. 321. — Färben im Faß S. 323. — Vorbereitung und Färben von chromgaren Ledern S. 325.

XXXIII. Das Färben und Zurichten fettgarer Leder 331
Färben von Sämischleder S. 331.

XXXIV. Schmieren und Einbrennen 336
Vorbereitung des Leders zum Schmieren S. 337. — Schmieren von Hand S. 337. — Schmieren im Faß S. 339. — Einbrennen und Tauchen S. 344.

Anhang 347
I. Zusammenstellung der Farbstoffe S. 347. — II. Das Ausbleichen künstlicher Teerfarbstoffe auf sumachgarem Leder S. 354. — III. Verschiedene Tabellen S. 359. — IV. Vorschriften für Bibliothekseinbände S. 365.

Sachverzeichnis 367

Vorwort zur deutschen Ausgabe der dritten englischen Auflage.

Die Tatsache, daß die erste Auflage vollständig vergriffen ist, und die Beurteilung, welche sie erfahren hatte, darf als Begründung der vorliegenden neuen Auflage gelten. Ich habe den guten Wünschen für ein gedeihliches Wirken zur Hebung des Könnens in der deutschen Lederwirtschaft nichts hinzuzufügen als den Dank an die deutschen Maschinenfabriken, den besonderen Dank an die Leitung der J. G. Farbenindustrie und an die Verlagsbuchhandlung, welche alle das Werden des Buches freundlichst gefördert haben.

Berlin, im September 1927.

Dr. Ludwig Jablonski.

Inhaltsverzeichnis.

Seite

I. Einleitung 1

II. Sortieren vor dem Färben 6
Schafspalte S. 7. — „Roans“ S. 8. — Basils S. 8. — Kalbfelle S. 9. — Ziegenfelle S. 10. — Ostindische Leder S. 10. — Schaffelle aus Ägypten, Bagdad und Smyrna S. 11. — Australische Basils S. 11. — Die häufigsten Fleckenerscheinungen vegetabilisch gegerbter Leder S. 12.

III. Weichen 15
Weichen zum Spalten und Falzen S. 15.

IV. Leder-Spalten 17
Die „Union“-Leder-Spaltmaschine S. 18. — Bandmesser-Spaltmaschine S. 21. — Aufstellung der Maschine S. 23. — Einstellen der Messerbacken S. 26. — Justierung der Schleifbacken oder Messerschlitten S. 28. — Teilwalze S. 29. — Montage der Brücke oder des Balkens der Bandschneidemaschine S. 30. — Schleifen des Messers S. 32. — Größe der Maschinen S. 33. — Reinigung S. 33. — Das Spalten des Leders auf der Bandmessermaschine S. 34.

V. Falzen 35
Falzen von Hand S. 35. — Falzen mit Maschine S. 37.

VI. Reinigen des Narbens 44

VII. Säuern, Aufhellen 46

VIII. Abziehen und Sumachieren 48

IX. Vorbereitung der verschiedenen Lederarten 51
Sumachgare Leder S. 51. — Vorbereitung von Basils S. 53. — Reinigen von lohgarem Kalbleder S. 55. — Vorbereitung von Bäuchen S. 56. — Vorbereitung ostindischer Kipse S. 56.

X. Bleichen 57
Rasen- oder Sonnenbleiche S. 58. — Schwefelbleiche S. 59. — Bleichen mit Hypochloriten S. 61. — Bleichen mit Peroxyden S. 61. — Permanganatbleiche S. 62. — Die Bleibleiche S. 63. — Maschinenbleiche S. 65. — Bleichen mit Bisulfiten S. 67.

XI. Färbeverfahren 68
Das Tauchen S. 68. — Das Färben in der Mulde S. 69. — Das Zweimuldenverfahren S. 71. — Das Färben in der Haspel S. 73. — Färben in der Trommel S. 77. — Andere Faßformen S. 82. — Färbemaschinen S. 94.

XII. Färben mit der Bürste und durch Spritzen 95
Bürsten S. 96. — Spritzen S. 102.

Seite

XIII. Künstliche organische Farbstoffe 105
Teerfarbstoffe S. 105. — Einteilung der künstlichen Farbstoffe S. 106. — Basische Farbstoffe S. 106. — Fixieren vor dem Färben S. 107. — Saure Farbstoffe S. 110. — Beizenfarbstoffe S. 116. — Fettfarben S. 116. — Das Lösen der Teerfarbstoffe S. 117. — Verunreinigungen der Teerfarbstoffe S. 119. — Gemischte Farbstoffe S. 119.

XIV. Natürliche Farbstoffe 121
Blauholz S. 121. — Gelbholz S. 124. — Brasilholz, Pfirsichholz, Limaholz, Sapanholz, Pernambukoholz S. 125. — Cochenille S. 125. — Kurkuma S. 126. — Safran S. 126. — Orlean S. 126. — Orseille S. 127. — Indigo S. 127. — Indigoextrakt S. 128.

XV. Beizen 129
Eisen S. 129. — Aluminium S. 131. — Titan S. 132. — Chrom S. 133. — Blei S. 134. — Kupfer S. 134. — Antimon S. 134.

XVI. Farben und Farbenzusammenstellung 134
Farben bei künstlichem Licht S. 143.

XVII. Abziehen gefärbter Leder 146

XVIII. Wasser 150
Die Härte des Wassers S. 151. — Die Verbesserung des Wassers zum Färben S. 154.

XIX. Pigmentfärbung und Zurichtung 168
Pigmentfärben von schwedischem oder Sammetleder S. 173. — Pigmentfärben von sämisch- und ölgaren Ledern S. 174. — Zurichten der Fleischseiten von schweren Ledern S. 174.

XX. Ausrecken und Ausreckmaschinen 174

XXI. Öle und Fette 183
Tierische Öle und Fette S. 184. — Pflanzliche Öle S. 187. — Mineralöle S. 189. — Gehärtete Öle S. 191.

XXII. Fettemulsionen und ihre Anwendung 191
Seifen S. 195. — Sulfurierte Öle S. 196. — Lösliche Öle S. 199. — Eigenschaften der sulfurierten Öle S. 200. — Herstellung von Fettlickern S. 201. — Fettlickervorschriften S. 203. — Anwendung des Fettlickers S. 203.

XXIII. Trocknen 208
Abwelken S. 208. — Trocknen S. 210. — Tunneltrocknung S. 219. — Kontrolle der Ledertrocknung S. 225.

XXIV. Stollen und Schlichten 232
Stollen mit Hand und Knie S. 233. — Stollen mit Maschine S. 236. — Schlichten S. 241

XXV. Schleifen, Abbuffen und Blanchieren 243

XXVI. Werkstoffe zum Zurichten 249
Albumin S. 249. — Milch und Kasein S. 252. — Leim und Gelatine S. 253. — Leinsamen S. 255. — Seetang S. 256. — Gummis S. 258. — Stärke S. 261. — Wachse S. 262. — Nitrozelluloseappreturen S. 262. — Anwendung der verschiedenen Appreturstoffe S. 264. — Rezepte S. 265.

Seite

XXVII. Appretieren und Glänzen 267
Appretieren S. 267. — Anwendung der Appretur S. 268. — Appretieren mit Maschine S. 269. — Glasen von Hand S. 271. — Glanzstoßen mit Maschine S. 272.

XXVIII. Verschiedene Arbeitsgänge beim Zurichten 283
Krispeln oder Pantoffeln S. 283. — Krispeln von Saffian mit der Hand S. 285. — Krispeln mit der Maschine S. 287. — Chagrinieren und Pressen S. 290. — Bürsten S. 296. — Rollen S. 297. — Bügeln S. 299. — Satinieren S. 300.

XXIX. Mode- und Galanterieleder 300
Spanisches oder Antikleder S. 300. — Marmoriertes Leder S. 302. — Gesprenkelte Leder S. 304. — Bronzierte Leder S. 305. — Gold- und Silberleder S. 306.

XXX. Sammetleder 307
Sammet-Schafleder S. 308. — Sammet-Kalbfelle S. 311.

XXXI. Farbstoffvergleichung und Farbstoffprüfung 312
Prüfung der Farbstoffe auf Lichtechtheit S. 319.

XXXII. Färben mineralgarer Leder 320
Alaungares Leder. Chromgares Leder S. 320. — Vorbehandlung und Färben von alaungarem Leder S. 320. — Färben mit der Bürste S. 321. — Färben im Faß S. 323. — Vorbereitung und Färben von chromgaren Ledern S. 325.

XXXIII. Das Färben und Zurichten fettgarer Leder 331
Färben von Sämischleder S. 331.

XXXIV. Schmieren und Einbrennen 336
Vorbereitung des Leders zum Schmieren S. 337. — Schmieren von Hand S. 337. — Schmieren im Faß S. 339. — Einbrennen und Tauchen S. 344.

Anhang 347
I. Zusammenstellung der Farbstoffe S. 347. — II. Das Ausbleichen künstlicher Teerfarbstoffe auf sumachgarem Leder S. 354. — III. Verschiedene Tabellen S. 359. — IV. Vorschriften für Bibliothekseinbände S. 365.

Sachverzeichnis 367

Erster Abschnitt.

Einleitung.

Die Kunst der Lederfärberei und der Anwendung von Farben auf Leder ist sehr alt und geht bis in vorgeschichtliche Zeiten zurück. Leder war zu Moses' Zeiten bekannt: Unter den Dingen, die zum Opfern gebraucht wurden, erwähnt Moses (Exodus XXXV, 7, 23) rotgefärbte Widderfelle; und eine Decke für das Zelt der Bundeslade war aus dem gleichen Werkstoffe (Exodus XXXVI, 19) hergestellt. Lederne Teppiche wurden dann schon in Zelten gebraucht. In der Geschichte des Schreibens spielt das Leder eine sehr wichtige Rolle (s. Hastings, Dictionary of the Bible, Abschnitt „Schreiben") und in dem Abschnitt über Farben in demselben Handbuch ist rotgefärbtes Leder erwähnt, das im Jahre 3000 v. Chr. in Ägypten hergestellt wurde. Viele Stücke von ganz altem, roten Saffianleder sind noch erhalten.

Gepreßte Riemchen aus Ziegensaffian sind bei einer Mumie des 9. Jahrhunderts v. Chr. gefunden worden. Stücke von Ledern, die zu Schuhen und Sandalen verarbeitet und rot und gelb gefärbt sind, ferner Stücke von kastanienbrauner Farbe sind in der ägyptischen Sammlung des Britischen Museums zu sehen.

Rote Schuhe wurden von den Römern getragen, und es wird als eine besondere Gewohnheit von Julius Cäsar berichtet, daß er alle Tage rote Schuhe trug.

Vielleicht das erste Werk, das sich ausführlich mit der Lederfärberei beschäftigt, ist ein kleines Bändchen, von Charles Vallancey gesammelt und in Dublin auf Kosten der Dublin Society (der jetzigen Royal Dublin Society) im Jahre 1773 herausgegeben; das Werkchen wurde 1774 in London abgedruckt und neu herausgegeben. Mit großer Ausführlichkeit sind die Haupteigenschaften des Saffianleders und das Verfahren beschrieben, Leder in roten Farben zu färben. Die Felle wurden mit einer Art Sumach, Lentiscus, oder mit Galläpfeln gegerbt; die Vorbereitung zum Färben geschah dann „auf der Inseln Cypern" wie folgt:

„Nach dem Waschen und Auswringen werden die Felle zum Färben vorbereitet, indem sie zuerst mit Alaun behandelt werden. 5½ kg römischer Alaun werden für je 8 Dutzend Felle genommen und in zwei Eimern heißen Wassers gelöst, von denen jeder 17 l enthält.

Die Saffianzurichter ziehen römischen Alaun allen anderen Arten vor; er ist von rötlicher Farbe und brüchig. Englischer Alaun schwärzt die Leder und ist in keiner Beziehung so gut.

Die Felle werden zusammengefaltet, Fleischseite an Fleischseite, und in einen Bottich mit lauwarmer Alaunlösung getaucht, so daß nur der Narben von dem Alaun benetzt wird. Sie werden eine halbe Minute darin bewegt, herausgenommen und auf einen 1¼ m hohen Baum gelegt, der zu diesem Zweck in der Werkstatt aufgestellt ist. Nachdem das Alaunwasser abgetropft ist, werden sie mit einem Wringholz ausgewrungen (Eisen darf nicht verwendet werden) und auf einem hölzernen Baum in einer Ecke der Werkstatt zum Trocknen gehängt; darunter steht ein Eimer, um das abtropfende Alaunwasser aufzufangen. Sie werden zu zweien ausgewrungen, und nachdem die Falten auf dem Baum glattgestrichen sind, werden sie mit der Fleischseite nach innen zusammengefaltet.

Die Eimer, in denen die Felle alaunt werden, sind etwas kürzer und breiter als diejenigen, in denen gefärbt wird und die nachher beschrieben werden. Um acht Dutzend Felle mit Alaun zu behandeln, braucht man eine und eine halbe Stunde.

Das Alaunwasser wird aufgehoben und wieder gebraucht, nachdem der Verlust an Wasser und Alaun ersetzt ist; für die zweite Lösung sind nicht mehr als 4 bis $4^1/_2$ kg Alaun notwendig.

Für vierzig Felle nimmt man 700 g von dem allerbesten Kermes, den man bekommen kann. In Paris kostet das Pfund von 4 Livres bis zu 110 Sols[1]). Er wird trocken pulverisiert und dann in etwa 9 l Wasser gekocht. Nach dem Aufkochen werden in fünf oder sechs Portionen 90 g Alaun zugegeben und eine halbe Viertelstunde im Sieden erhalten, während deren aller Alaun zugesetzt wird. Dann wird die Lösung so lange im Kochen erhalten, bis sie sich um vier oder fünf Finger vermindert hat; dann ist die Farbe fertig. Je mehr Alaun zugegeben wird, um so tiefer ist die Farbe; und umgekehrt muß um so weniger genommen werden, je heller sie werden soll.

Die so hergestellte Farbe, ungefähr ¾ l, wird noch lauwarm in einen Bottich gegossen; man taucht einen Baumwollwisch hinein und reibt die Narbenseite des Leders ein. Wenn die Farbe aufgetragen ist, werden die Leder ausgewrungen, wie man es mit einem nassen Tuch macht, um das Wasser auszupressen. Sind die vierzig Felle so gefärbt und ausgewrungen, so wird mit dem ersten wieder begonnen, das nun zum zweiten Male mit dem in die Farbe getauchten Baumwollwisch gefärbt und wieder ausgewrungen wird, wie das erste Mal. Alle Felle werden auf diese Weise fünfmal gefärbt und ausgewrungen.

Darauf werden 7 kg Galläpfel fein gepulvert, in 11 l kaltes Wasser gegeben und die vierzig Felle nacheinander in dieser Lösung geweicht. Wenn sie aus den Galläpfeln herauskommen, werden sie zehn- oder zwölfmal in ganz klarem Wasser gewaschen, unordentlich übereinandergeworfen und mit Händen und Füßen bearbeitet, um das Wasser herauszubringen. Ist das Wasser dann gründlich herausgedrückt, so werden sie auf den Trockenboden gebracht und dort auf dem Boden ausgebreitet.

---

[1]) Alte französische Münzen, 1 Sol = $^1/_{20}$ Livre.

So ausgebreitet, werden die Felle mit der Hand auf der Narbenseite mit dem Öl des Sesams (einer Getreideart) eingerieben. Dies gibt ihnen Glanz und Geschmeidigkeit und verhütet den Narbenbruch. Dann werden sie im Schatten oder in der Sonne getrocknet. Dies ist das Verfahren, wie man in Nicosia rotgefärbte Saffiane herstellt."

Die Rotfärbungen, von denen das Bändchen berichtet, wurden auf den Fellen vorgenommen, nachdem sie mit Honig vorbereitet waren, mit Kleie und Salz, mit 2 g Granatäpfelrinde, 20 g Gelbwurzel, 20 g Cochenille, 20 g Zucker, 700 g Sumach auf 35 l Wasser. Nach dem Färben wurden die Felle mit Galläpfeln ausgegerbt.

Es muß hier hinzugefügt werden, daß zur Zeit dieser Schrift die später vielfach angewendete Methode, Scharlachrot mit Cochenille und Zinnsalz zu färben, in Europa ebenso unbekannt war, wie das Verfahren, Gelb zu färben mit Gelbholz und Alaun.

Saffianleder scheinen indessen zu jener Zeit schon in Paris zugerichtet und mit Cochenille und Alaun rotgefärbt worden zu sein. Das Büchlein gibt beachtenswerte Einzelheiten über die Arbeitsweise der Pariser Fabrikanten. Ein Auszug daraus folgt nachstehend, der sich auf acht Dutzend in Arbeit genommene Felle bezieht.

„Nach dem Waschen werden die Felle paarweise von zwei Männern mit der Hand ausgewrungen, ausgeschüttelt und der Länge nach auf einem Tisch ausgebreitet, die Fleischseite auf der Tischplatte, die Narbenseite nach oben, um eins nach dem anderen das Sesamöl zu bekommen.

Das Öl befindet sich in einem hölzernen Faß; ein Schwämmchen von der Größe eines Eies oder ein Wollwisch wird in das Öl getaucht und der Narben damit überfahren, um ihn geschmeidig zu machen und um zu verhüten, daß er nicht an der Luft schrumpft und hart wird. Die Felle werden mit den Klauen an Haken aufgehängt, den Kopf nach unten, Narben gegen Narben, nahe beieinander, und werden so verteilt, daß der Luftstrom seitwärts in die Zwischenräume streicht, weil er die Farbe zerstören würde, wenn er direkt senkrecht auf den Narben trifft. Ungefähr 1 kg Öl wird für die acht Dutzend Felle verbraucht, und zwei Mann haben ungefähr einen halben Tag damit zu tun, sie auszuschütteln, zu ölen und aufzuhängen.

Diese Saffiane bleiben ein oder zwei Tage (je nach dem Wetter etwas länger oder kürzer) auf dem Trockenboden; manchesmal können sie an demselben Tage wieder abgenommen werden, im Winter dagegen ist oft eine Woche erforderlich. Auf alle Fälle werden sie so schnell wie möglich abgenommen.

Wenn sie vollständig trocken sind, müssen sie gefettet und geglänzt werden. Sie werden zuerst in kleinen Haufen zu zweien, Narben auf Narben, zusammengelegt und auf einem sauberen Boden, immer zu zweit, von dem Zurichter mit den Schuhen, die eigens dazu gemacht sind, getreten. Ein Mann kann vier bis fünf Dutzend an einem Tage fertig machen. Dann werden sie mit einem hölzernen Krispelholz in der Länge, in der Breite oder auch in der Diagonale gekrispelt. Ein Mann kann an einem Tage vier Dutzend krispeln.

Sie müssen auf der Fleischseite mit dem Schlichtmond bearbeitet werden, wobei sie mit Kreide eingerieben werden, um zu verhüten, daß der Stahl zu tief in die Hautsubstanz eingreift.

Roter Saffian wird mit einem Rollholz geglänzt, das in beiden Händen gehalten wird: das Fell wird auf einem eichenen Balken ausgebreitet, an dem ein Stück Birnbaumholz aufgelegt ist, das drei bis sechs Millimeter übersteht: ein Gewicht ist mit einem kleinen Haken auf der Seite des Felles eingehängt, die nach unten liegt, während der Arbeiter es mit seinen Schenkeln hält und dirigiert, indem er es nach Bedarf, je weiter er mit der Glänzarbeit fortschreitet, nachgleiten läßt.

Jedes Fell wird zweimal geglänzt, bis alle Zwischenräume und Furchen durch das Hin und Her des Glättholzes ausgestrichen sind. Dadurch glänzt der Narben um so mehr. Ein Mann kann am Tage zwei Dutzend Felle glänzen und bekommt einen Arbeitslohn von 24 Sols für jedes Dutzend. Diese Arbeit ist sehr peinlich und erfordert Übung und Geschicklichkeit, um ein wirklich gleichmäßiges Resultat zu erzielen. Der Narben wird bei der ersten Bearbeitung mit einem Schwamme leicht angefeuchtet, um das Holz besser gleiten zu lassen; beim zweiten Male ist dieses Anfeuchten nicht mehr erforderlich.

Durch das Glänzen wird der Narben des Saffian niedergedrückt; da aber die Schönheit des Saffians gerade im Narben liegt, so wird er mit einem Krispelkork wieder gehoben, indem er leicht darüber hin und hergezogen wird, ohne den Glanz zu nehmen. Dies ist der letzte Arbeitsgang bei der Herstellung roter Saffiane in Paris."

Eine andere Methode, um Leder rot zu färben, die bei den Lappländern angewandt wurde, ist in dem alten, interessanten Buch beschrieben. Sie ist nachstehend wiedergegeben:

„Um ihre Felle rot zu färben, befeuchten die Lappländer sie mit ihrem Speichel, nachdem sie Rotwurzwurzel gekaut haben, und reiben die Felle mit diesem Unrat ein. Es gibt ein erträglich gutes Rot. Es ist wahrscheinlich das urinartige Salz des Speichels, das die Enden dieser Wurzel glänzend macht. Das flüchtige, urinartige Salz, das allen animalischen Flüssigkeiten gemein ist, hat dieselbe Wirkung bei der Orseille, einer Flechtenart, die die Färber gemeinsam mit Kalk und Urin anwenden."

Das Gelbfärben der Saffiane geschah mit persischen Beeren und Alaun, das Blaufärben mit Lackmus (Orseille) und Indigo; grün mit Grünspan und Weinstein.

Schwarz wurde erhalten durch Überbürsten mit einer Schwärze aus saurem Bier, in dem altes Eisen aufgelöst war, und Überpolieren des Felles durch Glänzen des Narbens mit Berberitzensaft, Knoblauch, Zitrone, Orange oder saurem Bier.

Das von der Dublin Society herausgegebene Buch gibt auch „Verfahren zum Rot- und Gelbfärben von Leder, wie sie in der Türkei ausgeführt werden, nach Mitteilungen des Mr. Philips, eines geborenen Armeniers, der von der Society for the Encouragement of Arts hundert Pfund und die Goldene Medaille der Gesellschaft für die Mitteilung dieses Geheimnisses erhielt".

Die Fortschritte der letzten fünfzig Jahre auf dem Gebiete der Lederfärberei sind bedeutend; viele neue Verfahren wurden eingeführt. Die Wissenschaft hat an dieser Entwicklung keinen geringen Anteil genommen.

Die meisten altmodischen Farbstoffe sind für die gewöhnliche Lederfärberei vollständig überwunden; die viel leichter zu verarbeitenden Teerfarbstoffe sind an ihre Stelle getreten. Der Färbeprozeß ist beträchtlich vereinfacht und verkürzt worden, und die Änderung der Fabrikation hat zu einer viel größeren Gleichmäßigkeit der Färbungen geführt.

Für die Herstellung von Schwarz auf Leder ist der natürliche Farbstoff, das Blauholz, noch nicht vollständig von einem Teerfarbstoff verdrängt. Der Ersatz wird indessen sicher kommen und ist nur eine Frage der Zeit. Die Vorteile der natürlichen Farbstoffe sind Billigkeit, Gleichmäßigkeit der Färbung und die füllende und schwellende Eigenschaft des Farbstoffes. Der letzte Vorzug ist von besonderer Wichtigkeit bei der Chromgerbung.

Die Maschine hat es ermöglicht, die Farbstoffe auf das Leder zu bringen. Die Arbeitsweisen, in der Haspel und in der Trommel zu färben, erleichtern die Fertigstellung großer Mengen farbiger Leder in kurzer Zeit und mit sehr wenig Arbeit. Die älteren Verfahren sind noch nicht völlig abgeschafft, und in einigen Fabriken wird noch genau in der gleichen Weise in der Mulde gefärbt, wie vor hundert Jahren.

Man hat auch Mittel gefunden, viele Arbeitsgänge mit der Maschine zu besorgen, die ehedem ausschließlich Handarbeit waren, z. B. Falzen Ausstreichen, Stoßen, Glasen usw. Aber wie beim Färben, so ist auch hier die Handarbeit noch nicht vollständig ausgeschaltet worden.

Der Lederfärber von heute hat es mit Ledern zu tun, die vor fünfzig Jahren noch unbekannt waren. Von den Erfindungen des Jahrhunderts sind es die Verfahren von Schulz (1884) und Martin Dennis (1893) für die Chromgerbung, die am meisten Aufsehen erregt haben und in der Praxis eine außerordentlich große Bedeutung gewonnen haben.

Die nach den englischen Patenten von Payne & Pullman hergestellten formaldehydgaren Leder haben ebenfalls wirtschaftliche Bedeutung gewonnen. Kombinationsgerbungen, Leder, die teils mit vegetabilischen, teils mit mineralischen Mitteln gegerbt sind, wurden in den letzten Jahren eingeführt. Eine der letzten Kombinationsgerbungen, das halbchromgare Leder — ein lohgares Leder, das mit basischen Chromsalzen nachgegerbt ist — ist sehr beliebt geworden.

Die Behandlung des Leders mit Ölemulsionen, dem sogenannten Fettlicker, war ursprünglich von dem Amerikaner Kent zur Verwendung bei einer kombinierten Alaungerbung erfunden worden, wird aber jetzt ganz allgemein für alle Ledersorten angewandt.

Die Einführung des Schmierens im Faß und die noch jüngere Art des Einbrennens haben die ehemaligen Arbeitsweisen des Fettens völlig geändert.

Neue Verfahren zum Zurichten und Färben werden fortgesetzt bekannt und neue Lederbearbeitungsmaschinen kommen heraus, und die Änderungen der Arbeitsweisen in den letzten zehn Jahren sind sehr zahlreich. Die Lederzurichtung, wie sie heute gehandhabt wird, ist so verschieden von derjenigen unserer Vorfahren, daß man wohl sagen kann, es hat eine vollständige Umwälzung stattgefunden. Der scharfe Wettbewerb auf dem Ledermarkt ebnet die Wege für den Forscher und den Erfinder, und die Entdeckungen des ersten, die Erfindungen des letzten werden zweifellos dahin wirken, Lederzurichtungsverfahren einzuführen, die besser sind als die heutigen, und so zum Wohle der Lederindustrie und damit auch der Menschheit im allgemeinen ihren Teil beitragen.

Zweiter Abschnitt.

Sortieren vor dem Färben.

Eine der allerwesentlichsten Vorbedingungen für die Erzielung eines erstklassig zugerichteten Erzeugnisses ist ein einwandfreies Sortieren. Der trockne Zustand der Häute und Felle, wie sie vom Gerber kommen, ist unter der Bezeichnung „Borke“ (en croûte) bekannt; der Name hat seinen Grund in der harten und runzeligen Beschaffenheit des Leders. Das Sortieren besteht darin, daß man die Ware in Haufen teilt, je nach der beabsichtigten Verwendung, nach den Farben, in denen sie gefärbt werden sollen, oder nach irgendwelchen anderen Gesichtspunkten.

Der Sortierer hat in der Lederfabrik einen der verantwortlichsten Posten. Wenn er seine Sache nicht versteht, so sucht er Häute für Farben und Zurichtung aus, für die sie durchaus nicht geeignet sind. Dadurch wird selbstverständlich eine minderwertige Ware an den Markt gebracht und bedeutender Verlust für die Fabrik verursacht.

Um seine Pflicht wirksam erfüllen zu können, muß ein Sortierer nicht nur in seiner Sondertätigkeit durchaus erfahren sein, sondern er muß auch eine gediegene Kenntnis der Lederherstellung im allgemeinen besitzen, er muß die Gerbung und alle Fehler, die während der Herstellung sich gebildet haben, bevor das Leder in seine Hand kam, genau beurteilen können. Bewandert mit den Fehlern, erkennt er sofort die gewöhnlichsten Arten von Flecken, die ihm im Rohlederlager begegnen, und weiß, wie sie bei der Vorbereitung zum Färben und beim Färben selbst zu verdecken sind; er wird nicht Häute als unbrauchbar für die erste Qualität verwerfen, wenn Fehler bei der Vorbereitung zum Färben vollkommen beseitigt werden können, oder nach dem Färben nicht mehr wahrnehmbar sind.

Beim Sortieren hat jeder einzelne Sortierer seine bevorzugte Arbeitsweise und seine eigenen Ansichten. Wenn die Zahl der Häute, die eingearbeitet werden soll, beschränkt ist, so wäre die Absicht, ein geschlossenes Sortiment zu erhalten, verfehlt. Denn es wäre kaufmännisch nicht möglich, für einige Felle besondere Lösungen zu bereiten und alle paar Fälle gesondert zu färben. Wenn hingegen die Zahl der Felle, die ausgemustert werden sollen, groß ist, dann kann entsprechend der Verschiedenheit der einzelnen Erzeugnisse schon jetzt ein geschlossenes Sortiment besorgt werden. Bei einer großen Menge von Häuten wird die kleinste Auswahl sicherlich meist noch groß genug sein, um eine eigene Behandlung für sich zu rechtfertigen.

Das Sortieren der Leder in der Borke sollte immer in einem hellen Raume stattfinden, und der Sortierer sollte besonders seinen Tisch einem Fenster gegenüber haben, das nach Norden liegt. Er sollte die Gerbung prüfen, die Qualität, Fehler im Narben und Flecken; und unter anderem sollte er auf Größe, Form und Substanz, Textur achten, ob Ware notgar ist (nicht satt gegerbt), für welche einzelnen Farben sie taugt und für welche Zurichtung sie am besten paßt. Die Häute in Haufen ordnend, so viele wie nötig sind, sondert der Sortierer diejenigen, die frei von Flecken und anderen Mängeln sind, für helle oder empfindliche Farben oder Schattierungen, wie Scharlach, Orange, Gelb, Rot usw. Waren, die fleckig sind, sucht er aus für dunkle Farben, ein dunkles Grün, Blau, Marrons usw., wo die Fehler nach dem Färben nicht mehr sichtbar sind, und wenn sie so arg fleckig sind, daß sie auch nicht mehr gefärbt zugerichtet werden könnten, werden sie für schwarz ausgesondert.

Das Sortieren der gewöhnlicheren Lederarten, wie es für die Lederzurichtung zu geschehen hat, wird nachstehend behandelt:

Schafspalte.

Die richtige Wahl der Schafspalte bietet dem Sortierer in der Praxis ganz erhebliche Schwierigkeiten. Ein Schafspalt ist die Narbenseite eines Schaffelles, das vor dem Gerben mit dem Sumach gespalten wurde. Die Spalte werden für eine ganze Reihe von Zwecken zugerichtet, bei denen allen ein dünnes und verhältnismäßig billig herzustellendes Leder gewonnen werden soll.

Die Schafspalte schwanken beträchtlich hinsichtlich Form und Substanz, Größe, Textur und Qualität. Starke Stücke werden vornehmlich für die Herstellung von Hutledern verwendet; mittelstarke werden gewöhnlich nach dem Färben gepreßt oder genarbt, während die dünnsten Stücke glattnarbig für Futterleder zugerichtet werden und geglänzt werden.

Die Gerbung dieser Felle geschieht mit Sumach; sie sind daher von weißer Farbe. Sumach ist das Gerbmaterial, das ganz besonders für die Herstellung lohgarer Leder geeignet ist, welche in Phantasiefarben und hellen Tönen gefärbt werden sollen, und besonders wenn die Zurichtung einen milden weichen Griff geben soll.

Das Vorsortieren der Schafspalte besteht gewöhnlich in einer Auswahl nach der Größe; ihr folgt die Wahl nach den besonderen Zwecken, für welche sie später zugerichtet werden sollen.

Der Sortierer muß nicht nur seine Aufmerksamkeit auf Narbenfehler, Farbe und Flecke richten, sondern er muß auch die Fleischseite beachten. Die Spalte werden heute hauptsächlich mit der Bandmesserspaltmaschine gewonnen, daneben noch mit älteren Spaltmaschinen. Bei der Bandmesserspaltmaschine ist die Stärke der Spalte innerhalb einer Haut sehr leicht nicht gleichmäßig, während die Spaltstärke bei den älteren Maschinen zwar leichte Runzeln haben, die dieses Verfahren mit sich bringt, aber hinsichtlich der Stärke hervorragend gleichmäßig sind. Schafspalte von der Bandmesserspaltmaschine eignen sich am besten für Hutleder und für Ware, die nachher gepreßt werden soll; sie eignen sich dagegen nicht für die Herstellung mit glattem Narben; denn bei einem glattnarbigen Spalt, welcher als Nachahmung von Maroquin oder Saffian zugerichtet werden soll und daher mit der Glanzstoßmaschine bearbeitet werden muß, ist die Gleichmäßigkeit der Stärke eine wesentliche Vorbedingung für eine schöne glänzende Oberfläche.

Spalte, welche von Weideschafen stammen, haben leicht Stachellöcher. Diese Verletzung kommt zum Ausdruck in einem Loch der Narbenoberfläche, gewöhnlich von der Größe eines Nagels, und macht ein solches Fell nur für solche Zurichtungen geeignet, bei denen dieser Fehler verdeckt werden kann.

Ein bei allen Schafspalten sehr verbreiteter Fehler sind die muschelartigen Rillen. Felle mit diesem Fehler neigen dazu, nicht gar zu gerben; sie haben eine leichte dunkle unregelmäßige Verfärbung, welche den Linien der Rippen folgt. Der Fehler tritt hauptsächlich bei den Fellen auf, die während der Sommermonate fallen. Er ist nicht zu beseitigen, und solche Felle können nur mit gepreßtem Narben oder sonst in einer Weise zugerichtet werden, wo der Fehler einigermaßen verdeckt werden kann.

„Roans".

„Roans" heißen sumachgare Schaffelle. Englische Roans werden hauptsächlich zu Möbelledern, Phantasieledern und Buchbinderledern genommen. Abgesehen von der allgemeinen Auswahl nach Größe, Fleckenreinheit und Eignung für die verschiedenen Farben muß die Festigkeit und sonstige Beschaffenheit des Narbens beachtet werden. Felle, welche zu Wulsten neigen, werden ausgesondert, um sie für eine Zurichtung mit Narbenpressen zu verwenden. Selbst wenn diese Felle einer Entfettung unterzogen werden, bleiben sie meistens fettig; das Fett ist unregelmäßig verteilt und macht die Färbung ungleich, wenn die Felle in hellen und selbst mittleren Tönen gefärbt werden. Fettige Felle müssen vor dem Färben gründlich entfettet werden.

Französische Roans. Bei dieser Art von Fellen wird der Ausdruck roan auch gelegentlich angewendet. Sie werden mit einem Gemisch von Sumach- und Quebracho-Extrakt gegerbt und müßten daher eigentlicher richtiger als „Basils" bezeichnet werden. Sie neigen besonders dazu, im Aescher zu verbrennen und etwas notgar zu werden.

Basils.

Der Ausdruck Basils wird für Schaffelle genommen, welche mit irgendeinem vegetabilischen Gerbmaterial oder Mischungen von solchen, mit Ausnahme von Sumach, gegerbt wurden. Die üblichsten Gerbungen für Basils sind Quebracho und Myrobalanen, Kastanienextrakt und Myrobalanen, Mimosaextrakt, Quebracho und Kastanienextrakt, Lärchenextrakt, Eichenrinde und Kastanienextrakt, Eichenrinde und Quebracho.

Die Basils unterscheiden sich außerordentlich stark in ihren Eigenschaften, je nach der Herstellungsweise und den Farbmaterialien; und es ist daher meist notwendig, daß die Partien, die zum Färben kommen sollen, von demselben Lieferanten stammen.

Basils können eine sehr schöne Gerbung haben, wie z. B. die sogenannten „Cumberland"-Basils oder die üblichen Englischen oder Schottischen Basils; sie können auch sehr leicht gegerbt sein, wie die Walliser Basils, und daher ist die Behandlung, welche diese entgegengesetzten Arten in der Vorbereitung erfahren müssen, sehr verschieden.

Basils neigen, wie schon gesagt, zu Flecken, und die Kenntnis von der Art dieser Flecke und ihrem Verhalten in der Farbflotte ist ebenso notwendig, wie beim Sortieren von Schafspalten oder andren lohgaren Ledern.

Ein anderer Fehler, den man sehr häufig bei den Basils trifft, ist der, daß sie kreisrunde leichte Verfärbungen haben, von der Größe einer Erbse bis zu einem Markstück. Er kommt daher, daß die Felle zu lange Zeit entweder vor der Gerbung oder während des Gerbprozesses in der Haspel oder im Faß behandelt wurden, so daß die Narbenoberfläche teilweise in kleinen kreisrunden Stellen, wie eben beschrieben, abgerieben wurde. Die größere Affinität dieser wunden Stellen für den Farbstoff läßt sie noch mehr auffallen, wenn die Felle gefärbt werden; Felle, welche in dieser Weise schadhaft sind, sind nur für die Herstellung schwarzer oder dunkler Leder geeignet, die nachher einen Preßnarben beim Zurichten bekommen.

Kalbfelle.

Kalbfelle werden gewöhnlich als sumachgar oder lohgar bezeichnet; die ersten sind ausschließlich mit Sumach, die letzten mit irgendeiner Mischung der anderen vegetabilischen Gerbmaterialien hergestellt: Sumachgare Kalbfelle werden gewöhnlich glatt oder weich für Buchbinderleder zugerichtet; seltener werden sie zu Phantasieledern verarbeitet. Lohgare Kalbfelle, die ehedem ausschließlich mit Eichenrinde gegerbt wurden, werden heute mit den Mischungen von verschiedenen Gerbstoffauszügen hergestellt — Quebracho, Kastanie, Eichenrinde, Mimosa, Gambier, Myrobalanen, und selbst Valonea —, indem die Mischungsverhältnisse oder Zusätze von der Meinung des Gerbers abhängen. Die Mehrzahl dieser Felle wird für Stiefel- und Schuhoberleder zugerichtet. Die Felle müssen immer nach der Art der Gerbung sortiert werden, da es niemals ratsam ist, zwei verschiedene Gerbungen in der gleichen Partie zu färben; denn sie verhalten sich im Farbbad verschieden und färben nicht in der gleichen Farbe an.

Es ist zu beachten, wie man die einzelnen Gerbungen im Vergleich zueinander färben muß. Leder, die mit Valonea, Myrobalanen usw., Farbstoffen der Pyrogallolreihe, gegerbt sind, sind durchaus nicht so leicht zu färben, wie solche, die mit Gerbstoffen der Katechinreihe behandelt wurden, Quebracho, Gambier, Mimosa (australische Gerbung), Cassiarinde (die Hauptgerbung in Indien), Mangrove usw. Eine merkwürdige Ausnahme von der obigen Regel macht der Sumach, ein Pyrogallolgerbstoff, der, wie wohl bekannt ist, ein Leder liefert, das sich sehr gleichmäßig und hell färben läßt.

Beim Sortieren der lohgaren Kalbfelle muß die Menge der „Blume" beachtet werden. „Blume" heißt der Ausschlag, den die Gerbstoffe der Pyrogallolreihe auf den Ledern verursachen; sie besteht aus Ellagsäure und ist unregelmäßig auf beiden Seiten des Leders, sowohl dem Narben wie dem Fleisch, ausgeschieden. Es ist notwendig, die „Blume" vor den Färbearbeiten zu entfernen; es geschieht dies beim Weichen. Es ist daher sehr wesentlich, um die Gleichmäßigkeit der Zurichtung zu erzielen, daß die Felle mit starker „Blume" von denjenigen getrennt werden, die einen geringeren Ausschlag haben. Stark-blumige Felle sind besser zu verwenden, um geschmiert zugerichtet zu werden, da sie mit Leichtigkeit eine größere Fettmenge aufnehmen, als jene Leder, die frei von dem Niederschlag sind. Die modernen Gerbverfahren bevorzugen beim Gerben von Kalbfellen die Gerbstoffe der Katechinreihe, und daher sind die Kalbfelle heute meist frei von der „Blume". Indessen muß hier anderseits beachtet werden, daß Leder, welche aus den Gerbstoffen der Katechinreihe hergestellt sind, weniger lichtbeständig sind und am Lichte zu Verfärbungen neigen. Für Leder, die lange dem Lichte ausgesetzt sind, wie beispielsweise Phantasielederwaren, ist diese Gerbung oft unvorteilhaft: die Leder werden an den belichteten Stellen braun, ein Fehler, der für helle Färbungen besonders unangenehm ist.

Ziegenfelle.

Sumachgare Ziegen. Bei der ersten Auswahl ist darauf zu achten, ob die Felle gut geledert sind. Kräftige, große Felle sind für Möbelleder zu bevorzugen, Stücke von mittlerer Größe für Buchbinderzwecke, Phantasieleder, Taschenbücher und ähnliche Artikel. Auf das Sortieren nach der Substanz folgt dasjenige nach dem Narben. Die Felle, die einen starken Narben haben, werden ausgesucht zum Chagrinieren, diejenigen mit losem Narben mit der Neigung sich zu rollen, für künstlich gepreßte Narben.

Ostindische Leder.

Die in Indien gegerbten Felle — Ziegen- und Schaffelle — müßten nach ihrem Ursprungsort benannt werden, als Madras- und Bombay-Gerbungen. Die Leder, die vom Madrasbezirk kommen, einschließlich Madras, Koimbatore, Trichinopoly, Dindigul usw. sind mit Mischungen von Kassiarinde und Myrobalanen gegerbt; die Bombay-Gerbungen haben Bablahrinde (eine Mimosaart) und Myrobalanen. Die erste Art ist von heller, klarer Farbe, dichtem Gewebe und trockner Natur; die letzte neigt dazu schwammig, etwas mißfarbig und im allgemeinen fettig zu sein. Die Madrasgerbung wird für bessere Verwendungszwecke genommen, während die Bombaygerbung gewöhnlich für zweitklassige Ware verwendet wird.

Da die Gerbmittel dieser Leder der Katechinreihe angehören, so neigen sie stark dazu, Lichtflecke zu bekommen, wenn sie dem Licht nur einigermaßen lange ausgesetzt sind. Die Flecke nehmen in vorgeschrittenem Zustand das Aussehen einer stark rötlich braunen Verfärbung an.

Die Verwendungszwecke dieser Leder sind viele und sehr verschieden, z. B. Schuh- und Stiefeloberleder, Buchbinder- und Galanterieleder, Futterleder, Leder für Walzen in der Baumwollspinnerei, für die Herstellung von Nachahmungen von Glacékid (semichromgar) usw. usw. und eine große Anzahl von Schafen werden als „Schwedischleder" zugerichtet, d. h. als Schweden- oder Sammet-„Persianer" für Schuh- und Phantasieleder. Die Bezeichnung „Persianer" oder „Bastard" meint ein in Ostindien gegerbtes Schaffell.

Beim Sortieren dieser Leder ist sorgfältig auf Belederung, Narben und Textur zu achten. Die Felle haben sehr oft Zecken, und dieses Insekt verursacht eine Beschädigung, die bei den Färbereiarbeiten nur sehr schwer zu verdecken ist; sie erscheint in Form eines kleinen weißen Fleckes auf dem fertig zugerichteten Leder.

Infolge der unzulänglichen Verfahren, nach denen diese Leder in der Gerberei bei den Enthaarungsarbeiten behandelt werden, neigen sie alle sehr stark dazu, ganz beträchtliche Narbenbeschädigungen zu haben, und außerdem haben sie viele Narben von Kratzwunden, die das Tier im Leben durch Dornen, Disteln usw. bekommen hat.

Schaffelle aus Ägypten, Bagdad und Smyrna.

Diese Felle sind von sehr minderwertiger Art und werden gewöhnlich nur zur Herstellung von Schuhfutterleder verwendet. Die Gerbung wird in den meisten Fällen mit Valonea und Galläpfeln vorgenommen. Sie werden gewöhnlich nur sehr unvollkommen gegerbt und daher ist die Durchgerbung in jeder Partie, die sortiert werden soll, weitgehend verschieden. Die Felle müssen also danach eingeteilt oder sortiert werden, ob sie satt gegerbt sind oder nicht, und man muß, wenn man ein gleichmäßiges Erzeugnis herstellen will, in den Vorbereitungsarbeiten entsprechende Änderungen vornehmen.

Die Felle haben gewöhnlich sehr üble Flecken. Infolge der rohen Verfahren, welche die eingeborenen Gerber anwenden, haben sie sehr arge Schlachtschnitte, und deshalb muß man ihre Fleischseite besonders beachten und sie scharf prüfen.

Australische Basils.

Australische Basils werden in beträchtlichen Mengen in Europa eingeführt; sie werden gewöhnlich für untergeordnete Zwecke verwendet, wie zur Herstellung von Einbänden billiger Bücher (Geschäftsbücher, Briefmappen), von gewöhnlicheren Galanteriewaren mit aufgepreßtem Narben, Notizbuchfutter, Hausschuhoberleder, Stiefelfutter.

Ein besonderes Kennzeichen für diese Leder ist der Ausdruck „Merino-Rippe". Durch Kreuzung erzeugte australische Schafe sind verhältnismäßig frei von diesem Fehler und werden gewöhnlich als eine Klasse für sich ausgesondert, als verschieden von den „Rippen". Die „Merino-Rippe" ist der Art von Fellen eigentümlich, welche von den Merinoschafen kommen, und besteht in den besonders gelockerten, röhrenartigen Falten, welche in annähernd regelmäßigen Abständen parallel mit den Rippen des Tieres über das Fell verlaufen. Diese Felle können nur mit aufgepreßtem Narben zugerichtet werden und sind für jede andere Zurichtung unbrauchbar.

Die australische Gerbung wird größtenteils ausschließlich mit Mimosarinde bewirkt. Dieser Gerbstoff ist ein Katechingerbstoff, und die Leder neigen daher, ähnlich wie die ostindischen Gerbungen, dazu, rötlich oder rötlichbraun zu werden, wenn sie dem Licht ausgesetzt werden. Gewöhnlich werden die Felle gegerbt, nachdem sie mit Schwefelsäure und Salz gepickelt sind, und daher neigen sie häufig dazu, sehr empfindlich zu sein.

Nach dem Hauptsortieren der Felle, wie es vorstehend beschrieben ist, soll man die Ware schließlich noch so weit wie irgend möglich nach ihrer Textur sondern. Häute, die einen geschlossenen, feinen, milden Narben haben, sollen nicht mit solchen zusammen gefärbt werden, deren Narben offen und rauh ist; weiche und milde Felle werden am besten von denen getrennt, die einen harten und groben Griff haben. Die Farbe der Stücke, die zu einer Gruppe zusammengelegt werden, soll so einheitlich sein, als es nur irgend durchführbar ist. Es liegt in der Natur der Sache, daß Felle mit offenem oder rauhem Narben mehr Farbstoff aufnehmen; der sich ergebende Farbton ist viel tiefer als bei solchen mit geschlossenem, feinem Narben, die den Farbstoff nicht so gierig aufnehmen. Selbst Häute derselben Gruppe zeigen größere oder kleinere Unterschiede im Narben. Es ist daher eine bekannte Tatsache, daß bei einer Partie Häute, die in ein und demselben Bad gefärbt wurden, immer einige sind, die infolge einer Verschiedenheit im Narben und leichter Unterschiede in der Farbe des Leders nicht genau den gleichen Farbton aufweisen. Der eigentlichste Endzweck des Sortierens ist eben, solche Möglichkeiten auszuschalten.

Die häufigsten Fleckenerscheinungen vegetabilisch gegerbter Leder.

Eisenflecke. Eine der häufigsten Fleckenerscheinungen, denen man bei allen Arten vegetabilisch gegerbter Leder begegnet, wird von Eisen verursacht. Die Verfärbungen, welche durch einige Eisenverbindungen im Leder hervorgerufen werden, erfordern eine besondere Sachkenntnis des Sortierers. Wenn lohgares Leder in unmittelbare Berührung mit dieser oder jener der vielen Eisenverbindungen kommt, so tritt gewöhnlich ein Fleck von grünlich- oder bläulichschwarzer Farbe auf, der bei längerer Belichtung durch Oxydation in Braun umzuschlagen neigt; dieser Farbenumschlag findet bei feuchter Lagerung des Leders sehr schnell statt. Auch schon vor der Gerbung sind Häute sowohl wie Felle für Eisenflecke sehr empfindlich, und diese Flecke werden durch den Gerbprozeß dann deutlich zur Erscheinung gebracht.

Die beiden genannten Arten von Eisenflecken, die vor der Gerbung verursachten und die nach der Gerbung entstandenen, verhalten sich bei den Vorbereitungsarbeiten zum Färben gänzlich verschieden. Eisenflecke, welche während der Gerbung erst entwickelt werden und ihre Ursache in irgendeiner Behandlung der Felle vor dem Gerben haben, können nicht in einem der Arbeitsgänge beseitigt werden, welche das Leder in der Vorbereitung zum Färben durchlaufen muß. Dagegen können diejenigen Flecke, die durch Eisen erst entstanden sind, nachdem die Gerbung schon fertig war, leicht beim Reinigen oder Säuern durch die Säure entfernt werden.

Schafspalte sind ganz besonders empfänglich für Eisenflecke, und der Sortierer muß von jedem Fleck eines Felles wissen, ob er vor der Gerbung oder nachher entstanden ist.

In der Praxis haben die verschiedenen Arten von Eisenflecken von den Sortierern auch ganz verschiedene Namen bekommen. Die sogenannten „Salzflecke“ sind Eisenflecke, welche durch Verunreinigung des Salzes mit Eisen entstanden, mit dem die rohen Häute konserviert worden sind; der eigentliche Fleckenbildner ist also das Eisen. „Blutflecke“ sind ebenfalls Eisenflecke, die aber durch Fäulnis und Zersetzung des Blutes in der Haut entstanden sind; die Felle waren dann schon faul vor dem Salzen oder wurden es infolge unzureichender Mengen von Salz beim Salzen vor der Gerbung.

Eine Art von Eisenflecke wird gewöhnlich „Kot-“ oder „Beizflecke“ genannt. Diese Flecke sind auch schon vor der Gerbung entstanden und von Eisen verursacht, welches — sei es in Form des Metalles oder in gelöstem Zustand — mit den Häuten vor der Gerbung in unmittelbare Berührung gekommen ist. „Chemische“ oder „Schwefelflecke“ werden auch in erheblichem Maße angetroffen. Sie rühren von Eisen her, welches in dem beim Enthaaren verwendeten Schwefelnatrium vorhanden sein kann, und sind besonders an solchen Fellen bemerkbar, welche längere Zeit vor dem Gerben in gesalzenem Zustande gelagert haben oder welche beim Salzen schon faul waren. Diese Felle haben gewöhnlich das Aussehen einer dunkelgrünen Verfärbung und werden durch Vergleich mit den anderen Erscheinungsformen von Eisenflecken gewöhnlich noch deutlicher.

„Sumachflecke“. Diese Bezeichnung ist irreführend; denn die so genannten Flecke sind tatsächlich auch Eisenflecke. Sie entstehen, wenn die Felle gegen das Ende des Gerbvorganges hin mit Eisen in Berührung kommen. Sumach ist leicht mit Eisen verunreinigt in der Form von kleinen Teilchen Metall. Diese Verunreinigung rührt daher, daß der Sumach in Mühlen aus Eisen oder Sandstein gemahlen wird. Auf diese Weise kommt Sand in den Sumach, welcher Flecken verursacht, weil er Eisen enthält. Obgleich diese Verunreinigung weitgehend beseitigt wird, indem der Sumach über einen Magneten läuft, welcher das Eisen abscheidet, oder durch Windsiebung, so werden die mit ihm gegerbten Felle doch mit winzigen schwarzen Fleckchen gesprenkelt, die entstehen, indem die Eisenteilchen sich auf dem gegerbten oder teilweise gegerbten Leder absetzen.

„Gerbflecke". Eine ganze Reihe von verschiedenen Flecken, die man von Zeit zu Zeit an vegetabilisch gegerbtem Leder „in der Borke" beobachten kann, wird als Gerbflecke bezeichnet. Eigentliche Gerbflecke sieht man gewöhnlich auf solchem Leder, welches in einer gemischten Gerbung hergestellt worden ist; sie entstehen dadurch, daß das Leder nachdem es satt gegerbt war, vor dem Trocknen ungenügend ausgewaschen wurde. Die Flecke bestehen aus einer dünnen Haut oder Kruste von konzentriertem Gerbstoff, welche auf dem Narben liegt, sich während des Trockenvorganges oxydiert hat und eine etwas braunere Farbe bekommen hat als der übrige Teil des Leders. Gewöhnlich haben diese Flecke das Aussehen einer Landkarte. Sie können wieder beseitigt werden durch die Arbeitsgänge des Abziehens, Reinigens und Nachgerbens, wie sie in der üblichen Vorbereitung des Leders zum Färben erfolgen.

Eine andere Art von Flecken, die gewöhnlich auch als „Gerbflecke" bezeichnet werden, rührt von einer ungenügenden Beseitigung des Kalkes oder der Kalksalze vor der Gerbung her. Der nicht entfernte Kalk verbindet sich dann beim Zusammenkommen mit dem Gerbmaterial mit den Gerbstoffen, wobei die Verbindung eine braune Verfärbung mit sich bringt. Diese von den Gerbstoff-Kalksalzen verursachten Flecke sind praktisch in den bei der Vorbereitung zum Färben allgemein üblichen Verfahren unmöglich zu entfernen.

Kalkflecke sind vielleicht einer der verbreitesten Fehler auf lohgarem Leder. Sie bilden sich dadurch, daß der in der Haut befindliche Kalk sich durch die Berührung mit der Luft vor dem Beizen in kohlensauren Kalk verwandelt. Während der Ätzkalk durch das Beizen entfernt werden kann, ist das nicht der Fall beim Kalziumkarbonat, welches sich entweder durch Berührung mit der kohlensäurehaltigen Luft gebildet hat oder dadurch entstanden sein kann, daß die gekalkten Blößen in hartes, kalzium- oder magnesiumbikarbonathaltiges Wasser gelegt worden waren. Das Kalziumkarbonat scheidet sich unregelmäßig auf Narben- und Fleischseite ab und tritt als Ausschlag in Erscheinung, wenn die Felle gefärbt werden. In leichten Fällen ist dieser Ausschlag dem unbewaffneten Auge nicht sichtbar, solange das lohgare Leder in der Borke ist; aber der Fehler wird sehr sinnfällig, wenn das Leder aus der Färberei kommt, weil die dünne Kreideschicht sich viel heller anfärbt, als es die Oberfläche des Leders an den Stellen tut, an denen diese Kreideschicht nicht vorhanden ist.

Fettflecke. Da Fettstoffe sich mit Wasser nicht benetzen lassen, sondern es abstoßen, widersteht Fett jeder Art der Färbung, und daher färbt Leder, welches Fett enthält, ungleich an. Die Ungleichheit der Färbung, die auf diese Weise verursacht wird, kann aber verschiedene Gründe haben. So kann beispielsweise ein großer Gehalt an natürlichem Fett im Fell, der ungleichmäßig verteilt ist, folgerichtig eine Ungleichheit der Farbe mit sich bringen. Der häufigste Grund indessen für derartige Beanstandungen ist in der Behandlung zu suchen, welche das Leder vom Gerber nach der Gerbung, aber noch vor der Färbung erfährt. Es ist allgemein üblich, daß der Gerber das Leder nach dem Gerben auf der Narbenseite abölt, um es vor einer zu schnellen Trocknung und deren Folgen zu schützen. Wenn dieses Öl, sei es nun Tran, Mineralöl oder ein suffuriertes Öl nicht ganz gleichmäßig aufgetragen wird, so bringt es dieselbe Ungleichmäßigkeit hervor, wenn die Felle in die Farblösungen kommen.

Dritter Abschnitt.

Weichen.

Der Zweck des Weichens ist, die Felle wieder feucht zu machen, und zwar bei Schafen, um sie in einen zur Färbung oder Nachgerbung geeigneten Zustand zu bringen, bei Kalbfellen, Ziegen und Kipsen, um sie falzen oder spalten zu können.

Am besten wird die Weiche ausgeführt, indem man die Häute, bis sie gründlich durchgefeuchtet sind, in einen großen Bottich in Wasser von 40^0 C legt. Wenn dies der Fall ist, ist es gut, die Häute in ein Walkfaß zu bringen und sie eine halbe Stunde mit ausreichend viel Wasser von 40^0 C laufen zu lassen. Dann soll dies Wasser fortgelassen, frisches Wasser von derselben Temperatur hinzugegeben und noch einmal zehn Minuten laufen gelassen werden.

Ein Walkfaß mit heißem Wasser, so angelegt, daß dies durch die hohle Achse des Fasses während der Drehung fließen kann, ist dann zu empfehlen, wenn Arbeitsersparnis in Betracht zu ziehen ist. Wenn das Faß mit leicht beweglichem Spunde versehen ist, so daß das schmutzige Wasser ohne Unterbrechung der Drehung ablaufen kann, können die Felle mit nur wenig Arbeit vollkommen geweicht werden. Das vorhergehende Weichen im Bottich kann, wenn es gewünscht wird, gelassen und die Felle unmittelbar in das Faß gebracht und das warme Wasser hinzugegeben werden, bevor das Faß angelassen wird.

Weichen zum Spalten und Falzen.

Kalbfelle, leichte Kipse u. a., welche vor dem Färben gefalzt oder gespalten werden sollen, werden gewöhnlich einfach in lauwarmes Wasser getaucht und dann einige Zeit in Haufen gelegt oder über den Bock geschlagen, um eine gleichmäßige Feuchtigkeit zu bekommen und richtig welk zu werden. Das Tauchen geschieht im allgemeinen in einem großen Bottich, ein Fell nach dem andern; die Felle bleiben nur ein oder zwei Sekunden unter Wasser. Die dicksten Stellen des Felles werden gewöhnlich zweimal getaucht. Zum Beispiel muß bei ostindischen Kipsen das Nackenende zweimal so behandelt werden.

Wenn man ihn vom Ballen nimmt, ist der Kips, im Rücken gefaltet, doppelt gelegt; er wird über Eck in den Weichbottich getaucht, um den Buckel und Schultern besonders feucht zu machen, dann der so doppelt gelegte Kips umgedreht und das Schwanzende getaucht, damit alle harten Stellen des Schwanzes ordentlich welk werden können. Das Weichen wird beträchtlich erleichtert, wenn man Wasser von einer Temperatur von 35⁰—40⁰ C anwendet.

Beim Weichen von Kalbfellen guter Gerbung werden die Felle einfach durch Wasser gezogen, am besten Stück für Stück; oder die Weiche geschieht im Walkfaß, unter Zugabe von etwas warmem Wasser (45⁰ C) durch die hohle Achse während des Walkens, aber nicht mehr als nötig ist, um die Felle eben richtig durchzufeuchten.

Häute und Kalbfelle, die mit der Hand gefalzt werden sollen, werden dazu am besten vorbereitet, indem sie genau so behandelt werden, wie es vorher für das Spalten beschrieben ist. Nach dem Weichen bleiben die Felle einige Stunden in Haufen liegen, um durch und durch gleichmäßig feucht zu werden.

In vielen Fabriken ist es Gewohnheit, um die Leder völlig zu durchfeuchten, entweder länger zu walken, oder mit mehr Wasser als nötig ist, um sie genügend zu durchfeuchten, und sie dann, nachdem sie vom Bock abgetropft sind, für ein oder zwei Tage auf Haufen zu legen, um sie dann zum Abwelken aufzuhängen. Diese Arbeitsweise ist in den meisten Fällen aus wirtschaftlichen Rücksichten nicht zu empfehlen, und wo sie angewandt wird, sollte genau darauf geachtet werden, daß die Leder beim Liegen in Haufen sich nicht erhitzen oder schimmeln, was sie namentlich bei warmer Sommerwitterung leicht tun; ein anderer Nachteil, wenn die Felle lange in Haufen liegen, ist, daß sie schwitzen und muffig werden. Zwölf bis 24 Stunden auf Haufen zu liegen, ist gewöhnlich bei den meisten Gerbungen reichlich.

Die Zugabe einer kleinen Menge Karbol- oder Ameisensäure zum Waschwasser wird das Schimmeln vermeiden lassen. Die Felle sollten außerdem von Zeit zu Zeit umgelegt werden, um die Erhitzung zu vermeiden, die Flecken mit sich bringt und, wenn sie zu weit geht, gefährlich für die Lederfaser ist.

Ausländische, gegerbte Kipse, die viele Fremdkörper, den erdigen, dicken Belag an der Fleischseite haben, werden am besten kurze Zeit nach dem Weichen gewalkt. Durch die Entfernung dieser Fremdkörper hilft das Walken die Ware weich machen.

Bei ostindischen Schafen und Ziegen, australischen Schafen (Basils) und überhaupt leichten Fellen, die mit der Maschine gefalzt werden sollen, ist die beste Methode, sie ins Walkfaß zu tun, und während es läuft, durch die hohle Achse genügend Wasser laufen zu lassen, um sie zu durchfeuchten; eine kurze Zeit weiter zu walken, um die Feuchtigkeit möglichst auszugleichen und um die Ware völlig zu erweichen, und sie dann über Nacht auf den Bock zu schlagen, um das Welkwerden zu vervollständigen.

Häute zum Spalten sollen frei sein von Falten und Brüchen. Viele Fabriken lassen die Häute einen Arbeitsgang durchmachen, der Aussetzen genannt wird. Dies geschieht auf einer Maschine von ähnlicher Konstruktion wie die Glanzstoßmaschine, die aber einen Stein an

Stelle des Glases oder des Achates hat. Dies Aussetzen ist unzweifelhaft vorteilhaft, wenn man wirklich gute Spalte von sehr guten Fellen machen will.

Beim Verarbeiten leichter Felle, wie Kalb, Schaf, Ziegen, die gefalzt oder gespalten werden sollen, kann man die Leder, statt sie auszusetzen, ein oder zweimal durch eine Ausreckmaschine gehen lassen. Dies macht vielleicht etwas mehr Arbeit, aber es ist schließlich doch ein Vorteil; denn wenn die Felle sehr aufgegangen sind, so werden die Flanken und andere lose Teile der Haut dann nicht so leicht bei der weiteren Arbeit abgerissen oder abgeschnitten.

Die Arbeitsgänge, die dem Wässern und Weichen folgen, hängen von der Art der Felle und der besonderen Behandlung völlig ab, von dem Zweck, dem das Leder dienen soll, der Nuance, in der sie gefärbt werden sollen usw. Nach der Weiche sind die Felle fertig zum Spalten oder Falzen.

Vierter Abschnitt.

Leder-Spalten.

Spalten bedeutet gewaltsam scheiden; die Richtung des Spaltes ist dabei durch die Natur des Stoffes bestimmt wie z. B. bei vielen Arten von Holz, bei Schiefer u. a. Wenn der Werkstoff die Teilung nicht durch seine Natur unterstützt, dann ist es ein Mißbrauch des Wortes, von

Abb. 1.

Spalten zu reden. Und bei Leder ist es in der Tat ein Mißbrauch, da das Spalten hier eigentlich ein Schneiden ist und zwar ein Teilen des Leders nach seiner Dicke. Die Natur des Stoffes unterstützt hier in keiner Weise die Teilung oder gibt dem Schnitt eine Richtung. Das Material kann nicht einen Augenblick sich selbst überlassen werden, sondern muß fortgesetzt gegen die Messerschneide gehalten werden. Das Schneiden oder Spalten — da der Brauch den Ausdruck heiligt — geschieht mit Maschinen; die auf dem Markt befindlichen Lederspaltmaschinen sind die Union- und die Bandmessermaschinen.

Wenn ein Stück Leder der Dicke nach gegen eine Messerschneide gezogen oder gepreßt wird, so wird es sich biegen und dem Messer ausweichen, sobald dies leichter ist, als den Schnitt auszuhalten. Bei allen Lederspaltmaschinen wird das Leder vorwärts gegen ein Messer gepreßt und daher ist bei allen darauf zu achten, daß das Leder sich nicht verschiebt und faltet. Dies geschieht durch eine feste Führung, welche so dicht wie möglich an der Messerschneide ist, und welche auch in Tätigkeit bleibt, je weiter das Spalten mit dem Vorrücken des Leders fortschreitet. Es ist klar, daß, je dichter die Führung des Leders an dem Messer ist, je weniger Leder sozusagen zwischen Messer und Führung ist, um so weniger auch irgend ein Ausweichen des Leders stattfinden kann.

Die „Union"-Leder-Spaltmaschine.

Eine Darstellung der Maschine bei der Arbeit gibt Abb. 2, während Abb. 3 eine Schnittzeichnung derselben Maschine ist. Alle solche Unionmaschinen bestehen aus den gleichen Hauptteilen; nur die Einzel

Abb. 2.

heiten weichen bei den verschiedenen Ausführungen voneinander ab. Das Messer der Maschine, in der Schnittfigur 3 mit F bezeichnet, steht fest und wird auf seiner Unterlage durch Bolzen unverrückbar festgehalten, deren einer (*G*) mit seiner zugehörigen Ringmutter in der Abbildung zu sehen ist. Diese Bolzen gehen durch längliche Schlitze des Messers hindurch, so daß dieses, wenn es beim Schleifen schmäler geworden ist, auf seiner Unterlage nach der Mitte der Maschine zu verschoben werden kann. Der Querbalken *B* trägt die Spannwalze *D* und die beiden Stützwalzen *C*; er kann durch Betätigen des Handhebels *E* von dem Hilfsarbeiter herumgeklappt werden, so daß er dem Arbeiter selbst bei seinen Handgriffen nicht im Wege ist. *H* sind federnde Platten, über die das Leder hinweggleitet. Die Treibwalze *N* hat zwei von einem zum anderen Ende durchlaufende Nuten. *A* ist eine der Spannschrauben, mit denen die Höhe des Querbalkens *B* eingestellt werden kann. In der Schnittabbildung trägt die Spannschraube *A* ein Handrad, während bei der Maschine in Abb. 2 T-förmige Schlüssel auf diese Schrauben aufgesteckt sind. Eine weitere Beschreibung der Maschine ist unnötig.

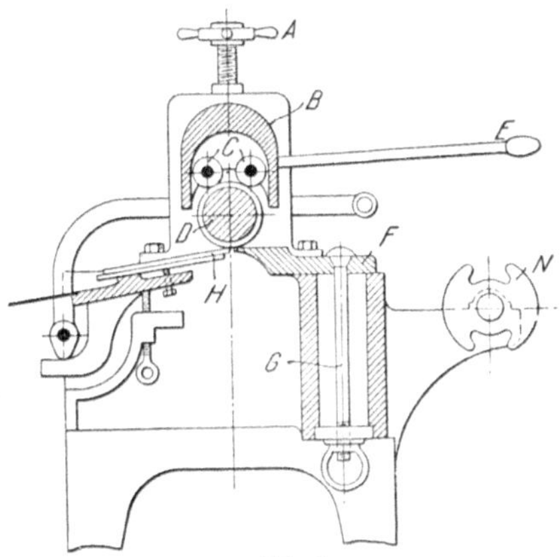

Abb. 3.

Ihre Wirkungsweise ist die folgende: Zunächst ist der Querbalken *B* durch Betätigen des Handgriffes *E* aus der Arbeitslage gebracht; das eine Ende des zu spaltenden Leders, das, mit der Narbenseite nach oben, über die Patten *H* und das Messer *F* hinweg durch die Maschine hindurchgezogen ist, wird in eine der Nuten der Treibwalze *N* gebracht und darin mit einem Stück Holz fest eingespannt. Bringt man nun den Querbalken in die Arbeitslage zurück, so wird das Leder zwischen die Platten *H* und die Spannwalze *D* geklemmt, und mit dem Abstand dieser beiden Elemente der Maschine voneinander die Stärke des fertigen Leders festgelegt. Das große Zahnrad (s. Abb. 2) sitzt auf der Achse der Treibwalze *N*, das kleinere auf derjenigen der Antriebswelle der Maschine. Durch Niederdrücken eines Fußtrittes (bzw. Brettes) wird das Antriebsritzel mit dem großen Zahnrad gekuppelt und die Walze *N* in Rotation versetzt: das Leder, das sich auf der Walze *N* aufrollt, wird gegen die Schneidekante des Messers *F* gezogen, und so gespalten. Die Walze *D* wird von dem durchlaufenden Leder gleichfalls in Umdrehung versetzt.

Die Schnittfläche befindet sich natürlich an der Unterseite des Leders; da ein beträchtliches Stück Leder bereits bei Beginn der Spaltoperation zwischen der Schneide des Messers und der Treibwalze gespannt ist, so ist es klar, daß der Schnitt erst ein gewisses Stück vom Rande des Leders ab beginnt. Bei der ersten Operation werden somit nur etwa zwei Drittel der ganzen Länge des Leders gespalten; um auch den übrigen Teil zu bearbeiten, wird das Leder ausgespannt und umgedreht, so daß nun das bereits gespaltene Ende in die Nut der Walze *N* eingespannt wird.

Beim Spalten einer Anzahl Lederstücke hintereinander sortiert der Arbeiter diese zuerst und gibt sie hintereinander mit der einen Seite durch die Maschine, dann erst dreht er sie um und spaltet nun bei allen den übrigen Teil. Beim Spalten von Seiten bearbeitet man gewöhnlich zuerst das Schwanzende, dreht dann um und spaltet das Nackenstück. Bei dieser Art zu arbeiten wird die Aufmerksamkeit des Arbeiters, die beim Einstellen der Maschine erforderlich ist, weniger häufig in Anspruch genommen. Der Helfer beobachtet das Leder, wie es durch die Maschine läuft, und streicht es glatt, wenn es Neigung zeigt, Runzeln und Falten zu bilden.

Abb. 4.

Folgende Teile der Maschine sind einstellbar: Die Platten *H*, die Walze *D* und die Spannschrauben *A*. Die Vorderkante der Führungsplatte wird eine Wenigkeit über der Schneidekante des Messers eingestellt. Beim Anziehen der Spannschrauben wächst der Druck, den die Walze *D* auf die federnden Platten *H* ausübt, und die Vorderkante der Führungsplatte wird unter die Höhe der Schneidkante des Messers heruntergedrückt; durch verschieden starkes Anziehen der Schrauben *A* ist so die Dicke des Schnittes, d. h. die Dicke des fertig bearbeiteten Leders zu verändern.

Um das Messer zu schärfen, wenn es stumpf geworden ist, muß es aus der Maschine nach Lösen der Bolzen *G* herausgenommen und abseits geschliffen werden. Die Schneide des Messers muß stets in gutem Zustande erhalten werden; denn je besser die Schneide, um so besser ist natürlich auch die geleistete Arbeit. Außerdem ist bei guter Beschaffenheit der Schneide auch der Kraftverbrauch ein geringerer. Abb. 4 gibt eine Abbildung einer Schleifmaschine für solche Messer. Nach dem Schleifen auf der Maschine wird das Messer auf eine hölzerne Unterlage gelegt und die Schneide mit dem „Abziehstein" abgezogen. Hierbei wird der Grat, der sich beim Schleifen mit dem Schleifstein bildet, entfernt, und man erhält eine glatte, scharfe Schneide. Um die Schneide in gutem und gebrauchsfähigem Zustande zu erhalten, ist es nicht jedesmal notwendig, das Messer auf die Schleifmaschine zu nehmen; ein Abziehen mit dem Abziehstein genügt häufig, und nur von Zeit zu Zeit ist einmal Schleifen auf der Maschine erforderlich.

„Spalten" eines Stückes Leder bedeutet eine Teilung des Ganzen in zwei brauchbare Stücke, deren jedes dem ursprünglichen flächengleich ist. Da jedoch der Schnitt in der Unionmaschine immer irgendwo mitten im Stück ansetzt, so ist es klar, daß man nicht die beiden Spalte im ganzen erhält. Vielmehr erhält man bei jedem Stück Leder, das die Maschine durchläuft, den Fleischspalt in zwei Teilen. Die so erhaltenen Spalte vom Schwanzende sind (da sie, wie oben gesagt, meist zuerst bearbeitet werden) ziemlich lang und können entsprechend zweckmäßig verwendet werden; die kürzeren Spalte vom Nackenende finden nach der weiteren Bearbeitung angemessenen Absatz für untergeordnete Zwecke, z. B. für billigere Futterleder und Brandsohlen.

Die Wirkungsweise des Messers in der Union-Maschine ist die eines scharfkantigen Keiles und ist nicht etwa dem zu vergleichen, was man eigentlich unter „Schneiden" versteht: nämlich der Bewegung eines Messers in Richtung seiner Schneide. Die Maschine ist in den ersten Anfängen ihrer Konstruktion stehen geblieben und nicht weiter fortgebildet worden. Trotzdem ist sie noch immer bevorzugt von Lieferanten schwerer Waren, wie Militärausrüstungsstücken, hauptsächlich weil man bei ihr eine besser bearbeitete Spaltseite beim Leder erhalten kann als bei der Bandmesser-Maschine. Von der Union-Maschine zu der Maschine mit beweglichem Messer ist ein bedeutender Schritt vorwärts.

Bandmesser-Spalt-Maschine.

Das Spalten mit der Bandmesser-Spalt-Maschine ist der Arbeit an der Union-Maschine beträchtlich überlegen; der größere Teil alles gespaltenen Leders wird daher heute auf der Bandmesser-Maschine hergestellt. Die Bandmesser-Spalt-Maschinen sind auf einen sehr hohen Wirkungsgrad vervollkommnet worden; aber es ist ganz außerordentlich wichtig, daß Aufstellung und Einstellung der Maschinen so peinlich sorgfältig vorgenommen werden, wie es erforderlich ist. Daher scheint eine entschuldigende Erklärung hier unnötig, wenn der Bandmesser-Spalt-Maschine eine ausführliche Darstellung gewidmet wird, zumal trotz der werkmäßigen Bedeutung praktisch eigentlich bisher nichts hierüber geschrieben worden ist.

Beim Aufstellen der Maschine ist es wesentlich, wenn man eine wirklich gute Arbeit damit leisten will, daß ein festes Fundament von Beton für sie gemacht wird. Wird sie auf Holzboden aufgestellt, so besteht die Gefahr heftiger Erschütterungen, und diese wirken natürlich nachteilig, so daß ein einwandfreies Spalten unmöglich wird. Deshalb soll die Maschine am besten auf dem gewachsenen Boden zu ebener Erde aufgestellt werden. Eine Betonschicht von mindestens 30 cm

Abb. 5.

Stärke ist zu empfehlen, oder die Maschine wird mit Bolzen in Holzblöcke eingelassen, welche 30—40 cm stark sind und ihrerseits gut in Zement eingebettet sind. Bei der Auswahl des Platzes für die Maschine muß besonders Rücksicht auf die Lichtverhältnisse genommen werden: die Maschine soll so aufgestellt werden, daß die Vorderseite der Maschine und die Zuführungswalzen die möglich beste Beleuchtung haben.

Abb. 6 und Abb. 7 zeigen im Grundriß und Querschnitt die beste Anordnung für Fundamentierung und Aufstellung und auch die Stellung der Maschine zur Antriebswelle.

Die Tourenzahl, mit welcher die Maschinen laufen, schwankt und ist abhängig von der Ausführungsform der Maschine, von der Art der in Arbeit befindlichen Ware und von der Fähigkeit des Arbeiters der Maschine das Leder zuzuführen, ohne daß es sich in Falten legt.

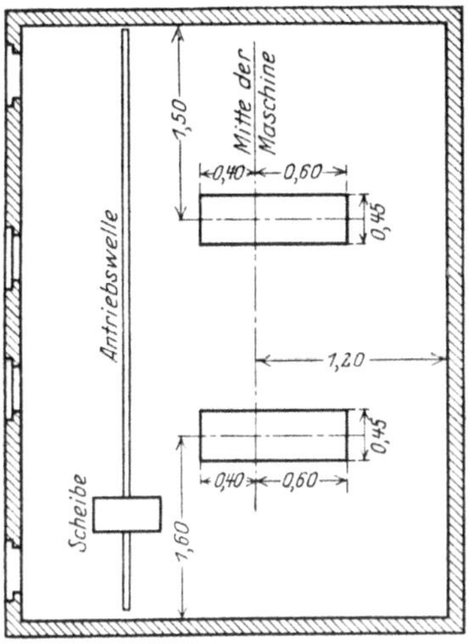

Abb. 6.

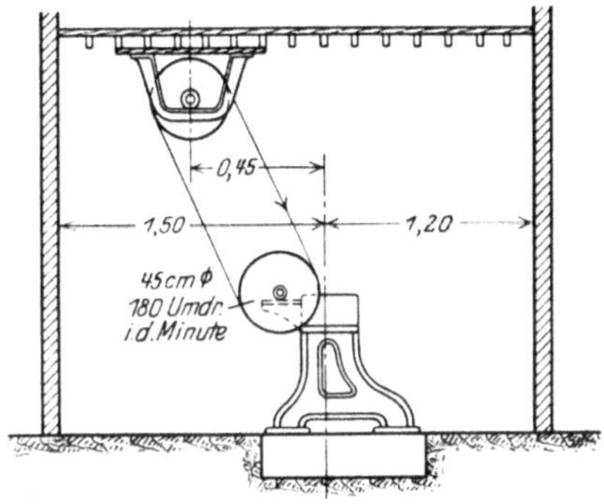

Abb. 7.

Die Tourenzahl mag von 180 bis 225 Umdrehungen in der Minute schwanken; bei den meisten Lederarten wird sie im allgemeinen zwischen 190 und 200 Umdrehungen liegen.

Aufstellung der Maschine.

Nachdem das Gestell der Maschine aufgestellt ist und die Bolzen im Fundament vergossen sind, muß man zuallererst daran gehen, die Schleifvorrichtung mit ihrem Rahmen (*C*), mit Schleifrad und

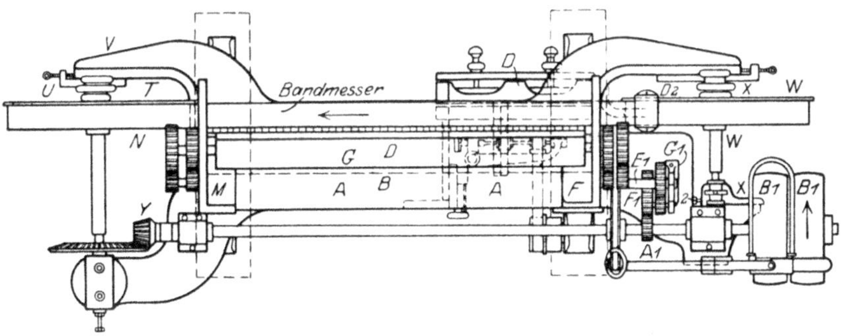

Abb. 8.

Achsen, den Führungsbacken (*D*) und der kleinen Kettentriebwelle mit ihren Scheiben (*E*) von 28 cm ∅ einzurichten. Die Abb. 8, 9, 10 und 11 zeigen eine allgemeine Anordnung der Aufstellung und die Arbeitsweise der Schleifvorrichtung mit Riemen.

Nun geht man weiter zu der Aufstellung der oberen Teile der Maschine, indem man die rechte Backe oder Holm (F) mit allen zugehörigen Rädern in den Rahmen oder das Bett A einsetzt. Man setzt

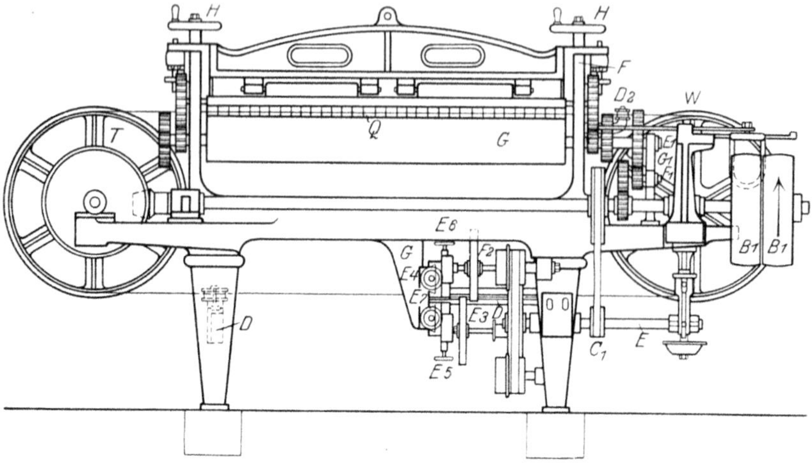

Abb. 9.

die beiden konischen Dübel ein, welche für den Halt im Rahmen am Fuße des Holmes vorgesehen sind und verzapft den Holm fest mit

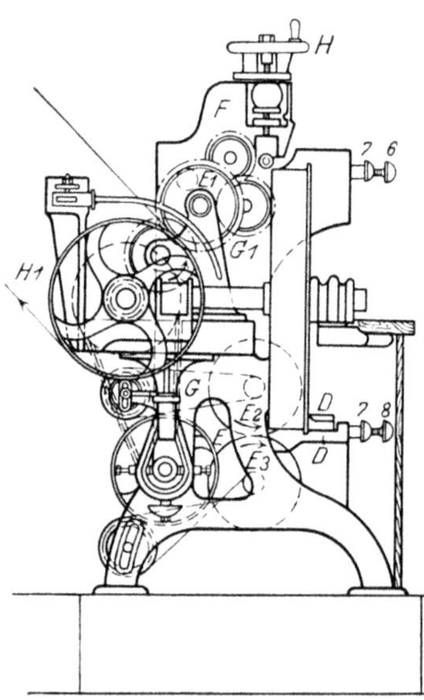

Abb. 10.

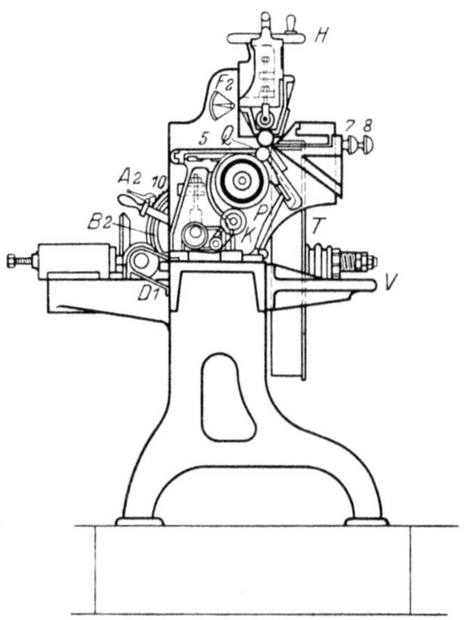

Abb. 11.

den vorgesehenen 2 cm-Bolzen; man nimmt die Räder einzeln von ihren Zapfen ab, reinigt sie gründlich, ölt sie und setzt sie wieder an ihren Ort; dann setzt man die mit Gummi bezogene Walze (G) und die

Zapfenwelle (H) an ihre Stelle und stellt die Verbindung zwischen den Schwingarmen (I), in welchen die Gummiwalze arbeitet, mit der Zapfenwelle (J) her.

Bei Maschinen, welche breiter als $1^1/_2$ m sind, ist es üblich, unter der Gummiwalze (S) eine Unterstützungswalze (K) anzubringen, welche so eingerichtet ist, daß sie durch die Welle (L) auf der Achse (H) gehoben wird. Nachdem der linke Holm (M) mit Rädern und Zapfen in dem Bette A eingesetzt ist und die Dübel mit den Bolzen an ihren Stellen eingelassen sind, werden auch hier alle Räder abgenommen, gereinigt, geölt und wieder an ihren Ort gebracht. Die Arbeit geht nun weiter, indem man den hinteren Teil der Schutzplatte (N) zwischen die Backen oder Holme setzt; ihre Lage ist durch die Führungen (O) an beiden Backen gegeben, sie wird in der Mitte durch den Träger (P) unterstützt. Dann wird die Teilwalze (Q) an ihren Ort gebracht und die beiden Träger (R) an dem Bett verfestigt und auf diese Träger der vordere Teil der Platte (S) gebracht.

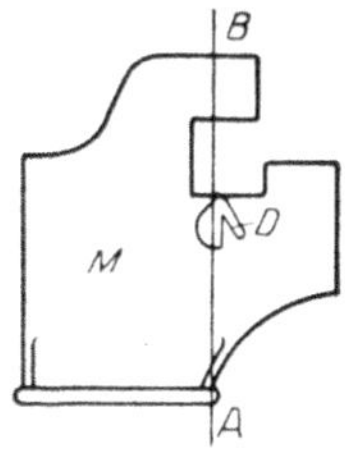

Abb. 12.

Nun geht man zur Einrichtung des Bandmessers. Zuerst wird das linke Messerrad und -welle (T) mit dem großen Kegelrad an Ort gebracht und hierbei die nötige Obacht gegeben, daß der Schieber (U) mit dem Drehlager genau auf die Marke kommt und der Arm (V) mit den zugehörigen Bolzen zuverlässig befestigt wird. Das Messerrad und Achse (W) auf der anderen Seite werden eingesetzt und locker in der Führung gelassen, welche für das Bandmesser vorgesehen ist. Die Haupt-Antriebswelle wird in den im Bett (A) vorgesehenen Lagern befestigt mit dem Zahnlager (Y), Kettentrieb (Z), Zahnrad ($A1$) und Scheiben ($B1$).

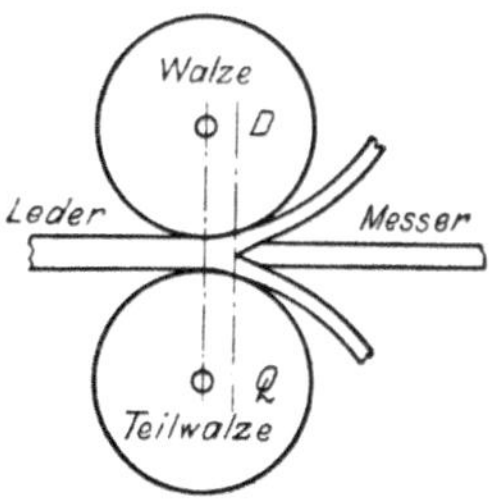

Abb. 13.

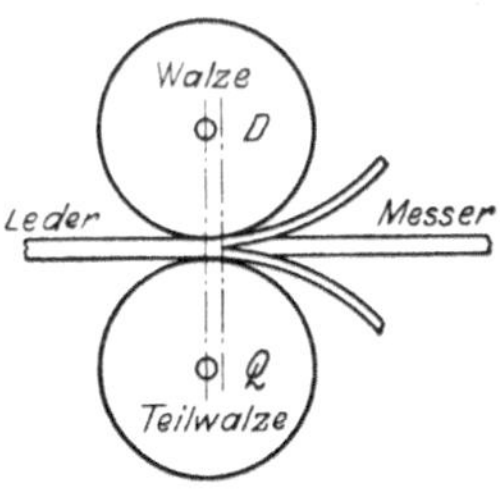

Abb. 14.

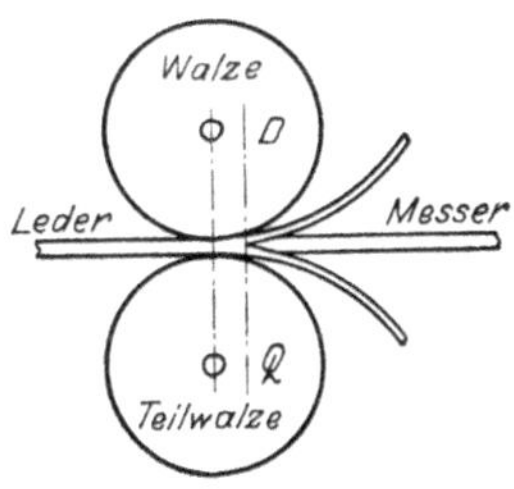

Abb. 15.

Die Kette wird über das große Rad (Z) und über den kleinen Kettentrieb ($A1$) auf der Welle und mit den nötigen Stiften und Nieten geschlossen. Der Verschluß ($D1$) wird über der Welle angebracht und die Führung für Kettenrad und Trieb an dem Verschluß befestigt. Die Zwischenlager und Wellen ($E1$) und ($F1$) werden an dem rechten Holm (F) befestigt und die Randlager ($G1$) und die Rinnenführerstützer und Gabel ($H1$) an ihren Platz an dem Maschinenrahmen gebracht. Die Maschine ist nun fertig zusammengesetzt; sie muß eingestellt, und die besonderen Teile, welche für ein befriedigendes Arbeiten notwendig sind, müssen genau justiert werden.

In dem Riß der Backe oder des Ständers (Abb. 12) stellt die senkrechte Linie A—B die Mitte der oberen Regulierungswalze (*D*) dar; alle Entfernungen werden auf diese Linie oder auf die Mitte der Walze (*D*) eingestellt, und die Stellung oder der Abstand der Messerschneide (Abb. 13, 14 und 15) und der Backen, in welchen das Messer arbeitet, werden je nach den verschiedenen Lederarten, die zu spalten sind, festgelegt.

Einstellen der Messerbacken.

Die Aufstellung der Maschine wird nun vollendet und sie dadurch arbeitsfähig gemacht, um Kipse, Blankleder usw. zu spalten. Man nimmt zunächst den oberen Teil (*A*) der Messerbacken oder -führungen (Abb. 16) ab, welcher auf dem unteren Teil mit besonderen Schrauben befestigt ist, und ebenso die obere Platte der Schleifbacken (*D*). Der untere Teil der Messerbacke (*B*) wird in die Vertiefungen, welche für ihn in jeder Backe (*M* und *P*) vorgesehen sind, eingelassen und durch Schrauben mit der Schneide der Stahlbacken (*x x*) ungefähr 1 cm von der Mittellinie (*A B*) an der Backe (Abbildung 12) fest gemacht, welche in gleichem Abstand an beiden Enden stehen soll, und in ihrer Lage an jedem Ende mit den Schrauben festgezogen wird.

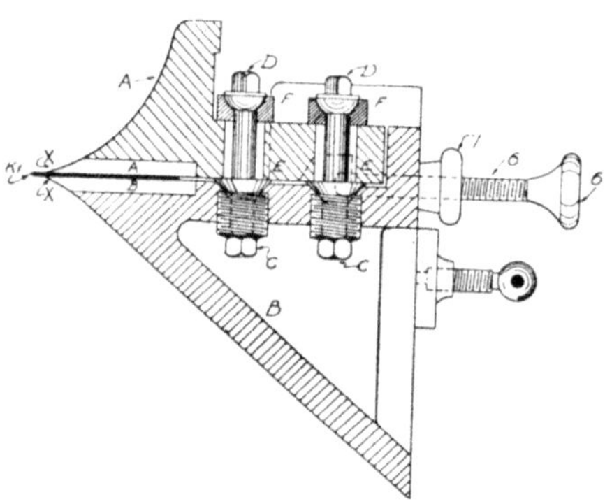

Abb. 16.

Die nächste Aufgabe ist, das Bandmesser aufzulegen. Man nimmt es sehr vorsichtig aus der Verpackung, ohne es zu verdrehen oder irgendwie zu ziehen oder zu drücken. Nachdem das Messer und die Messerbacken dann gereinigt sind, wird das Messer zwischen die Backen und über die Messerräder (*W* und *T*) gelegt und mit den Schrauben (*1* und *2*)in Gleitblöcken (*x* und *x1*) dicht über den Rädern festgezogen, bis es hinreichend gespannt ist, um gut zu laufen.

Das Messer und die Räder müssen dann an jedem Ende der Maschine mit den mit Gewinde versehenen Muffen und Muttern (*3* und *4*) und (*6* und *9*) vorwärts bewegt werden, bis sich die Schneide des Messers innerhalb $^1/_8$ Zoll von der Mittellinie (*A B*) auf der Backe (Abb. 12) befindet. Indem nun eine dünne Schnur straff über die beiden Messerräder (*W T*) gespannt wird, wie aus Abb. 17 ersichtlich, müssen die inneren Schneiden der beiden Räder (*A* und *B*) $^1/_{32}$ Zoll von der Linie (*c*) entfernt sein. Die Regulierungsschrauben (*1, 2, 5* — Abb. 17) ermöglichen jede erforderliche Justierung der Räder, sowie das Gleiten des Messers auf den Rädern nach beiden Richtungen. Die Räder werden nun mit der Hand umgedreht, wobei der Rücken des Messers gerade noch über die Flanschen der Messerräder hinweggeht und in dieser Lage bleiben muß, während sich das Messer in Bewegung befindet.

Das Messer wird jetzt in seiner dauernden Lage befestigt und in der Lage zum Schleifen, wenn die anderen Teile der Maschine montiert sind. In den Messerbacken (B) befinden sich hinter dem Rücken des Messers dünne Stahlplatten (Abb. 18), die dazu dienen, das Messer

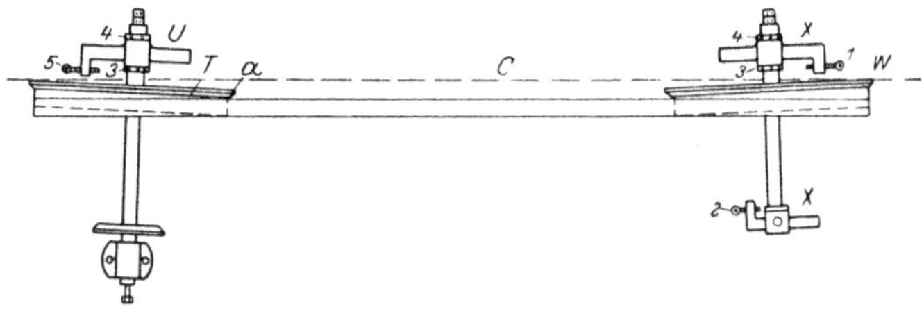

Abb. 17.

in seiner Lage gegen den Druck auf die Messerschneide beim Schneiden oder Spalten des Leders zu sichern. Diese Platten (Abb. 18) befinden sich hinter dem Messer und ruhen auf den Spitzen der Regulierungsschrauben (*6*, *6*, *6*, *6*, — Abb. 16). Die Platten müssen nun mit den Schrauben vorwärtsgerückt werden, bis sie gerade den Rücken des Messers berühren, worauf jede Schraube in ihrer Lage durch die auf jeder Schraube befindlichen Gegenmutter gesichert wird. Die dünnen Platten in den Schleifbacken (D) müssen in derselben Weise in bezug auf das Messer mit den Schrauben (*8*) justiert werden, wie die der oberen Messerbacken oder des Messerschlittens (Abb. 16).

Für das Justieren dieser Backen oder Schlitten sind zwei Schlüssel erforderlich, einer für die Schrauben (CC — Abb. 16) und der andere für den Vierkant auf den Schrauben (DD). Jede Schraube muß nach der Justierung gesichert werden, was nur mit zwei Spannschlüsseln erreicht werden kann.

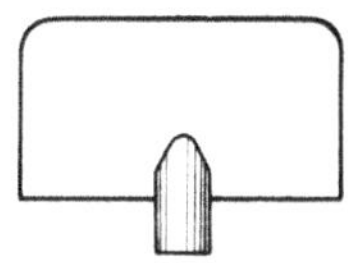

Abb. 18.

Es ist von größter Wichtigkeit, daß diese Backen genau und gleich ihrer ganzen Länge nach justiert sind und das Messer noch gerade ungehindert durchlassen, wenn die Räder mit der Hand gedreht werden. Bei der hinteren Schneide des Messers darf der Spielraum zwischen den Backen etwas größer sein als bei der Schneidkante, wenn das Messer neu ist. Für eine zufriedenstellende Arbeit ist es erforderlich, daß die Justierung der Backen sorgfältig vorgenommen wird. Wenn die obere Backe (A) schräg sitzt, so daß sie das Messer nur an der vorderen Schneide berührt, wird das kontinuierliche Laufen des Messers die Schneiden der Backen bis zu einem solchen Grade abnutzen, daß es nicht mehr möglich ist, die genaue Lage des Messers zwischen den oberen und unteren Walzen ($J\,1$ und Q) zu sichern; die Folge davon ist, daß das Leder entweder mit geriffelter Oberfläche gespalten wird, oder große Unregelmäßigkeiten in der Dicke aufweist. Das Justieren der Messerbacken oder -schlitten ist eine Angelegenheit, die große Aufmerksamkeit erfordert.

Abb. 16 veranschaulicht einen Durchschnitt der Messerbacken oder -schlitten mit dem dazwischen befindlichen Messer und der Schrauben, mittels welcher die Backen im richtigen Verhältnis zum Messer befestigt werden, ebenso der Justier- oder Regulierungsschrauben in ihrer Zwangslage gegen die dünnen Stahlplatten (Abb. 18), um das Messer in seiner Lage gegen den während des Spaltens verursachten Druck zu sichern.

Die Schrauben (*CC*) sind in den unteren Teil der Backen eingeschraubt; der obere Teil dieser Schrauben ist ausgehöhlt, um einen konischen Kragen (*EE*) aufzunehmen. Auf der oberen Fläche dieses Kragens ruht das Gewicht oder der Druck des Oberteiles der Backe (*A*), und durch Drehen der Schrauben (*CC*) kann die obere Backe (*A*) in ihrer Höhenlage wie erforderlich verändert werden. In der Mitte der Schraube (*CC*) befindet sich ein mit Gewinde versehenes Loch, in welches ein Knopf (*DD*) mit Vierkantkopf und konischem Kragen eingeschraubt wird; der letztere paßt in einen schalenförmigen Kragen (*FF*), der auf den oberen Teil der oberen Backe (*A*) aufliegt, so daß, wenn die Knöpfe (*DD*) fest in die Schrauben (*CC*) eingeschraubt werden, die obere Backe (*A*) unverrückbar zwischen den Kragen (*FF* und *EE*) und getrennt von der unteren Backe (*B*) festgehalten wird, wodurch dem Messer der Durchgang ermöglicht wird und wobei der Zwischenraum scheinbar nicht größer ist, als die Dicke des Messers erfordert.

Bei der Justierung des Messers muß das eine Ende der Backen mit Hilfe der Schrauben (*CD*) so weit über die untere Backe (*B*) gesetzt werden, daß dem Messer der Durchgang ermöglicht wird, worauf die Schrauben an dem anderen Ende der Backen und diejenigen in der Mitte in derselben Weise justiert werden.

Mit Hilfe eines aus Hartholz gefertigten Werkzeuges, wie Abb. 19 zeigt, wobei das Gabelende über die Schneide des Messers gelegt wird, prüft man die Backen auf ihrer ganzen Länge, um festzustellen, ob bei irgendeinem Teil des Messers ein auch noch so geringer Spielraum vorhanden ist. Wenn irgendeine Bewegung zwischen den Backen ermittelt wird, so muß diese mit Hilfe der Schrauben (*CD*) nächst der Stelle, wo die abweichende Bewegung des Messers bemerkt worden ist, korrigiert werden. Während des ganzen Justierungsvorganges muß das Messer fortwährend mit der Hand gedreht werden, um die Möglichkeit eines Zufestspannens auszuschließen und einen freien Lauf des Messers zu sichern.

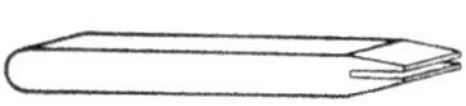

Abb. 19.

Justierung der Schleifbacken oder Messerschlitten.

Bei der Justierung der Messerbacken (*D* — Abb. 10) muß die untere Backe um $^7/_{16}$ Zoll von der Messerschneide zurückgesetzt und in dieser Lage durch Schrauben gesichert werden. Die schmalen Stahlplatten werden dann zwischen dem Rücken des Messers und den Regulierungsschrauben (*8*) eingelegt. Mit Hilfe dieser Schrauben werden die Platten dann in eine solche Lage gebracht, daß sie den Rücken des Messers berühren und in dieser Lage durch die Muttern (*7*) festgehalten werden. Der obere Teil der Messerbacke (*D*) wird nun in seine gehörige Lage gesetzt und durch Schrauben an der unteren Backe befestigt, wobei beachtet werden muß, daß die Kanten der Backen parallel zueinander liegen. Der vordere Teil der oberen Backe, welcher in Höhenlage verstellbar ist, muß so justiert sein, daß er einen freien Durchgang des Messers zwischen sich und dem unteren Teil (*D*) ermöglicht.

Teilwalze.

Die Messingwalze (*Q*), die aus Teilen besteht, wird auf die Gummiwalze (*G*) zwischen den beiden Backen (*M* und *F*) und gegen die Vertikalfläche des hinteren Teiles oder Anschlages (*N*) aufgelegt.

Es ist notwendig, daß der obere Teil der Walze so justiert ist, daß er die Messerschneide über ihre ganze Länge gerade noch berührt, wenn sich die Knagge (*10*) des an der Kammwelle (*H* — Abb. 11) befestigten Hebels (A^1) in dem dritten Zwischenraum der Zähne des Quadranten (B^2) von unten befindet.

Die Teilwalze ist in der Höhe durch Schrauben und Muttern und Kettenverbindung (*J*) mit dem oszillierenden Arm (*1* — Abb. 11) verstellbar.

Wenn die Teilwalze in ihrer Lage dicht am Messer eingelegt ist, wird die vordere Teilplatte oder Anschlag (*S*) durch Schrauben in der Platte justiert, so daß eine freie Bewegung der Teilwalze in ihrer höchsten Lage ermöglicht ist.

Wie schon der Name andeutet, besteht die Teilwalze (*Q* — Abb. 9 und 11) aus Stücken oder Teilen, welche, auf ihrer gemeinsamen Welle, unabhängig von einander beweglich sind. Das zu spaltende Leder wird mit der Narbenseite nach oben in die Maschine eingelegt, und da es der obere Spalt ist, welche eine gleichmäßige Substanz aufzuweisen hat, werden die Ungleichheiten des Leders auf seiner unteren Seite, die sich irgendwo einen Ausweg bahnen müssen, von der Teilwalze aufgenommen. Die Teile geben den Ungleichheiten nach, da sie durch die Gummiwalze (*G*), auf welche die Teilwalze läuft und von derselben ihre drehende Bewegung erhält, elastisch gemacht werden.

Die Teilwalze muß stets durchaus sauber gehalten werden. Das Kleben irgendeines Teiles genügt schon, um das Leder rauh und wund zu machen, und es ist ratsam, die Teile alle drei Wochen miteinander auszuwechseln, indem man diejenigen, welche sich an den Enden befinden, mit denen der Mitte auswechselt, und so weiter, wodurch eine gleichmäßige Abnutzung gesichert wird.

Die Bandmaschine ist gewöhnlich mit zwei Messerreinigungsvorrichtungen (*D* und D^2) versehen. Die Abb. 8 und 9 zeigen dieselben in ihrer gehörigen Lage. Diese Reinigungsvorrichtungen, welche aus dickem Filz bestehen, sind so angebracht, daß sie während des

Durchganges des Messers seine obere und untere Fläche berühren. Sie müssen gehörig mit Paraffin- oder Mineralöl getränkt sein, so daß eine gründliche Schmierung gesichert ist.

Montage der Brücke oder des Balkens der Bandschneidemaschine.

Bei der Montage der Brücke und Walze (*D*) muß zuallererst die Brücke mit der unteren Seite nach oben auf zwei Böcke mit den Walzen nach oben aufgelegt werden. Darauf werden die festgelagerten Walzen (*A B*) mit ihren Lagern (*K*) an jedem Ende und der Gegenmutter (3) in die ihnen zukommende Lage gebracht und die Schrauben (*C C C*) heruntergeschraubt, bis sich die Walzen (*A B*) in der tiefstmöglichen Lage befinden. Die obere Walze (*D*) mit den darauf befindlichen Lagerfuttern (*E E*) wird mit Hilfe der Schrauben (*F F*) befestigt und die Messinglagerfutter so weit herabgelassen, bis sie fest auf dem Gußstück (*GG*) ruhen und in ihm durch die Schrauben (*J J*) fest eingespannt werden.

Die festgelagerten Walzen (*A B*) werden dann mit der Walze (*D*) in Berührung gebracht, bis die letzte von einem Ende zum anderen wagerecht ist und die festgelagerten Walzen (*A B*) in ihrer ganzen Länge

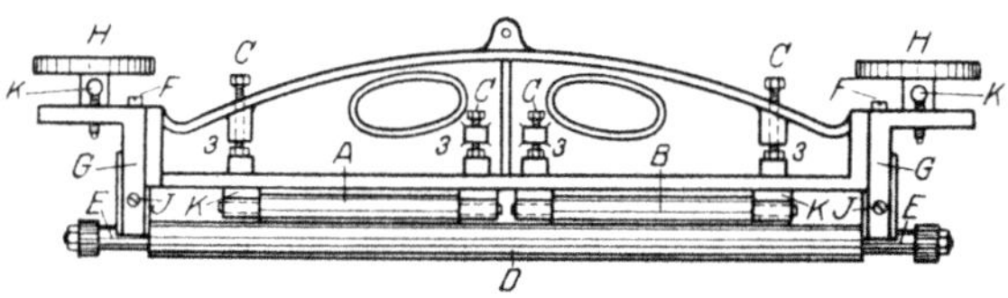

Abb. 20.

auf der Walze (*D*) ruhen. Hierauf werden die festgelagerten Walzen in ihrer Lage mit Hilfe der auf dem mit Gewinde versehenen Ende des Walzenlagers (*K K K*) vorgesehenen Muttern gesichert.

Die festgelagerte Platte (Abb. 21) wird dann auf die Brücke aufgesetzt. Abb. 11 zeigt sie in der ihr zukommenden Lage. Die Spitze (*A* — Abb. 21) befindet sich in einer Ebene mit dem Mittel-

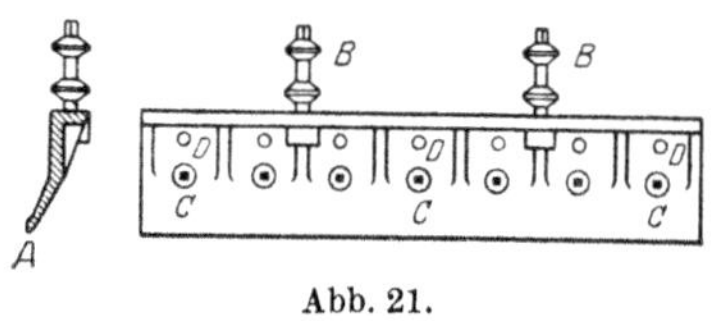

Abb. 21.

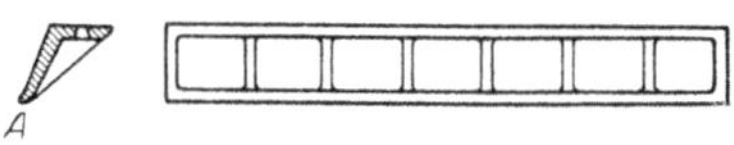

Abb. 22.

punkt der Walze (D — Abb. 20). Wenn sich die Platte in ihrer Lage befindet, ragt die Walze (*D*) über die Spitze (*A*) um einen halben Durchmesser hinweg. Diese Platte hat Höhenverstellung mit Hilfe von Bolzenschrauben (*B B* — Abb. 21), während ihre Bewegung gegen die Walze (*D*) oder von derselben durch die Schrauben (*C C C C C C*) und durch die Stellschrauben (*D D D D D D* — Abb. 21) reguliert wird.

Die andere Platte (Abb. 22) wird dann auf der Brücke befestigt und im richtigen Verhältnis zu der Walze (*D*) in derselben Weise justiert.

Nachdem die Brücke und die dazugehörige Walze justiert ist, wird sie mit Hilfe eines Flaschenzuges eingesetzt, indem sie vorsichtig zwischen die Backen (*MF*) niedergelassen wird, bis die an den Rädern befestigten Regulierungsschrauben in die für sie vorgesehenen und mit Gewinde versehenen Löcher eintreten. Mit Hilfe der Schrauben (*HH*) wird dann die Brücke so weit heruntergelassen, bis sie die für sie bestimmte Lage einnimmt, wobei gleichzeitig die Walze (*D*) in die Brücke eingesetzt und mit Hilfe der Schrauben (*FF* und *JJ*) festgehalten wird. Mit Hilfe der an beiden Enden befindlichen Schrauben wird nunmehr

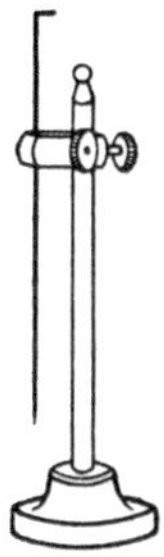

Abb. 23.

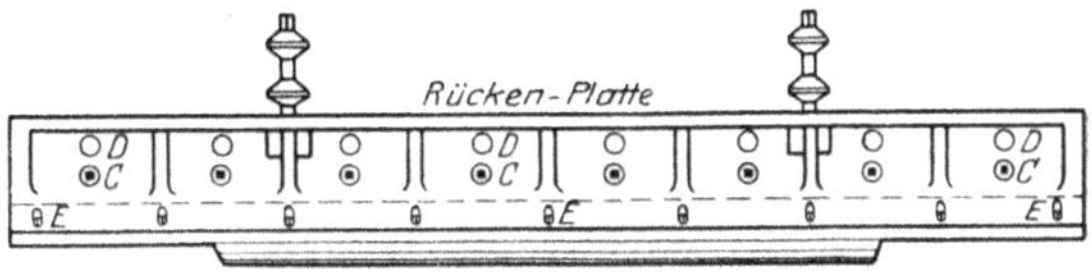

Abb. 24.

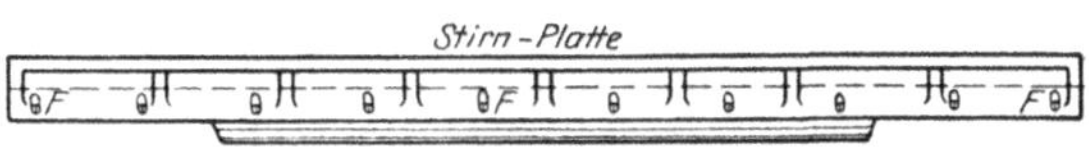

Abb. 25.

die Brücke gleichmäßig herabgelassen, bis die Walze (*D*) die Messerschneide über die ganze Länge hinweg gerade berührt. Mit Hilfe der kleinen gekordelten Daumenschrauben an beiden Enden der Brücke werden die Zeiger des Dickenprüfers (*F2* — Abb. 10 und 11) auf die höchste Zahl der Skalen gebracht. Nachdem dieselben justiert worden sind, wird die Brücke mit Hilfe der Bandräder und Schrauben (*HH*) zusammengeschraubt, bis der Skalenzeiger mit dem Nullstrich an jedem Ende übereinstimmt.

In Maschinen von 72 Zoll Weite und darüber werden die festgelagerten Platten für die Walze (*D*) gewöhnlich so ausgebildet, daß sie ein Lager für die Walze in ihrer Länge bilden. Diese Lager haben Höhenverstellung, um die Abnutzung der Walzen (*D* und *AB*, — Abb. 24 und 25) auszugleichen.

Abb. 26 zeigt die Platten 24 und 25 und die Walze (*D*), sowie die Justierschrauben (*E*, *F*) für die Lagerplatten im Durchschnitt.

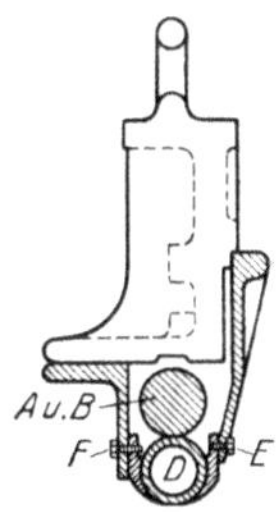

Abb. 26.

Nachdem die Maschine aufgestellt ist, kann der Treibriemen auf die Riemenscheibe aufgelegt und die Maschine in Gang gesetzt werden.

Bei dem erstmaligen Laufen der Maschine muß man beträchtliche Vorsicht walten lassen und besonders darauf achten, daß alle Teile reibungslos und ohne Erschütterung laufen. Der nächste Vorgang, der vor dem Spalten noch erfolgt, ist das Schleifen des Messers.

Schleifen des Messers.

Die Schleifvorrichtung (Abb. 9) ist so ausgebildet, daß jedes Schleifrad für sich innerhalb vier Richtungen bewegt werden kann, d. h. auf dem Messer hin und her, sowie gegen dasselbe und von demselben hinweg. Die Schleifvorrichtung (*E 2*) wird gewöhnlich als der obere Schleifer bezeichnet, welcher dazu dient, die untere Schräge des Messers zu schleifen, während die Schleifvorrichtung (*E 3*) als der untere Schleifer bezeichnet wird und zum Schleifen der oberen Schräge des Messers dient.

Die beiden Schleifvorrichtungen arbeiten gleichzeitig. Die Justierung derselben macht es möglich, irgendeine Schräge zu schleifen, welche dem Arbeiter als die geeignetste für das Spalten irgendeiner besonderen von ihm gerade bearbeiteten Lederart erscheint. Abb. 27 ist ein Durchschnitt des Messers, welches mit einer Schneide und Schrägen versehen ist, welche für das Spalten gewöhnlicher Lederarten als die geeignetsten angesehen werden.

Abb. 27.

Beim Schleifen des Messers ist es notwendig, die Art der Schräge, die dabei gebildet wird, dauernd zu beobachten und durch Justierung des oberen und unteren Schleifers eine Gleichförmigkeit der Schräge zu sichern. Wenn das Messer mit einer sauberen Schneide versehen worden ist, wird ein geringer, auf die Schleifer ausgeübter Druck genügen, um die Schneidefähigkeit des Messers zu erhalten. Da der Schleifvorgang die Breite des Messers verringert, muß die Schneide (*KI*) fortwährend in relativer Lage zu der Walze (*D*) durch Vorwärtsbewegung mit Hilfe der Regulierungsschrauben (*6, 8*) in den oberen und unteren Messerbacken (*A, B, D*) gehalten werden, ohne jedoch die Räder, auf welchen das Messer läuft, vorwärts zu bewegen, da es nicht durchaus notwendig ist, daß sich der Rücken des Messers immer dicht an den Flanschen der Messerräder befindet. Auf diese Weise kann mittelst der Regulierungsschrauben das Messer vorwärts bewegt werden, bis sich der Rücken desselben $^1/_4$ Zoll von den Flanschen des Messerrades befindet, ehe es sich als nötig erweist, die Räder selbst zu verschieben.

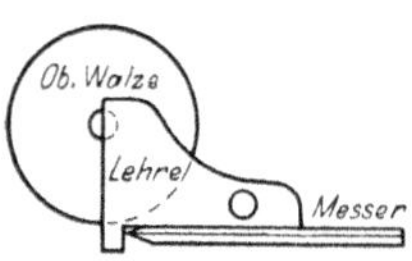

Abb. 28.

Um sicher zu sein, daß die Schleifräder stets in einem brauchbaren Zustande sind, ist es notwendig, daß dieselben von Zeit zu Zeit mit dem gewöhnlichen Schmirgelschleifwerkzeug bearbeitet werden.

Die in Abb. 28 gezeigte Lehre ist zur Feststellung der geeigneten Entfernung zwischen der Messerschneide und dem Mittelpunkt der oberen Walze sehr nützlich. Diese wird auf das Messer aufgelegt, wobei der überragende Teil gegen die Messerschneide gelegt wird; die äußere Kante des Vierkants muß dann in einer vertikalen Linie mit dem Mittelpunkt der oberen Walze (*D*) liegen, wie aus Abb. 28 ersichtlich.

Größe der Maschinen.

Spaltmaschinen werden in verschiedenen Größen angefertigt, von 36- bis 106 Zoll. Dies sind die Spaltweiten. Die 36 Zoll-Maschine ist nicht viel im Gebrauch; ihre Anschaffungs- und Unterhaltungskosten bewegen sich nicht bedeutend unter denen einer 57 Zoll-Maschine. Die für eine Spaltmaschine erforderliche Kraft wechselt mit ihrer Größe. Während eine 36 Zoll-Maschine ungefähr 2—3 PS benötigt, erfordert eine 106 Zoll-Maschine 8 PS.

Reinigung.

Die Maschine soll täglich gereinigt werden. Besondere Sorgfalt muß beim Spalten fettigen Leders auf der Maschine angewendet werden, da Fett zersetzende Eigenschaften besitzt, welche dem Gummi schaden. Aus diesem Grunde sind Schafhäute zum Spalten auf der Maschine wenig wünschenswert. Es ist ratsam, den Gummi mit einer lauwarmen Sodawasserlösung zu waschen und ihn von Zeit zu Zeit abzuschleifen, wenn er Zeichen der Abnutzung zeigt. Es ist klar, daß bei einer so empfindlichen Maschine die Menge und Güte der geleisteten Arbeit ganz und gar von der Genauigkeit der Justierung abhängt, und diese ist unmöglich, wenn sie nicht gleichzeitig von äußerster Sauberkeit begleitet ist. Kleine Stückchen Leder, die sich in der Maschine ansammeln, müssen regelmäßig entfernt werden. Derartige kleine Lederabfälle verlieren sich gewöhnlich dort, wo sie nicht gewünscht werden, und verursachen Spannungen. Derartige nicht berücksichtigte Spannungen oder Belastungen in irgendeinem Teil der Maschine können mitunter sehr ernste Folgen nach sich ziehen. Die Walze (*D* — Abb. 8 und 9) muß ab und zu herausgenommen und gereinigt werden und ferner muß bei den festgelagerten Walzen (*A*, *B* — Abb. 20) darauf geachtet werden, daß sie sich nicht festsetzen. In den Abbildungen werden nur zwei festgelagerte Walzen gezeigt, jedoch wechselt die Anzahl der Stützwalzen in Übereinstimmung mit der Größe der Maschine. Diese Walzen liegen leicht auf die Lehrwalze und neutralisieren die Aufwärtsbewegung der Welle, welche durch den Druck des Leders verursacht wird. Wenn die Maschine eingerichtet ist, muß der Arbeiter imstande sein, dieselbe mit der Hand zu drehen. Gelingt ihm dieses nicht, so befinden sich irgendwo Unreinlichkeiten oder andere Hemmungen, und es ist klar, daß die Benutzung der Maschine in einem derartigen Zustand ein Heißlaufen und andere nachteilige Folgen nach sich zieht. Die Schleifer müssen ebenfalls in einem sauberen Zustande gehalten werden, und die Ansammlung von Fett oder Schmutz muß unbedingt verhindert werden. Mit Hilfe eines Schmirgelabziehers, der gegen die Flächen gehalten wird, reinigt man die Schleifer. Auch in diesem Falle ist Reinlichkeit unbedingt erforderlich. Das plötzliche Anhalten der Schleifer ist schon manchem Lederstück zum Verderben geworden. Die Schleifer müssen frei und sicher laufen; tun sie das nicht, so wird Erschütterung die Folge sein.

Die Lederspaltmaschine ist auf einen hohen Grad der Vollkommenheit gebracht worden. Um vollkommene Arbeitsleistungen mit der Maschine zu erzielen, muß sie dauernd überwacht und justiert werden.

Das Spalten des Leders auf der Bandmessermaschine.

Der erste Vorgang besteht in der Sortierung der Häute. Dieses ist empfehlenswert, weil es die Notwendigkeit der fortwährenden Neujustierung des Messers unnötig macht.

Nachdem die Schneide des Messers die gewünschte Schräge erhalten hat und die Brücke auf die benötigte Dicke eingestellt ist, kann mit dem Spalten begonnen werden, vorausgesetzt, daß die Häute dementsprechend vorbehandelt sind.

Es ist Brauch, mit Hilfe eines kleinen Stückes des zu spaltenden Leders einen Vorversuch zu machen, als Probe für eine richtige Dickenjustierung und für gehörige Schärfe der Messerschneide.

Wenn bei dem Vorversuch festgestellt wird, daß das Leder nicht richtig gespalten wird, so kann dieser Fehler durch Hoch- oder Herunterdrehen der Handräder (*H*) ausgeglichen werden, bis die richtige Dicke erreicht ist. Vor dem Spalten des Leders muß die Brücke in ihrer Lage durch die Schrauben (*K*) gesichert werden. Wenn die Dikkenverhältnisse des zu spaltenden Leders zu verändern sind, ist es notwendig, diese Schrauben zu lösen und nach der Neueinstellung wieder zu sichern. Beim Spalten einer Partie Häute mögen sich Neujustierungen mehrere Male als notwendig erweisen, und zwar aus dem Grunde, weil das Messer durch das Abschleifen verkleinert wird, sich von dem Mittelpunkt der Walze entfernt und dadurch bedeutende Veränderungen in der Dicke verursacht.

Es ist empfehlenswert, die Häute in drei Haufen nach der Dicke zu sortieren. worauf das Spalten mit den dünnsten Häuten seinen Anfang nimmt. Dadurch wird es überflüssig, das Messer fortwährend zu verstellen; denn, sowie das Messer durch den Schleifvorgang abgenutzt wird, justiert es sich automatisch im Verhältnis zu dem dickeren Leder.

Auf dem Markt sind von Zeit zu Zeit verschiedene Zubehörteile für Bandmaschinen aufgetaucht, um automatisch den Messerschleifer und das Messer zu justieren. Der Zweck ist, das Messer im Verhältnis zu den Zuführungswalzen in einer konstanten Lage zu halten, welches dadurch erzielt wird, daß das Messer automatisch in Übereinstimmung mit der durch das konstante Schleifen verursachten Verringerung in der Breite vorwärts bewegt wird. Wenn nicht der Messerschleifer ebenfalls mit einer mechanischen Vorrichtung versehen ist, wird sich eine konstante Justierung als nötig erweisen, um die Schräge zu bewahren, welche als die geeignetste für die zu unternehmende Arbeit festgestellt wurde.

Den weitesten Gebrauch hat die Chilson-Vorrichtung gefunden. Diese Vorrichtung reguliert automatisch nicht nur den Messerschleifer, sondern auch die Justierung des Messers, wodurch im weitesten Maße die Notwendigkeit einer häufigen Nachjustierung überflüssig gemacht und der Wirkungsgrad der Maschine erhöht wird.

Um die Dicke des Spaltleders zu messen, bedient man sich der in Abb. 29 und 30 gezeigten Lehren. Die Normaldicke wird entweder in Millimeter, oder nach der „Birmingham Drahtlehre“ gemessen. Ein Daumendruck auf den herausragenden Hebelarm hebt die obere Backe in die Höhe und

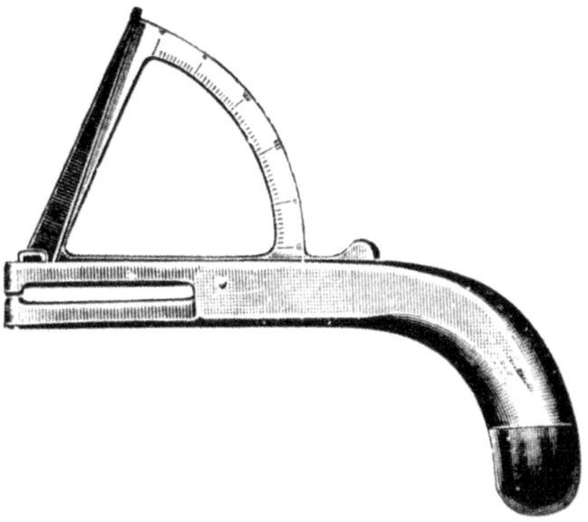

Abb. 29.

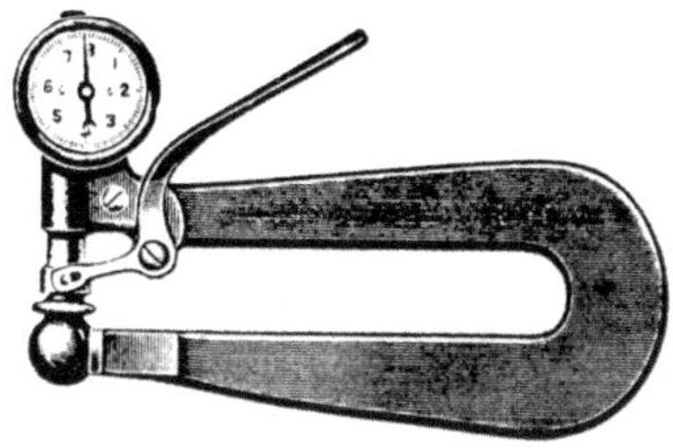

Abb. 30.

drückt den linksgezeigten Skalenzeiger herum. Nach dem Loslassen des Hebels verursacht eine Feder die Rückwärtsbewegung der Backe in ihre vorherige Lage, soweit sie nicht durch die Stärke des zu messenden Leders daran gehindert wird. Der Meßwert wird dann mit Hilfe des Zeigers auf der Skala abgelesen.

Fünfter Abschnitt.

Falzen.

Falzen heißt zum Ausgleich der Stärke des Leders Substanz von seiner Oberfläche entfernen, und zwar entweder durch Schneiden oder durch Raspeln oder Gleitenlassen an einem Instrument mit scharfer Schneide. Die Arbeit wird an der Fleischseite vorgenommen und gibt der Haut durch Beseitigung der Unebenheiten eine durchweg einheitliche Stärke.

Die Arbeit geschieht entweder von Hand oder mit Maschinen und erfordert einen hohen Grad von Geschicklichkeit. Fehler beim Falzen machen auch die Zurichtung unvollkommen. Dies ist besonders der Fall, wenn die Ware geglänzt wird; denn jede Ungleichheit in der Dicke tritt dann deutlich hervor, weil die stärkeren Stellen einen größeren Druck bekommen und daher dunkler werden als diejenigen Stellen, wo das Leder dünner ist.

Falzen von Hand.

Abb. 31 zeigt einen Lederfalzer bei der Arbeit. Das Leder muß zum Falzen richtig abgewelkt sein; es wird über den Baum gelegt und mit einem Messer gefalzt. Die Schneide dieses Messers wird um-

Abb. 31.

gelegt, indem man es erst an einem Sandsteinblock und dann an einem Wetzstein aus Schiefer abstreicht und nun mit dem Rundstahl die Schneide umkippt.

Ein Falzbaum ist in Abbildung 32, das Falzmesser in Abb. 33 dargestellt. Der Arbeiter steht auf dem schrägen Trittbrett des Podestes (A), mit den Absätzen gegen das Hackenholz gestützt, und preßt die Knie gegen das Leder (B); er neigt sich über den Baum, um das Messer auf das Leder zu setzen und zu falzen. Durch den Druck seines Körpers die Haut festklemmend, das Messer mit beiden Händen so haltend, daß der Grat der Schneide unten steht, schabt er die Haut mit Abwärtsstrichen, d. h. er bewegt das Messer von sich weg. Der Kreuzgriff ist stets in der linken Hand, so daß stets eine Gratkante nach vorn zeigt. Die Rechte faßt den runden Griff. Das Leder leistet dem Schnitt einen kräftigen Widerstand, den der Arbeiter durch den Druck mit Knien und Körper ausgleichen muß, damit die Haut nicht vorwärts rutscht. Die Gratkante des Messers ist so empfindlich, daß sie sehr rasch, in wenigen Minuten, ihre Schärfe verliert. Der erfahrene Arbeiter fühlt es am Schnitt selber, wenn sein Messer nicht so schneidet, wie es soll, und er stellt nun mit dem Stahldraht die Schärfe wieder her.

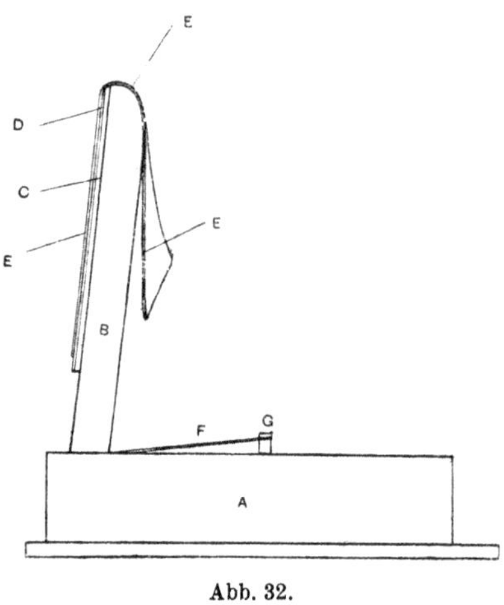

Abb. 32.

Dies geschieht, indem der Arbeiter mit dem Stahldraht erst in der Rinne entlang fährt, die durch das Messer selbst und den senkrecht dazu stehenden Grat gebildet wird, und dann mit ihm außen entlang streift. Mit wenigen leichten Strichen erneuert er die Schärfe der Schneide und stellt ihre Wirksamkeit wieder her: indem er so seinen Stahl häufig anwendet, ist er imstande, das Messer stundenlang zu benutzen, ohne damit an den Schleifstein gehen zu müssen (siehe Abb. 34).

Das Falzen von Hand ist plötzlich und schnell aus der Mode gekommen und wird nur noch bei

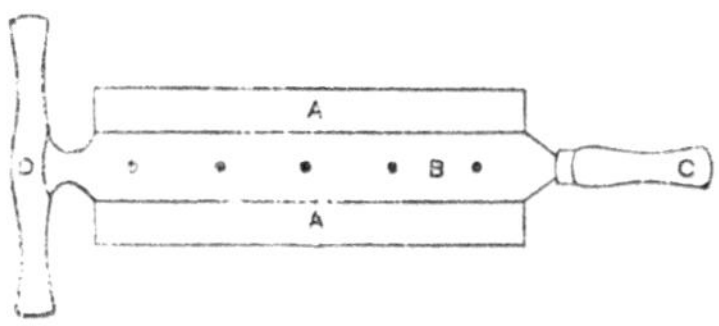

Abb. 33.

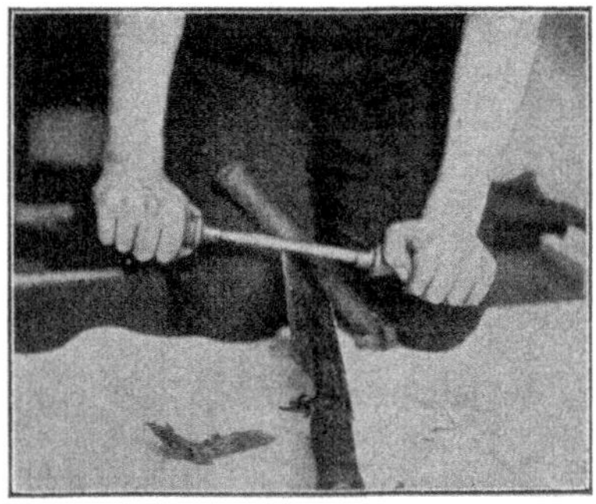

Abb. 34.

einigen wenigen besonderen Lederarten angewendet, während der Stärkenausgleich mit Hilfe der Maschine nahezu überall die Kunstfertigkeit des Handfalzens verdrängt hat. Mit der Hand werden heute nur noch Möbelleder, Leder für Gasuhren, Schweinsleder für Koffer gefalzt oder solche Leder, bei denen die besonderen Kosten der Handarbeit nicht ins Gewicht fallen, sondern die wirklich beste Ausführung der Arbeit von wesentlicher Bedeutung ist.

Falzen mit Maschine.

Abb. 35 und 36 zeigen die Abbildungen zweier Arten von Lederfalzmaschinen. Abb. 37 gibt den Querschnitt einer Falzmaschine.

Auf den ersten Blick erscheint die Maschine außerordentlich verzwickt; soweit es sich indessen um die eigentliche Falzarbeit handelt, besteht sie im wesentlichen lediglich aus zwei Walzen, und zwar einer Schneidwalze, die mit Stahlmessern ausgerüstet ist, und einer Zuführungswalze.

Abb. 35

In der Darstellung im Schnitt auf der Abb. 38 ist *A* die Schneidwalze, *B* die Zuführungswalze. *C* ist eine Schmirgelschleifwalze, welche die Messer ständig scharf hält.

Die Schleifscheibe besteht aus einem verhältnismäßig dünnen Zylinder von Karborundum oder gepreßtem Bimsstein, welche mit hoher Umdrehungszahl von der Antriebswalze *E* (Abb. 37) getrieben wird. Sie besitzt Querbewegung vorwärts und rückwärts, so daß die Messer in ihrer ganzen Länge von der Schleifvorrichtung bestrichen werden; ferner ist eine Vorrichtung zum Nachstellen bei Abnutzung vorgesehen.

Beim Schleifen der Messer drückt die Schleifscheibe die obere Kante der Messer, da sie allmählich an die Scheibe herankommen, etwas hoch und erzeugt so einen feinen scharfen Grat oder Stahlfaden, einen „Draht". Bei einigen Maschinen rotieren Schneidwalze und Schleifrad in gleichem Sinne; dementsprechend entsteht der Grat in diesem Falle an den unteren Kanten der Messer.

Abb. 36.

Die Maschine arbeitet auf folgende Weise: Die Walze *B* (Abb. 37 und 38) ist in einem schwingenden Rahmen montiert, dessen Richtung in der schematischen Abb. 38 durch den Pfeil angezeigt ist, der durch die Achse der Walze hindurchgeht. Durch diesen Ausschlag, dessen Größe der Arbeiter durch die Schraube *I* (Abb. 37) einstellt, wird der Abstand zwischen der Walze *B* und der Walze *A* geregelt. Der schwingende Rahmen wird durch einen Fußtritt betätigt, dessen Fußauflage in Abb. 36 rechts zu sehen ist; in Abb. 37 ist sie mit *J* bezeichnet. Das Tritteisen dicht bei diesem Fußtritt ist nicht etwa ein Teil davon, sondern ist lediglich eine Fußbank. Der Arbeiter legt die zu falzende Haut auf den Tisch und über die Walze *B*, zwischen diese und die Schneidwalze, so daß sie zum Teil über die Enden der Gummiwalze herabhängt. Dann setzt er den Fuß mit der Sohle auf die eiserne Fußbank und drückt den Fußtritt mit dem Hacken herunter. Dadurch wird die Gummiwalze *B* der Schneidwalze genähert, jedoch nicht so weit, daß die Messer etwa das Leder berühren. Jetzt verringert der Arbeiter den Abstand der beiden Walzen etwas durch Anziehen der

Einstellschraube, und indem er wieder den Fußtritt mit dem Hacken niedertritt, sieht er, ob nun die Walzen nahe genug sind, daß die Messer

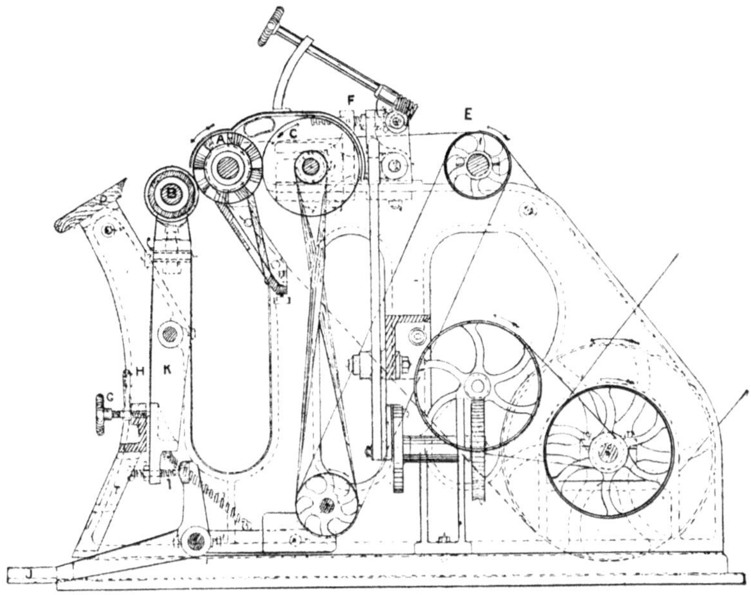

Abb. 37. Schnitt durch eine Falzmaschine.

A = Falzmesser
B = Gummiwalze,
C = Schleifstein,
D = Einstellbarer Tisch,
E = Riemenscheibe für das Schleifrad,
F = Stellschraube, um den Schleifstein an die Messerwalze zu bringen,
G = Handrad und Schrauben zur Einstellung,
H = Hebel zum Feststellen der Schraube G
I = Tritt zum Einstellen der Schraube,
J = Fußtritt zum Einschalten von K,
K = Schwingender Rahmen für die Walzen.

fassen. Die Gummiwalze kann nie näher an die Schneidwalze herankommen, als sie der Schwingrahmen heranbringt.

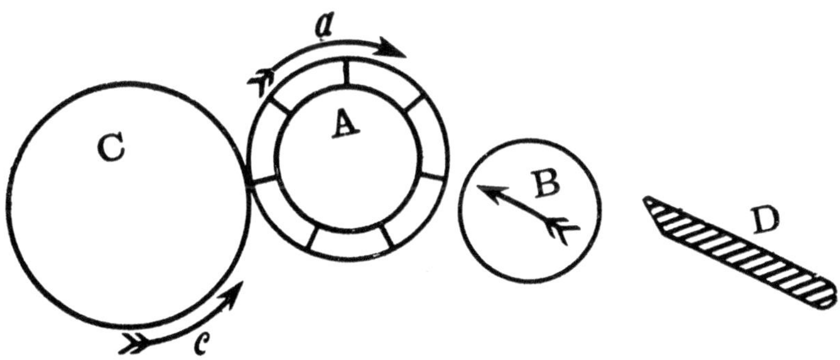

Abb. 38.

Sind die beiden Walzen richtig zueinander eingestellt, so daß die Messer auf die Haut pressen, wann der Tritt niedergedrückt ist, so wird die Haut durch dieses Anpressen bei der Drehung mitgenommen und die mit Gummi bezogene Walze, welche lose in ihren Lagern läuft, wird durch Friktion ebenfalls in Drehung versetzt. Die Bewegungsrichtung der Haut ist diejenige der Schneidwalze, die auf die Haut drückt, aber sie nicht schneidet. Die Haut läuft unverletzt zwischen den Walzen hindurch und fällt hinter der Schneidwalze herunter. Jetzt hebt der Arbeiter den Absatz, der Schwingrahmen schlägt unter der Einwirkung einer Feder zurück; und nun bringt der Mann die Haut wieder in Arbeitsstellung und drückt sie durch Betätigen des Fußtrittes gegen die Schneidwalze. Aber während er sie vorher frei durch die Maschine laufen ließ, hält er sie jetzt zurück und läßt sie nur mit einer gewissen Geschwindigkeit vorrücken. Nun bewegen sich die Messer schneller als die Haut. Zeigt der scharfe Grat, von dem oben die Rede war, in bezug auf die Bewegungsrichtung der Haut vorwärts, so wird jetzt die Haut gefalzt.

Bei einem Zylinder mit vielen Schneiden (Abb. 39 die oberste der drei Abbildungen) sind diese notwendigerweise dünner, als wenn nur weniger Schneiden darauf sind. Je dünner das Messer, desto schärfer ist der Schnitt. Bei schweren Häuten gibt es indessen eine Grenze, bei der die Messer brechen, wenn sie zu dünn werden. Die Zahl der Schneiden ist von wesentlicher Bedeutung. Sie schwankt bei den heutigen Maschinen zwischen sieben und vierundzwanzig mit Rechtsgang und gleich vielen mit Linksgang. Mit einer hohen Anzahl von Schneiden erhält man einen feinen Schnitt. Für gewöhnliches Falzen sind sieben rechts und sieben links die richtige Zahl. Für glatte Flächen braucht man zehn, für Blanchieren zehn bis vierzehn, für Abbuffen achtzehn bis vierundzwanzig, stets beiderseitig.

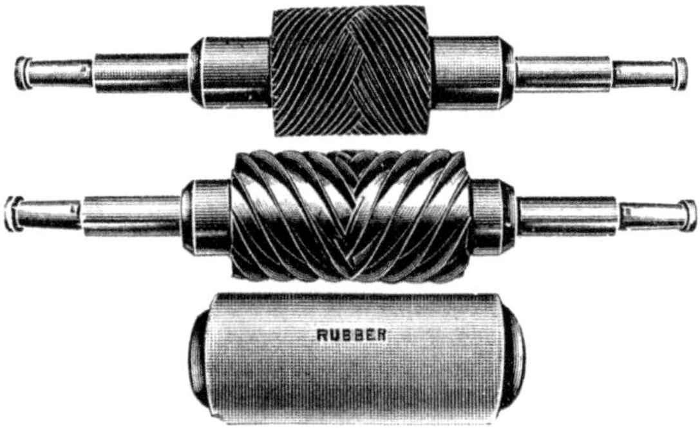

Abb. 39.

Wann der Arbeiter mit dem Falzen beginnt, soll er die Maschine stets so eingestellt haben, daß die Messer mit einem Schnitt alles herunternehmen, was herunterkommen soll. Es ist schwer, beim zweiten Male einen guten Schnitt auf einer Stelle zu erzielen, die schon einmal die Messer passiert hat. Dies gilt insbesondere von Chromledern. Die Arbeiter an der Falzmaschine haben jeder seine eigene Arbeitsweise, nach welcher sie falzen. Der eine fängt an beiden Seiten an und arbeitet nach der Mitte zu, andere entfernen zuerst die dickeren Stellen und bearbeiten dann die ganze Haut gleichmäßig auf einmal, wieder andere nehmen die dickeren Stellen zuletzt fort.

Es gibt wohl einen gewissen Anhalt dafür, mit welchem Vorschub die Haut die Maschine zu durchlaufen hat, aber es ist nicht möglich, eine feste und scharfe Grenze zu ziehen; denn die Geschwindigkeit ist in erheblichem Maße von der besonderen Beschaffenheit des einzelnen zu falzenden Felles abhängig. Ist der Vorschub zu langsam, so wird das Leder aufgerieben und verbrannt. Eine Maschine hat keinen Verstand; der Bedienende muß den Verstand für die Maschine haben. Hier ist viel Gelegenheit geboten, Einsicht und Verständnis zu üben und zu zeigen. Der Arbeiter bedarf einer großen Erfahrung, um im voraus sicher zu sein, daß er mit der Maschine das beste Ergebnis erreicht, das mit ihr zu leisten ist.

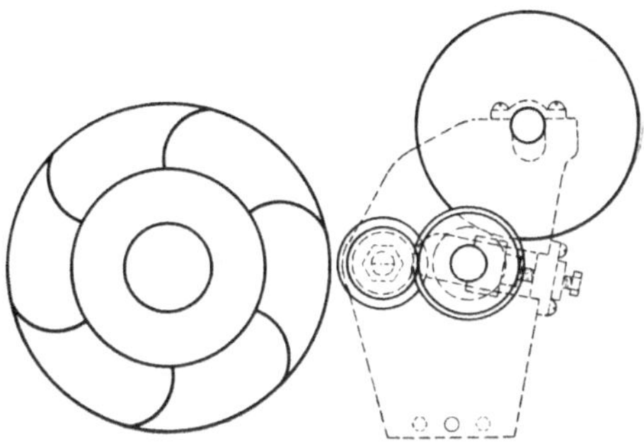

Abb. 40.

Um die Unregelmäßigkeit der Zuführung und die mit ihr verbundenen Nachteile möglichst zu vermeiden, hat man versucht, Maschinen mit regelmäßiger Zuführung zu bauen.

Abb. 41

Die beiden wesentlichen Typen sind in den Abb. 35 und 40 gezeigt. Eine automatische Zuführung verringert die Ansprüche erheblich, die man sonst beim Falzen an einer gewöhnlichen Maschine an die Geschicklichkeit des Arbeiters stellen muß, und ermöglicht, daß auch der ungelernte Arbeiter sich nur kurze Zeit einzuarbeiten braucht, um zufriedenstellende Arbeitsergebnisse zu liefern.

Die Abb. 35 veranschaulicht die nach Seymour-Johns konstruierte automatische Zuführung, während Abb. 40 eine solche von Stephen-Fawsitt zeigt. In der letzten Vorrichtung ist die Zuführungswalze mit Friktionsantrieb versehen, wodurch es möglich ist, bei dem Falzen die Häute gegen das Messer zurückzuziehen. Im Vergleich zu der festgelagerten Zuführungswalze ist dieses ein großer Vorteil, da die letzte eine Zuführung unmittelbar von der Schneide aus notwendig macht und ein Zurückziehen der Haut gegen das Messer nicht möglich ist.

Abb. 42.

Die Abb. 41 und 42 stellen die neuesten Konstruktionen einer kürzlich eingeführten Falzmaschine dar. Diese wird die „doppelweite Maschine“ genannt, weil sie mit einem Zylinder versehen ist, der doppelt so weit als der früherer Normaltypen ist, wodurch mit demselben Arbeitsaufwand die Arbeitsleistung der Maschine im Vergleich zu den früheren Typen verdoppelt wird. Die Maschine ist ebenfalls mit einer automatischen Zuführungswalze versehen. Während sich diese Maschine sehr gut zum Falzen von großen Stücken Leder, wie Häute, Kalbfelle usw. eignet, ist das Falzen der Kanten auf ihr unmöglich, und die heutige Praxis besteht darin, daß der größere Teil der Oberfläche auf der doppelweiten Maschine gefalzt und die Arbeit durch Falzen der Seitenteile auf der Normalmaschine beendet wird.

Abb. 43 veranschaulicht eine andere Type, welche die „Hoch“-Type genannt wird; sie erweist sich als besonders nützlich zum Falzen von Rinderhäuten und anderen großen Stücken Leder. Dadurch, daß die Maschine bedeutend höher als die Normalmaschine gehalten ist, wird jede Möglichkeit der Faltenbildung während der Zuführung des Leders in die Maschine und dadurch verursachtes Wundreiben vermieden. Die Maschine ist von genügender Höhe, um dem Leder das Herunterfallen in die zu diesem Zweck vorgesehene Vertiefung zu ermöglichen, ohne die obenerwähnten störenden Möglichkeiten befürchten zu müssen.

Was für eine Type von Falzmaschine auch gewählt werden mag, immer wird die Festigkeit des Rahmenbaus der Lager und des Fundaments notwendig sein. Eine Lockerheit der Teile wird ein Klappern verursachen und den Grund zur Streifenbildung geben. In Berücksichtigung dieser Tatsachen sind die modernen Maschinen im Vergleich zu den veralteten Typen mit außerordentlich weiten, mit Ringschmierung versehenen Lagern ausgestattet.

Beim Falzen mit der Maschine ist von allergrößter Wichtigkeit, daß die Häute in richtigem Feuchtigkeitszustande sind, nicht so naß, daß sie an der Gummiwalze festkleben, nicht so trocken, daß sie zu „brennen" anfangen. Letztes kann eintreten, wenn infolge des starken Andruckes der Haut gegen die Messerwalze die Reibung so stark wird, daß das Leder überhitzt wird. Vor dem Gebrauch der Maschine soll man sich durch einige Drehungen der Schleifscheibe die Sicherheit verschaffen, daß die Messer auch wirklich scharf sind. Keinesfalls soll aber während des Falzens selbst der Schleifmechanismus in Tätigkeit sein; der Eisenfeilstaub, der dabei entsteht, macht sofort Flecke auf lohgarem Leder. Außerdem zerstört fortgesetztes Schleifen auf dem Stein die Eigenart der Messer und bewirkt so gerade das Gegenteil vom Schleifen, indem es das Messer stumpf anstatt scharf macht.

Abb. 43.

Einige der neusten Falzmaschinen haben an Stelle der mit Gummi überzogenen Walze einen glatten nickelplattierten Metallzylinder. Ein solcher Metallzylinder ist aber keineswegs für alle Fälle geeignet. Er ist zwar recht gut tauglich für Chromleder; im allgemeinen ist indessen eine Walze aus Hartgummi vorzuziehen.

Der Schleifstaub, der aus feinsten Teilchen von Stahl und Schmirgel besteht und der für das Leder äußerst gefährlich ist, wird in einigen Maschinen durch einen Ventilator mit selbsttätigem Antrieb entfernt. Die Bürste, welche man in Abb. 36 unter der Messerwalze sieht, verhindert, daß die Haut sich an der Walze fängt und sich um sie herumwickelt.

Sechster Abschnitt.

Reinigen des Narbens.

Häute, Kipse oder Kalbfelle, welche in alter Grubengerbung oder auch mit anderen Gerbstoffen der Pyrogallolreihe hergestellt sind, müssen der Narbenreinigung unterworfen werden, ehe sie zum Färben genommen werden können. Der Zweck dieses Arbeitsganges ist die Entfernung des Niederschlages von Ellagsäure, der beim Gerben mit dieser Art von Gerbstoffen gebildet wird. Der Niederschlag der Ellagsäure, der technisch als „Blume" bekannt ist, besteht in einer unregelmäßigen Ablagerung von weißer oder gelblich weißer Farbe auf der Narben- und der Fleischseite der Haut.

Abb. 44.

Um Gleichmäßigkeit des Tones bei der Färbung zu erzielen, muß der Niederschlag, die „Blume", vollständig von der Narbenseite entfernt werden, da sie die Färbung bei allen Verfahren stört.

Häute oder Felle, welche mit den Gerbstoffen der Katechinreihe hergestellt wurden, besitzen diesen Niederschlag nicht. Es ist daher nicht notwendig, Häute dieser Art dem Arbeitsgang der Narbenreinigung zu unterziehen.

Abb. 45.

Die „Blume" wird durch Reinigung mit der Hand entfernt. Die Haut wird, nachdem sie eingeweicht ist, mit der Fleischseite nach oben auf den Tisch gelegt, und zwar so, daß der Rücken an die Vorderkante kommt, so daß immer eine Hälfte der Haut auf einmal gereinigt wird. Die Fleischseite wird mit einem Streichbrett aus Stahl gereinigt, wie es in Abb. 44 dargestellt ist, und welches „Schlicker" genannt wird. Der obere Teil besteht aus Holz und bildet den Handgriff, an dem der Arbeiter mit beiden Händen angreift, um die Haut in kleineren, schnell aufeinanderfolgenden Strichen zu bearbeiten. Siehe Abb. 45. Halb ist es ein Reiben und halb ein Kratzen oder Schaben auf der Haut. Der Arbeiter beginnt, indem er den Rücken entlang arbeitet, und fährt dann vom Rücken nach den Flanken, so daß die

Haut ganz flach ausgestrichen wird. Ist die eine Hälfte so geglättet, so wird die Haut umgedreht und die andere Hälfte in der gleichen Weise bearbeitet.

Ist die Fleischseite auf die beschriebene Weise gereinigt, so wird die Haut nochmals in den Weichbottich gelegt. Daraus entnommen, wird sie jetzt mit der Narbenseite nach oben auf den Tisch gelegt, und diese Seite wird nun bearbeitet wie vorher die Fleischseite. Das zur Anwendung kommende Werkzeug ist aber jetzt ein glatter Stein.

Abb. 46.

Seifenlösung hat eine außerordentlich lösende Wirkung auf Ellagsäure; deshalb setzt man zweckmäßig dem warmen Wasser, das zum Reinigen verwandt wird, eine geringe Menge Seife zu. Eine geeignete Menge für die Lösung ist etwa 120 g Seife auf 5 Liter Wasser. Sind die Häute mit einer besonders starken Blume überzogen, so ist es gut, der zum Reinigen verwendeten Flüssigkeit ein wenig Borax zuzusetzen. Nachdem die Häute ausgestrichen sind, wird die warme Seifenlösung über die Haut gegossen, und eine harte, scharfe Bürste tritt an die Stelle des Streichbrettes oder Schlickers. Die Narbenseite wird nun ordentlich gebürstet, so daß Blume und Schmutz, soweit wie irgend möglich, von der Oberfläche entfernt

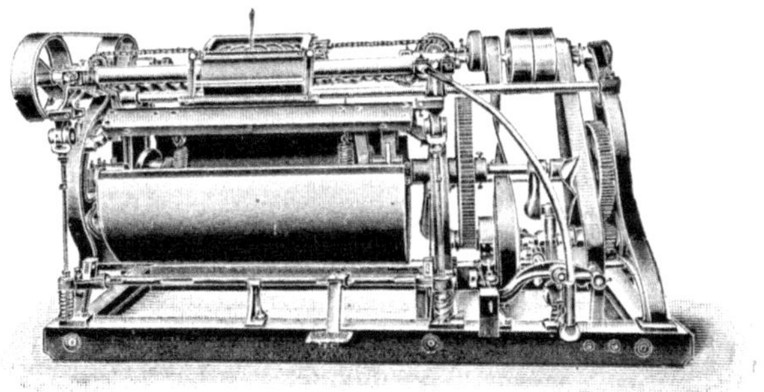

Abb. 47.

werden. Dann geht man die Haut noch einmal mit einem Stahl- oder Metallschlicker über, und nun ist das Leder für die weitere Bearbeitung fertig vorbereitet.

Das Reinigen wird auch auf Maschinen ausgeführt; aber die Maschinenarbeit ist nur zu empfehlen, wenn es sich um Ware handelt, die später schwarz gefärbt werden soll und außerdem nur zur Bearbeitung der Fleischseite. Und zwar empfiehlt es sich nicht, die Narbenseite auf der Maschine zu bearbeiten, weil diese so kräftig arbeitet, daß es unmöglich ist, die Narbenseite vor Verletzung zu schützen.

Zum Reinigen der Fleischseite von Häuten, die eine starke Blume aufweisen, eignet sich die Maschine in ganz hervorragender Weise. Die beiden hauptsächlich in Gebrauch befindlichen Maschinentypen sind in den Abb. 46 und Abb. 47 dargestellt.

Nach dem Falzen können die Felle und Häute vielfach, für welchen Zweck immer sie bearbeitet werden sollen, vorteilhaft in einem kleinen Faß mit wenig warmem Wasser, etwa eine halbe Stunde, gewalkt werden. Diese Behandlung reinigt sie infolge der gegenseitigen Reibung gut. Der Zusatz einer kleinen Menge Borax — wie oben angegeben wurde — zum Wasser während dieses Walkens ist vorteilhaft, indem dadurch die Entfernung der „Blume" erleichtert wird.

In vielen Fabriken wird das Aussetzen mit dem Stein vollkommen vermieden, an dessen Stelle man einen Wischer von Pflanzenfaser nimmt, wie ihn die Gärtner zum Abwaschen der Pflanzen benutzen, einen Bastwischer. Die Arbeit mit diesem Wischer ist sehr wirkungsvoll: die Leder werden damit sehr gut gereinigt, ohne daß der Narben irgendeine Gefahr läuft, verletzt zu werden.

Sind die Leder gereinigt und frei von „Blume", werden sie in klarem Wasser gespült und bekommen dann eine leichte Sumachierung im Faß; sie sind dann fertig zum Färben, wenn es sich um dunkle Töne handelt, wie lederbraun, schokoladenbraun, dunkelgrün, blau usw. Werden aber helle Töne verlangt, so ist es oft nötig, sie nach dem Narbenreinigen mit Säure zu behandeln, um einen möglichst hellen Untergrund für die Färbung zu erhalten.

Siebenter Abschnitt.

Säuern, Aufhellen.

Das Säuern hat den Zweck, die Farbe der Gerbung lichter zu machen; auch etwa vorhandene Eisenflecke sollen entfernt werden.

Da sie so außerordentlich billig ist, so wird hierzu fast allgemein die Schwefelsäure genommen. Unglücklicherweise hat aber die Schwefelsäure eine sehr zerstörende Wirkung auf die Lederfaser. Leder, die einmal, selbst in sehr verdünnte Schwefelsäure getaucht sind, werden auch nach längerem Waschen noch eine beträchtliche Menge Säure zurückbehalten; und die Hartnäckigkeit, mit der die Faser die Schwefelsäure festhält, ist so groß, daß man sagen kann, es ist praktisch unmöglich sie auszuwaschen.

Die Wichtigkeit, daß das Leder aber nicht sauer wird, wenn möglich das „Säuern" ganz und gar fortzulassen, kann dem Lederzurichter nicht eindringlich genug dargestellt werden, besonders wenn es sich um Zurichtungen als Bucheinband, für Möbel- oder Phantasieleder handelt. Bei weniger feinen Lederarten, wie Schuhoberleder, Futterleder usw. ist es nicht ganz von derselben Bedeutung; indessen muß auch hier sehr sorgfältig aufgepaßt werden, daß die Leder nach dem Säuern ordentlich „gesüßt" werden. Von den flüchtigen organischen

Säuren kann man keine als Ersatz der Schwefelsäure beim Säuern nehmen. Denn keine der flüchtigen organischen Säuren kann Eisenflecke aus dem Leder entfernen, wenn schon sowohl Ameisensäure wie Essigsäure die Farbe etwas aufhellen würden. Der beste Ersatz für die Schwefelsäure sind vielmehr Oxalsäure oder Salzsäure. Oxalsäure ist hinsichtlich der Entfernung von Eisenflecken aus dem Leder so wirksam wie Schwefelsäure; sie ist aber auch, wennschon nicht ganz ebenso, doch recht gefährlich. Salzsäure, welche die Eisenflecke ebenso gut beseitigt, hat nicht die gleiche auffallende Wirkung, die Schwefelsäure oder Oxalsäure ausüben, und ihre Anwendung ist ebenfalls gefahrvoll. Sie wird zwar nicht mit solcher Heftigkeit von der Lederfaser festgehalten, wie Schwefelsäure, und läßt sich daher leichter entfernen; aber es ist auch unbedingt wichtig, daß wirklich selbst die letzten Spuren Säure entfernt werden. Denn selbst verdünnte Lösungen würden das Leder vollständig zerstören, wenn es bei Temperaturen von etwa 50—55° C damit getränkt würde. Das Säuern wird im allgemeinen in einem Bottich vorgenommen. Die Leder werden in kalte verdünnte Schwefelsäure von ungefähr $^3/_4$ bis 1 vH (Gewichtsteile) gelegt und mit einem Holzstab ungefähr fünf bis zehn Minuten herumgerührt, bis die Farbe deutlich aufgehellt ist und alle Flecke verschwunden sind. Beim Gebrauch von Salzsäure ist eine einprozentige Lösung angebracht.

Bei leichten, weniger guten Ledern wird das Säuern oder Aufhellen auch mitunter im Faß ausgeführt. Noch feucht vom Weichen oder Reinigen werden sie ungefähr fünf Minuten in einer Lösung des käuflichen Vitriolöls gewalkt.

Ob im Bottich oder im Faß gearbeitet wird, auf jeden Fall muß die Säurelösung kalt sein. Obwohl eine warme verdünnte Schwefelsäure die Flecken besser entfernt, ist sie doch weitaus schädlicher für das Leder; denn sie dringt bis in den innersten Kern des Leders und kann daraus nie wieder entfernt werden. In der Kälte wirkt die Säure nicht so stark ein, es sei denn, man läßt die Leder längere Zeit darin liegen. Es ist weniger schädlich, die Leder kurze Zeit in eine verhältnismäßig konzentrierte Säurelösung zu bringen, als sie längere Zeit in einer verdünnten Lösung zu lassen.

Nach dem Säuern müssen die Leder ordentlich mit Wasser gewaschen, sie müssen „gesüßt" werden. Man nimmt dazu lauwarmes Wasser von 45° C und wäscht die Leder gründlich, um die Säure, soweit es irgend möglich ist, zu entfernen.

Alle die Arbeitsvorgänge, das Weichen, Abziehen, Reinigen, Waschen und Sumachieren, können sehr bequem in demselben Faß und ohne Unterbrechung vorgenommen werden, wenn dieses mit leicht handlichen Einrichtungen zum Füllen mit Wasser und bequemen Abflußvorrichtungen für die schmutzigen Flüssigkeiten versehen ist. Die Leder werden in solchem Falle in das leere Faß getan und das Faß während des Laufens mit der zum vollständigen Weichen und Waschen erforderlichen Menge Wasser gefüllt; dann wird der zum Abziehen nötige Zusatz von Alkalilösung gegeben, fünfzehn oder zwanzig Minuten gewalkt, und die verunreinigte Lösung abgelassen; dann gibt man die zum Waschen der Leder nötige Menge Wasser während des Umdrehens und so fort, bei jedem folgenden Arbeitsgang, bis die ganze Arbeit befriedigend beendet ist.

Wenn so gearbeitet wird, braucht man die Leder während aller Vorbereitungsarbeiten überhaupt nicht aus dem Faß herauszunehmen.

Achter Abschnitt.

Abziehen und Sumachieren.

Es ist allgemein üblich, den Ledern vor dem Färben einen Teil des bei der ursprünglichen Gerbung aufgenommenen Gerbstoffes wieder zu entziehen, besonders aber dann, wenn Wildhäute zur Verarbeitung kommen, wie beispielsweise ostindische lohgare Ziegen und Schafe, sogenannte Persianer oder Bastarde, australische Basils, Smyrna- oder Bagdad-Ziegen oder Schafe, oder aber, wenn die Leder schon einige Zeit gegerbt waren, bevor sie zugerichtet werden.

Das Abziehen besteht in der Behandlung mit einer schwachen Lösung eines geeigneten Alkalis und es bezweckt, das Fett und gleichzeitig einen Teil des Gerbmaterials zu entfernen.

Die Auswahl des alkalischen Abziehmittels, das zur Anwendung kommen soll, ist von dem erwünschten Grade der Entgerbung abhängig. Kristallisierte oder Waschsoda, kalzinierte Soda, doppeltkohlensaures Natron und Borax sind die gebräuchlichsten Mittel.

Die Arbeit des Abziehens soll so ausgeführt werden, wie es nachstehend beschrieben ist:

Die Leder werden nach dem Falzen oder — wenn sie vor dem Färben nicht gefalzt wurden — nach dem Einweichen in das Faß gebracht, in dem so viel warmes Wasser ist, daß eine bequem handliche Flotte entsteht; die Temperatur soll 35° C nicht übersteigen. In diesem Wasser werden die Leder zehn bis fünfzehn Minuten gewalkt, bis sie gründlich und vollkommen durchnäßt sind. Inzwischen wägt man das ausgewählte alkalische Abziehmittel ab — man bezieht das Gewicht ein für allemal entweder auf das Gewicht des trockenen Leders oder auf das Falzgewicht — und tut es zum Lösen während des Laufens allmählich in das Faß hinein. Man läßt dann nach Beendigung der Zugabe noch etwa zwanzig bis dreißig Minuten weiterlaufen, läßt dann die Lösung abfließen und wäscht die Leder im Laufen gründlich und vollkommen aus, am besten in ständig fließendem Wasser, indem das schmutzige Wasser immer durch die siebartig durchlöcherte Verschlußklappe des Fasses fortläuft und frisches Wasser stets durch die hohle Achse zufließt.

Nachdem die Leder auf diese Weise gründlich durch und durch ausgewaschen sind, werden sie im allgemeinen durch Walken in einer schwachen Lösung von Schwefelsäure aufgehellt. Dann werden sie wieder ordentlich ausgewaschen, mit Sumach daraufhin nachgegerbt und sind nun gewöhnlich fertig zum Färben.

Das Alkali holt nicht nur einen Teil des ursprünglich angewendeten Gerbstoffes aus dem Leder, sondern es beseitigt zugleich einen Teil des Fettes oder Öles, welches das Leder enthalten kann. Gewöhnliche englische Basils, welche vor diesen Vorbereitungsarbeiten nicht durch Benzinbehandlung entfettet wurden, sind bekanntlich besonders fett, da sie von Natur reichlich Fett enthalten. Australische Basils haben ebenfalls eine große Menge natürlichen Fettes. Die indischen Gerbungen, selbst die sogenannten „Trocknen Madras" dürften bis zu 30 vH Öl enthalten, und zwar gewöhnlich Sesamöl, welches die indischen Gerber zur Lederbeschwerung verwenden. Auch die Bombays und andere fettigen Leder enthalten 15 bis 25 vH ihres Eigengewichts an Öl zur Beschwerung, und zwar gewöhnlich Rhizinusöl.

Durch die verseifende Wirkung des Alkalis auf das Fett bildet sich in dem Leder Seife, welche durch wiederholtes Waschen nach Beendigung des Abziehens entfernt werden muß.

Dabei ist es außerordentlich wichtig, daß die Seife vollständig ausgewaschen ist, bevor die Leder in das Schwefelsäurebad kommen. Denn wenn die Leder in das Säurebad kommen, bevor die Seife völlig durch Waschen beseitigt ist, so zersetzt die Säure die Seife und macht daraus die Fettsäuren frei, mit denen man nun viel mehr Schwierigkeiten zu erwarten hat, als vorher mit dem natürlichen Fett des Leders. Diese Fettsäuren werden ganz ungleichmäßig auf der Oberfläche des Leders abgeschieden, und selbstverständlich ist eine ungleichmäßige Färbung die Folge. In einem weiteren Übelstand macht sich diese unvollständige Entfernung der Seife vor dem Säuern bei den gefärbten und zugerichteten Ledern bemerkbar, nämlich in einem weißen Niederschlag oder Ausschlag, der außerordentlich schwer zu beseitigen ist. Bei vielen mangelhaft gefärbten Ledern läßt sich mit unzweifelhafter Sicherheit als Ursache des Schadens ein unzureichendes Waschen nach der alkalischen Behandlung und vor dem Säuern nachweisen.

Außerordentlich wesentlich ist die Temperatur, bei welcher das Abziehen vorgenommen wird. Da die rohe Haut, wenn sie in Wasser gebracht wird, höchstens eine Temperatur von 35° C verträgt, ohne Gefahr zu laufen, zerstört und aufgelöst zu werden, so ist es einleuchtend, daß eine Benetzung der Leder mit einer alkalischen Lösung von einer höheren Temperatur als der eben genannten außerordentlich gefährlich ist; die Leder werden dadurch kurzfaserig und empfindlich. Ist die Temperatur viel höher als etwa 45°—50°, so werden die Leder an der Luft schrumpfen und nach dem Trocknen hart und brüchig.

Überschreitet die Temperatur aber die eben genannte Höhe (35°) nicht, dann ist irgendeine ernste Gefahr für das Leder nahezu ausgeschlossen, selbst wenn ungewöhnlich starke Lösungen von Alkali zur Verwendung kommen. Natürlich muß man aber daran denken, daß, je stärker die Lösung ist, desto größer die Menge des ursprünglichen Gerbstoffes ist, welche entfernt wird; und diese muß unbedingt durch eine satte Nachgerbung ersetzt werden, bevor die Leder zum Färben kommen. Wenn aber anderseits für gewisse Zwecke die Absicht besteht, die Leder weitgehend mit mineralischen Gerbstoffen nachzugerben, zum Beispiel mit Chrom oder Alaun, dann wird die Gerbung der reinen Mineralgerbung nach dem Zurichten um so näher kommen, je mehr die Leder beim Abziehen an vegetabilischem Gerbstoff verloren haben.

Allgemein ergibt sich: Ist nur die Beseitigung des Fettes aus den Ledern, ohne Entfernung von Gerbstoff erwünscht, so empfiehlt es sich am meisten, eine schwache Lösung von Schmierseife anzuwenden. Diese ist als Entfettungsmittel sehr wirksam, ohne indessen die Farbe des Leders zu beeinflussen oder, wie eben gesagt, den Gerbstoff zu entfernen. Borax ist ein besonders mildes Abziehmittel und hat wie Seife sehr wenig Wirkung hinsichtlich Gerbstoffentfernung, selbst wenn er in stark konzentrierter Lösung angewendet wird.

Eine oder die andere Form von Natriumkarbonat, d. i. kalzinierte Soda, Wasch- oder Kristallsoda sind ausgezeichnet wirksame Mittel für die Entfernung sowohl des Gerbstoffes als auch der Fette.

Von den allgemein angewendeten Abziehmitteln seien nachstehend die äquivalenten Mengen gegeben.

10 kg Borax kristalliert, $Na_2B_4O_7 10 H_2O$ entsprechen:
7,49 kg Kristallsoda Na_2CO $10 H_2O$,
2,79 kg Kalzinierte Soda, 100proz., Na_2CO_3,
4,39 kg Natriumbikarbonat, 100proz., $NaHCO_3$,
3,39 kg Natriumsesquicarbonat, $Na_2CO_3NaHCO_3 10 H_2O$.

Für die meisten untergeordneten Zwecke kann diejenige Menge als ausreichend angenommen werden, welche 2 kg Borax auf jede 100 kg Falzgewicht entspricht.

Sumachieren.

Das Sumachieren wird vorzugsweise im Faß vorgenommen; das zur Verwendung kommende Bad soll eine Temperatur von 40 bis 50° C haben. Man stellt eine geeignete Lösung her, indem man 5 bis 10 kg Sumach für jede 100 kg trockenes Leder mit der genügenden Menge Wasser ansetzt. Die Leder werden in diesem Sumachbade ein bis zwei Stunden gewalkt und nachher mit Wasser gewaschen, um alle anhängenden Sumachteilchen zu entfernen, dann werden sie auf der Platte mit dem Messingschlicker ausgesetzt und sind nun fertig zum Färben.

In manchen Fabriken ist es üblich, unmittelbar nach dem Reinigen zu sumachieren, indem man die Leder einige Stunden in einem starken Sumachbade im Fasse laufen läßt, und dann, indem man sie durch eine schwache Schwefelsäurelösung gibt, das Säuern als dritten Arbeitsgang vornimmt.

Das Verfahren, unmittelbar nach dem Reinigen zu säuern und dann erst zu sumachieren, gibt indessen die besten Ergebnisse. Außerdem hat diese Arbeitsweise den Vorteil, daß das Sumachbad die Beseitigung etwa noch anhaftender Säurereste aus dem Leder befördert. Die Säure muß so weit wie irgend möglich aus den Ledern entfernt werden, bevor sie in das Farbbad kommen. Hierauf ist immer zu achten, und ganz besonders, wenn die Leder mit basischen Farbstoffen gefärbt werden sollen.

Bei schweren Ledern — ganzen Häuten, Seiten oder Schultern — wird gewöhnlich in Gruben gearbeitet. Eine warme Lösung von Sumach oder von Sumach in Mischung mit einem passenden Extrakt wird in einer hinreichend großen hölzernen Grube vorbereitet und die Leder hineingebracht. Die Temperatur der Lösung soll beim Einbringen der Häute nicht über 50° C betragen. Die Leder werden ununterbrochen zehn bis fünfzehn Minuten lang in der Lösung bewegt, dann etwa eine Stunde ruhen gelassen und abermals bewegt. Wenn sie auf diese Weise tagsüber mehrfach bewegt worden sind, bleiben sie über Nacht in der Lösung liegen.

Wenn dünne Leder verarbeitet werden, die beim Nachgerben oder Sumachieren gefüllt werden sollen, so nimmt man nicht eine verhältnismäßig dünne Lösung, sondern wendet den Sumach besser in Form eines Breies an. Beim Walken der Leder in dem Sumachbrei gehen die Häute schön auf, da die kleinen Sumachteilchen die Zwischenräume zwischen den Fasern gut füllen; die mechanische Wirkung des Walkens läßt auch einige Teilchen des festen Sumachs aufgenommen werden. Die Leder werden stark gefüllt und die Substanz vermehrt. Wenn man diese Wirkung erreichen will, muß man die Häute ungefähr zwei Stunden in dem dicken Sumachbrei walken lassen. Dabei ist aber zu beachten, daß es wesentlich ist, das Faß etwa alle halbe Stunde anzuhalten und den Verschluß abzunehmen, um frische Luft in das Faß kommen zu lassen und die Leder abzukühlen. Denn sonst ist die Gefahr nicht unbeträchtlich, daß die Leder durch die Reibung, der sie ausgesetzt sind, heiß werden und daß die Temperaturerhöhung ihnen einen ersten Schaden bringt.

Beim Nachgerben von Schafspalten, die sehr empfindlich zu sein pflegen, und die infolgedessen beim Walken leicht zerrissen werden, ist es notwendig, um jede Verletzung zu vermeiden, daß die Leder mehr in der Lösung rund bewegt, als wirklich gewalkt werden; das Faß darf daher nur langsam laufen und muß ungefähr zu zwei Dritteln seines Inhalts mit der Lösung angefüllt sein.

Neunter Abschnitt.

Vorbereitung der verschiedenen Lederarten.

Sumachgare Leder.

Spalte. Sie werden im allgemeinen in Wasser eingeweicht, in der oben beschriebenen Weise gesäuert und nachher gesüßt und sind dann fertig zum Färben.

In vielen Fällen und besonders natürlich dann, wann verhältnismäßig dunkle Farben gefärbt werden sollen, wie z. B. Dunkelrot, Myrte-, olive-, blattgrün, braun u. a., und wenn die Leder frei von Flecken sind, ist es ratsam, das Säuern ganz zu unterlassen; die Leder werden dann einfach eingeweicht und ungefähr eine halbe Stunde in warmem Wasser gewalkt, dann über den Baum geschlagen und in das Farbbad gebracht.

Alte und harte Stücke nehmen die Farbe nicht leicht an; sie werden daher in der Haspel oder im vollen Faß, in dem sie nur schwimmen, ungefähr eine halbe Stunde vor dem Färben mit einer dünnen Sumachabkochung behandelt. Wenn auf diese Weise eine gleichmäßige Färbung noch nicht gewährleistet wird, weil die Felle sehr alt sind, so müssen sie vor dem Sumachieren noch eine schwache Boraxlösung bekommen.

Will man mit basischen Farbstoffen färben, so empfiehlt es sich noch, vor dem Färben einen etwaigen Überschuß von Gerbstoff in unlöslicher Form in den Ledern zu fixieren, indem man sie mit dünnen Lösungen von Brechweinstein (Kaliumantimonyltartrat), Antimonlaktat, oder einem Titansalz usw. behandelt. Die Einzelheiten dieser Arbeitsweisen werden in einem folgenden Abschnitt gegeben.

Ziegen, Schaf, Kalb. Sumachgare Ziegen, Schafe und Kalbfelle, die der Färber als Borken bekommt, brauchen, wenn sie noch nicht zu lange auf dem Lager gelegen haben, nur noch einmal ordentlich aufgeweicht zu werden. Man läßt sie dann abwelken, falzt sie und hat sie fertig zum Färben. Leder, die zu Möbelleder verarbeitet werden sollen, werden erst nach dem Färben gefalzt. Haben sie dagegen schon ziemlich lange auf Lager gelegen, so werden sie die Farbe nicht gleichmäßig, sondern meistens ziemlich ungleich annehmen. Stellt sich dieser Übelstand heraus, dann ist es besser, die Leder noch einmal im Faß leicht nachzusumachieren, in derselben Art, wie es für lohgare Kalbleder beschrieben wurde. Die Felle werden dann den Farbstoff vollkommen gleichmäßig annehmen.

Bevor der Abschnitt: „Vorbereiten der sumachgaren Leder“ abgeschlossen wird, dürfte es angebracht sein, einige Bemerkungen über die Arbeitsweise der Vorbereitung dieser Leder zu machen, im Hinblick auf die Auseinandersetzungen der Kommission der Londoner Society of Arts über die Buchbinderleder, die im Berichte dieser Kommission von 1901 und ausführlicher in dem Bericht von 1905 niedergelegt sind.

Bezüglich des Falzens, sagt der Bericht der Kommisison, daß dieser Arbeitsgang „im ganzen nur in beschränktem Maße vorgenommen werden solle. Denn sonst führt das Falzen, wie man es auch immer ausführen möge, notwendigerweise zu einer Schwächung der Haut, indem die stärksten Stellen entfernt werden. Für kleinere Bücher sollen daher dünne Leder genommen werden, um die Notwendigkeit des Abschabens zu umgehen, während nur für größere Bücher größere und festere Leder zu wählen sind. Bibliothekare und Buchbinder müssen sich vergegenwärtigen, daß sie nicht eine große dünne Haut haben können, die etwas aushalten kann; denn nur durch Falzen (oder Spalten, was einer Schwächung noch mehr gleichkommt) kann eine solche Haut gleichmäßig dünn hergestellt werden. Wenn man dies befolgt, so wird das Falzen in ein einfaches Strecken und Stoßen übergehen, ein Ausgleichen verschieden starker Stellen und eine Entfernung der locker anhängenden Fleischteile."

Bezüglich des Säuerns stellt der Bericht fest, „daß die Verwendung irgend welcher, selbst schwachen organischen Säuren beim Säuern oder Reinigen der Leder oder im Farbbad durchaus zu verwerfen ist".

Und weiter: „Es hat sich durch sorgfältige Versuche herausgestellt, daß selbst minimale Mengen von Schwefelsäure vollkommen vom Leder aufgenommen werden, und daß kein noch so reichliches nachträgliches Waschen diese wieder entfernt. In einer großen Anzahl von Fällen war das Zerreißen moderner sumachgarer Leder auf den Gebrauch von Schwefelsäure zurückzuführen."

Der Bericht verwirft ebenso „den Gebrauch von starken Alkalien oder alkalischen Salzen, wie Soda".

Die Bedingungen der Kommission der Society of Arts für die Herstellung von Buchbinderledern sind in großen Zügen folgende:

1. Die Vorbereitung der Leder zum Färben soll darin bestehen, daß sie leicht gefalzt werden, um überflüssige an der Aasseite anhängende Fleischteile zu beseitigen und Nacken und Schwanz auszugleichen, dann einfach ordentlich geweicht, wenn nötig nachsumachiert und ausgestrichen werden.

2. Bei der Vorbereitung zum Färben ist das Säuern vollkommen zu unterlassen. Dieses Verbot ist unumstößlich; denn Schwefelsäure oder Salzsäure dürfen unter keinen Umständen angewendet werden, und ein Ersatz durch organische Säuren ist praktisch unmöglich, weil es keine organische Säure gibt, die irgendwie in Betracht käme, um Flecken aus dem Leder zu entfernen und es so weiß zu machen, wie jene Säuren es tun, mit Ausnahme der Oxalsäure, die aber ebenso gefährlich ist wie die Schwefelsäure.

Dies führt notwendigerweise zu einer ganz außerordentlich sorgfältigen Auswahl der Leder, entsprechend den Farben, in denen sie gefärbt werden sollen. Fleckige Leder können als Buchbinderleder nur für sehr dunkele Farben gebraucht werden; reine, weiße Felle müssen für die hellen matten Farbtöne gewählt werden.

Vorbereitung von Basils.

Australische Basils. Diese Ledersorten sind gewöhnlich mit Mimosarinde gegerbt und sind, mit anderen Basils, wie z. B. den englischen oder schottischen verglichen, als sehr wenig gute zu bezeichnen. Sie werden daher meistens nur für Schuhfutter, Strippenleder und minderwertige Phantasiewaren verwendet. Von besseren Sorten wird ein kleiner Teil auch für billiges Oberleder, Buchbinderleder usw. zugerichtet.

Die Vorbereitung dieser Leder beschränkt sich eigentlich im wesentlichen, wenn die Felle vorher durch Benzinextraktion gründlich entfettet sind, auf ein leichtes Abziehen mit verdünnter Borax- oder Sodalösung und darauffolgendes Waschen, dem sich bei den für helle Farbe bestimmten das Säuern mit Schwefelsäure anschließt, während dies bei den dunkel zu färbenden fortgelassen wird. Zum Schluß bekommen sie ein leichtes Sumachbad.

Neuseeländische Basils. Diese sind im allgemeinen besser als die australischen, und sie brauchen gewöhnlich keine weitere Vorbereitung als ein Walken in einer schwachen Sumachabkochung.

Wenn man die Basils, seien es australische oder neuseeländische, überhaupt sonst vorbereiten will, so kann man eines der für die Perser oder Bastarde nachstehend beschriebenen Verfahren anwenden.

Türkische und Smyrna-Basils. Diese sind mit einer Sumachart gegerbt und sind die schlechtesten Sorten, die überhaupt eingeführt werden. Sie sind schlecht geschlachtet, schlecht entfleischt und gewöhnlich nur halb gegerbt und werden überhaupt nur zu Schuhfutter verwendet. Beim Vorbereiten werden diese Leder, nachdem sie im Faß gereinigt worden sind, wenn sie hell bleiben sollen, mit Sumach, oder wenn die Farbe auch dunkeler werden darf, mit Quebrachoauszug oder einem anderen billigen Gerbstoffauszug nachgegerbt.

Nach dem Nachgerben werden sie gewaschen und, wenn es nötig ist, mit Schwefelsäure oder Salzsäure gesäuert. Sie werden dann auf der Fleischseite ausgestrichen und sind dann fertig zum Färben. Wenn die Stücke stark sind, so werden sie nach dieser Vorbereitung getrocknet und auf der Fleischseite gebimst oder gefalzt.

Vorbereitung von Ostindischen Ziegen und Schafen (gewöhnlich Bastarde oder Perser genannt). Ganz allgemein wird bei der Vorbereitung der Bastarde zum Färben ein Teil der ursprünglichen Gerbung wieder entfernt; ebenso wird ihnen durch Walken in einer schwach alkalischen Lösung das Fett entzogen. Gewöhnlich nimmt man dazu die käufliche Waschsoda in Kristallen, und zwar 40 bis 50 g auf jedes Dutzend Felle. Wenn die Felle in die Lösung hineinkommen, soll sie eine Temperatur von 30° C haben. Sie laufen darin ungefähr eine Viertelstunde, werden dann herausgenommen, in lauwarmem Wasser ordentlich gewaschen und durch ein dünnes Schwefelsäurebad gezogen. Die Farbe des Leders war in dem alkalischen Bade etwas dunkler geworden, in dem Säurebad wird sie jetzt wieder aufgehellt. In recht viel Wasser werden die Felle nun gesüßt und dann in einem ziemlich starken Sumachbade — etwa $^1/_2$ bis 1 kg Sumach auf ein Dutzend Felle — im Faß sumachiert. Nach dem Sumachieren werden sie in warmem Wasser gewaschen, dann ausgestrichen und sind nun fertig zum Färben.

Wo das Abziehen, das Entfernen von Fett, unbedingt mit einer alkalischen Lösung notwendig ist, ist es besser, an Stelle der Sodalösung eine verdünnte Boraxlösung zu nehmen. Wenn der Borax auch die Gerbstoffe nicht so energisch löst, wie die Soda, so wirkt er doch ausgezeichnet, indem er das Fett fortnimmt. Bei dieser Behandlung dunkelt die Farbe nicht wesentlich nach, so daß in den meisten Fällen das Säuern ganz unterbleiben kann. Es dürfte meist ausreichen, 1 vH Borax vom Falzgewicht zu nehmen. Nach dieser Behandlung mit Borax werden die Felle gewaschen und dann in der üblichen Weise sumachiert.

Auch eine schwache Seifenlösung leistet beim Abziehen vorzügliche Dienste. Die Seife muß aber immer neutral sein. Man nimmt 1—2 vH Seife und läßt sie in der Lösung 20—30 Minuten laufen. Die Leder werden dann nur gewaschen und leicht sumachiert.

Bei der Vorbereitung derjenigen Leder, die braun gefärbt werden sollen oder in anderen mittleren und dunkelen Farben, kann der Sumach entweder durch Katechu- oder Mangroveextrakt vorteilhaft ersetzt werden. Denn einerseits sind sie billiger, anderseits geben sie einen guten „Grund" zum Färben, da sie nicht nur reichlich Gerbstoff, sondern außerdem auch Farbstoff enthalten.

Gewöhnlichere Ledersorten, wie Futterleder, „Spitzbubenleder", Strippenleder usw., werden gewöhnlich nicht gefalzt, da das Falzen für so billige Waren zu kostspielig wäre. Die Fleischseite wird einfach glatt geschliffen. Leder, die zu braunem Glacé oder Maroquin usw. zugerichtet werden sollen, werden entweder mit der Maschine oder mit der Hand gestoßen.

Beim Zurichten von minderwertigen Persern, wobei der Kostenpunkt die Hauptsache ist, kann man sowohl das Abziehen wie das Säuern und Sumachieren ganz fortlassen. Nachdem sie abgewelkt und gefalzt, oder wie oben gesagt — nur geschliffen sind, kommen sie mit einer kleinen Menge Wasser in das Walkfaß und werden dort ungefähr eine Stunde durch die eigene gegenseitige Reibung gereinigt. Sie werden dann noch einmal mit Wasser gewaschen, ausgestrichen und gefärbt. Es ist indessen immer zu empfehlen, wenn es der Preis irgend erlaubt, sie nach dem Reinigen im Faß leicht zu sumachieren.

Reinigen von lohgarem Kalbleder.

Wenn irgend möglich, sollten Kalbfelle, die bunt gefärbt werden sollen, daraufhin geprüft werden, ob sie frei von Blume sind. Hingegen nimmt man für Felle, die als Wichsleder zugerichtet werden sollen, solche, die mit möglichst reichlich Blume gebenden Gerbmaterialien (von Gerbstoffen der Pyrogallolreihe) hergestellt wurden. Denn diese Leder nehmen mehr Fett auf, als diejenigen, welche mit den keine Blume gebenden Gerbstoffen der Katecholreihe behandelt sind, besonders wenn diese im Überschuß verwendet wurden.

Indessen unabhängig vom Zweck, ist es in vielen Fällen ratsam, die Felle nach dem Falzen ungefähr eine halbe Stunde mit etwas warmem Wasser im Fasse zu walken. Infolge der Reibung gegeneinander werden die Häute auf diese Weise gereinigt. Ein kleiner Zusatz von Borax zum Walkwasser, wie er oben angegeben wurde, ist zu empfehlen; denn er erleichtert die Entfernung der Blume.

Dieses Reinigen der Kalbfelle wird meistenteils mit der Hand besorgt. Wenn die Leder auf der Fleischseite als Wichskalb zugerichtet werden sollen, so kann man anfänglich auch ganz gut mit der Ausstoßmaschine arbeiten. Es wird mit der Hand ganz ähnlich gearbeitet, wie es für die Häute beschrieben wurde. Man muß aber beim Reinigen der Narbenseite von Kalbfellen außerordentlich aufpassen und sorgfältig arbeiten, weil sie stets sehr empfindlich ist.

Nachdem die Blume auf diese Weise abgewaschen ist, werden die Felle in klarem Wasser gespült. Sie bekommen nun vorteilhaft eine leichte Sumachierung im Faß und sind dann zum Färben fertig.

Vorbereitung von Bäuchen.

Die Bauchspalte für Schuhe und Galanterieleder werden in derselben Weise wie die Kalbfelle für Schuhe gereinigt. Wenn man es anfänglich mit der Maschine macht, so vermindert man damit die Arbeitskosten beträchtlich gegenüber der reinen Handarbeit.

Darauf werden diejenigen, welche helle Farben bekommen sollen, sumachiert und diejenigen, welche in mittleren braunen Tönen gefärbt werden sollen, mit einem geeigneten Gerbstoffauszug leicht nachgegerbt. Das Nachgerben, sowohl mit Sumach wie mit Gerbstoffauszug, kann im Faß oder im Bottich ausgeführt werden.

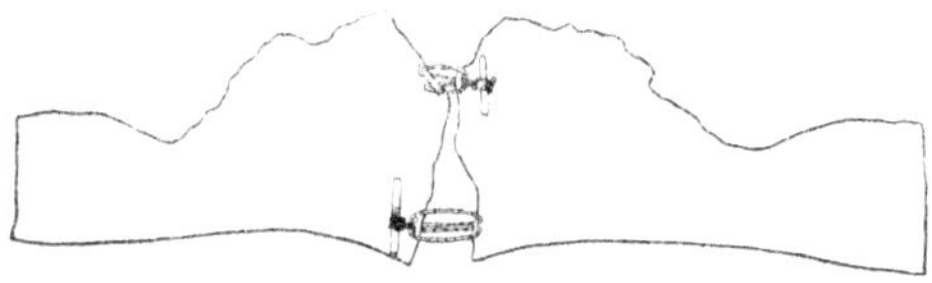

Abb. 48.

Wird die Nachgerbung im Faß ausgeführt, so verbindet man die Bäuche untereinander, wie es in Abb. 48 gezeigt ist, und zwar gewöhnlich in einer langen Reihe. Durch dieses Verbinden verhütet man, daß sich die Leder während des Walkens untereinander verschlingen. Um ein solches Verknoten zu verhindern, ist es außerdem ratsam, die Leder in dem Bade schwimmen zu lassen, indem man das Faß mit der Lösung ordentlich füllt. Auf diese Weise schließt man die Möglichkeit praktisch aus, daß die Bäuche sich irgendwie verschlingen. Die Bindung selbst stellt man am besten mit einer Schlinge her, die an einem Stück Holz befestigt ist; man steckt die Schlinge durch zwei Schnitte, welche man an den Bauchseiten gemacht hat, und befestigt sie, indem man sie über das Holz zieht.

Vorbereitung ostindischer Kipse.

Nach dem Spalten und Falzen werden die Häute gewogen und mit einer reichlichen Menge Wasser von 35° C ins Faß gebracht.

Etwa nach zehn bis fünfzehn Minuten, wenn sie völlig durchweicht sind, werden sie leicht abgezogen, indem man eine geeignete alkalische Lösung hinzugibt. Sehr gebräuchlich hierzu ist eine Boraxlösung; aber wenn die Leder von ausgesprochen fettiger Beschaffenheit sind, so kann sie besser durch eine entsprechende Menge kalzinierter Sodalösung ersetzt werden, da sie sowohl billiger als auch wirksamer ist. Die Menge Borax, welche genommen werden mag, ist etwa 2 vH des Falzgewichtes und diejenige der Soda $^1/_2$ vH. Die Leder werden etwa eine halbe Stunde in der Lösung gewalkt, die schmutzige Lösung wird abgelassen, und die Leder werden dann ähnlich, wie es bei den ostindischen Ziegen beschrieben worden ist, gründlich gewaschen.

Nun werden die Leder nachgegerbt. Auf den ganzen Arbeitsgang des Aufhellens kann man meistens verzichten, da die Farbtöne, in denen diese Leder gefärbt werden, in der Regel braun oder schwarz sind, so daß bei ihnen die Notwendigkeit eines hellen Untergrundes fortfällt.

Der Grad der Nachgerbung ist vom Verwendungszweck der Leder abhängig, je nach dem ob sie für Wichsleder oder Seiten zugerichtet werden sollen; im ersten Falle ist eine stärkere Nachgerbung nötig als im letzten. Die Nachgerbung und das Verhältnis der Gerbmaterialien hängt von der Beschaffenheit der in Arbeit befindlichen Kipse ab. Ein lockerer Narben verlangt eine Nachgerbung mit einem zusammenziehenden Gerbstoff, um das Gewebe dichter zu machen und der Neigung entgegenzuarbeiten, beim Zurichten locker zu werden. Eine kleine Mange Sumach ist auch von Bedeutung, um den Narben klarer und die Farbe heller zu machen.

Die folgenden Mischungen mögen als Beispiele gegeben sein:

Für jede 100 kg Falzgewicht.

A. 10 kg Gambier,
10 kg Sumach,
5 kg Quebrachoauszug.

B. 5 kg Gambier,
10 kg Quebrachoauszug,
10 kg Sumach.

In diesen Beispielen ist der Quebrachoauszug der zusammenziehende Gerbstoff; er kann, wenn man es vorzieht, durch Kastanienholzauszug ersetzt werden. Gambier ist ein milder Gerbstoff, der aber die Eigenschaft hat, gut durchzudringen; an seiner Stelle kann man wieder Myrobalanen nehmen. Sumach ist dabei genommen, um die mechanische Reinigung des Narbens zu befördern. und gleichzeitig, um die Helligkeit der Farbe zu erhöhen.

Die jetzt vielfach angewendeten künstlichen Gerbstoffe, die sogenannten synthetischen Gerbstoffe, können auch häufig mit Vorteil verwendet werden, wenn es sich darum handelt, die Farbe der ostindischen Kipse zu verbessern und das Eindringen zu erleichtern, aber am besten nur dann, wann die Leder nachher schwarz gefärbt werden sollen. Wann die Leder in braunen oder anderen Farbtönen gefärbt werden sollen, ist die Anwendung synthetischer Farbstoffe nicht so vorteilhaft, weil die Möglichkeit besteht, daß sie bleichend auf den Steinkohlenteerfarbstoff wirken.

Zehnter Abschnitt.

Bleichen.

Das Bleichen von Leder ist nur innerhalb gewisser Grenzen möglich. Von den in der Textilindustrie üblichen Bleichverfahren sind nur sehr wenige zum Bleichen von Leder mit befriedigendem Erfolge anzuwenden.

Da das mit vegetabilischen Gerbstoffen gegerbte Leder ja schon durch die Eigenfarbe des Gerbmaterials in einer sehr echten Farbe gefärbt ist und diese Farbe sich keinem gewöhnlichen Bleichverfahren zugänglich erweist, gibt es kein wirklich befriedigendes Verfahren, vegetabilisch gegerbtes Leder derart zu bleichen, daß es weiß wird. Wird also ein weißes Leder gefordert, so gibt es nur den einen gangbaren Weg, eine Gerbung anzuwenden, die von Natur weiß ist, und diese, wenn es möglich ist, durch Nachbehandlung hinsichtlich der Farbe noch zu verbessern.

Von den bekannten mit Mineralsalzen hergestellten Gerbungen ist das Verfahren mit Aluminiumsalzen das einzige, welches ein wirklich weißes Leder als Handelsware liefert.

Auch die chromgaren Leder können indessen nachträglich weiß gemacht werden und zwar durch Nachbehandlung mit Barium- oder Bleisalzen. Und selbst die helleren vegetabilischen Leder, welche bei Anwendung von Sumach gewonnen werden, können durch Behandlung von essigsaurem Blei und Schwefelsäure und den sich hierbei auf der Faser bildenden Niederschlag von Bleisulfat weiß gemacht werden. Diese Verfahren können indessen nur als Pigmentfärbungen oder Pigmentierungen bezeichnet werden.

Anderseits lassen sich sämischgare Leder, wie Chamois, Wildleder und andere Sorten, die in der Ölgare gegerbt werden, wirklich bleichen, und zwar nach verschiedenen Verfahren, und es ist auch allgemein üblich, diese Leder der Bleiche zu unterwerfen.

Rasen- oder Sonnenbleiche.

Das am häufigsten bei Sämischleder angewendete Bleichverfahren ist die sogenannte Rasen- oder Sonnenbleiche.

Diese Naturbleiche, wie man sie auch nennen kann, wird in verschiedener Weise ausgeführt. Entweder man zieht die Häute straff auf ein Segeltuch auf und läßt sie einige Fuß über dem Boden schweben, oder man breitet sie einfach auf dem Rasen aus. (Daher der Namen: „Rasenbleiche".) Da die Leder soviel Sonne als möglich bekommen sollen, ist es natürlich wünschenswert, daß sie möglichst nach Süden zu ausgelegt werden. Ebenso ist es notwendig, daß die Nachbarschaft möglichst frei von Staub und Schmutz ist. Über Nacht werden die Leder gewöhnlich bedeckt oder unter ein Verdeck gebracht.

Der Erfolg der Bleiche wird beträchtlich dadurch befördert, daß man die Leder in feuchtem Zustande auslegt. Man verfährt gewöhnlich so, daß man die Felle in eine dünne Emulsion von Seife und Degras oder Tran taucht, sie leicht auswringt und sie in dem so erhaltenen Zustande von Feuchtigkeit der Einwirkung der Luft und der Sonne aussetzt. Wenn sie trocken sind, werden sie gewöhnlich hereingenommen und nochmals mit der Emulsion angefeuchtet.

Man läßt die Felle mehrere Tage draußen liegen, bis der für den beabsichtigten Zweck erwünschte Grad von Bleichung erreicht ist natürlich schwankt die Dauer mit den Witterungsbedingungen, von nur vierundzwanzig Stunden im Sommer bis zu zwei oder drei Wochen im Winter. Will man die Leder auf beiden Seiten gebleicht haben, so muß man sie natürlich doppelt so lange auslegen; denn man muß sie erst auf der einen Seite bleichen lassen und das Verfahren dann auf der anderen wiederholen.

Im Vergleich mit irgendeiner der chemischen Behandlungsweisen hat dieses Bleichverfahren den Vorzug, daß das Leder in seiner Zugfestigkeit nicht angegriffen wird, was bei den chemischen Oxydations- oder Reduktionsverfahren sehr leicht geschehen kann; es wird weder die Griffigkeit beeinträchtigt noch wird die Stärke, welche von allerwesentlichster Bedeutung ist, besonders wenn das Leder weiterhin für Handschuhleder Verwendung finden soll, verringert, noch werden die Häute dünner.

Schwefelbleiche.

Bei dieser Art Bleiche werden die Leder der Einwirkung von Dämpfen brennenden Schwefels, d. i. der gasförmigen schwefligen Säure, ausgesetzt; sie wird ebenfalls vorwiegend zum Bleichen von Sämischledern angewendet, und zwar am meisten während der Wintermonate, wann es praktisch unmöglich ist, mit der Sonnenbleiche zu arbeiten.

Die Ausführung des Verfahrens ist folgende:

Die Leder werden in einem besonders hierzu eingerichteten Raume (einem Ofen) über wagerecht befestigte Pfähle gelegt oder von den Riegeln des Trockenrahmens herabhängend so befestigt, daß sie einander nicht berühren. Dann wird ein Kessel oder besser eine flache gußeiserne Schale mit Schwefelblumen, die mit Methylalkohol befeuchtet sind, gefüllt und nachdem dieser mit einem Streichholz angezündet ist, in den Raum gesetzt. Die Tür wird geschlossen und die Leder bleiben ungefähr zwölf Stunden ungestört darin. Dann wird die Tür geöffnet, damit der Schwefeldampf abziehen kann. Es ist sehr wichtig, daß der Raum nach jeder Bleiche erst ordentlich gelüftet wird, ehe jemand hineingeht; denn sonst besteht die Gefahr, daß der Arbeiter, der die Felle fortbringen will, durch die Dämpfe der schwefligen Säure betäubt wird. Ist die Bleichwirkung dieses ersten Arbeitsgangs auf die Leder nicht ausreichend, so wird eine neue Menge Schwefel angezündet, wieder in den Raum gestellt, die Tür wieder geschlossen und die Leder zum zweitenmal zwölf Stunden der Bleiche überlassen.

Eine andere Schwefelbleiche, die sogenannte „flüssige Schwefelbleiche“, besteht darin, daß man die Leder mit einer Lösung von schwefliger Säure behandelt.

Man stellt diese her, indem man Schwefel in einem geeigneten Ofen verbrennt und das sich dabei entwickelnde Gas, das Schwefeldioxyd oder die schweflige Säure, durch ein Skrubber streichen läßt, der mit Tonscherben, Koks oder ähnlichen Füllstoffen beschickt ist, während gleichzeitig von oben Wasser durch den Skrubber herabsickert, welches die gasförmige, schweflige Säure aufnimmt[1]).

---

[1]) Procter: Principles of Leather Manufacture 1922.

Schweflige Säure kann man heute auch in flüssiger Form bekommen, in die sie durch starken Druck gebracht ist. Sie wird in kupfernen Zylindern oder Bomben gehandelt. Beim Öffnen der Ventile ist Vorsicht geboten, damit niemand beschädigt wird. Die Lösung wird hergestellt, indem man den Zylinder durch einen Schlauch oder ein aufgeschraubtes Bleirohr mit dem Bottich verbindet, der das Wasser für das Bad enthält, und das Wasser mit dem ausströmenden Gase sättigt. Diese Handhabung macht wenig Mühe.

Man kann die flüssige Schwefelbleiche auch so ausführen, daß man die Felle zuerst mit einer Lösung von Bilsulfit und dann mit einer schwachen Lösung von Salzsäure oder Schwefelsäure behandelt.

Statt dieser zwei Bäder kann man auch gleich ein einziges von angesäuerter Bilsulfitlösung geben. Dies Bad stellt man her, indem man 3 kg käufliche Bisulfitlösung in 100 l Wasser löst und allmählich $^1/_2$—1 kg käufliche Salzsäure zugibt, die vorher mit ihrem gleichen Volumen Wasser verdünnt war. Die Häute werden zum Bleichen mgölichst schnell in dies Bad gebracht und bleiben darin, bis sie vollkommen gebleicht sind. Für die Dauer des Eintauchens läßt sich weder ein Maximum noch ein Minimum angeben. Man kann dem Bad, wenn man es für nötig hält und die Bleiche schon vorgeschritten ist, noch etwas Säure hinzusetzen. Die Bleiche wird gewöhnlich in einem Holzbottich ausgeführt; doch kann man auch eine geschlossene Haspel oder ein Faß dazu nehmen. Ist die Bleiche genügend vorgeschritten, so müssen die Häute herausgenommen und in klarem Wasser von einer Temperatur von 35°—40° C ordentlich gewaschen werden.

Die käufliche Bisulfitlösung enthält 16—18 vH schweflige Säure an Natron gebunden, wenn nach der obigen Beschreibung gearbeitet wird. Durch die Zugabe der Salzsäure oder der Schwefelsäure wird alle schweflige Säure aus der Lösung in Freiheit gesetzt.

Ob die Schwefelbleiche durch Räuchern oder durch Behandlung mit Lösungen vorgenommen werden mag, das Ergebnis ist wenig befriedigend. Wenn es auch möglich ist, die gelbbraune Farbe der Sämischleder in ein blasses Schwefelgelb aufzuhellen, so kann man doch nach diesen Verfahren kein wirkliches Weiß bekommen. Außerdem macht das Verfahren die Leder dünner und gibt ihnen gewöhnlich einen etwas harten Griff, so daß man gezwungen ist, ihnen hinterher noch einmal eine Ölemulsion zu geben, um sie wieder so weich zu machen, wie sie vorher waren.

Die Arbeitsweise ist dennoch für Wollfelle anwendbar, die zur Nachahmung von Pelzfellen oder zu Wolldecken verwendet werden sollen, und sie wird auch noch überall für diese Zwecke angewandt, dessen ungeachtet, daß die erzielte Bleiche nicht beständig ist, daß die Wolle einen unangenehmen Geruch und durch die in der Faser zurückgehaltene Säure einen harten Griff bekommt, und daß ihr die Schuld für die Ungleichmäßigkeit beim nachfolgenden Färben zuzuschreiben ist. Der letzte Übelstand tritt nicht auf, wenn die Leder, wie es gewöhnlich geschieht, durch eine Lösung von Bleichpulver hin durchgehen, wodurch die schweflige Säure entfernt wird. Der Vorzug des Verfahrens, der seine Nachteile aufhebt, liegt in dem wirtschaftlichen Vorteil, da es nicht kostspielig ist. Für Wollfelle ist das moderne Verfahren mit Natriumperoxyd bei weitem überlegen, aber auch ziemlich viel teurer.

Bleichen mit Hypochloriten.

Die Salze der unterchlorigen Säure haben eine beschränkte Anwendung beim Lederbleichen, weil sie manchmal dem Leder eine unangenehme gelbe Farbe mitteilen. Man kann sie trotzdem zur Bleiche von Wollfellen und Wildleder verwenden. Das erste derartige Salz, das als Bleichmittel hergestellt wurde, war Eau de Javelle (1792), das Kalisalz der unterchlorigen Säure, gewonnen durch Einleiten von Chlor in eine starke Lösung von Pottasche. Eau de Labarraque, ein anderes Bleichsalz, kam 1820 auf den Markt und ist die Lösung des Natronsalzes. Es wird hergestellt durch Einleiten von Chlor in Soda. Jetzt werden diese Salze elektrolytisch dargestellt. Beim Chloren von Wolldecken und Pelzfellen ist das Hypochlorit dem Bleichpulver sowohl aus wirtschaftlichen als auch aus anderen Gründen vorzuziehen.

Bleichen mit Peroxyden.

Die bleichende Wirkung der Peroxyde, die in schwach alkalischer Lösung angewandt werden, hängt ab von der Entwicklung des Sauerstoffs in statu nascendi. Der frei werdende Sauerstoff hat größere Affinität für die Farbstoffe als zur Lederfaser und kann daher ohne Gefahr für die Ware angewandt werden.

Wasserstoffsuperoxyd. Dies Peroxyd ist für die Lederbleiche empfohlen worden, aber es hat nur geringen oder gar keinen Wert für vegetabilisch gegerbte Leder. Es hat immerhin sicherlich bleichende Eigenschaften, wenn man es bei sämischgaren Ledern (Gemse und Büffel) oder bei aldehydgaren Ledern anwendet. Es hat den Nachteil, teuer zu sein und sich nicht zu halten; es wird in Lösung verkauft und zersetzt sich auf dem Lager.

Natriumsuperoxyd. Dieses Superoxyd, das jetzt ziemlich ausgedehnte Anwendung beim Bleichen in der Textilindustrie findet, hat den Vorteil vor dem Wasserstoffsuperoxyd, billiger zu sein und sich länger zu halten. Um ein Bleichbad mit ihm anzusetzen, löst man erst das Salz in Wasser, dann gibt man Schwefelsäure hinzu, bis das beim Lösen gebildete Ätznatron neutralisiert ist, und die sich ergebende Flüssigkeit ist dann nichts anderes als eine Lösung von schwefelsaurem Natron und Wasserstoffsuperoxyd.

Um die Bleichflüssigkeit herzustellen, löst man zuerst 10 kg konzentrierte Schwefelsäure in ungefähr 100 l Wasser und fügt dann das Natriumsuperoxyd hinzu, indem man das feste Salz in diese Lösung streut und beständig rührt. Man gibt so lange das Superoxyd zu, bis die Schwefelsäure neutralisiert ist, was man durch Prüfen mit rotem Lackmuspapier erkennt. Das Bad sollte unmittelbar nach der Fertigstellung gebraucht werden. Die Felle werden zum Bleichen einige

Stunden untergetaucht. Bei der Verarbeitung von Wildleder oder Wollfellen ist es ratsam, das Bad durch Zugabe von etwas Wasserglas schwach alkalisch zu machen. Die mit Natriumsuperoxyd erreichte Bleiche ist viel dauerhafter als die Schwefelbleiche und kommt der Sonnenbleiche weit näher. Für Wollfelle ist die Arbeitsweise sehr brauchbar; indessen stehen die Kosten der allgemeinen Anwendung dieses Superoxyds für diese Bleiche entgegen. Wo es möglich ist, sollten Wollfelle, die eine Schwefelbleiche durchgemacht haben und auf Weiß verarbeitet werden sollen, nachher noch mit einer schwach alkalischen Lösung von Wasserstoffsuperoxyd behandelt werden. Man erhält nicht nur ein reineres Weiß, sondern die in den Fasern zurückgehaltene schweflige Säure wird dadurch auch neutralisiert.

Permanganatbleiche.

Diese Bleiche ist besonders anwendbar bei Sämisch- oder Waschledern und auch von beschränkter Anwendbarkeit bei vegetabilisch gegerbten Ledern. Die Brauchbarkeit des Verfahrens kommt von der stark oxydierenden Wirkung des Permanganates her, das verwendet wird. Die Bleiche von sämischgaren Ledern wird folgendermaßen gehandhabt:

Zuerst müssen die Felle vom Fett gereinigt werden. Diese Reinigung muß außerordentlich sorgfältig geschehen. Bevor nicht alles Fett entfernt ist, ist es ganz unmöglich, eine vollkommen einheitliche und gleichmäßige Bleiche zu erzielen. Der Überschuß an Fett aus oxydiertem Öl kann bei Sämischleder bequem entfernt werden, indem man die Felle in einer 0,5—1proz. Lösung von kristallisierter Soda bei ungefähr 30° C wäscht oder in einer Lösung von ungefähr 100 g Seife auf 5 l Wasser. Die Felle werden ungefähr $^1/_2$ Stunde in der Lösung im Faß gewalkt oder in einem großen Bottich ungefähr eine Stunde beständig umgerührt. Sie werden dann in sehr viel warmem Wasser (ungefähr 35—40° C) gewaschen, bis sie frei von Seife oder Soda sind. Bei Anwendung von Soda muß man sehr aufpassen, daß man die Lösung nicht konzentrierter als 1 proz. macht. Die Wirkung von starker Sodalösung besteht in einer Lockerung der Lederfaser, und eine 3proz. Lösung würde die Ware schon völlig verderben.

Wenn die Häute vollkommen ausgewaschen sind, kommen sie in ein Bad, das folgendermaßen angesetzt wird: man löst 60 g Permanganat in 50 l Wasser und fügt 15 g Schwefelsäure zu. Der Zusatz von Schwefelsäure ist ratsam, da das Permanganat in schwach alkalischer Lösung die Hautfaser sehr schnell angreift. Das käufliche Permanganat entspricht allen Anforderungen. Die Häute werden in dieser Lösung ungefähr eine Stunde gelassen, indem man bei ca. 35° C beginnt. Man arbeitet auch ebenso gut in einem großen hölzernen Bottich.

Wenn die Leder eine schöne gleichmäßig braune Farbe angenommen haben, die von der Reduktion des Permanganates und dem dadurch gebildeten Niederschlag von Braunstein auf der Faser herrührt, werden sie aus dem Bad genommen, in klarem Wasser gespült und in ein Bad von schwefliger Säure getan, die sehr schnell den Braunstein reduziert und entfernt. Die Bereitung der Schwefligsäurelösung ist oben schon beschrieben. Zur Vollendung der Bleiche werden die Felle aus dem Bad genommen, in klarem Wasser bei einer Temperatur von 35—40° C sorgfältig gewaschen.

Eine Lösung von Hydrosulfiten oder eine saure Lösung von Wasserstoffsuperoxyd kann die schweflige Säure ersetzen.

Bei Verarbeitung von vegetabilisch gegerbten Ledern muß die Lösung des Permanganats viel verdünnter angewandt werden, etwa 80 g Permanganat auf 500 l Wasser. Werden nicht sehr verdünnte Lösungen angewandt, so ist man fortgesetzt der Gefahr ausgesetzt, daß das Leder sehr leidet.

Wenn die Permanganatbleiche sorgfältig ausgeführt wird, leistet sie gute Dienste bei dunklen Gerbstoffen wie Hemlock, Mangrove usw. Sie hellt die Farbe des Leders auf, indem sie das ziemlich dunkle Rot in ein helleres Gelblich überführt. Überdies geht die Methode schnell und ist nicht sehr kostspielig.

Die Bleibleiche.

Der Name Bleibleiche ist eigentlich falsch. Die Farbe von bleigebleichten Ledern ist nicht zerstört, sondern das weiße Aussehen wird durch einen Niederschlag von schwefelsaurem Blei auf der Oberfläche des Leders hervorgerufen, so daß dieses Verfahren kein Bleichen, sondern, wie oben ausgeführt, eine Pigmentfärbung ist. Es ist nicht nötig, die Häute vor der Bleibleiche anzusäuern, aber es ist ratsam, ihnen ein Sumachbad zu geben, besonders wenn sie nicht sumachgar sind. Die Imprägnierung der Haut mit kleinen Teilchen von festem Sumach unterstützt die Ablagerung des schwefelsauren Bleis sehr wesentlich, da das weiße Pigment sich auf den kleinen Sumachpartikelchen ebenso absetzt wie auf der Oberfläche und der Faser des Leders.

Nach dem Sumachieren und leichtem Spülen werden die Häute zur Bleibleiche in reines Wasser gebracht und laufen dann ungefähr eine Stunde in einer $^1/_2$—1 proz. Lösung von Bleizucker (essigsaures Blei). Sie werden dann herausgenommen und ohne Waschen in ein ungefähr $^1/_2$ proz. Schwefelsäurebad gebracht. Sie bleiben unter fortwährender Bewegung solange darin, bis sie die gewünschte weiße Farbe angenommen haben. Ist eine intensiv weiße Farbe gewünscht, so muß man nötigenfalls den Arbeitsgang wiederholen, indem man die Bäder entsprechend durch Zugabe von Bleizucker und Schwefelsäure wieder aufbessert. Die Felle werden nun durch und durch „gesüßt", indem sie mehrfach mit stets frischem Wasser gewaschen werden. Schaffelle, Basils und lohgare Kalbfelle werden am besten im Walkfaß behandelt; Schafspalte bekommen dagegen beide Bäder am besten in der Haspel.

Beim Ansetzen des Bleibades hilft ein geringer Zusatz von Essigsäure wesentlich, das Salz in Lösung zu bringen und ein Ausfallen zu verhindern.

Wenn die „gebleichten“ Leder einen unangenehmen gelben Stich haben, so liegt das daran, daß entweder die Bleilösung oder die Schwefelsäurelösung nicht konzentriert genug waren. Welche der beiden Lösungen die Schuld trägt, erkennt man, indem man einen Abschnitt eines Felles in eine bedeutend stärkere Lösung der Säure tut. Wird die Farbe jetzt weiß, so ist es klar, daß die ursprüngliche Schwefelsäurelösung zu schwach war und verstärkt werden muß; im anderen Falle, wenn die Farbe unverändert bleibt, ist das Bleizuckerbad nicht stark genug gewesen.

Die Bleibleiche wird gewöhnlich angewandt, um Schafspalte und Kalbfelle zu bleichen, die als Hutleder in Weiß oder Creme usw. zugerichtet werden.

Als Bleiessiglösung bei Verarbeitung von 10 Dutzend Schafspalten sei empfohlen: 13,5 kg Bleizucker in 135 l Wasser. Die Felle werden dann weiter behandelt in einer Lösung von 5,4 kg Schwefelsäure in 135 l Wasser. Die Felle werden in dem Bleibad ungefähr 20 Minuten gehaspelt, bis sie durch das Bleitannat, das sich durch Einwirkung des Bleis auf das Tannin im Leder bildet, eine ziemlich dunkle Nuance eines grünen Gelb angenommen haben. Dann kommen sie ins Schwefelsäurebad, das in nächster Nähe beim Bleibad sein muß, und werden dort bewegt, bis sie weiß sind.

Die gebrauchten Lösungen können für eine zweite Partie von 10 Dutzend Fellen verwendet werden, nachdem sie mit etwa 7 kg Bleizucker und 2,75 bis 3 kg Schwefelsäure aufgebessert worden sind. Es ist indessen nicht ratsam, eins der Bäder öfter als zweimal zu benutzen, da die Lösungen allmählich so viel abgestoßene Hautstückchen, Sumach usw. enthalten, daß man bei weiterem Gebrauch der Gefahr ausgesetzt ist, daß die Felle Flecken bekommen.

Wie bereits vorher ausgeführt wurde, besteht dieses Bleichverfahren in der Bildung von schwefelsaurem Blei, welches sich auf der Lederfaser niederschlägt. So weit es tunlich ist, soll das Mengenverhältnis von essigsaurem Blei und Schwefelsäure so gewählt werden, daß ein kleiner Überschuß von Schwefelsäure über diejenige Menge vorhanden ist, welche notwendig ist, um das aus dem essigsauren Blei und dem vegetabilischen Gerbstoff im Leder entstandene essigsaure Bleitannat zu zersetzen und in das weiße Bleisulfat überzuführen. Noch mehr Schwefelsäure ist indessen falsch, weil das Leder dann leicht einen mißfarbigen grünen Ton bekommt.

Wo der Unterschied im Preise zwischen weißem und braunem Bleizucker nicht groß ist, ist es allgemein ratsam, die reinere Ware, das weiße oder graue essigsaure Blei zu verwenden. Das braune Salz ist mit roher Essigsäure, Holzessig, hergestellt und enthält eine Menge unangenehmer, braunfärbender Stoffe, die nach Lamb Flecke verursacht haben, die erst beim fertigen Leder sichtbar wurden.

Die Ledermuster auf Tafel I zeigen den Unterschied von Färbungen, je nachdem ob die Leder vorher gebleicht worden waren oder nicht. An der Bleibleiche ist vielerlei auszusetzen, es ist aber bis heute kein

Verfahren gefunden worden, Leder weiß zu machen, das so zufriedenstellende Ergebnisse liefert. Und die Bleiche ist billig.

Ein großer Übelstand der Bleibleiche ist ihre Gefahr für die Gesundheit der Arbeiter. Ein zweiter Übelstand ist, daß so gebleichtes Leder den schlimmen Nachteil hat, an der Luft nachzudunkeln, wenn es nicht mit einer luftundurchlässigen Appretur bedeckt wird. Dieses Dunkelwerden hat seinen Grund darin, daß die Luft, besonders in den Städten, Schwefeldämpfe enthält, die von der Verbrennung von Gas und Kohle herrühren, und daß diese Schwefeldämpfe sich mit dem Bleisulfat zu Bleisulfid umsetzen, welches ein schwarzes Salz ist.

Maschinen-Bleiche.

Abb. 49 ist ein Querschnitt einer Maschine, die neuerlich zur Lederbleiche eingeführt ist und dann mit Vorteil Anwendung finden soll, wenn schwere Häute nacheinander mehrere Bäder durchlaufen sollen, wie Borax und Salzsäure, um die Farbe der Färbung verbessern, oder Permanganat und schweflige Säure.

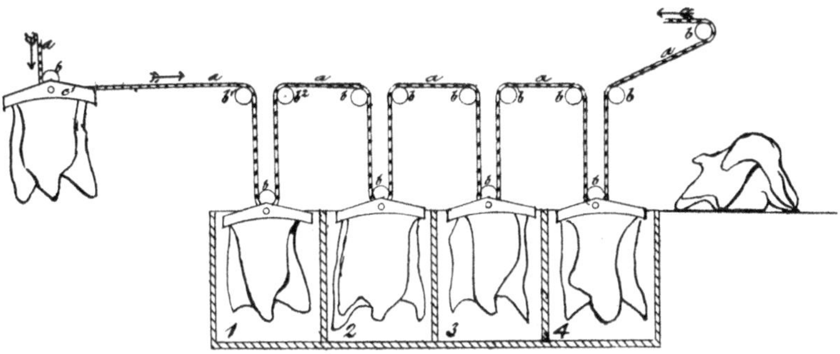

Abb. 49.

Eine endlose Kette *aa* läuft über Zahnräder *bb*, die an der Innenseite eines senkrechten hölzernen Rahmens befestigt sind. Gegenüber diesem ersten Rahmen ist ein zweiter ebensolcher Rahmen aufgestellt, an dessen Innenseite entsprechend der ersten eine zweite endlose Kette über Zahnräder läuft, die ebenso wie dort angebracht sind. Zwischen diesen beiden Rahmen stehen der Länge nach eine Reihe von Bottichen *1*, *2*, *3*, *4*. An Stäben, die in gleichem Abstand voneinander wagerecht von einer Kette zur anderen gehen und in den Ketten verzapft sind, hängen Träger, von denen jeder imstande ist, einige der Hälften oder Häute, die gebleicht werden sollen, zu halten. Durch Führungen, die in geeigneter Weise an den hölzernen Rahmen angebracht sind, müssen die endlosen Ketten immer denselben vorgeschriebenen Weg laufen. Die Richtung der Ketten ist durch Pfeile bezeichnet; die Front der Maschine ist links, und dort ist auch der Hebel, mit dem der Arbeiter die Maschine regiert.

Wir wollen eine Bleiche durchgehen. Wenn die Arbeit beginnt, sind die Träger alle leer. Der Arbeiter belädt zuerst den Träger *c*, mit der vollen Zahl von Hälften oder Häuten, sagen wir 6, und setzt dann durch den Hebel die endlosen Ketten in Bewegung. Der Pfeil zeigt diese Bewegung: Träger c geht über das Zahnrad b_1 und dann nieder, bis die Häute in Bottich *1* eingetaucht sind. Jetzt halten die Ketten automatisch, und der Arbeiter belegt einen zweiten Träger, der in der Zeit, in welcher c_1 von seiner Ruhelage in den Kessel hinabgeführt wurde, auf seiner Bahn in die Ladestellung kam. Nachdem der zweite Träger beladen, werden die Ketten wieder eingeschaltet und der Träger c_1 läuft zu dem Zahnrad b_2. Hier läßt ihn der Arbeiter ein Weilchen, um die Haut abtropfen zu lassen, und beschäftigt sich inzwischen mit irgend etwas anderem. Die Bewegung der Ketten, die den Träger c_1 hochhob, hat den zweiten Träger vorgerückt bis zum Bottich *1*. Wenn das Abtropfen aufgehört, schaltet der Arbeiter die Ketten wieder eins weiter, und c_1 mit seinen Häuten kommt dadurch in den Bottich *2* und bleibt dort durch automatisches Anhalten der Ketten. Die Häute behalten immer ihre senkrechte Lage, weil die Tragestangen, wie vorher auseinandergesetzt, in der Kette verzapft und daher Schaukelstangen sind und die Häute durch ihr eigenes Gewicht in der gewünschten Lage gehalten werden. Die Häute am Träger c_1 sind nun im Bottich *2* und die Kettenbewegung, die sie in diesen Bottich *2* brachte, hat gleichzeitig die Häute am Träger *2* in den Bottich *1* getragen. Dieselbe Bewegung hat aber auch noch einen dritten Träger in die Ladestellung gehoben und der Arbeiter belädt ihn, während die Häute in Bottich *1* und *2* sich vollsaugen. Werden die Ketten nun wieder eingeschaltet, so werden die Häute in Bottich *1* und *2* aus der Flüssigkeit gehoben und wenn sie oben sind, abtropfen gelassen. Eine weitere Bewegung der Kette nimmt den ersten Träger c_1 in den Bottich *3*, den zweiten Träger in den Bottich *2*, und den eben beladenen Träger c_1 in den Bottich *1*, und dort werden sie durch den automatischen Stillstand der Ketten gehalten. Dieselbe Bewegung hat nun wieder einen Träger c_4 in die Ladestellung gehoben, den der Arbeiter nun belädt und dann durch Einschalten der Ketten vorgerückt bis zum Bottich *1*, während die Felle an dem 1., 2., 3. Träger in der Zwischenzeit abtropfen. Eine weitere Bewegung der Ketten trägt den Träger $c1$ in den Bottich *4* und den zweiten, dritten, vierten Träger mit ihren Häuten in die Bottiche *3* bzw. *2* und *1* und bringt einen neuen Träger in die zum Beladen geeignete Stellung. Die nächste Bewegung der Ketten bringt alle Träger in die Lage zum Abtropfen und schließlich legt eine neue Bewegung der Ketten, die den zuletzt beladenen Träger c_4 in den Bottich *1* bringt, die Häute vom Träger c_1 auf einen Tisch, der auf der Rückseite der Maschine steht, wie auf der Abbildung zu sehen ist. Die Träger, die in den Ketten verzapft sind, bewegen sich, nachdem sie ihre Last abgeworfen haben, mit den Ketten in eine höhere Horizontale und werden an die Vorderseite der Maschine zurückgetragen, wo jeder Träger, der Reihe nach, wieder in die Ladestellung kommt.

Diese Sondermaschine, die wir auseinandergesetzt haben, ist nur mit 4 Bottichen eingerichtet, aber man kann sie natürlich mit jeder

Anzahl Bottiche, Träger und entsprechenden Einzelheiten haben. Hier würde Bottich *1*, sagen wir, eine alkalische Flüssigkeit, Bottich *2* eine saure Lösung haben, und die Bottiche *3* und *4* würden Wasser enthalten, um die Felle nach dem Durchgang durch die Lösungen in Bottich *1* und *2* zu waschen.

Bleichen mit Bisulfiten.

Es wurde bereits oben das Bleichen mit schwefliger Säure erwähnt, welche durch Ansäuern aus Natrium- oder Kaliumbisulfit in Freiheit gesetzt ist.

Natrium- und Kaliumbisulfit haben die Eigenschaft, die Phlobaphene zu lösen — jene unlöslichen rotgefärbten Bestandteile, welche verschiedenen Gerbmaterialien gemein sind. Es ist ein allgemein geübtes Verfahren, Quebracho-Auszüge unter Zugabe einer bestimmten Menge von Natriumbisulfit zu lösen, um auf diese Weise die Farbe des Gerbstoffauszuges aufzuhellen und ihn gleichzeitig vollständig wasserlöslich zu machen. Die Farbe des Leders, welches mit einem Auszug von solcher Art gegerbt worden ist, ist heller und weniger rot, als wenn der Auszug nicht nach diesem Verfahren hergestellt worden ist.

Diese Eigenschaft der Bisulfite, die Gerbstoff-Rots zu lösen und einen besser löslichen Quebracho-Auszug zu liefern, kann auch mit Vorteil bei der Vorbereitung verschiedener Leder zum Färben nutzbar gemacht werden.

Basils oder Kalbfelle, welche mit Quebracho gegerbt sind, werden sehr wesentlich in der Farbe verbessert, wenn sie etwa eine halbe Stunde in einer verhältnismäßig starken Lösung von Bisulfit gewalkt werden; man nimmt etwa vier oder fünf Kilo vom Natriumbisulfit für eine Faßladung Leder von etwa 200 bis 300 kg Falzgewicht. Diese Behandlung wird entweder nach dem Abziehen mit einer schwachen Alkalilösung vorgenommen oder an Stelle des Abziehens; sie wird am besten bei einer Temperatur von etwa 45^{0} C ausgeführt. Wenn ein ganz besonders helles Leder gewünscht wird, so kann man das Bad gegen Ende des Arbeitsganges durch Zugabe von Essigsäure oder Schwefelsäure ansäuern.

Bei Anwendung dieses Bleichverfahrens ist es indessen sehr wesentlich, daß die Leder nach der Behandlung gründlich ausgewaschen werden. Denn jede Spur freier Säure, die in dem Leder verbleiben würde, kann sich späterhin sehr unliebsam bemerkbar machen, da die Wirkung der Säure auf die Lederfaser verheerend ist.

Nach Lambs Erfahrungen kann man Natrium- oder Kaliumbisulfit auch mit Vorteil an der Stelle von Salzsäure oder Schwefelsäure beim Bleichen schwerer Leder nehmen, wie beispielsweise bei Sohlen- und Riemenleder, um eine helle klare Farbe zu erhalten.

Auch beim „Reinigen" des Leders kann man an der Stelle der Schwefelsäure die Bisulfite verwenden. Nimmt man sie zu diesem

Zwecke, so muß man streng darauf achten, daß das Leder nach der Behandlung vollkommen ausgewaschen wird. Denn abgesehen von der zerstörenden Wirkung, die oben schon erwähnt wurde, wirkt ein Überschuß an freier schwefliger Säure als Bleichmittel auf den später beim Färben verwendeten Teerfarbstoff, und es werden daher hellere und blassere Farbtöne erhalten, als wenn die freie schweflige Säure nicht vorhanden gewesen wäre.

Elfter Abschnitt.

Färbeverfahren.

Das Tauchen.

Das älteste Verfahren, Leder zu färben, das immer noch vielfach bei uns, weniger in England, angewendet wird, ist ein einfaches Eintauchen der Felle, die gefärbt werden sollen, in eine flache hölzerne Mulde oder einen Bottich, der die Farbstofflösung enthält. Diese Arbeitsweise ist bekannt als Färben in der Mulde oder Tunken oder Tauchen. Die Maße der Mulde sind gewöhnlich ungefähr $1^1/_2$ m Länge, $^3/_4$ m Breite, 25—30 cm Tiefe.

Nachdem die Felle ausgestrichen sind, werden sie zum Färben gepaart, d. h. zu zweien zusammengelegt. Dies Paaren geschieht folgendermaßen: Man legt zwei möglichst gleich große Felle sorgfältig mit der Fleischseite auf einen Tisch aufeinander, und sorgt dann vor allem, daß sie möglichst fest aneinanderhaften, indem man erst das nun obenliegende auf der Narbenseite ausstreicht, sie dann umdreht und das nun obere, vorher unten gewesene, seinerseits auf der Narbenseite mit dem Schlicker ausstreicht. Nach dem Paaren sind die Felle fertig zum Tauchen im Farbbad. Ein Paar wird immer zusammen getunkt. Der Arbeiter, gewöhnlich ein Junge, nimmt das Paar bei den Hinterklauen auf und trägt es zum Farbbad, indem er sorgfältig aufpaßt, daß sich die zwei Felle nicht verschieben, sondern gut gepaart bleiben. Ausgebreitet taucht er sie dann im Farbbad auf und nieder und zieht sie vorwärts und rückwärts, längs und quer, wie es ihm am bequemsten ist, durch das Bad, bis die gewünschte Tiefe der Nuance erreicht ist. Wenn ein Paar Leder fertig gefärbt ist, läßt man das Bad fortlaufen; ein frisches Bad wird angesetzt und ein zweites Paar Häute wird ebenso behandelt.

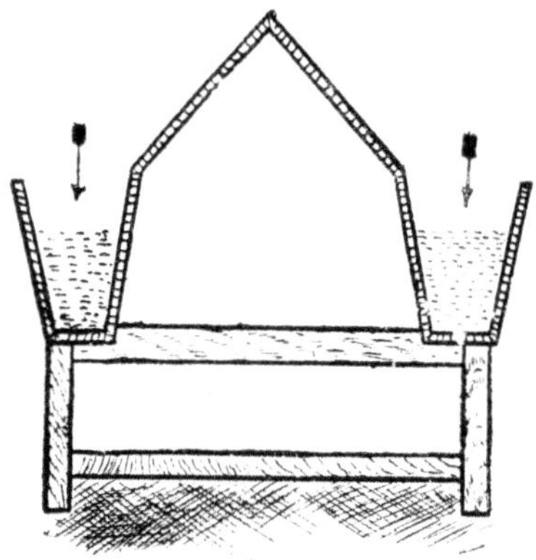

Abb. 50.

Bei diesem Tunkverfahren werden oft Kästen oder Mulden gebraucht, welche nach dem Ende hin geneigt sind. Man hat auch zuweilen solche Kästen, wie sie Abb. 50 im Querschnitt zeigt, Doppelkästen, bei denen zwei Männer zugleich an demselben Kasten arbeiten können, indem in jeder Rinne ein Bad angesetzt wird.

Dieses Tauch- oder Muldenverfahren ist mühsam und nur für besondere Zwecke geeignet; z. B. bei sumachgaren Schafspalten für Hutleder, bei denen oft gefordert wird, daß sie eine reine ungefärbte Fleischseite haben. Für das Bad genügt eine Menge, die es eben ermöglicht, daß die Felle bequem unter die Oberfläche getaucht werden können; das gewöhnliche Maß ist ungefähr 10—12 l.

Man macht eine Vorratslösung der gewünschten Farbe, indem man etwa 175 g Farbe auf je 5 l Wasser nimmt, und tut eine bestimmte abgemessene Menge dieser Lösung in das Bad, das eine Temperatur von ca. 50° hat. Wenn Schafspalte verarbeitet werden, nimmt man ca. 500 ccm und ungefähr 750 ccm für Kalbfelle.

Durchschnittlich braucht man 5 Minuten für ein Tauchen. Gewöhnlich wendet man bei dem Tunkverfahren die basischen Farbstoffe an (siehe späteren Abschnitt), da diese schneller anfärben als die sauren Farbstoffe.

Das Tunkverfahren ist roh, unentwickelt, dauert lange und kostet viel Arbeit und Werkstoffe. In der Praxis ist es meist nicht möglich, die Farbstoffe im Bade in der Zeit, die man zum Tauchen anwenden kann, zu erschöpfen. Man verschwendet eine Unmenge Farbstoff und muß viel konzentriertere Lösungen anwenden, um genügend tiefe Nuancen zu bekommen, als wenn man die Felle längere Zeit im Bad lassen kann. Die Arbeitsweise kann als Aushilfe angesehen werden, wenn kein anderes Verfahren bequem und vorteilhaft angewendet werden kann; sie ist z. B. nützlich, wenn nur zwei oder drei Stücke gefärbt werden sollen.

Das Färben in der Mulde.

Das Tauchverfahren ist in dem oben Gesagten abfällig beurteilt und verworfen worden; und dennoch ist das Färben in der Mulde im Grunde dasselbe wie das Tauchverfahren. Indessen bestehen in der Handhabung einige Unterschiede. Die Arbeitsweise ist alt, aber dennoch bis heute in ausgedehntem Maße in Anwendung. Die Abb. 51 zeigt das Färben in der Mulde in der Fabrik von Bevington in Bermondsey aus dem Jahre 1851, und so wie die Arbeitsweise dort dargestellt wird, wird sie noch heute in vielen kleinen Fabriken angewendet.

Wie beim Tunken werden die Felle zum Färben gewöhnlich Fleischseite auf Fleischseite gepaart zur besseren Ausnutzung des Farbstoffes und um die Fleischseite möglichst wenig anzufärben. Wenn es möglich ist, die Felle so gepaart über Nacht zu halten und sie auf Haufen über einem Bock liegen zu lassen, so ist es vorteilhaft, dies zu tun. Denn sie haften dadurch während des Färbens besser aneinander, während sie ohne diese Behandlung beim Wenden leicht auseinandergehen, indem sie voneinander abgleiten.

Abb. 51.

Eine Färbemulde ist auf der Abb. 51 ersichtlich. Es ist ein flaches rechtwinkliges Gefäß, gewöhnlich von Holz, $1^1/_4$ m lang, ungefähr 1 m breit und ungefähr $^1/_4$ m tief, wenn sie für sumachgare Ziegen, Kalbfelle und mittelgroße Schaffelle gebraucht wird. Für Kalbfelle und große Häute hat sie geeigneterweise $1^1/_2$ m Länge, $1^1/_4$ m Breite und 30 cm Tiefe.

Die Partie Felle, die gefärbt werden sollen (eine Partie enthält gewöhnlich nicht mehr als drei Dutzend Felle), wird von zwei Jungens behandelt. Zuerst heben sie den Haufen Felle über die Mulde, indem der eine Junge sie an den Vorderklauen, der andere an den Hinterklauen hält, und lassen sie dann vorsichtig nieder in die Farblösung. Sie legen sie an ein Ende der Mulde. Der Farbstoff, dessen Menge ausreichend sein muß, um die ganze Partie zu färben, ist vorher aufgelöst und ungefähr die Hälfte der Lösung mit einer zu einem Bad für die Partie genügenden Menge heißen Wassers in die Mulde getan. Das Bad hat im Anfang gewöhnlich eine Temperatur von 55° C. Die Temperatur fällt beim Einsenken der kalten Felle bald auf ca. 45° C.

Nachdem die Felle auf einmal in das Farbbad eingelegt sind, beginnt das Wenden. Die beiden Jungens, jeder an einem Ende der Mulde stehend, nehmen das oberste Paar vom Haufen, fassen es mit der einen Hand an der Hinterklaue, mit der anderen halbwegs in der Mitte, ungefähr in der Fläme (siehe Abbildung), heben das Paar hoch und wenden es um, so daß die obere Haut nach unten kommt, und legen das Paar an das andere Ende der Mulde. Das nächste und alle folgenden Paare werden ebenso behandelt, und der ganze Haufen auf diese Weise schnell von den Jungens an das Ende der Mulde gebracht. Dies ist das erste „Wenden“ und der ganze Haufen kommt ohne Verzug nun ebenso zum zweiten Wenden. So geht es fort, bis die Felle den gewünschten Farbton angenommen haben. Gewöhnlich ist ein 10 bis 12maliges Wenden erforderlich. Eine weitere Portion Farbstofflösung wird während des Wendens dem Bad zugesetzt.

Das Färben in der Mulde hat den großen Vorteil, daß Leder, die nach Muster gefärbt werden sollen, beständig beobachtet werden. Aber sie hat auch große Nachteile. Die Felle fortwährend in Bewegung zu halten, bringt sehr viel Arbeit mit sich. Da die Felle paarweise bei jedem Wenden der Luft ausgesetzt werden, wird das Farbbad — abgesehen von einigen besonderen Vorrichtungen, es heiß zu erhalten — bald kalt, und das Färben dadurch, besonders gegen Ende des Arbeitsganges beträchtlich verlangsamt. Außerdem ist die Arbeitsweise nicht wirtschaftlich; denn die Farblösung ist nach dem Färben eines Haufens in den meisten Fällen sehr unvollständig an Farbkraft erschöpft.

Die Färbmulden sind manchmal aus Kupferplatten gemacht. Indessen sind die Kupfermulden nicht zu empfehlen, besonders nicht, wenn saure Farbstoffe zur Verwendung kommen. Man muß bei diesen Farbstoffen Säuren zusetzen — diese Säure vermag einige Unreinheiten des Kupfers aufzulösen — und dies wirkt dann nachteilig auf die verarbeiteten Felle, indem es die Farbtöne trübt. Mit Vorteil wäre Aluminium zu Färbmulden zu verwenden, das sich besser als Kupfer eignet und billiger ist.

Das Zweimuldenverfahren.

Wenn Vorratsfarben gefärbt werden sollen, kann das Zweimuldenverfahren, das häufig in Europa angewendet wird, mit Erfolg gebraucht werden. Um nach dem Zweimuldenverfahren zu färben, teilt man erst die Häute in passende Haufen und legt sie zu Paaren, Fleischseite auf Fleischseite. Wir wollen annehmen, es seien 4 passende Haufen gemacht. Eine konzentrierte Farbstofflösung wird dann wie gewöhnlich zum Gebrauch vorbereitet. Die Menge der Lösung soll für jeden zu färbenden Fellhaufen etwa $2—2^1/_2$ l betragen. Im vorliegenden Falle, wo 4 Haufen zum Färben da sind, werden also 8—10 l, sagen wir $9^1/_2$ l konzentrierte Farbstofflösung gemacht.

Nun sind zwei Mulden vorgesehen, ganz nach den Abmessungen, die oben gegeben, aber nicht so tief. Dann werden drei Bäder mit heißem Wasser hergestellt, jedes reichlich genug, um einen der Fellhaufen aufzunehmen. Das erste Bad enthält $^1/_2$ l der Lösung, das zweite 1 l, das dritte enthält ein Viertel der übrigbleibenden Lösung, das sind in diesem Falle 2 l. Wir wollen die Bäder schwach, mittel und stark nennen. Das schwache Bad wird nun in die eine Mulde gegossen, die mit Wasser von 30° C aufgefüllt wird, das mittlere in die andere, und zwar mit Wasser von 40° C. Ein Fellhaufen wird nun in dem schwachen Bad bearbeitet und gewendet. Nachdem er in dem schwachen Bade durchgearbeitet ist, wird der Haufen dort herausgenommen und in dem mittleren Bade bearbeitet und gewendet. Das Bearbeiten der Felle in dem schwachen Bad hat seinen Farbstoff erschöpft. Das Bad wird fortgelassen. In die leere Mulde wird nun das starke Bad gegossen und mit Wasser von 50—55° C angesetzt; das Bearbeiten des Fellhaufens in diesem starken Bad vervollständigt seine Färbung.

Das schwache Bad, in seiner Farbkraft erschöpft, war wie oben beschrieben, fortgelassen. Durch die Behandlung der Felle im mittleren Bade ist viel von dem in ihm enthaltenen Farbstoff von diesem aufgenommen worden, und das Bad ist so zum schwachen geworden. In gleicher Weise hat das starke Bad durch das Bearbeiten des Fellhaufens seine Farbkraft eingebüßt und ist zum mittleren geworden. In diesen zwei Bädern, dem schwachen und dem mittleren, wird nun die zweite Partie bearbeitet. Wenn das beendet ist, wird das schwache Bad fortgelassen, genau wie die schwache Lösung beim ersten Haufen, und in die leere Mulde wird eine neue starke Lösung gegossen, die wiederum aus 2 l der übriggebliebenen konzentrierten Farbstofflösung und Wasser von 50—55° C gemacht war, während der zweite Haufe so weit gefärbt wurde. In dem starken Bad wird nun das Färben des zweiten Packes beendigt.

Durch dieses Schlußfärben des zweiten Fellhaufens ist das starke Bad das mittlere geworden, ebenso wie das mittlere das schwache Bad geworden ist. Der mittlere Fellhaufen wird nun nacheinander in den beiden Bädern bearbeitet, das erschöpfte schwache Bad wird wieder fortgelassen, und in die leere Mulde wieder ein neues starkes

Bad gegossen, das wiederum aus 2 l der übriggebliebenen konzentrierten Farbstofflösung und Wasser von 50° C hergestellt ist. Der dritte Haufen wird nun in diesem starken Bad zu Ende geführt.

2 l der konz. Lösung sind noch übrig. Diese sind für das starke Bad des vierten Fellhaufens, der erst in den beiden vom dritten Haufen übriggebliebenen Bädern behandelt worden ist, nachdem das durch die Behandlung des dritten Haufens erschöpfte schwache Bad des dritten Haufens fortgelassen war.

Die Temperatur der verschiedenen Bäder soll ungefähr 45—50° C betragen, und jeder Haufen soll in jedem Bad 5—10 Minuten bearbeitet werden.

Wie man sieht, geht bei der eben beschriebenen Arbeitsweise jeder Fellhaufen durch drei getrennte Bäder, anfänglich, wenn die Leder den Farbstoff gierig aufnehmen, durch ein schwaches Bad und zum Schluß durch ein starkes, das viel stärker sein kann als das Bad, das man bei der englischen Methode braucht. Dieses Schlußbad gibt, da es stark und heiß ist, eine Fülle und Gleichheit der Farbe, die mit der englischen Methode unerreichbar ist. Außerdem ist die Methode außerordentlich wirtschaftlich in bezug auf den Farbstoffverbrauch und läßt die Felle ebensogut unter beständiger Beobachtung.

Es ist bequem, die Menge der zu bereitenden konzentrierten Farbstofflösung nach der Anzahl der Partien, die gefärbt werden sollen, und zwar nach halben Litern zu berechnen. Die Zahl der Haufen war 4, und $9^1/_2$ l Lösung waren vorbereitet, d. h. 4 halbe Liter zur Lösung für das starke Bad eines jeden Haufens, und ein Überschuß von 3 halben Litern für das schwache und mittlere Bad des ersten Haufens. Wenn es 6 Fellhaufen wären, hätte man für jedes starke Bad 4 halbe Liter und 3 halbe Liter für das erste schwache und das erste mittlere Bad zu berechnen, d. h. $13^1/_2$ l.

Wenn man nach diesem Verfahren arbeitet, sollte man, wenn es irgend möglich ist, nur einheitliche Farbstoffe anwenden. Wenn gemischte Farbstoffe angewandt werden, ist es wahrscheinlich, daß beträchtliche Verschiedenheiten in der Farbe bei den nacheinander gefärbten Fellhaufen auftreten; denn jeder Farbstoff hat seine eigene bestimmte Art, auf das Leder aufzuziehen. Wenn also der erste Fellhaufen gefärbt ist, so sind demnach die Färbebedingungen für den zweiten Haufen nicht mehr die gleichen, wie sie es beim ersten waren.

Das Färben in der Haspel.

Die Haspel ist eine Vorrichtung, die aus Holz gebaut ist; sie besteht aus einem Bottich, der die Färbeflüssigkeit enthält, und einem Rade, das Blätter oder Schaufeln trägt. Das Rad ist so auf dem Bottich befestigt, daß seine Blätter nicht alle unter der Flüssigkeit stehen, sondern erst beim Drehen unter die Oberfläche der Farbflüssigkeit tauchen und die Flüssigkeit in umlaufende Bewegung bringen (Abb. 52, 53, 54 und 55).

Es gibt drei verschiedene Formen von Haspeln auf dem Markt, teils schlecht, teils mittelmäßig, und teils gut. Die schlechteste Form ist die Kastenform (Abb. 52), bei der das Haspelrad auf einem rechtwinkligen hölzernen Kasten befestigt ist. Denn die Bewegung, welche die Drehung der Schaufeln hervorbringt, erreicht bei dieser Form kaum die unteren Ecken des Kastens, und die Flüssigkeit bleibt dort tatsächlich praktisch ohne Bewegung. Die Folge ist, daß ein Fell, welches in die Ecke des Bottichs gerät — wie es vorkommt — dort bleibt, und das Ergebnis ist, wenn man nicht aufpaßt, eine ungleichmäßige Färbung des Felles. Hier aufpassen heißt, die Haspel beständig überwachen, um die Stücke, die außerhalb der umlaufenden Strömung kommen, mit einem hölzernen Stabe aufzurühren und sie der Strömung zuzuführen.

Das Verfahren, in der Haspel zu färben, ist sehr verbreitet, und wird angewendet bei der Verarbeitung von Schaffellen, Basils, Persians usw. Die beste Art, in ihnen zu arbeiten, zumal wenn große Mengen gefärbt werden sollen, ist, zuerst die Felle in die Haspel zu werfen, die schon vorher mit Wasser von einer Temperatur von 55° C gefüllt ist, um so durch das Einlegen der kalten Felle die Temperatur des Wassers ruhig ungefähr auf 45 bis 50° C fallen zu lassen, und dann erst die erste Zugabe der konzentrierten Farbstofflösung zu machen, der man weitere Zubesserungen der Lösung in Zwischenräumen, wie man es für nötig hält, folgen läßt.

Abb. 52.

Die Handhabung, wie sie oben auseinandergesetzt wurde, ist eine bessere Arbeitsweise als die übliche, zuerst das Farbbad in die Haspel zu tun, dann die Haspel laufen zu lassen und nun die Felle hineinzutun. Eine geraume Zeit muß immerhin vergehen, bevor alle Felle, besonders bei Partien von 12 Dutzend oder mehr, in den Bottich kommen können, und die Felle, die zuerst hineinkamen, werden schon gefärbt, bevor die Rundbewegung in der Flüssigkeit sie alle gleichmäßig anzufärben imstande ist. So kommen zum Schlusse Farbunterschiede in dem Posten sowohl als auch Ungleichheiten im einzelnen Fell zustande. Denn es ist unvorteilhaft, daß die Gleichmäßigkeit der Farbstoffverteilung im Wasser jedesmal beim Hinzukommen neuer Felle unterbrochen wird.

In Abb. 53 ist der Schnitt einer Haspel mit einer Einrichtung gezeigt, mit Hilfe deren man die konzentrierte Farbstofflösung zum Bad zufügen kann, während die Haspel in Bewegung ist, ohne daß man viel Gefahr läuft, Flecke auf den Fellen zu bekommen. Die Erfindung besteht in einem Gefäß mit durchlöchertem Boden, der auf der vorderen oder hinteren Seite der Haspel angebracht ist. Der Vorteil der Arbeitsweise besteht darin, daß das Nachfüllen der konzentrierten Farbstofflösung zum Bade allmählich geschieht und die Lösung in ihrer konzentrierten Form nicht mit den Fellen in Berührung kommt. Bei dem üblichen

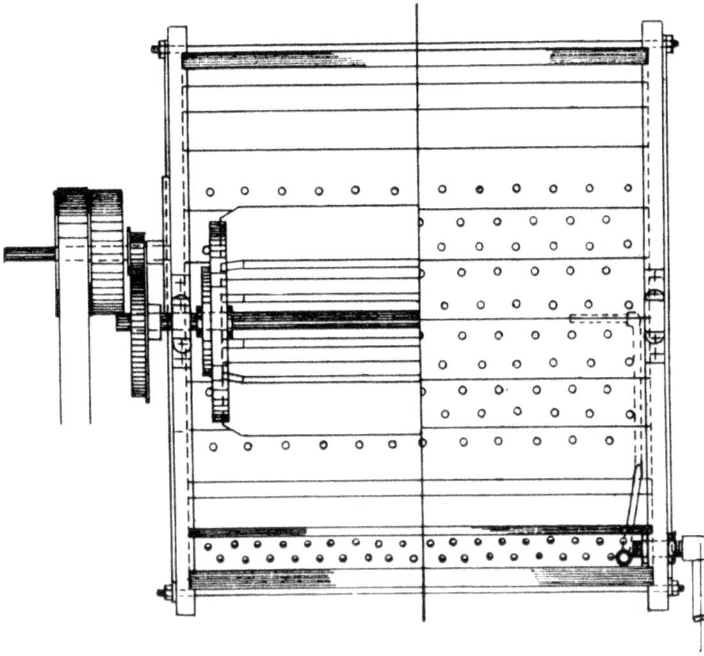

Abb. 53.

Verfahren, die Farbstofflösung von oben in die Haspel zu gießen, besteht immer die Gefahr, ein oder zwei Felle fleckig zu machen. Und wenn der Farbstoff durch eine hölzerne Röhre, die in der Ecke der Haspel angebracht ist, zugegossen wird, so ist es immer möglich, daß ein Fell von dem Rohrende gefangen wird und beträchtlich fleckig wird.

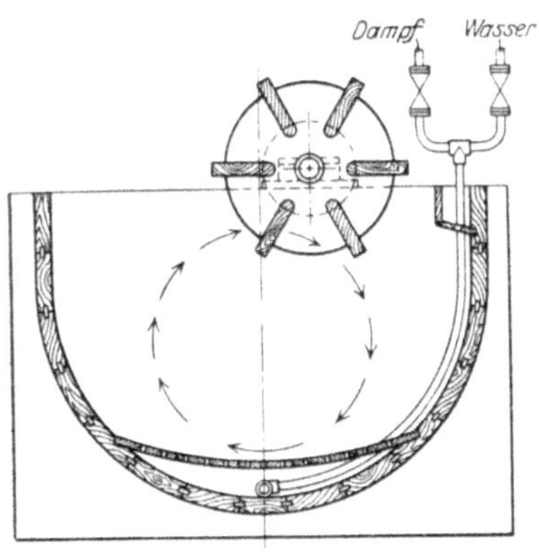

Abb. 54.

Bei einer etwas besseren Haspelform, die auch auf dem Markt ist, ist das Rad zentrisch oben auf einem Bottich befestigt, der einen Teil eines Zylinders darstellt, — eine etwas bessere Form, d. h. etwas besser als die in Abb. 52 abgebildete. Der Teilzylinder bei dieser Haspelform ist nur klein und der Bottich daher flach. Die Form ist darum fehlerhaft, weil es sehr leicht möglich ist, daß Felle hinter das Rad kommen und dort liegen bleiben. Denn die Strömung der Flüsigkeit findet zum größten

Teil vor dem Rad statt, und hinter ihm ist nicht viel Bewegung in ihr. Also auch diese Form von Haspeln erfordert fortwährende Beaufsichtigung.

Eine gut konstruierte Haspel soll nicht so viel Beaufsichtigung nötig haben; sie soll in dieser Hinsicht nicht viel Mühe machen. Die Felle sollen beständig rundherum in der durch die Bewegung des Rades verursachten Strömung schwimmen. Bei der Haspelform, die sich in der werktätigen Erfahrung als die beste erwies, ist der Bottich zur Aufnahme der Farblösung ein Halbzylinder (Abbildungen 53 und 54) und das Rad ist nicht zentrisch, sondern weiter nach hinten aufgesetzt und taucht gut in die Flüssigkeit ein (wie die Abbildungen zeigen). Eine Strömung, wie sie die Pfeile darstellen (Abb. 54), wird dann verursacht; die Blätter des Rades fassen die Felle, wenn

Abb. 55.

sie vorbeikommen, und die Felle werden auf diese Weise in ihrer Rundbewegung gehalten. Die Haspel kann mit einem durchlöcherten falschen Boden versehen sein, um den Zutritt von Wasser oder Dampf während des Laufens der Haspel zu ermöglichen; auch das Nachfüllen von Farbstoff entweder durch den falschen Boden oder durch ein durchlöchertes Gehäuse, welches an der hinteren Seite der Haspel angebracht ist, kann vorgesehen werden, um jede Möglichkeit von Flecken und Ungleichheiten des Farbtones unmittelbar durch Berührung der Felle mit der konzentrierten Farbstofflösung zu vermeiden.

Bei einer gut gebauten Haspel macht es keine Arbeit, die Felle in Bewegung zu halten, und das Färben ist gleichmäßiger als beim Arbeiten in der Mulde. Die Arbeitsweise hat indessen auch Nachteile, im Vergleich sowohl mit dem Färben in der Mulde als auch mit dem Färben im Faß, das jetzt beschrieben werden soll. Man kann als Hauptmangel des Verfahrens ansehen, daß es entschieden Farbstoff verschwendet und mehr verbraucht als das Arbeiten in der Mulde oder im Faß. Es ist eine große Menge Farbstofflösung für das Bad nötig, und das Bad wird niemals erschöpft; denn es muß immer in voller Stärke gehalten werden. Ein weiterer Nachteil ist, daß auch die Fleischseite der Felle gefärbt wird, was bei manchen Ledersorten nicht erwünscht ist. Wenn die Haspel nicht mit dem Dampfrohr, wie angegeben, versehen ist, kommt ein weiterer Übelstand hinzu, nämlich daß das Bad sehr schnell abkühlt, da die Flüssigkeit fortwährend in Bewegung und der Luft ausgesetzt ist. Wenn die Haspel kein Dampfrohr hat, sollte sie wenigstens eine Kappe zum Zudecken haben.

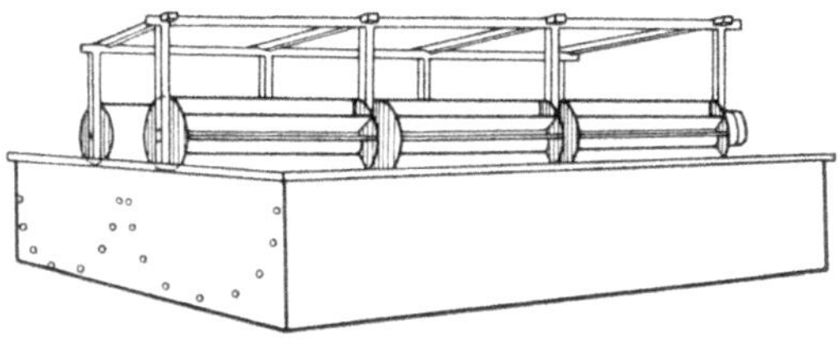
Abb. 56.

Der Vorteil des Färbens in der Haspel ist, daß man die Felle während des Färbens prüfen kann, ohne die Haspel abzustellen. Es muß noch erwähnt werden, daß beim Färben von schweren Fellen, wie Kalbfellen, der Narben des Leders in der Haspel leicht ganz beträchtlich rauh wird.

Abb. 55 zeigt eine Zwillingshaspel. Bei dieser Form sind zwei voneinander unabhängige Flüssigkeiten in derselben Haspel. Sie ist mit zwei hölzernen Verschlußklappen ausgerüstet; es ist dies etwas ungewöhnlich, aber sehr vorteilhaft, insofern als man dadurch einen Schubkarren oder ein anderes fahrbares Gefäß an die Haspel heranfahren kann, bevor die Verschlußklappen fortgenommen werden, und nun die Felle bequem ausladen kann. Der Karren ist gitterförmig gemacht oder durchlöchert, so daß die Flüssigkeit, welche mit den Fellen durch die Öffnungen ausfließt, ablaufen kann.

Eine Batterie von Haspeln zeigt Abb. 56. In dem Falle der Abbildung enthält die Batterie 6 Haspeln, aber sie kann so viele einzelne Haspeln enthalten, als es gewünscht wird. Die Anordnung hat einen Antrieb für je drei Haspeln.

Färben in der Trommel.

Eine Trommel ist ein Kasten oder Gehäuse, das im allgemeinen aus Holz auf einer Achse montiert ist, mit Hilfe deren der ganze Apparat in zwei auf festen Ständern angebrachten Lagern läuft. Die Trommel hat geeignete Abmessungen, um alle Häute, die bei einem Arbeitsgang verarbeitet werden sollen, auf einmal aufzunehmen, zugleich mit dem Wasser und der für die Felle nötigen Farblösung. Die Formen der Trommeln sind verschieden. Sie haben gewöhnlich die Form des Musikinstruments, der Pauke, d. h. sie sind zylindrisch mit flachen Endflächen. Der Boden des Zylinders ist aus Dauben wie ein Faß zusammengebaut, und die Achse geht durch die Mitte der Seitenwände, der „Trommelfelle". Manche Fabriken scheinen quadratische oder winklige Formen zu bevorzugen. Im Innern der Trommel läuft in regelmäßiger Entfernung von einander eine Reihe von Pflöcken oder flachen Leisten, die an den Faßdauben befestigt sind. Die Felle werden durch eine verschließbare Klappe hineingelegt und herausgeholt. Die Achse soll hohl sein.

Der Färbevorgang in der Trommel ist bei allen Formen gleich. Durch die Drehung der Trommel werden die Felle abwechselnd in die Farbbrühe hineingetaucht und herausgehoben. Der Vorteil einer hohlen Achse ist klar ersichtlich. Wenn man keine hohle Achse hat, müssen die Felle notwendigerweise gleich von Anfang des Färbens an mit der konzentrierten Lösung des gesamten Farbstoffes behandelt werden, oder das Faß muß angehalten und der Verschluß entfernt werden, um die erforderliche Zugabe machen zu können. Wenn indessen die Achse hohl ist, kann man die Felle anfänglich in reinem Wasser laufen lassen und den Farbstoff allmählich durch die hohle Achse zugeben. Man erhält so viel gleichmäßigere Färbungen, da die Felle, solange sie die Farbe gierig aufnehmen, in dünnen Lösungen bearbeitet werden, und erst wenn die Aufnahme langsamer vor sich geht, die Lösung verstärkt wird. Während das Faß sich dreht, heben die aufsteigenden Leisten oder Pflöcke die Häute aus der Lösung heraus und tragen sie mit sich fort nach oben. Im weiteren Verlauf der Drehung fallen die Häute, je höher und höher sich die Leisten oder Pflöcke heben, wieder von ihnen in die Lösung herunter, und dieses abwechselnde Eintauchen und Herausheben der Häute dauert so lange, als man das Faß in Drehung hält. Es ist besser die Trommeln mit Leisten als mit Pflöcken zu versehen, da dann die Gefahr, daß die Felle beschädigt werden, geringer ist, zumal wenn es sich um empfindliche Leder handelt.

Abb. 57.

Bei der Wahl eines Fasses zum Färben ist als wesentlich die Lage der Öffnung zu bedenken. Bei der runden oder kurzen Zylinderform des Fasses (Abb. 57) ist die Öffnung gewöhnlich an einer Seite der Trommel nahe der Peripherie, oder sonst in dem von den Dauben gebildeten Faßboden (Abb. 57 und 58). Keine von diesen Stellen ist praktisch, und besonders dann ist diese Lage zu beachten, wenn das Faß keine hohle Achse hat. Bei der Faßöffnung an der Seite nahe dem Rand ist das Einpacken der Häute ins Faß unbequem, besonders wenn die Häute sich an die Leisten legen, da der Arbeiter dann mit dem ganzen Oberkörper in das Faß hinein muß. Das Füllen eines solchen Fasses nimmt beträchtliche Zeit in Anspruch,

Abb. 58.

wenn große Partien Häute verarbeitet werden sollen, und der Arbeiter ist während der ganzen Zeit in beständiger Gefahr. Denn durch das Gewicht rücken die Fässer an, und sollte zufällig die Maschinerie losgehen, so würde der Arbeiter zwischen dem Faß und dem starren Gebälk eingeklemmt. Unglücksfälle dieser Art sind tatsächlich schon vorgekommen. Von den beiden genannten Lagen der Öffnung ist diejenige, die bei der Öffnung innerhalb der Faßdauben ist, besser, obgleich sie keineswegs fehlerfrei ist; denn sie ist immer noch für den Arbeiter beim Füllen gefahrvoll. Und abgesehen davon ist es sehr schwierig, bei einer so gelegenen Öffnung einen Leck zu vermeiden, der während der ganzen Zeit, in der das Faß im Gange ist, laufen muß. Um den Leck zu vermeiden, macht eine Fabrik die Öffnung zum Teil aus Metall; sie faßt sie mit einem metallenen Rahmen ein, in dem der Verschluß wasserdicht sitzt. Aber Metallverschlüsse sind sehr unbequem; ihr Gewicht beeinträchtigt das Gleichgewicht des Fasses, und ferner beanspruchen sie zwei Mann oder einen ungewöhnlich starken, um eine solche Klappe zu heben und sie an ihre Stelle zu setzen.

Abb. 59.

Der beste Platz für eine Öffnung ist die Mitte einer Seitenwand der Trommel, wenn es nicht sehr darauf ankommt, daß der Verschluß vollkommen wasserdicht ist. Denn ein klein wenig lecken würde das Faß selbst dann, wenn es ohne Öffnung laufen würde. Eine Faßform mit seitlicher zentraler Öffnung ist in Abb. 59 und Abb. 60 gegeben. Solche Form macht es möglich, eine große Öffnung zu haben, so daß das Faß schnell gefüllt werden kann, und daß die Gefahr für den Arbeiter sehr gering ist. Ferner soll die Verschlußklappe so leicht sein, daß sie ein Mann leicht abnehmen und wieder ansetzen kann, während das Faß in Bewegung ist. Es kommt hinzu, daß bei solcher Klappe die Prüfung der Häute und das Fortschreiten der Färbung möglich ist und so der Vorteil, den die Mulden- und Haspelfärberei durch die leichte Beobachtung der Felle während des Färbens haben, hier auch sichergestellt ist. Zwei solche Verschlußklappen werden hier jetzt folgend besprochen; aber vorher sind einige Worte über die Fässer selbst nötig.

Die Öffnung, die in das Faß führt, ist mit einem an beiden Seiten flanschartig umgebogenen festen eisernen Ringe versehen, und das

Rahmenwerk des Fasses hat auf dieser Seite zwei freilaufende Friktionsräder, auf denen, mit Hilfe des Ringes, das Faß auf dieser Seite aufliegt, so daß die Radkränze bequem zwischen die Flansche des Ringes passen. Der Antrieb des Fasses erfolgt von der anderen Seite. Dort ist ein Getriebe auf der Welle der Antriebsräder, das in ein großes Rad eingreift, das konzentrisch an dem Faß sitzt, so daß auch auf dieser Seite im Mittelpunkt des Fasses eine kurze Achse ist. Wenn das Faß läuft, so rollt es auf der einen Seite auf den Friktionsrädern, und auf der anderen Seite dreht sich die Achse in einem festen Lager.

Die Fässer sollen aus gut getrocknetem Holz gebaut werden. Sehr gut eignen sich die amerikanische Pechkiefer (pitch pine) oder die Rottanne dazu. Die erste ist besonders gut brauchbar, weil sie die Eigenschaft hat, beim Feuchtwerden schnell zu quellen, und weil sie nicht fault, auch wenn sie beständig naß gehalten wird. Die Planken sollen untereinander mit Dübeln aus Mahagoni oder Teakholz verbunden sein.

Antriebsvorrichtungen. Es gibt eine ganze Anzahl von Antrieben, die alle in ihrer Art verschieden sind. Die verbreitetste Art ist wohl das Zahngetriebe, wie es in Abb. 57 dargestellt ist. Es ist vielleicht die beste Form für alle Fälle der Praxis. Wenn diese Form des Antriebs gewählt wird, muß darauf geachtet werden, daß der Triebkranz von ziemlich großem Durchmesser ist und daß die Triebzähne so nahe wie möglich an den Rand des Fasses gesetzt werden, und zwar im Hinblick auf die Wirtschaftlichkeit im Kraftverbrauch.

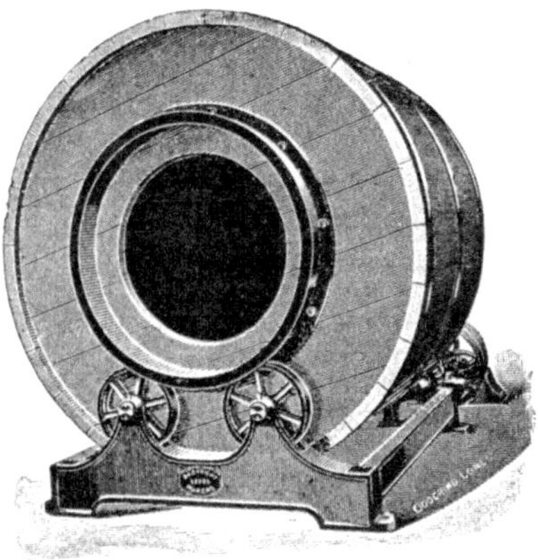

Abb. 60.

Einige Fabriken bevorzugen den Trieb mit nach innen gehenden Zähnen, da diese Anordnung jetzt vom Standpunkte des Maschinenbaues aus für besser gehalten wird als die auswärts stehenden, die auf der Abbildung zu sehen sind.

Eine andere Form des Antriebes ist der Kettentrieb. Ein Kettenrad ist auf der oben liegenden Triebwelle befestigt und das Faß wird durch Zapfen, welche rundherum in die Faßdauben eingelassen sind, — meist nur auf der einen Seite des Fasses — mit Hilfe einer Kette getrieben, die gewöhnlich unmittelbar an der Peripherie herumgelegt ist; auf diese Weise wird das Faß selbst eine Art großer Zahnscheibe. Ein Kettentrieb ist manchmal recht vorteilhaft, und zwar besonders dann, wenn das Faß in einer entlegenen Ecke steht und der verfügbare Raum nur beschränkt ist. Eine weitere Form des Kettentriebes ist in Abb. 58 abgebildet. Aus der Zeichnung ist ersichtlich, daß an die Stelle der rund um das Faß herumlaufenden Kette zwei Transmissionen, die oberhalb des Rades liegen, den Antrieb besorgen. Der lockere Trum der Kette greift in die Zapfen der Zähne an der Peripherie des Fasses. Der Vorteil dieser Bauart besteht darin, daß die Gefahr vermieden wird, welche der ständige Umlauf der Kette um das Faß für den Arbeiter darstellt.

Manche Fabriken wählen noch eine andere Form des Antriebes. Diese besteht darin, daß das Faß unmittelbar von der Triebwelle mit einem Riemen getrieben wird, der einerseits um die Scheibe auf der Triebwelle, anderseits um die Faßdauben gelegt ist, so daß also das Faß zur zweiten Scheibe wird. Der Nachteil dieser Arbeitsweise liegt darin, daß auch die Außenseite des Fasses naß ist und daß infolgedessen der treibende Riemen leicht abgleiten kann. Diese Arbeitsweise ist daher keineswegs allgemein zu empfehlen, sondern nur in solchen Fällen in Betracht zu ziehen, in denen der Raum ein anderes Verfahren unmöglich macht.

Um den Kraftverbrauch so sparsam wie möglich zu gestalten, der für die Umdrehung des Fasses erforderlich ist, ist die möglichst vollständige Gleichgewichtsverteilung im Faß von außerordentlicher Bedeutung. Es ist in jedem Falle erwünscht, beim Aufstellen des Fasses zu prüfen, ob das Gewicht gleichmäßig genug verteilt ist, und wenn dies nicht der Fall ist, die Verteilung dadurch vollständig auszugleichen, daß man an der erforderlichen Stelle durch Befestigung von Metallgewichten eine entsprechende Beschwerung vornimmt.

Beim Befestigen des hölzernen Faßbodens an seiner Achse wird die geringste Abweichung vom Mittelpunkt des Durchmessers eine starke Veränderung der Gleichgewichtsverteilung verursachen. Der Verfasser hat ein Faß von 2,5 m Durchmesser gesehen, welches auf der einen Seite mit nicht weniger als 76 kg Metall belastet werden mußte, um richtig im Gleichgewicht zu stehen, während ein augenscheinlich gleiches und zur gleichen Zeit geliefertes Faß noch nicht 5 kg erforderte, um ausgeglichen zu sein. Ein Faß, welches nicht im Gleichgewicht steht, erfordert beträchtlich mehr Kraft zum Betrieb als ein vollständig ausgerichtetes.

Ein Gegenstand, welcher häufig beim Bau von Fässern übersehen wird, ist die Abmessung der Lager. Die Mehrzahl der Faßkonstruktionen sieht Lager mit einem Durchmesser von etwa 5—6 cm vor. Wenn an deren Stelle Lager mit einem Durchmesser von 15—20 cm genommen werden, so wird beim Betrieb eine ganz erhebliche Menge an Kraft erspart.

Andere Faßformen.

Außer der zylindrischen Trommelform gibt es noch verschiedene andere Formen von Gerbfässern. Eine der ältesten Arten ist das in Abb. 61 abgebildete Faß. Es ist deutlich zu erkennen, daß es aus einem hölzernen Kasten besteht, der an zwei gegenüberliegenden Ecken befestigt ist. Diese Gestalt ist noch heute vielfach in Anwendung, und zwar besonders bei der Zurichtung und bei der Färberei von Handschuhledern. Die Faßform hat einige Vorteile; der Bau ist billiger. Diese Form macht eine viel kräftigere Durcharbeitung der behandelten Felle möglich. Denn während der Umdrehung fallen die Häute in die Ecke des Kastens und werden dort gepreßt, so daß sie beständig einer knetenden, walkenden Wirkung ausgesetzt sind. Wenn es erforderlich ist, die Felle auf so kräftige Weise durchzuarbeiten, ist diese Faßform sehr nützlich, so z. B. wenn die Werkstoffe, mit denen die Leder bearbeitet werden, reichlicher aufgenommen werden sollen, etwa beim Zurichten von Handschuhleder, beim Fettlickern von Chromschaffellen usw. Ist es aber anderseits nicht erwünscht, daß die Felle während des Walkens „pantoffelt“ werden, so ist die Anwendung solcher Form des Fasses höchst unzweckmäßig und nachteilig.

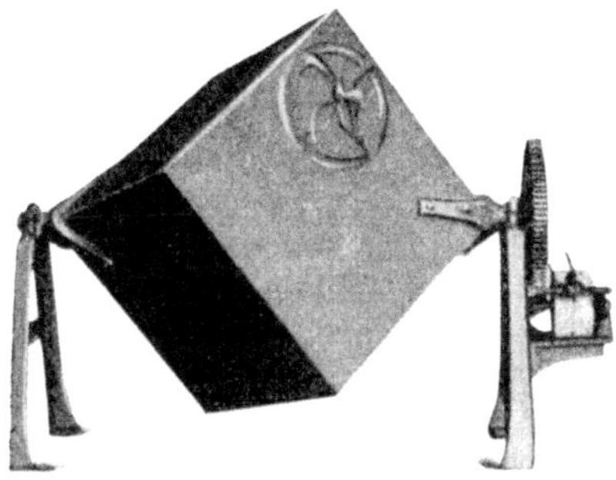

Abb. 61.

Abb. 62 zeigt ein Paar von mehrwinklig geformten Fässern, deren Anordnung den Zweck verfolgt, die gewöhnliche Kastenform zu verbessern, und die besonders ebenfalls dann zur Anwendung geeignet sind, wenn eine ähnlich kräftige Walk- und Knetwirkung erreicht werden soll. Die keilförmigen Seitenwände dieser Faßform halten und quetschen die Felle während des größeren Teiles jeder Umdrehung. Während der Umdrehung gleitet jedesmal die oberste Lage der Felle herab und fällt in den entgegengesetzten Winkel des keilförmigen Abschnittes, so daß die Felle beständig umgewendet und geknetet werden.

Abb. 62.

Sowohl bei dieser Form wie bei der Kastenform werden die Felle während der Umdrehung des Fasses nur wenige Fuß hoch gehoben und werden nicht, wie es bei der zylindrischen Form geschieht, bis zum höchsten Punkt des Fasses hinaufgetragen, um von dort die ganze Höhe des Durchmessers herabzufallen.

Abb. 63 zeigt ein achtwinkliges Faß. Dieses achtwandige Gefäß weicht nicht sehr viel von der Form der gewöhnlichen zylindrischen Trommel ab. Der Vorteil, den diese Bauart mit sich bringt, ist einmal, daß die Herstellung weniger kostet, und dann, daß flache Wandflächen vorhanden sind, die eine bequeme Anbringung des Verschlusses ermöglichen, ohne daß diese Bedingungen, wie beim zylindrischen Faß, durch ein überstehendes Rahmenwerk geschaffen werden müssen.

Eine noch andere Form des Fasses ist das „betrunkene“ Faß. Diese Form ist vielleicht nicht so bekannt wie die abgebildeten. Dieses Faß hat eine exzentrische Verbindung beider Achsen, so daß das Faß sich während der Umdrehung von einer Seite auf die andere neigt. Der Vorteil dieser Anordnung besteht darin, daß die Leder kreuzweise hin und her bewegt werden und nicht an der Kreisbewegung des Fasses teilnehmen. Dieser Vorteil ist besonders dann groß, wenn das Faß ausnahmsweise breit ist und die Flüssigkeit nur von einer Seite eingefüllt werden kann. Diese kreuzweise Bewegung ist eine Sicherung gegen die Gefahr, die namentlich bei besonders breiten Fässern vorliegt, daß diejenigen Felle, die dem Zufluß zunächst liegen, mehr von der Flüssigkeit bekommen, als sie eigentlich haben sollen. Man kann dieselbe kreuzweise oder Zickzackbewegung auch dadurch erreichen, daß man die Sprossen innen im Faß abwechselnd und unter verschiedenem Winkel anordnet.

Abb. 63.

Umsteuerung. Manchmal sind die Fässer mit einer Umsteuerung versehen, welche das Faß eine bestimmte Anzahl (gewöhnlich sechs) Umdrehungen in einer Richtung machen läßt, und dann selbsttätig die Richtung umschaltet, so daß nun sechs Umdrehungen im entgegengesetzten Sinne erfolgen. Durch die fortgesetzte Änderung der Umdrehungsrichtung wird vermieden, daß die Felle sich in Knäuel ballen und verknoten, wie es beispielsweise bei schweren Bäuchen vorkommt. Diese Art Fässer erfordern indessen eine beträchtlich große Triebkraft; denn bei jeder Richtungsänderung ist die Kraft, welche das schwere Faß bekommen hat, zu überwinden und dann ist es aus der Ruhelage von neuem anzutreiben.

Faßverschlüsse. Es ist sehr viel Scharfsinn auf die Aufgabe verwandt worden, einen Faßverschluß zu finden, der vollkommen wasserdicht ist. Es ist natürlich sehr wesentlich, daß so weit, wie es praktisch nur möglich ist, keine Undichtigkeit des Fasses einen Farbstoffverlust während des Arbeitsganges verursacht.

Ein dichter Faßverschluß ist nicht leicht zu bauen, und es gibt in der Tat nur wenige auf dem Markte, welche selbst nach einem Gebrauch von wenigen Monaten noch dicht sind.

Die verbreitetste Art, eine Öffnung und Verschluß an einem zylindrischen Fasse anzubringen, ist wohl folgende: ein quadratischer Metallrahmen wird in die Dauben eingesetzt und eine entsprechend passende Verschlußklappe, die mit Bolzen versehen ist, wird auf ihn aufgelegt. Die Dichtung wird durch Andrücken mit Flügelmutter o. ä. besorgt und die Klappe mit Riegeln festgehalten. Abb. 64 zeigt einen solchen Verschluß.

Eine dichte Füllvorrichtung in die Dauben des Fasses zu setzen, ist eine schwierige Aufgabe, da sie folgende Anforderungen erfüllen muß, wenn sie wirklich dem Zwecke vollkommen entsprechen will.

1. Der Verschluß muß hinreichend stark sein, um das ganze Gewicht der bearbeiteten Partie Leder und der Flüssigkeitsmenge auszuhalten, die bei jeder Umdrehung des Fasses gerade gegen ihn anprallen.

2. Eine möglichst einfache Verschlußvorrichtung muß es ermöglichen, die Klappe in kürzester Zeit abzunehmen und anzusetzen.

3. Endlich muß die Verschlußklappe trotz hinreichender Widerstandsfähigkeit möglichst leicht sein.

Abb. 64.

Hinsichtlich der letztgenannten Anforderung hat der Verfasser Faßverschlüsse gesehen, die so schwer waren, daß für ihre Bedienung ein Mann von der Stärke eines Simson erforderlich wäre. Aber anderseits muß die Klappe auch wirklich hinreichend fest und widerstandsfähig sein, um durch das fortgesetzte, mit dem Vorlegen und Abnehmen verbundene Auf-den-Boden-gesetzt-werden nicht beschädigt zu werden.

Eine andere Form der Verschlußklappe, die auch in die Dauben eingesetzt wird, ist in Abb. 65 abgebildet. Diese Verschlußklappe ist scharf in die Öffnung eingepaßt und wird in ihrer Lage durch ein Kreuzstück festgehalten und durch eine Schraube mit Handrad dicht an-

Abb. 65.

Abb. 66

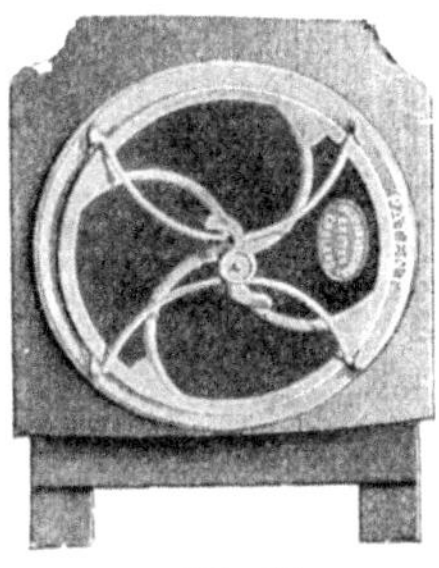

Abb. 67.

gezogen. Das Kreuzstück, welches gewöhnlich aus Eisen, Aluminium oder Holz gefertigt ist, sitzt lose auf seiner Achse, so daß es während des Durchgleitens der Klappe in das Faß bewegt und unterdessen festgestellt werden kann. Diese Art von Verschlußklappe muß sehr genau gearbeitet werden, da sie nicht dicht gemacht werden kann, wenn sie nicht genau eingepaßt ist.

Abb. 66 zeigt wieder eine andere Art von Klappe, die keilförmig befestigt ist. Die Klappe sitzt in einem Metallrahmen. Die Befestigung wird vervollständigt durch Einsetzen des eigentümlich geformten hölzernen Rahmenwerks, und die Abdichtung durch den im Bilde erkenntlichen Keil, der durch eine mit der Hand drehbare Flügelmutter festgestellt wird.

Eine geistvolle Anordnung für den Faßverschluß, und zwar eines runden, ist in Abb. 67 abgebildet. Die Anordnung ist dem allgemein bekannten Verschluß von Einmachegläsern ähnlich. Aus der Art des Verschlusses ergibt sich mit Notwendigkeit, daß er nur schmal sein kann und nur mit einem Durchmesser von etwa 40—50 cm gebaut wird. Eine runde Klappe paßt in einen runden Rahmen, welcher durch zwei halbkreisförmige bewegliche Stangen gehalten wird; diese Stangen üben eine Hebelwirkung auf die Klappe aus, wenn sie in Stellung ge-

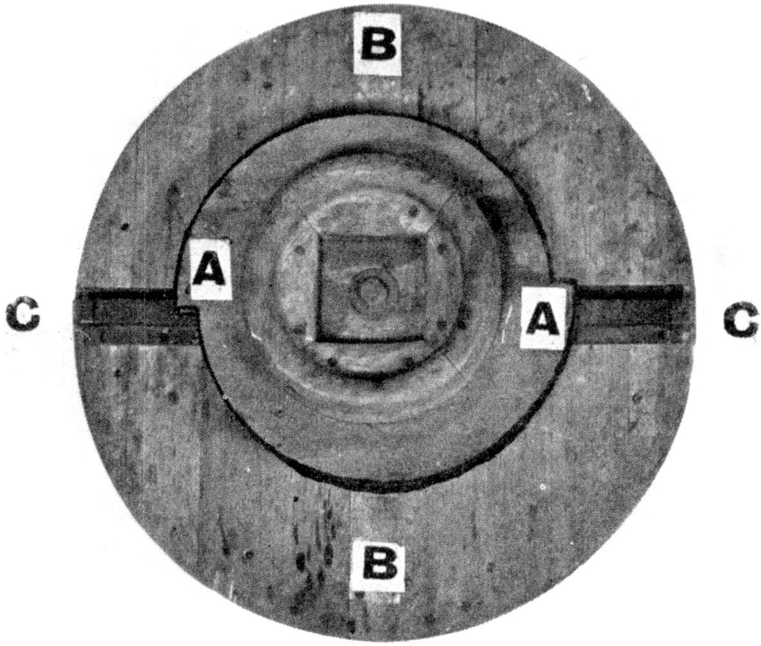

Abb. 68.

bracht sind, und werden mit einem durch ein kleines Handrad festgestellten „S“ in ihrer Lage befestigt und mit dem erforderlichen Druck versehen.

Wenn die Öffnung an der flachen Seite des Fasses liegt, so ist die Anbringung eines wasserdichten Verschlusses eine viel leichtere Aufgabe. Denn in diesem Falle hat der Verschluß nicht dem ständigen Gegenschlagen der Leder standzuhalten, sondern er braucht nur den Verlust von Flüssigkeit zu verhüten, die ständig gegen die Öffnung spritzt.

Der Verschluß, welcher in Abb. 68 abgebildet ist (Leys Verschluß), hat seinen Ursprung in einer Anregung Lambs und ist zuerst beschrieben in Lambs Broschüre „Drum Leather Dying“[1]). Der Ver-

[1]) Journal Society of Dyers and Colourists. Dec. 1902.

schluß, wie er ursprünglich gemacht wurde, war meist aus Holz, hatte einen Durchmesser von 0,6 m aufwärts und ein Gewicht von etwas über 9 kg.

Der Verschluß besteht aus zwei Teilen *A* und *B*, die einen bestimmten Spielraum gegeneinander haben. Beide Teile haben einen gemeinsamen Mittelpunkt. Der Teil *B*, dessen äußere Seite dargestellt ist, sitzt auf dem Fasse und hat an seiner unteren Seite einen kreisförmig übergreifenden Teil, der auf die Faßöffnung paßt. C_1 C_1 sind Federriegel, die außen auf *B* befestigt sind. Auf dem Teil *A* des Verschlusses ist ein Handrad angemacht, das mit beiden Händen gefaßt werden kann. An dem Rande von *A* befinden sich zwei Zapfen, die nach unten überstehen. An jedem der beiden Federriegel ist ein Bolzen, und wenn die verschiedenen Teile in ihrer normalen Lage sind, sitzt jeder Bolzen in einem Zapfen. Die Enden des Bolzens *C* ragen über den Rand von *B* und sind abgeschrägt wie die Federriegel an einer gewöhnlichen Türklinke. Rings um die Öffnung im Faß liegt ein Flanschring.

Abb. 69.

Die Handhabung des Verschlusses ist folgende: der Arbeiter faßt das Handrad mit beiden Händen (s. Abb. 69) und läßt die Verschlußklappe einschnappen. Die abgeschrägten Enden der Bolzen stoßen an den Flanschring, geben nach und treten an der unteren Seite des Flansches wieder hervor (gerade wie der Federriegel einer Türklinke beim Schließen der Tür gegen die Schloßklappe stößt, nachgibt und innen in der Schließklappe wieder heraustritt). Die Klappe sitzt nun fest und dreht sich mit dem Faß, z. B. in der Richtung des Uhrzeigers. Will der Arbeiter nun die Klappe abnehmen, so greift er wieder mit beiden Händen an das Handrad und unterbricht so die Bewegung des Verschlußteiles. Da sich aber der Teil *B* weiter mit dreht, so gleiten die Bolzen auf den Federriegeln, da sie ja auf *B* festsitzen und sich daher mit drehen, an der Innenseite der Zapfen, die stille stehen, entlang und drücken daher die Riegel zurück. (In der Abbildung sind sie zurückgedrückt.) Sobald diese aber zurückgedrückt sind, liegt die Verschlußklappe lose in der Hand des Arbeiters, und er kann sie abnehmen. Tut er das nicht sofort, sondern hält er sie noch länger, so bleibt sie einfach bewegungslos stehen, während das Faß ruhig weiterläuft. Es ist keine Möglichkeit, daß sich seine Hände irgendwie verfangen oder hängen bleiben oder daß er sonst irgendwie Schaden nimmt. Läßt er das Handrad los, so fällt die Klappe herunter. Ist die Klappe abgenommen, so dreht der Arbeiter mit dem Handrad den Teil *A* im Sinne des Uhrzeigers auf den Teil *B*, so daß die Bolzen nicht mehr von den Zapfen zurückgehalten werden, sondern von selbst wieder heraustreten, und die Klappe ist wieder richtig in der Lage, um an ihrer Stelle einzuschnappen.

Ein anderer Verschluß, ebenfalls zentral gelegen, und ebenfalls ab- und ansetzbar, ohne das Faß anzuhalten, ist in Abb. 70 abgebildet. Der Verschluß ist leicht und wird entweder aus Holz mit Metallbändern oder ganz aus Aluminium gemacht; er sitzt auf dem Fasse mit vier Metallknöpfen und hat zwei leichte Griffe, um ihn abnehmen und wieder ansetzen zu können.

Bei Fässern, die den Verschluß in der Mitte einer der beiden runden Seiten haben, geht die hohle Achse,

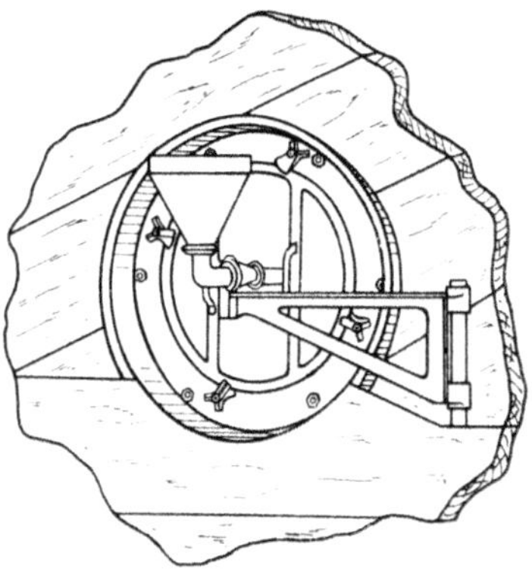

Abb. 70.

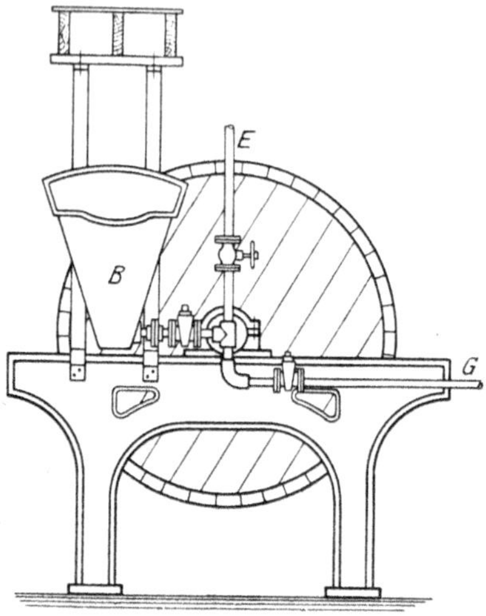

Abb. 71.

die alle Fässer haben sollten, durch den Flanschring, der um die Öffnung herumläuft. Die Füllung mit Wasser oder Farbstofflösung geschieht dann durch ein Rohr, das durch den Mittelpunkt der Verschlußklappe läuft und feststeht, während Faß und Klappe rotieren.

Abb. 70 zeigt eine Anordnung für den eben beschriebenen Fall mit zentraler Klappe. Der Fülltrichter und das Rohr gehen durch den Mittelpunkt der Klappe; sie können, wenn man an das Faß herankommen muß, von der Klappe mit Hilfe eines Armes beiseite geschoben werden, der auf einem senkrechten Pflock am Rahmenwerk hängt. Die Klappe kann so eingerichtet werden, daß sie sich mit dem Trichter und dem Rohr zusammen bewegen kann oder aber auch unabhängig von diesen ist.

Die Füllung des Fasses durch die hohle Achse geschieht gewöhnlich von einem hölzernen Behälter aus, der mit dem Rohr in Verbindung steht, und an passender Stelle außen irgendwo seinen Platz hat. Von diesem Behälter aus fließt die Farbstofflösung oder die anderen Flüssigkeiten einfach durch das Rohr in das Faß hinein.

Die Abb. 71 zeigt eine bequeme Anordnung zum Füllen des Fasses durch die hohle Achse. Sie besteht aus einem gewöhnlichen Kasten oder Fülltrichter *B* und zwei Röhren *E* und *G*, die mit Hähnen versehen sind. Eins von diesen Rohren, z. B. *E*, ist mit der Heißwasser- oder mit der Abdampfleitung verbunden, das andere mit der Kaltwasserleitung. Das Faß kann so mit der nötigen Menge Wasser von der erforderlichen Temperatur gefüllt und die Farbstofflösung nachher nach Bedarf zugegeben werden.

Eine andere Arbeitsweise, das Faß zu füllen, besteht darin, daß die Farbstofflösung oder auch jede andere Flüssigkeit durch Druck in Form eines sehr feinen Staubes oder Sprühregens während des Laufens in das Faß gepreßt wird. Man kann jede Art von Zerstäubern für dieses Verfahren anwenden. Das Verstäuben gibt eine Gewähr für eine gleichmäßige Verteilung der Farbstofflösung im Faß, und da der Zufluß durch den auf der Abbildung sichtbaren Hahn zu regeln ist, so kann man jede kleinste Menge im gewünschten Augenblick zuströmen lassen. Man kann selbst, wenn es einmal erforderlich sein sollte, ohne jeden Wasserzusatz färben, indem man die Leder einfach im Faß laufen läßt und den Farbstoff in Form des feinen Staubes durch die Achse zugibt.

Das Füllen der Lösungen mit einem Verstäuber ist besonders vorteilhaft beim Fettlicker. Dadurch, daß er durch die feinen Düsen des Zerstäubers hindurchtreten muß, wird er noch einmal emulsioniert, so daß selbst ein wenig gut emulsionierter Fettlicker auf diese Weise vollkommen gleichmäßig über die Felle verteilt wird.

Fässer, die die Öffnung in der Mitte einer Seite haben, können naturgemäß keine so große Anzahl Felle auf einmal zur Verarbeitung aufnehmen, wie diejenigen mit der Öffnung in den Dauben. Fässer mit der Öffnung in der Mitte sind besonders von Wert beim Färben nach Muster. Ein Faß mit der Öffnung in den Dauben kann vom oberen Stockwerk aus durch eine Klappe im Fußboden geladen werden. Verarbeitet man eine große Menge von Fellen, so ist es sehr wirtschaftlich und spart viel Arbeit, wenn man die Aussetzmaschinen im ersten Stockwerk der Fabrik hat und die Fässer zu ebener Erde und so jedes Faß sofort mit den ausgesetzten Fällen durch die Klappe im Fußboden laden kann. Das Faß muß natürlich genau so angehalten werden, daß die Öffnung unmittelbar unter der Klappe steht.

Die altmodische Form der Fässer, hat einen weiteren Vorteil, der sich beim Entleeren geltend macht. Wenn nämlich die Träger, auf denen das Faß ruht, hoch genug sind, oder wenn der Boden zwischen den Trägern stark ausgewölbt ist, so daß der Faßboden etwa 50—60 cm über dem Fußboden zu liegen kommt, so kann das Faß mühelos entleert werden, indem man einen Kastenwagen oder Karren unter das Faß schiebt, den Verschluß abnimmt und das Faß laufen läßt, bis alle Leder auf den Karren gefallen sind. Mitunter wird dieses Verfahren zwar angewendet, aber die Leder auf den Fußboden geworfen. Indessen ist es dann nicht allgemein zu empfehlen. Denn wenn der Boden der Werkstatt nicht wirklich vollkommen rein ist, nehmen die Leder Staub, Sand oder Schmutzteilchen an, die nachher große Abweichungen im weiteren Verlauf der Zurichtung verursachen, und Flecke und andere Fehler im fertig zugerichteten Leder hervorrufen.

Da die Lederfärber ein Faß zu haben wünschten, aus dem die Flüssigkeit ausfließen kann, ohne daß man es anhält, oder daß man die Klappe öffnet, wurden Fässer gebaut, die ringsherum Löcher haben; in diese Löcher passen Bolzen, die man, während das Faß läuft, herausziehen kann.

Für dieses Bolzensystem zeigt Abb. 72 und 73 eine geeignete Form der Bolzen. Dieser Bolzen hat innen im Faß einen dicken Knopf und kann daher aus seinem Loche nicht ganz herausgezogen werden. Außerdem hat er in der Längsrichtung vom Knopf aus bis etwa zur Hälfte eine zentrische Bohrung und eine seitliche Bohrung von außen, die die zentrische trifft. Steht der Bolzen in der Stellung der Abbildung 73, so ist keine Verbindung vom Innern des Fasses aus möglich, durch welche die Flüssigkeit abfließen könnte. Ist er aber gelockert, wie es Abb. 72 zeigt, so kann die Flüssigkeit frei durchlaufen. Der dicke Knopf ist mit Messingschrauben auf dem Bolzen befestigt.

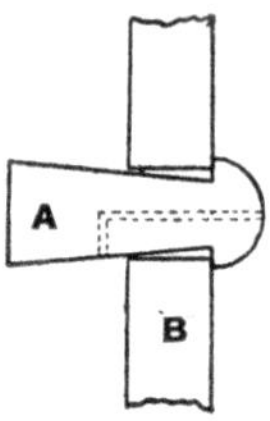

Abb. 72.

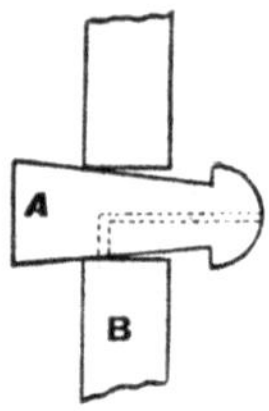

Abb. 73.

Ein anderes Verfahren, das Faß zu entleeren, ist in den Abb. 74 und 75 veranschaulicht. Abb. 74 zeigt einen Pflock oder Stopfen von irgendeiner praktisch brauchbaren Größe, die eine Verlängerung *a* trägt. Der Pflock paßt in ein Loch im Fasse. Ferner ist ein runder Reifen *C C* fest auf dem Faß aufgesetzt, der eine Springfeder führt, welche durch die

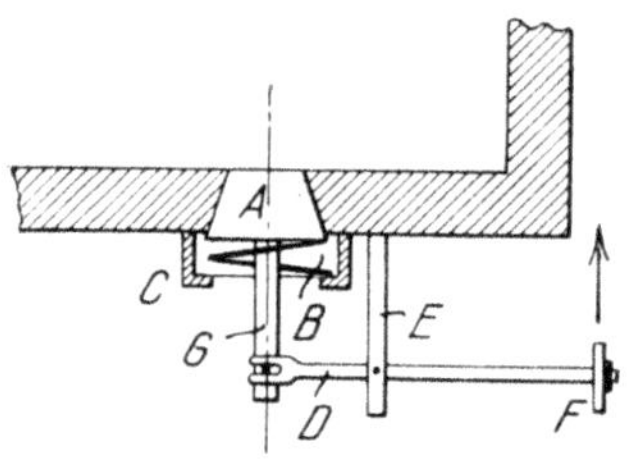

Abb. 74.

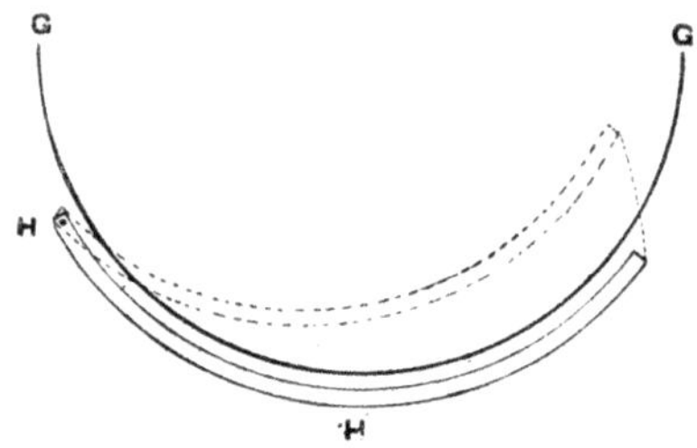

Abb. 75.

starke schwarze Linie *B* dargestellt ist. Diese Feder hält den Pflock *A* fest an seiner Stelle. *D* ist ein Hebel, der in ein senkrechtes Stück *E* verzapft ist, das ebenfalls fest auf dem Fasse sitzt. Der Hebel *D* hat an einem Ende eine Gabelung (s. Abbildung), die in einen Stift greift, der von dem Ende A_1 des Pflockes übersteht. Das andere Ende von *D* trägt eine Rolle *F*. Abb. 75 zeigt (in kleinerem Maßstabe als Abb. 74) mit der Linie *G G* einen Kreisausschnitt des Fasses. *H* ist ein Ausschnitt, der bei H_1 in das Rahmenwerk des Fasses verzapft ist.

Die Einrichtung arbeitet nun folgendermaßen: Wenn das Faß in der Richtung entgegen dem Sinne des Uhrzeigers läuft, so ist kein Hindernis vorhanden, das den Pflock oder die Montageteile treffen könnte. Wenn das Faß entleert werden soll, so wird der Ausschnitt *H* durch einen

Hebel oder irgendeine andere geeignete Einrichtung in die durch die punktierte Linie angegebene Lage gehoben. Die Rolle *F* dreht sich nach dem Ausschnitt, stößt an, und das entsprechende Ende des Hebels *D* wird dadurch in der Richtung des Pfeiles (Abb. 74) bewegt. Die Feder *B* wird auf diese Weise zusammengezogen und der Pflock *A* von seinem Platz entfernt. Eine Sperrklinke, die in geeigneter Weise befestigt ist, hält den Hebel *D* fest, damit er nicht in seine normale Lage zurückgeht. Der Ausschnitt *H* ist so angesetzt, daß das Lüften des Pflockes erfolgt, wenn der Teil des Fasses mit dem Pflock ganz unten ist. Ist wieder Flüssigkeit hineingefüllt, wird der Hebel *D* aus der Sperrklinke, die ihn hält, entfernt; der Pflock springt wieder an seinen Platz und das Loch ist geschlossen.

Häufig begegnet man der Klage, daß beim Färben von Leder im Faß zwei Partien Felle von gleicher Stückzahl und gleichem Gewicht, die dieselbe Gerbung und dieselbe Vorbehandlung haben, und die hintereinander in derselben Farbstofflösung und während der gleichen Zeitdauer gefärbt wurden, dennoch nicht denselben Farbton haben. In solchem Falle ist die Ursache für den Übelstand entweder darin zu suchen, daß in beiden Fällen nicht die gleichen Wassermengen gebraucht wurden, die Farbstoffkonzentration also doch nicht die gleiche für beide Partien war, oder daß die beiden Partien nicht bei der gleichen Temperatur ausgefärbt wurden.

Aus Mangel an der erforderlichen Einrichtung wird ganz allgemein die Menge des verwendeten Wassers nicht gemessen. Und dennoch ist dies sehr nötig. Eine bequeme Meßmethode ist folgende: Über dem Faß ist ein Bottich von solchen Abmessungen, daß er genau diejenige Menge Wasser enthält, die für eine Partie Felle nötig ist. Das Zuflußrohr zum Bottich muß ein Kugelventil haben, das den Wasserzufluß unterbricht, sobald der Bottich voll ist; der Hebel der Kugel muß einen Schnapper haben, der in eine Sperrklinke einsetzt, so daß die Kugel oben bleibt. Außer dem Wasserzufluß geht ein Dampfrohr in den Bottich, und wenn er mit kaltem Wasser gefüllt ist, wird so lange Dampf in den Bottich eingeblasen, bis das Wasser die gewünschte Temperatur bekommen hat. Jetzt wird der Hahn des Rohres, das Bottich und Faß verbindet, geöffnet und der Bottich in das Faß hinein entleert. Um den Bottich wieder zu füllen, zieht man an einer kleinen Kette, die an der Rückseite des Schnappers befestigt ist und bringt ihn dadurch aus der Sperrklinke heraus. Die Kugel fällt, öffnet das Ventil, und der Bottich füllt sich schon wieder für die nächste Partie Felle.

Die Temperatur der Flüssigkeit muß für jede Partie Felle mit einem Thermometer reguliert werden. Thermometer von den verschiedensten Formen werden für Fässer gemacht und auf ganz verschiedene Weise montiert. Der Faßboden ist ein geeigneter Platz für ein Thermometer.

Wenn die Verschlußklappe des Fasses nahe den Dauben ist, so kann das Thermometer zur anderen Seite hin eingesetzt werden, und zwar so, daß in der Ruhelage des Fasses beim Füllen die Kugel des Thermometers unter dem Spiegel der Flüssigkeit ist. Die für solche Fälle konstruierten Thermometer sind am unteren Ende beschwert und so befestigt und ausbalanciert, daß sie auch während der Rotation des Fasses in ihrer aufrechten Lage bleiben. Abb. 76 zeigt eine solche Form.

Liegt die Faßöffnung in der Mitte, so hat man am besten mehrere Thermometer, z. B. drei, die so in das Faß eingesetzt sind, daß immer eins von ihnen unter dem Spiegel der Flüssigkeit ist. Die nebenstehende Abbildung (Abb. 77) veranschaulicht diese Anordnung ganz deutlich, die außerdem nicht kostspielig ist. Die Thermometer brauchen hier nicht beschwert zu sein, um aufrecht zu bleiben. Es ist gleichgültig, in welcher Lage das Faß zur Ruhe kommt; denn das Thermometer, das unter dem Flüssigkeitsspiegel ist, wird stets leicht abzulesen sein. Die Thermometerkugeln sind immer im Faß und mit Drahtgeflecht geschützt.

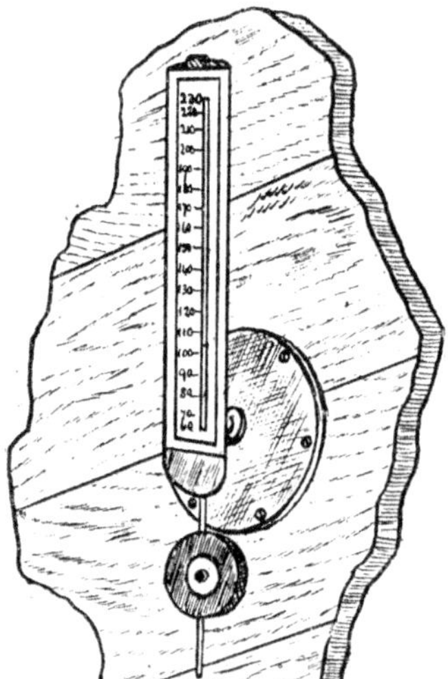

Abb. 76.

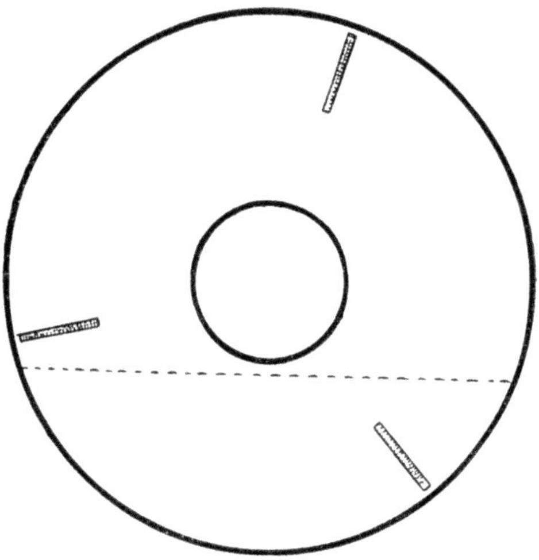

Abb. 77.

Es dürfte zweckentsprechend sein, nunmehr den Fabrikationsgang einer Partie Felle, die gefärbt werden sollen, in Kürze durchzusprechen, und zwar unter der Voraussetzung, daß das Faß fortwährend in Bewegung ist, und daß sowohl die Verschlußklappe abgenommen, als auch die Flüssigkeit abgelassen werden kann, ohne die Umdrehung zu unterbrechen.

Die Felle, die vorher ordentlich vorbereitet waren und daher in einer zur Farbstoffaufnahme geeigneten Verfassung sind, werden gut ausgesetzt und nahe beim Faß über eine Hürde oder einen Ständer gelegt. Von hier werden sie ins Faß gebracht, das mittlerweile mit der gehörigen Menge Wasser von richtiger Temperatur gefüllt war. Nun wird die Klappe geschlossen, das Faß angetrieben, und ein Drittel der erforderlichen Farbstoffmenge, die schon vorher gelöst worden war, fließt durch die hohle Achse in das Faß.

Zum Lösen der Farbstoffe ist es sehr angenehm und vorteilhaft, ein Gefäß mit Dampfheizung zu haben, das mit der hohlen Achse des

Fasses durch ein bewegliches Rohr verbunden ist. Die abgewogene Menge Farbstoff wird in das Gefäß getan, heißes Wasser zugegeben und so lange gerührt, bis der Farbstoff gelöst ist. Nachdem der Farbstoff in Lösung gegangen ist, wird die Temperatur so hoch gehalten, daß noch alles in Lösung bleibt. Wenn das Faß zehn Minuten gelaufen ist, wird das zweite Drittel der Farbstofflösung — in der eben beschriebenen Weise bereitet — zugelassen. Nach weiteren zehn Minuten Laufen wird dass letzte Drittel der Farbstofflösung hinzugegeben und das Walken fortgesetzt, bis die Felle den gewünschten Ton angenommen haben. Man nimmt von Zeit zu Zeit, ohne den Lauf des Fasses zu unterbrechen, die Klappe ab und prüft den Fortschritt des Färbevorganges, sowohl die Tiefe der Farbe als auch die Gleichmäßigkeit der Färbung.

Beim Färben mit sauren Farbstoffen ist es ratsam, nachdem zwei Drittel der Farbstofflösung zum Farbbade zugesetzt sind und das Faß zwanzig Minuten gelaufen ist, es noch weitere zehn Minuten laufen zu lassen und mittlerweile die nötige Menge verdünnter Säure zuzugeben. Diese Art zu arbeiten ist der landläufigen Gewohnheit unendlich vorzuziehen, nach welcher Farbstoff und Säure gleichzeitig dem Bade zugesetzt werden, besonders wenn die verwendete Säure Schwefelsäure ist. Denn die zerstörende Wirkung dieser Säure auf die Hautfaser tritt schon bei den kleinsten Mengen auf, worauf außerordentlich sorgsam zu achten ist. Schließlich wird nun das letzte Drittel Farbstofflösung zugegeben und das Faß noch weiter ungefähr etwa fünfzehn bis zwanzig Minuten laufen gelassen.

Nachdem die Felle nun gefärbt sind, muß das Bad ablaufen, die Pflöcke werden (Abb. 72) herausgeschlagen (oder das große Ventil [Abb. 73] geöffnet), eine hinreichende Menge Wasser strömt in das Faß, um die Felle zu waschen. Es genügen im allgemeinen wenige Minuten; wenn Säure angewandt worden ist, so ist es besser, etwas längere Zeit zu waschen, um möglichst alle Spuren von Säure zu entfernen.

Während des ganzen Fabrikationsganges sind die Felle nicht aus dem Faß herausgekommen, und das Faß blieb beständig im Laufen. Jetzt ist wieder keine Flüssigkeit im Faß, aber es läuft immer noch, und zwar läßt man es fünf bis zehn Minuten mit herausstehenden Pflöcken (oder offenem Ventil) laufen, um die Feuchtigkeit möglichst weitgehend aus den Fellen zu entfernen. Jetzt werden sie aus dem Faß herausgenommen, ausgesetzt und sind nun fertig zum Trocknen und Zurichten.

Durch die vorstehende Beschreibung erhellt ohne weiteres, daß die Verwendungsmöglichkeit eines Fasses, in dem die Felle von Zeit zu Zeit geprüft werden können und aus dem die Flüssigkeit abfließen kann, ohne daß man es anhält, durchaus nicht damit erschöpft ist, daß man darin Felle färbt, wäscht und vortrocknet, sondern man kann eine Partie Felle unmittelbar aus der Lohgare nehmen, sie abziehen und waschen, säuern und waschen, sumachieren und waschen, genau so gut wie färben, waschen und vortrocknen in einem zusammenhängenden Fabrikationsgang und damit eine bedeutende Ersparnis an Zeit und Arbeit erzielen.

Die Abb. 78 zeigt einen sehr nützlichen kleinen Apparat. Er wird in Verbindung mit solchen Maschinen gebraucht, die immer eine bestimmte Zeit laufen sollen. Eigentlich ist er gemacht worden für Wäschereimaschinen, zum Waschen, Stärken usw. Der Verfasser fand ihn sehr nützlich auch in Verbindung mit Gerbereimaschinen, z. B. mit Walkfässern, Haspeln. Der kleine Apparat ist so gemacht, daß man leicht einen bestimmten Zeitraum einstellen kann, nach dessen Verlauf er ein Alarmsignal gibt. Will man also z. B. eine halbe Stunde im Faß färben, so stellt man die Uhr entsprechend ein und nach der halben Stunde wird die Glocke entweder eine bestimmte Zeit, oder bis sie abgestellt wird, tönen. Die Uhr kann entweder vom Maschinenhaus oder von der einzelnen Maschine aus getrieben werden.

Abb. 78.

Es ist außerordentlich angenehm, wenn man Felle längere Zeit im Walkfasse laufen lassen muß, mit dem ruhigen Bewußtsein, die Zeit nicht zu verpassen, unterdessen eine andere Arbeit vornehmen zu können und durch den Alarm das Zeichen zu bekommen, daß das Faß angehalten werden muß.

Um ganz vollkommen zu arbeiten, ist es am besten, wenn ein Faß sein eigenes Triebwerk hat und so unabhängig von jeder anderen Maschine laufen kann.

Färbemaschinen.

Die Abb. 79 und 80 stellen in Diagrammen eine Arbeitsweise dar, Felle abwechselnd in die Farbflotte einzutauchen und herauszunehmen, um sowohl ungleichmäßige Färbung zwischen den verschiedenen Fellen, als auch nicht einheitliche Färbung desselben Felles zu vermeiden; Fehler, die dadurch vorkommen, daß die verschiedenen Teile nicht ganz gleichmäßig getaucht werden. Das Verfahren findet besonders beim Färben von Schafspalten für Hutleder Anwendung. Die Felle hängen von Rahmen der Träger herab, die in Gestängen mit festen Führungen befestigt sind. A ist die Triebwelle der Maschine. An ihr ist eine Kurbelscheibe B, in der ein Bolzen C sitzt. Die Verbindungsstange D ist bei C an der Kurbelscheibe befestigt und am anderen Ende bei G mit der Stange E, die in festen Führungen FF in senkrechter Richtung sich bewegt. Die Felle hängen paarweise, Fleischseite an Fleischseite, auf den Trägern HH. Durch

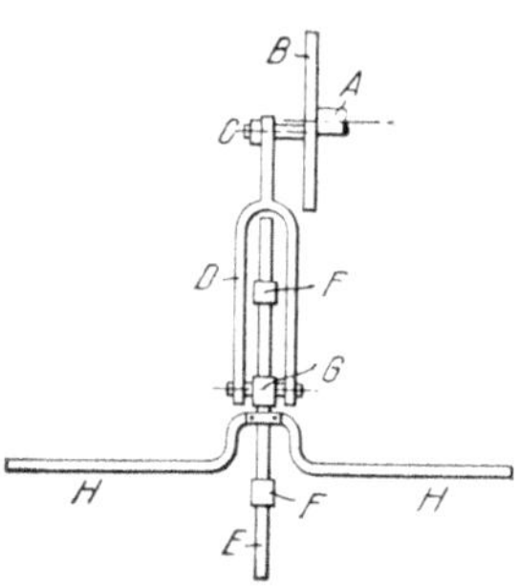

Abb. 79.

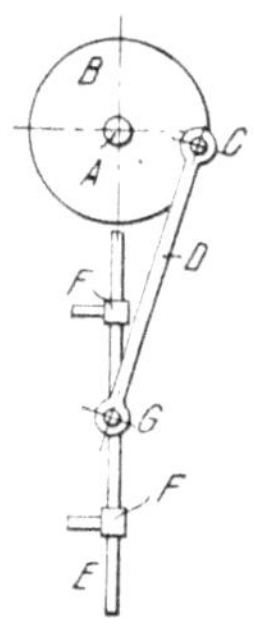

Abb. 80.

die Auf- und Niederbewegung der Träger werden die darauf liegenden Felle gleichzeitig in die darunter in entsprechend geeigneter Höhe aufgestellte Farbmulde eingetaucht und herausgehoben. Die Scheibe ist

Abb. 81.

an der *C* entgegengesetzten Seite dem Gewicht von *D* und *E* entsprechend ausbalanciert. Die Abb. 81 zeigt vier solche Maschinen in demselben Raum nebeneinander. Die dort abgebildeten Träger sind Rahmen.

Zwölfter Abschnitt.

Färben mit der Bürste und durch Spritzen.

Anstatt das Leder durch Eintauchen in das Farbbad zu färben, kann man die Farbstoffe auch unmittelbar mit Hilfe der Bürste auf die Oberfläche des Leders bringen. Die Arbeitsweise wird allgemein „Bürsten" genannt. Oder man spritzt den Farbstoff mit Hilfe von geeigneten mechanischen Spritzapparaten auf das Leder.

Im allgemeinen gilt das, was für das Färben im Farbbad gesagt wurde, auch für das Bürsten. Aber nicht alle Farbstoffe, die gut färben, wenn sie in heißer Lösung im Farbbad angewandt werden, sind auch zum Bürsten oder Spritzen geeignet. Denn um bei diesen beiden Arbeitsweisen gut zu färben, muß der Farbstoff eine starke Affinität zum Leder haben. Viele Farbstoffe, die recht gute Färbungen liefern, wenn man sie heiß anwendet und ihnen Zeit genug läßt, um sich in das Leder einzusaugen, wie es beim Tauchen geschieht, werden daher, wenn man sie nur kalt anwendet und nur mit der Bürste oder Spritze auf die Oberfläche aufträgt, vom Leder nicht angenommen.

Beim Färben von großen Fellen, Kipsen, großen und schweren Häuten wird im allgemeinen das Bürstenverfahren angewendet; ebenso wenn man die Fleischseite ungefärbt erhalten will. Das Spritzverfahren wird im allgemeinen bei kleineren Fellen angewendet.

In den letzten Jahren haben einige Firmen Versuche nach der Richtung hin angestellt, Häute in der Haspel und im Faß zu färben. Es ist fraglich, ob das Verfahren wirtschaftlich ist. Der Überschuß von Farbstoff, den man anwenden muß, die geringe Anzahl von Stücken, die man auf einmal verarbeiten kann, und die Tatsache, daß im allgemeinen die so gefärbten Felle noch einmal mit der Farbstofflösung zum Schluß überbürstet werden müssen, sprechen alle zugunsten der älteren Arbeitsweise des Bürstens, wenn man Rindhäute und Kipse verarbeitet. Anderseits aber werden viele leichtere Leder, der Abfall, Schulter- und Bauchstücke, auch die Schultern und Bäuche von Kipsen, lohgare Schaffelle, Kalbfelle, die alle beim Bürsten mehrere Male hintereinander behandelt werden müssen und so viel Arbeit kosten, sparsamer durch Tauchen gefärbt.

Bürsten.

Das Bürsten wird meistens folgendermaßen ausgeführt: Nach den Vorbehandlungen, Reinigen, Sumachieren und Aussetzen, werden die Felle gewöhnlich getrocknet. Die Felle werden dann auf einen ebenen Tisch, die Platte, gelegt, den Narben nach oben, und die starke Farbstofflösung, $^1/_2$—1 proz. (d. h. 50—100 g auf 10 l Wasser) schnell auf die Narbenfläche aufgebürstet. Bei kleinen Stücken, wie Schaffellen, soll von der Mitte des Leders aus nach den Seiten hin gebürstet werden, und dafür genügt ein Mann.

Beim Bürsten von kleinen Fellen, wie Schafen, legt man die Felle unter die Platte und nimmt jedes Stück zum Färben herauf. Es wird ein Haufen von ungefähr einem Dutzend auf die Platte gelegt und dann weiter so verfahren: das oberste Fell wird gefärbt, indem es mit der Farbstofflösung gebürstet wird, fortgenommen und zum Trocknen gehängt; dann nimmt man das nächste, nun oben liegende Fell ebenso vor. Man arbeitet so viel schneller, als wenn man jedes Fell für sich auf die Platte legt, und spart außerdem die Zeit und Arbeit, um jedesmal für jedes Fell die Platte zu reinigen.

Das Bürsten von größeren Stücken, Häuten oder Kipsen wird im allgemeinen von zwei oder auch wohl drei Arbeitern ausgeführt, die alle an derselben Haut arbeiten. Beide Männer stehen an derselben Seite der Platte, auf der die Haut liegt, und beginnen ihre Arbeit, indem der eine am Schwanzende, der andere am Kopfe anfängt. Jeder bürstet eine Art Viereck von der Rückenlinie aus nach den Seiten hin, ungefähr 40—50 cm bearbeitend. Der am Schwanzende bürstet nach dem Nacken zu, der am Kopfende nach dem Schwanz hin. Wenn die halbe Haut so fertig ist, gehen die Leute herum auf die andere Seite der Platte und bürsten die andere Hälfte ebenso. Abb. 82 veranschaulicht die Arbeitsweise. Die Arbeitsweise weicht etwas ab, wenn drei Leute zugleich an einer Haut arbeiten. Zwei Mann beginnen das Bürsten in Vierecken, wie es eben beschrieben wurde, aber indem jeder an je einer Seite der Platte steht und vom Schwanzende anfangend nach dem Nacken hin bürstet, während der dritte an dem gegenüberliegenden Kopfende steht und den Halsteil der Haut bearbeitet, indem er Nacken und Schultern von der Mitte aus nach beiden Klauen hin bürstet. Abb. 83 erläutert diese Arbeitsweise.

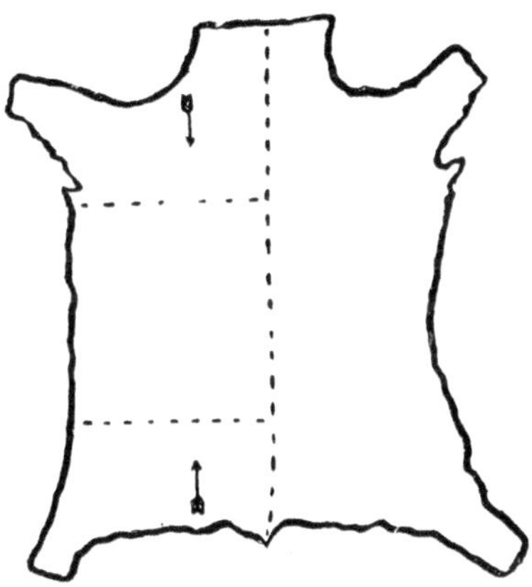

Abb. 82.

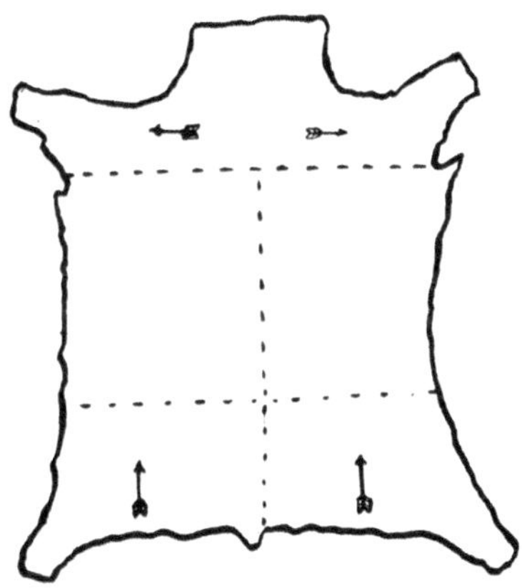

Abb. 83.

Zum Bürsten von Häuten oder Kipsen gehört viel Erfahrung. Denn es ist einleuchtend, daß niemals gute Ergebnisse erzielt werden können, wenn die beiden Leute nicht Hand in Hand arbeiten und nicht Viereck nach Viereck färbend dieselbe Menge Farbstoff anwenden. Man muß auch sehr aufpassen, daß dort, wo die Vierecke ineinander übergehen, keine Striche entstehen, sondern die ganze Haut überall eine vollkommen gleichmäßige Farbe hat.

Nachdem die Haut die erste Decke mit der Farbe bekommen, wird sie zum Trocknen gehängt. Nach dem Trocknen wird sie wieder auf die Platte genommen und bekommt eine zweite Decke mit der Bürste, genau wie die erste. Nach dem zweiten Trocknen prüft man die Farbe, und wenn sie nicht satt genug befunden wird, gibt man ihr eine dritte, um die gewünschte Tiefe des Farbtones zu erhalten.

Wegen des Zeitverlustes beim Trocknen der Häute und der Arbeit des Aufhängens haben die Lederfärber die ältere Arbeitsweise, dem Leder die erste Farbdecke mit der Bürste in trocknem Zustande zu geben, ganz allgemein aufgegeben. Es kann keinem Zweifel unterliegen, daß es eine viel bessere Arbeitsweise ist, anstatt auf das trockene Leder die

Farbstofflösung aufzutragen, die Häute zu bürsten, wenn sie halbtrocken sind. Denn wenn sie bei dem ersten Bürsten noch feucht sind, so kann man eine viel gleichmäßigere Färbung erwarten, als wenn sie ganz trocken sind. Als ein Ausweg zum älteren Verfahren hin ist anzuraten, die nach dem Ausstreichen getrockneten Häute auf der Narbenseite mit Wasser zu bürsten oder mit einer ganz schwachen, etwa $^1/_4$proz. Farblösung, ehe man die starke zum Bürsten geeignete Lösung aufträgt.

Bei der Fabrikation von Kofferledern wird es vielfach so gemacht, daß man dem Leder nach dem Walken und Aussetzen mit einer Walze, die die entsprechenden Muster hat, den gewünschten Narben aufpreßt. (Siehe Abschnitt XVII.) Oder man nimmt das Pressen vor, wenn die Felle nach dem Aussetzen und Trocknen wieder mit Wasser angefeuchtet worden sind. Das Bürsten erfolgt dann wiederum, wenn die Leder nach dem Pressen getrocknet sind. Diese Arbeitsweise, das Leder nach dem Pressen zu bürsten, ist zwar ganz allgemein und gilt als durch den Gebrauch geheiligt; aber sie ist darum doch nicht zu billigen; sie ist im Grundgedanken falsch und führt zu einem schmutzigen Ansehen des fertigen Leders. Der stärkste Druck findet beim Pressen des Leders notwendigerweise dort statt, wo der Eindruck am tiefsten ist (s. Abb. 84), und an diesen Stellen werden die Poren des Narbens geschlossen. Wo aber der Eindruck nur oberflächlich ist, bleiben die Poren des Leders offen. Infolgedessen nehmen die hochstehenden Teile der gepreßten Oberfläche die Farbe beim Bürsten schnell auf, während die tiefliegenden Stellen dem Eindringen der Farblösung widerstehen. Und so kommt es, daß oftmals die fertigen Leder einen schmutzigen, schmierigen Anblick gewähren. Es ist viel besser, die Felle erst zu bürsten und dann erst zu pressen, und zwar entweder nach dem letzten Strich mit der Bürste die Pressung vorzunehmen oder die Leder nach dem Bürsten zu trocknen, ihnen dann wieder einen geeigneten Grad von Feuchtigkeit zu geben und nun erst die Pressung vorzunehmen.

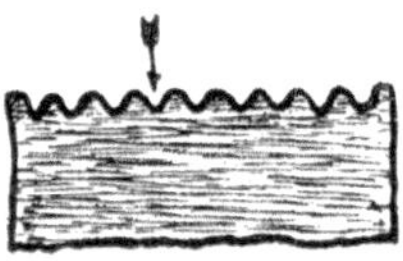
Abb. 84.

Saure Farbstoffe beim Bürsten. Viele sauren Farbstoffe sind sehr geeignet zum Färben mit der Bürste, da sie klare und gleichmäßige Farben geben. Für helle und mittlere Nuancen, die unbedingt gleichmäßig sein müssen und keineswegs bronzieren dürfen, werden die sauren Farbstoffe mit großem Vorteil angewendet. Der Verfasser empfiehlt als Ergebnis seiner Versuche, die Felle stets mit einem sauren Farbstoff zu grundieren. Der erste Strich soll stets mit sauren Farbstoffen geschehen; bei dem folgenden zweimaligen — je nachdem ob die gewünschte Tiefe des Farbtones schon erreicht ist oder nicht — oder dreimaligen Bürsten können dann basische Farbstoffe genommen werden. Die Neigung der basischen Farbstoffe, weiche oder schadhafte Stellen des Narbens deutlich zu kennzeichnen, wird durch das Grundieren mit sauren Farbstoffen aufgehoben. Man darf natürlich keine Schwefelsäure zu der Lösung der sauren Farbstoffe geben; etwas Ameisensäure, Essig- oder Milchsäure kann aber vorteilhaft zugesetzt werden. Die Farbe wird dadurch etwas vertieft und die Färbung kräftiger, so daß man ein gleichmäßigeres Ergebnis erhält. Ungefähr 25 bis 50 ccm Säure auf jede 12 l Farbbrühe ist eine hinreichende Menge.

Basische Farbstoffe beim Bürsten. Die basischen Farbstoffe gebrauchen in der Regel beim Bürsten keinen Säurezusatz. Die Lösungen müssen zum Gebrauch ganz klar sein, und es ist besonders darauf zu achten, daß keine Partikelchen darin herumschwimmen. Ist die Lösung nicht vollkommen klar, was bei Farbstoffen wie Bismarckbraun, Vesuvin, Canelles usw. oft vorkommt, so muß sie filtriert werden. Besitzt das zur Lösung dienende Wasser vorübergehende Härte, so ist ein Zusatz von Säure, sei es Essigsäure, Ameisen- oder Milchsäure zu machen. Farbstoffe, die sich nicht schnell lösen, befeuchtet man mit einer oder der anderen der eben genannten Säuren, und gibt dann erst das kochende Wasser hinzu, um die Lösung herzustellen.

Ob eine Bürste zum Färben geeignet ist, hängt ganz vom Leder ab, das bearbeitet werden soll. Im allgemeinen sind Bürsten, die nicht zu hart und nicht zu weich sind, wie Stiefelbürsten von guter Qualität, vorteilhaft zu verwenden. Wenn der Narben eines Leders grob oder offen ist, wird die Farbe mit härteren Bürsten leichter aufgetragen; ist das Leder hingegen weich und nimmt den Farbstoff leicht auf, so kann man statt der Bürste einen Schwamm benutzen. Der Schwamm ist indessen auf keinen Fall so bequem oder auch so geeignet für diese Arbeit wie die Bürste.

Wenn sich nach dem ersten Bürsten auf dem Leder Streifen oder trübe wolkige Färbungen zeigen, ist es ratsam, das Leder mit einem feuchten zusammengeballten Lappen überzureiben; die Neigung, ungleich anzufärben, die sich durch die Streifen oder Niederschläge zu erkennen gibt, wird dadurch im allgemeinen beseitigt sein.

Es kann erwünscht sein, das Leder vor dem ersten Strich mit der Bürste mit einer Appretur zu grundieren. Das kann man dann tun, indem man die Narbenseite mit einer schwachen Lösung irgendeiner schleimigen Substanz, wie irisches oder isländisches Moos, Leinsamengallerte, Gelatine, Algen, Mehl, Stärke, Gummi Tragant u. a. bürstet.

Der Zweck solcher Appretur ist ein zweifacher. Einmal will man damit die schadhaften Narbenstellen, Kratzer usw. ausfüllen und so nach Möglichkeit die Zahl der fehlerhaften Stellen vermindern, da diese sich ja dadurch, daß sie mehr Farbstoff aufnehmen, sehr leicht bemerkbar machen; dann aber will man auch die Farbe auf der Oberfläche des Leders festhalten und ein zu tiefes Eindringen des Farbstoffes vermeiden, wodurch Farbstoff gespart wird.

Die am häufigsten zu diesem Zweck angewandten Appreturmittel sind irisches Moos, Leinsamen und Algen. Denn diese Substanzen bieten der Farbstofflösung weniger Widerstand als die Gelatine, Stärke usw. und färben sich auch leichter gleichmäßig. Geeignete Menge sind $^1/_2$ kg irisches Moos, $1^1/_2$ kg Leinsamen, die man in etwa 50 l Wasser durch längeres Kochen löst. Die Lösungen müssen vor dem Gebrauch durchgeseiht werden.

Die Appreturen müssen nach dem Aussetzen, und zwar mit einer Bürste aufgetragen und die Leder nachher ordentlich getrocknet werden, bevor man anfängt, die Farbe aufzubürsten. Wenn man diese Vorschriften innehält, ist es nicht mehr nötig, die Leder vor dem Bürsten anzufeuchten. Denn die Grundierung verhütet eine zu schnelle Absorption des Farbstoffes durch das Leder.

Natriumbichromat und Kaliumbichromat werden mitunter zum Abdunkeln angewandt. Sie verdunkeln einige Farbstoffe an sich und geben außerdem durch Kombination mit dem Tannin des Leders ein Nußbraun. Man muß sie aber mit großer Vorsicht anwenden, da sie die Gerbstoffe im Leder stark oxydieren. Man tut infolgedessen gut, das Leder mit einer Lösung von Katechu, Quebracho, Gambier oder anderen starken Gerbstoffen vorzubehandeln, die man aufbürstet. Diese Gerbstoffe geben mit Bichromat ein tiefes Nußbraun. Die Gefahr für das Leder wird auf diese Weise sehr verringert, und man erhält außerdem bessere Farbergebnisse.

Das gewöhnliche Verfahren, Leder zum Bürsten für mittlere und dunkele braune Nuancen vorzubereiten, ist, es vor dem Färben mit einer Lösung von Eisen, gewöhnlich schwefelsaures Eisen (Vitriol) zu bürsten. Es birgt das keine Gefahr in sich, wenn das Leder gut gegerbt und die Eisenlösung nur schwach ist. Ein viel besseres und empfehlenswerteres Verfahren ist indessen, dem Leder einen Grund zu geben, indem man es mit einer schwachen Lösung eines geeigneten blauen oder schwarzen Farbstoffes überbürstet, wie Naphthylaminschwarz oder Nigrosin.

Mit Teerfarbstoffen allein ist es meistens äußerst schwierig, ein Muster herzustellen, das man beim Bürsten von Teerfarbstoffen auf Eisengrund erhielt oder durch Anwendung eines Eisenzusatzes zum Farbbad. Der Färber kann gewöhnlich, wenn er das Muster schneidet, sagen, ob es mit Eisen grundiert worden ist, da an der Schnittfläche an der Stelle eine hellgraue Farbe zu beobachten ist, an welcher das Eisen tiefer in das Leder eingedrungen ist, als der Farbstoff, der als Deckfarbe benutzt wurde. Wenn er ein solches Anzeichen von Eisen findet, und wenn er genau nach Muster färben soll, so muß er oft, wenn auch manchesmal gegen seinen Willen, seine Zuflucht dazu nehmen, auch eine Eisenlösung anzuwenden. Wenn ein Eisensalz zu diesem Zweck Verwendung findet, so sollte das Leder vorher gut sumachiert oder mit einem anderen geeigneten Gerbmittel, wie z. B. Katechu, Quebracho, Myrabolanenextrakt oder anderem geeigneten Gerbstoff behandelt werden. Anstatt dieser Vorbehandlung mit Gerbmitteln kann das Verfahren empfohlen werden, die Eisenlösung in Form einer schwachen Tinte anzuwenden, in der das Eisen schon in Verbindung mit dem Tannin ist. Eine hierzu geeignete Tinte kann man sich leicht machen, indem man 150 g Vitriol in 4—5 l Wasser löst und 150 g Sumachextrakt zugibt, den man vorher für sich in ebensoviel Wasser gelöst hatte.

Essigsaures Kupfer ist eine vorzügliche Metallbeize zur Verdunkelung; man kann sie entweder in Mischung mit dem Farbstoff oder für sich allein anwenden. Mit Katechu gibt es gute braune Färbungen, die sehr lichtbeständig sind und nur eine Decke mit einem geeigneten

Teerfarbstoff nötig haben, um im Handel gut gehende Nuancen zu liefern.

Auch Titansalze können oft mit Vorteil beim Bürsten verwandt werden, und zwar entweder als Grund, auf dem nachträglich basische Farbstoffe gebürstet werden, oder in Mischung mit den sauren Farbstoffen oder den Beizenfarbstoffen.

Für diejenigen Färber, die Kaliumbichromat, Kaliumchromat, schwefelsaures Eisen und essigsaures Kupfer zum Dunkeln in Mischung mit Teerfarbstoffen anwenden, ist auf dieser Seite eine kurze Tabelle gegeben, die einige der beim Lederbürsten gebräuchlichsten Teerfarbstoffe und deren Verhalten beim Mischen mit den eben genannten Beizen enthält.

Die gewöhnliche Arbeitsweise, die Leder nach dem Aussetzen und vor dem Trocknen mit Tran auf der Narbenseite zu ölen, kann keinesfalls empfohlen werden. Denn die leichte Fettigkeit, die dem Leder dadurch gegeben wird, ist häufig die Ursache für ungleichmäßiges Färben beim Bürsten. Sind die Felle so behandelt worden, so ist es ratsam, der Farbstofflösung eine kleine Menge Methylalkohol zuzusetzen. Ein gutes Mineralöl ist zum Überölen nach dem Aussetzen vorzuziehen.

Farbstoff	Kalium-bichromatl.	Kalium-chromat	Eisensulfat	Kupfersulfat
*Resorzinbraun (A.). .	kein Niederschlag	kein Niederschlag	kein Niederschlag	kein Niederschlag
*Säureanthrazenbraun R. (By.)	"	"	"	"
*Säurebraun R. (C.). .	"	"	"	"
*Echtbraun G. (C.) . .	"	"	"	"
*Echtbraun N. (B.) . .	"	"	"	"
*Dunkelbraun O. (M.).	"	"	"	"
*Chinolingelb (By.) . .	"	"	"	"
*Azosäuregelb (A.) . .	Niederschlag	Niederschlag	Niederschlag	Niederschlag
*Naphtolgelb S. (By.). .	"	"	kein Niederschlag	leichter Niederschlag
*Indischgelb R. (C.). .	Verdickung	Verdickung	Verdickung	"
*Azogelb (TM.)	Niederschlag	Niederschlag	Niederschlag	Niederschlag
*Dunkelgelb G. (L.). .	"	"	"	"
*Curcumeïn extra (A.) .	"	"	"	"
*Azoflavin (B.)	"	"	"	"
*Cubagelb (C.)	"	"	"	"
Bismarckbraun	"	"	kein Niederschlag	kein Niederschlag
Chrysoidin	"	"	"	"
Cannelle (B.)	"	"	Niederschlag	Niederschlag
Auramin	kein Niederschlag	"	kein Niederschlag	kein Niederschlag
Phosphin	Niederschlag	Niederschlag	"	"

Schleimhaltige oder -liefernde Substanzen, wie Leinsamen, Stärke, irisches Moos, Natriumalginat, Gelatine, Tragant usw. werden beim Bürsten, in Mischung mit den Farbstoffen selbst, häufig angewendet.

*) Saure Farbstoffe.

Die Benutzung solcher Mittel zum Verdicken der Farbstofflösung ist ein guter Brauch. Sie erleichtern das gleichmäßige Färben und verhindern außerdem, daß der Farbstoff zu tief in das Leder eindringt. Gelatine wird zu diesem Zweck sehr bevorzugt, besonders beim Bürsten von Ledern, die viele Fehler im Narben haben, z. B. bei Kipsen. Indessen sind auch Leinsamen und irisches Moos gut zu gebrauchen. Man muß aber darauf achten, daß die Verdickung der Lösung nicht zu weit geht; denn mit einer zu dicken Lösung erhält man leicht streifige und schmierige Färbungen. Man darf zum Verdicken nie mehr nehmen als $^1/_2$ kg Leinsamen, $^1/_4$ kg irisches Moos oder 125—250 g Gelatine auf 50 l Farbbrühe. Die schleimige Gallerte muß vorher für sich bereitet und zu der heißen Farbstofflösung zugegeben werden. Die Mischung läßt man vor dem Gebrauch etwas abkühlen.

Im allgemeinen wird beim Färben mit der Bürste die Farbstofflösung oder die Farbstoff- und Gallertmischung kalt angewendet. Es ist indessen besser, sowohl das reine Farbbad als auch die Mischung etwas anzuwärmen — eine geeignete Temperatur ist 40° C — und dann auch geeignete Vorrichtungen zu treffen, um diese Temperatur wirklich möglichst konstant zu erhalten. Schwankungen in der Temperatur bringen oft auch Schwankungen in der Färbung einer Partie Felle mit sich. Außerdem färben lauwarme Lösungen auch bei weitem gleichmäßiger als kalte und geben vollere Farbtönungen, besonders bei Verwendung von sauren Farbstoffen. Das Verfahren wirkt schließlich auch noch dahin, eine ständige Schwierigkeit beim Färben mit der Bürste zu verringern oder zu beseitigen, nämlich die natürliche Fettigkeit des Leders.

Spritzen.

Die Anwendung des Spritzverfahrens in der Lederfärberei hat in den letzten fünf oder sechs Jahren erstaunliche Fortschritte gemacht. Es tritt sowohl an die Stelle des Bürstverfahrens in allen seinen Anwendungsmöglichkeiten, als auch an diejenige aller anderen Färbeverfahren, die bereits beschrieben wurden.

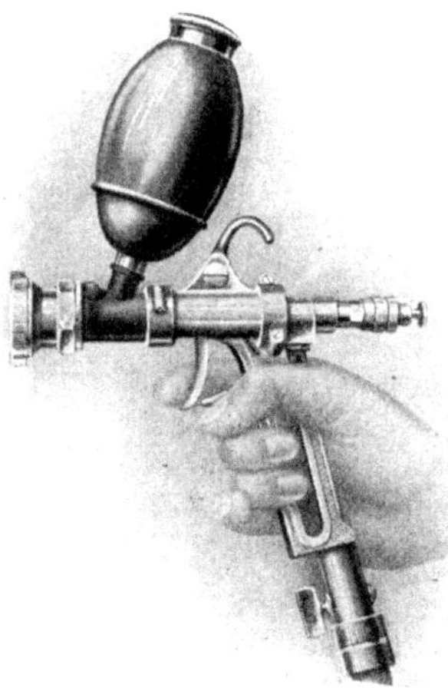

Abb. 85.

Das Spritzen besteht darin, daß der Farbstoff in Form eines äußerst feinen Staubes, wie ein feiner Sprühregen oder Nebel aufgetragen wird, wozu geeignete Apparate verwendet werden. Das Spritzverfahren wurde zuerst in der Dekorationskunst auf Textilien, Holz und anderen Werkstoffen angewendet.

Die außerordentlich feine und weitestgehende Verteilung des Farbstoffes, die besonders bei Anwendung von Druckluft erzielt wird, ermöglicht naturgemäß ein viel gleichmäßigeres Auftragen als es mit Bürste oder Wischer erreicht werden kann, und außerdem geht die Arbeit erheblich schneller vonstatten. Das Verfahren findet weitverbreitete Anwendung bei der Herstellung von Phantasiemustern und Ornamenten auf Leder, den sogenannten „antiken“ oder „spanischen“ Ledern und allen andersgearteten Mustern.

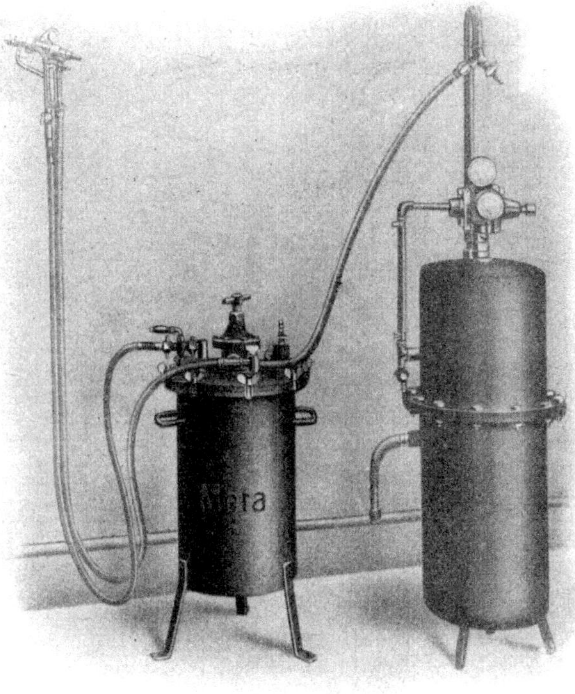

Abb. 86.

Abb. 85 zeigt eine Spritzpistole. Dieser Apparat stellt die zweckentsprechendste Form dar, wenn es sich um die Herstellung nur kleiner Mengen von Leder handelt. Hier ist die Verstäubungsvorrichtung gleich an dem Farbstoffbehälter angebracht, und die Farbstofflösung sinkt durch ihre Schwere auf die Düse des Apparates, welcher durch irgendwelche biegsamen Röhren mit dem Druckluftapparat in Verbindung steht. Sobald man auf den Drücker der Pistole einen Druck ausübt, wird der Farbstoff in Form eines feinen Nebels auf das Leder geblasen. Wenn eine größere Anzahl von Ledern in der gleichen Farbe gespritzt werden sollen, so ist der Apparat zweckentsprechend, der in Abb. 86 abgebildet ist. Wie die Abbildung erkennen läßt, ist die Farbstofflösung in einem Behälter von 5, 10 oder 20 l Inhalt untergebracht und wird durch den Luftdruck durch die Düse gedrückt, so daß sich ein beständiger Farbstoffstrom in Form eines feinen Staubregens ergibt. Die größeren Abmessungen des Behälters lassen das Nachfüllen der Lösung fortfallen, das beim Gebrauch der Pistole nötig ist.

Abb. 87 zeigt eine handliche Form des für diese Zwecke erforderlichen Kompressors, welcher den nötigen konstanten Druck von 2 bis 3 kg/qcm gibt.

Das Spritzen leichter Leder wie Kalbfelle, Schafspalte, persische, australische Schafe usw. wird am bequemsten ausgeführt, solange sie

Abb. 87.

noch auf den Rahmen oder Brettern sind, auf die sie gewöhnlich zum Trocknen gespannt werden. Die Bretter werden am besten senkrecht in einen eigens hergerichteten Raum gestellt. Dieser Raum ist, wie die Abbildung andeutet, mit einer Absaugevorrichtung verbunden, welche den Dunst beseitigt. Diese Einrichtung ist auch erforderlich, wenn beim Zurichten Nitrozelluloselösungen angewendet werden.

Das Färben mit dem Spritzapparat geht außerordentlich schnell vonstatten; in den Händen eines geübten Arbeiters kann auf diese Weise eine große Menge Leder mit ausgezeichnetem Erfolge gefärbt werden.

Wenn Leder mit einer Mischung von Teerfarbstoffen und Pigmentfarben gefärbt werden (hierüber wird in einem späteren Abschnitt gehandelt), so ist das Spritzverfahren noch weit wirksamer, als wenn ausschließlich mit Teerfarbstoffen gefärbt wird. Die gleichmäßigere

Abb. 88.

Mischung der Pigmente ergibt eine erheblich verbesserte Wirkung auf den zugerichteten Ledern, wie sie von keinem anderen Verfahren erreicht wird.

Dreizehnter Abschnitt.

Künstliche organische Farbstoffe.

Teerfarbstoffe.

Seit der Einführung des ersten Teerfarbstoffes, des Mauveins, durch Perkin im Jahre 1856 ist die Zahl der Farbstoffe, also der Abkömmlinge des Steinkohlenteeres, die auf den Markt gebracht wurden, so groß geworden, daß eine Aufzählung unmöglich ist. Gegen 2000 verschiedene solche Farbstoffe sind wohl jetzt im Handel bekannt, und einige davon, im Verhältnis freilich wenige, können auch auf Leder angewandt werden.

Die Teerfarbstoffe werden auch öfter irrtümlich Anilinfarben genannt. Das kommt daher, daß das Anilin das Ausgangsmaterial für die ersten Teerfarbstoffe des Handels war. Indessen werden jetzt viele Farbstoffe aus anderen Abkömmlingen des Steinkohlenteers hergestellt; z. B. aus Naphthalin, Anthracen; und es ist infolgedessen richtiger, alle Farbstoffe, die aus dem Steinkohlenteer gewonnen werden, sei es mittelbar oder unmittelbar, als Teerfarbstoffe zu bezeichnen.

Beim Destillieren der Steinkohle unterscheidet man vier Destillationsprodukte. 1. Leuchtgas, 2. Ammoniakwasser, 3. Steinkohlenteer,

4. Koks. Bei der Destillation und anderen chemischen Prozessen des Steinkohlenteers werden verschiedene andere Produkte erhalten, von denen für die Teerfarbstoffindustrie die folgenden drei die wichtigsten sind: 1. Benzol, 2. Naphthalin, 3. Anthracen. Jedes dieser Produkte ist für sich das Ausgangsmaterial für die Fabrikation einer großen Reihe von Farbstoffen.

Da das vorliegende Buch nicht für das wissenschaftliche Studium, sondern für den Praktiker geschrieben ist, so wird die wissenschaftliche Chemie der Steinkohlenteerfarbstoffe in keiner Weise berührt. Nur die Anwendung der Farbstoffe nach den Arbeitsweisen für die verschiedenen Klassen wird in diesem Abschnitt behandelt.

Einteilung der künstlichen Farbstoffe.

Die Farbstoffe können eingeteilt werden nach

1. den Ausgangsmaterialien, aus denen sie hergestellt werden,
2. ihrer chemischen Konstitution,
3. den Verfahren, nach denen sie angewandt werden.

Vom wissenschaftlichen Standpunkt wäre die zweite Einteilung die beste. Für den praktischen Gebrauch und infolgedessen für dieses Buch ist indessen die dritte vorzuziehen, und sie kommt daher für uns allein in Betracht.

Unter dem Gesichtspunkt der Anwendung für die praktische Lederfärberei kann man die Farbstoffe einteilen in:

1. basische (Tannin) Farbstoffe,
2. saure Farbstoffe,
3. substantive (Baumwoll-) Farbstoffe,
4. adjektive (Beizen-) Farbstoffe.

Von diesen Gruppen sind die basischen und sauren Farbstoffe die wichtigsten.

Basische Farbstoffe.

Die basischen Farbstoffe sind gewöhnlich Salze der organischen Farbbasen mit Salzsäure; in einigen Fällen sind es die Salze der Essigsäure, Oxalsäure, Schwefel- oder Salpetersäure. In einigen anderen Fällen ist der Farbstoff ein Doppelsalz aus salzsaurem Farbstoff mit Chlorzink.

Die basischen Farbstoffe unterscheiden sich von der Gruppe der sauren Farbstoffe durch die Eigenschaft, mit Tannin aus ihrer Lösung gefällt zu werden. Die Farbbase vereinigt sich mit dem Tannin zu einem unlöslichen oder wenig löslichen, gefärbten Salz oder Lack, während die abgespaltene Säure in Lösung bleibt. Da die Base eine starke Affinität zum Tannin hat, müssen die basischen Farbstoffe gut auf vegetabilisch gegerbte Leder fallen. Und dies ist tatsächlich der Fall.

Die basischen Farbstoffe besitzen eine viel intensivere Farbkraft als die sauren. Sie färben vegetabilisch gegerbte Leder sehr schnell; aber sie haben den großen Nachteil, daß sie mit einer oder zwei Ausnahmen, einen schwachen oder fehlerhaften Narben viel deutlicher wahrnehmbar machen. Wenn man noch so große Sorgfalt auf die Herstellung der Leder vor dem Färben verwendet, so daß der Überschuß von Tannin möglichst gleichmäßig im Leder verteilt ist, erhält man dennoch leicht ungleiche Schattierungen. Denn der Farbstoff fällt an den Stellen zu schnell an, wo überschüssiges Tannin vorhanden ist. Man kann diesen Fehler einigermaßen durch Zugabe von Säure in geringer Menge vermeiden. Oder man kann statt Säure ein saures Salz nehmen, wie doppelschwefelsaures Kalium oder doppelschwefelsaures Natrium, oder ein neutrales Salz wie schwefelsaures Natrium (Glaubersalz).

Am besten eignet sich als Zusatz zum Farbbad bei basischen Farbstoffen die Essigsäure. Die Wirkung dieses Zusatzes besteht darin, wie oben gesagt, daß die Geschwindigkeit des Färbens verringert wird. Indessen darf man nicht zu viel Säure nehmen; denn sonst verhindert man, daß überhaupt der Farbstoff an die Faser fällt, und dann würde das Farbbad nie ausgenützt werden. Beim Färben mit basischen Farbstoffen ist ein Zusatz von Glaubersalz zum Farbbad üblich. Die Färbungen sind klar und verhältnismäßig frei von dem bronzenen Glanz, welcher der kennzeichnende Fehler all der Leder ist, die gewöhnlich mit basischen Farbstoffen gefärbt wurden.

Beim Lösen der basischen Farbstoffe in Wasser, das Kalzium- oder Magnesiumbikarbonat enthält, d. h. in Wasser von großer vorübergehender Härte, reagieren diese Salze mit dem Farbstoff unter Bildung eines dicken, zähen Niederschlages. Dadurch wird die Farbbase der Lösung entzogen und eine beträchtliche Menge von Farbstoff auf diese Weise gänzlich nutzlos verbraucht. Außerdem kann dieser zähe Niederschlag die Felle leicht beschädigen, indem er sich auf der Haut absetzt und so Streifen und Flecke verursacht. Dieses ist die Quelle häufig vorkommender Fehler, namentlich beim Bürsten, weil der sich bildende Niederschlag tatsächlich in das Leder hineingebürstet wird.

Die vorübergehende Härte des Wassers, das zum Lösen der Farbstoffe und zur Herstellung des Farbbades verwendet werden soll, sollte immer zuerst durch Zugabe von Essigsäure ausgeglichen werden (s. Abschnitt IX). Dann wird die Bildung des Niederschlages vermieden.

Die beiden Muster auf Tafel II Nr. 1 und 2 zeigen sehr deutlich den Unterschied der Färbung bzw. den Verlust an Farbkraft, wenn man das gewöhnliche Londoner Wasser beim Färben mit basischen Farbstoffen anwendet, ohne vorher seine Härte neutralisiert zu haben.

Fixieren vor dem Färben.

Da die basischen Farbstoffe durch Tannin gefällt werden, so geht viel Farbstoff verloren, wenn das Leder einen Überschuß von Tannin enthält. Da der Gerbstoff ausgewaschen wird und in die Farbstofflösung hinübergeht, so wird der Verlust nur noch größer. Er ist nicht zu vernachlässigen; denn tatsächlich kann auf diese Weise reichlich die Hälfte des Farbstoffs vergeudet werden. Es ist deshalb ratsam, bei der Anwendung basischer Farbstoffe das Tannin in unlöslicher Form auf der Lederfaser zu fixieren, und zwar durch eine Vorbehandlung des Leders vor dem Färben mit einem Salz vom Antimon, Titan, Zinn, Eisen oder Zink. Antimon- und Titansalz sind zu diesem Zweck sehr gebräuchlich, am meisten der Brechweinstein (Kaliumantimonyltartrat), das Antimonin (Antimonlaktat), Kaliumoxalat und Titanlaktat.

Bei Anwendung von Brechweinstein und Salz als Fixierbad ist es vorteilhaft, die Mengen im Verhältnis entweder des Trockengewichts vom Leder oder aber des Falz- oder Spaltgewichtes zu nehmen. Bei Schaffellen ist die erforderliche Menge 2 bis 3 vH Brechweinstein mit einem Zusatz von 8 bis 12 vH Salz; bei Kalbfellen $1^1/_2$ bis 2 vH Brechweinstein und 3 bis 4 vH Salz, berechnet auf das welke Falzgewicht.

Das Fixieren geschieht am besten bei einer Temperatur von 30 bis 40° C. Es ist erforderlich, die Felle 10—15 Minuten in der Lösung eingetaucht zu halten. Es ist daher Sorge zu tragen, daß die Felle vor dem Fixieren vollkommen mit Wasser durchtränkt sind, am besten durch Walken, um ihnen den Überschuß an Tannin nach Möglichkeit zu entziehen und so unnütze Vergeudung von Brechweinstein zu vermeiden. Die Zugabe von Salz zum Fixierbad bezweckt die Bildung des Niederschlages von Antimontannat zu erleichtern.

Wirtschaftlicher verfährt man beim Fixieren folgendermaßen: Man hält ein ständiges Bad von Brechweinstein und Salzlösung vorrätig. Nachdem ein Posten Felle in der Lösung behandelt worden ist, verstärkt man durch Zubessern mit Brechweinstein dies Bad wieder, ehe man den zweiten Posten hineingibt. Man fährt so mit Zubessern für jeden Posten Felle fort, bis die Lösung zu schmutzig wird, um sie noch ohne Gefahr für die Felle gebrauchen zu können. Im allgemeinen kann eine Lösung für mindestens 4 Partien Felle gebraucht werden, ehe sie vollständig erneuert werden muß.

Das Fixieren kann in einem großen Holzbottich oder in einer Haspel vorgenommen werden. Auch wenn es im Bottich geschieht, müssen die Felle beständig mit einem Holz umgerührt werden, genau so wie man es beim Säuren oder Reinigen gewöhnlich tut; in der Haspel läßt man sie ungefähr 10 Minuten laufen.

Nach dem Fixieren müssen die Felle sehr gut gewaschen werden, um alle löslichen Salze aus ihnen zu entfernen. Denn diese würden beim nachfolgenden Färben Trübungen der Farbe verursachen und beim Zurichten der Leder leicht ausschlagen. Außerdem beeinträchtigen unvollkommen fixierte Titan- oder Antimonsalze die Echtheit der Farbe beim zugerichteten Leder, indem sie die Reibechtheit herabsetzen, ein Umstand, der besonders bei Möbelledern von großer Wichtigkeit ist. Für Hutleder ist ferner zu beachten, daß Antimonsalze, die nicht fest haften, die Kopfhaut angreifen und Blutvergiftungen herbeiführen können.

Wenn man ein ständiges Fixierbad benutzt, ist eine Erneuerung des Salzgehaltes nicht notwendig. Der dauernde Gebrauch einer Lösung von Brechweinstein läßt das Bad sauer werden und allmählich das saure weinsaure Kalium in der Lösung sich sehr anreichern. Die Säure muß daher von Zeit zu Zeit neutralisiert werden, indem man eine kleine Menge Waschsoda aufgelöst hinzugibt, oder, was sicherer und bequemer ist, indem man einige Stückchen Marmor auf den Boden des Bottichs legt, der die Lösung enthält.

Titansalze sind sparsamer beim Fixieren für gelbe, braune, rote, gelbgrüne usw. Farben.

Das Titantannat, das sich bildet, wenn man vegetabilisch gegerbte Leder mit der Lösung eines Titansalzes behandelt, hat eine ganz matte gelbbraune Nuance (Lohbraun). Man braucht daher bei der Anwendung von Titansalzen weniger Farbstoff, wenn die Felle schließlich gefärbt werden, besonders bei braunen Farbtönen.

Die Wirkung des Fixierens ist an den Mustern Tafel II, Nr. 3—5 zu erkennen.

Das Fixieren ist überflüssig, wenn die Felle mit der Bürste gefärbt werden. Denn wenn die Farblösung in das Leder eingebürstet wird, hat das Tannin keine Möglichkeit herausgelöst zu werden.

Eisensalze werden oft beim Lederfärben gebraucht, entweder indem man sie mit der Farbstofflösung mischt oder indem man das Leder vor dem Färben damit behandelt. Sie bezwecken eine Vertiefung des Farbtones. Die Verdunkelung kommt zustande durch die Verbindung des Eisens mit dem Tannin, da das Eisentannat ein schwarzes Salz ist. Es ist nun zu verstehen, was vorher von der Behandlung mit Eisensalzen gesagt wurde, nämlich, daß sie, obgleich sie vielleicht nicht überall dem Leder zuträglich ist, ebenfalls das Tannin auf der Lederfaser fixiert. Färber, die mit basischen Farben bürsten, werden bemerkt haben, daß man eine geringere Fällung oder Gerinnung der Farbstofflösung erhält, wenn man das Leder vorher mit einer schwachen Lösung irgendeines Eisensalzes grundiert.

Die basischen Farbstoffe haben, besonders wenn sie konzentriert angewandt werden, gewöhnlich eine stärkere Neigung zu bronzieren, als die sauern. (Siehe Muster Nr. 4, Tafel II.) Das Bronzieren ist ein Lichtreflex von der Oberfläche des gefärbten Leders. Es gibt manchmal Veranlassung, das Leder zu beanstanden, kann jedoch beim Zurichten bis zu einem beträchtlichen Grade beseitigt werden.

Die meisten basischen Farbstoffe werden beim Mischen mit den sauren ausgefällt. Daher ist es niemals ratsam, mit einer Mischung dieser beiden Arten zu färben. Ist es dennoch aus irgendeinem Grunde erwünscht, mit beiden, einem sauren und einem basischen Farbstoff zu färben, so ist stets zu beachten, daß man sie getrennt anwendet und erst mit dem sauren färbt und nachher mit dem basischen übersetzt.

Einige der hauptsächlichsten basischen Farbstoffe für die Lederfärberei sind in folgender Tabelle zusammengestellt:

Zusammenstellung der für die Lederindustrie in Frage kommenden Farbstoffe.

1. Basische Farbstoffe.

Gelb und Orange.

Auramin O.
Aurophosphin G, 4 G, BG.
Phosphin EFF, extra, C.
Coriphosphin OX, BG.
Cannelle AL, OF.
Rhodulinorange NO.
Chrysoidin R extra, G extra, RL, G konz.
Rheonin GX, AL.
Diamantphosphin GG, PG.
Corioflavin 2 G, G, A, R, 2 R.
Euchrysin GG, NX, R, GRX, RR, GN.
Philadelphiagelb 4 G, 2 G, OR.

Braun.

Ledergelb GO, O extra, 3 G, G 8855, GB konz.
Lederbraun G, 4 G, 6 G, F, A, 3 GT, V, 5 G.
Havannabraun GB, O.
Cannelle BB, FL.
Bismarckbraun FR extra, M konz., F konz., GR.
Xantin GG.
Flavophosphin H.
Vesuvin 000 extra, BL.

Rot.

Rhodamin B extra, G extra, GGON.
Fuchsine.
Safranin O, FF extra, G extra, M.
Neufuchsin O.
Grenadin 28387, O, R konz.
Lederrot 304, AL, O, WBA, N.
Cerise G, R.

Violett und Blau.

Methylviolett 4 R, 4 B, R, BB extra, 3 B, 6 B, 8 B.
Rhodulinviolett.
Kristallviolett P.
Methylenblau 5 R, R, B.
Rhodulinblau 6 G, 3 GO, 5 B.
Viktoriablau B.
Methylenblau BD, BF.
Neublau R extra.
Rhodulinheliotrop B, 3 B.

Grün.

Brillantgrün krist.
Methylengrün B, O, GG.
Malachitgrün krist. extra.
Diamantgrün B.
Chinagrün.

Schwarz.

Lederschwarz 22124, 28371, 27000, 2 BR, B, BT, AR, TBO.
Corvolin B, BB, BT.
Ledertiefschwarz GGT.

Die basischen Farbstoffe sind mit einigen Ausnahmen im Vergleich zu den sauren sehr lichtunecht. Die Ausnahmen sind Rhodamin, Methylenblau, Neublau und Safranin.

Saure Farbstoffe.

Die sauren Farbstoffe sind Salze einer organischen Säure mit einer anorganischen Base, gewöhnlich Natrium. Der Ausdruck saure Farbstoffe bezeichnet einfach die Arbeitsart bei der Anwendung dieser Farbstoffe und will besagen, daß beim Färben mit ihnen unbedingt eine Säure zum Farbbad zugesetzt werden muß. Er bedeutet nicht, daß der Farbstoff selbst Säurecharakter hat. Man muß eine starke Säure zum Farbbad zusetzen (Schwefelsäure), um den Farbstoff aus dem Salze in Freiheit zu setzen.

Im Gegensatz zu den basischen werden die sauren Farbstoffe nicht durch Tannin gefällt. Aber das hindert nicht, daß sie zum Färben von Ledern gebraucht werden können. Sie haben eine starke Affinität zum vegetabilisch gegerbten Leder und zu mineralgarem Leder, welch letztes mit einem gerbstoffhaltigen Farbholz vorgebeizt sein soll.

Durch Zugabe von Säure zum Farbbad wird das Maximum der Farbtiefe erreicht. Die Säure, die im allgemeinen zum Farbbad hinzugesetzt wird, ist die Schwefelsäure.

Ameisensäure, Milchsäure und Essigsäure sind als Ersatz der Schwefelsäure beim Färben von Leder mit sauren Farbstoffen vorgeschlagen worden. Die einzige der bis heute auf den Markt gebrachten organischen Säuren, die ohne dem Leder unzuträglich zu sein, dem fertigen Produkt eine Tiefe der Nuance gibt, die allenfalls der Farbwirkung der Schwefelsäure verglichen werden kann, ist die Ameisensäure. Milchsäure und Essigsäure sind in dieser Hinsicht von geringem Wert. Leder, das mit einer von diesen beiden Säuren als Zusatz zum Farbbad hergestellt wurde, ist weder satt, noch feurig im Farbton und im ganzen nicht zufriedenstellend.

Die Muster auf Tafel Nr. I sind mit Säuregrün gefärbt, und zwar Nr. 3 ohne Zugabe einer Säure zum Farbbad, Nr. 4 mit Schwefelsäure, Nr. 5 mit Ameisensäure.

Dem Zusatz von Schwefelsäure zum Farbbad ist die Zugabe von doppeltschwefelsaurem Natrium bedeutend vorzuziehen. Das doppeltschwefelsaure Natrium entsteht durch Einwirkung von Schwefelsäure auf schwefelsaures Natrium (Glaubersalz). Man erhält bessere Ergebnise, wenn man gleich das doppeltschwefelsaure Salz anwendet, als wenn man das Bad erst mit Schwefelsäure ansäuert und dann Glaubersalz zugibt, oder umgekehrt. Denn Glaubersalz und Schwefelsäure verbinden sich in schwachen Lösungen nicht sofort und es bleibt daher noch freie Säure im Bad, während bei Zugabe von doppeltsaurem Salz die Säure allmählich in Freiheit gesetzt wird.

Die Wirkung des doppeltschwefelsauren Natriums auf Leder ist weniger energisch als diejenige der freien Säure. Die Zugabe der Säure zum Farbbad in dieser Form hebt bis zu einem beträchtlichen Grade die schädigende Wirkung auf die Lederfaser auf. Die Färbung wird sehr merklich vertieft und viel einheitlicher, da das Leder die Farbe viel gleichmäßiger aufnimmt.

Die Menge Farbstoff, die in einem gegebenen Falle angewendet wird, bestimmt auch die Menge der Schwefelsäure, die dem Farbbad zugesetzt werden muß, um die ganze Tiefe des Tones zu entwickeln. Die hierzu im allgemeinen notwendige Menge der Säure ist dem Gewicht nach gleich der Hälfte derjenigen des Farbstoffes. Beim Färben in der Mulde oder in der Haspel kann diese Menge Säure genommen werden, ohne daß sofort oder bald eine schädliche Wirkung auf das Leder zu be fürchten ist. Aber wenn das Farbbad verhältnismäßig klein ist, also beim Färben im Faß, muß die Menge der Schwefelsäure bedeutend herabgesetzt werden, um einen Schaden für die Felle zu vermeiden. In keinem Falle darf die Säurekonzentration des Farbbades höher sein als $^1/_4$ vH der käuflichen Säure (d. h. etwa 100 g Säure auf 50 l Farbstofflösung).

Beim Färben von Schafspalten mit sauren Farbstoffen, in der Mulde, bei Fellen mittlerer Größe und für volle Farbtöne sind für drei Dutzend Felle ca. 130—160 l Wasser, 250 g Farbstoff und 125 g (Gewicht) Schwefelsäure erforderlich.

Beim Färben von 10 Dutzend Persians mit sauren Farbstoffen in der Haspel würden die rationellen Mengen sein: 1350 l Wasser, 750—800 g Farbstoff und 375—400 g Schwefelsäure.

Beim Färben im Faß kann man nicht die ganze Menge Schwefelsäure zusetzen, die nötig wäre, um die Farbe in ihrer ganzen Tiefe zur Entwicklung zu bringen. Um daher eine unnütze Vergeudung von Farbstoff zu vermeiden und anderseits jede Gefahr für die Felle zu umgehen, wie sie eine große Menge Schwefelsäure mit sich bringen würde, ist es ratsam, gar keine Schwefelsäure anzuwenden, sondern an deren Stelle entweder Ameisensäure oder doppeltschwefelsaures Natrium zu nehmen. Um tiefe Nuancen beim Färben von Kalbfellen, mit sauren Farbstoffen im Faß zu erzielen, sind folgende Mengenverhältnisse angebracht: für acht Dutzend mittelgroße Felle $1^1/_2$—$1^3/_4$ kg Farbstoff, 375 l Wasser, $1^3/_4$ kg doppeltschwefelsaures Natrium oder $2^3/_4$ kg Ameisensäure (40 vH).

Die sauren Farbstoffe haben vor den basischen den Vorzug, nicht wie diese an den Stellen, wo der Narben verletzt ist, dunkeler anzufärben, als dort, wo die Narbenfläche unbeschädigt ist. Die Färbung mit sauren Farbstoffen ist eine gleichmäßigere und läßt Narbenbeschädigungen nicht besonders deutlich hervortreten.

Als Klasse betrachtet und im Gegensatz zu den basischen sind die sauren Farbstoffe beständiger gegen das Licht („lichtechter") und haben verhältnismäßig wenig Neigung zum Bronzieren.

Die Farbkraft der sauren Farbstoffe ist nicht annähernd so stark wie diejenige der basischen. Sie werden dennoch vielfach vor diesen bevorzugt, weil sie, wie oben gesagt, nicht so leicht schadhafte Stellen der Narben erkennen lassen; beim Färben mit der Bürste werden indessen die basischen allgemein bevorzugt.

Bei der Verwendung von basischen Farbstoffen, nach welchem Verfahren man auch immer arbeiten mag, empfiehlt es sich, die Felle zuerst mit einer schwachen Farbbrühe eines sauren oder eines substantiven (siehe später) Farbstoffes zu grundieren und sie nachher erst mit den basischen Farbstoffen zu Ende zu färben, sei es in der Mulde, im Faß oder mit der Bürste. Mit dieser Arbeitsweise kann man die Eigenschaft der basischen Farbstoffe, die schadhaften Stellen so deutlich bemerkbar zu machen, bis zu einem hohen Grade ausgleichen. Die schadhaften Stellen der Lederoberfläche verlieren augenscheinlich durch diese Vorbehandlung mit sauren oder substantiven Farben merklich die Anziehung für die basischen Farbstoffe, die sie zeigen, wenn sie nicht auf solche Weise grundiert sind.

Nach dem Färben mit sauren Farbstoffen und Schwefelsäure müssen die Leder ordentlich mit Wasser gewaschen werden, um die Säure aus ihnen zu entfernen. Ein Zusatz von etwas essigsaurem, milch-, wein- oder zitronensaurem Natrium oder Kali zum Waschwasser ist ratsam, weil er die Gefahr vermindert, daß das Leder schließlich doch leidet. Essigsaures Natron ($^1/_2$ kg auf 375 l Wasser) ist zu empfehlen. Man muß aber beachten, daß man nach einem derartigen Zusatz zum Waschwasser abermals mit reinem Wasser waschen muß, um die durch Umsetzung hierbei gebildete geringe Menge von schwefelsaurem Natron und Kali zu entfernen, da diese Salze sonst leicht auf dem trocknen Leder auskristallisieren und einen leichten weißen Niederschlag auf der Narbenfläche bilden. Gewöhnliches Salz kann auch mit Vorteil als Zusatz zum Waschwasser verwendet werden, um die schädliche Wirkung eines Säureüberschusses zu neutralisieren. Aber auch hier muß dann bis zur vollständigen Entfernung des Salzes mit reinem Wasser gewaschen werden, da sonst sehr leicht ein Auskristallisieren stattfindet.

2. Saure Farbstoffe.

Gelb und Orange.

Tartrazin.
Azoflavin SR neu, S konz., SGR extra.
Chromgelb R extra.
Walkgelb 5 G.
Naphtolgelb S.
Säurephosphin JO.
Mandarin GX.
Sulfonorange R.
Walkorange G.
Orange I, II, IV, RO, RN, G.
Ledergelb GS.

Braun.

Echtbraun O, 26048.
Säurelederbraun G, GG, ER, GR, R, W, 0, 000.
Resorzinbraun HL.
Säureanthrazenbraun R, RH extra, T.
Azosäurebraun.
Alphanolbraun R.
Naphthylaminbraun.
Lederechtbraun 1695.

Rot.

Brillantcrocein 3 BA, MD, MOO.
Ponceau G, GG, R, 3 R, B extra.
Echtrot A, AO, AN, DX.
Bordo G, R, BA extra.
Säureanthrazenrot G, 5 BL.
Azoeosin.
Alizarinrubinol 3 G, R.
Baumwollscharlach.
Säurefuchsin O.

Violett und Blau.

Säureviolett 4 RS, 5 BF, 6 BN.
Alizaringeranol B.
Echtsäureviolett 10 B.
Baumwollblau BJ, I, II.
Wasserblau 3 B, TR, TB.
Echtsäureblau R, RR extra.
Alizarinirisol R.
Alizarindirektviolett R.
Wollechtblau BL, GL.
Indulin wasserlösl., grünl.

Grün.

Naphtholgrün B.
Säuregrün konz., GN, GB extra.
Alizarinzyaningrün 3 G, G extra.
Lederechtgrün 1834.
Alizarindirektgrün G, 5 G, SGO, SBX.
Alizarinviridin FF.

Schwarz.

Nigrosin NB, NT, WL, WLA, W extra, G extra, FA extra, S.
Nerazin G, BR.
Naphthylaminschwarz 4 B, FS.
Echtblauschwarz O, T, L.
Wollschwarz GR.

Farbstoffprüfung. Die Tatsache, daß basische Farbstoffe mit Tannin gefällt werden, kann dazu dienen, sie von den sauren zu unterscheiden.

Man stellt sich eine Lösung von passender Konzentration her — 0,5 g bis 1 g auf 100 ccm Wasser. Das Reagens bereitet man durch Auflösen von 75 g Tannin und 50 g Natriumazetat in 500 ccm Wasser, oder indem man 25 g Pikrinsäure und 75 g Natriumazetat in 1 l Wasser löst.

Eine kleine Menge der zu prüfenden Farbstofflösung wird in einem sauberen Reagierröhrchen mit einigen Tropfen einer der beiden Reagenzlösungen versetzt. Gibt es einen Niederschlag, so liegt ein basischer Farbstoff vor; gibt es keine Fällung, so kann man den Farbstoff als einen sauren ansehen.

Wenn man diese Farbstoffprüfung mit sehr dunklen Farben vornimmt, wie Grün, Blau und Violett, ist es oft schwer, unmittelbar nach Zugabe des Reagens zu sagen, ob ein Niederschlag ausgefällt wurde oder nicht. In diesem Falle läßt man die Lösung eine oder zwei Stunden stehen, so daß sich ein Niederschlag am Boden des Glases absetzen kann, oder man filtriert das Reaktionsgemisch und sieht, ob auf dem Filter ein Niederschlag zurückgehalten wird.

Die Zugabe von Natriumazetat zu der zu prüfenden Lösung ist ratsam, um die Mineralsäure des Farbstoffsalzes zu neutralisieren. Denn sonst würde die Fällung des basischen Farbstoffes verhindert werden.

Ist kein besonderes Reagens, wie eines der beiden oben empfohlenen zur Hand, so ist eine ziemlich grobe und schnelle Prüfung möglich, durch Zugabe einer kleinen Menge irgendeiner klaren Gerbextrakt- oder Sumachlösung zur Lösung des Farbstoffes.

Substantive (Baumwoll-)Farbstoffe. Diese Bezeichnung umfaßt diejenigen Farbstoffe, die die Eigenschaft haben, Baumwolle oder andere vegetabilische Fasern ohne Anwendung von Beizen zu färben. Der erste dieser substantiven Farbstoffe wurde im Jahre 1884 von Böttiger entdeckt und unter dem Namen Congorot auf den Markt gebracht. Diese Farbstoffe werden deshalb auch manchmal Kongofarben genannt. Als Abkömmlinge des Benzidins heißen sie auch mitunter Benzidinfarbstoffe.

Die substantiven Farbstoffe werden gewöhnlich als Natronsalze von Sulfosäuren verkauft und sind daher in ihrer Konstitution den sauren Farbstoffen ähnlich.

Viele dieser substantiven Farbstoffe sind sehr geeignet für Leder, besonders dann, wenn man helle, blasse Nuancen färben will, die als „Kunstfarben" bekannt sind. Sie werden am besten für das Leder in neutralem oder schwach saurem Bade angewendet. Ameisen- und Essigsäure sind hierfür die geeignetesten. Viele von ihnen geben volle Farben auf Leder, wenn sie gewöhnlich wie saure Farbstoffe mit dem üblichen Zusatz von Schwefelsäure oder Ameisensäure angewendet werden.

Notwendig ist für das Farbbad mit substantiven Farbstoffen der Zusatz irgendeines neutralen Salzes, um die größere Ausnutzung des Bades an Farbstoff zu befördern. Gewöhnlich nimmt man dazu schwefelsaures Natron (Glaubersalz) oder gewöhnliches Kochsalz, und zwar sind 2 kg Salz oder Glaubersalz auf etwa 200—250 l Wasser ein geeigneter Zusatz. Nach dem Färben muß der Überschuß von Salz durch gründliches Waschen aus den Fellen entfernt werden.

Folgende substantive Farbstoffe eignen sich besonders zur Anwendung auf Leder.

3. Substantive Farbstoffe.

Gelb und Orange.

Direktgelb R extra.	Chromledergoldgelb HW.
Chromlederechtgelb G, R.	Toluylenorange R.
Dianildirektgelb S.	Plutoorange G.
Spezialchromledergelb R.	Dianilorange GN.

Braun.

Benzochrombraun 5 G, R, B.
Benzolichtbraun GL, RL.
Benzobraun MC.
Chromlederbraun GR, GX, GTX, RX.
Chromlederechtbraun M, B, GB, R, D.
Thiazinbraun G, R.
Chromlederbraun SB.
Dianilbraun B, G, R.
Oxaminbraun GN, G, 3 GT.

Rot.

Lederechtrot 1809, 1491.
Lederscharlach 1024, 1040.
Diamantechtscharlach GG.
Oxaminechtrot F.
Spezialchromlederrot H.
Chromlederbordeaux BXX.
Dianilechtrot PH.

Violett und Blau.

Chromlederechtblau CH.
Oxaminblau 6 B.
Dianilblau B.
Oxamindunkelblau BG.
Lederechtblau 1408.

Grün.

Lederdunkelgrün 1834.
Diamantgrün G.
Dianilgrün BBN.
Spezialchromledergrün G.

Schwarz und Grau.

Chromlederschwarz ER, E extra, RW extra, JEJ extra konz.
Chromlederechtschwarz F, T konz.
Brillantchromlederschwarz G extra konz., B extra konz.
Spezialchromlederschwarz V extra konz.
Plutoschwarz AW, P, G, GG, BD.
Benzolichtgrau BL.
Benzoechtschwarz L.
Chromledergrau G.

Schwefelfarbstoffe.

Katigenfarbstoffe,
Immedialfarbstoffe,
Thiogenfarbstoffe,
Kryogenfarbstoffe,
Schwefelfarbstoffe
in allen Farbtönnen und Schattierungen.

Die basischen Farbstoffe vereinigen sich mit den substantiven zu Farblacken. Daher können viele substantive Farbstoffe vorteilhaft zur Grundierung von Ledern verwandt werden, die nachher mit basischen Farben gefärbt werden sollen. Beim Arbeiten nach diesem Verfahren muß das Decken bei verhältnismäßig niedriger Temperatur, 35° C, ausgeführt werden, da eine höhere Temperatur die Zersetzung des gebildeten Lackes bewirken würde. Das Grundieren mit substantiven Farbstoffen und Decken mit basischen Farben empfiehlt sich besonders für Hut- oder Möbelleder, da durch dieses Verfahren die Reibechtheit erhöht wird.

Eosine. Diese Farbstoffgruppe wird auf Leder in neutraler oder schwach essigsaurer Lösung gefärbt. Chemisch sind die Eosine saure Farbstoffe; sie werden aber durch Zusatz von Mineralsäuren (Schwefelsäure oder Salzsäure) aus ihren Lösungen gefällt, und ebenso durch Zugabe von vielen der basischen und der sauren Farbstoffe. Sie werden daher am besten für sich allein und nicht in Mischung mit sauren oder basischen Farbstoffen angewandt. Ist aus irgendeinem Grunde eine Mischung mit einem sauren Farbstoff vorgenommen, so muß als Säure die gebräuchliche Schwefelsäure durch die Ameisen- oder die Essigsäure ersetzt werden.

Diese Farbstoffe sind außerordentlich lichtunecht; trotzdem werden sie ihres reinen roten Tones wegen noch ziemlich viel bei der Herstellung von Phantasiefarben auf Leder angewandt.

Die Eosine geben mit Bleisalzen Lacke und färben daher Leder, das die Bleibleiche erfahren hat, in schönen fleischroten Tönen. Sie werden ferner gebraucht beim Färben von Alaunleder, auf dem sie tiefe und sehr schöne rötliche Nuancen geben.

Die hauptsächlichsten Eosine sind folgende:

Cyanosin.	Methylphloxin.
Eosin.	Phloxin.
Erythrin.	Rose bengale.
Erythrosin.	Safrosin.

Schwefelfarbstoffe. Die Schwefelfarbstoffe sind in den letzten zehn Jahren außerordentlich schnell und stark beim Färben von Baumwolle in den Vordergrund getreten, für die sie von hervorragender Bedeutung sind. Neuerdings sind auch einige Patente für die Anwendung auf Leder, besonders Chromleder erteilt worden.

Die Schwefelfarbstoffe werden gewöhnlich in einer schwachen Lösung von Schwefelnatrium aufgelöst. Sind sie in Wasser löslich, enthalten sie Schwefelnatrium als Bestandteil des Farbstoffes. Bis jetzt gibt es keine wirklich brauchbare Methode, um sie auf Leder zu färben. Denn die alkalische Lösung des Schwefelnatriums wirkt außerordentlich zerstörend auf die Lederfaser. Auch die Zugabe von Formaldehyd zum Farbbad, die der Gegenstand fast aller einschlägigen Patente ist, gleicht das nicht aus.

Beizenfarbstoffe.

Die Beizenfarbstoffe einschließlich der bekannten Alizarine zeichnen sich durch ihre hervorragende Lichtechtheit aus. Die folgenden hauptsächlichsten Beizenfarbstoffe sind von Interesse für die Lederfärberei. Diejenigen, die ohne Beize auf lohgare Leder ziehen, sind mit einem * bezeichnet.

Alizarinblau.	Alizarinschwarz.	Gambin.
Alizarinblauschwarz.	Anthrazenbraun.	*Gambinbraun.
Alizarinbraun.	Brillantalizarinzyanin.	Gambingelb.
*Alizarinzyaningrün.	Coerulein.	*Naphtholgrün.
Alizarinzyaninschwarz.	Domingochrombraun.	*Säureanthrazenbraun.
Alizarinorange.	Fustin.	
Alizarinsapphirol.	Gallazin.	

Die Beizenfarbstoffe haben alle einen sauren Charakter und benötigen, wie schon der Name sagt, einer Beize zur Entwicklung der Farbe. Das Hauptinteresse besitzen sie für die Färberei sämischgarer Leder, wenn auch einige für Chrom- und alaungare Leder gebraucht werden. Einer oder der andere von ihnen kann auch ohne jede Beize auf lohgare Leder gefärbt werden.

Fettfarben.

Diese Farbstoffe sind Fettverbindungen der basischen Farbstoffe und werden vorwiegend zum Färben von Fetten, Wachsen, Firnissen und Seifen usw. verwendet. Sie sind öl- oder stearinsaure Salze der Farbbasen und werden hergestellt, indem man Ölsäure oder Stearinsäure zu den Basen gibt. Man kann sie auch bereiten, indem man die wäßrigen Lösungen der Farbbasen mit Seifenlösung fällt. Sie sind unlöslich in Wasser, aber leicht löslich in Benzol, in Ölen und Fetten.

Die Anwendung der Fettfarben auf Leder ist zwar beschränkt, aber sie können doch beim Bürsten gebraucht werden. Die Lösung in Benzin oder Benzol kann zum Bürsten von gefetteten Ledern benutzt werden.

Mit ein oder zwei Ausnahmen sind diese Farben sehr lichtunecht. Dies ist zusammen mit der Notwendigkeit, Benzin oder Benzol als Lösungsmittel zu nehmen, der Grund, der ihre Anwendung beschränkt. Sie dienen nur besonderen Zwecken, wie z. B. als Zusatz zu Fettappreturen, Polituren, Schuhcremen u. a.

Das Lösen der Teerfarbstoffe.

Das Lösen der Farbstoffe erfordert besondere Vorsicht. Der Mangel der vollen Aufmerksamkeit bei diesem scheinbar so einfachen Arbeitsgang des Auflösens ist in vielen Fällen die Ursache für Fehler beim Färben und Bürsten.

Das Lösen soll in einem hölzernen Bottich geschehen; für saure und substantive Farbstoffe ist dabei kochendes Wasser anzuwenden. Während man den Farbstoff zugibt, muß fortgesetzt umgerührt werden. Es muß weiter kochendes Wasser unter beständigem Rühren zugegeben werden, bis aller Farbstoff in Lösung gegangen ist. Für die basischen Farbstoffe nimmt man nicht kochendes Wasser, sondern nur 80—85° C heißes, da einige der basischen Farbstoffe bei der Siedetemperatur des Wassers zersetzt werden.

Das Verfahren, welches unter den Lederfärbern ganz üblich ist, den Farbstoff in kaltes oder warmes Wasser zu tun und dann direkten Dampf einzublasen, bis der Farbstoff gelöst ist, sollte mit basischen Farbstoffen niemals angewandt werden. Denn dann tritt die Zersetzung durch das Kochen ein. Auramin verliert beispielsweise beträchtlich an Farbkraft durch das Kochen. Das Verfahren, die Farbstofflösung über freiem Feuer im Metallkessel zu erhitzen, muß ebenfalls verworfen werden.

Das Wasser zur Lösung der Farbstoffe soll möglichst frei sein von kohlensaurem Kalk oder kohlensaurer Magnesia (vorübergehende Härte), da diese, besonders bei basischen Farbstoffen, Niederschläge hervorrufen. Muß man Wasser verwenden, das vorübergehende Härte besitzt, so muß man es durch Zugabe von Essigsäure, Ameisensäure oder Milchsäure neutralisieren. Man gibt dann so lange Säure zu, bis ein Stückchen blaues Lackmuspapier, das man in die Lösung eintaucht, eben in der Farbe umschlägt und schwach rot wird.

Hat man Kondenswasser von der Dampfleitung oder dem Kessel zur Verfügung — was in modernen Lederfabriken ja meist der Fall ist —, so ist dies zum Farbstofflösen zu empfehlen. Man muß indessen dann sorgfältig darauf achten, daß es auch frei von jeglicher Verunreinigung durch Eisen ist.

Beim Lösen der sauren Farbstoffe ist hartes Wasser nicht annähernd so gefährlich wie für die basischen. Die Säuremenge, die beim Färben mit sauren Farbstoffen dem Farbbad zugesetzt wird, ist im allgemeinen ausreichend, um den sich gegebenen Falles bildenden Niederschlag von Kalklack zu zersetzen.

Nachdem die Farbstofflösung hergestellt ist, sollte sie, wenigstens bei den basischen Farbstoffen, immer filtriert werden; denn viele von ihnen geben keine vollkommen klare Lösung. Eine Farblösung, die nicht filtriert wurde und daher kleine ungelöste Partikelchen enthält, sollte niemals angewandt werden. Denn diese ungelösten Teilchen setzen sich im Farbbad leicht auf dem Leder ab und sind die Veranlassung von Flecken und Streifen. Nimmt man nicht filtrierte Farbstofflösung zum Bürsten, so ist die Gefahr dieser kleinen Teile für das Leder größer als bei Färben durch Tunken.

Die Filtration ist sehr leicht auszuführen, und der einzige dazu nötige Apparat ist ein rechtwinkliger hölzerner Rahmen (Abb. 89), in dessen Außenseite ringsherum eine Anzahl kleiner kupferner Nägel oder Haken eingeschlagen sind. Ein Stück Packtuch, das etwas größer ist als der Rahmen und sehr gut in heißem Wasser ausgewaschen ist, wird über den Rahmen gespannt und an den hervorstehenden kleinen Nägeln oder Haken festgehalten. Wenn der Rahmen so hergerichtet ist, wird er über die Farbmulde oder einen hölzernen Bottich oder ein sonst passendes Gefäß gelegt, und die Farbstofflösung durch das Tuch hindurchgegossen. Eine handliche Größe für den Rahmen ist 30—40 cm; ein solcher Rahmen paßt bequem auf einen gewöhnlichen Holzeimer von 12—15 l Gehalt.

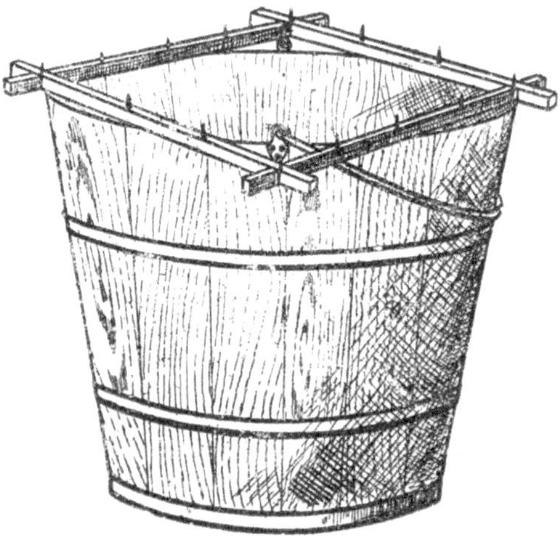

Abb. 89.

Das Filtrieren kostet verhältnismäßig gar nichts. Denn die ungefähr 6—8 Stück Packtuch, die man für die verschiedenen Farbstofflösungen braucht, können nach der Benutzung ausgewaschen und dann immer wieder genommen werden. Indessen ist es nicht ratsam, ein Stück Packtuch, durch das man einige Male schon grüne Farblösungen filtriert hat, dann zum Filtrieren anderer, z. B. roter Farbstofflösungen zu nehmen. Man muß also die Tücher, obgleich sie ausgewaschen werden, voneinander unterscheiden. Farbstofflösungen, die zum Bürsten, Marmorieren oder Decken dienen sollen, sollen stets filtriert werden.

Holzeimer sind für die Zubereitung der Farbstofflösungen am besten zu gebrauchen. Indessen hindert nichts, Kupfer- oder Zinnkessel dafür zu nehmen, vorausgesetzt, daß die Lösung nicht angesäuert wurde.

Viele basische Farbstoffe, besonders Methylviolett, sind etwas schwierig in Wasser zu lösen. In diesem Falle macht man aus dem Farbstoff mit einer konzentrierten Lösung von Essigsäure oder Ameisensäure — 50 vH käufliche Säure und 50 vH Wasser — eine Paste und stellt mit dieser Paste durch Zugabe von heißem Wasser in der oben beschriebenen Weise die Farbstofflösung her. Eine andere Arbeitsweise ist, den Farbstoff in wenig Methylalkohol zu lösen und dann mit reinem Wasser diese Lösung zu verdünnen.

Die sauren Farbstoffe brauchen ungefähr das 15—20fache ihres eigenen Gewichts an kochendem Wasser, um sich klar zu lösen; also 2—3 kg brauchen etwa 40—50 l kochendes Wasser. Die basischen Farbstoffe sind weniger leicht löslich; sie brauchen etwa das 20—40fache ihres eigenen Gewichts heißen Wassers zur vollständigen Lösung; also nur $1^1/_2$—$2^1/_2$ kg Farbstoff werden der obigen Menge Wasser, 40—50 l, entsprechen.

Die meisten Farbstoffe lösen sich leicht in Spiritus oder Methylalkohol und in Essigsäure. Auch Glyzerin ist für viele Teerfarbstoffe ein gebräuchliches Lösungsmittel.

Verunreinigungen der Teerfarbstoffe.

Die hauptsächlichsten Verunreinigungen der Teerfarbstoffe sind Dextrin, Glaubersalz, Kochsalz oder andere unschädliche Substanzen. Die Mischung mit solchen Stoffen braucht durchaus nicht eine betrügerische Verfälschung zu sein. Bei der Fabrikation der Teerfarbstoffe ist es praktisch nicht möglich, mit Sicherheit zwei verschiedene Chargen desselben Farbstoffes von demselben Farbgehalt herzustellen. Man muß daher ein vorher bestimmtes Normalmuster als Grundlage für die Fabrikation nehmen und infolgedessen manchmal den Farbstoff mit der einen oder der anderen der oben genannten Substanzen verdünnen. So kann dann der Verbraucher seinen Farbstoff stets mit demselben Farbgehalt bekommen. Außerdem ist die Farbkraft vieler Farbstoffe, so wie sie gewonnen werden, ganz außerordentlich groß. Man müßte sie infolgedessen in unbequem kleinen Mengen abwägen und außergewöhnlich viel Sorgfalt dabei verwenden. Daher verringert der Fabrikant das Färbevermögen der Farbstoffe, bevor sie auf den Markt kommen, durch Mischen mit Dextrin oder anderen unschädlichen Substanzen auf die Hälfte oder ein Viertel seiner Stärke.

Anderseits muß darauf hingewiesen werden, daß infolge des Wettbewerbes unter den Fabriken und des Preisdrückens die Farbstoffe oft so weit verdünnt werden, daß viele von ihnen nicht mehr als 5 vH wirklichen Farbstoff enthalten. Die einzig praktisch brauchbare Methode, um die Stärke eines Farbstoffes zu prüfen, ist die vergleichende Ausfärbung.

Gemischte Farbstoffe.

Eine große Reihe der Farbstoffe, die den Lederfärbereien von den verschiedenen Farbenfabriken angeboten werden, sind einfache mechanische Gemenge von zwei oder mehr einzelnen Farbstoffen. Lamb fand in einer Probe nicht weniger als sechs verschiedene Farbstoffe gemischt. Farbstoffmischungen in Form trockner Pulver sind im allgemeinen nicht zu empfehlen. Sehr viele Fehler beim Bürsten und Färben kommen von diesen Mischungen her. Einige Farbstoffe sind von Natur härter als andere; und wenn nun zwei oder mehr Farbstoffe von verschiedener Härte gemahlen werden, so werden die Staubteilchen von verschiedener Feinheit sein. Wenn nun ein solcher Farbstoff einige Zeit in einem Tönnchen oder sonstigen Behälter steht, so setzen sich die schweren Teilchen am Boden des Gefäßes ab, gerade so wie Blei sich absetzen würde, das man mit Mehl gemischt hat. Infolgedessen würde die Farbe eines jeden Postens mit diesem Farbstoff gefärbter Felle je nach dem Grade der Entmischung verschieden sein, wenn man nicht jedesmal vorher wieder ordentlich durchmischt. Und selbst wenn man dies tut, so würde es, abgesehen davon, daß es unbequem ist, kaum zur Vermeidung der Verschiedenheit wirklich ausreichen.

Der Färber soll sich seine Mischungen immer, soweit es irgend möglich ist, selbst bereiten; aber er soll dabei nicht die trockenen festen Farbstoffe, sondern die Lösungen mischen, indem er die Farbstoffe einzeln auflöst und dann mischt, bis er die gewünschte Nuance heraus hat.

Die Farbenfabriken stellen auch oft Mischungen von Farbstofflösungen her und dampfen sie dann als eine neue Farbe ein. Gegen Farbstoffe, die so hergestellt wurden, gilt natürlich der Vorwurf nicht, der oben gegen die mechanischen Mischungen der trockenen Farbstoffe erhoben wurde.

Ob Farbstoffe durch Mischung mehrerer einheitlicher Farbstoffe hergestellt worden sind, kann man nach einem der folgenden Verfahren erkennen:

1. Man nimmt eine Messerspitze voll des zu prüfenden Farbstoffes und pustet ihn aus kurzer Entfernung über ein weißes Löschblatt hin, das vorher mit Wasser angefeuchtet war. Die Farbstoffteilchen lösen sich dann auf dem feuchten Löschpapier auf und jedes einzelne Teilchen wird dabei einen Fleck in der ihm eigenen Farbe geben.

2. Wenn man den zu untersuchenden Farbstoff von der Messerspitze über ein Porzellanschälchen mit konzentrierter Schwefelsäure hinbläst, so werden die Farbstoffteilchen von der Säure angegriffen, wobei die einzelnen Farbstoffe verschiedene Farbentöne geben und so das Vorhandensein einer mechanischen Mischung anzeigen.

Ist der Farbstoff durch Mischung zweier sehr ähnlicher Nuancen hergestellt, wie z. B. Orange und Rot, so ist die zweite Methode der ersten vorzuziehen. Die Reaktion zwischen Säure und Farbstoff wird stets eine erkennbare Verschiedenheit der Farbe der einzelnen Teilchen geben.

Vierzehnter Abschnitt.

Natürliche Farbstoffe.

Blauholz.

Blauholz wurde von den Spaniern bald nach der Entdeckung Amerikas in Europa eingeführt. Es ist unzweifelhaft heute der wichtigste natürliche Farbstoff und der einzige, der praktisch noch nicht ganz von den künstlichen Steinkohlenteerfarbstoffen ersetzt ist.

Blauholz, oder wie es auch sonst noch heißt, Campecheholz, wurde ursprünglich von der Bai von Campeche aus exportiert und wird heute hauptsächlich von Britisch-Honduras und Jamaika aus gewonnen.

Der farbliefernde Stoff im Blauholz ist als Hämatoxylin bekannt; der eigentliche Farbstoff, das Hämatin, wird während des Fermentationsprozesses im Holz durch Oxydation des Hämatoxylins gebildet.

Die Fermentation wird so ausgeführt, daß man das geraspelte und leicht angefeuchtete Holz in Haufen mehrere Wochen hindurch der Einwirkung der Luft aussetzt, bis die hellgelblichbraune Farbe des frischen Holzes in ein sattes Rötlichbraun übergegangen ist.

Da der Blauholzextrakt sehr bequem beim Gebrauch ist, so verdrängt er allmählich das feste Holz. Der Extrakt wird fabrikmäßig hergestellt, indem man durch eine Reihe von Extraktionen unter Dampfdruck den farbliefernden Stoff dem Holze entzieht, und zwar gewöhnlich dem noch nicht fermentierten Holze. Die so erhaltene Lösung wird dann im Vakuum eingedampft. Der Extrakt wird entweder in Form einer konzentrierten Lösung von etwa 30 ^{0} Bé, gehandelt, als Blauholzextrakt, oder in fester Form als fester Blauholzextakt, oder kristallisiert oder gemahlen unter dem Namen kristallisierter Blauholzextrakt oder Blauholzkristalle oder Hämatinkristalle.

Blauholzextrakte werden von verschiedenen Fabriken nach besonderen Verfahren gewonnen und kommen unter mancherlei Namen auf den Markt, von denen die wichtigsten sind: Hämateïn, Hämol, Hämatin und Hämolin.

Die Extrakte schwanken beträchtlich hinsichtlich ihres Gehaltes an färbenden Substanzen. Viele von den billigeren Sorten sind reichlich verfälscht mit Glukose, Dextrin, Gerbextrakten, Salz, schwefelsaurem Natrium und ähnlichen Stoffen. Wenn man größere Mengen Blauholzextrakt kauft, tut man also gut, unter Zugrundelegung einer Analyse und eines Färbeversuches den Kauf abzuschließen.

Hat man festes Holz geraspelt gekauft, so muß man ihm den Farbstoff durch Kochen entziehen. Es sind viele geeignete Extrakteure auf dem Markt, die man alle zu dem Zweck benutzen kann. Ein gebräuchliches Verfahren besteht darin, das Farbholz in einem Sack in einen kupfernen Kessel zu tun, der bequem geheizt werden kann, und mit einer hinreichenden Menge Wasser 30—40 Minuten zu kochen. Einmaliges Kochen genügt nicht, um dem Holz den Farbstoff zu entziehen; darum ist es ratsam, drei- oder viermal hintereinander mit den geeigneten Mengen Wasser zu kochen.

Nach einer anderen Arbeitsweise tut man das Holz in Säcke und legt sie in einen hölzernen Bottich in Wasser; dann bläst man Dampf in das Wasser, bis es siedet, und setzt das Kochen zwanzig Minuten fort. Nach dem Kochen zieht man die Lösung aus dem Bottich ab, kocht das Holz zum zweitenmal mit frischem Wasser und wiederholt es, bis aller Farbstoff ausgezogen ist.

Ein Zentner geraspeltes Blauholz gibt ungefähr 180 l Farblösung, wie man sie zum Schwärzen braucht.

Gewöhnlich gibt man in den Lederfärbereien beim Extrahieren von Blauholz Soda oder ein anderes Alkali zum Extraktionswasser. Diese Arbeitsweise hat ihren Grund in der dunkleren Farbe der Lösung, die es so scheinen läßt, als ob mehr Farbstoff aus dem Holz herausgelöst werde, als nach dem oben beschriebenen Verfahren. Dies ist indessen tatsächlich nicht der Fall. Das Kochen mit schwachem Alkali läßt vielmehr viel von dem Farbstoff gefällt werden. Blauholz wird am besten mit reinem Wasser extrahiert, und das Alkali, wenn nötig, nachher der Abkochung zugesetzt.

Blauholz ist ein Beizenfarbstoff. Er gibt mit Aluminiumbeize eine violette Farbe, mit Eisen ein Blauschwarz, mit Chrom ein tiefes Blau und mit Kupfer ein grünliches Blauschwarz.

Anwendung von Blauholz. Bei der Verwendung von Blauholz für die Schwarzfärberei ist es üblich, die Blauholzabkochung zuerst auf das Leder aufzutragen und nachher erst die Beize.

Die wichtigste Verwendung von Blauholz in der Lederindustrie ist zum Färben von Schwarz mit Eisenbeize. Beim Färben mit der Bürste wird eine starke Abkochung von Blauholz oder Blauholzextrakt angewandt, die vorher mit Ammoniak oder Soda leicht alkalisch gemacht ist. Der Alkalizusatz hat den Zweck, die Farbkraft zu erhöhen, und falls man gefettete Leder verarbeitet, die Zersetzung des Fettes und die Verseifung zu fördern. Ein weiterer Zweck besteht darin, zu verhüten, daß die Blauholzlösung durchschlägt, d. h. das Leder vollkommen durchdringt. Der Alkalizusatz ist nicht so wichtig, wenn das Blauholz zum Schwarzfärben beim Tunkverfahren angewandt wird.

In der Lederfabrikation findet die Hauptverwendung vom Blauholz beim Schwarzbürsten von lohgaren Ledern und beim Schwärzen von chrom- und alaungaren Ledern statt. Man schwärzt Leder mit Blauholz in Verbindung mit irgendeinem Eisensalz. Eine geeignete Konzentration ist: $1^1/_4$ kg Blauholzextrakt mit 115 g Gelbholz, gelöst in etwa 50 l Wasser, dem man nachher etwa 60 g Soda zugibt. Die Blauholz-Gelbholzmischung wird zuerst und dann die Eisenlösung gegeben. Für die Eisenlösung verwendet man bei gewöhnlicheren Ledern Eisenvitriol (grüner Vitriol, schwefelsaures Eisen); für bessere Sorten nimmt man salpetersaures oder essigsaures Eisen. 1200—1300 g Vitriol und 200 bis 250 g schwefelsaures Kupfer (Kupfervitriol, blauer Vitriol) oder essigsaures Kupfer auf etwa 45—50 l Wasser geben eine Lösung von geeigneter Stärke.

Beim Schwarzbürsten ist es sehr notwendig, dem Leder reichlich Blauholzlösung zu geben, besonders wenn es im ganzen leicht gegerbt ist. Wenn nicht ein Überschuß vom Gerbstoff und Farbstoff vorhanden ist, um das Eisen zu binden, wird sich das Eisen mit dem sämtlichen im Leder vorhandenen Gerbstoff verbinden und es spröde und brüchig machen. Wenn ein Überschuß von Eisen angewandt wird, kann das Leder vollständig verdorben werden. Es geschieht häufig, daß Leder durch Anwendung von zu wenig Blauholz und zu viel Eisen brüchig wird.

Da Blauholz ein blaues oder violettes Schwarz gibt, so ist es notwendig, wenn man ein reines Schwarz, ein Pechschwarz, erhalten will, durch Zusatz von Gelb oder Braun den Blauton zu beseitigen. Gelbholz, Sumach, Querzitronrinde und Galläpfel werden häufig zum Abtönen der Farbe gebraucht.

Mit Kupferbeize gibt Blauholz sehr tiefe Blauschwarz, die lichtechter sind als die violetten Schwarz, die es mit Eisen gibt. Ein Zusatz von schwefelsaurem Kupfer (blauer Vitriol) oder essigsaurem Kupfer zum Eisen beim Schwarzfärben ist gebräuchlich, weil er die Lichtechtheit des Schwarz erhöht. Rotholzextrakt kann auch die Lichtechtheit der Farbe verstärken, und wird deshalb zur Blauholzabkochung zugegeben.

Neutrale oder schwachsaure Blauholzlösungen sind als Grundfarbe sowohl beim Arbeiten mit der Bürste als auch in der Mulde von großem Wert; man setzt so viel Essigsäure oder Ameisensäure zu der Lösung zu, bis der Ton in ein gelbliches Braun umschlägt. Gewöhnlich genügen 40—50 ccm Essigsäure oder Ameisensäure auf $^1/_2$ kg Extrakt.

Eine Lösung von geeigneter Konzentration zum Grundieren vor dem Färben von Teerfarbstoffen mit der Bürste erhält man durch Lösen von 100—125 g Blauholzextrakt und etwa 30 ccm Essigsäure oder Ameisensäure in etwa 5 l Wasser. Diese selbe Lösung kann man auch für sich ganz ebenso wie eine Farbbrühe zum Bürsten anwenden und so schöne Nuancen von „natur"farbigen Ledern bekommen für Koffer und Futteralleder. Durch Mischen mit etwas Indischgelb, Azoflavin oder einem anderen gelben Farbstoff kann man mannigfache Nuancen herstellen, die wegen ihrer Weichheit bekannt sind. Die berühmte Londoncouleur kann auf diese Weise sehr billig hergestellt werden, obgleich der Farbstoff Orlean vielleicht besser vorzuziehen ist.

Die neutrale oder schwach saure Blauholzlösung kann, ohne viel zu kosten, zum Färben von braunroten Nuancen auf Perser oder Bagdad-Schafen genommen werden, die als Futterleder usw. zugerichtet werden.

Blauholz und Blauholzauszug werden auch in sehr großen Mengen beim Färben von alaungaren Ledern verwendet. Die schwach alkalische Lösung des Blauholzauszuges wird hierbei zu dem Zweck genommen, um einen dunklen Farbton zu liefern, auf welchen nachher ein dunkles Braun oder andere dunkele Farben aufgesetzt werden. Wie vorher erwähnt wurde, gibt Blauholz mit Aluminium einen blauvioletten Farbton, und dieser ist ein vorzüglicher Grund, um dunkele braune Töne darauf zu färben, wie Negerbraun, Schokoladebraun usw.

Mit anderen natürlichen Farbstoffen hat das Blauholz die Eigenschaft gemein, wenn es in verhältnismäßig großer Menge angewendet wird, ungünstig auf das Leder einzuwirken, indem es dieses steif macht; und zwar ist das besonders bei alaungaren und chromgaren Ledern der Fall. Wenn es also im Überschuß angewendet wird, so ist alle Wahrscheinlichkeit gegeben, daß das Leder hart wird und seine Zügigkeit verliert. Man muß aus diesem Grunde bei der Verwendung von Blauholz vorsichtig sein.

Das Blauholz hat, besonders wenn es in Form der schwach alkalischen Lösung benutzt wird, die Eigenschaft, mineralgare Leder gut zu durchdringen, und wird um dieser Eigenschaft willen oft genommen, wenn eine vollkommene Durchdringung des Leders mit Farbstoff von Bedeutung ist. Anderseits muß man vorsichtig sein, daß man es nicht im Überschuß anwendet, weil es neben der Eigenschaft, das Leder steif zu machen, auch eine gewisse Neigung hat, es dünner zu machen.

Vorwiegend um dieser Nachteile willen ist das Blauholz in einem sehr beträchtlichen Umfang durch die Steinkohlenteerfarbstoffe ersetzt worden, besonders beim Schwarzfärben von vegetabilisch gegerbten Ledern in der Mulde oder mit der Bürste. Aber es wird anderseits beim Schwarzfärben aller Arten von Chromledern — und zwar gewöhnlich in Form der Hämatinkristalle — noch in großen Mengen angewendet.

Wegen seiner besonderen Eigenschaft, das Leder zu füllen, und anderseits, weil es die Herstellung eines wirklich tiefen Schwarz mit Teerfarbstoffen (Nigrosin, Baumwollschwarz, Chromlederschwarz u. a. m.) erleichtert, ist seine Verwendung in diesem Teil der Lederfabrikation noch nahezu allgemein.

Gelbholz.

Der Farbstoff des Gelbholzes geht unter den Namen Fustic, Kubaholz oder Gelbholz. Er stammt aus dem Holze eines in der Botanik als morus tinctoria oder maclura tinctoria bekannten Baumes, der in Mexiko, Brasilien und Westindien gefunden wird; die besten Sorten stammen aus Kuba. Nächst dem Blauholz ist der Farbstoff des Gelbholzes für die Lederfärberei wohl der wichtigste; er wird sowohl als geraspeltes Holz, wie auch als Extrakt gehandelt; letzter teils als Paste, teils fest. Er wird in ausgedehntem Maße als Zusatz zur Blauholzabkochung beim Schwarzfärben gebraucht, und zwar sowohl beim Färben mit der Bürste, als in der Mulde.

Mit dem landläufigen Beizen gibt Gelbholz folgende Farben:

Beize.	Farbe.
Aluminium.	Gelb.
Eisen.	Olivgrün.
Kupfer.	Olivgrün.
Chrom.	grünlich gelb.
Zinn.	orange gelb.

Ein gutes Gelb kann auf Leder erzielt werden, wenn man zuerst mit einer Lösung von schwefelsaurer Tonerde oder Alaun beizt und dann mit Gelbholzextrakt färbt. Dieses Gelb hat eine ganz gute Lichtechtheit, wennschon es bei langdauernder Einwirkung des Lichtes einen leichten braunen Ton annimmt. Seit das Chromleder aufgekommen ist, ist das Gelbholz vielfach zum Färben hierfür genommen worden. Es wird gewöhnlich in Mischung mit Gambier, als Grundfarbe, zum Braunfärben verwandt. Das Leder wird nachträglich mit Teerfarbstoffen gefärbt. Beim gewöhnlichen Färben von Leder ist das Gelbholz vielfach durch Teerfarbstoffe verdrängt; wie z. B. Azoflavin, Tartrazin, Indischgelb, Naphtholgelb usw.

Gelbholz wird auch noch in großem Umfange beim Färben von alaungaren Handschuhledern verwendet. Es wird in diesem Zweige der Lederindustrie allgemein als „altes Gelbholz“ oder „altes Fustic“ bezeichnet, um es vom „jungen Gelbholz“ zu unterscheiden; dies ist eine Abart von Sumach, welche in diesem Fabrikationszweige ebenfalls als Farbstoff Verwendung findet. In diesem Zusammenhange wird Gelbholz vorwiegend zur Herstellung von lohbraunen Tönen gebraucht, und zwar zusammen mit Brasilholz oder anderen roten Hölzern oder jungem Gelbholz. In Verbindung mit Titansalzen gibt Gelbholz einen orangebraunen Ton, welcher eine ausgezeichnete Grundfarbe für die Herstellung von lohbraunen Färbungen auf Handschuhleder ist.

Brasilholz, Pfirsichholz, Limaholz, Sapanholz, Pernambukoholz.

Die genannten Hölzer, die die Rothölzer darstellen, sind botanisch alle miteinander verwandt. Ihre Farbeigenschaften sind sehr ähnlich, und sie enthalten augenscheinlich alle denselben Farbstoff, das Brasilein. Die Hölzer und die aus ihnen hergestellten Extrakte werden gewöhnlich ohne Unterschied unter dem Namen Rotholz gehandelt.

Vor der Extraktion werden die Hölzer dem Fermentierungsprozeß unterworfen, wie er beim Blauholz beschrieben wurde. Die Hölzer geben rote Nuancen auf Aluminiumbeizen und rotviolette Farben mit Chrombeizen. Sie werden immer noch, wenn auch in kleinen Mengen, in der Lederfärberei gebraucht, besonders bei alaungaren Handschuhledern. Praktischerweise nimmt man sie als Grund zu Rot, Marrons usw., auf vegetabilisch gegerbten Ledern, indem man sie in einer Lösung des Holzextrakts grundiert und etwas Alaun zum Farbbad gibt, bevor sie mit dem Teerfarbstoff gefärbt werden.

Beim Färben lohbrauner usw. Töne auf alaungaren Ledern wird vorteilhaft Brasilholz als Grund angewandt; ebenso bei Nuancen von Rot, Mode oder Ochsblut auf Chromleder.

Cochenille.

Cochenille ist ein getrocknetes Insekt, das auf einigen in Mexiko heimischen Kaktusarten lebt und auch aus Mexiko stammt. Mit Zinnbeize gibt Cochenille einen leuchtenden Scharlach; mit Alaun erhält man Karmesinrot.

Der Cochenillescharlach ist für die Lederfärberei von größter Wichtigkeit. Er hat mehr Glanz als irgendein Scharlach, der mit Teerfarbstoffen gewonnen wird, und ist auch viel lichtechter als die meisten von diesen; indessen gibt es auch Teerfarbstoffe, welche lichtechter sind als der Cochenille-Scharlach.

Beim Färben von Scharlach mit Cochenille auf lohgaren Ledern wendet man gewöhnlich Beize und Farbstoff in demselben Bad an. Als Beize nimmt man meist Zinnchlorid (Zinnsalz), das mit Salzsäure leicht angesäuert ist, und kocht es mit dem Farbstoff zusammen, bevor man sie in das Farbbad gibt. Um sehr leuchtende Nuancen von Scharlach zu erzielen, ist ein kleiner Zusatz von gelben Farbstoffen nötig; man bevorzugt dann als Gelb Gelbholz.

Cochenille wird heute nur noch ganz wenig in der Lederfärberei verwendet, weil sie in stark saurer Lösung verarbeitet werden muß, um wirklich den erwünschten strahlenden Glanz zu geben, und diese Säure natürlich nachteilig auf die Haltbarkeit des Leders wirkt.

Kurkuma.

Kurkuma ist ein Farbstoff, der noch heute von vielen altmodischen Färbern gebraucht wird. Er stammt aus der Wurzel einer in Ostindien und China heimischen Pflanze, deren botanischer Name curcuma tinctoria ist. Der Farbstoff wird allgemein als Pulver gebraucht und ist von heller orangegelber Farbe. In der Regel wird er einfach gelöst und ohne irgendwelche Zusätze zum Farbbad auf Leder gefärbt; ein kleiner Zusatz von Alaun oder etwas Säure ist indessen vorteilhaft. Er gibt ein gelbliches Braun, das ganz außergewöhnlich lichtunecht ist; auch von Alkalien wird er leicht angegriffen, die die Farbe in ein rötliches Braun umschlagen lassen. Wenn das Farbbad auch nur in geringsten Spuren alkalisch ist, so ist ein Färben mit Kurkuma ausgeschlossen. Es wird heute noch für alaungare Ziegenfelle gebraucht.

Safran.

Safran wird aus der Narbe und dem Stengel der Pflanze crocus sativus gewonnen. Er wurde einst in der Lederfärberei stark gebraucht, sowohl beim Tunken, als beim Bürsten. Er wird wegen seiner Eigenschaft, schön gleichmäßig zu färben, in beschränktem Umfang noch heute beim Bürsten von Geschirr- und Sattelledern und auch Kofferledern verwendet. Aber wegen seiner hohen Kosten und da man den Farbton, den er gibt, leicht mit Hilfe der billigeren Teerfarbstoffe erhalten kann, ist er beinahe vollständig abgekommen.

Orlean.

Orlean ist der färbende Stoff, welcher aus der fleischigen Masse gewonnen wird, die den Samen von Bixa orellana umgibt; sie wird hauptsächlich beim Bürsten und Tunken von Geschirr- und Sattlerledern und von Kofferledern verwendet. Orlean ist in Wasser nicht löslich; man erreicht die Lösung durch Zusatz von einer geringen Menge von Borax oder Waschsoda zum Wasser. Ein geeignetes Verhältnis ist etwa 60 g Waschsoda auf 1 kg des Farbstoffs. Orlean ist löslich in Methylalkohol und wird häufig in methylalkoholischer Lösung gehandelt.

Weil es notwendig ist, Orlean in schwach alkalischer oder in alkoholischer Lösung zu verarbeiten, benutzen die Zurichter diesen Farbstoff noch in ziemlich großem Umfang, besonders um die „London couleur“ herzustellen. Bei Ledern für Koffer und Handtaschen ist dieser allgemein bekannte lichte, gelblichblonde Ton noch immer sehr beliebt, und durch die Anwendung eines Farbstoffes in schwach alkalischer oder alkoholischer Lösung werden auch bei Ledern, welche eine gewisse Menge natürlichen Fettes enthalten, sehr schöne gleichmäßige Färbungen erzielt, sowohl beim Bürsten wie beim Tunken.

Orlean kann auch als Farbgrund bei Chromledern verwendet werden und da der Farbstoff — wie gesagt — in alkalischer Lösung angewendet werden muß, kann der Arbeitsgang des Neutralisierens mit Borax oder einem anderen schwachen Alkali erspart werden, indem gleichzeitig mit dem Grundieren mit Orlean die Neutralisation erfolgt.

Beim Färben mit der Bürste ist es empfehlenswert, eine Mischung mit einer kleinen Menge eines sauren Anilinfarbstoffes zu verwenden. Orlean ist nicht lichtecht.

Orseille.

Orseilleextrakt stellt man dar, indem man eine bestimmte Sorte Flechten einem Oxydationsprozeß in Gegenwart von Ammoniak unterwirft. Man erhält eine rotviolette Flüssigkeit, aus der man den Farbstoff gewinnt, indem man den Auszug zur Trockne eindampft und den Rückstand mahlt und pulvert.

Beim Gebrauch von Orseille ist keine Beize erforderlich; es ist ein substantiver Farbstoff, der die Eigenschaft besitzt, sowohl im sauren und alkalischen, als auch im neutralen Bade anzufärben. Ein neutrales Farbbad ist indessen für diesen Farbstoff vorzuziehen. Die Färbung geht ziemlich langsam vor sich, aber mit großer Regelmäßigkeit und Gleichheit und gibt ein bläuliches Marron. Er wird hauptsächlich für Möbelleder gebraucht, weil das allgemeine Vorurteil zu seinen Gunsten spricht, daß er viel lichtechter sei als irgendein Anilinfarbstoff. Aber das ist nur ein Vorurteil; denn viele Anilinfarbstoffe sind bei weitem lichtechter als dieser verhältnismäßig unechte Farbstoff. Orseilleauszug wird in sehr ausgedehntem Maße als Decke für Marron in der Zurichterei gebraucht, indem man sie in ziemlich konzentrierter Lösung mit einer Bürste aufträgt. Der einzige Vorteil, der die Verwendung von Orseille zu diesem Zweck rechtfertigt, ist der, daß sie sich sehr gut mit dem Leder verbindet, und daher nahezu reibecht ist. Immerhin ist dieser Farbstoff im Vergleich zu den Anilinfarbstoffen sehr teuer, und der Nachteil, den diese in ihrer Reibunechtheit besitzen, kann leicht durch Anwendung einer abwaschbaren Appretur ausgeglichen werden.

Indigo.

Vor der Einführung der Teerfarbstoffe wurde Indigo in beträchtlichen Mengen bei der Blaufärbung auf Leder angewendet. Das Färben mit Indigo ist indessen heute nahezu völlig aufgegeben worden, einmal weil die Arbeitsweise ziemlich schwierig ist, dann aber auch, weil er sehr unvorteilhaft auf das Leder einwirken kann.

Die Arbeitsweise, nach der man das Leder behandeln muß, besteht darin, daß man die Leder in eine Lösung des reduzierten Indigo eintaucht und sie dann der Einwirkung der Luft aussetzt, um das Indigotin auf der Faser zu oxydieren. Das allgemein gebräuchliche Verfahren, Leder mit Indigo zu färben, war die Vitriolküpe. Das Leder wurde in eine Küpe aus Holz oder Stein gebracht, welche eine Mischung von Indigo, Eisensulfat und Kalk enthielt; das Mischungsverhältnis, das als typisch angesprochen werden kann, war folgendes: 1 kg Indigo, $2^1/_2$ kg schwefelsaures Eisen, 3 kg Kalk und 450 l Wasser. Die Felle wurden nach der Vorbereitung auf mehrere Stunden in die Küpe gebracht und dann so lange der Einwirkung des Luftsauerstoffs ausgesetzt, bis der Farbton durch die Oxydation genügend tief war; dann wurden sie durch eine Lösung von Salzsäure oder Schwefelsäure gezogen, um den Kalküberschuß zu entfernen.

Bis zu einem gewissen Grade wurde Indigo auch in der Zinkküpe und auch in der Hydrosulfitküpe gefärbt.

Indigoextrakt.

Der Indigoextrakt wird durch Einwirkung konzentrierter Schwefelsäure auf Indigo dargestellt. $^1/_2$ kg Indigo wird zu ungefähr $2^1/_2$ kg konzentrierter Schwefelsäure zugegeben. Durch diese Behandlung der Sulfuration wird der Indigo in Wasser löslich. Eine Lösung von Indigoextrakt ist unter dem Namen „Sächsischblau" hier und da bekannt. Indigoextrakt, der in Wasser vollkommen löslich sein muß, ohne irgendeinen Niederschlag abzusetzen, wird in der Blaufärberei von Leder sowohl beim Tunken als beim Bürsten gebraucht und ist in seiner Verwendung recht sparsam.

Indigoextrakt kann sehr nützlich in der Lederfärberei verwandt werden. Seine Anwendung erfolgt in der gleichen Weise wie diejenige der sauren Farbstoffe. Der blasse gleichmäßige blaue Ton, den man bei Anwendung von kleinen Mengen Indigoextrakt erhält, macht die Verwendung beim Färben grauer und blasser blauer Farben sehr vorteilhaft, sowohl hinsichtlich der Gleichmäßigkeit der Färbung als auch bezüglich der Wirtschaftlichkeit. Man kann Indigoextrakt auch anwenden, wenn das Leder mit dem blassen blauen Farbton durchgefärbt werden soll; es wird dies mitunter gewünscht, um eine Chromgerbung auf vegetabilisch gegerbten Ledern vorzutäuschen.

Außerdem kann der Indigoextrakt auch an Stelle eines grünen oder eines blauen sauren Teerfarbstoffes zum Abtönen beim Färben von braunen und ähnlichen Farbtönen benutzt werden; seine Eigentümlichkeit, in verdünnten Lösungen gleichmäßig anzufärben, macht ihn zu diesem Zwecke ganz besonders geeignet.

Fünfzehnter Abschnitt.

Beizen.

Beizen sind Substanzen, die sich ganz oder teilweise mit der färbenden Substanz des Farbstoffes vereinigen, um auf der Faser des behandelten Werkstoffes bestimmte Verbindungen zu liefern. In den meisten Fällen ist die Beize ein wesentlicher Bestandteil der erhaltenen Farbe, da sich ohne sie entweder überhaupt keine Farbe oder höchstens ein wertloser Anflug von Farbe bei der Anwendung des Farbstoffes ergibt.

Die Beizen können in zwei verschiedene Klassen eingeteilt werden, a) die Metallbeizen, b) die Gerbstoffbeizen. Die ersten sind wesentlich für den größten Teil der natürlichen Farbstoffe und die Gerbstoffbeizen werden bei Anwendung der basischen künstlichen organischen Farbstoffe gebraucht. Von den Metallbeizen werden in der Lederfärberei in erster Reihe verwandt: Aluminium, Antimon, Chrom, Eisen, Kupfer und Titan. Vegetabilisch gegerbte Leder haben eine Beize schon in ihrem Gerbstoff, alaungare in Alaun, chromgare in Chrom. Die Verwandlung in Leder, die Lederbildung, das sogenannte Gerben, geschieht ja durch Einwirkung der Mineralsalze auf die Hautfaser bei den mineralgaren (alaun- und chromgaren) Ledern und durch die Reaktion des Tannins bei den vegetabilisch gegerbten Ledern.

Eisen.

Die Eisensalze existieren in zwei verschiedenen Oxydationsstufen, als Eisenoxyd- und Eisenoxydulsalze. Nur Eisenoxydsalze geben mit Blauholz Schwarz. Trotzdem ist die Anwendung der Eisenoxydulsalze vorteilhaft, da sie durch Oxydation mit dem Sauerstoff der Luft in Eisenoxydsalze übergeführt werden und da diese Oxydation verhältnismäßig allmählich vor sich geht, so hat das Salz genügend Zeit, um sich mit der Farbstoffsubstanz des Blauholzes zu verbinden, bevor die Oxydation vollkommen ist. Das Schwarz wird also wirklich auf der Lederfaser durch die Oxydation gebildet. Eisenoxydulsalze geben ein viel blaueres Schwarz mit Blauholz auf Leder als die Eisenoxydulsalze; diese geben ein etwas besseres Schwarz, da sie es sofort bilden. Wenn die Eisenoxydsalze mit organischer Substanz in Berührung kommen, so oxydieren sie diese und werden dabei selbst zu Eisenoxydulsalzen reduziert. Wenn das Leder vor der Anwendung der Eisensalzlösung eine nicht ausreichende Menge Blauholzlösung bekommen hat, so wird das Eisen das Tannin des Leders angreifen, es oxydieren und dadurch das Leder selbst verschlechtern, das auf diese Weise brüchig und mürbe wird. Es ist daher von ausschlaggebender Bedeutung für die Fabrikation von Schwarz mit Blauholz und Eisen, und zwar sowohl beim Tunken wie beim Bürsten, daß das Blauholz dem Leder in einer Menge gegeben wird, die ausreicht, um das Eisen zu binden, und so die Möglichkeit aufgehoben wird, daß die oxydierende Wirkung des Eisensalzes sich bis auf das Tannin des Leders erstreckt.

Eisensulfat, Vitriol, grüner Vitriol, schwefelsaures Eisen. Dieses Salz ist im Handel unter den obigen Namen bekannt; es ist sehr billig, weil es bei vielen chemischen Fabrikationen als Nebenprodukt gewonnen wird. Man kann es aber auch sehr leicht selbst herstellen, indem man Eisenfeilspäne in verdünnter Schwefelsäure auflöst. Es ist in Wasser löslich, und zwar bis zu $^3/_4$ kg in 1 l. Die Billigkeit dieses Salzes ist sein einziger Vorzug. Denn es hat den großen Nachteil, daß bei der Reaktion mit der Farbsubstanz des Blauholzes freie Schwefelsäure gebildet wird, die sehr schädlich auf die Lederfaser wirken kann, wenn nicht genügend Soda oder Ammoniak zu der Blauholzabkochung gegeben wird, um diese Schwefelsäure zu neutralisieren. Man sollte daher verständigerweise nur solche Eisensalze anwenden, die bei der Reaktion mit der Farbsubstanz des Blauholzes flüchtige Säure abspalten, wie z. B. essigsaures oder ameisensaures Eisen, da diese Säuren keine schädlichen Wirkungen auf das Leder ausüben.

Eisennitrat, wie es gemeinhin heißt, ist weder das salpetersaure Salz vom Eisenoxydul noch vom Eisenoxyd; sein Name ist eigentlich falsch. Es wird gewöhnlich durch Behandlung von schwefelsaurem Eisen mit der Mischung von Salpetersäure und Schwefelsäure dargestellt und besteht aus schwefelsaurem Eisen, Eisensulfatnitrat und basischem Eisensulfatnitrat. Im Handel wird es in Form einer Lösung vom spezifischen Gewicht 1,4 gekauft. Es ist in sehr großem Umfang in der Schwarzfärberei mit Blauholz auf Chromleder angewendet worden, für das es einige Vorteile vor anderen Eisensalzen zu haben scheint; denn das Schwarz, das es gibt, ist viel tiefer und blauer. Die Lösung ist so, wie sie im Handel ist, außerordentlich stark sauer.

Man kann sich Eisennitrat selbst herstellen, indem man 72 Teile schwefelsaures Eisen und eine Mischung von $6^1/_2$ Teilen Schwefelsäure (spez. Gew. 1,84) mit $12^1/_2$ Teilen Salpetersäure (spez. Gew. 1,335), in wenig Wasser gelöst, zur Reaktion bringt. Das Säuregemisch wird allmählich zu dem schwefelsauren Eisen zugegeben, und wenn die Reaktion aufhört, wird die Masse durch Einblasen von Dampf erhitzt. Diese Darstellung muß immer in freier Luft vorgenommen werden, oder man muß wenigstens für den Abzug der nitrosen Dämpfe Sorge tragen, da diese sehr giftig sind.

Essigsaures Eisen, Eisentinktur, holzessigsaures Eisen. Dieses Eisen wird gewöhnlich in einer Lösung von 13—20° Bé gehandelt und hat eine dunkele grünbraune Farbe. Es wird durch Auflösen von Eisenfeilspänen in roher Essigsäure, sogenanntem Holzessig, dargestellt. Es ist einfach eine Lösung von unreinem essigsaurem Eisen; es enthält nebenher Kresol und verwandte Derivate, die von den Holzteersubstanzen der rohen Essigsäure stammen. Diese Beimischungen machen die Lösung haltbar, während sich reines essigsaures Eisen schnell oxydiert und daher bald ausflockt; und sie geben der Flüssigkeit auch die grünlichschwarze Farbe und den eigentümlichen, etwas unangenehmen Geruch.

Die Lösung von Eisen ist außerordentlich geeignet zum Gebrauch, weil bei der Reaktion mit der Farbsubstanz des Blauholzes Essigsäure frei wird, die flüchtig ist und keine schädlichen Wirkungen auf das Leder ausübt. Leder, das mit diesem Salze geschwärzt wurde, hat einen eigentümlichen, etwas stechenden Geruch, der von den Teersubstanzen der Lösung stammt. Dieser Geruch verliert sich allmählich beim Lagern, aber er wird von Schuhfabrikanten energisch beanstandet.

Viele Lederfabrikanten machen sich die Eisenlösungen selbst, indem sie Eisenfeilspäne in irgendeiner schwach sauren organischen Flüssigkeit, wie Apfelwein, Bier usw. auflösen. Man kann auf diese Weise sehr gute Eisenlösungen zum Lederschwärzen herstellen, die dem Leder, wenn man sie verdünnt anwendet, durchaus nicht schaden können. Die allgemein übliche Arbeitsweise ist, in ein Faß mit Spundloch etwas Feilspäne zu tun, die saure Flüssigkeit darauf zu geben und die Mischung einige Tage stehen zu lassen. Es ist dann genügend Eisen in Lösung gegangen, um eine brauchbare Lösung entstehen zu lassen.

Schwache Eisenlösungen kann man auch verwenden, um die Nuance beim Arbeiten (sowohl bei Tunken wie beim Bürsten) mit basischen Teerfarbstoffen nachzudunkeln. Beim Bürsten wird das Eisensalz manchmal vor dem Farbstoff, manchmal gleichzeitig mit ihm in Mischung aufgetragen.

Wenn man dabei sehr kleine Mengen von Eisen anwendet, so braucht man keine nachteilige Wirkung auf das Leder zu befürchten; denn im allgemeinen wird genügend Gerbstoff im Leder vorhanden sein, um das Eisen zu binden. Indessen ist beim Gebrauch von Eisen zu diesem Zweck Vorsicht geboten — wie oben ausgeführt — und vor einem Überschuß zu warnen.

Aluminium.

Aluminiumbeizen werden hauptsächlich beim Gelbfärben mit Gelbholz oder Kurkuma und beim Rotfärben mit Rotholz gebraucht; außerdem zum Nachgerben, wenn man das Leder für bestimmte Zwecke weicher machen will.

Aluminiumsulfat, schwefelsaures Aluminium. schwefelsaure Tonerde. Tafelalaun, konzentrierter Alaun oder Patentalaun ist die wichtigste und sparsamste von den Aluminiumbeizen. Das Salz enthält, wie es im Handel ist, ungefähr 48—50 vH schwefelsaure Tonerde, während der gewöhnliche Alaun des Handels nur 37 vH davon enthält. Da die schwefelsaure Tonerde derjenige Bestandteil des gewöhnlichen Alauns ist, auf den es beim Gebrauch ankommt, und da der Preis, zu welchem die schwefelsaure Tonerde gehandelt wird, im Vergleich zum Handelsalaun sehr vorteilhaft ist, so ist es sparsamer, die schwefelsaure Tonerde zu benutzen.

Der Alaun des Handels ist entweder Kalialaun oder Ammoniakalaun. Für die Färberei haben beide Salze die gleichen Eigenschaften; beide enthalten weniger von der wirksamen beizenden Substanz als das Aluminiumsulfat. Das schwefelsaure Kali oder Ammoniak, das sie außerdem enthalten, ist ohne Bedeutung.

Basisch essig-schwefelsaures Aluminium. Diese Beize ist in der Lederfärberei nicht eben bekannt, obwohl ihre Vorteile vor den Lösungen des gewöhnlichen Alauns und des Aluminiumsulfates in der Textilfärberei volle Würdigung gefunden haben. Die Beize wird hergestellt, indem einzeln für sich 25 kg Aluminiumsulfat in 125 l Wasser und 5 kg kalzinierte Soda in 25 l Wasser gelöst werden und die Lösung der kalzinierten Soda langsam und allmählich unter beständigem Rühren zu der Aluminiumsulfatlösung gegeben wird, worauf dann 5 l Essigsäure zu der Mischung zugesetzt werden. Die so hergestellte Lösung kann man ebenso zum Nachgerben wie zum vorbereitenden Beizen vor dem Färben benutzen. Beim Färben von schwedischen Ledern, z. B. Velvetschafspalt, erreicht man durch eine Gabe von 2—3 vH eine unvergleichliche Weichheit, die wohl von keinem anderen Mittel bewirkt wird.

Titan.

Die Salze des Titans dienen einem doppelten Zweck, sie werden zum Fixieren vor dem Färben mit basischen Farbstoffen gebraucht und oft auch vorteilhaft in Verbindung mit den sauren Farbstoffen, besonders dann, wenn sehr echte Färbungen erzielt werden sollen. Die Titansalze verbinden sich mit dem Gerbstoff des Leders zu einem gelblichbraunen Titantannat, das sich auf der Lederfaser bildet. Dies Titantannat ist hervorragend licht- und seifenecht.

Die Titansalze, die eine technische Bedeutung erlangt haben, sind: Kaliumtitanoxalat, Titantannatoxalat und Titanlaktat (Korichrom).

Die Lösung des Titansalzes kann dem gegerbten Leder mit der Bürste oder im Farbbad gegeben werden. Die Farben, die man erhält, sind abhängig von der Konzentration der Lösung und von der Art der Gerbung und wechseln in der Nuance von einem gelblichen Braun, das den mit Phosphin hergestellten Nuancen ähnelt, bis zu einem rötlichgelben Braun, das dem mit Hilfe von Indischgelb R gewonnenen zuneigt. Es sind das außerordentlich gangbare Nuancen und können noch mehrfach gestaltet werden durch Behandlung mit verdünnten Lösungen von Chrom oder Eisen oder durch Nachfärbung — sei es mit der Bürste oder im Farbbad — mit sauren oder basischen Farbstoffen; man kann auch die Titansalzlösung mit den sauren Farbstoffen mischen.

Titansalze werden auch, wie schon erwähnt wurde, zum Fixieren gebraucht; und sie sind, wenn Gelb, Braun, Grün, Rot oder Marron und ähnliche Nuancen in Frage kommen, sparsamer hierzu als Brechweinstein. Die gelbe Farbe, die das Titan selbst schon hervorbringt, vertieft den Farbton und läßt daher an Farbstoff sparen. Wenn lichte blaue oder violette Töne, oder wenn matte Farben gefärbt werden sollen, würde dagegen der gelbe Ton des Titantannats stören, und man muß dann mit Brechweinstein die Fixierung vornehmen. Die natürlichen Farbstoffe geben mit Titanbeizen eine ganze Reihe von Nuancen.

Titan kann als Fixage für die Tanninbeizen verwandt werden; es muß indessen für die meisten Farben auf Chromleder oder auf Leder von kombinierter Alaun- oder Chromgerbung genommen werden.

Eine einprozentige Titanlösung, d. h. 1 kg in 100 l Wasser gibt eine gute, gangbare, gelblichbraune Nuance für Sattler-, Riemen- und Geschirrleder usw., wenn man sie mit der Bürste auffärbt. Durch Mischung mit einem geeigneten sauren Farbstoff, wie Säureanthrazenbraun R (By.), Echtbraun usw., kann die Nuance bis zum Lohbraun vertieft werden.

Basische Farbstoffe werden durch Titansalze aus ihrer Lösung gefällt; aber saure Farbstoffe können ohne Bildung eines Niederschlages mit Titansalzen gemischt werden.

Beim Färben von echten Farben, besonders Braun für Hutleder, wird Titan ganz allgemein als Beize verwandt. Die Leder werden mit einer Lösung des Salzes in der Mulde oder in der Haspel behandelt, dann werden sie mit der Lösung eines basischen Farbstoffes gefärbt und schließlich wird noch etwa vorhandenes freies Titan oder ungebundener Farbstoff fixiert, indem man sie mit der Lösung irgendeines Gerbstoffes, wie Eiche oder Sumach, haspelt, nachdem sie zuvor mit Wasser gewaschen sind.

Chrom.

Chromalaun (Kaliumchromsulfat) wird als Nebenprodukt bei der Fabrikation einiger Teerfarbstoffe gewonnen.

Chromalaun wird als Beize für sämischgare Leder angewandt und in Form einer basischen Lösung von Chromsulfat (die man durch Zufügen der berechneten Menge Soda zu einer Lösung von gewöhnlichem Chromalaun erhält) wird er in beträchtlichen Mengen zum Nachgerben von lohgaren Ledern, Persians, Kipsen usw. gebraucht, wobei er eine kombinierte Gerbung liefert.

Kalium- oder Natriumbichromat wird manchmal zum Nachdunkeln brauner lohgarer Leder benutzt. Infolge seiner Eigenschaft, in Gegenwart organischer Substanzen leicht Sauerstoff abzugeben, wirkt das Bichromat nicht nur als Beize, sondern auch oxydierend, indem es einige Farben erst entwickelt, andere aber auch zerstört. Es muß daher die äußerste Vorsicht bei seiner Verwendung als Beize auf Leder beobachtet werden. Seine Anwendung zum Abdunkeln von braunen Färbungen ist nicht zu empfehlen. Wenn es trotzdem genommen werden soll, so ist es ratsam, das Leder wenigstens mit Sumach oder Katechu vorher zu behandeln, damit ein Überschuß von Tannin der oxydierenden Wirkung des Salzes geboten werden kann und der dem Leder eigene Gerbstoff nicht oxydiert wird. Dadurch kann eine Gefährdung des Leders vermieden werden. Selbst wenn das Leder aber so vorbehandelt würde, kann ein Überschuß von Kaliumbichromat einem Überschuß von Tannin gegenüber schaden, und das erhaltene Leder ist brüchig und hart. Schließlich wird außerdem noch der Farbton mangelhaft, besonders wenn das Leder geglänzt werden soll. Die Färbung hat einen rostigen Schein und sieht nicht satt genug aus.

Kaliumchromat (gelbes oder neutrales Kaliumchromat) wird auch mitunter zum Verdunkeln genommen und ist hierfür besser als das Bichromat, da es viel weniger gefährlich für das Leder ist. Man braucht von diesem Salz mehr, um den gleichen Grad von Verdunkelung zu erzielen. Die Hauptverwendung von Kaliumchromat besteht darin, daß es als Zusatz zum Farbbad verwendet wird, wenn man eine Durchfärbung des Leders vornehmen will.

Sowohl Bichromat wie neutrales Chromat werden in großen Mengen in der Handschuhlederfabrikation gebraucht, um die Farbtöne zu vertiefen, die mit einigen natürlichen Farbstoffen hergestellt sind. Die Anwendung hierbei macht das Leder gleichzeitig bis zu einem gewissen Grade wasserdicht. Indessen erhält man bessere Ergebnisse bei Verwendung einer Lösung von basischem Chromsulfat.

Blei.

Essigsaures Blei, Bleiazetat. Bleizucker wird durch Auflösen von Bleioxyd (Lithargyrum, Bleiglätte) in Essigsäure gewonnen. Der braune Bleizucker wird durch Auflösen von Bleioxyd in Holzessig (das ist rohe Essigsäure) hergestellt. Die Hauptverwendung des Bleizuckers findet bei der „Bleibleiche" statt; es ist indessen besser, graues oder weißes Salz zu nehmen.

Kupfer.

Kupfersulfat, schwefelsaures Kupfer, blauer Vitriol, Blaustein. Kupfervitriol findet reichlich Verwendung zusammen mit Eisen, beim Schwarzfärben mit Blauholz und Katechu. Es kann auch zum Abdunkeln genommen werden, sowohl im Bade als mit der Bürste. Schwarze Färbungen, die unter Zugabe von Kupfersalzen zur Eisenbeize gefärbt wurden, sind lichtechter als solche, die nur mit Eisen hergestellt wurden, und neigen weniger dazu, durch Oxydation braun zu werden.

Kupferazetat, essigsaures Kupfer. Dies Salz wird mit Vorteil aus demselben Grunde vorgezogen, wie Eisenazetat dem Eisensulfat, nämlich weil bei der Reaktion des Metalls mit dem Tannin oder mit dem Farbstoff die flüchtige Essigsäure frei wird. Kupferazetat wird von allen Gerbmaterialien gefällt und ist deshalb eine viel bessere Beize als Kupfersulfat, zumal da es das Tannin fixiert.

Antimon.

Brechweinstein (Kaliumantimonyltartrat) ist das wichtigste Antimonsalz; es wird als Fixiermittel vor dem Färben mit den basischen Farbstoffen gebraucht. Gewöhnlich ist es pulverisiert; in Wasser ist es löslich, bis zu 4 kg in 5 l. Das Handelsprodukt ist oft mit Zinksulfat und anderen Substanzen verfälscht.

Antimonlaktat ist ein Produkt, das in gelöster Form in den Handel kommt; es ist nicht kristallisierbar. Sein Vorteil vor dem Brechweinstein ist die Bequemlichkeit und sein etwas niedrigerer Preis.

Sechzehnter Abschnitt.

Farben und Farbenzusammenstellung.

Um die Kunst der Farbenzusammenstellung zu verstehen, ist eine allgemeine Kenntnis der Farbenlehre unumgänglich notwendig. Man muß sich zu allererst klar darüber sein, daß die Farbe an sich nur eine

Wahrnehmung ist und keine stofflichen Eigenschaften hat. Schon 1665 machte Isaac Newton die Entdeckung, daß ein Sonnenstrahl beim Durchfallen durch ein dreiseitiges Prisma von Glas in eine Anzahl farbiger Lichtstreifen zerlegt werde. Läßt man diese farbigen Lichtstreifen auf einen weißen Schirm fallen, so stellen sie sich dem Auge als ein vielfarbiges Band dar. Diese Farben verlaufen in Streifen parallel zu den Prismenkanten und haben keine scharfen Grenzen, sondern gehen allmählich ineinander über. Dieses gestreifte Farbband nennt man das Spektrum. Wenn man es statt auf einen Schirm auf einen konkaven Spiegel oder auf eine gewöhnliche Sammellinse fallen läßt, so werden die Streifen farbigen Lichtes alle wieder im Brennpunkt der Linse oder des Spiegels gesammelt und erscheinen wieder als weißes Licht.

Wenn man das Sonnenspektrum, d. h. das Spektrum des Sonnenlichtes untersucht, so erweist es sich als im wesentlichen aus sechs Farbstreifen zusammengesetzt, die der Reihe nach, wie sie sich dem Auge auf dem Schirm darbieten, von oben nach unten rot, orange, gelb, grün, blau und violett sind. Die nebenstehende Abb. 90 illustriert das Newtonsche Experiment.

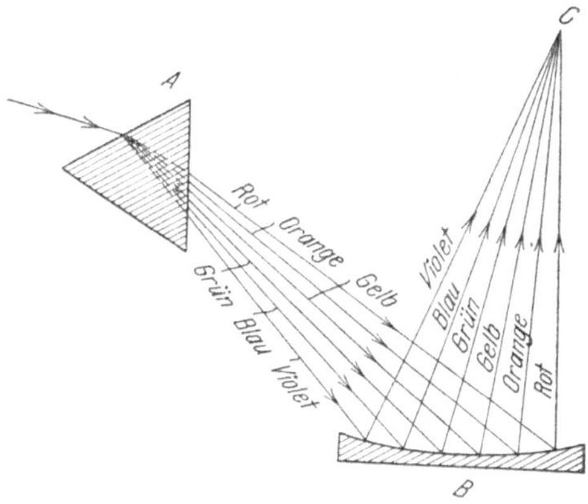

Abb. 90.

A ist das dreiseitige Glasprisma; der Lichtstrahl, der das Prisma passiert, wird gebrochen und in die verschiedenen farbigen Streifen zerlegt, die das Spektrum darstellen. Das Spektrum fällt auf den konkaven Spiegel *B*, wird reflektiert, und die farbigen Streifen vereinigen sich im Brennpunkt *C* des Spiegels zu weißem Licht.

In diesem Spektrum oder Farbband sind das Rot, das Gelb und das Blau zwischen den einzelnen Farbstreifen oder Bändchen besonders deutlich sichtbar. Man hat sie daher früher als die primären Farbempfindungen bezeichnet[1]). Heute indessen sehen alle Fachleute als Grundfarben oder primäre Farbempfindungen im Sonnenspektrum folgende drei an: Rot, Grün und Violett. Und wenn diese Farben in verschiedenen Verhältnissen oder Graden miteinander gemischt werden, entweder zu zweien oder alle drei zusammen, so erhält man die anderen Farbtönungen in unendlicher Mannigfaltigkeit.

Daß Rot, Grün und Violett die primären Farbempfindungen sind, nimmt die Wissenschaft der Gegenwart an. Indessen hatte 300 Jahre vor Christi Geburt der griechische Philosoph Aristoteles die Entdeckung schon einmal gemacht und in den Worten ausgedrückt: Rot, Grün und

[1]) Theorie von Brewster.

Violett entstehen nicht durch Mischung, und sie sind die Farben des Regenbogens.

Durch einen konkaven Spiegel oder eine Linse wieder vereinigt, erwecken die Streifen, in die ein Lichtstrahl bei seinem Durchgang durch das Prisma zerlegt wurde, bei der Empfindung durch das Auge den Eindruck des Weiß. Das Auge vertritt also die Linse, und es ist tatsächlieh eine solche, und vereinigt die Strahlen wieder. Wie viele farbige Strahlen auch immer im gleichen Moment vom Auge bzw. von einer einzigen Stelle der Netzhaut aufgenommen werden mögen, die resultierende Empfindung ist stets die einer einzigen Farbe, oder wissenschaftlich ausgedrückt, das Auge ist monochromatisch. Nimmt ein Punkt der Netzhaut des Auges in demselben Augenblick rote und grüne Lichtstrahlen auf, so wird nur eine einheitliche Farbe zur Wahrnehmung kommen, die je nach dem Ursprungsverhältnis zwischen dem Roten, Orangen, Gelben und Grünen liegt. Ähnlich ist es, wenn gleichzeitig grüne und violette Strahlen aufgenommen werden. Die als einheitlich wahrgenommene Farbe wird je nach der Menge jeder Art Strahlen vom Grün durch alle Stufen des Blau zum Violett übergehen. Auch wenn rote, grüne und violette Strahlen gleichzeitig vom Auge aufgenommen werden, wird eine monochromatische Farbenempfindung statthaben; und wenn dabei alle drei Lichtarten gleich stark sind, so wird die resultierende Farbenwahrnehmung ein Weiß ergeben. Man kann diese Erscheinungen deutlich mit farbigen Lichtstrahlen zeigen, die mit Hilfe einer Linse gemischt und auf einen Schirm geworfen werden.

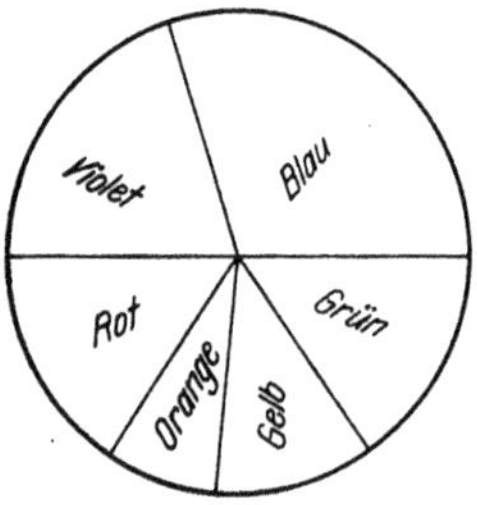

Abb. 91.

Man nehme ein rundes weißes Kartenblatt und trage, wie es in Abb. 91 dargestellt ist, darauf die Farben entsprechend ihrem Vorhandensein im Spektrum auf. Durch die Mitte des Blattes lasse man eine senkrechte Achse gehen, um die es rotieren kann, und versetze es in schnelle Rotation. Alsdann werden die Farben zusammen gemischt werden, und es wird ein einheitliches Weiß erscheinen. Oder man lasse einen Kreisel laufen, der in gleicher Weise in Streifen gefärbt ist, die von oben nach unten verlaufen. Wenn der Kreisel durch die schnelle Umdrehung steht, werden die Farben gemischt werden und der Kreisel wird weiß aussehen. Das Auge wird zwar alle die einzelnen Farben aufnehmen, aber die einzelnen Strahlen folgen einander so schnell, daß sie gemischt erscheinen.

Die Farbe der Körper ist ebenfalls nicht etwa eine physische Eigenschaft, die ihnen anhaftet, sondern hängt davon ab, welche der Lichtstrahlen, die den Körper bestrahlen, von ihm absorbiert, welche reflektiert werden. Diese reflektierten Strahlen bringen den Farbeneindruck hervor, der dem Körper jeweilig zukommt. Es wäre jedoch höchst unbequem, in der Umgangssprache dies zum Ausdruck zu bringen und etwa folgende geschraubte Wendungen zu benutzen: die von diesem Körper reflektierten Lichtstrahlen geben mir die Empfindung einer grünen Farbe und die von jenem Körper reflektierten Lichtstrahlen lassen mich eine rote Farbe wahrnehmen usw. Daher wird in der Umgangssprache die Tatsache, daß die Farbe nur eine Empfindung ist, nicht ausgedrückt, sondern vorausgesetzt, und wir sprechen von den Dingen, als ob sie tatsächlich eine Farbe hätten, indem wir sagen: dieser Körper ist rot, jener Körper ist grün usw.

Chinesisch Weiß erscheint deshalb weiß, weil die kleinsten Teilchen, aus denen es zusammengesetzt ist, die Eigenschaft haben, alle Strahlen, die darauf fallen, zu reflektieren. Ein Gegenstand ist schwarz, weil er alle Lichtstrahlen absorbiert und gar keine reflektiert. Ein Wiesenplan ist grün, weil der Körper, das Gras, von dem auffallenden weißen Licht alle Strahlen absorbiert mit Ausnahme der grünen, die allein reflektiert werden. Mit anderen Worten: man muß vom weißen Licht einige der Strahlen, aus denen es zusammengesetzt ist, fortnehmen, um eine Farbe zu bekommen.

Insbesondere muß man diese Tatsachen berücksichtigen, wenn man mit „Farben" zu tun hat, d. h. mit den Stoffen, die Färbemittel sind. Wir bezeichnen die „Farbe" kurzweg als einen Stoff, der mit Wasser, Öl oder Gummi gemischt, eine Tünche oder Farbe gibt. Man muß aber unterscheiden zwischen Farbe und Farbstoff. Eine Farbe wird auf den Gegenstand aufgetragen und deckt ihn; ein Farbstoff wird in Lösung angewendet, meist indem man den zu färbenden Gegenstand hineintaucht, und durchdringt ihn, verbindet sich mit ihm und wird dem Lösungsmittel entzogen. Die Natur hat einen Überfluß an färbenden Materialien und die Kunst hat ihre Anzahl noch vermehrt. Wir sind gewöhnt „Farben" als monochromatisch anzunehmen, aber die Farbe dieser Färbmittel ist niemals auch nur annähernd monochromatisch. Alle gelben Farbstoffe reflektieren beispielsweise nicht nur die gelben Strahlen, sondern auch rote, orange und grüne; und blaue reflektieren nicht nur die blauen, sondern auch wechselnde Mengen grüner, violetter und roter Strahlen. Und diese Tatsache, daß die Farbstoffe, das Material, mit dem der Lederfärber zu arbeiten hat, mit dem er seine Farben für seine Muster zusammenstellen muß, nicht monochromatisch sind, ist auch die Grundlage für die Farbtheorie des Lederfärbers.

Die wissenschaftliche Theorie, daß es drei primäre Farben gibt, Rot, Grün und Violett, ist für den Mann der Wissenschaft. Er hat mit Strahlen gefärbten Lichtes, mit reinen Farben zu tun. Der Lederfärber weiß dagegen von reinen Farben nichts bei den Farbstoffen, die er verwendet. Sie sind alle unrein. Und so wissenschaftlich er auch sein mag, wird er in der Praxis mit seinen unreinen Farben auch die drei als primär erkennen, die es für die Maler und die Färber von altersher gewesen sind, nämlich rot, gelb und blau. Wenn man nämlich zwei farbige Spektralstrahlen, also reine Farben, miteinander mischt, so ist die resultierende Farbe die Summe zweier Farben, und durch die Beimischung nähert man sich um einen Schritt dem Weiß. Mischt man indessen zwei Farbstoffe miteinander, die doch beide unrein sind, so stammt die Farbe des einen von einem Verlust des weißen Lichtes an gewissen Lichtstrahlen und die Farbe des anderen wieder von einem Verlust des weißen Lichtes an gewissen — anderen — Lichtstrahlen, und man summiert die beiden Verluste des weißen Lichtes. Mit anderen Worten: durch Mischen von zwei Farbstoffen entfernt man sich weiter vom weißen Licht und nähert sich der Lichtlosigkeit, der Dunkelheit. Und demnach würde ein Mischen aller Farbstoffe die Absorption aller auffallenden Lichtstrahlen bedeuten und ein Schwarz als Resultat hervorbringen.

Der Versuch mit der runden Scheibe und dem Kreisel, die entsprechend den Spektralfarben gefärbt waren, wurde oben ausführlich beschrieben. Aber das Ergebnis ist immer enttäuschend. Die Farben auf dem Kreisel und der Scheibe sind selbstverständlich färbende Werkstoffe und keine farbigen Strahlen. Die Mischung, die durch die schnelle Umdrehung geschieht, bringt eine Farbe hervor, die man nur mit einigem guten Willen Weiß nennen kann; denn sie ist glanzlos und farbleer.

Die drei primären Farben der Praxis sind es, die der Färber zu studieren hat. Alle Farben unterscheiden sich vom Weiß einfach durch die relative Stärke ihrer Komponenten. Beim Färben von hellen Nuancen ist es am besten, einen einzigen Farbstoff anzuwenden, der dem gewünschten Tone möglichst nahe kommt. Den wenn man ihn durch Mischen zweier Farbstoffe herstellt, so ist anzunehmen, daß er dunkler wird, als beim Gebrauch eines einzigen. Ein Grün, das durch Mischen von Blau und Gelb gewonnen wird, ist viel dunkler als ein solches, das ein einzelner grüner Farbstoff hervorbringt. Will man dunkle Färbungen herstellen, so ist es daher praktisch, die Farben durch Mischen einzustellen.

Wenn man einen Teil eines Ganzen für sich betrachtet, so sind alle anderen Teile des Ganzen die Ergänzung des ersten Teiles. Sie vervollständigen das Ganze und ersetzen das, was dem einen Teil fehlt, um es zum Ganzen zu machen. Genau so ist es mit den Farben. Die drei primären Farben, in gleichen Verhältnissen gemischt, machen das Ganze aus, nämlich Weiß. Es ist hierfür gleich, ob man die wissenschaftliche Theorie des Lichtes oder die praktische Anschauung zugrunde legt. Betrachtet man eine der primären Farben für sich, so ist es klar, daß die beiden anderen notwendig sind, um das Ganze, das Weiß, zu vervollständigen. Und darum heißt die Farbe, die durch Mischen der beiden anderen entsteht, die Ergänzungs- oder Komplementärfärbe zu der ersten primären Farbe. So ist die Komplementärfarbe zu Rot die Mischfarbe von Gelb und Blau, also Grün; die Komplementärfarbe zu Gelb ist Violett (Rot und Blau) und zu Blau Orange (Gelb und Rot). Ganz allgemein ist also eine gemischte Farbe, die mit einer dritten Farbe Weiß ergibt, die Komplementärfarbe zu dieser dritten.

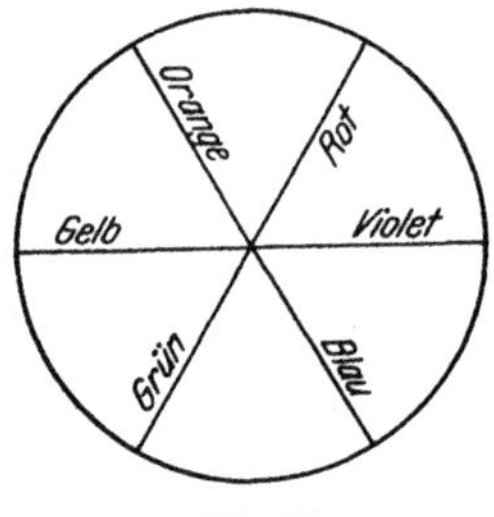

Abb. 92.

Eine bequeme Art, um leicht die Komplementärfarbe zu finden, gewinnt man durch den in Abb. 92 dargestellten chromatischen Kreis. Es ist leicht zu sehen, daß die Farbe an dem einen Ende des Durchmessers die Komplementärfarbe zu derjenigen an dem anderen Ende ist; daß z. B. Grün und Rot komplementär sind. Dieser chromatische Kreis kann beträchtlich vervollständigt werden, so daß er acht und mehr Komplementärfarben-Paare enthält.

Die folgende Tabelle gibt eine Übersicht von einigen zusammengehörigen Komplementärfarben (die komplementären Farbenpaare sind durch Klammern eingefaßt) und eine Reihe von sauren Farbstoffen, die entsprechend zu verwenden sind.

{ Rot	Echtrot.
{ Bläulichgrün	Echtgrün, blaustich., Cyanol.
{ Orange	Orange II oder Mandarin G.
{ Dunkelblau	Bayrischblau, Lanacylblau.
{ Gelblich Orange	Orange G. Crocein Orange G. G.
{ Rötlich Blau	Säureviolett 4 B., 6 B.
{ Grünlichgelb	Chinolingelb.
{ Violett	Säureviolett R.
{ Gelblichgrün	Säuregrün G. G.
{ Rot	Echtrot B.
{ Grün	Säuregrün B. B.
{ Rötlich violett	Säureviolett 4 B oder Bordeaux.

Die Mischung einer Farbe mit ihrer Komplementärfarbe bringt beim wirklichen Färben eine Verdunkelung mit sich, denn die Farbe absorbiert alle Strahlen ihrer Komplementärfarbe. Diese Eigenschaft der Komplementärfarben nutzt man häufig aus. Ein Farbstoff, der für sich allein ein wirkliches Schwarz gibt, ist unbekannt. Man stellt Schwarz gewöhnlich dadurch her, daß man die Komplementärfarben zu einem Farbstoff zufügt, die möglichst nahe an das Schwarz kommen: z. B. Dunkelblau, Grün oder Violett. Braun kann man so auf Leder herstellen, indem man kleine Mengen von Blau, Grün oder Violett zu Orange gibt; die ganze Mischung kommt im wesentlichen auf eine Mischung von Rot, Gelb und Schwarz hinaus.

Ein wirkliches Schwarz gibt mit einem rötlichen Orange ein Braun; ebenso werden ein gelbliches Rot und ein reines Gelb ein helles Scharlachrot geben; während ein bläuliches Rot und ein grünliches Gelb nur ein mattes dumpfes Rot geben würden. Ein anderes praktisches Beispiel ist folgendes: Bläulichgrün und Grünlichgelb gemischt, werden ein helles Grün hervorbringen, während Rötlichblau und Rötlichgelb zusammen ein Dunkelgrün liefern werden, da Rot und Grün Schwarz geben. Schwarz gibt mit Gelblichgrün ein Oliv und mit einem Bläulichgrün ein Dunkelgrün; mit Purpur und Bläulichrot gibt es stumpfbraune und rötliche Töne und mit Bläulichviolett eine Schieferfarbe.

Es ist nach dem Gesagten leicht einleuchtend, daß der Färber durch eine gründliche Kenntnis der Farbenlehre und Farbstoffe in den Stand gesetzt wird, beim Färben beträchtliche wirtschaftliche Vorteile zu erzielen, während er anderseits, wenn seine Kenntnisse auf diesem wichtigen Gebiet versagen, ein sehr teurer Angestellter seines Hauses sein wird.

Man kann auf Leder ein Braun herstellen, indem man ein Scharlach oder ein Orange nimmt und durch Mischen mit Blau und Grün den Farbton dunkel stellt; denn man gibt ja mit dem Blau die dritte primäre Farbe hinzu. Es wird also auf diese Weise eigentlich Schwarz zugegeben und Braun erhalten; und je mehr man Schwarz zur Wirkung kommen läßt, um so brauner oder grüner wird der Farbton ausfallen.

Durch eine Zugabe von Schwarz zu Grün gewinnt man Nuancen von Dunkelgrün oder Olivgrün. Dunkele grüne Töne werden erhalten durch Mischung von Orange oder Rot zu Grün. Durch diese Mischung bekommt man so tiefe Nuancen von Grün, wie sie vielleicht noch nicht gelingen, wenn selbst zweimal so viel Farbstoff angewendet wird und die Farblösung aus Grün und Gelb durch Zugabe von Schwarz hergestellt war. Dennoch wird diese letzte Mischung ganz allgemein zu solchen Nuancen verwendet.

Die Muster Nr. 1, 2 und 3 auf Tafel III zeigen folgerichtig die Wirkung eines Zusatzes allmählich wachsender Mengen Rot zu Grün, der die Einführung einer bestimmten Menge Schwarz ins Farbbad bezwecken soll. Mit anderen Worten: man führt die dritte Primärfarbe, Rot, ein, indem man hierbei Grün als Summe von Blau und Gelb ansieht.

Es ist zur Erklärung wohl nötig hinzuzufügen, daß Chinolingelb eine helle, schwefelähnliche Nuance von Gelb färbt, während Phosphin R ein rötliches Gelb und Orange II ein rötliches Orange geben. Für jedes der Muster wurden dieselben Farbstoffmengen angewandt; der Unterschied in der Tiefe des Tones zwischen den einzelnen Mustern ist sehr deutlich wahrnehmbar.

Die Muster Nr. 4 und 5 auf Tafel Nr. III zeigen die verschiedene Wirkung beim Färben mit einer Mischung aus einem reinen Gelb mit einem rötlichen Blau und aus einem rötlichen Gelb mit einem rötlichen Blau.

Rötliche Blaus geben mit Orange einerseits schokoladenbraune Nuancen, anderseits olivengrüne. Das Muster Nr. 1 auf Tafel Nr. IV zeigt ein tiefes Schokoladenbraun, das auf diese Weise hergestellt ist.

Man kann daher beim Lederfärben außerordentlich sparsam wirtschaften, wenn man stets daran denkt und den Nutzen daraus zieht, daß Komplementärfarben beim Mischen ein teilweises Schwarz färben und man nun zu diesem Zweck billige Farbstoffe verwendet; wenn man beispielsweise Orange, Scharlach, Rot und Grün, die im allgemeinen billiger sind, nimmt, statt Violett, Blau, Braun usw.

Mischfarben kann man entweder so färben, daß man die verschiedenen Farbstoffe wirklich mischt und sie in einer Lösung hat, wie es bisher angegeben wurde, oder daß man mit der einen Farbe grundiert und mit einer anderen übersetzt. Leder, die so mit einem hellen Grün oder Blau angefärbt wurden, geben beim Nachfärben mit Orange stumpfe grünliche oder sandbraune Nuancen.

Die beiden Muster Nr. 2 und 3 auf Tafel Nr. IV zeigen, wie man auf diese Weise ein grünliches Braun färbt. Nimmt man weniger Grün und dafür mehr Orange II, so wird der Ton brauner.

Die nachstehende Tabelle gibt eine Übersicht über die Farbtöne, die man durch Mischungen der Komplementärfarben erhält:

Komponenten: Überschuß	Komponenten: Kein Überschuß	Resultat
hellrot	gelblichgrün	bläulich maroon
gelblichgrün	hellrot	salbei- oder olivgrün
rötlichblau	gelb	purpur oder pflaumenblau
gelb	rötlichblau	olivegrün
rötlichgelb	bläulichrot	matt weinrot
bläulichrot	rötlichgelb	maroon
hellrot	blau	matt rötlichviolett
blau	hellrot	bläulichviolett
blau	orange	schieferblau
orange	blau	sand- oder dunkelbraun
bläulichgrün	mattrot	myrtengrün
mattrot	bläulichgrün	braunrot
bläulich maroon	gelblichgrün	bläulichviolett
gelblichgrün	bläulich maroon	blauschwarz
orange	bläulich maroon	weinrot
bläulich maroon	orange	matt rötlich maroon

Die Variationsmöglichkeit der Färbungen mit einigen wenigen Grundfarben ist außerordentlich groß; und es ist nur ein Mangel an Kenntnis über die Grundzüge der Farbenmischung seitens der Lederfärber, der sie in vielen Fällen eine so große Anzahl von Farbstoffen an Lager halten läßt, um ihre Nuancen zu treffen. Tatsächlich ist für die Mehrzahl der handelsüblichen Nuancen auf Leder eine freilich sorgfältig getroffene Auswahl nur weniger Farbstoffe notwendig, und zwar sowohl beim Färben mit der Bürste als auch im Bad. Durch überlegtes und sorgfältiges Mischen kann man die Nuancen nach Belieben verändern, und mit nur drei Farbstoffen kann man, indem man nur immer die Mengenverhältnisse der Mischungen ändert, hundert oder noch mehr Nuancen herstellen.

Es erscheint hier angebracht, eine kurze Liste derjenigen Teerfarbstoffe zu geben, die man für die allergebräuchlichsten handelsüblichen Färbungen mit sauren Farbstoffen — sei es mit der Bürste oder im Bad — unbedingt am Lager haben muß.

Farbe	Farbstoffe
Hellgelb	Chinolingelb; Naphtholgelb.
Rötlichgelb	Indischgelb; Azoflavin.
Orange	Orange II; Mandarin.
Rot	Echtrot.
Maroon	Bordeaux; Säuremagenta.
Blau	Wasserblau.
Grün	Säuregrün; Wollgrün.
Violett	Säureviolett.
Braun	Echtbraun; Resorzinbraun; Säurebraun.
Schwarz	Naphthylaminschwarz; Säureschwarz; Nigrosin.

Jede Farbstoffabrik wird eine geordnete Reihe von Farbstoffen an die Stelle der genannten setzen, die ihnen ähnlich sind, ebenso verwendet werden und sich gut miteinander mischen.

Das Färben nach Mustern. Die Tüchtigkeit eines Lederfärbers hängt hauptsächlich von seiner Fähigkeit ab, nach Muster färben zu können. Es ist leicht, eine Reihe verschiedener Nuancen auf Leder zu färben, aber z. B. zwanzig Dutzend Felle genau nach einem eingesandten kleinen Muster zu färben, ist eine ganz andere Sache, und diese Kunst — denn eine Kunst ist es wirklich — läßt die Fähigkeit des Lederfärbers deutlich erkennen.

Nachdem die Grundsätze der Farbenmischung abgehandelt sind, bleiben nur noch die praktischen Arbeitsweisen zu besprechen, wie die Nuancen gefärbt werden. Wenn der Färber ein Muster erhält, nach dem ein Posten Leder gefärbt werden soll, hat er zu allererst sein Musterbuch nachzuschlagen, um sich zu vergewissern, welche Farbmischung früher schon einmal eine Nuance gab, die dem Muster möglichst nahe kommt. Hat er dies getan, so muß er Acht darauf geben, ob die Nuance in seinem Musterbuch heller ist oder dunkler, rötlicher oder gelber, als das Muster, nach dem gearbeitet werden soll, und einige andere kennzeichnende Unterschiede zwischen dem früheren und dem jetzigen Muster sich zu merken und aufzuschreiben. Dann hat er eine Vorratslösung von jedem Farbstoff zu machen, den er zu seinem Muster im Buch gebraucht hat.

Als Beispiel sei angenommen, er habe eine Nuance von Braun zu färben; dies Muster in seiner Sammlung war wahrscheinlich durch Mischen eines rötlichen Braun und eines Gelb mit einem Grün erhalten worden. Der Färber macht daher nun von jedem dieser Farbstoffe eine Vorratslösung, indem er sie einzeln jede für sich löst, z. B. 500 g Farbstoff in 10 l kochendem Wasser. Das Farbbad wird nun fertig gemacht und die Lösung in einem Verhältnis zusammengestellt, daß man eine etwas hellere Nuance bekommt als die verlangte. Die Felle kommen ins Farbbad, und das Färben beginnt.

Gleichzeitig wird das Muster, nach dem gefärbt werden soll — oder ein Stückchen davon — durchnäßt, damit man die feuchten Felle während des Färbeprozesses mit dem nunmehr auch feuchten Muster vergleichen kann. Ist das Probemuster geglänzt worden, so wird der Färber die Leder möglichst genau so färben, wie das trocken geglänzte Muster ist. Er kommt so besser zu einer genauen Färbung, als wenn er das Muster anfeuchten würde. Denn das Aussehen der Leder, das sie noch feucht im Farbbad haben, ist ein guter Anhalt für die Nuance, die sie nach dem Trocknen und Glanzstoßen bekommen.

Während des Färbens muß man die Felle sorgfältig beobachten; wenn die Färbung beginnt satt zu werden, werden sie noch einmal mit dem Probemuster verglichen und mehr Farblösung zugegeben, je nachdem ob nun die Färbung matter ist, oder röter oder gelber als das Probemuster. Grün, Gelb und Braun werden nur in kleinen Mengen zugesetzt.

Eine andere Arbeitsweise, die häufig angewandt werden kann, ist, während des Färbens ein kleines Stück von einem Fell abzuschneiden und es schnell auf dem Kessel, wenn er zur Hand ist, oder in ähnlicher Weise sonst, zu trocknen, und es nun mit dem Probemuster zu vergleichen. Viele Färber machen es indessen auch so — und dieses Vorgehen ist vielleicht noch ratsamer —, daß sie eine ganze Haut zum Vergleichen schnell auftrocknen, bevor der ganze Posten zum Trocknen kommt. Wenn das Probemuster mit einer Appretur (Leinsamen usw.) oder mit anderen Mitteln zugerichtet ist, so muß natürlich dem Farbunterschied Rechnung getragen werden, der von der nachfolgenden Zurichtung herrührt.

Färben bei künstlichem Licht.

Es bleibt noch die Prüfung der Farben bei künstlichem Licht zu besprechen. Diese Prüfung ist von ganz außerordentlicher Wichtigkeit für den Färber; denn sie deckt viele kleine charakteristische Eigentümlichkeiten bei Farben auf, die sich sonst einer Erkennung vollkommen entziehen. Zwei verschiedene Färbungen von Braun mögen bei Tageslicht sich vollkommen gleichen, und werden dennoch oft, bei Gaslicht oder elektrischem Licht betrachtet, einen wesentlichen Unterschied aufweisen. Dasselbe gilt von Grün, Blau und von vielen anderen Farben, besonders aber von den zusammengesetzten. Zwei gute Beispiele solcher Farbverschiedenheiten sind die beiden Muster auf Tafel III.

Alle natürlichen Farbstoffe neigen, sowohl auf Leder wie auf anderen Werkstoffen, mehr oder weniger dazu, bei Gaslicht oder elektrischem Licht röter auszusehen; die Teerfarbstoffe verhalten sich sehr verschieden. Bei violetten Farben tritt das Blau zurück und das Rot mehr hervor, blaue Farben werden grüner, purpurne werden röter, grüne gehen nach Gelb über, orange werden gelber und heller und scharlachrote schlagen in hellorange um. Sehr tiefe Nuancen von Blau oder Grün erscheinen schwarz bei künstlichem Licht, und helle Nuancen von Gelb fast weiß.

Mischfarben wie Grau, Oliven, Rotbraun, Schieferblau usw. sind besonders empfindlich gegen die Beleuchtung und verändern sich in ihrem Aussehen, je nach dem, aus welchen Farben sie gemischt wurden. Es ginge über den Rahmen dieses Buches hinaus, die Gründe für diese Verschiedenheit der Farben bei verschiedener Beleuchtung ausführlich darzulegen. Es genügt hier zu sagen, daß künstliches Licht im allgemeinen weniger blaue und violette Strahlen enthält und die Farbstoffe daher in solchem Lichte reicher an gelben und roten erscheinen, als sie wirklich sind.

Zum Vergleich sei eingefügt, wenn man das Spektrum des Tageslichts nach der Wellenlänge in drei gleiche Teile zerlegt, so ergibt sich annähernd folgende Verteilung:

Rot-Orange	21,5 vH
Gelb-Grün	32,0 „
Blau-Violett	46,5 „

Das entsprechende Verhältnis bei der Zerlegung des Lichtes einer elektrischen Lampe (einer Halbwattlampe) ist folgendes:

Rot-Orange	54,5 vH
Gelb-Grün	32,5 „
Blau-Violett	13,0 „

Wenn zwei Leder genau nach einem Muster bei Tageslicht gefärbt wurden und für beide dieselben Farbstoffe gebraucht wurden, dann wird die Färbung von beiden Ledern auch zueinander passen, wenn man sie bei künstlichem Licht betrachtet, obgleich die Farbe beträchtlich von derjenigen abweichen kann, die sie bei Tageslicht hatten. Wenn aber, was in der Praxis oft vorkommt, eine Färbung bei Tageslicht nach einem Muster, das ebenfalls bei Tageslicht gefärbt wurde, hergestellt wird, und der Färber hat gar keine Ahnung, mit welchen Farbstoffen dies Muster gemacht wurde, so werden die Färbungen zwischen beiden Mustern bei künstlichem Licht oft durchaus nicht übereinstimmen. Und umgekehrt ist es natürlich ganz genau so; wenn eine Färbung auf Leder bei künstlichem Licht abgemustert wird nach einer Probe, die ebenfalls bei künstlichem Licht gemacht worden war, und der Färber kennt die Farbstoffe nicht, die bei dem ursprünglichen Muster gebraucht worden sind, so wird er oft finden, daß die Färbungen bei Tageslicht ganz und gar nicht übereinstimmen.

Viele der modernen Beleuchtungen sind zum Gebrauch beim Musterfärben empfohlen worden, elektrisches Bogenlicht, Azetylenlicht, Preßgaslicht und andere. Sicherlich ist jedes von diesen der gewöhnlichen Gasbeleuchtung oder dem elektrischen Glühlicht unendlich vorzuziehen; aber keins von ihnen läßt das Aussehen einer Farbe wirklich so erkennen, wie es beim Tageslicht ist. Und wenn Muster bei künstlicher Beleuchtung nachgefärbt werden, ohne daß der Färber weiß, welche Farbstoffe für die Originalmuster gebraucht wurden, so ist es höchst unwahrscheinlich, daß bei Tageslicht die Färbungen dann zueinander passen werden.

In den letzten Jahren sind viele Versuche gemacht worden, ein künstliches Licht zu erzeugen, welches wirklich dem Tageslicht entspricht. Eine solche Verbesserung seiner Einrichtung ist für den Lederfärber selbstverständlich von allergrößter Bedeutung. Besonders in großen Städten ist durch die meist nicht eben klare Atmosphäre das Licht oft so trübe, daß die Färber beim Einstellen ihrer Färbungen nach Mustern großen Schwierigkeiten gegenüberstehen, und in den Wintermonaten, in denen man auch im Freien oft höchstens zwei oder drei Stunden helles Tageslicht hat, ist oft mehrere Tage hintereinander nicht die Möglichkeit gegeben, Muster bei wirklich gutem Tageslicht einzustellen.

Es ist bereits oben ausgeführt worden, daß im allgemeinen das künstliche Licht einen Mangel an blauen und violetten Strahlen und einen Überschuß an roten und gelben aufweist. Bei der Einrichtung einer befriedigenden künstlichen Lichtquelle ist also die Hauptschwierigkeit, die in erster Linie zu überwinden ist, die roten und orangen Strahlen hinreichend abzuschwächen und die blauen und violetten zu verstärken. Die Versuche, dieses Ziel zu erreichen, haben im allgemeinen zwei Formen angenommen:

1. das Filtrieren des Lichtes einer hinreichend beständigen künstlichen Lichtquelle durch eigens behandelte Gläser, um die roten und orange Strahlen abzufiltrieren, und

2. künstliches Licht auf eine Reihe von beständigen farbigen Pigmenten zu reflektieren, um dadurch den Überschuß an roten und orange Strahlen zu absorbieren und ein Verhältnis von Rot, Orange und Blau in dem reflektierten Licht herzustellen, das demjenigen des Tageslichts besser entspricht.

In Deutschland soll sich das Moore-Licht als künstliche Lichtquelle bewährt haben. Lamb empfiehlt Hängelampen mit „Macbeth"- und „Sheridan"-Licht, wie sie die Abb. 93 zeigt.

Wenn keine anderen Einrichtungen bestehen oder wenn nur das gewöhnliche künstliche Licht zur Verfügung ist, dann ist das Magnesiumlicht sehr nützlich. Man brennt einen kleinen Streifen — 10 bis 15 cm —

Abb. 93a u. b.

ab, indem man ihn mit einer kleinen Zange hält. Bei diesem Licht bekommt der Färber ganz gut eine Darstellung, wie die Farbe, die er auf das Leder brachte, bei Tageslicht aussehen wird.

Viele Farben, wie beispielsweise Violett, Blau, Braun, Blattgrün, Olivgrün sind außerordentlich empfindlich in ihrer Abhängigkeit vom Licht und verändern sich mit der Beleuchtungsart. Rote Farben, orange, gelblichbraune, helle gelblichgrüne und volle Nuancen von rötlichem Gelb verändern sich nicht wesentlich und können daher in fast jedem Licht gefärbt werden. Wenn daher verschiedenartige Farben gefärbt werden sollen, so ist es ratsam, die empfindlichsten und am meisten veränderlichen bei Tageslicht zu färben, und zwar während der hellsten Stunden, und die roten, gelben und hellgrünen für den Rest des Tages zu lassen, wo man gezwungen ist, bei künstlichem Licht zu arbeiten.

Siebzehnter Abschnitt.

Abziehen gefärbter Leder.

Das Abziehen der Farbe von Ledern, welche bereits gefärbt sind, ist mitunter erforderlich, um die Ware noch ein zweitesmal, aber in einer anderen Farbe färben zu können. Mitunter kommt es vor, daß ein Posten Leder irrtümlicherweise in einem zu dunklen Ton gefärbt wurde, oder in einem Ton, der sonstwie leicht von dem gewünschten abweicht, oder daß die Färbung ungleichmäßig ist. Es kann sich auch treffen, daß es einen Vorteil mit sich bringt, wenn man eine Anzahl Leder, die in verschiedenen Farben gefärbt worden sind, abziehen kann, um sie nun in einer gleichmäßigen Farbe von neuem zu färben.

In all diesen Fällen muß man den ursprünglich verwendeten Farbstoff von den Ledern entfernen, wenn auch nicht immer vollkommen, so doch zum mindesten einen Teil.

Abziehen mit schwachem Alkali. Die allgemeine Arbeitsweise, den Farbstoff vom Leder abzuziehen, die fast überall angewendet wird, besteht darin, die Felle im Walkfaß oder in der Haspel mit einer schwachen Lösung von Waschsoda, Schmierseife, Borax oder anderen schwachen Alkalien zu walken. Dieses Verfahren hat die Wirkung, von den meisten gefärbten Ledern eine ganz beträchtliche Menge Farbstoff zu entfernen, und wenn man sie dann noch nachher mit einer warmen (45° C) Sumachabkochung im Walkfaß nachbehandelt, wird noch mehr Farbstoff beseitigt, besonders wenn beim ursprünglichen Färben der Leder ein Säurefarbstoff angewendet worden war. Dieses Verfahren ist in vielen Fällen wirksam genug, um ein nachfolgendes Umfärben in dunklen Farbtönen zu erlauben.

Es ist einleuchtend, daß die Anwendung dieses Verfahrens auf solche Leder beschränkt ist, die mit alkaliunechten Stoffen gefärbt wurden. Wenn Farbstoffe, die gegen die Einwirkung von Alkalien ganz oder teilweise widerstandsfähig sind, vom Leder abgezogen werden sollen, so ist es notwendig, eine andere Arbeitsweise zu wählen, wie zum Beispiel durch Behandlung mit Hydrosulfiten.

Hydrosulfite zum Abziehen der gefärbten Leder. Hydrosulfite und Hydroschwefligesäure sind seit vielen Jahren als energische Reduktionsmittel bekannt, die in der Textilindustrie als Ätz- und Präservemittel für viele Teerfarbstoffe verwendet werden konnten. Diese Reagenzien wurden von dem Verfasser in der ersten Auflage dieses Buches auch zum Gebrauch auf Leder empfohlen und haben seit 1907 eine nennenswerte Anwendung in der Lederindustrie gefunden.

Natriumhydrosulfit kann hergestellt werden, indem man unter beständigem Umrühren allmählich 100 Teile Natriumbisulfit (26 vH SO_2) zu 10 Teilen Zinkstaub gibt, die man vorher in 5 Teilen Wasser — nach Zugabe von etwas Eis — umgeschüttelt hat. Die Temperatur des Gemisches darf während des Arbeitsganges 10° C nicht übersteigen. Nachdem man noch einige Minuten gerührt, läßt man dies Gemisch sich in der Ruhe absetzen. Die klare Lösung gießt man ab; sie ist fertig zum Gebrauch.

Das Hydrosulfit, entstanden durch die eben beschriebene Reaktion von Zinkstaub auf Kalium- oder Natriumbisulfit, ist ein viel zu unbeständiges Produkt, um in großen Mengen auf Vorrat gemacht werden zu können. Da seine Fabrikation sehr schwierig, es selbst sehr zersetzlich war, so war seine Verwendung zum Abziehen von Farbe sehr beschränkt; denn es mußte sofort nach der Herstellung verbraucht werden.

Jetzt gibt es indessen viele beständige Hydrosulfitpräparate auf dem Markt. Von diesen sei genannt: Hydrosulfit (*B*), Blankit (*B*), Hydrosulfit *NF* (M L & B), Hydraldite A, und C Ext. (C) und Rongalit CX, CW und C (By) und (B), die nach patentierten Verfahren hergestellt werden. Das Hydrosulfit der Badischen Anilin- und Sodafabrik wird hergestellt durch Einwirkung von metallischem Natrium auf Schwefligsäuregas in einer Lösung in käuflichem Äther. Es ist Natriumhydrosulfit. Das Hydrosulfit von Meister Lucius und Brüning wird hergestellt durch Behandeln von Natriumhydrosulfit mit Aldehyden, besonders Formaldehyd.

Die Erfahrung hat gelehrt, daß diejenigen Hydrosulfite, die ohne Zusatz von Aldehyden hergestellt werden, in ihrer Wirkung den mit Aldehyd gestellten überlegen sind, obgleich die letzten beständiger sind.

Viele Farbstoffe werden vollständig vom Leder abgezogen, wenn man sie 15—20 Minuten im Walkfaß oder in der Mulde bei 45° C mit einer geringen Menge einer 3—5proz. Hydrosulfitlösung behandelt. Andere fordern eine kurze Vorbehandlung, entweder mit einer schwachen Essigsäure (4—5proz. Lösung für basische Farbstoffe) oder mit einer kalten schwachen Lösung von Ammoniak ($^1/_4$—$^1/_2$proz. Lösung für saure Farbstoffe), um den hellen Grundton zu bekommen, der für die neue Färbung nötig ist. Wenn das Leder eine Fixage mit Antimon- oder Titansalzen durchgemacht hat, so muß die Beize vor dem Abziehen durch Behandlung mit verdünnter Salzsäure entfernt werden. Da Natriumhydrosulfit sich nach dem Lösen in Wasser sehr leicht zersetzt, ist es ratsam, die Felle, die abgezogen werden sollen, erst in eine hinreichende Menge Wasser zu tun und dann das Hydrosulfit unmittelbar, nachdem die Lösung hergestellt ist, hinzuzugeben.

Eine Lösung von Natriumhydrosulfit verliert die Fähigkeit, abzuziehen, sehr schnell, wenn man sie selbst nur kurze Zeit, etwa 15 Minuten, stehen läßt, da es Sauerstoff aus der Luft absorbiert und dadurch in Natriumbisulfit verwandelt wird. Selbst wenn es nicht der Luft ausgesetzt ist, zersetzt es sich, indem es sich in Thiosulfat verwandelt. Die Lösung soll daher nur, wie schon gesagt, hergestellt werden, wenn sie gleich darauf gebraucht wird.

In der Mehrzahl der Fälle ist eine Vorbehandlung nicht nötig, besonders wenn die Felle vor dem Umfärben sumachiert werden. Eine Tabelle, die das Verhalten der mit den gebräuchlichen sauren und basischen Farbstoffen gefärbten und nachher dem Abziehen unterworfenen Leder mit den besonderen Einzelvorschriften zeigt, ist auf S. 148/149 gegeben.

Gefärbt mit	Zuerst behandelt mit	Resultat	Dann behandelt mit	Resultat
Diaminbraun 3 G. (C.) (unter Salzzusatz) . .	5 proz. Essigsäure und gewaschen	keine Farbe abgenommen	10 proz. Hydrosulfit bei 45^{0} C	vollständig entfärbt
Viktoriablau 3314 (B. S. *P* S.)	,,	,,	,,	leichtes Grau
Methylviolett 4 B. (A.)	,,	Spuren abgenommen	,,	kein merklicher Erfolg
Bismarckbraun 12196 (A.)	,,	bedeutend abgenommen	,,	vollständig entfärbt
Magenta 4138 (B. S.& S.)	,,	,,	,,	blasses Rosa
Safranin G. extra (A.)	,,	,,	,,	entfärbt, aber die Farbe kommt an der Luft schnell wieder hervor
Safranin Scharlach G. (B.)	,,	,,	,,	entfärbt, aber die Farbe kommt an der Luft langsam wieder hervor
Neutralviolett extra (C.)	,,	,,	,,	blasses Rosa
Säurebraun R. (H.) . .	1 proz. Ammoniak i. d. Kälte u. gewaschen	etwas abgenommen	,,	vollständig entfärbt
Naphthylaminschwarz 4 B. (C.)	,,	,,	,,	,,
Guineagrün G. (A.) . .	,,	,,	,,	blasses Grün
Cyanol extra (C.) . . .	,,	,,	,,	blasses Blau
Erioglaucine (G.) . . .	,,	,,	,,	,,
Echtrot A. (By.) . . .	,,	bedeutend abgenommen	,,	vollständig entfärbt
Cochenillescharlach RS. (By.)	,,	,,	,,	,,
Naphtholgrün B. (C.) .	,,	,,	,,	,,
Resorzinbraun (Dahl) .	,,	,,	,,	,,
Palatinscharlach R. (B.)	,,	,,	,,	,,
Naphthylaminbraun (B.)	,,	,,	,,	,,
Lanacyl Marineblau B. (C.)	,,	,,	,,	,,
Tartrazin (B.)	,,	,,	,,	,,
Orange G. (H.)	,,	,,	,,	,,
Echtbraun (By.) . . .	,,	,,	,,	,,
Säureviolett F. (H.) . .	,,	,,	,,	bei längerer Behandlung blasses Violett
Chinolingelb (By.) . . .	,,	,,	,,	die Farbe schwindet nicht weiter
Bismarckbraun (A.) fixiert	1 proz. Salzsäure i. d. Kälte	etwas abgenommen	,,	die Farbe weicht allmählich
Chrysoidine krist. (TM.)	,,	,,	,,	,,

Gefärbt mit	Zuerst behandelt mit	Resultat	Dann behandelt mit	Resultat
Chinolingelb (A.) . . .	10 proz. Hydrosulfit bei 45 ° C	kaum merklich abgenommen	Keine weitere Behandlung	
Cyanol extra (C.) . . .	,,	,,		
Erioglaucine (G.) . . .	,,	,,		
Auramin II (A.) fixiert	,,	,,		
Diamantkrist. Chrysoidin (T.W.) fixiert .	,,	,,		
Bismarckbraun 12196 (A.) fixiert	,,	,,		
Kaliumtitanoxalat . . .	,,	,,		
Echtrot A. V. (B.) . .	,,	,,		
Echtrot 21528 (By.) .	,,	vollständig entfärbt		
Kardinalrot J. (H.) . .	,,	,,		
Bordeaux extra (A.). .	,,	,,		
Azoflavin R. S. (B.) .	,,	,,		
Azoflavin 2 R. (B.) . .	,,	,,		
Naphtholgelb S. (By.) .	,,	,,		
Orange II (B.)	,,	,,		
Säureanthrazenbraun R. (By.)	,,	,,		
Echtscharlach B. (B.) .	,,	,,		
Dunkelnußbraun (T.W.)	,,	,,		
Bayrischblau D. B. (A.)	,,	,,		
Echtbraun N. (B.) . .	,,	,,		
Chrysoidin (T.W.). . .	,,	,,		
Naphthylaminbraun (B.)	,,	,,		
Säurebraun (T.W.) . .	,,	,,		
Neugoldbraun A. I. (C.)	,,	,,		
Säurebraun L. (B.) . .	,,	,,		
Mandarin G. extra (A.)	,,	,,		
Azofuchsin B. (By.). .	,,	,,		
Indischgelb R. (By.) .	,,	,,		
Naphthylaminschwarz 4 B. (C.)	,,	,,		
Wasserblau 3 B. (A.) .	,,	,,		
Blauholz	,,	,,		
Blauholz und Eisen . .	,,	,,		
Ponceau (A.)	,,	,,		
Nigrosin L. I. (By.) . .	,,	vollständig entfärbt, aber am Licht kommt die Farbe als leichtes Grau wieder		
Indulin B. E. (S. A. D. M. C.)	,,	ebenso		
Guineagrün D. (A.) . .	,,	blasses Grün		
Hellgrün S. F. blaustichig (B.).	,,	,,		
Säuregrün G. G. extra (By.)	,,	,,		
Säureviolett 3 B. N. (B.)		blasses Violett, das am Licht sich wieder verstärkt		

Es zeigt sich hier, daß in ein oder zwei Fällen, besonders bei Safranin, Magenta und Methylviolett trotz der Behandlung mit Hydrosulfit die Farbe nachträglich an der Luft wiederkommt. Für diese Farbstoffe ist daher ein Abziehen mit Hydrosulfit nicht zu empfehlen.

Die Wirkung des Abziehens mit Hydrosulfit zeigen die Muster Nr. 4 und 5 auf Tafel IV.

Achtzehnter Abschnitt.

Wasser.

Die Versorgung mit einem guten weichen Wasser ist für den Betrieb einer Lederfärberei und -zurichtung eine unbedingte Notwendigkeit. Durch Verdunstung des Wassers der Ozeane und darauffolgende Kondensation in Form von Regen wird die Menschheit mit Wasser versorgt. Das Regenwasser versickert entweder in der Erde, um nachher als Springquellen und Bäche oder als Quelle eines Flusses wieder an die Oberfläche zu kommen oder künstlich durch Einsetzen von Brunnen emporgehoben zu werden, oder aber es sammelt sich als Oberflächenwasser, um die Bildung der Flüsse zu fördern. Da Wasser nahezu alle Körper mehr oder weniger löst, so nimmt es eine ganze Reihe von Stoffen auf, denen es sowohl während seines Durchganges durch die Luft in Form von Regen begegnet, als auch während seines Eindringens in die Tiefe und seines Rieselns unter der Erdoberfläche (Grundwasserströme) und an derselben (Flußläufe).

Regenwasser. Unter günstigen Bedingungen gesammelt, ist das Regenwasser das reinste und weichste Wasser und enthält nur Spuren fester Substanzen. Es enthält ständig geringe Spuren von Kohlensäure, Salpetersäure und salpetriger Säure, Ammoniak, Sauerstoff und Stickstoff, die es beim Durchfließen der Luft aufgenommen hat. In großen Städten hingegen ist es besonders unrein. Es absorbiert hier verhältnismäßig große Mengen von Schwefelsäure und schwefliger Säure aus der Luft, die sich als Verbrennungsprodukte des aus Kohlen und Leuchtgas stammenden Schwefels darin anreichern. In Fabriken, welche in ländlichen Bezirken gelegen sind, sollte daher das von den Dächern der Häuser ablaufende Regenwasser zum Gebrauch gesammelt werden; ein bequemes Verfahren hierfür ist es, die Regenrohre so anzulegen, daß sie in einen zentralen Vorratsbehälter zusammenlaufen, aus dem das Wasser bei Bedarf dann entnommen werden kann.

Wasser aus Flach- oder Hebebrunnen. Solches Wasser hat auf seinem Laufe nur wenige und ziemlich dünne durchlässige Schichten durchströmt, traf dann auf eine weniger durchlässige Schicht, wie z. B. Ton und setzte seinen Lauf dann auf dem Tongrunde fort. Gewinnt man nun Wasser aus einem Brunnen, der in diesen unterirdischen Strom — den Grundwasserstrom — eingesetzt ist, so nennt man es Flachbrunnenwasser oder Grundwasser.

Wasser aus Tief- oder Bohrbrunnen. Tiefbrunnen oder Artesische (nach der Stadt Artois in Frankreich, wo sie zuerst gebohrt sein sollen)

Brunnen sind ein sehr wichtiges Hilfsmittel für die Wasserversorgung, da sie eine praktisch unerschöpfliche Menge liefern. In der Mehrzahl der Fälle ist indessen das Wasser dieser Brunnen ganz besonders hart.

Die Härte des Wassers.

Die Härte des Wassers ist verursacht durch die Anwesenheit mineralischer Salze, wie Kalzium- und Magnesiumsalze. Ein Wasser heißt hart, wenn es viel Seife verbraucht, um Schaum zu geben, und es heißt weich, wenn es schon mit wenig Seife den Seifenschaum auftreten läßt. Es gibt zwei Arten von Härten des Wassers, die vorübergehende und die bleibende Härte.

Vorübergehende Härte. Ein Wasser, das doppeltkohlensaure Salze von Kalk und Magnesia enthält, besitzt vorübergehende Härte. Durch

Abb. 94.

den geringen Gehalt an Kohlensäure, der schon oben erwähnt war, löst Regenwasser Kalkstein auf. Der Kalkstein wird, indem er in Lösung geht, in doppeltkohlensaures Salz verwandelt und gibt als solcher dem Wasser die eben zu besprechende Art von Härte. Abb. 94 zeigt die Photographie eines Kalksteinfelsens, der durch die lösende Wirkung des mit Kohlensäure beladenen Regenwassers tiefe Furchen bekommen hat. Die Härte heißt „vorübergehend“, weil man sie durch Kochen beseitigen und das Wasser weich machen kann. Denn durch das Kochen wird die Kohlensäure der Bikarbonate, der doppeltkohlensauren Salze, aus diesen Verbindungen ausgetrieben, und Kalk und Magnesia werden als unlösliche Salze gefällt. Man kann das Wasser auch dadurch weich machen, daß man Kalk oder Natron zusetzt, mit denen sich dann die überschüssige Kohlensäure verbindet. Und zwar gibt der Kalk dann kohlensauren Kalk, der unlöslich ist, und zusammen mit dem kohlensauren Kalk und der kohlensauren Magnesia niedergeschlagen wird, die vorher eben in der Form von doppeltkohlensaurem Kalk und doppeltkohlensaurer Magnesia in Lösung waren; während bei Zusatz von Natron zwar die löslichen doppeltkohlensauren Salze ebenfalls wieder in einfache unlösliche kohlensaure Salze übergeführt und niedergeschlagen werden, das kohlensaure Natron aber in Lösung bleibt.

Bleibende Härte. Die bleibende Härte eines Wassers wird hauptsächlich durch den Gehalt an schwefelsaurem Kalk und schwefelsaurer Magnesia verursacht, neben anderen Salzen wie Chloriden, und ist durch Kochen nicht zu beseitigen.

Vorübergehende Härte und bleibende Härte. Wasser von vorübergehender Härte macht beim Färben am meisten Unannehmlichkeiten. Wenn es beträchtliche Mengen von doppeltkohlensaurem Kalk oder doppeltkohlensaurer Magnesia enthält — wenn es, wie man zu sagen pflegt, eine große vorübergehende Härte besitzt — so reagiert es mit den Farbstoffen. Besonders ist dies der Fall bei den basischen Farbstoffen. Und zwar wird der Farbstoff in Form eines dicken Niederschlages ausgefüllt und so zum mindesten teilweise der Verwendung vollkommen nutzlos entzogen. Außerdem setzt sich aber der niedergeschlagene Farbstoff noch auf dem Leder fest und verursacht so nicht nur ungleichmäßige Färbungen, sondern auch Flecken und Streifen. Viktoriablau, Viktoriaschwarz, Methylviolett und viele andere basische Farbstoffe können auf diese Weise nahezu vollständig niedergeschlagen werden, wenn die vorübergehende Härte wirklich beträchtlich groß ist. Ist man durchaus gezwungen, ein solches Wasser von vorübergehender Härte zu benutzen, so muß man dem Wasser etwas Essigsäure zusetzen, oder das Wasser muß weich gemacht werden.

Die doppeltkohlensauren Salze von Kalk und Magnesia werden durch Zusatz einer Säure zersetzt. Daher wird der Farbstoff beim Färben mit sauren Farbstoffen nicht ausgefällt, wenn genügend Säure im Farbbad vorhanden ist, um den gebildeten Farblack zu zersetzen. Beim Färben mit basischen Farbstoffen müssen die doppeltkohlensauren Salze durch Zusatz einer kleinen Menge Essigsäure oder Ameisensäure zum Farbbad neutralisiert werden.

Je härter ein Wasser ist, desto mehr Seife wird von ihm verbraucht, zersetzt. Es leuchtet daher von selbst ein, daß es einen großen Verlust an Seife bedeutet, wenn man Seife in Wasser lösen muß, das recht hart ist, z. B. zum Reinigen, zum Fettlickern u. a. Als Beispiel sei hier angeführt, daß in einem Teile von London, wo das Wasser 30 englische Härtegrade besitzt, beim Auflösen von Seife in 1000 l dieses Wassers nicht weniger als 4,5 kg Seife nutzlos verbraucht werden. Dies ist ein sehr bedeutender Posten für die Unkosten der Fabrik. Es ist also nach dem Gesagten stets ratsam, bei der Verwendung von Seife, sei es zum Fettlickern oder zum Reinigen, möglichst weiches Wasser zu benutzen. Das Kondenswasser der Kessel ist gewöhnlich sehr gut brauchbar.

Der Verlust an Seife ist nicht der einzige Nachteil, den die Verwendung von hartem Wasser zu Lösungszwecken mit sich bringt. Der klebrige unlösliche Niederschlag, den die Kalk- und Magnesiumseifen darstellen, setzt sich gern ganz unregelmäßig auf den Ledern fest. Mit Sicherheit werden dadurch spätere Schwierigkeiten veranlaßt, besonders wenn die Felle gefärbt werden sollen. Und außerdem wird sich, wenn mehr als geringe Spuren von Eisen im Wasser sind, eine Eisenseife auf dem Leder absetzen, die unansehnliche Flecke hervorruft.

Wenn man also Wasser im allgemeinen zum Färben verwenden will, so ist es unbedingt notwendig, jede vorübergehende Härte des Wassers sorgfältigst mit einer Säure zu neutralisieren. Ob man es mit Essigsäure oder mit Schwefelsäure macht, ist im Grunde gleichgültig. Schwefelsäure ist viel billiger, aber man muß bei ihrer Verwendung sehr vorsichtig sein und darf niemals zu große Mengen davon nehmen; denn sonst bekommt man sehr schlechte Resultate. Beim Färben mit basischen Farbstoffen ist Essigsäure oder Ameisensäure zum Ausgleich der Härte entschieden vorzuziehen, da ein geringer Überschuß an diesen Säuren nicht schadet. Ein größerer Überschuß ist indessen nicht ungefährlich; denn diese Säuren verringern die Farbkraft der basischen Farbstoffe, indem sie die Geschwindigkeit verzögern. Ein großer Überschuß wird in vielen Fällen die Färbung des Leders überhaupt verhindern.

Die bleibende Härte des Wassers bringt gewöhnlich keine großen Übelstände für die Färberei mit sich, es sei denn, daß ganz große Mengen von Sulfaten im Wasser vorhanden sind. Ist dies der Fall, so werden manchesmal die Farben auf dem Leder ganz beträchtlich stumpfer ausfallen. Besonders wird dies bei Scharlach und sehr hellen Farbtönen sich zeigen. Bei der Verwendung von Seifen ist indessen die bleibende Härte eines Wassers von der gleichen zersetzenden Wirkung wie die vorübergehende Härte.

Verunreinigung durch Eisen. Die Verunreinigung durch Eisen ist außerordentlich gefährlich, aber glücklicherweise nicht allzu häufig anzutreffen. Das Eisen ist in solchem Falle meist in der Form des doppeltkohlensauren Salzes vorhanden. Ein eisenhaltiges Wasser macht die Farbtöne bedeutend stumpfer, besonders bei Verwendung von basischen Farbstoffen. Es verdunkelt auch die Lederfarbe beim Sumachieren. Ein solches Wasser ist besonders zu beanstanden beim Fetten mit Seifen und Öl; das doppeltkohlensaure Eisen reagiert dann ebenso wie die kohlensauren Salze des Kalkes und der Magnesia. Und das ist dann noch schlimmer; denn der Eisenniederschlag verursacht schwarze oder braune Flecke. Wenn man eisenhaltiges Wasser der Einwirkung der Luft aussetzt, indem man es beispielsweise in großen Zisternen stehen läßt, so wird ein großer Teil des Eisens ausgefällt.

Die kohlensauren Salze der Alkalien sind auch manchmal im Wasser enthalten; gewöhnlich ist kohlensaures Natron vorhanden. Ein solches

Wasser muß, wenn es mehr als nur Spuren davon enthält, vor seinem Gebrauch sorgfältigst mit Essigsäure, Ameisensäure oder Schwefelsäure neutralisiert werden.

Auch **Schwefelwasserstoff** wird mitunter im Wasser angetroffen, gewöhnlich in Flüssen und Oberflächenwasser. Dieses Wasser ist besonders gefährlich bei der Verwendung zur Bleibleiche; es macht, da die Verbindung des Schwefelwasserstoffes mit dem Blei ein schwarzes Salz ist, eine ganz dunkle Farbe und verhindert eine weiße Bleiche vollkommen.

Die Härte des Wassers wird oft in Graden ausgedrückt. Die deutschen Härtegrade geben die Teile Kalk an, Kalziumoxyd, die in 100000 Teilen Wasser enthalten sind, während die französischen Härtegrade die gleichen Verhältnisse von kohlensaurem Kalk, Kalziumkarbonat, besagen. Die englischen Härtegrade hingegen nennen die Anzahl grains von kohlensaurem Kalk, die in einer Gallone enthalten sind (also die Teile Kalziumkarbonat in 70000 Teilen Wasser).

Die Verbesserung des Wassers zum Färben.

Bis zum gewissen Grade ist die Wasserverbesserung schon besprochen worden. Für die meisten Fälle in der Färberei ist das Wasser verbessert und brauchbar gemacht durch Zugabe der nötigen Menge einer geeigneten Säure. Dieser Zusatz macht das Wasser zwar nicht weich, sondern es wird dadurch einfach die vorübergehende Härte in bleibende Härte umgewandelt.

Man kann die zur Neutralisation der doppeltkohlensauren Salze nötige Menge Schwefelsäure (Vitriolöl) auf 100 l Wasser leicht auf folgende Weise bestimmen. In ein reines weißes Gefäß (oder in ein Glas, das auf einer weißen Unterlage steht) tue man einen genau abgemessenen Liter des Wassers und gebe 25 Tropfen einer einprozentigen Lösung von Methylorange hinzu (diese Lösung muß mit destilliertem Wasser gemacht sein oder man kann sie, wenn man will, zu billigem Preise von einem Drogenhändler kaufen). Jetzt stellt man sich eine Lösung derjenigen Schwefelsäure her, die man zur Verbesserung des Wassers verwenden will, indem man 10 g der Säure auf 1 l destilliertes Wasser löst. Mit dieser Lösung füllt man eine graduierte Burette und läßt hieraus nun tropfenweise — anfangs einige Tropfen auf einmal — die Schwefelsäure zu dem mit Methylorange gefärbten Wasser fließen. Nach jedesmaliger Zugabe der Säure muß man sorgfältig mit einem Glasstabe umrühren. Man fährt so lange fort, Säure zufließen zu lassen, bis die Farbe der Mischung in dem weißen Gefäße von dem gelben Orange in eine Rotorange übergegangen ist. Dann notiert man die Menge der verbrauchten schwefelsauren Lösung. Die Anzahl Kubikzentimeter, die verbraucht wurden, stellt die Anzahl der Gramme dar, die man an konzentrierter Schwefelsäure für 100 l Wasser braucht.

Wasser weich machen. Zum Weichmachen des Wassers sind eine ganze Reihe von Mitteln auf dem Markt, die sowohl hinsichtlich des Preises wie hinsichtlich der Wirksamkeit bescheiden sind. Wo das zur Verfügung stehende Wasser hart ist, sollte man sich die Einrichtung einer Anlage zu diesem Zwecke wohl überlegen. Wenn man zur Kesselspeisung nur hartes Wasser zur Verfügung hat, so sollte unbedingt eine Vorrichtung zum mechanischen Wasserweichmachen aufgestellt werden, um der Bildung von Kesselstein möglichst vorzubeugen. Denn eine solche Anlage ist vom wirtschaftlichen Standpunkt aus notwendig.

Das gewöhnlich angewandte Reagens für das Wasserweichmachen ist eine Mischung von Kalk und Soda oder Natron. Die Zugabe von Kalk zu einem Wasser mit vorübergehender Härte bezweckt eine Bindung der in den doppeltkohlensauren Salzen halbgebundenen Kohlensäure an den Kalk und damit die Bildung des unlöslichen kohlensauren Kalkes, der als Niederschlag abgeschieden wird. Die schwefelsauren Salze vom Kalk und der Magnesia in Wassern von bleibender Härte werden durch Zugabe von Soda in unlösliche kohlensaure Salze verwandelt. Es ist bei jedem Wasser von größter Wichtigkeit, die Menge der zur Fällung gebrauchten Chemikalien mit peinlicher Genauigkeit festzustellen.

Wie man die vorübergehende Härte durch Zugabe von Kalk beseitigt, wurde bereits besprochen; für Färbereizwecke ist damit alles gesagt, was unbedingt notwendig ist. Die Abstumpfung der bleibenden Härte wird durch Natron oder Soda bewirkt, indem die schwefelsauren Salze des Kalkes und der Magnesia in die unlöslichen kohlensauren Salze verwandelt werden. Bei der Reaktion bildet sich indessen in dem weich gemachten Wasser schwefelsaures Natron, und zwar noch etwas mehr als vorher schwefelsaurer Kalk in dem harten Wasser war. Schwefelsaures Natron hat nun die Eigenschaft, viele Farben abzuzuschwächen. Daher ist sein Einfluß auf gefärbte Leder schädlich, wenn diese nach dem Färben in einem solchen Wasser gewaschen würden. Im allgemeinen ist aber, wie schon oben gesagt, die Entfernung der bleibenden Härte aus dem Wasser für Färbereizwecke nicht nötig und ohne besonderen Vorteil.

Wenn man die vorübergehende Härte durch Kalk beseitigt, so versteht es sich von selbst, daß ein Überschuß von diesem Reagens nicht verbraucht wird, sondern daß der überschüssige Kalk in dem behandelten Wasser verbleibt und dieses mehr oder minder alkalisch und hart macht. Wendet man aber andererseits eine nicht ausreichende Menge von Kalk an, so ist die Beseitigung der Härte nicht vollkommen.

Das Weichmachen des Wasser durch Zugabe einer abgemessenen Menge Kalkwasser war 1790 eingeführt worden. Die Arbeitsweise bestand einfach darin, eine vorher bestimmte Menge Kalkwasser zu einem bestimmten Quantum Wasser in großen Zisternen hinzuzugeben, ordentlich durchzurühren, und dann so lange stehen zu lassen, bis der entstandene Niederschlag von kohlensaurem Kalk sich vollkommen abgesetzt hatte. Man konnte dann das Wasser ganz klar abziehen. Dieses Verfahren ist als das Clarksche allgemein bekannt geworden. Da man indessen sehr große Räume für die Zisternen und Bottiche braucht und außerdem die erforderliche Zeit zum Absitzen des Niederschlages berücksichtigt werden muß, so ist das Verfahren, wenn man große Mengen Wasser zu behandeln hat, sehr unbequem.

Es werden sehr viele Verfahren zum Wasserweichmachen angeboten, die auch große Mengen Wasser bewältigen sollen und dennoch wenig Raum erfordern. Der erste Apparat, der das Wasser mit dem Kalk mechanisch mischte und den gebildeten Niederschlag von kohlensaurem Kalk durch Filtration entfernte, war der Porter-Clarksche. In diesem Apparat wurde der kohlensaure Kalkniederschlag durch Filtration mit einer Filterpresse beseitigt.

Der Raum dieses Buches verbietet, eine eingehende Beschreibung sämtlicher bis jetzt für diesen Zweck der Wasserreinigung angebotener Apparate zu geben. Bei der Auswahl eines solchen Apparates oder Verfahrens kommt es darauf an, ob folgende Bedingungen erfüllt werden:

1. Es muß wenig Raum beansprucht werden.

2. Das Verfahren muß wenig Beaufsichtigung erfordern und der Apparat sich automatisch betätigen.

3. Die notwendigen Reagenzien müssen genau nach dem Wasservorrat eingestellt werden können und die Mischung von Reagens und Wasser muß durch die Maschine energisch besorgt werden.

4. Die Filtration muß wirksam sein und der Filtrierapparat oder das Filtermaterial muß leicht gereinigt oder ersetzt werden können.

5. Eine Veränderung der Stromgeschwindigkeit oder eine sonstige Unregelmäßigkeit im Wasserzufluß muß vorgesehen sein und die nötige Vergrößerung oder Verminderung der Mengen an Reagenzien muß von der Maschine automatisch eingestellt werden.

Wenn Wasser weich gemacht werden soll, so ist zu allererst eine Analyse davon zu machen. Auf Grund dieser Analyse lassen sich die Reagenzien, die dazu erforderlich sind, und deren Mengen feststellen. Ein durchgeführter Versuch mit diesen theoretischen Mengen wird dann zeigen, ob man ein befriedigendes Ergebnis erhält, und wenn das nicht der Fall ist, so wird er angeben, in welcher Richtung und in welchen Verhältnissen die Mengen zu ändern sind, um den gewünschten Ausgleich der Härte sicher zu bekommen. Die Feststellung der Mengenverhältnisse an Reagenzien soll mit großer Sorgfalt ausgeführt werden, gleichgültig ob die in Betracht kommende Wassermenge groß oder klein ist.

Das Weichmachen des Wassers mit Kalk oder Soda verringert eigentlich in den meisten Fällen die Menge der in Lösung befindlichen Salze nicht; es werden vielmehr diese Salze nur in andere Salze übergeführt, deren Natur weniger zu beanstanden ist. Einer der Hauptvorteile dieses Verfahrens ist in den sehr geringen Kosten für die angewendeten Stoffe zu erblicken.

Obgleich Kalk und Natron oder Kalk und Soda allgemein als Reagenzien zu Weichmachen des Wassers angewandt werden, sind doch auch Verbindungen des Bariums zu diesem Zwecke hergestellt worden und gaben ausgezeichnete Resultate. Eine von diesen Verbindungen ist das Bariumhydrat. Durch Zusatz von Bariumhydrat zu einem Wasser, das doppeltkohlensaure oder schwefelsaure Salze vom Kalk oder von der Magnesia enthält, wird eine vollständige Fällung dieser Salze erzielt. Denn das schwefelsaure Barium und die kohlensauren Salze vom Barium, vom Kalk und der Magnesia sind alle unlöslich.

Eine andere solche Verbindung ist Bariumaluminat. Dieses ist ein ausgezeichnetes Mittel zum Weichmachen des Wassers. Sein Zusatz bewirkt die vollständige Beseitigung der Härte, und da sich das bei der Reaktion gebildete Aluminiumhydrat ebenfalls niederschlägt und flockig gelatinös ausfällt, so reißt es auch die organischen Verunreinigungen, die etwa im Wasser vorhanden sind, mit nieder.

Bei Verwendung von Bariumsalzen ist die größte Vorsicht dringend nötwendig, da sie alle außerordentlich giftig sind. Wenn also Wasser, das mit Barytsalzen weich gemacht wurde, zum Trinken oder zu anderen Zwecken verwendet werden soll, so muß der Zusatz der Bariumverbindung sehr sorgfältig abgemessen und genau nach der Härte des Wassers eingestellt werden.

Seit einigen Jahren ist ein verbessertes Verfahren zum Weichmachen des Wassers eingeführt worden, bei welchem das Weichmachen in befriedigender Weise durch Anwendung von „Permutit" bewirkt wird. Das Verfahren ist sehr einfach und besteht darin, daß das harte Wasser eine zylindrische Filtervorrichtung durchfließt, welche mit einem künstlichen Zeolithen in Form von kleinen Perlen beschickt ist. Dieses Mineral besitzt die Eigenschaft, Kalk- oder Magnesiumsalze aus dem Wasser, mit welchem es überspült wird, zu absorbieren und diese Verunreinigungen bei einer darauffolgenden Behandlung mit Kochsalzlösung wieder abzugeben, so daß es wieder zur Wasserreinigung von neuem verwendet werden kann.

Viele natürlichen Wasser enthalten doppeltkohlensaures Natrium. Dieses Natriumbikarbonat ist dadurch in das Wasser hineingekommen, daß es auf seinem Laufe durch einen Boden filtriert worden ist, welcher natürliche Zeolithe enthielt; diese haben die Zersetzung der im Wasser vorhandenen Salze des Kalziums und des Magnesiums und die Umwandlung dieser Bikarbonate in Natriumbikarbonat verursacht. Dieses neue Verfahren zum Weichmachen des Wassers ist also eine Nachahmung des natürlichen Vorganges. Der Vorteil des Verfahrens besteht darin, daß in dem weich gemachten Wasser nun überhaupt kein Kalzium oder Magnesium mehr vorhanden ist; dem steht der in manchen Fällen als Nachteil zu bewertende Umstand gegenüber, daß das auf diese Weise weich gemachte Wasser nun infolge des gebildeten doppeltkohlensauren Natriums alkalisch ist. Das Wesen des „Permutit"-Verfahrens ist die Beseitigung der ganzen Härte des Wassers durch eine einfache langsame Filtration durch ein mit künstlichen Zeolithen beschicktes Filter.

Durch die Einfachheit des Vorganges bei der Arbeit ist dieses Verfahren praktisch unbedingt zuverlässig: das Wasser wird tatsächlich von jeglicher Kalk- oder Magnesiahärte befreit.

Zur Kesselspeisung ist Wasser von nennenswerter Härte zu beanstanden. Ein Überschuß von Alkali führt anderseits zum „Spucken", das durch Pflanzen- oder Fischöl, die von der Schmierung stammen können, vermehrt wird. Die Möglichkeit, daß Spuren dieser Fette mit dem Speisewasser in den Kessel kommen, ist stets vorhanden.

Es sei noch in allgemeinen Zügen skizziert, wie die verschiedenen Verfahren zum Weichmachen des Wassers arbeiten. Zuerst läßt man das Wasser in einen Kessel von bestimmtem Rauminhalt treten. Beim Ausfließen daraus versetzt man es mit den abgemessenen Mengen der erforderlichen Reagenzien und läßt nun die Mischung von Wasser und Chemikalien in einen Abscheidebottich laufen. Hier setzen sich nun die schwersten der ausgeschiedenen Stoffe auf dem Boden ab. Das weich gemachte Wasser fließt dann von diesem Bottich aus durch ein Filter, das den noch verbliebenen Rest von unlöslichen Teilchen aufnimmt, und kommt jetzt in einen Vorratsbottich, aus dem es klar und weich herausfließt.

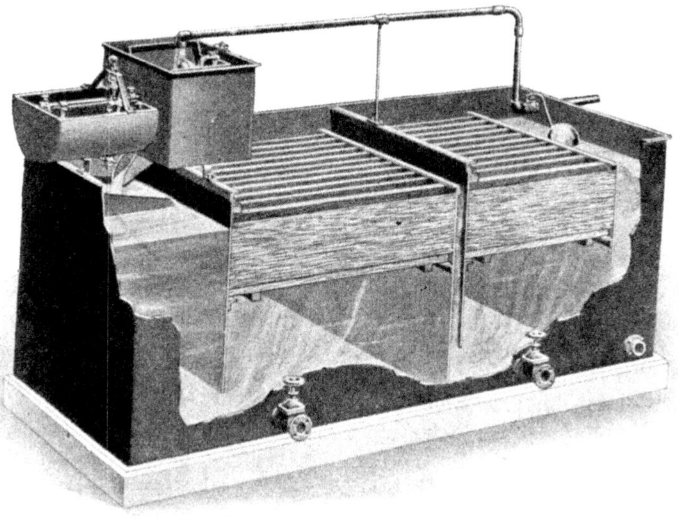

Abb. 95.

Die beiden Abb. 95 und 98 zeigen eine rechteckige und eine zylindrische Ausführungsform von Apparaten zum Wasserweichmachen, welche die oben genannten Anforderungen erfüllen und die allgemeine Anlage einer solchen Vorrichtung in bequemer Form darstellen.

Abb. 95 stellt den rechteckigen Apparat nach „Lassen-Hjort" dar. Bei dieser Ausführungsform läßt man das Wasser in einen zweiteiligen Behälter fließen, welcher selbsttätig eine bestimmte Menge Wasser abmißt. Das Wasser wird dann durch ein Gefälle in den linken Teil des Behälters überführt und automatisch mit der zum Weichmachen erforderlichen und gleichzeitig abgemessenen Menge der Reagenzien gemischt.

Das so behandelte Wasser tritt durch ein mit Holzwolle beschicktes Filter, um die ausgeschiedenen Stoffe zu entfernen, die sich noch nicht als Schlamm am Boden des Behälters niedergesetzt haben, sondern noch in der Schwebe sind, und fließt dann vom Filter zum Vorratsbehälter, aus dem es bei Bedarf entnommen wird.

Man erkennt ohne weiteres, daß die Wirksamkeit des Verfahrens vollständig von der Genauigkeit abhängt, mit der die für das Weichmachen der bestimmten Menge Wasser nötigen chemischen Reagenzien abgemessen werden. Je kleiner die Wassermenge ist, die mit dem niederschlagbildenden Reagens versetzt wird, um so größer ist natürlich die Wirksamkeit, da die Mischung weit inniger erfolgen wird als bei der Behandlung einer erheblich größeren Menge Wassers. Das Abmessen des Wassers und der niederschlagbildenden Reagenzien muß natürlich automatisch und ohne Unterbrechung erfolgen.

Abb. 96 zeigt in einem größeren Maßstabe den besonderen Teil der Anlage, welcher diesem Zwecke dient.

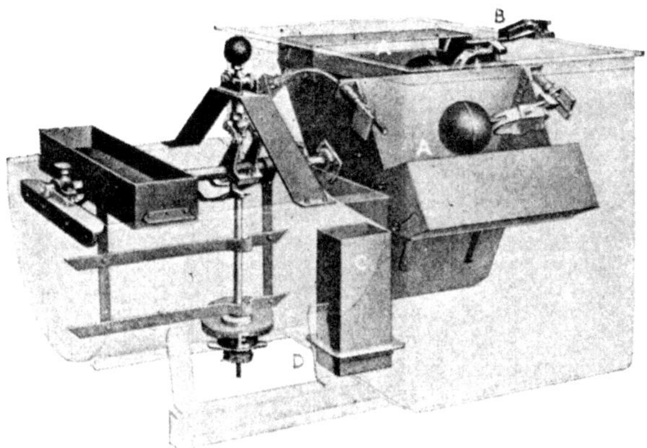

Abb. 96.

A zeigt die beiden Behälter, welche abwechselnd mit Wasser gefüllt und entleert werden, und welche daher die bestimmte zu behandelnde Menge Wasser genau abmessen. Sobald die genaue Menge Wasser eingefüllt ist, wird der Behälter entleert und sein Inhalt mit der genauen Menge der Reagenzien gemischt, die eben zum Weichmachen dieser Menge notwendig ist.

B ist die Vorrichtung, welche die zum Weichmachen erforderliche Menge der chemischen Reagenzien genau einstellt und dadurch dafür sorgt, daß die dem Behälter *A* entsprechende Menge Wasser genau die Menge der notwendigen Chemikalien bekommt.

C zeigt eine radiale Führungsstange mit Bremsschaufel, welche den Gang des Abmeßapparates kontrolliert und verlangsamt, um die Wirksamkeit des Apparates sicher zu stellen.

D ist die Rührvorrichtung, welche durch die beim Kippen des Wasserabmessers ausgelöste Bewegung eingeschaltet wird; sie sorgt für die vollkommene Verteilung der Reagenzien und ihre Durchmischung während des Betriebes der Anlage.

E ist der Auslaßhahn für die abgegriffene Menge der chemischen Reagenzien; diese fällt durch ihn in das Rohr, welches das in *A* abgemessene Wasser durchfließt.

Die Einrichtung zum Abmessen des Wassers und der Chemikalien ist in dem Querschnitt, Abb. 97, im einzelnen dargestellt. Das Wasser fließt von dem Rohr *K* in eine der beiden Kammern des oszillierenden Aufnahmebehälters *C*. Ein anderer Behälter *D* ist über diesem Aufnahmebehälter angebracht und enthält die Mischung der Reagenzien. Der Behälter hat an seinem Boden ein Ventil, und bei jeder Oszillation des Aufnahmebehälters wird dieses Ventil mit Hilfe eines Systems von Klappfedern geöffnet, so daß eine genau abgemessene Menge der Chemikalienmischung in die Kammer *C* fällt, die eben gefüllt wird. Wenn die Kammer voll ist, kippt der Aufnahmebehälter um, der Inhalt dieser Kammer fließt in den Tank *B* und die andere Kammer des

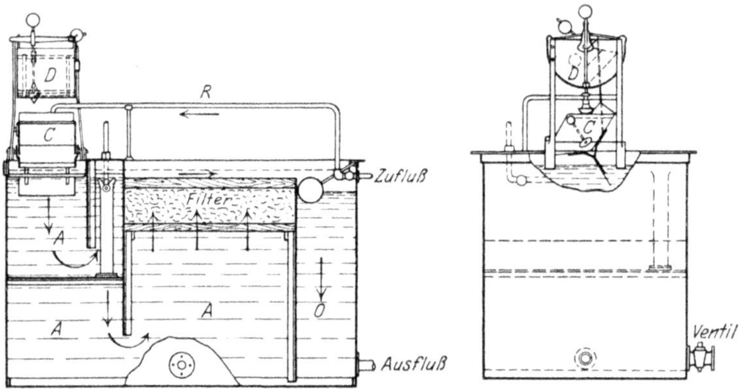

Abb. 97.

Aufnahmebehälters kommt gleichzeitig unter die Ausflußöffnung des Rohres *K*. Über den Absatz- oder Klärbehälter und die Filtriereinrichtung braucht nichts weiter gesagt zu werden.

Zwischen den Behälter *B* und dem Absatzbehälter hat man auch einen Heizraum eingeschaltet, der mit einer Dampfdüse für Frischdampf oder auch Abdampf versehen ist, und in welchem die Mischung von Wasser und Chemikalien vor dem Abfluß in den Klärbehälter erwärmt werden kann. Steht kein Dampf zur Verfügung, so muß das Wasser in der Kälte weich gemacht werden; es ist nicht üblich, das Wasser mit den Chemikalien zu erhitzen, obwohl die weichmachende Wirkung dadurch erhöht wird.

Abb. 98 zeigt den Apparat zum Weichmachen des Wassers in zylindrischer Form. Die allgemeine Anordnung ist der oben dargestellten entsprechend. Das harte Wasser tritt in einen Meßbehälter und wird mit der erforderlichen Menge Reagenzien beschickt; die Mischung fließt durch den Zylinder herab bis zum Boden des Apparates, und das Wasser tritt dann durch das Filter nach oben aus. Ein Schlammhahn ermöglicht die Beseitigung der Kalzium- und Magnesiumsalz-Niederschläge, die in regelmäßigen Abständen erfolgen soll. Um möglichst an Arbeit zu sparen und die Notwendigkeit zu umgehen, die Mischung mit den Reagenzien oben an den Apparat zu bringen, ist ein Mischbehälter vorgesehen, aus dem die Mischung mit einer Pumpe nach oben gedrückt wird.

Der Bredasche Enthärtungsapparat arbeitet nach dem Kalksodaverfahren. Das Wasser erhält in diesen Apparaten in automatisch dosierten Mengen die chemischen Zusätze, und zwar gesättigtes Kalkwasser einerseits und eine etwa 5 — 10 proz. Sodalösung andererseits. Nach Erhalt dieser chemischen Lösungen erfolgt in einer sachgemäß konstruierten Vorrichtung eine intensive Mischung des Wassers mit diesen Lösungen, darauf erfolgt ein Klärprozeß und schließlich eine Filtration.

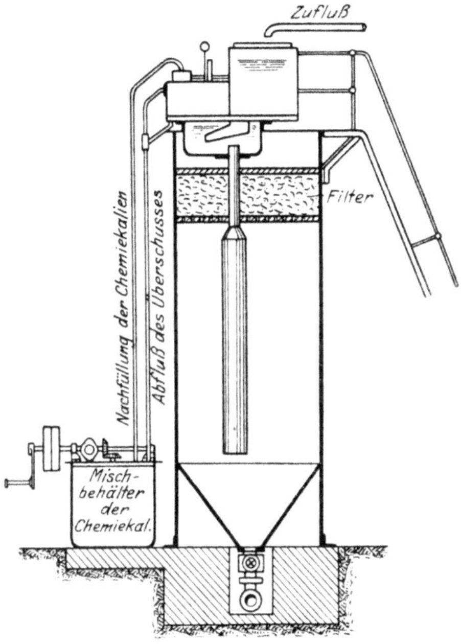

Abb. 98.

Die vorübergehenden Härtebildner, also kohlensaure Kalk- und Magnesiasalze, werden durch das Kalkwasser, die bleibenden Härtebildner, also mineralsauren Kalkverbindungen, insbesondere der Gips, werden durch die Sodalösung ausgefällt. Das Umsetzungsergebnis, das sich als wasserunlöslicher Schlamm ausscheidet, ist in beiden Fällen einfachkohlensaurer Kalk bzw. Magnesia. Abb. 99 stellt eine Bredasche Enthärtungsanlage dar, wie sie bis zu einer Stundenleistung von 200 cbm ausgeführt werden kann und ein eisenfreies, klares und farbloses Wasser liefert. Bei richtiger Einstellung der Chemikalien reagiert das Wasser neutral und hat eine Gesamthärte von 2,8 deutschen Härtegraden. Die Eisensalze werden bei diesem Verfahren vollständig ausgeschieden. und zwar als Eisenhydroxyd, das gleichfalls bei der Filtration zurückgehalten wird. Die Zumessung der chemischen Lösungen wird automatisch vom Zufluß des Rohwassers geregelt. Die Einrichtung des Apparates ist aus der Abb. 99 ersichtlich. Im höchsten Punkte befindet sich ein zylindrisches Gefäß, welches das zufließende Wasser zuerst aufnimmt, um es über das Wehr zu leiten, wobei es durch einen Stromteiler in zwei Ströme zerlegt wird; der eine Strom geht zum Vorwärmer, der andere zum Kalkwassersättiger. Diese Teilung des Wasserstromes entspricht genau dem Verhältnis, in dem nach der

Wasseranalyse die Menge des nötigen Kalkwassers zur Menge des Rohwassers steht, und dieses Verhältnis bleibt nach der einmaligen Einstellung konstant, solange das Rohwasser seine Zusammensetzung nicht ändert.

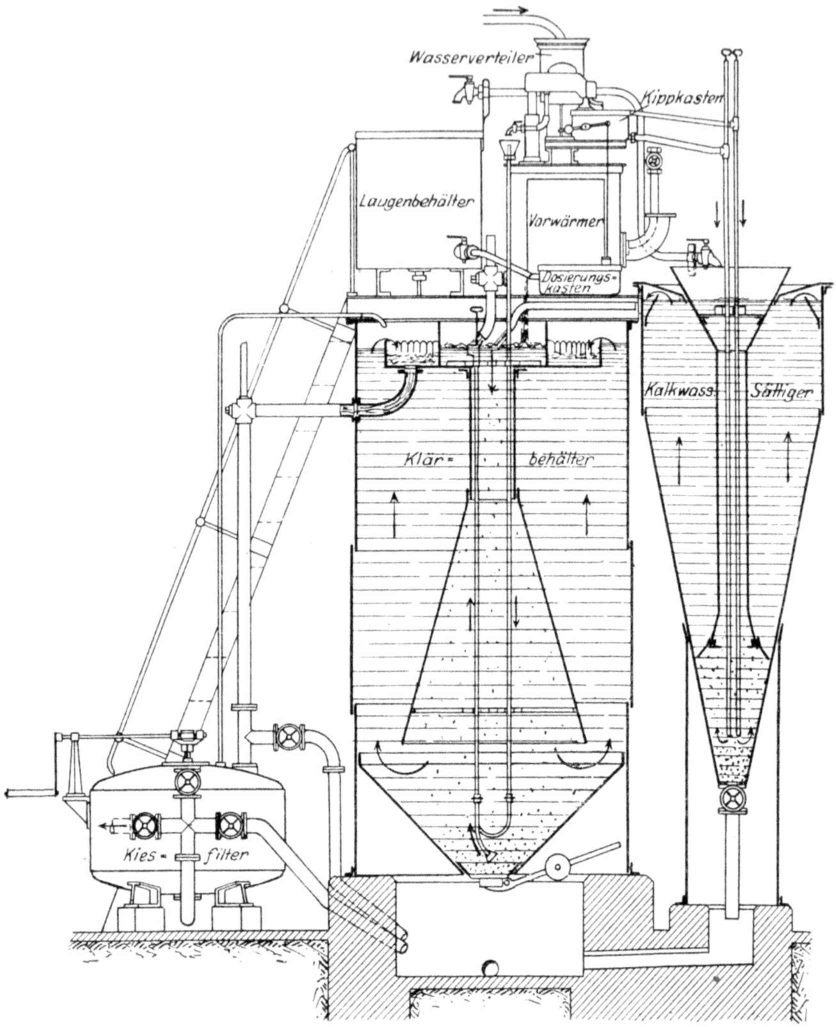

Abb. 99.

Der zur Bereitung des Kalkwassers bestimmte Wasserstrom wird durch einen zweiten Stromteiler nochmals in zwei Ströme zerlegt, von denen der eine geradenwegs in den Kalkwassersättiger abfließt, der andere aber zunächst noch einen Kippkasten betätigt, der in der Minute etwa fünfmal gefüllt wird, ausgießt und sich wieder aufrichtet. Das Wasser aus dem Kippkasten fließt ebenfalls dem Kalkwassersättiger zu. Dieser Kippkasten hat den doppelten Zweck, einmal beim Ausgießen jedesmal etwas Luft mit in den Kalkwassersättiger hinunterzureißen und andernteils bei jedem Hube einen Schöpfbecher voll Sodalauge aus dem Dosierungskasten zu entnehmen und in den Mischraum abfließen zu lassen.

Der Kalkwassersättiger ist ein an der Seite des Klärbehälters aufgehängtes zylindrisches Gefäß mit spitzem Boden, an dessen oberem Rande sich ein Überlaufrohr für den Abfluß des fertigen Kalkwassers befindet. Der Kalk wird täglich einmal in gelöschtem Zustande eingefüllt; er würde zu Boden sinken und das Wasser würde ihn nicht genügend auslaugen können, wenn nicht die durch das Kippkastenwasser mit hinuntergerissene Luft, die in lebhaft sich bewegenden Blasen wieder in die Höhe steigt, den Kalk immer wieder aufrührte, so daß er innig mit dem Wasser in Berührung kommt und seinen Ätzkalk an das Wasser abgeben kann. Das Kalkwasser zeigt deshalb bis zum Ende jeder Betriebsperiode eine gleichmäßige Sättigung mit Kalk, die bei einem Gehalt von ca. 1,25 g im Liter ihre natürliche Grenze hat. Es ist ein großer Vorzug dieser Einrichtung, daß der Zweck erreicht wird, ohne daß man mechanische Rührwerke anzuwenden braucht, die Kraft verbrauchen und leicht versagen.

Die aufsteigenden Lufblasen werden, nachdem sie ihren Zweck erfüllt haben, von einem Trichter aufgefangen und durch das Mittelrohr abgeführt; das Kalkwasser steigt langsam nach oben und klärt sich dabei, indem der Kalkschlamm wieder nach unten sinkt, um immer wieder bis zur vollkommenen Auslaugung mit dem zufließenden Wasser in Berührung zu kommen.

Jeden Morgen vor Beginn des Betriebes wird der ausgelaugte Kalk abgelassen und neuer Kalk nachgefüllt. Es ist vorteilhaft, möglichst frisch gebrannten Weißkalk zu verwenden, da solcher den größten Gehalt an Ätzkalk hat, und ihn gleich in einer Grube abzulöschen, aus welcher dann der tägliche Bedarf entnommen wird.

Der Sodalaugenbehälter wird täglich einmal mit Wasser gefüllt und die für einen Tag nötige Menge kalzinierte Soda darin aufgelöst. Ist das Rohwasser kalt, empfiehlt es sich, die Soda vorher in warmem Wasser zu lösen, um das lange Umrühren zu vermeiden. Der Behälter ist so groß gewählt, daß der Inhalt für einen ganzen Tag ausreicht. Aus dem Vorratsbehälter fließt die Lösung nach dem danebenstehenden sogenannten Dosierungskasten, in dem ein Schwimmerventil sie immer auf gleicher Höhe hält, und aus diesem Kasten schöpft, wie schon vorstehend erwähnt, der mit dem Kippkasten verbundene Becher bei jedem Hube eine kleine, genau bemessene Menge Lauge und läßt sie nach dem Mischraum abfließen.

In dem Mischraum trifft nun das erwähnte Rohwasser mit den beiden Lösungen in genau abgestimmtem Verhältnis zusammen, und es erfolgt sofort die chemische Umsetzung der gelösten Kesselsteinbildner in unlösliche Salze, wodurch das Wasser sich trübt, und die Niederschläge sich zu mehr oder weniger großen Flocken zusammenballen. Je größer die Flocken werden, desto schneller sinken sie zu Boden; stark magnesiahaltiges Wasser pflegt sich am langsamsten zu klären.

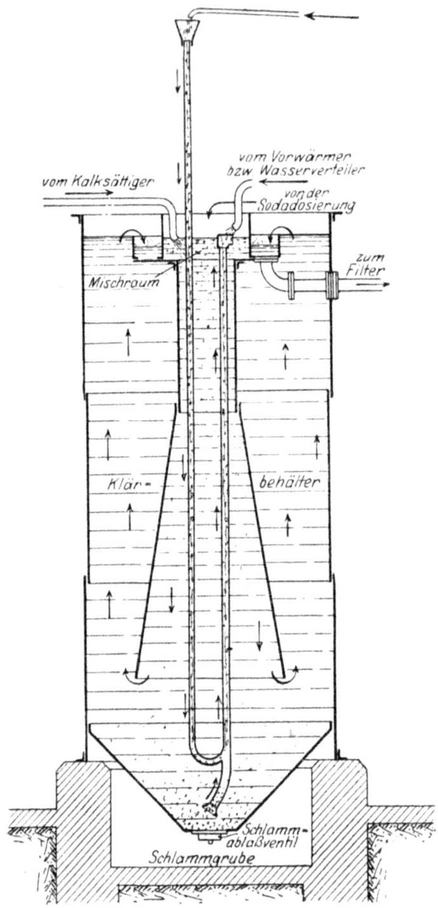

Abb. 100.

Eine Vervollkommnung des Verfahrens ist durch den in Abb. 100 dargestellten Apparat erreicht worden. Durch beständige Zuführung kristallinischen Kalkes aus dem unteren Konus des Klärbehälters in die obere Mischschale, in welcher sich die Chemikalien mit dem Rohwasser mischen, wird eine Beschleunigung der Reaktion und dadurch eine weitergehende Enthärtung und eine schnellere Schlammsedimentierung erreicht. Die Vorrichtung arbeitet nach dem Prinzip der Mammutpumpe, ohne besondere Kosten oder Kraft zu beanspruchen.

Das trübe Wasser fließt nun durch einen Trichter des Klärbehälters in dessen tiefsten Teil, kehrt dann um und zieht in dem äußeren Ringraum wieder nach oben, wobei die Geschwindigkeit immer geringer wird. Da das Wasser sich eine ganze Stunde, unter Umständen auch länger, in diesem Raum aufhält, so findet der schwerere Schlamm Zeit genug, zu Boden zu sinken und sich über dem im tiefsten Punkte befindlichen Ablaßventil abzulagern, wo er täglich durch Ablassen entfernt werden kann.

Aus dem Klärbehälter gelangt das Wasser nach dem Feinkiesfilter, um noch die letzten Spuren von Niederschlägen abzugeben. Es ist von großem Vorteil, den Apparat mit einem solchen selbständigen, sicher wirkenden Filter zu versehen, da die meisten Wässer sehr feinkörnige Ausscheidungen haben und sich schwer klären.

Der Einbau von Kies- oder Holzwollschichten in den Klärbehälter ist zwar eine billigere Einrichtung, aber die Leistung ist immer mangelhaft, weil das zur Aufnahmefähigkeit eines Filters unbedingt nötige regelmäßige Waschen des Filtermaterials schwierig und zeitraubend ist und wegen der Unzulänglichkeit nicht kontrolliert werden kann. Das Filtermaterial muß zwecks Reinigung herausgenommen werden, eine schmutzige Arbeit, der sich das Bedienungspersonal nur ungern unterzieht und gewöhnlich erst dann, wenn es durchaus nicht anders geht.

Der Enteisenungsapparat Breda. Die Enteisenung geschieht hier in einem geschlossenen Behälter, der gewissermaßen eine verbreiterte Rohrleitung darstellt. Bevor das Wasser durch die Apparate hindurchtritt, erhält es mittels eines Luftkompressors die erforderliche Menge Luftsauerstoff, die den chemischen Eisenausscheidungsprozeß zu bewirken imstande ist. Das sich ausscheidende Eisen lagert sich in den Füllstoffen der Behälter ab, das Wasser verläßt klar, farblos und eisenfrei die Apparate. Die geschlossenen Enteisenungsapparate, deren schematische Darstellung Abb. 101 zeigt, werden in die Druckleitung der Wasserpumpe eingeschaltet, welche das Wasser aus dem Brunnen hebt und auf den Hochbehälter oder in das Verteilungsnetz drückt. Sie stehen also unter dem Druck, der in der Wasserleitung herrscht und müssen dementsprechend stark ausgeführt werden.

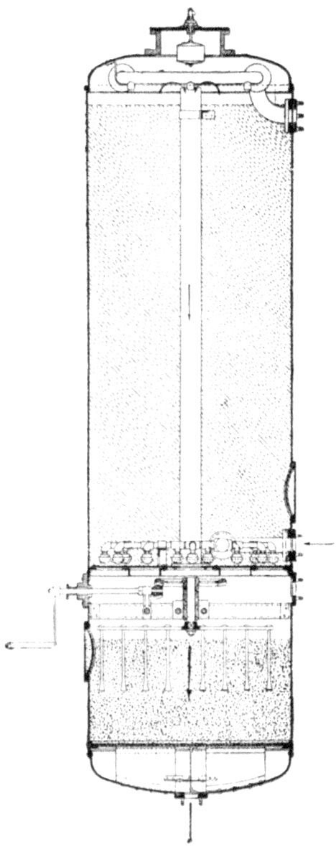
Abb. 101.

Die Luft wird mittels eines Luftkompressors in das Rohr hineingepumpt, durch welches das Wasser in den Apparat eintritt, und Wasser und Luft gelangen dann zunächst in einen Mischtopf, in dem Düsen und Stoßplatten angebracht sind, um eine ausgiebige Durchwirbelung und Vermischung zu erzielen. Darauf tritt das Gemisch in den großen Behälter, welcher in seinem oberen Teil mit einer Masse gefüllt ist, die einen besonderen Bestandteil des Verfahrens bildet. Die Masse hat die Eigenschaft, durchaus steril und, weil anorganischer Natur, niemals fäulnisfähig zu sein. Sie ist ferner sehr porös und scharfkantig, so daß sie dem Wasser viel Fläche bietet und eine kräftige Oberflächenwirkung ausübt.

Durch diese Masse zieht das Gemisch von Wasser und Luft langsam hindurch von unten nach oben. Oben trennt die Luft sich vom Wasser und entweicht durch ein selbsttätiges Ventil ins Freie, und das Wasser zieht durch das zentrale Rohr nach unten, um das im unteren Teil befindliche mit scharfkantigem Quarzkies beschickte Filter ebenfalls von unten nach oben zu durchdringen und den Eisenschlamm auf diesem zurückzulassen. Ein solches Filter bietet den Vorteil, mit einem mechanischen Rührwerk zum Waschen versehen zu sein, wodurch die Arbeit des Reinigens abgekürzt wird. Der Eisenschlamm lagert sich teils im Kontaktbehälter und teils im Filter ab; beide müssen von Zeit zu Zeit gereinigt werden, was jedoch nur durch Spülung geschieht, eine Auswechselung der Füllstoffe ist niemals nötig, weil keinerlei Abnutzung eintritt.

System Reisert. Der Wasserreinigungsapparat System „Reisert" nach dem Kalksodaverfahren besteht aus einem Klärbehälter mit eingebautem Kiesfilter, einem konischen Kalkwassersättiger und einem Hochbehälter. Dieser Hochbehälter ist mittels U-Eisenstützen auf dem Klärbehälter befestigt und besteht aus mehreren Abteilungen, von denen eine zur Aufnahme des Rohwassers, eine zur Herstellung der Sodalauge und eine zum Löschen des Kalkes dient. Der abgelöschte Kalk wird aus dieser Abteilung direkt durch ein Rohr, welches am oberen Ende mit einem Trichter versehen ist, in den Kalkwassersättiger abgelassen. Die Verteilung des Rohwassers nach dem Kalkwassersättiger und dem Klärbehälter und der Sodadosierung erfolgt mittelst Mikrometerventilen, welche von Hand aus auf die bestimmte Leistung eingestellt werden. Aus der Sodalaugenabteilung fließt die Sodalösung kontinuierlich in einen Dosierungsbehälter, in welchem sie mittels einer Schwimmerabsperrung stets auf gleicher Höhe gehalten wird. Die Dosierung der Sodalauge selbst geschieht mittels eines Syphonröhrchens, welches in einer Etage mit einem Schwimmer, der sich in der Rohwasserabteilung befindet, verbunden ist und welcher je nach dem Stand des Rohwassers mehr oder weniger in das Dosierungsgefäß eintaucht; dadurch wird der Ausfluß aus dem Syphon der zufließenden Rohwassermenge entsprechend vermehrt oder vermindert. Das gesättigte Kalkwasser aus dem Kalkwassersättiger, ferner die Sodalauge und das Rohwasser fließen in ein Mischrohr und treten durch dasselbe in den unteren Teil des Klärbehälters ein. In diesem Klärbehälter steigt nun das Wasser nach oben, wobei sich die Ausscheidung der Härtebildner vollzieht, und fällt durch ein Rohr, welches bis an diese Oberfläche reicht, auf das unter dem Klärraum eingebaute Kiesfilter, durchstreicht die Kiesschicht von oben nach unten und geht als Reinwasser durch den Reinwasserabfluß ab.

Das Spülen des Filters erfolgt bei „Reisert" mittelst Luft, welche mit einem Dampfstrahlapparat unter das Filter eingeblasen wird und das Filtermaterial anhebt, während das nachströmende Spülwasser die losgeriebene Schlammdecke durch den Schlammablaß abführt. Zum Spülen wird gewöhnlich eine besondere Spülleitung im Filter vorgesehen; doch ist auch bei diesen Apparaten, falls kein höherliegender Spülwasserbehälter vorhanden ist, die Einrichtung getroffen, daß das Rohwasser aus der Rohwasserkammer zum Spülen des Filters verwendet werden kann. Das Filtermaterial besteht aus Kies von $1^1/_2$ bis 2 mm Körnung und ist zwischen zwei gelochte Siebböden, zwischen welche Messinggaze eingespannt ist, gelagert. Für die richtige Verteilung der Luft ist unter dem Filter an den Dampfstrahlapparat anschließend ein Luftrohrsystem eingebaut. Der Apparat arbeitet ebenfalls automatisch, nur muß bei Beginn der Inbetriebsetzung das Syphonröhrchen mittelst eines Schlauches luftleer gesaugt werden.

Abb. 102 zeigt die Ausführung eines „Permutit"-Wasserweichmach-Apparates. Der Permutit, der, wie oben ausgeführt wurde, ein künstlicher Zeolith ist, erfüllt den zylindrischen Behälter bis zu der in der Abbildung kenntlich gemachten Höhe in Form von kleinen Körnchen. Das harte Wasser wird von unten durch die Permutitschicht gedrückt und tritt, nachdem es durch ein Filter gegangen ist, am oberen Teile des Apparates aus.

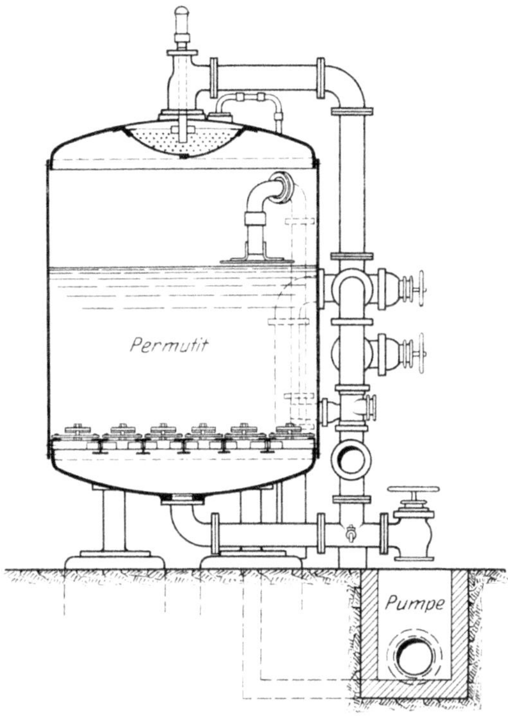

Abb. 102.

Die Arbeitsweise besteht einfach darin, daß man die Menge Wasser auf die bestimmte Menge Permutit einstellt und das Filter so einrichtet, daß es eine Tagesleistung aufnehmen kann. Der Permutit wird durch Ersatz der Natronbase wieder vollständig auf die ursprüngliche Wirksamkeit gebracht, welche er beim Weichmachen des Wassers abgegeben hatte, indem man eine Lösung von gewöhnlichem Kochsalz durch das Filter schickt. Hierdurch wird der gebildete Kalzium-Magnesiumpermutit wieder in wirksamen Natriumpermutit zurückverwandelt, der nun zu neuer Arbeit für eine weitere Menge Wasser verwendet werden kann.

Der Vorteil des Verfahrens ist darin zu sehen, daß kein fester Niederschlag gebildet wird und daß der Apparat immer wieder von neuem ohne nennenswerten Verbrauch von Permutit benutzt werden kann.

Der Nachteil des Verfahrens im Vergleich zur Kalk-Soda-Behandlung besteht, vom Standpunkt der Färberei aus betrachtet, darin, daß das Wasser durch Natriumkarbonat leicht alkalisch ist. Die Stärke der Alkalinität hängt von der Größe der Härte ab, welche das unbehandelte Wasser ursprünglich aufweist.

Neunzehnter Abschnitt.

Pigmentfärbung und Zurichtung.

Während der letzten sieben oder acht Jahre hat die Anwendung mineralischer Pigmente in der Lederfärberei eine erhebliche Bedeutung gewonnen. Eines der allerfrühesten Verfahren, Leder zu färben, war eben dieses mit Hilfe von Pigmenten. Die Ausführung bestand ganz allgemein darin, daß man durch Umsetzung zweier salzartiger Verbindungen das Pigment sich auf der Lederfaser als Niederschlag des Metallsalzes bilden ließ. Preußisch Blau wurde beispielsweise hergestellt, indem man das Leder erst mit einer Lösung von Kaliumferrozyanid (gelbem Blutlaugensalz) und dann mit der Lösung eines Eisensalzes behandelte und auf diese Weise das bekannte Preußisch Blau als Niederschlag auf der Faser erhielt. Durch Behandlung des Leders mit einem Bleisalz und darauffolgende Behandlung mit Schwefelwasserstoff, den man aus Arsensulfid durch Ansäuern gewann, stellte man ein Braun dar. In ähnlicher Weise wurde ein Gelb gefärbt durch Behandlung des Leders mit einem Bleisalz und darauffolgende Umsetzung mit Natrium- oder Kaliumchromat, wodurch das gelbe Bleichromat gebildet wurde.

Die heutige Art mit Pigmenten zu arbeiten, besteht in der Anwendung ausgewählter mineralischer Erden entweder in trocknem Zustande oder in Form äußerst feiner Suspensionen (in denjenigen Fällen, in denen die Leder als Schweden oder Nappa zugerichtet werden) oder abwechselnd, wobei man das Pigment dem teilweise erschöpften Farbbade zusetzt. Bei diesen Anwendungsarten ist der erstrebte Zweck Gleichmäßigkeit und Fülle der Farbe beim zugerichteten Leder, wie sie ohne Verwendung von Pigmenten nur schwer zu erreichen ist.

Wichtiger noch ist die Verwendung der Pigmente beim Zurichten von genarbtem Leder, wenn man die Absicht hat, die Farbe möglichst vollständig auszugleichen und eine Einheitlichkeit und Klarheit der Schattierung zu bekommen, wie man sie eben nur durch Zuhilfenahme von Pigmenten erreichen kann. Das Verfahren heißt jetzt ganz allgemein Pigmentieren oder Pigmentzurichtung. Pigmentappreturen werden hergestellt durch Mischung geeigneter mineralischer Erdkörper; sie werden bis zu solchem Feinheitsgrade gemahlen, daß sie in der Appretur eine möglichst vollkommene Suspension darstellen.

Solche Pigmentappreturen sind ihrer Natur nach Wasserfarben und sind in ihrer Zusammensetzung den gewöhnlichen in der Dekorationsmalerei verwendeten Farben praktisch ähnlich, nur daß in diesen das Öl und Terpentin, welche als Suspensionsmittel für die mineralischen Pigmente oder für die Teerfarbenlacke gebraucht werden, durch eine wäßrige Lösung ersetzt sind, in welcher ein geeignetes kolloidales Mittel gelöst ist, um als Haftmittel zu dienen und um die schweren Pigmente in der Suspension in der Schwebe zu halten.

Die Anwendung dieser Pigmentzurichtung war eigentlich ein Notbehelf, zu dem die amerikanischen Lederfabrikanten greifen mußten, weil sie nicht hinreichend Teerfarbstoffe bekommen konnten.

Anfänglich war bei der Anwendung dieses Pigmentverfahrens das Leder tatsächlich vollkommen gefärbt durch eine Decke von Wasserfarben. Um eine so gleichmäßige Färbung zu erreichen, wie sie beabsichtigt war, mußte man eine ganz beträchtliche Menge vom Pigment verwenden und dadurch bekam das Leder ein unnatürliches, angemaltes Aussehen; und es war daher beinahe schwierig, wenn ein Gegenstand daraus hergestellt war, zu erkennen, ob es wirkliches Leder oder Kunstleder war. Die wesentliche und kennzeichnende Schönheit der natürlichen genarbten Oberfläche war vollkommen durch das Pigment verdeckt.

Später fand man dann, daß eine verhältnismäßige geringe Menge derartiger Pigmente in Mischung mit der Lösung der Teerfarbstoffe mit befriedigendem Erfolge verwendet werden kann, um Ledern, die schon mit Teerfarbstoffen gefärbt sind, eine Decke zu geben, oder sie geflammt zu überfärben, ohne daß sie ihre wesentlichen Merkmale verlieren; man gewann dabei außerdem den Vorteil, daß die Färbung gleichmäßiger und damit das Ergebnis der Zurichtung besser wurde. In dieser Art angewandt bietet die Pigmentzurichtung einen erheblichen wirtschaftlichen Vorteil. Denn sie ermöglicht eine viel größere Gleichmäßigkeit der Fabrikation hinsichtlich der Ausgeglichenheit der Farben zwischen den einzelnen Stücken einer Partie. Dieser Erfolg geht jetzt praktisch so weit, daß es für den Zuschneider in der Schuhfabrikation nahezu unnötig geworden, die einzelnen Teile der Leder, welche das Blatt für den Schuh oder Stiefel geben sollen, nach der Farbe zusammenzupassen, damit der fertige Schuh oder Stiefel gleichmäßig ausfällt. Bevor das Pigmentverfahren allgemein gebräuchlich war, ist dieses Zusammenpassen der in bisher üblicher Weise gefärbten Leder durchaus eine Notwendigkeit gewesen, die eine außergewöhnliche Fähigkeit voraussetzte und einen beträchtlichen Aufwand an Zeit erforderte. Bei den modern zugerichteten Ledern ist die Farbe durch die ganze Partie der Leder hindurch so gleichmäßig, daß sie fast unterschiedslos zugeschnitten werden kann und dabei ein vorhergehendes Zusammenpassen überflüssig ist.

Nicht nur beim Färben von Schuhoberleder, sondern auch in anderen Zweigen der Lederfärberei hat sich das Verfahren des Pigmentierens eingebürgert. Beim Zurichten von Ledern für Galanteriewaren ist jetzt allgemein üblich, bestimmte Mengen von Pigmentfarben mit zu verwenden.

Handelt es sich um die Zurichtung von Ledern mit schadhaftem Narben oder um die Fabrikation geringwertiger Ledersorten, so hat das fertig zugerichtete Fabrikat ein viel besseres Ansehen, wenn mit Pigmenten gearbeitet wurde; da die Färbung viel gleichmäßiger und die Schadhaftigkeit nicht mehr sichtbar ist, so ist jetzt die Möglichkeit gegeben, Leder von untergeordneter Beschaffenheit, welches man früher notwendigerweise nur in sehr dunklen Farben oder in Schwarz aufarbeiten konnte, auch in helleren Farbtönen zuzurichten.

Die einwandfreie Herstellung brauchbarer Pigmentappreturen ist nicht leicht. Die gebräuchlichsten Erdfarbenpigmente sind für Braun: Ocker, Umbra und Sienna. Andere Erdfarbenpigmente sind Vandyke-Braun, Indisch-Rot, Roter Ocker, Zinnober, Zinkgrün, Preußisch-Blau, Kobaltblau usw., also diejenigen Erdfarben, welche allgemein bei der Fabrikation von Maler- und Anstrichfarben verwendet werden. Zu diesen kommen noch die weißen Pigmente, wie Zinkweiß, Chinaclay, Kreide, Schwerspat u. a., welche durch Zugabe geeigneter Teerfarbstoffe auf lichte Farbtöne umgestellt werden, wie Schattierungen von Grau, Elfenbeinfarbe, Beige, Mausgrau, Rosa, Hellblau u. a.

Auch die Teerfarbstofflacke werden bei der Herstellung von Pigmentappreturen verwendet, und zwar sowohl allein für sich wie in Mischung mit Mineralfarben. Solche Lacke sind beispielsweise Karminlack, Scharlachlack u. a.; sie werden hergestellt durch Niederschlagen der geeigneten Teerfarbstoffe mit Aluminium, Blei und anderen Metallsalzen, nachfolgendes Waschen, Trocknen und Vermahlen. Sie werden im allgemeinen benutzt, um sehr leuchtende Farbtöne herzustellen, die man mit den Erdfarben gewöhnlich nicht bekommen kann.

Bei der Herstellung der Pigmentappreturen ist das Pigment, wie schon oben gesagt wurde, in Suspension in einem geeigneten Mittel. In den käuflichen Appreturen ist dieses suspendierende Mittel sehr verschieden; aber meist besteht es aus einer alkalischen Lösung von Kasein oder Schellack oder aus einer Mischung dieser beiden in wechselnden Mengenverhältnissen; oder aber es ist Eiweiß oder Wachs oder Kasein oder Wachs- und Schellackemulsionen.

Eine der wesentlichsten Schwierigkeiten bei der Herstellung geeigneter Pigmentappreturen ist das Mahlen der Erdfarben. Die zur Verfügung stehenden käuflichen Pigmente sind vorwiegend für eine Verwendung als Anstrichfarben hergestellt, und hier ist eine allerfeinste Vermahlung nicht so von ausschlaggebender Bedeutung wie bei den Appreturen für Leder, weil bei den letzten die aufgetragene Farbhaut erheblich dünner ist. Es ist deshalb im allgemeinen praktisch für den Lederzurichter nicht ratsam, sich seine Appretur selbst zu machen, indem er käufliche Erdfarben nimmt und sie mit einem geeigneten Suspensionsmittel mischt, wie z. B. eine Lösung von Kasein in Borax. Mit einer solchen Mischung würde man eine sandige, nichthaftende Decke bekommen, welche beim Reiben leicht vom Leder abgewischt wird, es sei denn, man trägt sie derart dick auf, daß man statt einer Färbung einen Anstrich erhält.

Deshalb ist es sehr wesentlich, daß die käuflichen Erdfarben besonders fein nachgemahlen werden, um für diesen Zweck verwendet werden zu können. Gewöhnlich verfährt man dabei so, daß das angefeuchtete Pigment in irgendeiner geeigneten Art von Mühlen verrieben wird. Dies Verreiben wird sehr wirksam verstärkt, wenn man nach dem Anfeuchten die Pigmentfarbe mit der Mischung eines geeigneten löslichen Öles und Wasser weiter durchmahlt, und zwar so lange, bis der gewünschte Feinheitsgrad erreicht ist. Die durchgemahlene Pigmentfarbe muß dann in irgendeinem Verhältnis mit Wasser vorübergehend eine Emulsion geben. Man kann jede vorhandene Art von Pulvermühle oder Drogenmühle verwenden; aber am besten eignet sich die Plausenmühle für diesen Zweck. Diese Mühle arbeitet mit außerordentlicher Geschwindigkeit und Vollkommenheit; sie gibt ein feineres Mahlgut als irgendeine andere und liefert mit den meisten Pigmenten kolloidale Lösungen.

Bei der Auswahl der Pigmente muß sorgfältig darauf geachtet werden, daß man nur diejenigen verwendet, welche so leicht wie möglich sind. Denn wenn die Appretur fertig ist, so ist es natürlich von sehr großer Bedeutung, daß das Pigment sich nicht zu schnell aus der Suspension absetzt, da ja hierdurch die Gleichmäßigkeit gestört und ein ungleichmäßiges Farbergebnis verursacht werden würde.

Die für den Gebrauch ideale Pigmentappretur ist eine solche, bei welcher das Pigment in einem hinreichend feinen Verteilungszustand und dabei von so leichtem Gewicht ist, um noch eine lange Zeit im suspendierten Zustand zu verbleiben, wenn die Mischung mit Wasser oder Farbstofflösung verdünnt ist. Außerdem muß die Pigmentfarbe natürlich gute Deckkraft besitzen, damit sie in einer sehr dünnen Schicht verwendet werden kann und nicht etwa den natürlichen kennzeichnenden Narben des Leders verbirgt.

Die Mittel, welche gewöhnlich bei der Herstellung von Pigmentappreturen angewendet werden, sind alkalische Lösungen von Kasein und Schellack, zu denen in gewissen Fällen eine Lösung von Gummi, wie z. B. Gummi arabicum oder Wachholderharz, hinzugesetzt wird. Einige käufliche Pigmentappreturen enthalten auch Wachs in einer feinen Emulsion in Seifenlösung. Andere werden hergestellt mit Hilfe von Nitrozellulose, die in den üblichen Lösungsmitteln wie Amylazetat, Azeton usw. gelöst ist. Die letzte Appreturart ist wasserdicht und ihrer Natur nach mehr lackartig.

Außer den genannten Verfahren gibt es auch noch solche, welche als Bindemittel Leinölfirnisse, alkoholische Lösungen von Schellack oder Kopalharzen, zugleich auch mit Lösungen von Nitrozellulose verwenden, um bei der Fabrikation von Lackledern die Farbwirkung hervorzurufen.

Beim Arbeiten mit wäßrigen Pigmentappreturen, die ja am häufigsten im werktätigen Betriebe bei der Zurichtung angewendet werden, ist die Erfüllung der nachgenannten Forderungen durch die Appretur von wesentlicher Bedeutung:

1. Sie muß gute Deckkraft haben.

2. Sie muß vollkommen glatt sein.

3. Die Decke, welche auf dem Leder nach dem Trocknen gebildet ist, muß genügend geschmeidig sein, daß sie nicht dazu neigt, zu reißen oder abzuplatzen, wenn das Leder gestollt oder gespannt wird.

4. Die Farbe muß genügend tief eindringen, um hinreichend fest am Leder zu haften und nicht beim Trocknen abgeblasen zu werden.

5. Das Suspensions- oder Bindemittel, mit dem die Pigmente gemischt waren, muß genügend haften und dabei doch geschmeidig sein, damit die Decke, welche nach dem Trocknen des Leders hinterbleibt, das Leder nicht rauh oder hart macht, sondern die Zurichtung ihm vielmehr die gewünschte Weichheit und Fülle des Griffes verleiht.

Wie schon oben gesagt, ist Kasein allein oder in Mischung mit Schellack das am meisten angewendete Bindemittel. Die Geschmeidigkeit der Decke, welche diese Stoffe hinterlassen, kann durch Zugabe geringer Mengen von Glyzerin, Glukose oder anderen wasseranziehenden und nicht kristallisierenden Substanzen erhöht werden. Ein weicherer Griff kann dem Leder gegeben werden durch Zusatz einer Lösung von Wachs in einer neutralen Seifenlösung. Dieses ist indessen — wenigstens in nennenswertem Maße — nicht möglich, wenn das Leder nachträglich noch geglänzt oder wenn es der Hitze ausgesetzt werden soll, wie beispielsweise beim Pressen, Glänzen oder Plätten.

Die Verfahren der Zurichtung mit Pigmenten sind natürlich in ihrer Arbeitsweise verschieden entsprechend der Lederart, welche zugerichtet werden soll. Indessen kann gesagt werden, daß es überall, wo es möglich ist, von Vorteil ist, die Narbenfläche des Leders vor dem Appretieren leicht abzubuffen. Dieses Abbuffen hat hier zweierlei Zweck, bzw. Wirkung. Einmal ermöglicht es der Appretur, besser am Leder zu haften, da ihr eine viel größere Anzahl feiner Fasern geboten wird, um sich an ihnen mit dem Leder zu verankern; dann aber entfernt das Abbuffen auch Kratzer und andere leichte Narbenschäden, zu deren Bedeckung sonst eine Schicht von viel dunkelerer Masse oder Appretur verwendet werden müßte, um sie auf dem zugerichteten Leder weniger sichtbar erkenntlich zu machen.

Nachdem die Leder gefärbt und abgebufft oder abgebufft und gefärbt und gestoßen sind, bekommen sie eine Decke mit einer Mischung aus einer geeigneten Farbstofflösung und der Pigmentappretur.

Die Mengenverhältnisse an Pigmentappretur, Farbstoff und Wasser, die dazu genommen werden, schwanken natürlich erheblich und richten sich ganz nach dem erstrebten Zweck, und ebenso hängt hiervon die Konzentration und Zusammensetzung der Pigmentappretur ab. Man kann indessen im allgemeinen sagen, daß die Mischung für die erste Decke 5—10 vH an Pigmentappretur enthält. Gewöhnlich wird dann eine zweite Decke gegeben und oftmals noch eine dritte; es hängt dies natürlich von dem Gehalt der Mischung an Pigment und an Farbstoff ab. Mitunter weicht die Arbeitsweise auch noch insofern ab, als die

Mengen an Suspension- oder Bindemittel bei der zweiten und dritten Decke erhöht werden.

Gewöhnlich wird bei diesen Arbeitsgängen die Appretur mit einer weichhaarigen Bürste aufgetragen, wobei durch jeden Arbeitsgang eine möglichst dünne Deckschicht gegeben wird. Mitunter bietet es einen Vorteil, das Leder nach dem Trocknen mit einer Pendelmaschine zu glasen oder es unter ebenen Platten auf der Presse zwischen den einzelnen Strichen zu plätten, oder aber auch es gegebenenfalls zu krispeln.

Bei Spalten, ostindischen Schafsfellen, chromgaren Schafledern für Automobilbekleidung und Ziegenfellen, die auf festen Narben oder Chagrin zugerichtet werden, erzielt man gewöhnliche bessere Ergebnisse, wenn man das Spritzverfahren anwendet, da es eine gleichmäßigere und bessere Verteilung ergibt, als sie bei der alten Arbeitsweise von Hand möglich ist, und da es natürlich auch noch schneller arbeiten läßt.

Pigmentfärben von schwedischem oder Sammetleder.

Die Anwendung der Pigmente zum Ausgleichen der Färbung wird auch bei Schweden oder Sammetleder jetzt weitgehend geübt. Die Pigmente werden gewonnen, indem Chinaclay, Kaolin, Kreide mit Teerfarbstoffen gefärbt werden, bis ein Pigment von hinreichender Farbstärke vorliegt; oder natürliche Erdfarben wie Ocker, Umbra usw. werden zu diesem Zwecke genommen.

Das Verfahren, gefärbte oder farbige Pigmente gemeinsam mit den Farbstoffen zum Färben derartiger Leder zu verwenden, läßt sich deutlich in der größeren Ausgeglichenheit der Töne und der verbesserten Gleichförmigkeit der Färbung erkennen. Ein weiterer Vorteil, den dieses Verfahren mit sich bringt, ist, daß ein besserer Flor oder Schwedeneffekt erzielt wird, wenn die Leder zum Schluß nach dem Färben geschliffen, geschmirgelt oder abgebufft werden. Denn die kleinsten Teilchen des Pigmentes unterstützen die aufrauhende Wirkung des Bims- oder Schleifrades, sei es nun von Karborundum oder Schmirgel.

Bei diesen Ledern verfährt man am besten folgendermaßen: Nachdem die Leder im Faß mit dem Farbstoff eigentlich schon gefärbt sind, gibt man zum Schluß des Arbeitsganges eine kleine Menge des geeigneten Pigmentes in das Faß und läßt dieses noch so lange weiterlaufen, bis das Pigment vom Leder aufgenommen worden ist.

Hierbei empfiehlt es sich wohl für den Fabrikanten am meisten, das besondere Pigment selbst herzustellen, indem er einen feinst gemahlenen Kaolin als Grundstoff nimmt und die Tönung mit Teerfarbstoffen einstellt, indem er einfach den weißen Pigmentstoff mit der geeigneten Teerfarbstofflösung mischt und vor dem Gebrauch trocknet.

Pigmentfärbung von sämisch- und ölgaren Ledern.

Auch bei sämischgaren und Wildledern wie bei allen anderen ölgaren Ledern ist die Färbung mit Pigmentfarben schon lange üblich. Die Aufnahmefähigkeit eines ölgaren Leders für Pigmente ist geradezu erstaunlich. Der Vorteil, den die Pigmentfärberei bei fettgaren Ledern dieser Art mit sich bringt, ist vorwiegend in der Gleichmäßigkeit der Färbung zu erblicken, die bei ausschließlicher Anwendung von Teerfarbstoffen unmöglich erreicht werden kann. Als Pigmente dienen Erdfarben, wie Ocker, Umbra usw. und das Färben geschieht entweder durch unmittelbares Auftragen der Appretur, welche aus einer wäßrigen Suspension des Pigmentes besteht, mit der Bürste oder im Faß. Um die Haftung des Pigmentes am Leder zu verstärken, wird auch hier der Suspension oft ein Zusatz von Pflanzenschleimabkochungen gegeben, wenn man mit der Bürste arbeitet; beim Walken im Faß gibt man das Pigment einfach in das Faß und läßt es so lange laufen, bis das Pigment vollkommen in das Leder eingedrungen ist. Das Leder muß dann genügend gefärbt sein, um nach dem Zurichten und Trocknen den gewünschten klaren und gleichmäßigen Farbton zu haben.

Heute arbeitet man natürlich im allgemeinen lieber nach dem Verfahren im Faß. Indessen kann man dieses in den Fällen nicht anwenden, wo die eine Seite der Oberfläche, Narben oder Fleischseite, ungefärbt sein soll, wie es beispielsweise bei Handschuhledern erforderlich ist. In diesem Falle muß nur diese Seite bearbeitet werden, die zugerichtet werden soll, und das kann nur entweder mit der Bürste oder durch das Spritzverfahren geschehen.

Zurichten der Fleischseiten von schweren Ledern.

Die Pigmente werden ebenfalls beim Zurichten der Fleischseite von manchen schwereren Arten der leichten Leder verwendet, wie Kofferledern, Lederbändern, Gamaschen-, Sattlerleder usw., die häufig mit weißer Fleischseite gefordert werden.

In allen diesen Fällen wird als Pigment Kaolin oder Kreide genommen, welches in Form eines dicken Schleimes mit Isländischem Moos, Leinsamen, Gummitragant oder Stärke aufgetragen werden. Das Pigment wird mit dem Schleim gekocht, bis eine weiße zähe Masse von guter Deckkraft gebildet ist, so daß sie beim Aufbürsten auf die Fleischseite der Leder mit Sicherheit die weiße Fläche ergibt, welche in bestimmten Fällen bei diesen Ledern gefordert wird.

Zwanzigster Abschnitt.

Ausrecken und Ausreckmaschinen.

Nach dem Färben werden die Leder ausgereckt. Der Zweck dieses Arbeitsganges ist ein dreifacher:

1. Es soll die Feuchtigkeit möglichst weitgehend aus den Ledern entfernt werden, um den Trocknungsvorgang zu beschleunigen;

2. es soll der Narben des Leders vollkommen glatt gelegt und alle Falten und Runzeln beseitigt werden;

3. es soll das Leder so weit wie möglich ausgestrichen und auf diese Weise die möglichst große Oberfläche gewonnen und gleichzeitig die Substanz ausgeglichen werden.

Das Ausrecken wird in verschiedenen Zuständen der Zurichtung vorgenommen. Manchmal wird es vor dem Färben oder Bürsten gemacht, manchmal werden die Leder ausgereckt, abgewelkt und wieder ausgereckt — oder ausgesetzt, wie es allgemein genannt wird, wenn die Leder in halbtrocknem Zustande sind — und stets werden sie nach dem Färben ausgestrichen.

Das Ausrecken oder Ausstreichen kann von Hand oder mit Maschine geschehen. Beim Arbeiten von Hand werden die Leder mit einem Schlicker (s. Abb. 44) gewöhnlich auf einem leicht abschüssigen Tische ausgestrichen; die Neigung der Tischplatte geht vom Arbeiter weg und ihr Winkel schwankt im allgemeinen je nach der Art der Leder, welche in Arbeit sind. Die Tischplatte ist gewöhnlich von Holz — Mahagoni ist stets das beste — Schiefer, Glas oder Marmor. Von diesen Werkstoffen ist eigentlich das Glas am meisten zu empfehlen, weil man es wirklich reinhalten kann, ohne ängstlich um ein Angegriffenwerden besorgt sein zu müssen. Aluminium ist zwar ein ganz guter Ersatz, der billiger ist; aber man kann es nur verwenden, wenn die Leder neutral, allenfalls schwach sauer sind. Sind die Leder hingegen auch nur schwach alkalisch, so hält es sich nicht gut, sondern bildet Stippen und andere Korrosionserscheinungen.

Beim Arbeiten von Hand wird allgemein folgendermaßen verfahren: Das Fell wird mit einer Hälfte auf die Platte gelegt, die Rückenlinie parallel zur Tischkante, während die andere Hälfte über die Vorderkante herunterhängt. Mit einem Schlicker aus Messing oder Hartgummi streicht der Arbeiter die überschüssige Feuchtigkeit aus dem Fell heraus, indem er es der Länge nach vom Hals zum Schild und danach vom Rücken nach den Klauen und dem Bauch zu bearbeitet. Nachdem die eine Hälfte in dieser Weise bearbeitet ist, wird das Fell umgedreht und mit der anderen Hälfte in der gleichen Weise verfahren.

Eine gut ausgestrichene Haut muß vollkommen glatt und möglichst weitgehend von dem Überschuß an Feuchtigkeit befreit sein. Mitunter werden die Häute zweimal hintereinander ausgestrichen, indem sie erst auf der Fleischseite bearbeitet, dann umgedreht und nun auf der Narbenseite ausgestrichen werden.

Der Bau einer Maschine, welche das Ausstreichen wirklich befriedigend ausführt und die Handarbeit mit mechanischen Mitteln leistet, ist durchaus keine leichte Aufgabe und erfordert einen beträchtlichen Aufwand erfinderischer Arbeit.

Die Auswaschmaschine von Fitz-Henry oder Jackson (Abb. 46) wird zur Aussetzmaschine, wenn man ihren Werkzeugträger mit Schlikkern an Stelle der Steine ausrüstet. Beim Aussetzen von Blankleder ist diese Maschine von größtem Nutzen, und sie wird vielfach zu diesem Zweck angewendet. Zum Ausstreichen von gefärbten oder durchgefärbten Ledern kann sie indessen nicht genommen werden, da sie durch die immerhin etwas grobe Behandlung, welche die Leder unbedingt auf ihr erfahren, sehr leicht die Oberfläche des Narbens beschädigt.

Eine verhältnismäßig große Anzahl von Maschinen sind erfunden und auf den Markt gebracht worden, und sie wurden auch mit nennenswertem Erfolge zur Ausführung dieses Arbeitsganges verwendet. Einige von ihnen, welche allgemein im werktätigen Gebrauch sind, um die Handarbeit nahezu vollkommen zu ersetzen (mit Ausnahme einiger

Abb. 103.

weniger besonderer Lederarten), sind folgende: Die Vertikal-Tisch-Ausstreichmaschine, die Reihen-Tisch-Maschine, die Trommel-Ausreckmaschine und die Gummirolle.

Die wesentliche Betrachtung, welche dem Arbeitsgang des Ausstreichens zugrunde liegt, ist die, daß das Leder vollkommen glatt gestrichen wird. Der Druck, der ausgeübt wird, soll so weit gehen, daß das Leder auch noch glatt bleibt, wenn der Arbeitsgang beendet ist, und selbst dann noch, wenn es dann schließlich in der Zurichtewerkstatt auf den Tisch gelegt wird. Deshalb leuchtet es ein, daß diejenige Maschine dem Zweck am besten entsprechen wird, welche das Leder tatsächlich auf der Platte oder einem Tisch ausarbeitet.

Eine der ersten Maschinen nach der Fitz-Henry- oder Jackson-Maschine, welche die Arbeit weitgehend erfolgreich ermöglichte, war die Vertikal-Tisch-Ausreck- oder Aussetzmaschine. Abb. 103 und 104 gibt eine Abbildung von diesem Maschinentyp. Die Maschine wurde zuerst von J. W. Vaughn im Jahre 1882 eingeführt (Brit. Pat. Nr. 5936).

Man erkennt aus der Abbildung, daß die Haut über die Kante eines senkrecht stehenden Tisches gelegt und auf Wunsch des bedienenden Arbeiters zwischen zwei mit spiralförmigen Blättern belegten Zylindern hindurchgeführt wird, welche während des Durchganges das Leder flach auf dem Tisch ausstreichen. Nachdem die ganze Haut zwischen den Ausstreichwalzen hindurchgegangen ist, kehrt der Tisch durch Einrücken eines Fußtritthebels in die Ausgangsstellung zurück. Der Teil des Leders, welcher auf der Kante des Tisches liegt, wird auf diese Weise nicht bearbeitet; und es ist daher wesentlich, die Haut nun etwas zu verschieben, so daß auch dieser Teil bei erneutem Durchgang zwischen den Walzen erfaßt wird.

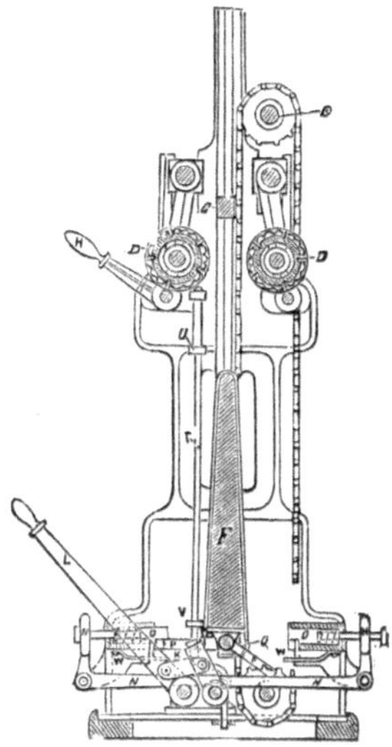

Abb. 104.

Die Maschinen werden gewöhnlich von einem Mann mit einem Jungen als Hilfsarbeiter bedient; der Junge steht hinter der Maschine. Während der Tisch mit dem Fell zwischen den Ausreckwalzen oder Zylindern aufsteigt, führen der bedienende Arbeiter und sein Helfer, erster auf der einen, der Junge auf der anderen Seite des Tisches, das Fell, indem sie die Klauen ergreifen und entsprechend dem fortschreitenden Ausreckprozeß zurechtlegen. Je nach der Fellsorte, die bearbeitet wird, kann eine solche Maschine zwischen 90 und 100 Dutzend Felle im Tag ausrecken.

Abb. 105.

Natürlich war es wünschenswert, daß die Verschiebung des Felles zum Zweck der Rückenbearbeitung automatisch, statt von Hand, bewerkstelligt wurde; auch daß es nicht notwendig sein sollte, den Tisch zu demselben Zweck jedesmal in die Anfangsstellung zurückzubringen. Maschinen, die diese Forderungen erfüllen, sind jetzt auf dem Markt. Eine solche ist in Abb. 105 dargestellt; sie verschiebt gleichzeitig das Fell selbsttätig und reckt das unbearbeitete Rückgrat aus, ohne daß der Tisch zurückkehrt. Zum Ausrecken des Rückgrats ist sie mit einem zweiten Paar Walzen ausgerüstet. Und die Maschine tut noch mehr. Wie aus der Abbildung ersichtlich, hat sie drei Tische, von denen jeder ein Fell trägt, und ihr Weg ist nicht zwischen einem Paar Ausreckzylinder hindurch und dann wieder zurück, sondern kontinuierlich. Ein Fell wird auf einen Tisch gelegt, steigt empor, passiert zwei Walzen, wird automatisch auf seinem Tisch verschoben, nochmals von einem zweiten Zylinderpaar ausgereckt und dann auf die Rückseite der Maschine geführt, wo es abgenommen und durch ein anderes Fell ersetzt wird.

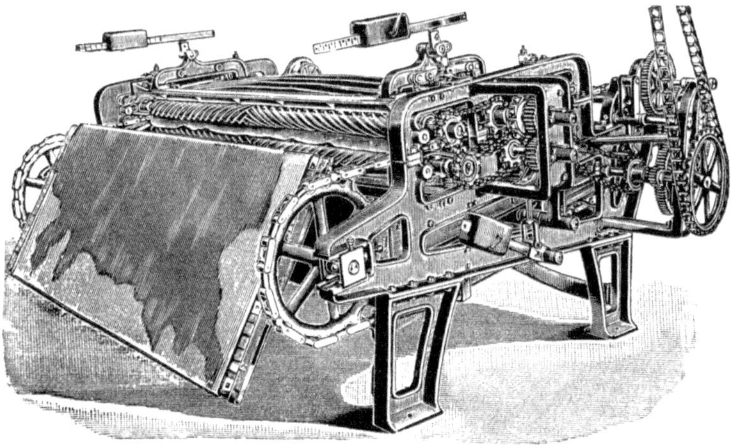

Abb. 106.

Die Leistungsfähigkeit einer Maschine dieser Art ist außerordentlich groß, indem die tägliche Produktion zwischen 150 und 300 Dutzend Felle beträgt. Aber die Maschine hat den Fehler, daß die Felle nicht ganz so vollkommen ausgereckt werden, wie auf der Eintischmaschine; denn es gibt keine Möglichkeit, an die Tische von der Rückseite zu gelangen, während die Felle zwischen den Walzen hindurchgehen, und die Felle können deshalb nicht so zurechtgelegt werden, wie es der Hilfsarbeiter auf der Eintischmaschine tut.

Abb. 106 zeigt eine weitere Maschine, ähnlicher Art wie die vorhergehende, aber mit horizontalem statt mit vertikalem Arbeitsgang. Sie hat fünf Tische. Auch hier ist der Fehler vorhanden, daß das Fell während seines Durchgangs zwischen den Zylindern von der einen Seite unzugänglich bleibt. Die Maschine eignet sich vorzüglich zur Bearbeitung kräftiger Ledersorten, wie Hälften, schwere Kalbfelle und Kipse.

Betrachtet man Abb. 103, so wird man finden, daß die rechts- und linksgängigen Messerspiralen nicht in der Mitte des Zylinders zusammenstoßen, sondern daß die Teilung so angeordnet ist, daß sie einer Linie entspricht, die man sich quer über das Fell, hinter den Vorderklauen, gezogen denkt, d. h. also der eigentlichen Mittellinie des Fells.

Abb. 107 stellt eine ganz andere Gattung von Aussetzmaschinen dar. Die Maschine wurde ursprünglich für das Enthaaren und Entfleischen vor der Gerbung eingeführt, später jedoch mit gutem Erfolg der Ausreckarbeit angepaßt. Ihr auffallendes Merkmal ist die halbzylindrische Trommel, über deren eine Kante das Fell geworfen und durch eine Klemmleiste festgehalten wird. Wenn die Maschine in Bewegung ist, dreht sich die Trommel, und das Fell, das auf deren äußerem Umfang aufliegt, wird unter dem Messerzylinder hindurchgeführt. Die Maschine hat nur diese eine Ausreckwalze. Die eine Hälfte des Felles ist nunmehr ausgereckt. Um die andere Hälfte zu bearbeiten, wird das Fell herumgelegt, so daß die bearbeitete Hälfte über die Kante der Trommel

Abb. 107.

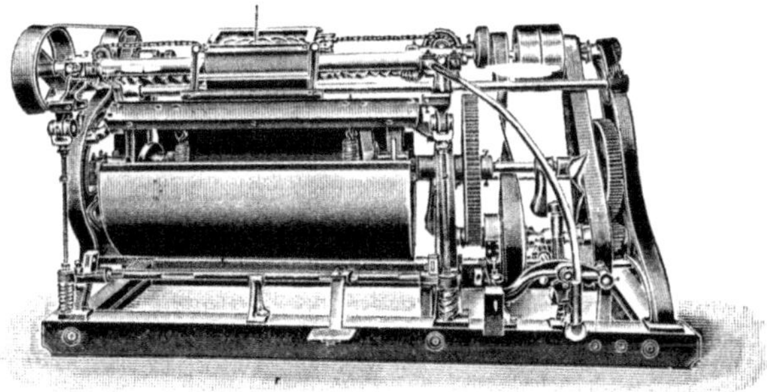

Abb. 108.

in deren Öffnung hineindrängt, und die andere Hälfte wird der Wirkung der Ausreckwalze unterworfen.

Seit die erste Auflage dieses Buches erschienen, kam eine Verbesserung an der Trommelmaschine auf. Dieselbe besteht darin, daß der lange, mit Spiralmessern besetzte Zylinder, durch einen kurzen Zylinder (s. Abb. 108) ersetzt wurde, der die Eigentümlichkeit hat, daß er parallel der Längsachse der Trommel hin- und herverschoben werden kann, während diese sich unter ihm dreht, d. h. während das Leder bearbeitet wird. Der Zylinder trägt die gewöhnlichen Spiralmesser, und die Maschine hat den Vorteil, daß die Mitteilung des Zylinders stets in der Mitte des Arbeitsgutes gehalten werden kann, was besonders

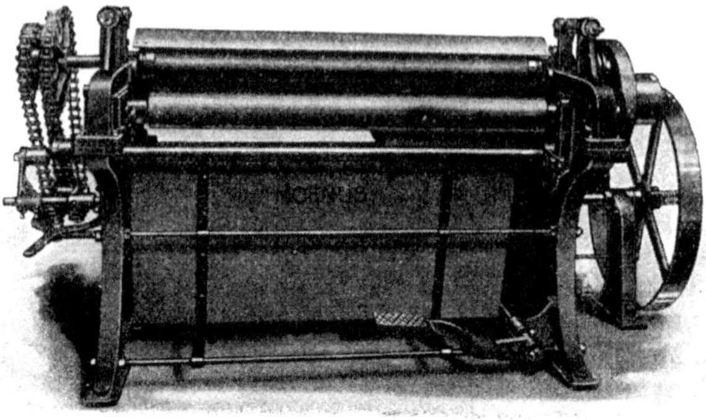

Abb. 109.

in Betracht kommt, wenn unregelmäßig begrenzte und schmale Lederstücke bearbeitet werden, wie z. B. Bäuche und Hälse. Infolgedessen ist der Zug nach jeder Seite von der Mitte aus gleichmäßig, mit dem Resultat, daß das Leder der Breite nach mehr ausgedehnt wird.

Abb. 110.

Die Tagesleistung dieser Maschine ist gering und hält einen Vergleich mit derjenigen der Ausreckmaschine mit vertikalem Tisch nichtaus; sie liefert jedoch hervorragende Arbeit. Von Vorteil ist, daß die Ware dem Arbeiter stets unter Augen ist, und daß er ein Fell nach Wunsch zurechtlegen kann, während es ausgereckt wird. Die Maschine ist sehr brauchbar auf schwere Leder wie Wildhälse, Croupons usw. und besonders dienlich, um gefettete Leder nach dem Schmieren im Faß auszusetzen.

Eine der moderneren Maschinen ist die Gummiwalzen-Ausreckmaschine, welche in den Abb. 109—112 abgebildet ist. Während der Arbeit an dieser Maschine liegt die Haut ebenso über einer Gummiwalze, wie sie bei der Arbeit von Hand über dem Tisch liegt. Die Haut wird der Wirkung eines Spiralmesser-Zylinders durch den Druck eines Fußhebels ausgesetzt, welcher den Kupplungsmechanismus einschaltet; die untere Walze wird gegen die obere Klemmwalze gehoben, während das Leder von dem Spiralzylinder bearbeitet wird, der tatsächlich auf der

Abb. 111.

Kante eines schmalen Tisches arbeitet. Die beiden Walzen halten die Haut fest in ihrer Lage und pressen eine erhebliche Menge Feuchtigkeit aus ihr heraus; sie arbeiten in entgegengesetzter Richtung und bringen die Haut wieder in die Hand des Arbeiters. Nachdem die eine Hälfte der Haut auf diese Weise ausgestrichen ist, läßt ein Tritt auf den Fußhebel die untere Walze in die Ausgangsstellung zurückfallen, und die Arbeit wird mit der anderen Hälfte von neuem begonnen.

Diese Art von Maschinen ist vielleicht diejenige, welche sich am meisten bei der Herstellung leichter Leder eingebürgert hat; sie arbeitet schnell, hat eine beträchtliche Leistungsfähigkeit und beansprucht im Vergleich mit anderen Arten von Ausreckmaschinen nur wenig Raum.

Der Nachteil der Maschine besteht darin, daß an ihr keine Vorrichtung vorhanden ist, um die Haut während der Bearbeitung glatt zu halten. Infolgedessen beruht die Arbeit der Maschine ausschließlich auf der auseinanderschiebenden Wirkung des Spiralmessers und daher kommt es leicht, daß die Haut während der Arbeit Falten bekommt, besonders in den Flanken.

Abb. 112.

Abb. 112 stellt eine noch andere Art von Ausreckmaschinen dar. Mehr oder weniger nach dem Typ der Gummiwalze konstruiert, beruht ihre Arbeitsleistung an der Haut auf einem ledernen Band oder Riemen, welcher straff gespannt ist und über zwei Walzen läuft,

Abb. 113.

ähnlich wie ein großer breiter Treibriemen über zwei Scheiben läuft. Das Ausstreichen besorgt ein Zylinder mit Spiralmessern, während die Haut in ihrer Lage über dem Lederband oder -polster gehalten wird. Es wird der Maschine nachgesagt, daß sie eine erhebliche Verbesserung gegenüber der Gummiwalzen-Ausstreichmaschine darstellen soll; denn sie soll ein größeres Flächenmaß herausarbeiten und eine bessere Ausstreicharbeit liefern, wenn Leder von unregelmäßiger Form in Arbeit sind, wie Bäuche, welche vielleicht — was das Ausstreichen betrifft — die schwierigste Sorte von Ledern darstellen.

Um die größte Fläche zum Ausschneiden bei mehreren Sorten von gefärbtem Oberleder zu gewinnen, wie Kipsseiten, halben Häuten, Kalbfellen, empfiehlt es sich, nachdem sie einmal auf der Maschine ausgestrichen sind, Flanken und Nacken — besonders die ersten, welche beim Ausstreichen auf der eben beschriebenen Maschine leicht etwas faltig herauskommen — noch ein zweites Mal auf einer anderen Maschine auszusetzen, welche in Abb. 113 abgebildet und, nach Art der Falzmaschinen gebaut, mit kräftigen stumpfen Blättern aus Bronze ausgerüstet ist. Beim Anschaun der Abbildung erkennt man sofort, daß die Maschine tatsächlich eine Falzmaschine ist, bei welcher die Messer durch die Streichblätter ersetzt sind. Man kann also mitunter eine alte Falzmaschine zu dieser Maschine umbauen.

Es ist vorteilhaft, eine Maschine zu nehmen, deren Zuführungswalze mit Gummi überzogen ist, wie es bei den älteren Falzmaschinen war, und welche einen automatischen Antrieb hat, so daß auch die Zuführung des Leders möglichst gleichmäßig ist.

Einundzwanzigster Abschnitt.

Öle und Fette.

Die Öle und Fette spielen eine außerordentlich wichtige Rolle bei der Lederzurichtung. Als Bestandteile der Emulsionen, welche zum Fettlickern Verwendung finden, werden sie besonders reichlich angewendet.

Man kann sagen, daß praktisch jede Art von Leder, die hergestellt wird, in irgendeiner Weise mit einer fettähnlichen Substanz behandelt wird. Selbst bei den leichten Ledern, welche nicht einem dem Fettlickern gleichen oder ähnlichen Arbeitsgang unterliegen, besteht ganz allgemein die Gewohnheit, die Leder „abzuölen", indem man ihnen eine dünne, hauchartige Decke von Öl nach dem Färben gibt, und indem man die Leder nach dem Gerben und vor dem Trocknen ölt.

Es liegt nicht im Rahmen dieses Buches, die Öle und Fette im einzelnen und im Hinblick auf ihren chemischen Aufbau zu behandeln; zum eingehenden Studium der chemischen Technologie dieser Körper muß vielmehr auf das Sonderschrifttum dieses Wissenszweiges verwiesen werden[1]).

Öle und Fette werden nach ihrem Ursprung eingeteilt in tierische, einschließlich Fischölen, pflanzliche und mineralische.

---

[1]) Holde, Lewkowitsch, Ubbelohde.

Zu der erstgenannten Klasse gehört der größere Teil der Öle und fettartigen Körper, welche beim Zurichten und Schmieren derjenigen Leder benutzt werden, welche eine hohe Zugfestigkeit besitzen müssen, wie Riemen- und technische Leder, Geschirrleder usw. Diese Klasse umfaßt Talg, Wollstearin, Wollfett, Talgöl, Klauenöl, Tran, Waltran, Spermazeti, Robbentran, Degras und Weißgerberdegras.

Die pflanzlichen Öle, die am meisten in der Lederzurichterei gebraucht werden, und deren Verwendung fast ausschließlich bei den Fettlickerarbeiten erfolgt, sind Rizinusöl, Olivenöl, Baumwollsaatöl, Sesamöl und Leinöl; das letzte ist der Grundstoff für die Herstellung von Firnissen und Lacken, die bei der Lacklederfabrikation gebraucht werden.

Von der großen Anzahl von mineralischen Ölen und fettartigen Körpern, welche heute beim Zurichten und Fetten von Ledern Verwendung finden, seien hier nur genannt: Zeresin, Paraffin und Mineralöle von verschiedener Zähigkeit.

Tierische Öle und Fette.

Talg. Talg ist das feste Fett verschiedener Tiere. Gewöhnlich unterscheidet man Rindstalg und Hammeltalg. Der erste ist das Fett des Bullen oder des Ochsen; er ist gewöhnlich weicher und gelber als der Hammeltalg. Er schmilzt bei ungefähr 40° C. Der Schmelzpunkt schwankt um diese Temperatur herum, je nach dem Verhältnis, in dem das harte Stearin und das weiche Olein vorwiegend vorhanden ist. Die Fütterung ist hierbei von wesentlichem Einfluß.

Hammeltalg wird meist von Schafen, gelegentlich auch von Ziegen, gewonnen. Besonders die vom Auslande eingeführten Sorten enthalten Ziegentalg und andere Arten. Er ist härter als der Rindstalg, da sein Schmelzpunkt und Erstarrungspunkt höher liegen. Er schmilzt bei ungefähr 50° C. Er ist oft mit Paraffin, Destillat-Stearin u. a. versetzt. Verfälschungen bestehen gewöhnlich aus einer Mischung von Öl und hartem Stearin oder Paraffin.

Hirschhorntalg wurde ursprünglich vom Hirsch gewonnen und war zur Zurichtung sehr beliebt für Geschirr- und ähnliche mit Fett zugerichtete Leder. Echter Hirschhorntalg ist viel härter als Hammeltalg. Er wird indessen nur noch wenig verwendet, sondern ist durch eine Mischung von einem harten Talg mit Paraffin verdrängt. Einen brauchbaren Ersatz für Hirschhorntalg gibt folgende Mischung:

Talg	3 Teile
Paraffin	1 Teil
Spermaceti . . .	$^1/_2$ Teil.

Stearin. Als Oleostearin wird der härtere und höher schmelzende Anteil des Talges gewonnen, indem durch Abpressen bei etwa 35° C die niedriger schmelzenden Anteile von ihnen getrennt werden. Destillat-Stearin oder Woll-Stearin wird durch Destillation des Walkfettes gewonnen. Seine Farbe ist weiß oder blaßgelb; der Schmelzpunkt der besten Muster schwankt zwischen 41° und 55° C. Es wird jetzt vielfach an Stelle von Talg bei den Fettmischungen zum Schmieren genommen.

Wollfett und Walkfett. Wollfett und Walkfett ist das Nebenprodukt der Wollwäschereien. Die Seifen, die zum Wollwaschen verwendet waren, werden durch Säuren zersetzt und so die Fette frei gemacht. Das Wollfett des Handels ist entweder gelb oder braun und hat einen eigentümlichen und ziemlich durchdringenden Geruch. Der Schmelzpunkt des Wollfettes schwankt zwischen 39° und 42° C. Wie Degras hat das Wollfett die Eigentümlichkeit, mit Wasser Emulsionen zu geben. Es wird an Stelle von Degras bei den Fettmischungen zum Schmieren besonders bei Oberledern verwendet, denen es einen hohen Grad von Weichheit und Wasserfestigkeit verleiht.

Klauenöl. Klauenöl wird aus den Brühen gewonnen, die man beim Kochen der Füße von Rindern und Schafen mit Wasser erhält. Es wird außerordentlich viel gebraucht beim Fettlickern von Chromleder und ganz besonders von Glacékid, für das es sehr vortrefflich geeignet ist und teuer bezahlt wird. Es hat eine helle blaßgelbe Farbe und ist nahezu geruchlos. Es ist nicht billig und wird daher häufig mit Baumwollsaatöl, Mineralöl und Talg verfälscht. Klauenöl macht die Lederfaser geschmeidig und erzeugt so den angenehmen, milden, vollen und molligen Griff, den gut zugerichtetes Chromleder haben soll. Beim Stehen, besonders in der Kälte, scheidet es feste Teile, Stearin, aus. Dadurch ist die Möglichkeit gegeben, daß sich auf dem zugerichteten Leder ein weißer Niederschlag, Ausschlag, bildet. Die besten Sorten sind deswegen „kältebeständig" gemacht; d. h. sie sind sorgfältig bei niedrigen Temperaturen geklärt, um das Stearin zur Abscheidung zu bringen und so dem Öl die Fähigkeit zu nehmen, nachträglich Ausscheidungen zu bilden.

Tran. Von allen Ölen wird wohl am meisten in der Lederindustrie der Tran gebraucht. Er wird aus der Leber des Dorsches, gadus morrhua, gewonnen. Der Gerbertran wird nicht so sorgfältig gewonnen wie der medizinische Lebertran. Die Fischer verpacken die Lebern in Fässer, so daß sie schon im Zustand einer fauligen Gärung sind, wenn sie zur Tranextraktion kommen. Die Extraktion geschieht so, daß man die Lebern in Wasser mit Dampf kocht und das Öl, das an die Oberfläche tritt, abschöpft. Man kann auch die Lebern vollständig in großen hölzernen oder eisernen Bottichen verfaulen lassen und das abfließende Öl abschöpfen. Die Temperatur, die bei dem Extraktionsvorgange angewendet wird, ist ohne Zweifel von bedeutendem Einfluß auf den Tran und auf sein Verhalten im Leder. Das Öl wird nach der Extraktion gereinigt, indem man es in geeigneten Tanks einige Zeit stehen läßt, bis sich der Satz oder das Stearin oder andere schwer- bzw. unlösliche Stoffe abgeschieden haben. Dann wird das klare Öl abgezogen und auf Fässer gefüllt. Auch der Lebertran anderer Fische, hauptsächlich vom Hechtdorsch, Schellfisch usw. wird als Gerbertran reichlich angeboten. Der Tran ist außerordentlich oft verfälscht, besonders durch Zusätze von Hai-, Menhaden- (Maifisch)- und Walfischtran. Mineralöl ist ein sehr verbreitetes Verfälschungsmittel.

Der Tran wird hauptsächlich beim Schmieren und beim Abölen verschiedener Ledersorten gebraucht. Er gehört zu den sogenannten

„trocknenden“ Ölen. Das Trocknen ist ein Oxydationsvorgang, den die Trane, Leinöle und einige andere Öle an der Luft durchmachen. Dieses Trocknen ist einer der Hauptvorteile des Trans vom Standpunkt der Lederzurichtung aus; es ist aber auch die Ursache für das „Ausschlagen“, das bekannte „Ausharzen“. Der Ausschlag ist die zähe, klebrige, harzähnliche Substanz, die gelegentlich auf der Oberfläche geschmierter Leder auftritt. Die Ursachen, welche das Ausharzen herbeiführen, sind noch nicht vollkommen aufgeklärt. Von Bedeutung hierbei ist unzweifelhaft das Vorhandensein von Eisen, welches — wie überall — als Sauerstoffüberträger katalytisch wirkt.

Walfischtran. Der Walfischtran wird durch Extraktion des Speckes verschiedener Walfischarten gewonnen. Er wird unter anderen Namen häufig in der Lederindustrie gehandelt. Er ist ein nützlicher Ersatz für Tran und neigt nicht so leicht zur Oxydation. Daher besteht für Leder, die mit ihm behandelt sind, die Gefahr des Ausharzens nicht in demselben Maße wie beim Lebertran.

Spermazetiöl. Dies ist das blaßgelbe Öl, welches von dem Pottfisch gewonnen wird. Es wird von einigen Fabrikanten zum Ölen beim Zurichten des Chromleders genommen und wird auch gelegentlich beim Fettlickern verwendet. Da es eines von den teueren Ölen ist, wird es mit Vorliebe verfälscht und besitzt überdies keinen Vorteil zum Abölen vor Baumwollsaatöl oder einem guten Mineralöl. Zum Fetten ist es von geringem oder gar keinem Nutzen, da es von besonders niedrigem spezifischen Gewicht ist und die Fähigkeit des Weichmachens, des Schmierens, nur in geringem Grade besitzt.

Robbentran. Der Robbentran wird aus dem Speck einzelner Robbenarten gewonnen. Die verschiedenen Qualitäten haben beträchtlich voneinander abweichende Eigenschaften. Der reine Robbentran ist nahezu weiß, der gewöhnliche dunkelbraun. Er wird zum Schmieren gebraucht und zwar in recht bedeutendem Maße. In manchen Fabriken werden die Leder nach dem Färben mit ihm abgeölt, ehe sie zum Trocknen kommen. Beim Falzen mit der Hand wird er sehr gern zum Einölen genommen.

Menhaden- oder Heringstran. Dies ist eines der billigsten Fischöle und wird durch Kochen der Heringe gewonnen. Er wird an sich im allgemeinen nicht zum Schmieren verwendet; er wird aber häufig dem echten Lebertran zugesetzt, wie oben erwähnt. Da er sehr leicht oxydiert, so neigt er ganz besonders stark zum Ausharzen.

Degras und Weißgerberdegras. Degras ist das Nebenprodukt der Sämischgerberei. Nachdem die Häute einige Zeit mit Tran behandelt sind und dann der eigenen Erwärmung und der gleichzeitig verlaufenden Gerbung ausgesetzt waren, nachdem sie also Leder geworden, wird das überschüssige und chemisch durch Oxydation vom Tran zum Degras verwandelte Öl mit Pressen oder durch Wringen wieder aus ihnen herausgedrückt.

Der Weißgerberdegras dagegen wird aus den Häuten mit einer schwachen Alkalilösung ausgewaschen. Die sich dabei bildende Seifenemulsion wird durch Schwefelsäure zersetzt und das Fett in Form der freien Fettsäuren abgeschieden. Beide Arten werden häufig verfälscht und zwar hauptsächlich mit Wollfett. Der Weißgerberdegras wird in zwei Sorten gehandelt, hell und dunkel. Die helle ist das nach der ersten Behandlung aus den Ledern ausgepreßte Öl und daher eigentlich nichts anderes als Degras; sie hat eine blasse gelblichbraune Farbe; die dunkele stellt stets das aus den Seifenlösungen durch Alkali wiedergewonnene Fett dar. Der Überschuß an Feuchtigkeit wird entfernt, indem die Seifenlösung ziemlich lange, nachdem sie den Zusatz von Schwefelsäure bekommen hat, in kupfernen Kesseln gekocht wird.

Ursprünglich war die Gewinnung des Degras als Neben- oder Abfallerzeugnis der Sämischgerberei die ausschließliche. Heute wird die Hauptmenge des Degras durch Oxydation des Trans in Fabriken hergestellt, und zwar sowohl wasserfrei wie mit bestimmtem Wassergehalt.

Alle Degrasarten geben leicht beständige Emulsionen, und zwar sowohl allein mit Wasser wie auch dann, wenn ihnen Fett oder fettartige Stoffe beigemischt werden. Dieser Eigenschaft verdanken diese Erzeugnisse ihren Wert und die Bedeutung, die sie beim Schmieren und Fettlickern haben. Zum Fettlickern ist der nicht gekochte Weißgerberdegras oder ein Degras, der mindestens 20 vH Wasser enthält, besser brauchbar als die wasserarmen Produkte. Denn die Emulsion wird dann leichter und gleichmäßiger vom Leder aufgenommen und das ist von Vorteil auch für die Gleichmäßigkeit der Farbe.

Der Weißgerberdegras enthält oft freie Schwefelsäure oder freies Alkali, je nachdem ein Überschuß des einen oder des anderen beim Auswaschen des Felles und beim Zersetzen der Seife verwendet wurde. Ein guter Weißgerberdegras soll natürlich neutral sein. Denn der Überschuß an Säure ist ebenso schädlich für das Leder wie derjenige des Alkali. Beim Fettlickern schadet indessen ein geringer Überschuß an Alkali nicht eben sehr. Dagegen ist die freie Säure immer sehr gefährlich. Wenn man beim Schmieren und Fettlickern Degras in Mischung mit Seifen und anderen Ölen verwendet, so empfiehlt es sich, den Degras zuletzt hinzuzugeben und bei einer Temperatur von höchstens 40 bis 45° C. Denn sonst würde man eine höchst unliebsame Abscheidung des in der Mischung vorhandenen Wassers herbeiführen. Von den Verfälschungen, die bei beiden Arten, besonders indessen beim Degras, getroffen werden, sind in erster Reihe Walfischtran und Walkfett zu nennen; daneben kommen aber auch Verfälschungen mit Talg, Mineralöl und Harzöl vor, die alle leicht chemisch nachzuweisen sind.

Pflanzliche Öle.

Leinöl. Leinöl wird aus dem Samen des Flachses gewonnen. Es ist ein trocknendes Öl, das an der Luft außerordentlich schnell oxydiert und dabei zähe wird. In der Lederindustrie wird es hauptsächlich gebraucht beim Ölen gefärbter Waren, beim Zurichten schwarzer Leder und beim Lackieren. Es ist wegen seines Trocknens und der daraus sich ergebenden Eigenschaft, gummiartig zu kleben und „auszuschlagen", auf Leder im allgemeinen für das gewöhnliche „Abölen" nicht angenehm zu gebrauchen und in den letzten Jahren vielfach durch Spermazetiöl und Mineralöl ersetzt worden.

Gekochtes Leinöl wird als Firnis und beim Lackieren gebraucht. Das Öl wird mit sogenannten „Sikkativen", d. s. Trockenstoffe, wie Bleiglätte, Mangansalzen, Borsäuresalzen u. a. gekocht und dadurch die Zähigkeit und das Gewicht erheblich vermehrt. Ferner bekommt es dadurch die Fähigkeit, an der Luft außerordentlich schnell zu trocknen, in gesteigertem Maße und wird so zum Firnis. Leinöl, mit Bleiglätte, Mangansalzen u. a. und Preußisch Blau gekocht, ist der Firnis, der zur Herstellung von Lack und lackiertem Leder gebraucht wird.

Rizinusöl. Rizinusöl wird aus dem Samen von Ricinus communis durch Auspressen gewonnen. Es ist nahezu farblos, zähflüssig und trocknet nicht. Da es billig ist, den Vorzug hat, gut zu füllen und von der Luft nicht angegriffen wird, so wird es beim Fettlickern in reichlichem Maße angewendet. Es eignet sich hierzu ganz besonders bei schweren Ledern, wie Kalbfellen, Rindhäuten usw. Das Rizinusöl ist selten verfälscht; kommt es dennoch vor, so geschieht es gewöhnlich mit Baumwollsamenöl oder Harzöl. Am meisten wird das Rizinusöl bei der Fabrikation des Türkischrotöles gebraucht.

Baumwollsamenöl, Cottonöl. Es wird aus dem Samen verschiedener Baumwollpflanzen durch Auspressen gewonnen. Es wird im allgemeinen in der Lederzurichtung bisher noch wenig gebraucht. Da es indessen billig ist und die Eigenschaft besitzt, das Leder angenehm geschmeidig zu machen, so verdiente es mehr Aufmerksamkeit, als man ihm bisher geschenkt hat, besonders als Ersatz für Klauenöl beim Fettlickern und beim Abölen gefärbter Leder. Da es eins der billigsten Pflanzenöle ist, so ist es nur selten verfälscht.

Sesamöl. Sesamöl wird aus dem Samen von sesamum indicum gewonnen. Es wird hauptsächlich aus Indien importiert, wo es Gingelli oder Gingiliöl heißt. Von den indischen Gerbern wird es viel gebraucht, um das Ledergewicht zu erhöhen, indem sie es dem Leder vor dem Trocknen reichlich einverleiben. Es ist kein trocknendes Öl und wird leicht ranzig. Es ist bei vielen Ledersorten besonders zum Fettlickern geeignet. Es hat die vorteilhafte Eigentümlichkeit, in großen Mengen — 15 bis 20 vH — vom Leder aufgenommen zu werden, ohne es im geringsten fettig oder ölig zu machen. Wird es verfälscht, so geschieht es gewöhnlich mit Baumwollsaatöl oder Rüböl. Es ist besonders beim Ölen von hellen Ledern zu empfehlen.

Olivenöl. Das Olivenöl wird aus der Frucht von Oliva Europaea sativa gewonnen. Da es sehr teuer ist, ist es vielfach verfälscht und zwar hauptsächlich mit Baumwollsaatöl, Sesamöl, Schweinefett u. a. Es ähnelt in seinen Eigenschaften sehr dem aus Schweineschmalz gepreßten Öl. In der Lederfabrikation wird es in erster Reihe zur Herstellung der Seifen für den Fettlicker verwendet und in Amerika zu diesem Zwecke in großen Mengen gebraucht. Nach Lambs Ansicht werden seine Vorzüge sehr überschätzt, und es kann vorteilhaft ersetzt werden durch Baumwollsaatöl oder Rizinusöl. Dagegen hat es, bei der Zubereitung zum Fettlicker verwendet, die schätzenswerte und vorteilhafte Eigentümlichkeit, etwas freie Säure zu enthalten. Marseiller Seife und grüne Seife sind gewöhnlich aus Olivenöl hergestellt.

Harzöl. Die Harzöle werden durch Destillation der Harze gewonnen und sind sehr billig. Im allgemeinen werden sie in nennenswertem Umfang in der Lederzurichterei nicht verwendet, wenigstens nicht mit Bewußtsein. Denn sie sind oft als Verfälschungsmittel im Tran enthalten. In kleinen Mengen werden sie als Zusatz zur Schmiere beim Einfetten genommen. Durch Kochen von Harzöl oder Harz mit Soda entsteht eine Harzseife, die in Emulsion mit Mineralölen vielfach beim Fettlickern solcher Leder verwendet wird, die nicht geglänzt werden. Diese Emulsion macht die Leder immerhin nennenswert wasserbeständig und hat überdies den Vorteil, sehr billig zu sein.

Mineralöle.

Mineralöle. Die Mineralöle, Petroleum, Erdöle oder Steinöle genannt, sind Destillationsprodukte von Ölen, die in verschiedenen Gegenden der Erde gefunden werden. Bituminöse Schiefer enthalten ebenfalls Mineralöle.

Über den Ursprung der Mineralöle haben viele bedeutende Forscher, Chemiker sowohl wie Geologen, verschiedene Theorien aufgestellt. Es wird jetzt allgemein angenommen, daß sie teils animalischen teils vegetabilischen Ursprungs sind; sie treten sowohl aus Kalkstein, wie Sandstein und auch Schiefer aus. Mendelejeff führt ihren Ursprung auf die Reaktion zwischen Dampf und Eisenkarbid in den Minerallagern des Erdinnern einerseits und anderseits auf die Zersetzung der Kadaver von Meerestieren bei hohen Temperaturen und unter hohem Druck zurück.

Das rohe Öl wird hauptsächlich in den Vereinigten Staaten von Nordamerika, Kanada und Rußland gefunden. Indessen gibt es in allen Teilen der Erde Ölquellen und Petroleum liefernde Schiefer. Die Erdölindustrie von Hannover ist ebenso wie diejenige in Schottland nicht unbedeutend.

Die wichtigsten Destillationsprodukte des Erdöles sind: Petroläther, Ligroin, Benzol, Brennpetroleum, Schmieröl, Vaselin und Paraffin. Das amerikanische Petroleum enthält sämtliche von diesen Produkten. Das russische Öl enthält nicht die leicht siedenden, flüchtigeren Bestandteile; sondern das erste Hauptprodukt bei seiner Destillation ist das Benzol. Der Teer, der bei der Destillation des Schiefers gewonnen wird, liefert nach der Reinigung und Destillation Naphtha, Petroleum, oder Brennöl und leichtes Mineralöl. Der Rückstand wird zur Fabrikation von Paraffinwachs oder -schuppen verarbeitet, einem Nebenprodukt bei der Darstellung der schweren Schmieröle. Je nach ihrem Ursprung unterscheiden sich die verschiedenen Öle in ihren

Eigenschaften und ihrer chemischen Zusammensetzung. Die Öle, die aus Rußland stammen, enthalten andere Kohlenwasserstoffe als diejenigen, welche auf den amerikanischen Ölfeldern gewonnen werden.

In der Lederfabrikation werden von den Mineralölen nur die leichtesten Schmieröle (vom spezifischen Gewicht 0,840—0,865) verwendet, die unter den verschiedensten Namen im Handel sind. Einige rohe Petroleumsorten werden ohne irgendeine Reinigung als Mineralöl gehandelt. Die leichtesten Schmieröle heißen oftmals „Neutralöl". Die flüchtigeren, wie Petroläther oder Benzol, werden zum Entfetten gebraucht.

Die Mineralöle sind vollständig unverseifbar, d. h. sie gehen keine Verbindung mit Soda oder Pottasche ein und liefern keine Seife. Die Mineralöle werden als Verfälschungsmittel sehr oft zu animalischen und vegetabilischen Ölen zugesetzt.

Bevor sie dazu verwendet werden können, müssen ihre Farbe und ihr Geruch durch Filtration über Knochenkohle verbessert werden. Ein sehr kennzeichnendes Merkmal für Mineralöle bildet oftmals ihre bläuliche Fluoreszenz. Man kann diese aber durch Zusätze geringer Mengen von Salpetersäure, Nitronaphthalin, Nitrobenzol u. a. beseitigen. Wenn ein pflanzliches oder tierisches Öl einen Schein dieser Fluoreszenz aufweist, so kann man im allgemeinen annehmen, daß es mit Mineralöl verfälscht ist. Indessen darf aus dem Fehlen dieser Fluoreszenz bei weitem nicht etwa der Schluß gezogen werden, daß das betreffende pflanzliche oder tierische Öl frei von Mineralöl sein muß. In den Fällen, wo eine Mischung von pflanzlichem oder tierischem Öl mit Mineralöl vorteilhaft ist und daher mit Absicht verwendet werden soll, ist es im allgemeinen viel billiger, sich diese Mischung aus den reinen Ölen selbst herzustellen, als irgendein verfälschtes Pflanzen- oder Tieröl zu kaufen.

Mineralöle werden mit Vorteil zum Schmieren gebraucht. Man nimmt sie sowohl zum Schmieren wie zum Abölen bei den verschiedensten Ledersorten; sie geben aber der Lederfaser weder die gleiche Geschmeidigkeit noch Nahrung wie die pflanzlichen oder tierischen Öle. Da sie aber die billigsten Öle sind, die man bekommen kann, so werden sie gern als Zusatz zu diesen verwendet. Dabei wirken sie vorteilhaft durch die Eigenschaft, die Verteilung dieser fetten Öle in der Lederfaser beträchtlich zu befördern. Da sie vom Sauerstoff der Luft nicht angegriffen werden, so verharzen sie nicht und schlagen daher auch nicht aus. In Fällen, in denen man das Leder nur mit einer luftdichten Schicht auf der Oberfläche überziehen will, sind die Mineralöle den anderen beträchtlich vorzuziehen; denn sie sind billiger als irgendein tierisches oder pflanzliches Öl und tun die gleichen Dienste. So z. B. beim Abölen der Leder vor dem Trocknen, wo das Öl nur bewirken soll, daß das Leder mit einer guten Farbe auftrocknet.

Paraffinwachs. Das feste oder harte Paraffin, auch Paraffinwachs genannt, ist ein höheres Glied der Paraffinreihe, die in wechselnden Mengen im Petroleum enthalten sind. Es wird heute beim Schmieren im Fasse und beim Einbrennen sehr viel gebraucht. Sein hoher Schmelzpunkt, der zwischen 46° und 60° C schwankt, ermöglicht es, das Gewicht des Leders beträchtlich zu erhöhen. Denn ein Zusatz von Paraffin zu der Fettmischung der Schmiere erhöht den Schmelzpunkt des Ganzen und läßt daher das Leder viel mehr Fett aufnehmen, ohne daß es das unangenehme fettige Aussehen und Gefühl bekommt.

Gehärtete Öle.

Eine verhältnismäßig junge Erfindung der Naturwissenschaft ist das Härten oder Hydrogenisieren verschiedener Öle durch geeignete chemische Behandlung. Die Wasserstoffhärtung der Öle ist der Erfolg einer Entdeckung von Sabatier und Senderens, die im Jahre 1901 die katalytische Reduktion organischer Substanzen mit Hilfe von Wasserstoff bei Gegenwart von fein verteiltem Nickel fanden. Normann fand die werktätige Nutzanwendung des Verfahrens, indem er es auf die Reduktion ungesättigter Öle übertrug. Ölsäure oder ihre Verwandten sind die Grundsubstanz aller Öle, Stearinsäure oder ihre Homologen diejenigen der festen Fette.

Den chemischen Unterschied zwischen Ölsäure und Stearinsäure kann man sich in einfacher Weise so vorstellen, daß das Stearinsäuremolekül dem Ölsäuremolekül ganz gleicht, nur daß es zwei Atome Wasserstoff mehr hat. Die Wasserstoffhärtung besteht also lediglich darin, diese zwei Atome Wasserstoff in das Ölsäuremolekül einzuführen, die Ölsäure demnach in Stearinsäure überzuführen und auf diese Weise das flüssige Öl in ein festes Fett umzuwandeln. Die Hauptanwendung dieses Verfahrens findet in der Herstellung der Margarine statt.

Die in der Natur in leicht zugänglichen Mengen vorkommenden fettigen Stoffe sind meist flüssig, d. h. also, sie enthalten Ölsäure als wesentlichen Bestandteil. Verhältnismäßig wenige sind von fester Beschaffenheit. Die Entdeckung der Wasserstoffhärtung hat die Möglichkeit gegeben, eine viel größere Reihe von harten oder festen Fetten aus den flüssigen Ölen herzustellen und dadurch ihre Anwendungsmöglichkeit und somit ihren Wert zu erhöhen.

Von den gehärteten Fetten, die jetzt nach diesem Verfahren hergestellt werden, sind für die Lederzurichtung von Bedeutung der gehärtete Waltran und der gehärtete Heringstran. Die Anwendung dieser Erzeugnisse, welche von einer butterähnlichen Festigkeit sind, als Fettschmiere bietet erhebliche Vorteile gegenüber den unbehandelten Ölen. Die Menge derartigen Fettes, welche von jeder Art Leder aufgenommen werden kann, ist viel größer, und dennoch verursachen sie nicht den unangenehmen fettigen Griff. Denn ihr Schmelzpunkt ist eben ein wesentlich höherer als derjenige der Muttersubstanzen, aus denen sie hergestellt wurden.

Zweiundzwanzigster Abschnitt.

Fettemulsionen und ihre Anwendung.

In dem vergangenen Jahrhundert war das Weich- und Geschmeidigmachen pflanzlich gegerbter Leder mit Hilfe von Ölen oder anderen fettartigen Körpern vollständig auf das Schmieren beschränkt und bei denjenigen Ledern, welche nicht geschmiert wurden, auf die Gabe einer dünnen Ölhaut, welche man mit einer Bürste oder einem Schwamm auf die Narbenseite des Leders brachte, um die Weichheit des Griffes beim zugerichteten Leder zu erhöhen.

Bis zur Einführung der Chromgerbung hat man Öle oder Fette nicht in Form von Emulsionen angewendet. Die Schwierigkeit, die sich dem Weichmachen des Chromleders durch Ölen von Hand entgegenstellte, wurde durch die Erfindung des Amerikaners Kent überwunden, daß es werktätig möglich ist, eine vollkommene Durchdringung des Leders mit Öl zu erreichen, wenn man das Öl in der Form einer Emulsion anwendet. Der Vorteil, der sich aus dieser Anwendung einer geeigneten Emulsion ergab, lag im wesentlichen in der Richtung, daß es möglich war, nahezu mikroskopisch kleine Mengen von Öl in die Lederfaser zu bringen und hierdurch in befriedigendem Grade eine Schmierung des Leders und eine Erhöhung der Weichheit zu erzielen, ohne das Leder hinsichtlich seines Aussehens und des Griffes fettig zu machen.

Nur eine einzige Emulsion war schon vor der allgemeinen Einführung des Fettlickers in die Lederherstellung in Anwendung; und dies war die „Nahrung", welche schon seit undenklichen Zeiten die Handschuhleder und alaungaren Kalbkidleder bekamen, und die nichts anderes ist als ein Fettlicker mit einer natürlichen Fettemulsion, nämlich dem Eigelb.

Wie immer auch der Herstellungsgang bei den verschiedenen Verfahren sein mag, nahezu bei jedem Leder, welches zugerichtet wird, werden heute Emulsionen von Fett in irgendeinem Emulsionsträger angewendet, um die Weichheit und Fülle des Leders zu erhöhen und die Tragfähigkeit und Zugfestigkeit zu verbessern.

Die Bezeichnung Fettlicker — fat liquor, d. h. Fettflüssigkeit — ist aus dem Amerikanisch-Englischen in den Sprachschatz der deutschen Industrie übergegangen; sie wird nun ganz allgemein für derartig verwendete Fettemulsionen benutzt.

Es ist von wesentlichster Bedeutung, daß der Fettlicker im allgemeinen, ganz besonders aber, wenn er auf Leder angewendet werden soll, welches schon gefärbt ist oder welches nachträglich gefärbt werden soll, in dem Zustand vollkommenster Emulsionierung ist. Das Öl muß in allerkleinste Teilchen zerteilt sein, und diese kleinsten Teilchen müssen gleichmäßig fein verteilt in der Schwebe sein, so daß sie keinesfalls zusammenlaufen. Das vollkommene Fehlen irgendwelcher zusammengelaufener Teilchen ist die unumgängliche Vorbedingung für eine gute Emulsion; hat irgendwie ein noch so geringfügiger Zusammenfluß Teilchen vereinigt, so ist die Emulsion unvollständig.

Die beiden in der Natur am meisten verbreiteten Emulsionen sind Milch und Eigelb. Diese können praktisch in jedem Verhältnis mit Wasser verdünnt werden, ohne daß die Fetteilchen zusammenfließen. Eigentlich ist das Eigelb in dieser Hinsicht als Emulsion noch vollkommner als die Milch; denn bekanntlich scheidet sich bei der letzten die Sahne, welche praktisch die ganze Menge der Fettstoffe enthält, beim Stehen und tritt an die Oberfläche, mit anderen Worten, es findet bei ihr ein Zusammenfließen und eine teilweise Abscheidung der Fetteilchen statt.

Milch enthält etwa gleiche Mengen an Fett und an Emulgierungsmitteln, außerdem Zucker und anorganische Salze; im Durchschnitt ist die Zusammensetzung 3,4 vH Fett, 3,5 vH Eiweißstoffe (Albumin und Kasein), 5 vH Milchzucker und 0,6 vH anorganische Salze. Der Rest ist Wasser.

Eigelb enthält dagegen 28 bis 30 vH Fettstoffe neben 16 bis 18 vH Vitellin — einer Substanz, die dem Kasein der Milch sowohl in der Zusammensetzung wie in ihren Eigenschaften nahesteht.

Bei der Milch ist das emulgierend wirkende Mittel das Kasein, im Eigelb das Vitellin. Jedes kleinste Öl- und Fetteilchen ist von einer dünnen Eiweißhaut umhüllt, so daß eine Entemulsionierung (ein Zusammenfließen der Fetteilchen) mit Schwierigkeiten verbunden ist. Die Emulsionen, welche zum Gebrauch in Lederfabriken hergestellt werden, enthalten gewöhnlich einen erheblich größeren Anteil an Öl und Fettstoffen im Verhältnis zum emulgierenden Mittel, als in den natürlichen, eben beschriebenen beiden Emulsionen.

Indessen sollte man sich, wenn man eine Emulsion herstellen will, diese idealen Emulsionen stets vor Augen halten. Es ist durchaus wesentlich, um im Betriebe wirklich befriedigende Ergebnisse zu erzielen, daß die Zusammensetzung der Emulsion so vollkommen gemacht wird, daß die einzelnen kleinen Fettkügelchen eine möglichst geringe Neigung zur Abscheidung haben und so fein verteilt sind, daß man sie mit bloßem Auge nicht erkennen kann.

Bei Herstellung von Fettlickeremulsionen für die Lederzurichtung ist es von Bedeutung, daß die Mischung es verträgt, in jeglichem Verhältnis verdünnt zu werden und selbst längere Zeit zu stehen, ohne daß ein Teil der verdünnten Lösung sich scheidet. Wenn eine Fettlickeremulsion sich beim Stehen oder beim Erwärmen scheidet, so ist sie nicht verwendungsfähig; denn es ist unvermeidlich, daß dann auch eine ähnliche Scheidung auftritt, wenn ihre Anwendung auf das Leder erfolgt, und das Ergebnis ist dann, daß die Fetteilchen ungleichmäßig über die Oberfläche des Leders verteilt werden und die vollkommene Durchdringung nicht erreicht wird.

Eine einwandfreie Emulsion wird das behandelte Leder wirklich vollkommen durchdringen und jede einzelne Lederfaser mit einer ganz feinen Fetthaut umhüllen. Die gleichmäßige Verteilung des Öles bringt auf diese Weise die gewünschte Geschmeidigkeit der Fasern zustande, so daß sie leicht aneinander vorbeigleiten, und gibt dem Leder dadurch den notwendigen Grad von Milde und Weichheit.

Wenn die Fettlickeremulsion wirklich gut gemacht ist, so kann man das Leder selbst mit verhältnismäßig großen Mengen von Öl oder Fett durchtränken, ohne daß es fettig wird und ohne daß — falls die Arbeitsgänge des Färbens aus irgendeinem Grunde nach dem Fettlickern vorgenommen werden sollen — die Farbstofflösung einen Widerstand findet. Wenn hingegen die Emulsion, mit der ein Leder gefettlickert wurde, nicht gut war, so werden die Öl- und Fettstoffe ungleichmäßig einziehen und unvollständig durchdringen: es werden sich fettige Flecke bilden, und wenn das Färben nachträglich stattfindet, ist es unvermeidlich, daß die Färbung schlecht und ungleichmäßig ausfällt. Das Leder wird auf der Oberfläche richtig fettig und im Inneren dabei gleichzeitig unzureichend geschmiert sein. Und eine weitere Schwierigkeit wird sich beim Zurichten einstellen, gleichgültig ob das Leder vor oder nach dem Färben gelickert wurde; denn um es mit befriedigendem Ergebnis glanzstoßen zu können, wird es wahrscheinlich nötig sein, es auszuschneiden oder die Fettanhäufungen zu beseitigen.

Die Auswahl eines guten Emulsionierungsmittels, welches mit den Ölen oder Fetten zum Fettlickern von Leder verwendet werden kann, erfordert eine sorgfältige Überlegung. Die Emulsionsmittel, welche die Apotheker bei der Herstellung von Lebertranemulsionen und anderen Emulsionen für medizinische Zwecke verwenden, sind gewöhnlich Gummi arabicum, Gummitragant o. ä.; sie müssen in so großen Mengen genommen werden, um eine Emulsion zu liefern, welche gut steht, ohne sich leicht zu scheiden, daß sie zur Herstellung einer Fettlickeremulsion für Leder nicht verwendbar sind. Denn sie würden durch ihre hart und steif machende Wirkung die weichmachenden Eigenschaften des Schmiermittels vollkommen aufheben.

Kasein, welches man zu einem verhältnismäßig niedrigen Preise käuflich haben kann, stellt ein anderes Mittel zur Herstellung einer guten brauchbaren Emulsion dar und ist vom Standpunkt der Lederfabrikation aus den eben genannten Emulsionsmitteln überlegen.

Das allerbeste Emulgierungsmittel für den allgemeinen Gebrauch ist das Eigelb, wenn es sich darum handelt, Emulsionen mit den fettigen Ölen herzustellen, wie Klauenöl, Öl aus dem Schweineschmalz, Rhizinusöl und Olivenöl. Das Eigelb, welches, wie oben ausgeführt worden ist, in sich selbst eine Emulsion darstellt, besitzt die besondere Eigentümlichkeit, wenn es gründlich mit ihnen gemischt wird, einen hohen Prozentsatz von tierischen und pflanzlichen Ölen aufzunehmen und eine Emulsion zu geben, die in beliebigem Grade verdünnt werden kann, ohne sich zu scheiden. Obwohl es am teuersten ist, ist deshalb das Eigelb wohl das bestgeeignete Mittel von allen vorhandenen.

Die gewöhnliche Emulsion, welche in der Lederherstellung benutzt wird, und besonders wenn sie auf chromgares Leder angewendet wird, ist eine Mischung eines bestimmten Öles mit einer Seife. Diese muß in solchem Falle als das Emulgierungsmittel angesehen werden, obwohl sie, von diesem Standpunkt beurteilt, weit vom Idealen entfernt ist.

Die Seife in einem für Chromleder bestimmten Fettlicker erfüllt, ganz abgesehen von ihren emulgierenden Eigenschaften, noch eine ganz andere Aufgabe, insofern nämlich, als sie sich mit dem Chromsalz auf der Lederfaser umsetzt und eine unlösliche Verbindung liefert, welche dem Leder einen besonderen Griff gibt und seine Wasserfestigkeit erhöht. Aus diesem Grunde wird Seife ganz allgemein als ein wesentlicher Bestandteil bei der Herstellung von Fettlickeremulsionen für Chromleder angesprochen; und deshalb wird es vorteilhaft sein, die kennzeichnenden Eigenschaften von Seifen im allgemeinen zu betrachten.

Seifen.

Es gibt im Handel zwei Arten von Seifen, nämlich die harten und die weichen Seifen. Erste sind Natronsalze von Stearinsäure oder von Ölsäure, letzte sind Kalisalze der genannten Säuren.

Die im Handel käuflichen Seifen geben, wenn sie nicht ganz besonders für die Verwendung in der Lederherstellung zubereitet sind, oft Anlaß zu Schwierigkeiten bei den Zurichtungsarbeiten, und zwar daher, weil sie häufig verfälscht sind, weil sie gewöhnlich keineswegs einheitlich sind und weil sie in ihrer Zusammensetzung zeitweise erheblich schwanken. Die gewöhnlichen Verfälschungsmittel für Seife sind billigere Öle und Fette. Eine Olivenölseife wird beispielsweise mit Palmöl verfälscht sein, mit Baumwollsaatöl u. a., und gewöhnliche weiße Seife und andere werden mit Harzölen verfälscht. Außerdem werden unlösliche Stoffe zum „Füllen" angewendet, wie Kreide, Schwerspat u. a.

Die Herstellung von käuflicher weicher Seife stellt gewöhnlich — vom Standpunkt des Seifenfabrikanten aus — einen Weg dar, um Abfallprodukte an Öl oder Fett, die zur Verarbeitung auf gute Seifensorten nicht mehr zu gebrauchen sind, aufzuarbeiten, und der Lederfabrikant sollte daher gegen käufliche weiche Seifen im allgemeinen ein erhebliches Mißtrauen haben.

Die Herstellung von Seife zum Gebrauch beim Fettlickern ist eine so einfache Sache, daß sie am vorteilhaftesten und ohne große Umstände vom Lederzurichter selbst vorgenommen werden kann. Der Arbeitsgang, der dazu führt, ist die kalte Verseifung. Sie besteht in nichts weiter als in dem Vermischen der Fettstoffe in einem geeigneten Gefäß mit derjenigen Menge von Ätznatron- oder Ätzkalilauge, die erforderlich ist, um eine neutrale Mischung herzustellen. Der Vorteil, den der Lederzurichter dadurch für sich gewinnt, daß er sich die Seife selbst nach diesem kalten Verfahren herstellt, besteht darin, daß er jede besondere Art von Seife herstellen kann, die er gebrauchen will, und daß er, wenn er reine Öle oder reine Fette anwendet, sicher weiß, reine Werkstoffe zu verarbeiten, die frei von all den genannten Verfälschungen sind.

Die Mischung der beiden zur Seifenherstellung notwendigen Bestandteile, wie sie dieses kalte Verseifungsverfahren erforderlich macht, geschieht am zweckmäßigsten in einem Rühr- und Mischapparat, wie ihn die Abb. 115 S. 202 zeigt. Die erforderliche Menge des Öles oder Fettes, welche bei 40—45 ^{0} C zum Schmelzen gebracht ist, wird in die Mischmaschine gebracht; die Ätznatron- oder Ätzkalilauge wird hinzugegeben und das Gemisch so lange durchgerührt, bis eine einheitliche Masse von pastenförmiger Festigkeit entstanden ist. Bei der Herstellung von Natronseifen — also bei Verwendung von Ätznatron — empfiehlt es sich, die Mischung schon, bevor sie Zeit gehabt hat, fest zu werden, in flache hölzerne Wannen auslaufen zu lassen, und sie dann für einige Zeit in einen warmen Raum zu bringen, um die völlige Verseifung vor sich gehen zu lassen. Wenn die Mengenverhältnisse von Öl oder Fett und Soda oder Pottasche richtig innegehalten wurden, so erhält man eine neutrale Seife, welche fertig zum Gebrauch ist.

Die nachstehende Tabelle gibt die Mengenverhältnisse von Natron- und Kalilauge für verschiedene Fett- bzw. Ölarten an, welche zur Herstellung von harten und weichen Seifen erforderlich sind.

Fettkörper 100 Teile	Ätzkali (für weiche Seifen	Ätznatron (für harte Seifen)
Talg	20 Teile	14,25 Teile
Klauenöl	19 „	13 „
Leinsamöl	19,5 „	14 „
Palmöl	20 „	14,25 „
Rizinusöl	18 „	13 „
Kokosnußöl	25 „	18 „
Olivenöl	19,5 „	14 „

Das Ätzalkali soll in keinem Falle in mehr als etwa $22^1/_2$ Liter Wasser gelöst sein.

Welche Seifenart auch immer zur Herstellung der Fettlickeremulsion verwendet werden soll, es ist stets zu beachten, daß sie so neutral wie irgend möglich ist. Sie soll mit reinem Wasser eine klare Lösung geben und selbstverständlich sich weder scheiden, noch Öltröpfchen enthalten. Die Lösung soll auch keine Spur freies Alkali mehr enthalten; man erkennt dies daran, daß eine tiefrote Färbung auftritt, wenn man einige Tropfen einer 1 proz. alkoholischen Lösung von Phenolphthalein zusetzt.

Im allgemeinen ist es zu empfehlen, den weichen Seifen (Kaliseifen) bei der Verwendung zum Fettlicker den Vorzug vor den harten Seifen (Natronseifen) zu geben. Ein Überfetten mit einer harten Seife hat leicht zur Folge, daß das damit behandelte Leder in einem ganz beträchtlichen Grade härter wird; diese Gefahr ist bei Anwendung von Kaliseifen erheblich geringer. Harte Seifen kitten die Lederfasern aneinander, besonders wenn sie im Überschuß genommen werden; das so zugerichtete Leder ist, wenn es fertig ist, flach, es hat nicht die Fülle, Weichheit und Geschmeidigkeit, welche man von einem gut gelickerten Leder erwarten darf. Leder, welches mit einer Seifenemulsion übermäßig gelickert worden ist, mag noch ganz weich und gut nach dem Rollen sein; es wird dennoch fest und hart, wenn es dem Druck der Glanzstoßmaschine ausgesetzt wird. Die Wirkung des Stoßes ist ein Festhauen des Leders, ein Hämmern, indem er die Fasern in die Seifenhaut eindrückt; dadurch wird das Leder hart und steif.

Sulfurierte Öle.

Sulfuriertes Öl oder — wie es allgemein genannt wird — Türkischrotöl wird ebenfalls, an Stelle von Seife, als Bestandteile des Fettlickers gebraucht. Es wird aber auch selbst ohne irgendeinen Zusatz weiterer Stoffe als Fettlicker angewendet, und zwar in einem sehr beträchtlichen Umfang. Es wird hergestellt, indem eine bestimmte Menge Schwefelsäure zu der genau berechneten Menge eines geeigneten pflanzlichen oder tierischen Öles hinzugegeben wird. Ursprünglich wurde sulfuriertes Öl aus Rizinusöl durch diese Behandlung und Schwefelsäure hergestellt, und da dieses als Beize beim Färben von Türkischrot auf Baumwolle verwendet wurde, hat es den allgemein angenommen Namen Türkischrotöl bekommen.

Die Herstellung geschieht in folgender Weise: Der erste Arbeitsgang wird in einem hölzernen rechtwinkligen Bottich oder Kasten ausgeführt, welcher wohl auch gelegentlich mit Bleiblech ausgeschlagen ist und der vorteilhaft eine Rührvorrichtung hat, um den Inhalt gründlich durchzumischen. Die Bottiche haben in geeigneter Höhe Abflußhähne, um erst die Waschwässer und dann das fertige Erzeugnis ablaufen lassen zu können. Das Rizinusöl wird in den hölzernen Bottich hineingelassen und das Volumen gemessen. Die genau berechnete Menge Vitriolöl wird dann langsam hinzugegeben und der ganze Inhalt des Bottichs nun ordentlich durchgerührt, entweder mit der Rührvorrichtung oder in Ermangelung einer solchen mit breiten hölzernen Schaufeln. Die Menge der Schwefelsäure schwankt von 15 vH bis zu 40 vH von dem Gewichte des Öles, und zwar nimmt man im Winter mehr, im Sommer weniger. Es arbeiten nicht alle Hersteller in ganz gleicher Weise: manche geben die ganze Menge Vitriolöl auf einmal zu, andere in zwei Teilen, je die Hälfte an zwei aufeinanderfolgenden Tagen. Die Temperatur darf man dabei nicht zu hoch steigen lassen; denn sonst erhält man stark dunkel gefärbte Erzeugnisse.

Nachdem man das Gemisch einen Tag oder einen Tag und eine Nacht hat stehen lassen, ist es fertig zum Waschen. Hierzu nimmt man entweder warmes Wasser oder Kochsalzlösung, um durch die Anwendung der letzten infolge der geringeren Löslichkeit des Öles den Verlust auf ein möglichst geringes Maß zu beschränken. Einige Hersteller waschen erst mit gewöhnlichem Wasser und nachher mit Salzlösung.

Wenn man zum Waschen Salzlösung verwendet, so ist es wichtig, darauf zu achten, daß diese anfangs nicht zu warm ist; denn sonst macht der Überschuß an Schwefelsäure aus dem Salz die Salzsäure frei, welche ihrerseits mit dem sulfurierten Öl reagiert und es zersetzt. Nach dem Waschen wird das Öl neutralisiert und zwar stets allmählich. Man nimmt dazu Soda oder Ammoniak. Dieses ist entschieden vorzuziehen, wenn auch im allgemeinen die Soda mehr angewendet wird.

Um das Enderzeugnis auf einen Fettgehalt von 45 bis 50 vH zu bringen, wird dann die erforderliche Menge Wasser hinzugesetzt; gelegentlich wird freilich bei weitem weniger Wasser zugegeben. Um erstklassige Türkischrotöle herzustellen, ist eine viel peinlichere Arbeitsweise notwendig. Die vorgenannten Angaben stellen in großen Zügen das allgemein angewandte Verfahren dar. Im Sommer zersetzt sich das

Türkischrotöl zuweilen, wobei sich die Fettschicht vom Wasser trennt und zugleich ein Gärungsgeruch auftritt.

Wie der Lederzurichter nach dem „kalten Verfahren" sich selbst seine Seife herstellen kann, so kann er sich auch in kleinen Mengen das Türkischrotöl selbst machen. In ein zur Hälfte durchgeschnittenes Faß von etwa 100 l Inhalt werden 30 kg Rizinusöl getan; die Temperatur des Öles soll möglichst auf 15° C gehalten werden. 7 kg käufliche Schwefelsäure werden in ein kleines Gefäß, welches entweder mit Blei ausgeschlagen oder aus Porzellan ist und mit einem Hahn — ebenfalls von Blei oder Porzellan — versehen ist, getan und das Gefäß etwas höher gestellt als das Faß mit dem Öl, so daß der Auslauf des Hahnes über dem Öl ist. Man läßt nun langsam in dünnem Strahl die Schwefelsäure in das Öl fließen oder tropfen, unter beständigem Rühren des Öles und indem man die Temperatur möglichst weit unter 40° C hält. Wenn man ein sehr helles Erzeugnis zu haben wünscht, so ist es vorteilhaft, den Zufluß möglichst langsam zu gestalten, etwa über einige Stunden hin, und am ersten Tage nur die Hälfte der Säure, am folgenden Tage den Rest in das Öl zu geben. Nach Beendigung des Säurezusatzes muß die Mischung mindestens eine Viertel- bis eine halbe Stunde kräftig durchgerührt werden und dann einen Tag und eine Nacht in Ruhe bleiben. Darauf nimmt man eine kleine Probe heraus und fügt sie zu dem etwa hundertfachen Volumen von Wasser: es soll eine vollkommen klare Lösung entstehen, die sich nicht trennt oder scheidet. Löst sich das Öl nicht vollständig, so ist ein weiterer kleiner Zusatz von Säure nötig. Jeder Überschuß von Säure muß sorgfältig durch Zusatz geringer Mengen von Ammoniak ausgeglichen werden, bis die Mischung gegen Lackmuspapier neutral ist.

Bei der üblichen fabrikmäßigen Herstellung von Türkischrotöl wird das Reaktionsprodukt zur Entfernung des Säureüberschusses mit Salzlösung gewaschen. Nach Lambs Erfahrung genügt indessen, besonders wenn es sich um die Herstellung in kleinem Maße handelt, die Neutralisation mit Ammoniak, wenn man sie sorgfältig ausführt. Das käufliche Türkischrotöl enthält gewöhnlich 45 bis 50 Hundertteile Fettstoffe; die Mischung wird durch Verdünnen mit etwa 50 Hundertteilen Wasser auf einen konstanten Gehalt eingestellt. Man kann diesen Arbeitsgang auch bei der Herstellung im kleinen einschalten; denn man gewinnt den Vorteil, daß die Mischung weniger zähflüssig und daher leichter zu handhaben ist.

Die Anwendung sulfurierter Öle beim Fettlickern der verschiedensten Lederarten hat in den letzten fünfzehn Jahren beständig zugenommen, und die meisten tierischen und pflanzlichen Öle sind sulfuriert worden. Die wichtigsten Handelserzeugnisse unter ihnen sind sulfuriertes Klauenöl, Tran, Wollfettolein und Ölsäure.

Die Sulfurierung der tierischen und pflanzlichen Öle hat eine sehr deutliche Wirkung auf die Schmierfähigkeit dieser Öle, welche erheblich geringer ist als bei den unbehandelten Ölen. Besonders deutlich ist dies bei Rizinusöl zu bemerken. Während das unbehandelte Öl ein dickes zähflüssiges Produkt ist von starker Schmierfähigkeit oder

„Fettigkeit“, ist das sulfurierte Öl viel weniger zähflüssig, und die Schmierfähigkeit ist durch die Behandlung zum großen Teile aufgehoben.

Aus diesem Grunde ist es im allgemeinen ratsam, Mischungen von unbehandeltem und sulfuriertem Öl zum Fettlickern zu nehmen, indem man das sulfurierte Öl als Emulsionsträger für das unbehandelte anwendet.

Lösliche Öle.

Neben den sulfurierten Ölen werden noch andere Präparate in großem Umfange beim Fettlickern gebraucht, und zwar sowohl für sich allein, wie auch mit anderen öligen Stoffen zusammen: die sogenannten wasserlöslichen Öle. Sie bestehen im allgemeinen aus Mischungen von Mineral- und Harzölen und werden nach dem Bolegschen Verfahren hergestellt, das folgendermaßen ausgeführt wird:

Das Mineralöl wird in einem Waschtrog zu einer bestimmten Menge rohen (aber wasserfreien) hellen Harzöles gegeben. Die Mengenverhältnisse schwanken erheblich — von 15 bis 25 vH — entsprechend dem spezifischen Gewicht des Mineralöls. Durch Behandlung mit direktem Dampf von etwa 5 Atmosphären Druck wird eine möglichst vollkommene feine Verteilung erzielt. Die Mischung wird gekocht bei höchstens 100—105° C; dann werden 5—7 Hundertteile Natronlauge von 40° Bé zugegeben, je nach dem spezifischen Gewicht des Mineralöls und dem schwankenden Gehalt an Harzöl. Die Mischung wird zwanzig Minuten bis eine halbe Stunde im Sieden gehalten, bis das Öl sich klar von der Seifenlauge abscheidet. Nachdem das Ganze eine halbe bis drei Viertelstunden gestanden, wird das klare Öl von der unterstehenden Harzseifenlösung abgezogen, welches dabei $2^1/_2$—3 vH der überschüssigen klar verseiften Lauge mit sich nimmt, und in einen Oxydationsapparat überführt; hier wird das Öl mit sehr fein verteilter Druckluft zwei Stunden lang bei einer Temperatur von 60—80° C und dann noch eine Stunde bei 80°—110° C behandelt, um dem Öl Sauerstoff zuzuführen und die Verseifung zu ermöglichen; das verdampfende Wasser der Lauge muß während des Arbeitsganges ständig tropfenweise ersetzt werden. Der Oxydationsvorgang kann auch durch Behandlung mit Ozon ausgeführt werden. Unmittelbar nach Beendigung des Oxydationsvorganges wird das Öl in einen Druckapparat gesaugt oder geblasen und dort unter Zugabe von 3 vH Methylalkohol, 2—3 vH konzentriertes Ammoniak, 1 vH Gelatine, in Wasser gelöst, eine halbe Stunde unter einem Druck von 1 bis 1½ Atmosphären bei verschiedenen Temperaturen behandelt, bis die zu Anfang des Arbeitsganges noch trübe Masse von Öl und Seife ganz klar und leicht löslich wird. Das Öl ist nun fertig und muß nur noch nach dem Abkühlen abgezogen werden, damit es nicht wieder trübe wird.

Der Zusatz von Methylalkohol, Ammoniak und auch von der Gelatinelösung ist bei diesem Arbeitsgang nicht unbedingt notwendig und wird nur für besondere Fälle empfohlen, damit die Öle sich desto leichter in Wasser lösen und sich leichter emulgieren und auf diese Weise die verschiedenen Lösungen beständig machen.

Auf die gleiche Weise wie bei Harzöl (an Stelle von fettsauren Seifen) können auch Teeröle in Wasser löslich gemacht werden.

Um Erzeugnisse von der gewünschten Beständigkeit zu erhalten, müssen alle drei Arbeitsgänge der Reihe nach ausgeführt werden, da bei Anwendung eines einzelnen auch nur ein Teilergebnis erzielt wird. Die löslichen und emulgierbaren Öle und Ölmischungen, welche so gewonnen wurden, können nun leicht mit jeder Menge Wasser gemischt werden und sind besonders zum Schmieren usw. verwendbar, wenn sie mit 50—75 vH destilliertem Wasser (man kann auch wohl gewöhnliches Wasser nehmen) noch eine Viertel bis eine halbe Stunde in dem Druck- oder Oxydationsapparat behandelt werden. Es werden klare, teilweise eine Spur opalisierende, aber unverändert haltbare Öle und wäßrige Lösungen von großem Wert und allgemeiner Anwendbarkeit erhalten. Die löslichen Mineralölerzeugnisse haben sehr gute Emulsionsfähigkeit und können als Träger anderer Fette deren Eindringen in das Leder vorzüglich vermitteln.

Eigenschaften der sulfurierten Öle.

Abgesehen von ihrer Verwendbarkeit als Bestandteile des Fettlickers haben die sulfurierten Öle noch die Fähigkeit, mit den basischen Farbstoffen unlösliche Farblacke zu bilden, und auf dieser Eigenschaft beruht im besonderen die Herstellung des Türkischrot als Farbe auf Baumwolle. Es können daher sulfuriertes Rizinusöl, Klauenöl, Olivenöl und viele pflanzlichen und tierischen Öle als Fixiermittel für diese Klasse von Farbstoffen verwendet werden, wobei die Anwendung der Öle entweder vor oder nach dem Färben erfolgen kann.

Sulfurierte Öle geben auch unlösliche Verbindungen mit Metallsalzen, eine Eigenschaft, von der man mit Vorteil beim Zurichten der Leder Gebrauch machen kann, um die Wasserfestigkeit zu erhöhen.

Wenn ein pflanzlich gegerbtes Leder erst mit einer schwachen Lösung einer metallischen Beize, wie Aluminiumsulfat oder Chromsulfat, behandelt ist und dann mit einer Emulsion von Seife und Öl oder mit einer Lösung von sulfuriertem Öl gelickert wird, bildet sich auf der Lederfaser eine unlösliche metallische Seife; es wird also das Metallsalz durch die Seife oder das sulfurierte Öl fixiert, während sonst beim Waschen des Leders mit Wasser jeder der beiden Teile vollständig entfernt werden würde. Dadurch wird die weich- und geschmeidigmachende Wirkung auf das Leder dauernder gemacht, als wenn nur eines der Mittel allein angewendet wird.

Wenn gewöhnliche pflanzlich gegerbte Leder, wie beispielsweise ostindische Ziegen oder Kipse, mit einer neutralen Seife oder mit einem sulfurierten Öle gelickert werden, so verlieren diese Leder leicht die Weichheit, welche sie durch das Fettlickern bekommen haben, wenn sie als Stiefel- oder Schuhoberleder getragen werden, darum, weil diese Mittel im Wasser löslich sind und beim Tragen der Leder im Regen eben ausgewaschen werden. Wenn dagegen eine Vorbehandlung mit einem Metallsalz erfolgt ist, so werden unter den gleichen ungünstigen Bedingungen die fettenden und schmierenden Stoffe nicht entfernt.

Herstellung von Fettlickern.

Bei der Herstellung des Fettlickers verfährt man am besten, wenn man eine Menge ansetzt, die z. B. für den Wochenbedarf der Fabrik ausreicht. Wenn man nach einem der nachstehenden Rezepte arbeitet, so wird man finden, daß die Licker beim Abkühlen in einen halbflüssigen Zustand übergehen. Der Vorteil, der darin liegt, ist augenscheinlich: Es ist auf diese Weise möglich, mit einem Ansatz den Bedarf an Fettlicker für eine bestimmte Menge Leder herzustellen und den konzen-

Abb. 114.

trierten Licker in jeder beliebigen Menge abzumessen. Dies ist eine viel bessere Arbeitsweise, als für jeden Posten Leder den Licker kurz vor der Behandlung anzusetzen. Man wird finden, daß, wenn die Emulgierung gleich anfänglich ordentlich und sorgfältig ausgeführt worden ist, der konzentrierte Licker sich ohne irgendwelche Abscheidung der Fetteilchen mit warmem Wasser vollständig mischen läßt.

Um eine gute Emulsion zu erzielen, ist ein Apparat erforderlich, welcher das Öl bis auf die kleinsten Teilchen zerteilt; denn nur dann kann das Eigelb seinen Zweck erfüllen. Nach Lamb ist der in Abb. 114 abgebildete Apparat vollkommen ausreichend, wenn man keine andere

Kraft als Handarbeit zur Verfügung hat. Der Apparat wird allgemein in der pharmazeutischen Industrie zur Herstellung von Lebertranemulsionen und ähnlichen für medizinische Zwecke benutzt. Er besteht aus galvanisiertem Eisen und hat eine Höhe von 94 cm und einen Durchmesser von 21 cm. Für die Lederindustrie ist es wohl ganz ratsam, die Größenverhältnisse etwas reichlicher zu bemessen; indessen muß das Verhältnis der Abmessungen innegehalten werden, da hiervon die Wirksamkeit des Apparates bedingt ist.

Nachdem die Fettlickermischung in heißem Wasser gelöst ist, kommt sie in den Emulgierungsapparat; der Stempel wird auf und nieder bewegt. Die Abbildung zeigt den Arbeiter beim Auf- und Niederpressen. Es ist hierbei darauf zu achten, daß der Stempel nicht über die Oberfläche der Mischung hinausgehoben wird; denn sonst spritzt die Flüssigkeit über, wenn der Stempel wieder hineingepreßt wird. Dieses pumpenartige Auf- und Niederbewegen des Stempels muß zum allermindesten fünf Minuten fortgesetzt werden, jedenfalls eben so lange, bis eine vollkommene Emulgierung erreicht ist.

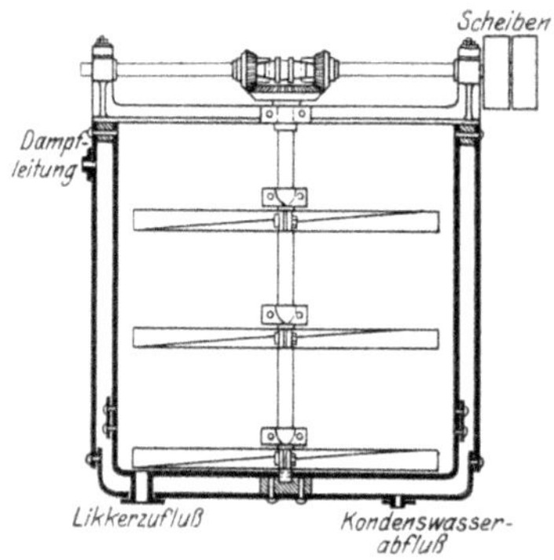

Abb. 115.

Bei der Herstellung der Fettlickeremulsion unter Verwendung von Seife verfährt man am besten folgendermaßen:

Die erforderliche Menge Seife wird in verhältnismäßig wenig kochendem Wasser gelöst und die Lösung gekocht; eine geeignete Menge ist $1^1/_2$ kg Seife auf 5 l Wasser. Das Öl wird dann zu der kochenden Seifenlösung gegeben und die Mischung einige Minuten weiter gekocht, um nun in einen geeigneten Emulgierapparat gegeben zu werden, wo die vollkommene Verteilung erfolgt. Wenn aber Eigelb als Emulgierungsmittel verwendet wird, muß es vorher mit einer kleinen Menge lauwarmen Wassers von nicht über 35^0 C gemischt werden. Dann wird es erst zu der Seifen- und Öl-Fettlickeremulsion hinzugegeben, wenn die Temperatur bis auf 35^0 gesunken ist. Die Durcharbeitung wird dann vorgenommen, bis die Emulsion vollständig ist.

Für die Herstellung größerer Fettlickermengen ist eine Maschine mit Kraftantrieb erforderlich. In Abb. 115 ist eine solche abgebildet. Sie besteht aus einem Bottich mit Rührwerk. Das Rührwerk wird aus Brettern oder Schaufeln gebildet, welche an einer vertikalen Achse befestigt sind. Die Schaufeln wirken, da sie die Fortsetzung eines aufgesetzten kontinuierlichen Schraubengewindes sind, ähnlich wie die Schaufeln einer Dampferschraube. Der Bottich trägt außerdem an den Seiten starre Arme, die in der Abbildung nicht zu sehen sind. Die Rührschaufeln sind mit Löchern versehen. Wenn das Rührwerk in Bewegung gesetzt wird, entsteht eine heftige Bewegung in dem

Fettlickergemisch, diese Bewegung bricht sich an den starren Armen, und auf diese Weise wird eine Reibung der einzelnen Partikelchen der Mischung untereinander hervorgerufen, welche durch die Wirkung der Löcher in den Rührschaufeln noch vergrößert wird; so wird die Mischung vollkommen durchgearbeitet und eine ausgezeichnete Emulsion erzielt.

Fettlicker-Vorschriften.

Chromziegen für Glacékid.

a) 1 vH Sulfuriertes Klauenöl,
2 „ Reines Klauenöl,
0,5 „ Eigelb.
b) 1 vH Sulfuriertes Klauenöl,
1 „ Schmierseife (Kaliseife),
2 „ Eigelb.
c) 1 vH Kaliseife,
2 „ Klauenöl,
0,5 „ Eigelb.

Chrom-Kalb für Box und Matt.

a) 2 vH Sulfurierter Tran,
„ Rizinusöl.
b) 1 vH Lösliches Mineralöl,
1 „ Rizinusöl,
1 „ Seifenschnitzel (Natronseife).
c) 1 vH Degras,
1 „ Seifenschnitzel (Natronseife),
1 „ Sulfuriertes Rizinusöl.

Chrom-Schaf und Lamm.

a) 2 vH Lösliches Mineralöl,
0,5 „ Olivenöl,
0,5 „ Kaliseife.
b) 1 vH Lösliches Mineralöl,
1 „ Sulfuriertes Klauenöl.

Lohgare Kipse.

a) 3 vH Wollfettolein,
1 „ Degras.
b) 3 vH Degras,
2 „ Kaliseife.

Lohgare Kalbfelle.

a) 3 vH Degras,
2 „ Sulfurierter Tran.
b) 3 vH Lösliches Öl,
2 „ Baumwollsaatöl,
1 „ Degras.

Ostindische Schafe.

a) 2 vH Sulfuriertes Rizinusöl,
1 „ Klauenöl.
b) 2 vH Lösliches Öl,
0,5 „ Rizinusöl,
1 „ Spermazetiöl.

Chromgare Hälften.

a) 2 vH Lösliches Mineralöl,
2 „ Rizinusöl.
b) 2 vH Sulfuriertes Rizinusöl,
1 „ Mineralöl.

Kombiniert-chromgare Leder.

a) 1 vH Rizinusöl,
2 „ Kaliseife,
1 „ Lösliches Öl.
b) 1 vH Klauenöl,
1 „ Degras,
2 „ Kaliseife.

Alaun-Kid.

a) 5 vH Eigelb,
1 „ Lösliches Mineralöl.
b) 5 vH Eigelb,
1 „ Olivenöl.

Die Mengenverhältnisse beziehen sich auf welkes Falzgewicht.

Anwendung des Fettlickers.

Die Anwendung der Fettlickeremulsion geschieht auf ganz verschiedene Art und Weise, die von der besonderen Art des Leders und von dem Vorhaben des Arbeiters abhängen. Man kann folgende Arten unterscheiden:

1. Fettlickern vor dem Färben.
2. Fettlickern nach dem Färben.
3. Fettlickern gleichzeitig mit dem Färben.

Alle diese Arbeitsweisen sind in Gebrauch; am allgemeinsten üblich ist jedoch das Verfahren erst zu Fettlickern, nachdem der Färbevorgang beendet ist.

Im allgemeinen wird der Fettlicker im Faß gegeben. Für diese Zwecke eignet sich das Heißluftschmierfaß am besten, welches in

Abb. 116.

Abb. 116 und 117 abgebildet ist, obgleich das Faß der gewöhnlichen Form, wie es Abb. 59 zeigt, weit mehr angewendet wird, wobei das Fettlickern nach Beendigung des Färbens vorgenommen wird.

Um ein vollkommenes Durchdringen und Eindringen des Fettlickers zu gewährleisten, ist es von wesentlichster Bedeutung, daß die Leder warm sind, wenn sie den Fettlicker bekommen, und daß die Emulsion eine etwas höhere Temperatur hat als der Inhalt des Fasses. Kann das Fettlickern bequem in einem anderen Gefäß als das Färben vorgenommen werden, so bietet das Heißluftfaß wesentliche Vorteile, da es die Möglichkeit verschafft, die Leder in das Faß zu geben und vollkommen bis zu der gewünschten Temperatur zu durchwärmen, ehe der Fettlicker hinzukommt; dadurch werden die möglich sichersten Arbeitsbedingungen geschaffen, um eine vollkommene Durchdringung zu gewährleisten. Wird der Fettlicker zu den kalten Ledern gegeben, so wird die warme Flüssigkeit bei Berührung mit den kalten Ledern abgeschreckt, die Seife im Fettlicker scheidet sich in kolloidaler Form auf oder dicht unter der Oberfläche des Leders ab, und ein tieferes Eindringen wird verhindert. Das Leder wird daher — und zwar ganz besonders, wenn es sich um Chromleder handelt — leicht eine fettige

Abb. 117.

Oberfläche bekommen, ohne daß dabei die Faser der Narbenschicht und das ganze Innere des Leders hinreichend geschmiert werden, und die zugerichteten Leder werden dünn und mager ausfallen.

Hinreichend angewärmt, im warmen Faß und bei heißem Fettlicker können die Leder, ohne Gefahr zu laufen, fettig zu werden, nahezu die doppelte Menge von Öl und Seife aufnehmen, als wenn der heiße Fettlicker in das kalte Faß fließt und die Leder gar nicht oder nur dürftig angewärmt sind. Wenn ein heizbares Schmierfaß nicht zur Verfügung steht, so muß man das gewöhnliche Faß für diese Zwecke verwenden. Man erwärmt dann das Faß dadurch, daß man etwa zwanzig Minuten bis eine halbe Stunde Dampf einbläst, bis das Faß auf etwa 50 °C angewärmt ist. Das Wasser, welches sich durch Kondensation des Dampfes gebildet hat, läßt man fortlaufen und den Dampf aus dem Inneren des Fasses entweichen. Die ausgestrichenen oder abgewelkten Leder werden dann hineingegeben und nachdem das

Faß etwa fünf Minuten gelaufen, läßt man den heißen Fettlicker hineinlaufen.

Die Menge der konzentrierten Fettlickeremulsion, die gegeben wird, soll nicht groß sein; aber sie muß ausreichen, um mit dem notwendigen Wasserzusatz eine kleine Flüssigkeitslache am Boden des Fasses zu geben, in welche die Leder während des Walkens hineinfallen. Eine geeignete Menge für den Fettlicker dürfte etwa 25—50 l auf je 50 kg Leder sein.

Die Lösung der Fettlickeremulsion wird durch die hohle Achse in das Faß gegeben und zwar bei einer Temperatur von 50—60° C bei pflanzlich gegerbten Ledern, und bei etwas höherer Temperatur — etwa 55 bis 65° C — bei chromgaren Ledern. Das Walken mit dem Fettlicker soll etwa drei Viertelstunden fortgesetzt werden; in dieser Zeit sollen die Leder die ganze Menge des Fettes aufgenommen haben, so daß im Faß nur eine kleine Menge mehr oder minder schmutzigen Wassers zurückbleibt.

Wenn gefärbte Leder mit einer Emulsion von Seife und Öl gelickert werden, so soll die Menge der konzentrierten Fettlickeremulsion so klein wie möglich sein. Denn wenn die Leder in einer verhältnismäßig großen Flüssigkeitsmenge gewalkt werden, wird leicht eine nicht unerhebliche Menge des Farbstoffes vom Leder abgezogen.

Am verbreitetsten ist das Verfahren, die Fettlickeremulsion dann zu den Ledern im Faß zu geben, wann der Färbevorgang nahezu beendet oder ganz abgeschlossen ist, indem man das Faß so lange weiterlaufen läßt, bis möglichst große Mengen von Emulsion aufgenommen worden sind. Diese Arbeitsweise ist indessen einer Gleichmäßigkeit des Erzeugnisses nicht eben dienlich. Denn eine geringfügige Temperaturverschiedenheit der großen Farbflotte und die gewöhnlich große Flüssigkeitsmenge, in welche der Fettlicker hineingegeben wird, verursachen leicht eine durchaus unvollständige Aufnahme des Fettlickers. Weit besser arbeitet man so, daß man zwei Drittel oder drei Viertel der großen Farbflotte fortfließen läßt, noch während des Laufens etwas Dampf in das Faß einbläst, bis die Temperatur auf 50—55° C gestiegen, dann den auf 60° C angewärmten Fettlicker hinzugibt und nun das Faß weiter laufen läßt, bis die Emulsion vollkommen aufgenommen ist. Wenn diese Arbeitsweise auch weit entfernt davon ist, ideal genannt werden zu dürfen, so ist sie doch erheblich besser als die erste. Die Gegenwart der löslichen Salze, der Säuren und unlöslichen Stoffe in der Farbflotte bringt lauter schädliche Einflüsse auf den Fettlicker mit sich, dessen Emulsion sich unter ihrer Wirkung leicht trennt.

Der Zusatz von Glyzerin zum Fettlicker hat keine wirklich nutzbringende Bedeutung, obwohl dies oft für Chromleder behauptet wird; er soll sich vorteilhaft beim Abwelken der Leder zum Rollen bemerkbar machen. Es ist aber außerordentlich schwierig, wenn nicht überhaupt unmöglich, wirklich durchgetrocknetes Chromleder wieder feucht zu machen. Glyzerin ist sehr hygroskopisch, d. h. es hat ein starkes Bestreben Wasser aufzunehmen. Daher ist sein Zusatz zum Fettlicker von geringem Wert; der größere Teil des zugesetzten Glyzerins (nach Lambs Erfahrungen über 85 vH) geht in dem Wasser, welches nach dem Fettlickern verbleibt, verloren. Wenn Glyzerin zu dem genannten Zweck verwendet werden soll, so gibt man es am besten unmittelbar auf die Leder beim Ausstreichen nach dem Fettlickern, und zwar mit einer Bürste oder einem Schwamm, indem man eine verdünnte Glyzerinlösung — etwa 1 Teil Glyzerin auf 3 Teile Wasser — verwendet.

Nach dem Fettlickern werden die Leder sorgfältig für einige Stunden über den Baum geschlagen, bevor sie ausgestrichen werden und fertig zum Färben sind.

Eine Emulsion von Kartoffelmehl und Öl, welches teilweise mit Alkali verseift ist, ist auch als Fettlicker empfohlen worden; und ein solcher Fettlicker tut für manche Zwecke gute Dienste. Man stellt ihn her, indem man etwa 100 g Waschsoda in 4 l löst und dann erst etwa 100 g Mehl, welches vorher mit kaltem Wasser aufgequollen ist, und darauf schließlich 1 l Rizinusöl zugibt. Diese Mischung wird nun auf etwa 50° C erwärmt, 2 kg Degras zugegeben und ordentlich emulgiert. Der Fettlicker darf nicht gekocht werden.

Als Ersatz für die Seife bei der Herstellung von Fettlickern kann Natriumalginat angewendet werden. Einen brauchbaren Alginfettlicker, stellt man her, indem man etwa 12 g Waschsoda in 5 l Wasser löst, 1 kg Alginpaste zugibt und die Mischung erwärmt, bis sich das Algin vollständig gelöst hat. Dann werden $1^1/_2$ kg Rizinusöl oder Degras zugegeben und 5—10 Minuten gekocht und gründlich emulgiert. Schließlich wird $^1/_2$ kg Eigelb mit etwas kaltem Wasser verrührt und, wenn die erste Mischung nahezu kalt geworden ist, zugesetzt. Der Fettlicker wird nun nochmals emulgiert.

Beim Fettlickern von Ledern, welche geglänzt werden sollen, ist Rizinus-, Oliven- oder Klauenöl zu empfehlen. Wenn die Leder matt zugerichtet werden sollen, wie z. B. verschiedene Chromlederarten, ist die Verwendung von Degras oder Weißgerberdegras vorzuziehen, und zwar sowohl allein für sich wie in Verbindung mit Klauen- oder Olivenöl.

In vielen Fabriken bekommen die Leder nach den vorbereitenden Behandlungen vor dem Färben einen Vorfettlicker und werden dann getrocknet, bevor mit dem Färben begonnen wird. Dieses Verfahren ist sehr zweckentsprechend, besonders bei Kalbfellen, Persern u. a., die für Schuhoberleder zugerichtet werden sollen. Durch Anwendung dieser Arbeitsweise wird es ermöglicht, einen großen Vorrat von Leder auf einmal herzustellen und so immer ein Lager in einem solchen Zustand zu haben, daß man im Bedarfsfall kurzerhand färben kann, was verlangt wird. Die Leder brauchen nur in Wasser angewelkt zu werden, bevor sie in das Farbbad gegeben werden. Leder, welche auf diese Weise vorbereitet wurden, lassen sich selbst nach langer Lagerung gut färben und sind immer weich und griffig; wenn es notwendig erscheint, so können sie nach dem Färben noch einmal ein wenig nachgelickert werden.

Dreiundzwanzigster Abschnitt.

Trocknen.

Das Trocknen spielt eine sehr wichtige Rolle bei der erfolgreichen Herstellung farbiger Leder. Es ist keineswegs leicht, die Arbeitsbedingungen für den Trockenvorgang gleichmäßig zu gestalten, und mancher Fabrikant macht sich kein rechtes Bild von der Bedeutung dieses Arbeitsganges. Wenn zwei Posten Leder unter gleichen Bedingungen vollkommen einheitlich gefärbt sind, aber nicht ebenso unter gleichmäßigen Bedingungen getrocknet wurden, ist eine Abweichung in der Farbe der fertigen Leder unvermeidlich. Daher die Schwierigkeit und Bedeutung dieser Arbeit.

Abwelken.

Das Leder abwelken oder welken oder welk machen besteht darin, einen Teil der Feuchtigkeit daraus zu entfernen, um es gleichmäßig halbtrocken zu machen. Dieser halbtrockne Zustand ist eine wesentliche Bedingung für die Lederbearbeitung, sowohl beim Falzen wie beim Spalten, Fettlickern oder Schmieren, und es ist ebenso wichtig, daß das Leder in dem welken Zustande ist, wenn es ausgesetzt werden soll — ein Arbeitsgang, dessen Zweck es ist, die Runzeln zu beseitigen und einen Narben von vollkommener Glattheit und Regelmäßigkeit hervorzubringen.

Das alte Verfahren, Leder abzuwelken, bestand darin, daß es in einem Trockenraum so lange aufgehängt wurde, bis eine genügende Menge Feuchtigkeit daraus verdunstet war, um die befriedigende Durchführung der nachfolgenden, obengenannten Arbeitsgänge zu ermöglichen.

Wird die Arbeit in dieser Weise ausgeführt, so ist es notwendig, um eine wirklich gleichmäßige Feuchtigkeit zu erzielen, die dünnen Stellen der Haut, welche beim Hängen zu trocken geworden waren, mit Wasser nachträglich wieder anzufeuchten, und die Häute oder Felle dann auf Haufen zu schichten, um die Feuchtigkeit gleichmäßig durch den ganzen Haufen Leder zu verteilen; um hierbei die Ränder vor dem Austrocknen zu bewahren, werden die Haufen mit feuchter Sackleinwand zugedeckt. Dieses teilweise Trocknen wird heute indessen mechanisch ausgeführt und zwar auf zwei verschiedenen Arten von Maschinen, einmal durch Abpressen, das andere Mal durch Quetschen zwischen Walzen.

Abb. 118 zeigt eine für diese Zwecke geeignete Art von hydraulischen Pressen. Die Presse hat zwei bewegliche Platten, auf welche die Leder, nachdem sie mehrere Stunden über dem Baum gut abgetropft und darauf zusammengefaltet sind, in Reihen geschichtet werden, wobei immer zwischen je 5 oder 10 Dutzend Leder eine Platte gelegt wird; sie werden dann unter einem Druck von 1—$1^1/_2$ Atmosphären abgepreßt und in der Presse belassen, bis der größere Teil des auf solche Weise entfernbaren Wassers ausgedrückt ist.

Der Nachteil dieses Verfahrens besteht darin, daß die Leder die Druckstellen, welche diese Behandlung mit sich bringt, in Form von Runzeln zeigen. Bis zu einem beträchtlichen Grade kann man diesen indessen ausgleichen, indem man die Leder in ein trocknes Faß bringt und es eine halbe Stunde laufen läßt. Die Runzeln werden dadurch

Abb. 118.

fast vollkommen beseitigt und gleichzeitig wird die Feuchtigkeit in den Ledern noch besser gleichmäßig verteilt. Werden die Leder dann nach dem Walken über Nacht auf Haufen geschichtet, so sind sie am folgenden Tage in sehr gutem Zustande, um gefalzt, gespalten oder sonstwie weiterbehandelt zu werden. Der Vorteil der Presse gegenüber der Wringmaschine besteht in der Schnelligkeit der Arbeit.

Abb. 119.

Abb. 119 zeigt eine gebräuchliche Form der Abwelkmaschine. Sie ähnelt in ihren wesentlichen Einzelheiten der Ausstreichmaschine mit Gummiwalze. Zum Abwelken kommen die Leder zwischen die Druckwalzen, welche gewöhnlich mit Tuch oder mit filzüberzogenem Gummi bekleidet sind. Die Maschine wird in Betrieb gesetzt, und die in entgegengesetzter Richtung laufenden Walzen führen dem Arbeiter die Haut zu. Um Druckstellen und dadurch sich geltend machende Falten oder Runzeln zu vermeiden, ist die Maschine mit einer Ausstreich-Schneckenwalze versehen, ähnlich wie die beim Ausstreichen verwendeten Maschinen sie haben.

Um der verschiedenen Dicke der Leder gerecht zu werden, sind bei einer Form der Abwelkpresse die Wringwalzen mit losen, nahtlosen Filzüberzügen bekleidet.

Eine noch andere Form von Abwelkmaschine ist ganz ähnlich der Bandmesserspaltmaschine (s. S. 21) gebaut, nur daß sie natürlich kein Messer hat. Das Leder wird zwischen einer Gliederwalze und einer mit Gummi oder Filz u. a. bedeckten Walze geführt, wobei die Gliederwalze die Ungleichheiten der Lederstärke berücksichtigt.

Trocknen.

Das Trocknen des Leders ist von außerordentlicher Wichtigkeit. Die sorgfältige und sachgemäße Ausführung dieses Arbeitsganges bestimmt weitgehend die Güte und Zurichtung des fertigen Leders.

Wenn Leder unter den gewöhnlichen atmosphärischen Bedingungen getrocknet werden, so geht die Trocknung notwendigerweise sehr langsam vor sich. Es ist daher eine beträchtliche Arbeit aufgewendet worden, um das Trocknen zu beschleunigen und gleichförmig zu gestalten und unabhängig von der Witterung zu machen.

Leder trocknen heißt alle überschüssige Feuchtigkeit aus ihm entfernen. Die Beseitigung dieses Überschusses geschieht durch Verdunstung, und zwar mit Hilfe von Luft, welche mit dem aus dem feuchten Leder stammenden Wasserdampf beladen wird.

Nach dem Gesagten ist es leicht verständlich, daß bei jeder beliebigen Temperatur nur eine gewisse, von der Temperatur abhängige Menge Feuchtigkeit von der Luft aufgenommen werden kann, bevor der Sättigungspunkt erreicht ist. Ist dieser Punkt aber erreicht, dann kann kein Wasser mehr aus dem zu trocknenden Leder verdunsten und von einer Trocknung kann keine dann Rede mehr sein.

Die Menge Wasser, welche von einem bestimmten Volumen Luft aufgenommen werden kann, also ihr Trockenvermögen, wächst schnell mit Erhöhung der Temperatur, wie folgende Tafel erkennen läßt:

Temperatur in Celsiusgraden . . .	10°	15°	20°	25°	30°	35°
Wasser für 1 cbm Luft in g . . .	9,2	12,7	17,1	22,7	30,0	39,1

Dieses schnelle Anwachsen des Trocknungsvermögens der Luft mit dem Ansteigen der Temperatur führt folgerichtig zu dem Schluß, daß man ein möglichst kleines Volumen von Luft möglichst hoch erhitzen muß, um die Verdampfung einer möglichst großen Wassermenge aus dem zu trocknenden Werkstoff zustandezubringen. Indessen ist bei der Verarbeitung von Leder eine Grenze für die Temperatur gesetzt, welche man nicht überschreiten darf, ohne die Güte des Leders wesentlich zu beeinträchtigen.

Aus der Tatsache, daß die Temperatur der Luft zum Trocknen des Leders nicht beliebig hoch gesteigert werden darf, und daß die zulässige Temperatur nur eine begrenzte Menge Wasser durch die Luft absorbieren läßt, folgt, daß man zum schnellen Trocknen von Leder die Luft häufig erneuern muß, indem man die mit Feuchtigkeit beladene Luft entweichen und an ihre Stelle frische erwärmte Luft treten läßt. Je häufiger dieser Luftwechsel stattfindet, um so schneller wird das Leder trocken. Das Entweichen der feuchten und der Zutritt der frischen warmen Luft soll am besten kontinuierlich stattfinden und sich nach dem Trockenwerden der Leder richten.

Ein außerordentlicher wichtiger Faktor für die Ledertrocknung ist der Feuchtigkeitszustand der Luft selbst, d. h. die Menge Feuchtigkeit, die die Luft an sich, schon bevor die Ledertrocknung beginnt, enthält. Vom praktischen Standpunkt aus ist dies weit bedeutsamer als die Temperatur der Luft, besonders beim Trocknen feuchter Felle nach dem Gerben oder nach den vorbereitenden Arbeitsgängen vor dem Färben. Denn es ist ganz klar, daß die Erwärmung der Luft zuerst die in ihr selbst vorhandene Feuchtigkeit vertreiben muß, ehe sie überhaupt zur Verdunstung des Wassers aus dem Leder dienen kann. Ganz allgemein kann man sagen, daß die Farbe und die Güte eines Leders schließlich um so besser ausfallen wird, je langsamer die Trocknung vor sich ging. Wenn man die Luft, auch wenn sie verhältnismäßig frei von Feuchtigkeit ist, künstlich erwärmt, so wird der Narben des Leders nach dem Zurichten gewöhnlich dunkel und brüchig sein. Besonders ist dies dann der Fall, wenn die erwärmte Luft schon in den ersten Stadien der Trocknung angewendet wird. Die Dunkelheit und Brüchigkeit werden dadurch verursacht, daß die Lederoberfläche unter solchen Umständen zu schnell trocknet und die Trocknung im Innern des Leders nicht mit dem Trocknen an der Oberfläche gleichen Schritt hält. Durch diese zu schnelle Trocknung der Oberfläche wird aller Überschuß an Gerbmaterialien aus dem Inneren an die Oberfläche gezogen und trocknet nun hier, wo er sich anhäuft, hart und brüchig an.

Im feuchten Klima, wie z. B. in England, dauert die Lufttrocknung sehr lange und ist mit Ausnahme von den Ledern, die aus der Lohe kommen, in modernen Fabriken kaum noch angewandt. Selbst dann aber wird die Luft in den Trockenräumen zur Vervollständigung der Trocknung durch Heizvorrichtungen mit heißem Wasser oder Dampf erwärmt.

Bei einer bestimmten Temperatur kann die Luft nur eine bestimmte Menge Wasser aufnehmen. Wenn sich also die Luft des Trockenraumes mit dem aus den Ledern verdunsteten Wasser gesättigt hat, so wirkt sie nicht mehr trocknend. Dann muß sie notwendigerweise erneuert werden, und diese Erneuerung kann nur durch eine vollständige Ventilierung des Raumes bewerkstelligt werden. Die Ventilation kann auf drei Weisen erfolgen: 1. durch Fächer, 2. durch Ventilatoren am Boden des Trockenraumes, wobei Vorrichtungen dafür angebracht sind, daß die Luft durch die Decke des Raumes oder kurz unter ihr entweichen kann oder 3. durch Öffnungen (Luftklappen) an allen Seiten des Raumes, die einen freien Durchzug der Luft durch den ganzen Raum ermöglichen.

Die Luftzirkulation im Trockenraum und die Ventilation des Raumes werden meist heute durch Ventilationsfächer (s. Abb. 120—124) bewirkt, und diese Arbeitsweise ist zweifellos die beste und schnellste. Die Einrichtung eines besonderen Raumes für das Trocknen erfordert beträchtliche Überlegung und Sorgfalt. Die alte Form des Trockenbodens mit Luftlöchern an den Seiten des Raumes und mit Dampfröhren, die in der Mitte am Fußboden entlang laufen, ist vielleicht die denkbar ungünstigste Einrichtung eines Raumes, der eigens zur Ledertrocknung dienen soll. Trotzdem wird sie für die Leder, die aus der Lohe kommen, angewandt und besonders wenn die Witterungsverhältnisse sich dazu eignen. Die Gefahr eines solchen Trockenbodens besteht in der örtlichen Überhitzung. Die Leder, die unmittelbar bei den Dampfröhren hängen, werden überhitzt und darin besteht in der Tat eine außerordentliche Gefahr. Ist das Wetter trübe und feucht, so muß man die Luftlöcher schließen und die Temperatur beträchtlich steigern, um die Leder trocken zu bekommen, und dann ist die Gefahr der Überhitzung natürlich noch viel größer.

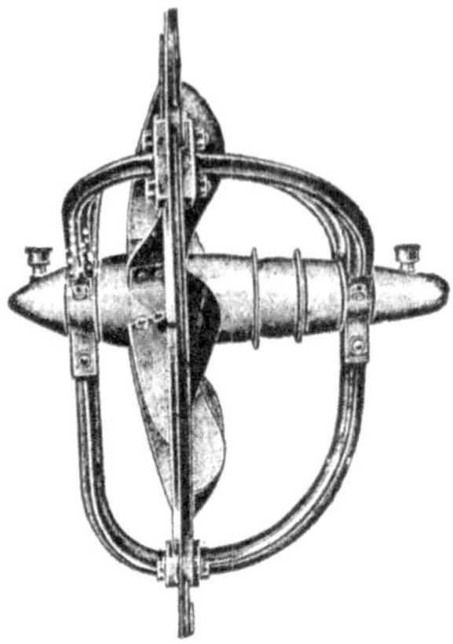

Abb. 120.

Der allgemeine Grundsatz aller modernen Einrichtungen zum Trocknen mit Ventilatoren ist, in reichlicher Zufuhr die warme Luft durch den Trockenraum strömen zu lassen. Die Luft muß vorher durch ein Register von Dampfröhren erhitzt sein. Es ist stets besser, das Leder mit einer reichlichen Menge mäßig warmer als mit wenig, aber stark erhitzter Luft zu trocknen. Und außerdem ist dieses Verfahren auch sparsamer als das zweite. Denn die Kosten, die Luft mit einem Ventilator zu bewegen, sind geringer, als diejenigen, eine verhältnismäßig hohe Temperatur mit Dampf oder Heißwasser gleichmäßig zu erhalten. Abbildung 120 zeigt das Bild eines großen Ventilators und Abb. 121 und 122 zeigt ihn im Schnitt.

Abb. 121.

Das Trocknen mit Ventilatoren wird vielfach falsch ausgeführt und daher oftmals durchaus wirkungslos befunden. Mancher Gerber glaubt, wenn er einen Ventilator an dem einen Ende seines Trockenbodens, der Luftklappen hat, eingerichtet hat, er habe nun alles getan, was nötig sei. Eine solche Einrichtung ist indessen fast so gut wie nutzlos. Denn unter solchen Verhältnissen ist die Wirkung des Ventilators vollkommen örtlich, indem er einfach die Luft durch die ihm nächsten Luftklappen ansaugt. Um die durch die Umdrehung des Ventilators hervorgerufene Luftströmung völlig auszunutzen, ist es vielmehr nötig, daß die Wände des Raumes vollkommen geschlossen sind, und daß die Verbindung zwischen dem Innern des Trockenraumes und der Außenluft nur am Ende des Raumes, möglichst weit vom Ventilator entfernt, stattfindet. Luftklappen sind nur beim gewöhnlichen Trocknen mit Luft brauchbar. Ein Nachteil, der dem beschriebenen System mit einem Ventilator an der einen Seite des Trockenbodens anhaftet, ist der, daß die Luftbewegung hauptsächlich in der Richtung des geringsten Widerstandes stattfindet, und daß infolgedessen ein stärkerer Luftstrom durch die Mitte des Raumes in gerader Linie zum Ventilator hin geht, als an den Wänden, wo die Luft verhältnismäßig still steht. Das bringt leicht eine unregelmäßige Trocknung mit sich; denn die Schnelligkeit des Trocknens hängt gänzlich von der Entfernung der Felle von der geraden Linie des starken Luftstromes ab. Anstatt also nur einen großen Ventilator zu haben, ist es in jedem Falle besser, zwei oder drei kleine anzuwenden. Denn das Trocknen der Leder wird dann viel gleichmäßiger.

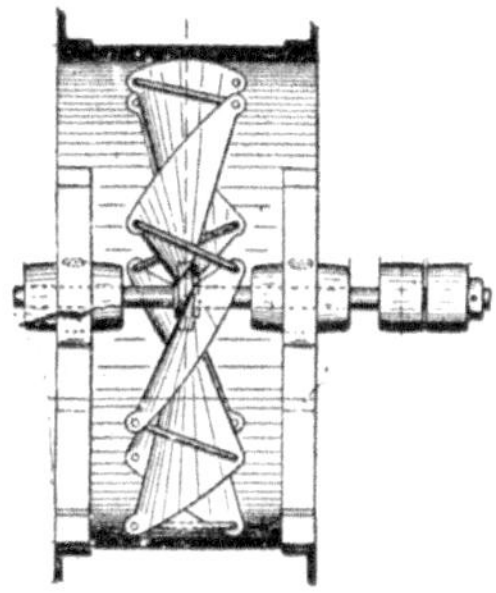
Abb. 122.

Nachdem im obigen der Umlauf der Luft im Trockenraum durch die Wirkung von Ventilatoren beschrieben ist, ist noch zu bemerken, daß die Schraubenventilatoren entweder zum Ansaugen oder auch zum Fortblasen von Luft angewendet werden können. Im ersten Fall ist ihr Wirkungsgrad im allgemeinen erheblich besser. Legt man Wert darauf, die Luft in den Trockenraum hineinzublasen, z. B. wie weiter unten beschrieben, durch sogenannte Luftführungen aus Weißblech, so muß der Ventilator für den besonderen Fall als Druckventilator konstruiert sein.

Abb. 123.

Es ist bereits oben gesagt, daß meist die Anwendung mehrerer kleinerer Ventilatoren der eines einzigen großen vorzuziehen ist. Dies ergibt sich aus folgender Überlegung: Ein Ventilator von 6 Fuß Durchmesser ist bei schnellstem Lauf — das ist bei etwa 400 Umdrehungen in der Minute — imstande, gegen 80000 Kubikfuß Luft in der Minute in Bewegung zu versetzen, und braucht dazu eine Antriebskraft von etwa 6 PS. Demgegenüber braucht ein Ventilator von 3 Fuß Durchmesser mit 500 Umdrehungen und einer Leistung von 12000 Kubikfuß in der Minute nur $1^1/_2$ PS. Anderseits ist zu berücksichtigen, daß der größere Ventilator, der langsamer läuft, einen günstigeren Wirkungsgrad hat, als der kleinere Ventilator mit seiner höheren minutlichen Umlaufzahl. Diese nämlich ist abhängig von dem Durchmesser des Ventilators und seiner Leistung. Bei einem Ventilator von 3 Fuß Durchmesser hat man durchschnittlich mit 450 Umdrehungen in der Minute zu rechnen, während die Umlaufzahl für einen Ventilator von 6 Fuß Durchmesser zwischen 300 und 400 liegt. Sehr empfehlenswert ist der

Abb. 124.

direkte elektrische Einzelantrieb des Ventilators für Trockenräume, da sich hierdurch die Möglichkeit ergibt, ohne große Kosten den Ventilator die Nacht durch laufen zu lassen, während sonst, bei Transmissionsantrieb, die ganze Antriebsanlage in Betrieb gehalten werden muß, um vielleicht einen einzelnen Ventilator weiterlaufen zu lassen. Abb. 123 zeigt einen elektrischen Ventilator mit eingebautem Motor.

Abb. 125.

Abb. 124 zeigt eine weitere Form von Fächerventilatoren für die Ledertrocknung. Die horizontale Stellung der Fächer nebeneinander wirkt im wesentlichen dadurch, daß sie den Austritt der Luft, nachdem diese ihren Weg an zu trocknenden Ledern zurückgelegt hat, verhindert, bevor sie mit Feuchtigkeit möglichst vollkommen gesättigt ist. Diese Art der Trocknung ist dann am wirksamsten, wann der Raum durch gewöhnliche Dampfröhren geheizt wird, die dicht an dem Fußboden angebracht sind, oder wenn die Verteilung der Luft durch ein Röhrensystem erfolgt.

In den letzten Jahren ist ein Verfahren allgemein in Aufnahme gekommen, um eine befriedigende Verteilung der Luft bei der gewünschten Temperatur zu erreichen. Es besteht in einer Verbindung von Heizvorrichtung und Ventilator, wie sie in den Abb. 125 und 126 dargestellt ist.

Der Erhitzer besteht aus einem großen Gehäuse, in welchem eine Anzahl Dampfrohre eng und radial, lamellenförmig angeordnet sind;

Abb. 126.

der durchstreichende Dampf bringt sie auf jede gewünschte Temperatur. Ein Ventilator ist mit dem System gekuppelt, um die Luft über die erhitzten Teile des Apparates zu drücken.

Die erhitzte Luft wird zwangsläufig geführt; es geschieht dies entweder in Eisenrohren, welche am unteren, dem Fußboden zugekehrten Ende in Ablaßventile endigen, wie Abb. 127 und 128 zeigt — dieses ist eine der Arbeitsweisen der Sturtevant Comp. — oder durch Holzführungen, welche am Fußboden des Trockenraumes dahinlaufen, wie Abb. 129 zeigt — eines der Verfahren der Fa. Keith, Blackmann & Co.

Im ersten Falle findet die Verteilung der Luft in der Weise statt, daß sie unten aus den verschiedenen Führungsrohren austritt, sich über den Fußboden ausbreitet, dann zwischen den im Trockenraum

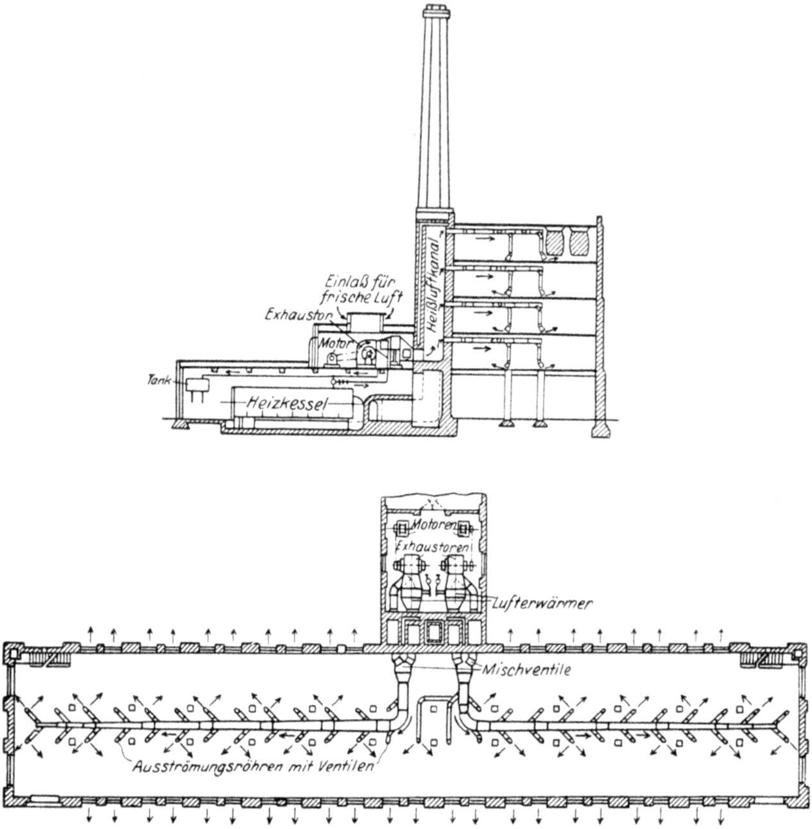

Abb. 127.

hängenden Ledern hinstreicht und durch den an der Decke des Raumes befindlichen Ventilator schließlich abgesaugt wird.

Im letzten Falle geschieht die Verteilung mit Hilfe von kleinen, an den Seiten oder oben an den Führungsrohren angebrachten Klappen, welche zum Entweichen der Luft beliebig geöffnet oder geschlossen werden können.

Die Abb. 130 und 131 zeigen noch andere Trocknungseinrichtungen. Wie aus den Abbildungen erkenntlich ist, wird die Luft hier durch Heizröhren erhitzt und dann durch Führungsröhren von einem Druck-

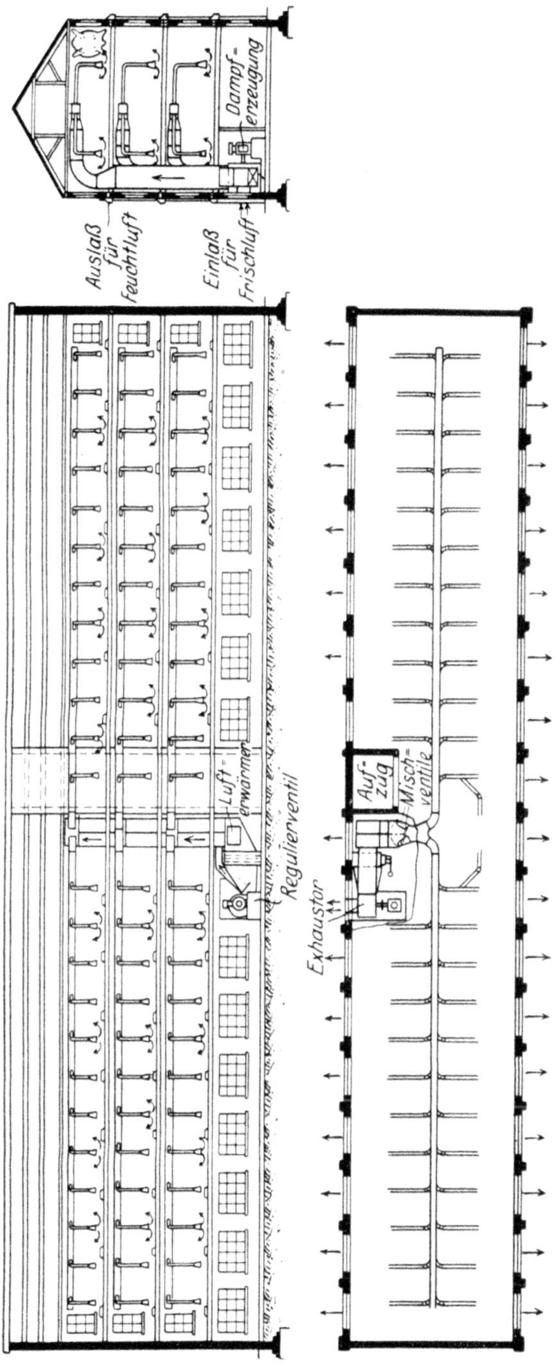

Dampf-
erzeugung
Auslaß
für
Feuchtluft
Einlaß
für
Frischluft
Luft-
erwärmer
Regulierventil
Auf-
zug
Misch-
ventile
Exhaustor

Abb. 128.

Abb. 129.

Abb. 130.

ventilator in die verschiedenen Stockwerke geblasen. Die Luftleitungen sind bei diesen Anlagen so gelegt, daß sie rings an den Umfassungswänden des Hauses herum laufen und zwar dicht am Fußboden der einzelnen Stockwerke.

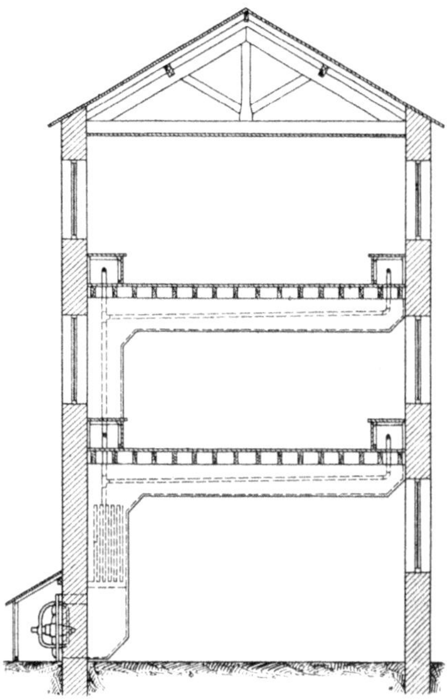

Abb. 131.

Tunneltrocknung.

Die letzte Entwicklung der Trocknung in maschineller Richtung führte zu der sogenannten „Tunneltrocknung". In Wirklichkeit ist diese eine Abwandlung der Trocknung mit Hilfe von Ventilatoren. Aber anstatt die heiße Luft in ein Gebäude von verhältnismäßig großem Ausmaß entweichen zu lassen, wird sie hier in einen Tunnel geführt, durch den die Leder mit Hilfe einer mechanischen Vorrichtung systematisch hindurchgeführt werden. Der Tunnel ist entweder aus Asbestplatten oder aus Eisenblech, welches gewöhnlich mit Asbest bekleidet ist, gebaut.

Der Vorteil dieses Verfahrens besteht darin, daß das Trocknen automatisch geleitet werden kann, unter gleichbleibenden Bedingungen, in sehr kurzer Zeit und ganz erheblicher Raumersparnis.

Der Vorteil der Trocknung in einer beschränkten Luftmenge, wie es beim Arbeiten in dem Tunnel geschieht, und bei fortschreitender Bewegung der Leder, ist darin zu sehen, daß die Leder zuerst bei ihrem Eintritt in den Tunnel mit einer Luftschicht in Berührung kommen, welche beinahe mit Feuchtigkeit gesättigt ist, beim Fortschreiten, Schritt um Schritt, durch den Tunnel immer in Luftschichten eintreten, welche weniger und weniger Feuchtigkeit enthalten. Wenn sie schließlich am anderen Ende des Tunnels herausgenommen werden, so sind sie zuletzt in einer sehr heißen, beinahe vollständig trocknen Luft behandelt worden.

Der Arbeitsgang der Trocknung wird auf diese Weise kontinuierlich, er wird zur Bandarbeit. Ein Band von Ledern wandert durch den Tunnel in solcher Geschwindigkeit und unter solchen Verhältnissen, daß die Trocknung in einer gewünschten Zeit ausgeführt werden kann, und unter Feuchtigkeits- und Temperaturbedingungen, welche dem Leder dienlich sind. Die Art und Weise, auf welche die Leder von dem einen Ende der Trockenvorrichtung zu dem anderen gebracht werden, ist nicht einheitlich in den verschiedenen Anlagen, ebenso wenig wie die Art des Aufhängens.

Abb. 132 zeigt die von der Sturtevant Co. angewendete Art, bei welcher die Leder an den mit den Führungsketten verbundenen Stangen hängen. Eine ähnliche Trocknungsanlage, bei welcher die Leder ebenfalls von einem zum anderen Ende eines Tunnels geführt werden, ist in Abb. 133 abgebildet; sie entspricht einer von der Fa. Procter & Schwarz ausgeführten Anlage in einer amerikanischen Lederfabrik.

Abb. 134 zeigt das untere Ende einer neungliedrigen Führungsanlage, bei welcher vier Glacékidleder auf einer Stange liegen. Die

Abb. 132.

Felle liegen über den Stangen, welche zwischen den Zähnen der Führungskette eingeschoben sind. Die Anlage steht ebenfalls in Amerika.

Die Abb. 135, 136 und 137 zeigen Risse von Sturtevant „Vielfachtrocknungstunneln". Durch Heizung des Tunnels mit sechs voneinander unabhängigen Ventilatoren und Heizapparaten sollen gleichförmigere Ergebnisse gewonnen werden, da die Temperatur des Tunnels besser reguliert werden kann und auch die Luftmenge, welche durch die Leitungen getrieben wird. Die Leder gehen ebenfalls schrittweise durch den Tunnel. Bei dieser Anlage kommen die Leder anfänglich in Luft von viel niedrigerer Temperatur, als sie beim Verlassen des Tunnels herrscht. Gleichzeitig ist eine Absaugevorrichtung vorgesehen, welche die mit Feuchtigkeit gesättigte Luft aus dem Tunnel entfernt.

Abb. 138 zeigt einen Bossert-Trockentunnel. Der Schnitt läßt die Anlage der Führungsvorrichtung und die Anordnung der Heizrohre erkennen; die Leder gehen langsam, je nach dem Wunsch des Arbeiters, durch die Maschine, sie werden auf der einen Seite eingeführt und kommen auf der anderen trocken heraus.

Abb. 133.

Abb. 140 und 141 zeigen Ansicht und Schnitt des Marrschen Trockentunnels. Er weicht von der oben beschriebenen in der Konstruktion insofern ab, als die Heizsysteme der ganzen Länge des Tunnels entlang

Abb. 134.

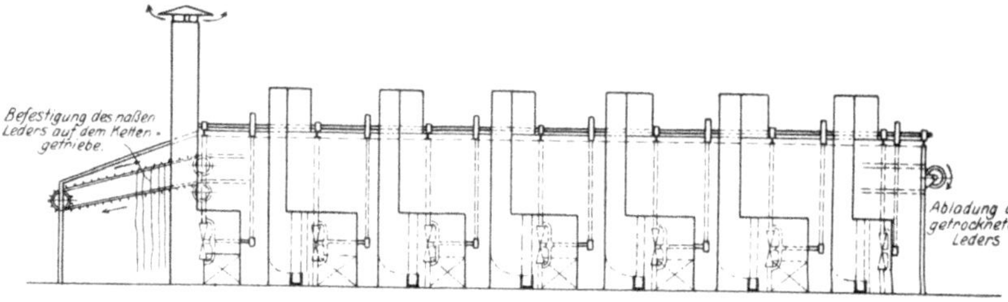

Abb. 135.

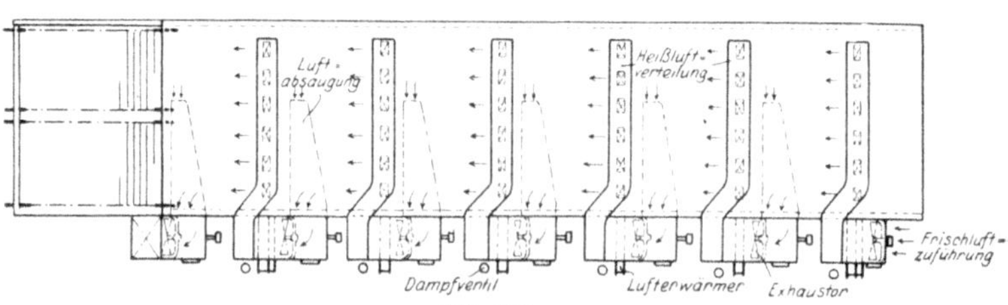

Abb. 136.

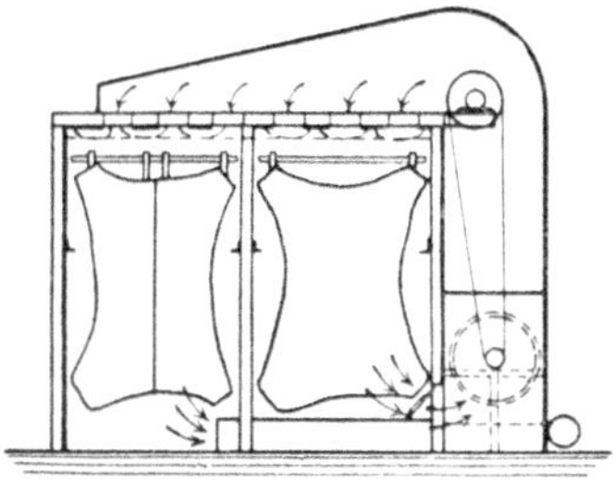

Abb. 137.

Abb. 138.

Abb. 139.

durch die Trockenkammer gehen. Die Leder laufen durch den Tunnel und kommen an der gleichen Seite heraus, an der sie eingeführt worden

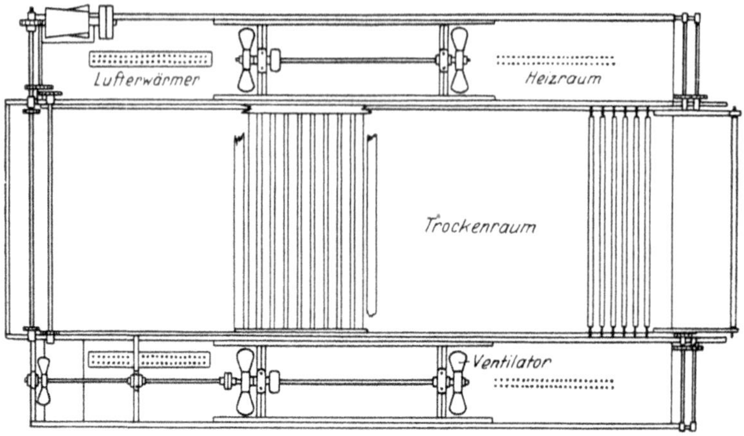

Abb. 140.

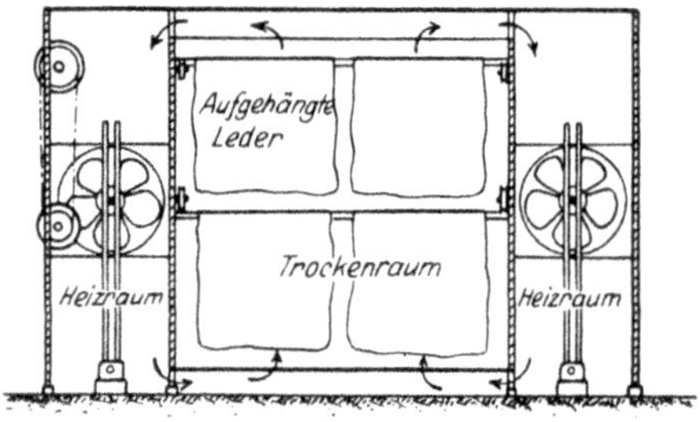

Abb. 141.

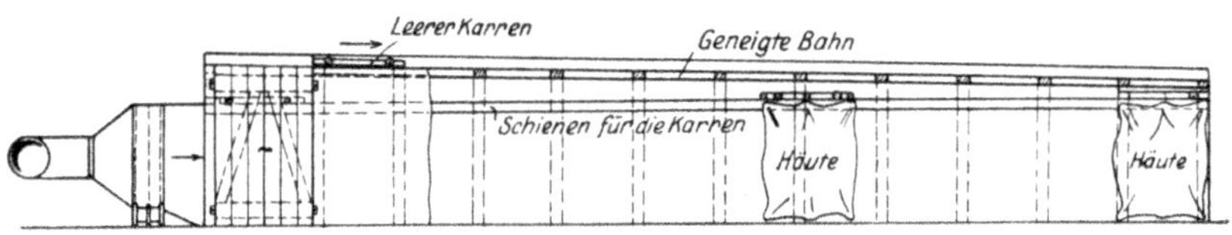

Abb. 142.

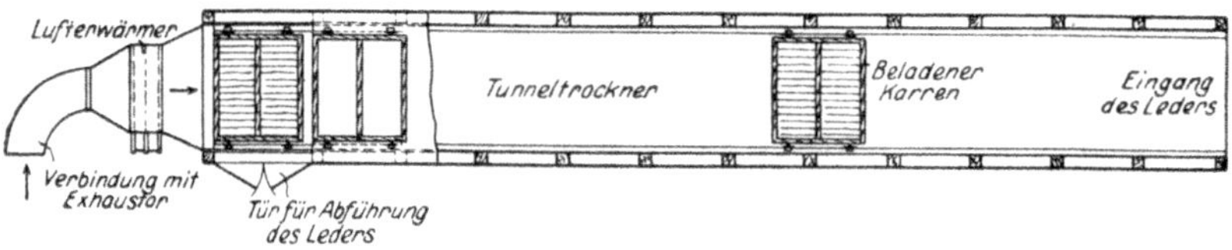

Abb. 143.

sind. Die Befestigung und Führung geschieht ebenfalls an Stangen, wie es schon oben beschrieben würde.

Die Abb. 142, 143 und 144 zeigen eine andere Weise, die Leder durch den Trockentunnel zu bewegen; nämlich auf Karren, die an oberhalb angebrachten Schienen durch ihr eigenes Gewicht von einem Ende der Maschine zum andern laufen. Die leeren Karren werden auf einer anderen höher gelegenen Schienenbahn ebenso zum Ladepunkt zurückgeführt; man spart also bei diesem Verfahren jede Kraft zum Transport.

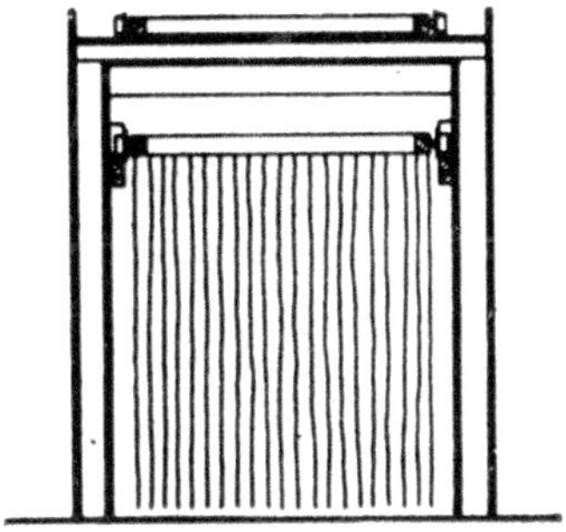

Abb. 144.

Kontrolle der Ledertrocknung.

Mit Hilfe eines im folgenden beschriebenen einfachen Instrumentes läßt sich leicht der Grad von Feuchtigkeit feststellen, der in der Luft des Trockenraumes vorhanden ist, und damit eine recht gute Kontrolle über den Fortgang des Trockenvorganges ausüben.

Zwei ganz gleiche Thermometer (Abbildung 145) sind nebeneinander auf ein gemeinsames Unterlagebrett montiert. An der Kugel des einen von ihnen ist ein Stück Baumwolle oder ein Lampendocht befestigt, dessen anderes Ende in ein gleichfalls auf dem Brett angebrachtes Gefäß taucht, das Wasser enthält. Auf diese Weise wird die betreffende Thermometerkugel stets feucht erhalten, und das Wasser, das von ihrer Oberfläche verdampft, entzieht ihrem Inhalt die erforderliche Verdampfungswärme, wodurch eine Differenz in dem Stand der beiden Thermometer herbeigeführt wird. Die Differenz der Ablesungen ist natürlich proportional dem Grade der Verdampfung: sie ist am größten, wenn die umgebende Luft am trockensten ist, ist geringer bei feuchter Luft, und wird ein Minimum, wenn die Luft mit Feuchtigkeit gesättigt ist, mithin keine Verdampfung mehr an der nassen Kugel stattfinden kann.

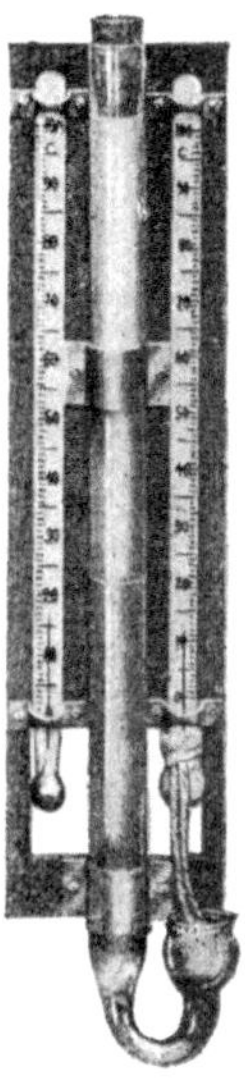

Abb. 145.

Abb. 146 zeigt ein selbstregistrierendes Hygrometer, welches insofern wirksamer ist als die übliche Art, als eine ständige Anzeige der Feuchtigkeitsbedingungen der Luft im Trockenraum während jeder gewünschten Zeitdauer erfolgt.

Derjenige Betrag an Wasserdampf, der in der Luft vorhanden ist, läßt sich aus der Differenz der Ablesungen angenähert, wie folgt, berechnen: Die abgelesene Differenz in ° Celsius multipliziert man mit 0,64 und subtrahiert das Produkt von dem Wert für die Feuchtigkeitskapazität, der in der Tabelle auf S. 210 der Temperatur des Thermometers mit der feuchten Kugel entspricht. Die so erhaltene Differenz, durch 28 dividiert, ist die in der Luft enthaltene Feuchtigkeit in Grammen pro 1000 Kubikfuß Luft.

Im praktischen Betriebe kann man sich mit der Ablesung der Temperaturdifferenz der Thermometer begnügen. Man kennt die Differenz, die für die Behandlung des betreffenden Werkstoffes die zweckmäßigste ist, und hat die Wärmezufuhr nun so zu regeln, daß diese Differenz konstant erhalten bleibt. Nach den Erfahrungen des Verfassers gibt bei gegerbten Häuten eine Differenz von etwa 3° C (5° Fahrenheit) die besten Resultate, bei gefärbten Ledern eine solche von etwa 6° C (10° Fahrenheit).

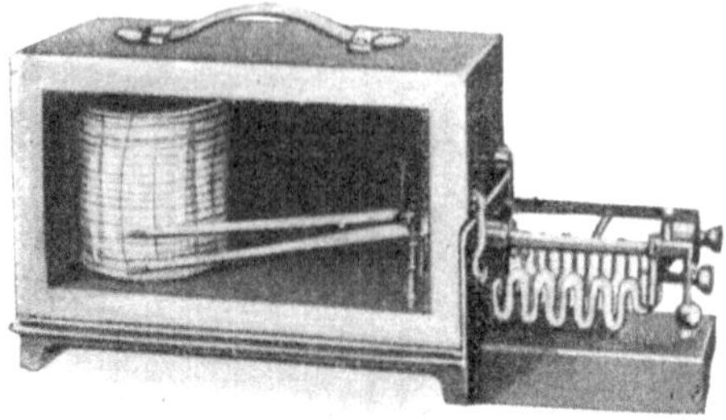

Abb. 146.

Bei gefärbten Ledern ist es wesentlich, daß die Trocknung nicht zu schnell vor sich geht, da sonst der Farbstoff durch die Kapillarität von der Oberfläche des Leders gezogen und das trockne Leder dann keine Farbfülle mehr haben und leer sein würde. Bei dünnen Fellen, wie Schafspalten, Persern, Basils usw. würden vier bis sechs Stunden eine geeignete Zeit zum Trocknen sein, wenn man einen gut eingerichteten und wirksamen Trockenraum hat. Kalb und schwere Felle, wie Kipsseiten und Bäuche usw. werden gewöhnlich acht bis zehn Stunden zum Trocknen brauchen und Häute zwölf bis vierzehn Stunden.

Vor dem Trocknen werden die Leder gewöhnlich auf der Narbenseite abgeölt. Der Zweck des Abölens ist, eine größere Gleichmäßigkeit in der Farbe zu haben, wenn die Leder trocken sind. Wenn Leder nach dem Gerben oder während der vorbereitenden Arbeitsgänge zum Zurichten getrocknet werden, z. B. nach dem Aussetzen oder Stoßen, so hat das Ölen den Zweck, die gute Farbe der trocknen Leder möglichst zu erhalten. Die dünne Ölschicht auf der Narbenfläche stellt einen mehr oder minder luftdichten Abschluß der Lederoberfläche dar. Der Trockenprozeß muß sich daher in der Hauptsache von der Fleischseite des Leders aus vollziehen, und auf diese Weise wird der Gerbstoffüberschuß durch die Kapillarität aus den Narben herausgezogen.

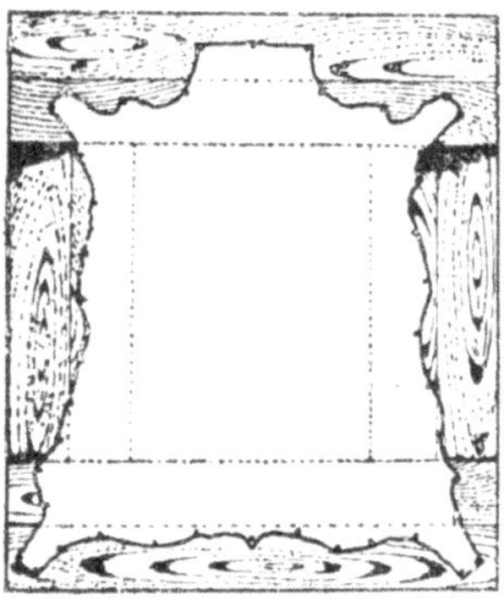

Abb. 147.

Bei der Fabrikation von gefärbten Ledern trocknet man die Felle entweder, indem man sie an den Hinterklauen aufhängt oder sonst, indem man sie in Bretter oder Rahmen spannt und sie so gespannt trocknen läßt. Die Leder, die gewöhnlich gespannt werden müssen, sind die dünnen oder die leichten, weil sie infolge ihrer Leichtigkeit oder ihrer Dünne sich unregelmäßig strecken würden, oder schließlich diejenigen, die nicht nachträglich gestreckt werden können, weil die Arbeit zu viel kosten würde oder sie selbst zu empfindlich sind. So z. B. Schaffelle, Perser, Basils usw. Das unregelmäßige Ziehen muß vermieden werden, und durch das Einspannen wird das erreicht. Das Spannen besorgen gewöhnlich Jungens, die die Felle möglichst glatt legen, alle unregelmäßigen Falten ausziehen und sie auf Bretter oder Rahmen nageln (Abb. 147). Ein Fell, das gespannt getrocknet wurde, ist, besonders wenn man es schnell trocknen läßt, nachher und nach dem Zurichten fast gar nicht verzogen. Ein solches Fell besitzt nicht die Fülle und den milden Griff, wie die Felle, die man aufhängt und ruhig trocknen läßt. Der Grund hierfür liegt darin, daß bei einem Fell, das man ruhig trocknen ließ, die Lederfasern in der Lage trockneten, in welcher sie sich gerade über und durcheinander geschoben befanden, während bei dem ge-

Abb. 148.

spannten Fell das Spannen die einzelnen Fasern alle in eine Richtung gezogen hat, parallel zu den Spannbrettern oder zu dem Spannrahmen, und durch das Trocknen die einzelnen Fasern in dieser Lage fixiert wurden.

Durch das Trocknen der Leder in dieser Spannung werden folgende Vorteile gewonnen:

1. Das Leder trocknet bestimmt ganz glatt,

2. man gewinnt die größtmögliche Fläche,

3. die Herstellung eines glatten Narbens und die Erzielung eines guten „Krachens“ beim zugerichteten Leder wird erleichtert.

Das Strecken selbst wird in vielfach verschiedener Weise ausgeführt. Am allgemeinsten eingeführt ist das Verfahren, die Leder auf feste Holzrahmen zu nageln, wie es Abb. 148 erkennen läßt. Dabei werden die Rahmen senkrecht aneinander oder in irgendeiner bequemen anderen Art im Trockenraum untergebracht.

Abb. 149 zeigt eine Arbeitsweise, die Leder auf die wagerecht gelegten Rahmen mit Stiften zu befestigen und sie dann in einem Trockentunnel zu trocknen. Dabei wird Rahmen auf Rahmen wagerecht auf einen Karren gelegt, welcher in die Maschine geschoben werden kann.

Abb. 150 und 151 zeigen eine sinnreiche und doch einfache Arbeitsweise, um die Leder noch weiter strecken zu können als es beim Spannen

Abb. 149.

mit der Hand möglich ist; sie ist Albert Schmidt, i. Fa. Traugott, Schmidt & Sons in Detroit patentrechtlich geschützt. Das Leder wird dadurch noch glatter und das Flächenmaß noch vergrößert.

Die Erfindung besteht in einem Rahmen mit beweglichen Füllungen. Die Haut wird auf die Füllungsbretter genagelt, eine Seite auf jedes Brett, und die Rückenlinie des Leders hierbei genau längs der Linie ausgerichtet, in welcher die beiden Füllungsbretter zusammenstoßen. Sind die Leder dann aufgespannt, so wird ein Keil an beiden Seiten des Rahmens, einer am Kopf-, einer am Schwanzende durch Hämmern mit einem hölzernen Schlägel eingetrieben und dadurch natürlich die Reckung des Leders verstärkt: Die Haut wird vollkommen glatt und nahezu alle Runzeln entfernt.

Die Abb. 150 zeigt die Haut, auf den Spannrahmen genagelt, der wagerecht liegt und dann auf die Zahnstange gestellt wird, so daß er während der Trocknung senkrecht steht. Abb. 151 zeigt den Keil zwischen die Spannbretter gesteckt, um durch Hämmern mit dem Schlägel richtig eingetrieben zu werden.

Abb. 150.

Abb. 152 zeigt ein anderes Verfahren der Befestigung, und zwar mittels Knebels auf einem Rahmen, dessen Füllung ein Drahtnetz ist. Die Knebel sind so geformt, daß sie an jeder beliebigen Stelle in eine Masche des Drahtnetzes eingesetzt werden können.

Die Abbildung zeigt eine Maschine, die eigens für diesen Zweck gebaut ist. Die Felle sind in der angegebenen Weise gespannt, der Rahmen wird in die Trockenanlage gesetzt, ähnlich wie ein Schub in einen Schubschrank. Die Abbildung zeigt eine sinnreiche Einrichtung, um die Rahmen wagerecht zu stellen, damit auf jeder Seite ein Fell befestigt werden kann, und sie dann senkrecht zu stellen, um sie in die Trocknungsmaschine zu führen.

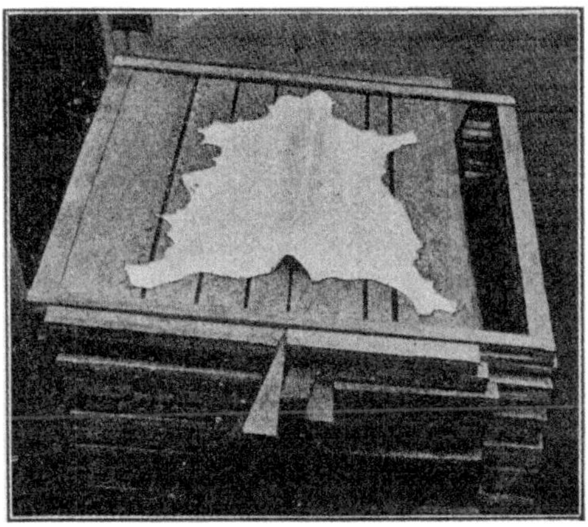

Abb. 151.

Ein Verfahren, die Häute auf den Rahmen zu befestigen, ist neuerdings vielfach in Aufnahme gekommen, welches eine Anpassung an die Arbeitsweise der amerikanischen Lackierer ist; es besteht in der Verwendung von Knebeln bestimmter Form.

Dieses Verfahren ist vielleicht dem Aufspannen mit Hilfe von Nägeln vorzuziehen, da es ermöglicht, einen stärkeren Zug beim Befestigen auf dem Rahmen auf die Leder auszuüben; der Arbeiter zieht an der Schnur, welche an den Knebeln schon vor dem Festsetzen am Ort angebracht ist, und gewährleistet dadurch eine größere Glattheit der Leder. Die Befestigung der Knebel ist verschieden in der Ausführung; im allgemeinen haben sie die Form von Klammern oder kleinen Zangen.

Abb. 153 zeigt die Form der Knebel, welche allgemein angewendet wird, und die Art der Befestigung auf dem Rahmen.

Abb. 154 stellt eine sinnreiche Methode dar, die Felle zu spannen, ohne sie zu nageln. Die Felle werden auf einen Rahmen gebracht, an dessen Seiten ringsherum ein engmaschiges Drahtnetz befestigt ist. Mit

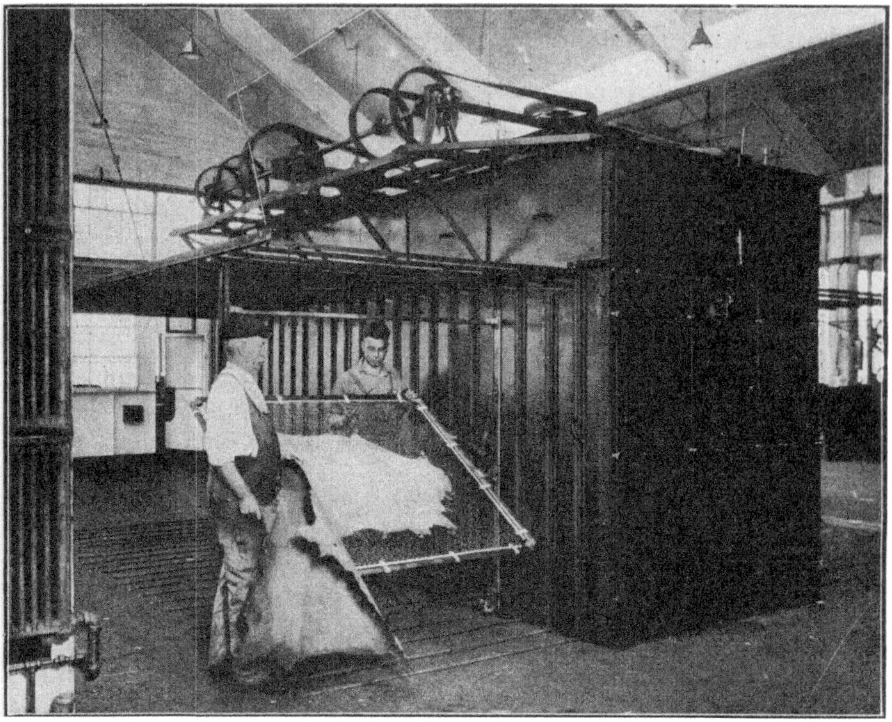

Abb. 152.

kleinen Knebeln werden die Ecken der Felle gehalten, und an diesen Knebelchen sind mit Schnüren kleine Haken befestigt. Immer wo ein Haken angemacht ist, wird das Leder straff gezogen, und der straff gezogene Haken in einer Masche des Gazenetzes befestigt. Abb. 154 zeigt dies deutlich.

Eine andere Arbeitsweise, welche ähnlich wirkt und vielfach ausgeübt wird, ist folgende:

Die Streckung geschieht mit Rahmen oder Leisten, welche wagerecht liegen. Zwei Arbeiter stehen an den beiden gegenüberliegenden Seiten des Rahmens, etwa wie es das Bild auf Abb. 149 zeigt. Jeder von ihnen trägt einen Leibgurt, an welchem mit einer Schnur oder sonstwie ein großer zangenartiger Knebel befestigt ist. Jeder Arbeiter befestigt die Knebelklammer an der Seite des Leders und benutzt seinen Körper als Hebelarm, so daß sie beide gemeinsam das Leder möglichst weit ausrecken, bevor sie die Haftnägel in den Rahmen treiben. Indem sie so immer wieder verfahren, rings um das Leder herum, befestigen sie es in großer Spannung auf dem Rahmen.

Es ist klar, daß man auf diese Weise einen viel stärkeren Zug auf das Leder ausüben kann als mit der Hand, wie es allgemein bei dieser Arbeit üblich ist.

Die allgemein übliche Arbeitsweise, die man anwendet, um Leder zum Trocknen aufzuhängen, ist, sie an den Hinterklauen mit Haken oder Nägeln an den hölzernen Bäumen zu befestigen, die an der Decke des Trockenraumes entlang laufen. Kalbfelle und schwere Leder

Abb.153.

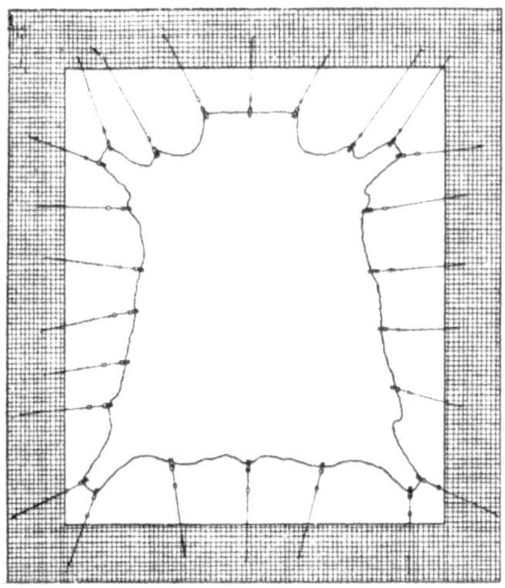

Abb. 154.

werden in der Regel nicht unmittelbar auf die Haken oder die Nägel gehängt, sondern haben an den Hinterklauen Ösen am Faden oder Schnur, mit denen sie erst auf die Haken oder Ösen gehängt werden. Für schwere Leder ist dies ein sehr bequemes Verfahren. Wenn die Felle in Rahmen gespannt und so getrocknet werden, wird mit starker Schnur eine Öse an jeder Ecke der oberen Rahmenleiste gemacht und die Rahmen an diesen Ösen aufgehängt. Auf diese Weise kann man einen Trockenraum ausnutzen, um sowohl gespannte wie nichtgespannte Felle zu trocknen, ohne die Anordnungen und Einrichtungen im Raume ändern zu müssen. Wenn die Felle zwischen feste Bretter gespannt werden, so gehören diese dann gewöhnlich dauernd zum Gerät des Trockenbodens und werden dort ein für allemal befestigt.

Chromziegen- oder -Schafleder werden zum Trocknen meist nicht an den Hinterklauen aufgehängt, sondern statt dessen einfach über dünne hölzerne Stangen gehängt, die horizontal befestigt sind.

Beim Aufhängen zum Trocknen ist es wichtig, daß der Zwischenraum zwischen den einzelnen Fellen groß genug bemessen wird, um eine freie Luftzirkulation zwischen ihnen zu ermöglichen. Niemals dürfen die Felle so eng hängen, daß eins das andere berührt. Wenn die Felle zu eng hängen, so brauchen sie nicht nur viel längere Zeit, um trocken zu werden, sondern die Stellen, an denen sich die Felle berühren, werden auch stets in einer anderen Farbe auftrocknen als die anderen Teile.

Trocknen im Ofen. Der Ofen ist ein kleiner Trockenraum, den man bei verschiedenen Arbeitsgängen der Zurichtung braucht, so z. B. wenn auf feuchte Marokkos ein Narben gepreßt wird, oder beim Appretieren, Überziehen usw. oder bei Kalbfellen und Häuten nach dem Ausrecken. Beim Ofentrocknen braucht man nur eine geringe Ventilation; denn die Felle, die in den Ofen kommen, sind nur leicht angefeuchtet. Im Ofen wird mit heißer Luft und geringer Ventilation getrocknet; denn hier kommt es nur darauf an, schnell zu trocknen. Die nötige Ventilation erfolgt durch ein oder zwei Öffnungen in der Decke des Raumes und durch etwas größere am Boden. Aber selbst diese Öffnungen müssen nicht unbedingt da sein; denn im allgemeinen genügt die Ventilation, die dadurch erfolgt, daß der Arbeiter beim Hineintragen und Herausholen der Ware die Tür oft öffnet. Die Heizung erfolgt am besten durch ein oder zwei Dampfröhrensysteme, die man ungefähr in der Mitte des Raumes aufstellt, oder durch Dampfrohre, die im ganzen Raum an der Wand, einige Fuß über dem Boden, ringsherum laufen.

Vierundzwanzigster Abschnitt.

Stollen und Schlichten.

Das Stollen wird entweder an trocknen Ledern vorgenommen oder an Ledern, die in einem ganz leicht feuchten Zustande sind. Mineralgare Leder, sowohl chromgare wie alaungare, müssen diese Feuchtigkeit haben, damit sie bei dem Arbeitsgang nach allen Richtungen gestreckt werden können und das Leder durch Trennung der einzelnen Fasern voneinander den erforderlichen Grad von Weichheit bekommt. Pflanzlich gegerbte Leder werden gewöhnlich ganz trocken gestellt. Würden die Häute von dieser Gerbart im feuchten Zustande gestollt werden, so würden die Leder nach dem Trocknen ganz hart und brüchig dünn werden.

Vorbereitung der Leder zum Stollen. Die ganz allgemein übliche Weise, mineralgare Leder vor dem Stollen anzufeuchten und sie in den für diesen Arbeitsgang rechten Zustand zu bringen, wird folgendermaßen gehandhabt:

Eine genügende Menge reiner Fichtensägespäne wird durch Besprengen mit Wasser naß gemacht und dann vollkommen durch und durch gemischt und sich selbst überlassen, bis die Feuchtigkeit sich durchaus gleichmäßig in der ganzen Menge verteilt hat. Dann werden die Leder zur Vorbereitung zum Stollen in diese feuchten Sägespäne gepackt.

Das Einpacken in das feuchte Sägemehl geschieht im allgemeinen folgendermaßen: Man nimmt zwei Felle und legt sie Narben auf Narben zusammen. Das Fellpaar wird dann flach auf den Boden des betreffenden Raumes gelegt und eine dünne Lage angefeuchteten Sägemehls darüber gestreut. Ein zweites Fellpaar, ebenfalls mit dem Narben aufeinandergelegt, wird über das erste Paar gebreitet und in gleicher Weise mit feuchtem Sägemehl bestreut. Wenn ein Haufen Felle so behandelt ist, wird er zugedeckt und liegen gelassen, damit die Feuchtigkeit gleichmäßig durchdringen kann, was in 12—48 Stunden geschieht, je nach der Beschaffenheit des Sägemehls. Es ist vorteilhafter, ein nur wenig feuchtes Sägemehl zu verwenden und ausreichende Zeit zum Durchfeuchten des Haufens zu lassen, statt ein nasses Sägemehl zu benutzen, um den Arbeitsgang zu beschleunigen. Im letzten Falle wird nämlich die Ware bestimmt ungleichmäßig von der Feuchtigkeit durchdrungen werden.

Eine andere Arbeitsweise — die nach Lambs Meinung den Vorzug vor der eben beschriebenen verdient — besteht darin, daß man die Felle, immer ein Paar gleichzeitig, schnell durch einen Trog mit reinem Wasser zieht, sie übereinander auf einen Haufen schichtet, und wenn dieser groß genug ist, ihn mit irgendeinem wasserfesten Stoff bedeckt, den man dort, wo er auf dem Fußboden aufliegt, irgendwie beschwert, damit keine Feuchtigkeit entweichen kann. Die Verdunstung des Wassers in diesem abgeschlossenen Raum und die fortwährend immer wieder erfolgende Kondensation bringt eine vorzügliche Verteilung und Durchdringung der Feuchtigkeit mit sich. Dies Verfahren erfordert weniger Arbeit als das Einpacken in Sägemehl.

Man kann die Leder auch sehr gut anfeuchten, indem man sie mit einem Verstäuber bespritzt; die Häute oder Felle werden einzeln auf einen Lattentisch gelegt und überall mit dem Verstäuber befeuchtet. Zur gleichmäßigen Verteilung der Feuchtigkeit werden sie dann — wie oben — auf Haufen gelegt.

Die Lederindustrieingenieure haben sich auch mit diesem Arbeitsgang beschäftigt, mit dem Erfolge, daß sie auch hierfür eine Sondermaschine gebaut haben, welche auch tatsächlich benutzt wird. Die Maschine ist auf Abb. 155 zu sehen, sie ähnelt den Trockenmaschinen mit ständigem Betriebe, die Leder gehen auf der einen Seite hinein, auf der anderen heraus, kommen auf diesem Wege an verschiedenen Verstäubern vorüber und werden auf diese Weise gleichmäßig angefeuchtet.

Hierauf werden die Leder zur Verteilung der Feuchtigkeit wieder in Stapel geschichtet und kommen dann zum Stollen.

Stollen mit Hand und Knie.

Die ältere Ausführung dieses Arbeitsganges bestand darin, daß das Leder in dem geeigneten Zustand von Feuchtigkeit über ein rundes Stahlblatt gezogen wurde (mitunter wurde auch ein sichelförmiges

Abb. 155.

Messer hierzu benutzt), welches senkrecht auf einem starken Gestell von Holz oder Metall montiert war, das seinerseits an den Boden befestigt war. Das Leder wurde über die scharfe runde Klinge gezogen mit der Wirkung, daß die einzelnen Fasern gelockert wurden und das Leder einen beträchtlichen Grad von Weichheit bekam. Diese Art des Weichmachens wurde indessen ausschließlich bei alaungaren Ledern angewendet und wurde dann später noch in den ersten Zeiten der Chromgerbung für diese übernommen und allgemein ausgeübt.

Die Arbeit des Stollens von Hand ist jetzt fast allgemein durch Maschinenarbeit ersetzt. Indessen wird sie noch immer bei solchen Ledern angewendet, welche zu klein für die Maschinenarbeit sind. Einige Fabriken wenden sie noch durchgehends bei alaungaren Schaf- und Lammfellen an.

Das Leder wird, nach der Vorbereitung, mit beiden Händen erfaßt, die Aasseite nach unten, und das zwischen den Händen befindliche Stück kräftig unter Ausübung eines möglichst starken Druckes über die Schneide der Stollklinge hin und hergezogen, um die größtmögliche Streckung herauszubringen. In dieser Weise wird nach und nach das ganze Fett durchgenommen, es wird nach jeder Richtung hin bis zu seiner vollen Ausdehnung gestreckt und auf diese Weise alle Härte und Sprödigkeit ausgearbeitet, bis es recht weich und griffig geworden ist.

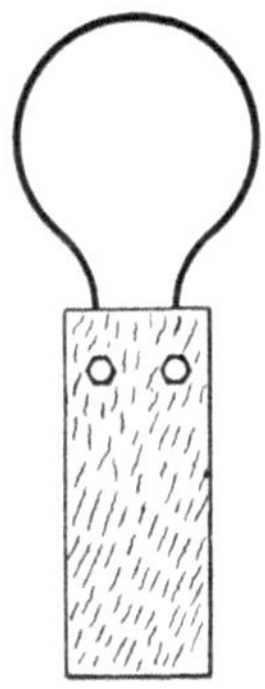
Abb. 156.

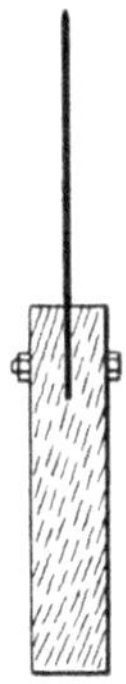
Abb. 157.

Um den nötigen Grad von Weichheit herauszubekommen, besonders wenn es sich um starke Leder handelt, muß die Handarbeit oft durch „Kniearbeit" ergänzt werden. Das Stollen mit Knie war sehr verbreitet und wurde besonders auf dem Festland ausgeübt. Im Grunde ist die Arbeit kaum verschieden von der Handarbeit; nur gebraucht der Arbeiter außer der Hand noch das Knie, um einen besonders starken Druck auf das Leder ausüben zu können, während es über die Stollklinge gezogen wird. Die Arbeit wird folgendermaßen ausgeführt:

Der Arbeiter faßt das Leder mit beiden Händen; die linke an der Seite des Stollpfahls, die rechte an der entgegengesetzten Seite, stößt er das Knie über seine rechte Hand hin in das Leder und vereinigt so den Druck von Knie und Hand, indem er das Leder über die Klinge zieht. Mit der linken Hand hält er dabei das Leder ganz fest, um dem Zug von der rechten und dem Knie kräftig entgegenzuarbeiten und auf diese Weise einen möglichst starken Druck zu bewirken.

Die Arbeit erfordert Erfahrung und Geschicklichkeit. Wenn sie von einem wirklich tüchtigen Fachmann ausgeführt wird, so sind die Ergebnisse denen vollkommen gleichwertig, wenn nicht sogar vielleicht überlegen, welche eine beste Stollmaschine liefert. Das Urteil, daß ein Fachmann im Stollen mit Knie dem Leder eine Weichheit gibt, welche ihm eine Maschine nicht geben kann, ist vielleicht nicht falsch.

Abb. 156 und 157 zeigen einen Stollpfahl von vorn und von der Seite.

Stollen mit Maschine.

Die Stollmaschine ist verhältnismäßig neueren Ursprungs. Eine der ersten Maschinen, deren Konstruktion den heute gebräuchlichen Maschinen gleicht, wurde in Deutschland im Jahre 1884 von einem gewissen Alphonse Jesson zum Patent angemeldet. Die Maschine hat zwei kräftige, aneinander gelenkte Arme, von denen der obere eine Gummiwalze trägt, der untere ein Stoll- oder Streckmesser aus Stahl, und beiden Armen wird von einem Kurbelgetriebe aus eine hin und hergehende Bewegung erteilt. Das Leder, das gestollt werden soll, wird über ein Gummipolster am vorderen Ende der Maschine und zwischen die Stollarme gelegt. Der Arbeiter hält das Leder fest, indem er seinen Körper gegen denjenigen Teil des Felles legt, der sich zwischen ihm und dem Polster befindet. Wenn die Maschine in Bewegung gesetzt ist, schließen sich die Stollbacken und entfernen sich von dem Arbeiter, indem sie denjenigen Teil des Leders strecken, der während des Hubes zwischen Walze und Stollklinge eingeklemmt ist. Die Backen

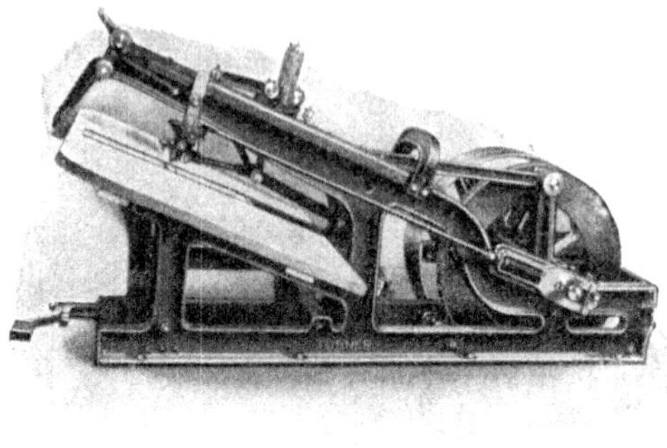

Abb. 158.

Abb. 159.

öffnen sich sodann und nehmen ihren Rückweg gegen den Arbeiter zu. Während des Rückwärtshubes verschiebt der Arbeiter das Fell nach Bedürfnis. Seit der ersten Einführung der Maschine sind mannigfache Verbesserungen daran vorgenommen worden.

Eine andere Sorte Stollmaschine ist die Bakermaschine, die im Jahre 1888 patentiert und die späterhin beträchtlich verbessert wurde. Die Maschine ist in Abb. 158 und 159 abgebildet. Das Leder wird auf den Tisch der Maschine gelegt, der an seinem vorderen Ende eine Klemmvorrichtung hat. In einem Längsausschnitt des Tisches bewegt sich ein hin- und hergehender Schlitten, der nach dem vorderen Ende des Tisches zu einen Querschlitz trägt. Das Stollmesser, das sich ebenfalls hin- und herbewegt, befindet sich oberhalb des Tisches und hat eine

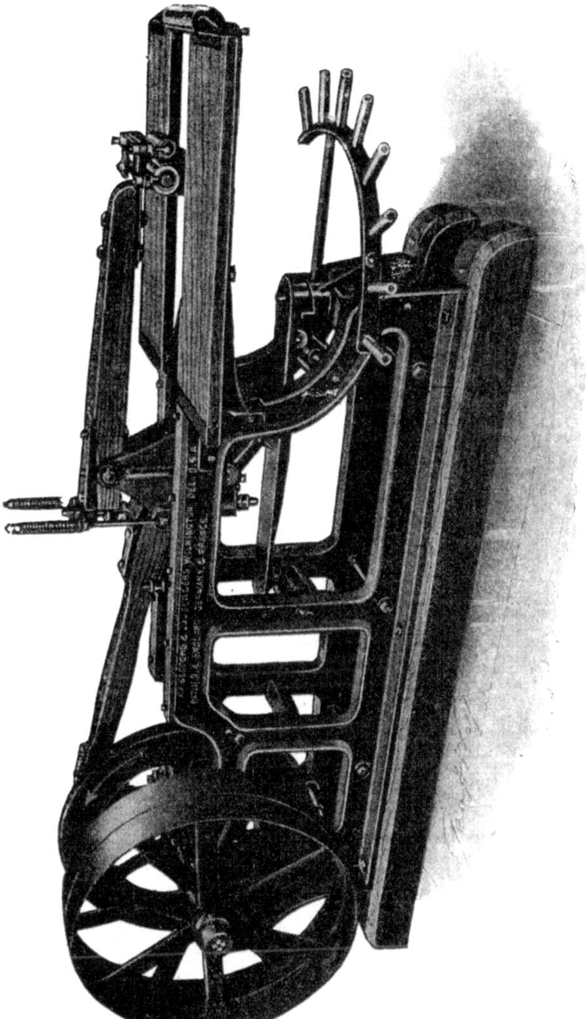

Abb. 160.

Klemmplatte dicht neben sich. Der Hub der oberen Werkzeuge stimmt mit dem Hub des Schlittens überein. Wenn der Schlitten und das Stollmesser in den toten Punkt am vorderen Ende des Tisches gekommen sind, klemmt die Zange das Leder fest, und das Stollwerkzeug senkt sich und drückt das Leder in den Schlitz am Schlitten, während Stollmesser und Schlitten sich gleichzeitig von der Vorderkante des

Abb. 161.

Tisches entfernen. Die Klemmplatte geht dem Stollmesser voran und verhindert, daß das Leder sich in Falten legt. Ein Teil des Leders, so breit wie das Stollwerkzeug und so lang wie der Hub des Werkzeugs, wird so über die Klinge gezogen. Wenn Werkzeug und Schlitten am rückwärtigen Totpunkt angekommen sind, öffnet sich die Zange selbsttätig, und der Arbeiter verschiebt das Fell in Bereitschaft für den nächsten Hub.

Da das Leder automatisch von der Klemmvorrichtung am Ende der Maschine gehalten wird, wenn es in Berührung mit der Stollklinge kommt, verringert es den starken Druck, der bei schweren Ledern ausgeübt werden muß, wenn der Arbeiter es durch Gegenpressen seines Körpers gegen das Gummipolster halten muß. Zum Stollen von schweren Ledern ist diese Form der Maschine derjenigen von Slocomb vorzuziehen. Anderseits arbeiten die Maschinen mit Klemmvorrichtung bei kleinen Fellen, wie Ziegen, die für Glacékid zugerichtet werden sollen, nicht annähernd so schnell und gut.

Die Stollmaschine, die am meisten beliebt ist, ist die Craig und Slocomb-Maschine, patentiert im Jahre 1897. Sie ist in Abb. 160 und 161 veranschaulicht. Ein Kreuzkopf, der in Schlittenführungen zwischen den Rahmen der Maschine sich hin- und herbewegt, wird durch Kurbel und Schubstange angetrieben. Die Stollarme der Maschine sind durch Zapfen an ihren hinteren Enden im Kreuzkopf gelagert; an ihren vorderen Enden tragen sie die Werkzeuge, deren Wirkung das Leder ausgesetzt ist. Das Zusammenarbeiten der Werkzeuge wird aus der schematischen Darstellung in Abb. 162 verständlich. *B* und *C* sind Rollen, deren Lager am oberen Stollarm befestigt sind. *D* und *E* bedeuten Stahlmesser, die fest mit dem unteren Arm verbunden sind. Das Messer E befindet sich zwischen den Rollen *B* und *C*. Die Brustwehr *F* ist mit Gummi bezogen und an der vorderen Tischkante der Maschine montiert. *A*, *A*, *A* stellt die Haut oder das Fell während seiner Bearbeitung dar. Dasselbe liegt über der Brustwehr oder Rolle *F* und wird dort festgehalten, indem der Arbeiter mit seinem Körper dagegen preßt. Sobald die Stollarme der Maschine in der vordersten Stellung ihres Hubs angelangt sind, d. h. gegen *F* zu, schließen sie sich durch Einwirkung einer Kurvenscheibe mehr oder weniger zusammen, je nach der Dicke des Materials; und wenn nun das Fell so zwischen die Walzen *B* und *C* am oberen Arme einerseits und die Messer *D* und *E* am unteren Arme andererseits eingeklemmt ist, bewegen sich die Backen zurück, d. h. sie entfernen sich von *F* und dabei wird diejenige Bahn des Felles gestreckt oder gestollt, die während der Bewegung zwischen die Walzen und Messer zu liegen kommt. Das Messer *D* dient dazu, Faltenbildung zu vermeiden. Die Backen lassen das Leder im hinteren Totpunkt los und bewegen sich sodann nach vorne. Während ihrer Vorwärtsbewegung verschiebt der Arbeiter das Fell nach Bedarf; in

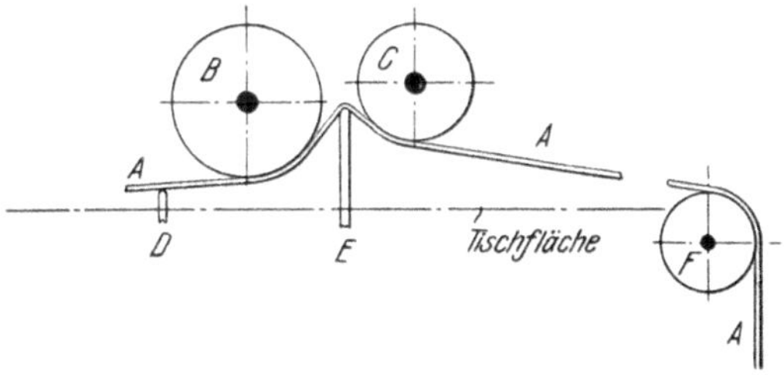

Abb. 162.

dieser Weise wird verfahren, bis das Fell auf seiner ganzen Oberfläche bearbeitet oder gestollt ist.

Bei allen Stollmaschinen müssen notwendigerweise Vorkehrungen für verschiedenerlei Adjustierungen getroffen sein. Wir brauchen hierauf nicht näher einzugehen. Immerhin ist eine Einstellung der Slocomb-Maschine allein eigentümlich und mag deshalb hier erwähnt sein. Die Speichen auf der äußersten rechten Seite der Abbildung 160 werden vom Arbeiter mit dem Knie bewegt, und dadurch wird die Stellung des unteren Stollarmes reguliert und somit der Druck der Stollmesser auf das Leder.

Abb. 163.

Abb. 163 zeigt eine Einzeldarstellung der Schenkel der Slocomb-Maschine. Je nach der Art der Leder, welche gestollt werden sollen, kann die Stellung der Messer zur Gummiwalze geändert werden. Bei solchen Ledern, welche von Natur weich sind, hat man gewöhnlich nur ein scharfes Messer und ein mit Gummi überzogenes Blatt oder eine kleine Messingwalze, um das Leder scharf an das Stollmesser zu drücken.

Abb. 164 zeigt eine der neuesten Verbesserungen an dem Stollkopf der Maschine. Aus der Abbildung ist deutlich zu erkennen, daß die

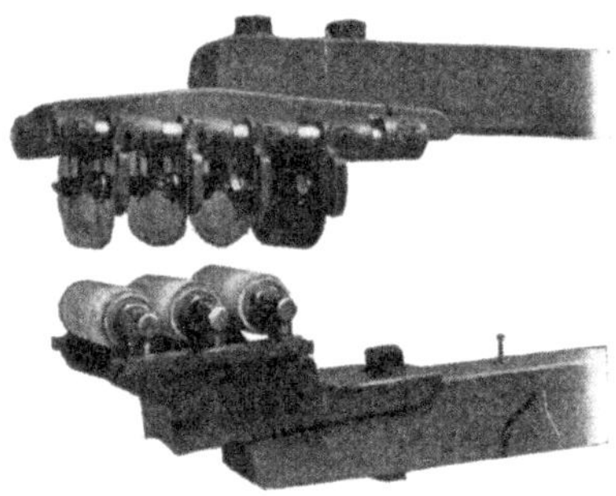

Abb. 164.

Abb. 165.

Blätter wellenförmig oder runzelig sind. Diese Art Werkzeug stellt augenscheinlich eine erhebliche Verbesserung gegenüber den gewöhnlichen Maschinen dar, insofern als der Zug der Maschine nicht annähernd so groß ist, als wenn das Blatt glatt ist und man außerdem eine größere Anzahl von Blättern anwenden kann. Beim Einsetzen dieser Sondervorrichtung werden die Vertiefungen zickzackförmig angeordnet und dadurch ein viel vollkommeneres Arbeitsergebnis ermöglicht, als es bisher zu erreichen war.

Durch das Stollen werden die Leder mehr oder weniger aus ihrer Form gebracht; um sie wieder zurecht zu strecken, legt man sie gewöhnlich einzeln der Länge nach über einen dachförmigen Bock zum „Überlassen", so wie er in Abb. 165 im Querschnitt abgebildet ist. Der Arbeiter, der an dem einen Ende des Bockes steht, zieht das Fell zunächst an den beiden Vorderklauen, dann an der Mitte des Bauches und schließlich an den Hinterklauen, bis es wieder seine ursprüngliche, ebenmäßige Stellung angenommen hat, die es hatte, bevor es durch das Stollen verzogen wurde.

Schlichten.

Das Stollen ist eine etwas gewaltsame Arbeit, wie aus obiger Beschreibung hervorgeht, und Felle, die ihrer Natur nach zart sind und daher eine so kräftige Bearbeitung nicht aushalten, werden nicht gestollt, sondern geschlichtet. Beim Stollen geschieht das Abschaben oder Abkratzen des Leders durch Bearbeitung über einem Werkzeug, das feststeht; beim Schlichten ist es das Leder, das feststeht, und es wird geschabt, indem man das Werkzeug über das Leder führt, wobei es gleichzeitig in das Fell hineingedrückt wird, um ihm mehr Weichheit und Geschmeidigkeit zu geben. Von Natur aus weiche Ware wird im allgemeinen lieber geschlichtet als gestollt, insbesondere wenn es schwerere Ledersorten, wie Kalbfelle, Kipse usw. sind, die weich gemacht werden sollen; dies um so mehr, als dabei das Fell nicht aus seiner Form gebracht wird und die Flähmen und dünnen losen Stellen nicht „den Stand verlieren".

Es gibt mehrere Arten von „Schlichtbäumen". Ein Beispiel ist in der Abbildung gezeigt. Auf die Einzelheiten der verschiedenen Schlichtbäume einzugehen, ist nicht der Mühe wert; bei allen kommt es in der Hauptsache darauf an, daß sie imstande sein müssen, das zu bearbeitende Fell festzuhalten. Der Schlichtbaum besteht aus einer Stange, die wagerecht in zwei senkrechte Balken durch Zapfen eingelassen oder in anderer Weise sicher befestigt ist. Die Felle, die geschlichtet werden sollen, werden einzeln oder mehrere zusammen mit der Fleischseite nach außen über diese Stange geworfen; eine zweite Stange oberhalb der feststehenden wird sodann auf die Felle heruntergelassen. Das eine Ende der oberen Stange wird in einer Nute des einen Pfostens festgehalten, während sich das andere Ende in eine Nute des gegenüberliegenden Pfostens legt und dort durch einen Keil gesichert wird; das Leder wird so zwischen den beiden Stangen unverschieblich festgeklemmt.

Sind ganz besonders zarte Felle in Arbeit, so verwendet man an Stelle der Balken häufig ein Seil oder einen Strick, den man doppelt spannt. Die Felle werden dann zwischen die beiden Seile gelegt und einigemal übergeschlagen, bis die beiden Seile genügend Spannung haben, um die Felle während der Arbeit in ihrer Lage festzuhalten.

Das Werkzeug, dessen man sich bedient, das Schlichtmesser oder „Schlichtmond", wie es genannt wird, ist ein kreisförmiges Messer von 20—25 cm Durchmesser, leicht konkav gewölbt und mit einer Öffnung in der Mitte von ungefähr 10—12 cm Durchmesser. Die Schneide des Messers ist nicht besonders scharf.

Der Arbeiter schiebt seine Hand von der hohlen Seite des Messers aus halbwegs durch die mittlere Öffnung und erfaßt das Messer beim Griff, der in der Öffnung angebracht ist; dabei bedeckt er seinen Arm mit einer schützenden Hülle, da er sonst durch die ihm zustehende Schneide des Messers verletzt werden könnte. Indem er nun das Messer so hält, mit der konvexen Seite gegen das Leder, ergreift er dessen unteren Rand mit seiner linken Hand, spannt das Fell an und führt das Messer von oben nach unten über die Fleischseite. Da die Schneide nicht sehr scharf gehalten ist und die Schneide nach der konkaven Seite zu zeigt, kann das Messer nicht zu tief eindringen. Trotzdem verlangt die Arbeit viel Übung und erfordert, wie die verschiedenen Verfahren des Handfalzens, „gelernte Arbeiter". Die Höhe der Klemmstangen beim Schlichtbaum ist gewöhnlich ungefähr $1^1/_2$ m.

Anstatt den unteren Rand des Leders mit der linken Hand zu halten, befestigt der Arbeiter manchmal eine Zange aus Holz an einer Schnur und das freie Ende der Schnur an seinem Gurt, und klemmt den Rand des Felles zwischen die Backen der Zange. Indem er so dem Leder die nötige Spannung gibt, hat er beide Hände für das Messer frei und kann dasselbe mit mehr Kraft führen und mehr Kraft auf das Leder, das er schlichtet, ausüben. Oder, statt das freie Ende der Schnur an seinem Gürtel zu befestigen, bindet es der Arbeiter manchmal in eine große Schleife, die er sich um den Leib legt, wobei er die Schleife nach oben oder unten verschieben kann, je nachdem es das in Arbeit befindliche Fell erfordert. Oder er macht (nach der deutschen Arbeitsweise) eine kleinere Schleife, die er an seinem Knie befestigt, und hält dadurch das Leder in der nötigen Spannung, um den Stoß des Messers wirksam zu machen.

Wenn die in Arbeit befindlichen Leder so hart sind, daß sie eine kräftigere Bearbeitung verlangten als die, die man mit dem gewöhnlichen Schlichtmond erreicht, so tritt an Stelle des letzten das „Streckeisen". Das Streckeisen wird hergestellt, indem man das gewöhnliche Schlichtmesser in einen kurzen, hölzernen Schaft einsetzt, der am anderen Ende mit einem Querholz versehen ist. Der Arbeiter setzt das Querholz unter seinem Arm ein, erfaßt den Schaft nahe dem Messer mit der rechten Hand und bearbeitet die Fleischseite des Felles am Schlichtbaum. Der besondere Druck, den der Arbeiter auf das Messer ausüben kann, indem er sich gegen das Querholz stemmt, trägt beträchtlich dazu bei, das Leder weich zu machen.

Während der Vornahme des Schlichtens ist es, soweit große Felle in Frage kommen, notwendig, die Lage des Leders im Schlichtbaum viermal zu verändern, um das Fell auf seiner ganzen Oberfläche zu bearbeiten, und zwar: zuerst vom Schild zum Kopf, dann vom Kopf zum Schild, drittens vom Rückgrat nach dem linken Bauch zu und schließlich vom Rückgrat nach dem rechten Bauch zu.

Die Schlichtmaschine, die in Abb. 166 abgebildet ist, ist ein Versuch, die Handarbeit zu ersetzen; sie war ursprünglich in England patentiert.

Das Fell wird in einem Rahmenwerk eingeklemmt und in seiner ganzen Länge durch halbkreisförmige Messer bearbeitet; der Vorgang verdoppelt also die Handarbeit. Der Vorteil der Maschine gegenüber

Abb. 166.

der Stollmaschine besteht darin, daß die Felle nicht verzogen werden, sondern ihre Form behalten. Es leuchtet von selbst ein, daß die Maschine langsam arbeitet und — wie vorher gesagt ist — ein Ersatz für Handschlichten ist.

Fünfundzwanzigster Abschnitt.

Schleifen, Abbuffen und Blanchieren.

Ein Fell schleifen oder dollieren heißt, seine Fleischseite der Wirkung eines rotierenden Schleifrades unterwerfen. Diese Arbeit ist erforderlich, wenn die Fleischseite des Felles eine feine, sammetartige Oberfläche erhalten soll. Sie wird außerdem vorgenommen, wenn ein Fell nicht gefalzt worden ist und deshalb ungleichmäßig in der Stärke ist.

Der Schleifzylinder oder das „Dolierrad“ ist entweder ein Schmirgelrad oder eine hölzerne Scheibe, die auf eine kurze Welle montiert und mit Schmirgel, Karborundum, Glaspulver, feinem Sand, Bimsstein u. a. überzogen ist. Abb. 167 zeigt die Abbildung einer einzelnen Maschine, Abb. 168 die üblichere Form, bei der zwei oder mehrere Räder auf derselben Welle getrieben werden.

Die Herrichtung des Schleifrades geschieht in der Weise, daß man die Umfläche der Holzscheibe mit heißem Leim bestreicht und, solange der Leim noch heiß ist, Schmirgelpulver darüber streut, während das Rad langsam läuft. Den Leim streicht man mit einem Pinsel gleichmäßig sorgfältig auf. Wenn der Leim erstarrt ist und der Bimsstein oder Schmirgel fest haftet, ist das Rad fertig.

Abb. 167.

Bei einem leichten Fell von ungleichmäßiger Stärke genügt die Wirkung eines grobkörnigen Schleifrades, um die Dicke so gleichmäßig zu machen, daß das Fell geglänzt werden kann und fertig zugerichtet erscheint. Durch das Schleifen wird außerdem die Fleischseite weich gemacht und Unregelmäßigkeiten infolge fehlerhaften Falzens werden entfernt.

Das Schleifrad ist teilweise überdeckt durch einen Kasten aus Holz oder Metall, so daß nur ein Ausschnitt des Rades sichtbar bleibt. Der Arbeiter legt das Fell, das geschliffen werden soll, mit der Fleischseite nach unten über die seitlich vorstehenden Tische und über das rotierende Rad, hält das Fell gegen den Rahmen, um zu verhindern, daß es durch den Zug des Rades weggerissen wird, und drückt es da, wo es über dem Rade liegt, gegen dasselbe an; er benutzt dabei ein ledernes oder wollenes Kissen, um seine Hand gegen eine zufällige Berührung mit dem Rade zu schützen. In dieser Weise wird das Fell in allen Richtungen bearbeitet, bis die ganze Fleischseite geschliffen ist. Der Schleifstaub wird gewöhnlich mit Hilfe eines in den Rahmen der Maschine eingebauten Ventilators entfernt, der den Staub abzieht und durch ein hölzernes oder eisernes Rohr in irgendein Gefäß außerhalb des Gebäudes bläst. Die Umdrehungszahl des Schleifrades ist gewöhnlich ungefähr 350 pro Minute.

Abb. 168.

Vorstehend ist das alte Dollierrad beschrieben worden; sein Gebrauch beschränkt sich heute ausschließlich noch auf Felle, bei denen die Zurichtung der Fleischseite verhältnismäßig nebensächlich ist.

Wenn die wirkliche Zurichtung von Ledern auf der Fleischseite erfolgen soll, wie beispielsweise bei Handschuhledern für „Schweden", bei ostindischen Schaffellen für Sammetleder u. ä., so wird heute ein Schleifrad angewendet, dessen Konstruktion erheblich abgeändert worden ist, um die Zurichtung des Leders zu verbessern. Die wesentlichste Verbesserung besteht darin, daß das hölzerne Rad, welches mit Schmirgel überzogen wurde, durch ein gediegenes, aus Schmirgel oder Karborundum bestehendes Rad ersetzt ist, welches eine größere und mehr faßförmige Oberfläche besitzt. Für besondere Zwecke, besonders zum Bimsen von alaun- und chromgaren Handschuhledern für Schwedenzurichtung wird ein Rad mit bedeutend vergrößerter Umdrehungsgeschwindigkeit und mit dichterer Oberfläche angewendet; es wird aus Papiermaché hergestellt und kann trotz der größeren minutlichen Umdrehungszahl so sicher gebraucht werden wie ein besser ausbalanciertes Rad.

Eine neuere Form von Bims- oder Schleifmaschine ist in Abb. 169 dargestellt. Bei dieser Maschine wird das zu schleifende Fell mit der Fleischseite nach oben über einen Tisch geführt, mittels einer durch Fußtritt bewegten Bürstwalze mit einem rotierenden Schmirgelrad in Berührung gebracht und Stück für Stück bearbeitet, in ähnlicher Weise, wie es die Bedienung der Falzmaschine verlangt. Der Schleifstaub wird durch einen Exhaustor entfernt, wie oben bei der älteren Ausführung der Maschine beschrieben.

Abb. 169.

Auch bei diesen Maschinen sind die Schleifzylinder mit Schmirgel bedeckt. Der Schmirgel wird jedoch nicht auf das Rad aufgestreut, so wie es früher bei den älteren Maschinen geschah, auch wird kein Leim verwendet, sondern Schmirgelpapier oder -Leinwand, die durch Klemmvorrichtungen auf den Zylindern festgehalten werden. Der hieraus entspringende Vorteil ist augenscheinlich; denn der Schmirgelbelag kann so ausgewechselt und feiner oder grobkörniger Schmirgel durch grobkörnigen bzw. feinen ersetzt werden. Die Auswechselung kann ohne Schwierigkeiten in wenigen Minuten vorgenommen werden.

Wenn eine sehr feine, seidige Oberfläche gewünscht wird, so schleift man gewöhnlich zuerst mit grobkörnigem Schmirgel von ungefähr 70—80°, läßt hierauf eine Bearbeitung mit feinerem Schmirgel folgen von ungefähr 140—150° und gibt bei weiß- und sämischgaren Ledern für schwedische Handschuhe einen letzten Schliff mit einem feinkörnigen Steinzylinder oder mit einem Schmirgelrad, das mit allerfeinstem Schmirgelstaub bedeckt ist. Abb. 170 zeigt ein massives Dolierrad aus Schmirgel, so wie es für Alaunkid und sämischgares Leder verwendet wird. Diese Art von Rädern oder Karborundumsteinen ist vor verhältnismäßig kurzer Zeit für Leder von feinstem Flor eingeführt worden.

Ursprünglich wurden die Wildleder und die anderen sämischgaren Leder auf einem rotierenden Sandsteinrad doliert oder gebimst, und man änderte daran auch nichts, wenn die Felle in feuchtem Zustande waren, wobei die Reibung des Rades auf der feuchten Oberfläche einen sehr feinen Flor ergab. Ein Sandsteinrad ist indessen nicht anwendbar beim Schleifen oder Bimsen von pflanzlich gegerbten Ledern oder von solchen Ledern, welche unter Verwendung pflanzlicher Beizen gefärbt worden waren. Denn der Sandstein enthält Verunreinigungen, welche eisenhaltig sind, und diese geben auf solchen Ledern Flecke. Diese Schwierigkeit ist durch die Einführung der gepreßten Karborundumräder überwunden worden, da dieser Werkstoff auf pflanzlich gegerbten Ledern keine Flecke verursacht, selbst wenn sie in feuchtem Zustande mit ihm in Berührung kommen.

Wenn ein besonders feiner Flor gewonnen werden soll, so ist das Naßbimsen das beste Verfahren, das es gibt, wenn die Leder auf der Fleischseite geschliffen werden. Das Schleifen wird ausgeführt, indem man zuerst das Rad feucht macht und dann, solange es noch feucht ist, das Leder in der gleichen Weise bearbeitet, wie beim trocknen Bimsen. Die Wirkung des Rades besteht in einem Niederschleifen der Faser bis auf einen ganz feinen Flor. Um mit diesem Verfahren gute Ergebnisse zu erzielen, ist es sehr wichtig, das Rad sauber zu halten. Man reinigt das Rad durch Abbürsten mit einer harten Haar- oder Borstenbürste oder indem man das Rad laufen läßt und dabei einen rauhen Stoff oder eine weiche Drahtbürste gegen die Oberfläche hält.

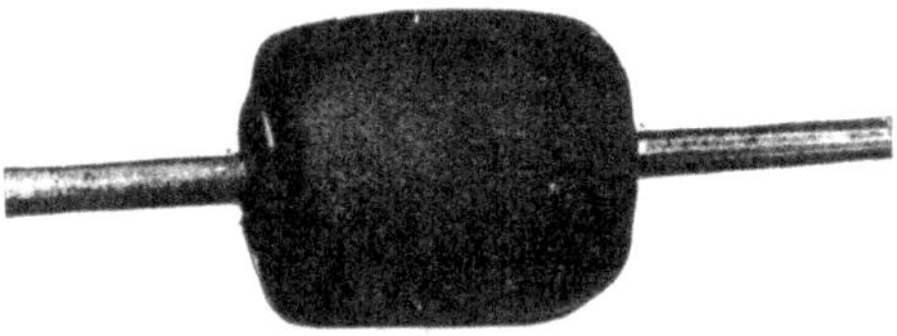

Abb. 170.

Um das Rad beständig feucht zu halten, empfiehlt es sich, es in einem engen Wassertrog laufen zu lassen oder feuchte Baumwollabfälle (Putzwolle), die gelegentlich wieder angefeuchtet werden, nahe der Oberfläche des Rades anzubringen. Der Nachteil dieses Verfahrens zu Bimsen besteht in dem nicht unerheblichen Aufwand von Arbeit, den die Ausführung mit sich bringt. Die Arbeitsweise ist langsam und sehr mühevoll; denn der Zug in dem Leder ist viel kräftiger als beim trocknen Rade.

Abbuffen, Blanchieren.

Das Abbuffen, im allgemeinen von Hand ausgeführt, ist seit etwa zwei Jahrzehnten in Gebrauch. Die Arbeit galt überall als eine der schwierigsten in der ganzen Lederzurichterei; sie ist jetzt ebenso wie das Falzen weitgehend durch Maschinenarbeit ersetzt worden.

Abbuffen, Buffen oder Buffieren nennt man das Beseitigen der Narbenoberfläche des Leders. Bei der Handarbeit bedient man sich hierzu des Buffiereisens, eines Stahlmessers oder -schlickers, welcher gewöhnlich ungefähr 12 × 17 cm groß und in einen dünnen Holzgriff eingelassen ist. Das Messer wird zum Gebrauch vorbereitet, indem man es auf einem Abziehstein scharf schleift und die Schneide mittels eines dünnen Stahlpfriems ganz leicht umlegt — ähnlich wie beim Falzen von Hand — und zwar so leicht, daß der Grat gewissermaßen die Fortsetzung der geschliffenen Schneide bildet. Der Arbeiter hält diese Schneide mit Hilfe des Stahlpfriems stets scharf.

Blanchieren. Wird die Haut nicht von der Narbenseite, sondern von der Fleischseite bearbeitet, so heißt der Arbeitsgang nicht mehr Abbuffen, sondern Blanchieren. Die Aufgabe ist hier, die Fleischseite des Leders zu reinigen (daher der Name von blanchir) und eine saubere geschlossene Schicht zu schaffen, welche nachträglich gewachst werden kann, wie z. B. für Wichs-Kipsschilder, Wichskalb usw.

Abb. 171.

Während der Arbeit beim Abbuffen oder beim Blanchieren wird der Schlikker so flach wie nur irgend möglich gegen das Leder gehalten. Durch ein schiebendes Schneiden mit dem Werkzeug hebt der Arbeiter ganz dünne Späne von der Oberfläche des Leders ab. Es gehört außerordentlich viel Übung und Geschicklichkeit dazu, um eine Fertigkeit im Gebrauche dieses Schlickers zu bekommen. Das Abbuffen, wie es unter Benutzung des Blanchierschlickers ausgeführt wird, würde ursprünglich zu dem Zweck vorgenommen, fehlerhafte Stellen, wie Kratzwunden, Brandmarken usw. zu beseitigen und eine weiche feinfaserige Oberfläche bei der Zurichtung zu ermöglichen. Es war ziemlich allgemein bei Blankleder üblich und um den Schnitt zu erleichtern, bereitete man das Leder noch vor, indem man es mit einer schwachen Seifenlösung überbürstete.

Das Abbuffen des Narbens ist jetzt weit mehr verbreitet und wird meist mit der Maschine ausgeführt. Die Anwendbarkeit der Maschine hängt davon ab, daß man eine Karborundum- oder Bimmstein-Schleifvorrichtung von hoher Umdrehungszahl oder eine Falzmaschine mit Blanchierzylinder hat.

Man kann auch fettige Leder mit zufriedenstellendem Erfolge abbuffen oder blanchieren, wenn die Walze die entsprechenden Messerblätter hat. Bei der gebräuchlicheren Art der Abbuffmaschinen wird eine befriedigende Arbeit meist nur erhalten, wenn der Fettgehalt der Leder verhältnismäßig sehr niedrig ist.

Die Abb. 171 und 172 zeigen die Abbildungen von zwei modernen Arten von Abbuffmaschinen, deren Wirksamkeit auf dem mit der

Bimmsteinschicht bedeckten Zylinder beruht. Aus der Abbildung ist erkenntlich, daß diese Maschinen in ihrem allgemeinen Bau den Falz maschinen sehr ähnlich sind. Sie haben eine Walze, auf der die Schmirgeldecke durch geeignete Federn angebracht ist; das Leder wird mit der zu bearbeitenden Seite nach oben über eine mit Filz oder ähnlichem Preßstoff bekleidete Walze zugeführt, welche das Leder während der Bearbeitung mit dem rotierenden Schmirgelzylinder trägt.

Bei einigen Ausführungsformen dieser Maschine ist eine Bürste unter der Schmirgelwalze angebracht, um die Entfernung des Staubes von der Lederoberfläche zu unterstützen und ferner um — ebenso wie bei der Falzmaschine — es nach Möglichkeit zu verhindern, daß das Leder rund um die Walze gesaugt wird. Da die Geschwindigkeit der ro-

Abb. 172.

tierenden Walze eine erhebliche Saugwirkung ausübt, kann dies sonst leicht vorkommen. Die Maschinen sind meistens mit einem Ventilator ausgerüstet, welcher den Staub während der Arbeit absaugt.

Diese Maschinen sind besonders brauchbar, weil man sie zu verschiedenen Zwecken benutzen kann. Man kann auf ihnen die Fleischseite von Boxkalb, Chromseiten usw. abbimsen, man kann Narbenschäden von lohgaren Seiten entfernen; man kann sie auch benutzen, um die ganze Narbenfläche abzubuffen und Sammetleder herzustellen, wie Sammetkalbleder, -seiten, -bäuche, -schultern usw., oder um den Narben nur ganz leicht abzunehmen, bevor man die Leder glänzend oder fast wie appretiert und zurichtet. Dieses letztgenannte ganz leichte Abnehmen des Narbens nennt man Abziehen; es wird vorgenommen, um ein Brechen des appretierten Leders nach Möglichkeit einzuschränken und eine gleichmäßig feine und geschlossene Textur der Oberfläche zu gewinnen.

Wenn große Leder bearbeitet werden, Häute oder Kipse für Sattler- und Kofferleder, Bekleidungsleder, Möbelleder usw., werden Maschinen verwendet, welche einen großen Auflagetisch für die Leder während der Bearbeitung besitzen. Gewöhnlich nimmt man dazu eine Maschinenausführung, wie sie in Abb. 173 abgebildet ist.

Alle Abbuffmaschinen, welche den Narben durch eine Schmirgelwirkung beseitigen, haben den gemeinsamen Mangel, daß infolge der Unregelmäßigkeiten des Schmirgel- oder Karborundumkornes kleine Kratzer hervorgerufen werden. Um diesen Fehler auf das Mindestmaß zurückzuführen, ist neuerdings die Verbesserung an der Maschine gemacht worden, daß die Bewegung der mit Schmirgel überzogenen Walze vorwärts und rückwärts gehend oszillierend gestaltet worden ist.

Abb. 173.

Wenn die Maschine mit einer Bürstvorrichtung versehen ist, so kann sie gleichzeitig auch zum Bürsten benutzt werden. Der Karborundumüberzug wird dann von dem Abbuffzylinder entfernt und die Haut ausschließlich mit der Bürste behandelt.

Eine andere jüngst patentierte Verbesserung der Abbuffwalze besteht darin, daß nicht mehr der Karborundum- oder Schmirgelzylinder auf die Walze geschoben wird, sondern daß eine besondere Walze eingeführt ist, welche in ihrer Konstruktion der mit schneckenförmig gewundenen Messern versehenen Walze der Falzmaschine ähnelt. Die Walze ist mit V-förmigen Rippen aus Karborundum oder Schmirgel versehen und ähnelt daher der Walze zum Falzen. Der Vorteil dieser Konstruktion der Abbuffwalze ist, daß sie nicht so warm wird. Denn die Luft, welche zwischen den V-förmigen Rippen durchstreicht, und die Stellung der Rippen wirken, wie bei den Walzen an der Falz- oder an der Aussetzmaschine, ausstreichend während des Abbuffens.

Sechsundzwanzigster Abschnitt.

Werkstoffe zum Zurichten.

Albumin.

Vielleicht der wichtigste Werkstoff, der beim Zurichten gebraucht wird, ist das Albumin; es ist der allerwesentlichste Bestandteil der Appreturen, die man den Ledern vor dem Glanzstoßen gibt. Albumin ist im Eiweiß des Eies und im Serum des Blutes enthalten. In Mischung mit anderen Substanzen wird Blut allgemein als Appretur angewandt, wenn schwarze Leder geglänzt werden sollen. Sowohl Blutalbumin wie auch Eialbumin sind Handelsprodukte; das letzte nur in fester

Form, das erste sowohl als konzentrierte Flüssigkeit, wie in Pastenform, jedoch meistens fest.

Blutalbumin. Wenn Blut dem Körper eines Tieres entnommen ist, so gerinnt es oder koaguliert. Wenn man es stehen läßt, so scheidet es sich in zwei Teile, ein festes rotes Gerinnsel, das in einer strohgelben Flüssigkeit schwimmt, dem Blutserum. Das Blutserum enthält das Albumin. Der Vorgang der Herstellung spielt sich folgendermaßen ab:

Gewöhnliches Ochsenblut läßt man in flache Kessel laufen und es dort gerinnen. Das geronnene Blut wird dann in Pfannen gebracht, die auf leicht geneigten Regalen oder Gestellen stehen. Die Pfannen haben einen falschen durchlöcherten Boden. Das Blut bleibt darin so lange, bis die Scheidung in die zwei Teile sich vollzogen hat, wozu im allgemeinen 18—36 Stunden, je nach der Temperatur, erforderlich sind. Die Regale mit den flachen Schalen stehen in einem Raum, dessen Temperatur auf ungefähr 43—48 ^{0} C gehalten wird. Hat sich die Scheidung des Blutes vollzogen, so tropft das Blutserum von dem Gerinnsel ab in andere flache Schalen hinein, die man so lange in dem Trockenraum bei 40—45 ^{0} läßt, bis das im Serum enthaltene Wasser, einige 90 vH, vollständig verdampft ist. Es hinterbleibt dann in jeder Schale eine dünne Schicht von Blutalbumin. Man soll zu diesem Arbeitsgang möglichst frisches Blut nehmen. Es ist dies außerordentlich wichtig und unbedingt erforderlich zur Herstellung der besten Sorten Blutalbumin.

Will man flüssiges Blutalbumin oder Paste herstellen, so wird das Serum nicht vollkommen trocken eingedampft, sondern nur bis zur Pastenkonsistenz eingeengt. Man setzt dann zu der Paste, um sie bei längerem Aufbewahren vor Fäulnis zu schützen, ein Konservierungsmittel hinzu. Im allgemeinen wird dazu Mirbanöl (Nitrobenzol) verwendet, obgleich es keineswegs das wirksamste Mittel ist. Man kann es an seinem süßen, mandelähnlichen Geruch erkennen.

Blutalbumin ist immer mehr oder weniger durch fremde Beimischungen, die aus dem Blute selbst stammen, gefärbt und enthält oft außerdem Spuren von Eisen. Sowohl die Farbkörper, als auch das Eisen, sind ein großer Nachteil. Beim Zurichten macht solche Ware die Farbennuance tiefer und besonders auffallend natürlich bei hellen Farben. Daher ist es immer ratsam, wenn man Blutalbumin beim Zurichten verwenden will, solche Ware zu wählen, die an sich möglichst hell ist. Denn die helleren Sorten enthalten stets bedeutend weniger Eisen als die dunkeln.

In manchen Fällen, z. B. beim Zurichten von schwarzen oder dunkelgefärbten Ledern ist es besser, Blut selbst an Stelle von Blutalbumin anzuwenden. Die organische Substanz, die im Blute ist, enthält freilich kein Albumin, sondern dies ist, wie der Zurichter nie vergessen soll, nur im Serum enthalten. Aber wenn sie auch kein Albumin enthält, so wirkt sie doch als Füllmaterial, indem sie dem Narben des Leders Fülle gibt und so zum Schluß eine bessere Zurichtung gewährleistet, als wenn man nur Blutalbumin angewendet hätte. Wie vorher schon gesagt wurde, kann man Blutalbumin auch flüssig haben. Im allgemeinen ist dies dem festen vorzuziehen, da es häufig vorkommt, daß durch das Koagulieren während der Fabrikation schließlich nur eine kleine Menge noch in Wasser löslich ist. Viele von den festen Blutalbuminen des Handels lassen nicht mehr als 5 vH ihres eigenen Gewichtes vom Wasser aufnehmen.

Beim Arbeiten mit Blut ist es vorteilhaft, besonders bei warmem Wetter Nitrobenzol zuzusetzen. 8 g Nitrobenzol auf 15 l Blut genügt, um für einige Wochen eine Zersetzung des Blutes zu verhindern.

Ein anderes Blutpräparat kommt als getrocknetes Blut oder getrocknetes Blutalbumin in den Handel. Dies Produkt ist nahezu schwarz; es ist Blut, das man gerinnen ließ und dann vorsichtig zur Trockne verdampfte. Viele von den Blutalbuminen des Handels sind entfärbt. Die Entfärbung wird gewöhnlich in der Weise ausgeführt, daß man kleine Mengen von Tierkohle vor dem Verdunsten zum Blutserum hinzusetzt und dadurch die Farbstoffe in der Kohle zurückhält. Nach der Behandlung mit Kohle wird die Mischung filtriert und das klare farblose Albumin, wie oben beschrieben wurde, eingedampft. Es mag hier erwähnt sein, daß 60 kg Blut nur ungefähr 1 kg Blutalbumin geben.

Eieralbumin. Eieralbumin wird aus dem Eiweiß gemacht, indem es in flachen Schalen bis zum vollständigen Entweichen des Wassers eingedampft wird, genau in der gleichen Weise, wie das Wasser aus dem Blutserum entfernt wird. Der feste, hellgelbliche Rückstand ist das Eieralbumin.

Die Temperatur, bei der die Verdampfung des Wassers vorgenommen wird, ist ein Punkt von außerordentlicher Bedeutung. Ist die Temperatur zu hoch, so koaguliert das Eiweiß und wird unlöslich. Die Temperatur soll nicht über 45° C gehen. Das Weiße von 200—250 Eiern ist zur Darstellung von 1 kg Eieralbumin nötig.

Eieralbumin wird gewöhnlich beim Zurichten hellgefärbter Leder verwendet. Im Gegensatz zum Blutalbumin enthält es keine Farbstoffe, noch Spuren von Eisen, die nachteilig oder verdunkelnd auf den Farbton des Leders einwirken könnten.

Albumin koaguliert ganz außerordentlich leicht und wird auch sehr leicht durch Metallsalze gefällt. Beim Herstellen einer Appretur zum Zurichten muß darauf ganz besondere Rücksicht genommen werden und kein Metallsalz, das das Albumin ausfällen würde, zu der Mischung, die das Albumin enthält, zugegeben werden.

Daß man auf die Koagulierung des Eieralbumins durch Hitze Rücksicht nehmen muß, ist eben gesagt worden. Dieselbe Rücksicht erfordert das Blutalbumin. Albumin koaguliert bei etwa 55° C, und daher darf das Wasser, das zum Lösen sowohl des Blut- wie des Eieralbumins genommen wird, nie mehr als Bluttemperatur, also 37° C, haben. Es kommt oft vor, daß bei der Fabrikation der Handelsalbumine eine zu hohe Temperatur angewandt wird und dadurch das Albumin gerinnt und unlöslich wird. Wenn man das Albumin dann gebrauchen will, so löst es sich nicht.

Karbolsäure, Karbol, fällt Albumin ebenfalls. Nimmt man es als Konservierungsmittel, sei es zum Blut- oder Eieralbumin, so darf man nur ganz geringe Zusätze geben.

Der Lederzurichter gebraucht freilich bei seiner Arbeit Albumin; aber er hat bei weitem nicht immer das Urteil, wozu er es tut, und weiß oft nicht, daß er aus den erwähnten Eigenschaften des Albumins seinen Nutzen zieht. Der erfahrene Lederzurichter weiß genau, daß, wenn er z. B. bei Zurichten von Saffianleder das Leder mit einer Appretur von Albumin und Milch behandelt und es dann bei ziemlich hoher Temperatur trocknet, die Farbe des Leders viel reibechter ist, als sie es vor dieser Behandlung war. Aus dem Gesagten ist klar, daß zwei Eigenschaften des Albumins die Gründe für diese Vergrößerung der Reibechtheit sind; erstens daß das Albumin die Farbstoffe bis zum gewissen Grade fixiert, so daß sie weniger locker auf dem Leder haften, und zweitens, daß das Albumin bei der hohen Trockentemperatur koaguliert und eine mehr oder weniger unlösliche Schicht auf dem Narben des Leders gibt.

Albumin nimmt den Farbstoff ebenso wie die tierische Faser auf. Diese Eigenschaft des Albumins kann man mit Vorteil beim Bürsten des Leders ausnutzen, indem man das Leder mit einer schwachen Albuminlösung grundiert, dann trocknet und nun erst den Bürstenstrich gibt. Dies Verfahren hat zwei Vorteile. Erstens schwächt es die Flecke ab, die der Farbstoff auf fehlerhaftem Narben gibt, und die aufgetragene Schicht liefert einen Grund, der sich ausgezeichnet bürsten und färben läßt; zweitens verhindert diese Grundierung mehr oder weniger, daß der Farbstoff tief in das Leder eindringt, und läßt daher Farbstoff sparen.

Beim Zurichten von Marokkos wird das Albumin oft als Beize angewendet, obgleich dies beim Gebrauch gar nicht beabsichtigt war. Ziegenfelle mit hartem Narben werden mit Albumin und Milch appretiert, geglänzt und pantoffelt und dann auf der Albuminschicht gefärbt.

Milch und Kasein.

Milch. Milch wird außerordentlich viel bei der Zusammensetzung von Lederappreturen zum Zurichten, besonders bei hellen Ledern gebraucht. Milch enthält 3,4 vH Fett, 3,5 vH Kasein und Albumin, 4,8 vH Milchzucker und 6 vH anorganische Salze; der Rest ist Wasser.

Der Hauptwert der Milch zum Zurichten stammt von der feinen Verteilung des Fettes her. Es befördert die Geschmeidigkeit des Narbens und beugt einer Beschädigung vor, der das Leder beim Glanzstoßen durch den Druck ausgesetzt ist.

Das **Kasein** und Albumin der Milch wirken ebenso wie das Albumin des Blutes und des Eies. Kasein ist eine Handelsware, kann aber auch leicht folgendermaßen hergestellt werden:

Zu 5 l frischer Milch gibt man 80 ccm Ammoniak, und nachdem die Mischung gut durchgerührt, läßt man sie 24 Stunden stehen. Nach dieser Zeit werden sich zwei Schichten gebildet haben. Die untere Schicht läßt man fortlaufen, und das Kasein kann man nun mit etwas warmer Essigsäure fällen. Der Niederschlag wird durch Baumwolle filtriert, und um die anhängende Feuchtigkeit zu entfernen, scharf abgepreßt. Man gibt etwas Zucker hinzu, trocknet die Mischung sorgfältig und pulvert sie.

Eine Lösung von Kasein ist ein ausgezeichneter Ersatz für das teurere Albumin und wird heute in großen Mengen bei der Zurichtung verwendet. Das beste Lösungsmittel ist eine verdünnte Lösung von Borax und Ammoniak.

Leim und Gelatine.

Leim und Gelatine. Leim wird aus den Abfällen der Haut und der Aasteile gemacht, die man bei der Bearbeitung in der Wasserwerkstatt erhält. Der Gerber sammelt diese kleinen Stückchen, bis sich eine nennenswerte Menge angehäuft hat, die dann als „Leimleder" an den Leimsieder verkauft wird.

Gelatine ist eine reinere Form des Leims. Sie wird aus den verschiedenen tierischen Geweben gewonnen, indem man deren löslichen Teil auflöst. Die Qualität des Produktes hängt von der Sorgfalt der Auswahl des Rohmaterials und von der Reinlichkeit der Fabrikation ab. Die beste Qualität erhält man aus dem Mark oder Kern vom Horn des Rindes. Während der Fabrikation wird sie gewöhnlich entfärbt und geklärt, um ein Erzeugnis von möglichst heller Farbe zu erzielen.

Obgleich sich sowohl der Leim wie die Gelatine vielleicht nicht gerade am besten zu Appreturen beim Zurichten eignen, werden sie doch in ausgedehntem Maße bei vielen Ledersorten dazu verwendet.

Als Grund beim Bürsten werden sie beide häufig gebraucht; obgleich sie nicht allen Anforderungen für diesen Zweck so wie einige andere Mittel genügen, haben sie doch in besonderen Fällen ihre Vorteile. Gelatine wird beim Grundieren von ostindischen Kipsen, die gebürstet werden sollen, und zum Verdicken der Farbbrühen sehr gern gebraucht.

Gelatine oder Leim wird beim Zurichten schwarzer Seehundleder mit Saffiannarben gebraucht. Gewöhnlich mischt man zu diesem Zweck Blauholz- und Eisenlösung, die man mit einer starken Leimlösung eindickt. Durch diese Behandlung bekommt das Leder ein glänzendes Aussehen und einen kernigen Griff.

Leim wird auch zu den Mischungen verwendet, um die Narbenseite der gegerbten Leder zuzurichten, wie z. B. Wichskalb, Wichskipse usw. Beim Zurichten farbiger französischer Kalbfelle wird Gelatine zweckentsprechend genommen, wenn eine helle feste Zurichtung ohne Fett verlangt wird.

Der Hauptmangel, den Gelatine sowohl wie Leim als Zurichtungsmaterial haben, ist der, daß sie brüchig werden. Mit anderen Worten, nimmt man einen kleinen Überschuß, sei es in Form eines zähen Leims oder einer dünnen Lösung, so neigt das Leder nach dem Trocknen zum Platzen und Brechen. Man kann diesen Übelstand erheblich einschränken, indem man der Leimlösung etwas Glyzerin zusetzt.

Man wendet Leim und Gelatine am besten in Form eines dünnen suppigen Schleimes an. Es ist nicht angängig, die Mengenverhältnisse in Zahlen anzugeben, da diese ganz von der Ergiebigkeit der jeweiligen Leim- oder Gelatinesorte abhängig sind. Sehr oft gibt eine einprozentige Lösung einer Gelatine von guter Qualität einen ergiebigeren Schleim als eine sieben- oder achtprozentige Lösung einer schlechten Sorte Leim. Das heißt mit anderen Worten, daß 1 kg Gelatine oft 7—8 kg Leim ersetzt, und daß man oft besser tut, eine gute Sorte Gelatine als eine schlechte Sorte Leim zu kaufen, zumal auch die Fähigkeit, das Leder zu füllen, besser ist.

Wie schon erwähnt, wird Gelatine oder auch Leim zum Grundieren der Leder vor dem Bürsten gebraucht. Obgleich sich Gelatine etwas schlechter färben läßt als Leinsamen oder andere Abkochungen, so gibt sie doch eine sehr gute Decke für schadhafte Narben; sie wird daher zu diesem Zwecke mit großem Vorteil angewandt und besonders bei Rotgerbung und bei Ledern, die in natürlicher Farbe zugerichtet werden.

Beim Bürsten oder beim Decken und Schönen farbiger Leder empfiehlt es sich, etwas Gelatine der Farbstofflösung hinzuzusetzen; sie verhindert, daß der Farbstoff tief in die Lederfaser eindringt, so daß man tiefere Farbtöne mit einer geringeren Menge Farbstoff erhält, als ohne den Gelatinezusatz.

Um Leim oder Gelatine zu lösen, muß man sie erst in kaltem Wasser durch und durch quellen lassen, und die vollkommen gequollene Masse am besten in einem doppelwandigen Kessel vorsichtig erwärmen, bis die Lösung vollständig ist. In Fällen, in denen eine ziemlich konzentrierte Lösung erforderlich ist, ist ein kleiner Zusatz von Essigsäure vorteilhaft. Die Essigsäure nimmt dem Leim die Fähigkeit, fest zu werden, in solchem Maße, daß man erforderlichen Falles bei dem genügenden Essigsäurezusatz Leim in flüssiger Form erhalten kann, ohne an Klebkraft oder Bindevermögen irgend etwas einzubüßen. Auf diese Weise werden die „flüssigen Leime“ durch Essigsäurezusatz hergestellt.

Durch langes Kochen verlieren Leim und Gelatine allmählich ihre Qualität und ihre Eigenschaften; man muß daher ein langes Kochen sorgfältig vermeiden. Hat man sie einmal wieder fest werden lassen und will sie wieder gebrauchen, so muß man sie vorsichtig wieder flüssig machen und sie nötigenfalls während des Gebrauchs dadurch flüssig erhalten, daß man den Kessel in eine Schale mit heißem Wasser stellt.

Durch Einwirkung von „Formalin“ wird Leim unlöslich. „Formalin“ ist der Handelsname für eine 40 proz. Lösung von Formaldehyd. Man kann eine sehr gute unlösliche Appretur für Hutleder, Möbel- und Buchbinderleder und für andere wasserdichte Ledersorten herstellen oder man kann auch die Reibechtheit farbiger Leder erhöhen, indem man diese Eigenschaft des Formalins ausnützt. Man gibt zu 100 Teilen einer zweiprozentigen Gelatinelösung von guter Qualität 5 Teile einer 40 proz. Formaldehydlösung und gibt dem Leder mit dieser Appretur eine dünne Decke. Das Leder wird dann in einem ziemlich warmen

Trockenraum, Ofen, getrocknet, um den Überschuß vom Formaldehyd zu vertreiben. Man darf diese Appretur aber nicht eher machen, als man sie gebraucht. Denn wenn man die Mischung längere Zeit stehen läßt, so wirkt der Formaldehyd schon auf den Leim ein und macht ihn unlöslich. Wenn diese Mischung dann wieder fest geworden ist, so bekommt man sie nie wieder in Lösung. Man tut daher gut, erst die Gelatinelösung auf das Leder aufzutragen und dann erst die Formaldehydlösung, und nachher das Leder bei ziemlich hoher Temperatur zu trocknen.

Hausenblase. Hausenblase oder Fischleim wird neuerdings zu Appreturen sehr reichlich verwendet. Man macht sie aus der Schwimmblase verschiedener Fischarten, die einfach getrocknet und so exportiert werden. Die beste Hausenblase kommt aus Rußland und stammt von der Blase des Störs oder Hausens. Brasilianische Hausenblase ist viel weißer als die russische und höchstwahrscheinlich in der Sonne gebleicht. Eine gewöhnliche Sorte wird auch von Indien exportiert und auch Japan liefert eine sogenannte Hausenblase, welche indessen ein pflanzliches Erzeugnis ist und nicht die gleichen Eigenschaften besitzt, wie die wirkliche Hausenblase. Der Rohstoff wird zur Handelsware verarbeitet, indem er mit Maschinen in dünne Streifen oder Fäden zerschnitten wird.

Hausenblase wird in der Form eines schwach sauren Schleimes verwendet; man behandelt die trockene oder vorher eingeweichte Hausenblase in einer sehr verdünnten Lösung von Zitronensäure, Weinsäure oder Essigsäure, um eine etwas dicke Gallerte zu bekommen, und löst sie dann auf. Sie wird vorwiegend für feuchte Zurichtung benutzt, nachdem die gefärbten Leder ausgestrichen sind, also vor dem Trocknen, indem man eine dünne Decke des Schleimes mit dem Schwamm aufträgt und mit einem Lackléderbausch gründlich in die Narbenschicht einarbeitet; dann werden die Leder gebürstet und in einem heißen Ofen getrocknet, wobei die Hausenblase sich verflüssigt und in Form einer hellen, harten, glänzenden Haut auf der Narbenschicht des Leders auftrocknet.

Diese Art der Zurichtung hat viele Vorteile, insofern als die Hausenblase eine unlösliche, wasserdichte, helle Haut auf der Narbenschicht gibt — hell genug für die meisten Zwecke — und die weitere Zurichtung lediglich im Plätten oder Heißglänzen zu bestehen braucht. Der einzige Nachteil dieses Verfahrens besteht darin, daß die Felle nach dem Auftragen der Appretur nicht mehr nachgefärbt oder geschönt werden können, und daß es daher natürlich nicht mehr möglich ist, die Leder umzufärben, wenn der Farbton nicht genau den Wünschen entspricht. Die Appretur wird angewendet bei glatt zugerichteten Schafspalten zu Phantasieledern, bei Hutfutterledern, auch bei Basils für Kofferleder usw.

Leinsamen.

Vielleicht die allergebräuchlichste gallertartige Abkochung zu Lederappreturen wird aus dem Leinsamen gewonnen, und zwar indem man den Leinsamen mit Wasser kocht. Leinsamen ist der Samen des Flachses; in der äußeren Schale des Samens ist im wesentlichen der Schleim enthalten. Er wird durch Kochen leicht ausgezogen, und es ist daher unnötig und bringt keinen weiteren Vorteil, den Samen vor dem Kochen zu zerquetschen; es ist vielmehr geradezu schädlich, den zerquetschten Samen auszukochen, weil dabei auch das Öl ausgezogen wird und dies auf allen hellgefärbten Ledern Flecke verursacht.

Eine Leinsamenabkochung, deren Konsistenz für die meisten Zwecke der Lederzurichtung genügt, kann man herstellen, indem man $1^1/_4$ kg Leinsamen in 45 l Wasser mindestens eine Stunde lang kocht und dann das während des Kochens verdampfte Wasser wieder ersetzt. Der ungelöste Leinsamen muß sorgfältig durchgeseiht werden, solange die Lösung noch warm ist.

Der Leinsamen gibt eine Abkochung, die sowohl zähe ist als auch einen beträchtlichen Grad von Geschmeidigkeit besitzt. Man kann daher das Leder mit Leinsamen behandeln, ohne irgendwie befürchten zu müssen, daß die Appretur beim Biegen platzen würde. Zum Grundieren vor dem Bürsten ist die Leinsamenabkochung ausgezeichnet geeignet, da sie schadhafte Narbenstellen vorzüglich deckt. Anders als Abkochungen von Stärke, Mehl usw., die sich nicht eigentlich färben lassen, ist die Leinsamenabkochung auch deshalb besonders zum Grundieren geeignet, weil sie wirklich gut Farbe annimmt.

Beim Zurichten von braunem Kalboberleder wird die Leinsamenabkochung in ausgedehntem Maße angewendet. Nach dem Färben, Trocknen usw. bekommt das Leder eine Decke mit einer Mischung aus Farbstoff und konzentrierter Lösung von der Leinsamenabkochung, die man mit einer Bürste aufträgt. Man läßt es dann einziehen und so halb trocken werden und gibt ihm sein Ansehen, indem man es mit der Hand auf dem Tisch glast. Die Leinsamenabkochung eignet sich auch dazu, die Farblösung beim Bürsten zu verdicken und zu verhindern, daß sie schnell in das Leder einzieht.

Seetang.

Irisch Moos. Irisch oder Isländisches Moos oder Karragheenmoos (Chondrus Crispus) ist ein Seegras oder eine Alge; es wächst an Felsen, die periodisch von der See bedeckt sind, und kann also nur bei tiefer Ebbe gesammelt werden. Die Pflanze enthält etwa 60 vH an einem wichtigen gelatinierenden Stoffe, den man Karragheen nennt. Da der Pflanzenschleim, den man aus dem Moose gewinnt, ganz vorzüglich ist, so galt das Karragheenmoos lange Zeit als das beste unter den Appreturmitteln. Die Hauptnachteile, die es hat, bestehen darin, daß es immerhin etwas kostspielig ist; denn es ist selten, und es ist schwer, die einzelnen Arten der Moose beim Sammeln zu unterscheiden. Außerdem braucht man ziemlich lange Zeit und ziemlich große Mühe, um den Schleim aus dem Grase auszuziehen.

Bei der Gewinnung des Schleimes aus Irischem Moos ist es wichtig, daß das Moos ordentlich gewaschen wird, indem man es für mehrere Stunden in kaltes Wasser legt, um das Salz daraus zu entfernen, und dann erst dazu schreitet, durch Kochen den Schleim zu gewinnen. Vor dem Auskochen muß das Waschwasser mindestens einmal durch frisches Wasser ersetzt sein. Irisches Moos gibt einen sehr steifen, zähen Schleim, wenn man durch ein- bis zweistündiges Kochen eine Lösung von 3—5 vH herstellt.

Die bekanntesten Sorten von Seegras sind die beiden Arten, die von der See vollkommen überspült und in der Botanik Laminaria digitata und Laminaria stenophylla, im Volksmund Seetang oder Tang genannt werden. Die Eigenschaften und Bestandteile der verschiedenen im Seegras vorhandenen Salze sind lange Gegenstand der wissenschaftlichen Forschung gewesen, deren wesentlichste Arbeiten von Stanford stammen[1]).

Nachdem man die Salze mit Wasser ausgezogen hat, enthält das übriggebliebene Gras, das scheinbar durch diese Behandlung nicht verändert wurde, einen besonderen Stoff, dem von Stanford der Name Algin beigelegt wurde. Diese Substanz ist an oft Seegras wahrnehmbar, das der Sonne und dem Regen ausgesetzt war; nach der teilweisen Verdunstung wird sie dann auf der Oberfläche des Grases als eine gelbliche und außerordentlich zähe Gallerte sichtbar.

Durch Behandlung des Seegrases mit einer verdünnten Lösung von Soda erleidet es eine Zersetzung, und man erhält eine dicke gallertartige Masse, die außer Natriumalginat auch Dextrin und Pflanzenschleim enthält. Das Natriumalginat nennt Stanford „Algin". Das Algin hat bestimmte chemische Eigenschaften. Es wird durch Salzsäure, Schwefelsäure, Milch- und Oxalsäure gefällt; ebenso durch lösliche Barium-, Kalzium-, Aluminium-, Chrom-, Antimon-, Kupfer- usw. Verbindungen, durch essigsaures Blei, schwefelsaures Eisen usw. Durch Zusatz von Alkohol, Stärke, Glyzerin, Karbol,- Bor- oder Ameisensäure wird es nicht verändert.

Nach vielen Versuchen, um die beste Methode zum Auslaugen des Werkstoffes zu finden, hat erst kürzlich die Technik ein Verfahren gefunden, das die Herstellung des Algins als ein technisches Erzeugnis des Handels zu einem Preise ermöglicht, der die technische Verwendung zu den von Stanford angegebenen Zwecken erlaubt.

Dieses neue Verfahren zur Herstellung des Algins besteht darin, daß man das Seegras, nachdem es gewaschen ist, in einer kochenden Lösung von Ätznatron löst und so eine stark alkalische Lösung von Natriumalginat erhält, aus der man das Algin als Alginsäure fällt, indem man das Alkali mit starker Säure neutralisiert. Die so gewonnene Alginsäure wird zu einer zweiten Menge des alkalischen Alginats gegeben, und zwar in solcher Menge, daß man eine neutrale Lösung von Natriumalginat erhält.

Das Natriumalginat oder Algin des Handels ist eine sehr schätzenswerte Bereicherung unseres Vorrates an schleimigen Verbindungen, die in der Lederfabrikation Verwendung finden, da es all die Eigenschaften

---

[1]) Chemical Society 1873 ff.

des gewöhnlichen Isländischen Mooses mit vielen anderen verbindet, die das letzte nicht besitzt.

Beim Fertigmachen von Schafspalten mit glattem oder gepreßtem Narben bekommen die Leder ihre Behandlung in feuchtem Zustande, wenn sie nach dem Farbbad ausgestrichen sind, und zwar mit einer zehnprozentigen Alginlösung, zu der man einen kleinen Zusatz von Stärke gegeben hat. Durch diese Behandlung werden die offenen Poren des Narbens gefüllt und schadhafte Stellen des Narbens verdeckt. Wenn die Leder nach dem Ausstreichen vom Trocknen kommen, sind sie nahezu fertig und brauchen dann nur gerollt oder gepreßt zu werden, nachdem sie mit etwas Gelatine, Fischleim usw. appretiert sind.

Beim Zurichten der Fleischseite der Spalte von Schaf, Kalb usw. zu Hutledern ist eine 5—10proz. Lösung von Algin zu empfehlen. Ein geringer Zusatz von Talkum ist angebracht, wenn man eine weiße Fleischseite haben will. Diese Appretur der Fleischseite nach dem Rollen gibt eine vorzügliche Zurichtung. Der Schleim besitzt eine sehr beträchtliche Schmiegsamkeit und bricht nicht, wie man es bei Anwendung von Leinsamenabkochung beobachten muß; außerdem bekommt die Fleischseite einen weichen, molligen Griff.

Isländisches Moos und Algin kann in ungefähr 5proz. Lösungen auch dazu verwendet werden, um den Narben zu füllen, wenn man Schafspalte, Schafleder, Perser und Kalbnarbenspalte für Buchbinder- oder Polsterleder zurichten will. Es ist ratsam, ein klein wenig Farblösung, hinreichend, um eben das Algin oder die Moosabkochung zu färben, hinzuzusetzen. Dabei muß man beachten, daß nur die sauren Farbstoffe zu diesem Zweck verwendet werden dürfen, da die basischen gefällt werden würden.

Wenn man eine weiche Fleischseite haben will, so sind bei vielen Ledern Isländisches Moos oder Algin ausgezeichnete Werkstoffe zur Erreichung dieses Zweckes, und sie sind besonders zu empfehlen, wenn man, um die Fleischseite weich zu erhalten, Talkum oder ein anderes Farbmittel zum Weißmachen zusetzt. Die groben Fleischfasern solcher Leder, wie schwere Bäuche, Hälse, Fleischspalte werden dann beim Glasen vollkommen weich.

Schließlich kann man Isländisches Moos oder Algin auch zum Verdicken von Farblösungen beim Bürsten mit Vorteil an Stelle der sonst zu diesem Zwecke üblichen Werkstoffe verwenden, wie Leim, Gelatine, Leinsamen usw.

Gummis.

Gummi ist ein allgemeiner Ausdruck für gewisse harzartige Abscheidungen von Bäumen oder Pflanzen. Man kann eine beträchtliche Anzahl dieser Gummisorten zu Lederappreturen verwenden; aber leider eignen sich nur wenige von ihnen zum Zurichten, weil sie meist beim Trocknen starre spröde Häutchen hinterlassen.

Gummitragant ist das Exsudat eines Baumstammes, der im Orient wächst und hauptsächlich von Zentralasien und Amerika ausgeführt wird. Es gibt drei Arten von Gummitragant, nämlich: „Blattgummi“, in Form von unregelmäßig gewundenen Fäden, „Fadengummi", in langen, dünnen, zylindrischen Fäden und „Schweinegummi". Der letzte ist beträchtlich verfälscht und eine sehr schlechte Sorte.

Gummitragant ist besonders schwer in Lösung zu bringen. Selbst nach 48stündigem Kochen in heißem Wasser sind manche Sorten noch nicht vollständig gelöst. Am besten verfährt man so, daß man eine geeignete Menge, z. B. $^1/_2$ kg vom Gummi in einen irdenen Krug tut, den Krug mit etwa 12—15 l heißem Wasser füllt, umrührt und dann stehen läßt. Nach Verlauf von 48 Stunden wird sich hinreichend Gummi gelöst haben, um eine Gallerte zu geben, die dick genug zum Gebrauch ist. Man nimmt diese ab, füllt den Krug wiederum mit heißem Wasser und läßt ihn wieder stehen, bis eine zweite gebrauchsfähige Gallerte entstanden ist. Man verfährt so immer weiter und kann dreißig bis vierzigmal eine gute Gallerte bekommen, ehe der Gummi erschöpft ist. Die erhaltene Gallerte ist im allgemeinen für alle üblichen Zwecke genügend dick.

Gummitragant wird oft als Ersatz für Leinsamen genommen beim Vorbereiten der Leder vor dem Bürsten oder zum Verdicken der Farblösung für das Bürsten. Er wird oft als Appretur für Kalbleder verwendet, die als Schuhoberleder zugerichtet werden. Eine dünne, etwa einprozentige Lösung wird auf das Leder gebürstet, das Leder dann abgewelkt und durch Stoßen geglast, um ihm das gewünschte Aussehen zu geben. Er wird auch als Bestandteil der Appretur für schwarze Leder, wie Wichskalb, Kips, Spalt usw. gebraucht. Für leichtere Leder, wie sie zu Buchbinder- und Polsterarbeiten genommen werden, ist seine Verwendung beschränkt.

Gummi Tragasol ist ein verhältnismäßig neuer, aber schon vielfach gebrauchter Werkstoff; er ähnelt dem Gummitragant in Eigenschaften und Verwendung, ist aber billiger als dieser. Er wird vom Kern oder Samen des Johannisbrotbaumes gewonnen (Ceratonia siliqua L.).

Die Samen sind außerordentlich hart, so daß Schale und Keim nicht durch die gewöhnlichen Verfahren des Mahlens beseitigt werden können, da sie dadurch kaum berührt werden. Es mußte daher eine besondere Bearbeitungsweise erdacht werden. Die Samen werden durch einen Zerkleinerer gespalten, und der Keim, der hierbei mehr oder weniger zerbricht, wird in einer Sortiermaschine entfernt, in der die beiden Keimhälften mit der anhaftenden Schale herausfallen. Die Schale wird dann zwischen Mühlsteinen gemahlen, wobei sie sich vom Rande des Samens loslöst und von dem Samenlappen in Form kleiner weißer runder Scheiben, ähnlich wie Knöpfe, abfällt. Durch Ausziehen mit Wasser unter Druck wird der Gummi daraus gewonnen.

Tragasol wird in Form einer steifen opalisierenden Gallerte gehandelt. Bei der Behandlung mit Wasser wird Tragasol nicht davon gelöst, sondern das Wasser wird von dem Gummi aufgenommen, und die Masse ist nach nur minutenlangem Rühren beinahe so steif wie vorher. Es ist daher besonders wichtig, darauf aufzupassen, daß die Mischung ordentlich vor sich geht.

Der Hauptvorteil, den Tragasol vor vielen anderen Appreturstoffen hat, besteht in seinem besonders großen Füllungsvermögen und seiner großen Schmiegsamkeit. Er ist daher ausgezeichnet zur Appretur der Fleischseite bei schweren Ledern, wie Riemenleder, zu gebrauchen, da er eine auffallende Bindekraft für diejenigen Pigmentstoffe besitzt, welche zum Zurichten der Fleischseite verwendet werden, wie z. B. China Klay, Kreide usw. Besonders angebracht ist seine Verwendung bei Fleischspalten und zwar zusammen mit geringen Mengen von Gelatine.

Als Narbenappretur ist Tragasol bei vielen Ledern angebracht, wie z. B. glatten Schafspalten, Kalb usw. für Hut-, Buch- oder Portefeuilleleder. Er kann für sich allein oder zusammen mit Stärke, Gelatine u. a. verwendet werden und gibt eine gegen Schweiß recht undurchdringliche und beträchtlich reibechte Appretur. Für diese Zwecke wird er entweder unmittelbar nach dem Färben und Ausstreichen, also vor dem Trocknen, oder auf das fertig getrocknete Leder aufgetragen. Auch beim Zurichten von Wichsledern leistet dieser Stoff gute Dienste.

Gummi arabicum und **Gummi juniperi** sind in ihrer Anwendung als Lederappreturmittel sehr beschränkt; ihr Hauptmangel ist, daß keiner von beiden eine Abkochung liefert, die biegsam genug für die in Frage kommenden Zwecke wäre. Der als Lederappretur ideale Gummi müßte eine Abkochung geben, die die schadhaften Stellen verdeckt, den Narben des Leders füllt und elastisch genug ist, um nicht zu brechen, wenn das Leder durch Druck oder Zug beansprucht wird.

Gummi kann als Appretur gebraucht werden, wenn das Leder mit der Maschine geglänzt wird. Bei schweren Oberledern, die nur geglänzt oder gerollt werden, ist Gummitragant das meist angewendete Appreturmittel.

Schellack. Er ist ein farbloses Harz, das sich auf den Zweigen gewisser indischer Bäume bildet, nachdem diese von einem bestimmten kleinen Insekt angestochen sind. Das Insekt bildet die Gummisubstanz, die einen Überzug rings um den Körper darstellt, in regulären Zellen; es stirbt dann ab, nachdem es seine Eier gelegt hat.

Es sind mehrere Schellacksorten im Handel bekannt. Eine gebleichte Art wird als weißer Schellack gehandelt, und die gefärbten Erzeugnisse werden als Orange-, Rubin-, Granat- und Knopf-Schellack gehandelt.

Schellack ist unlöslich in Wasser. Will man ihn zur Lederappretur verwenden, sei es allein oder in Mischung mit anderen Stoffen, so muß man ihn entweder in warmen Alkalien, wie Ammoniak oder Borax, oder sonst in Spiritus oder Methylalkohol lösen.

Schellack wird am besten im Methylalkohol gelöst und dann, nachdem die Lösung vollständig stattgefunden hat, mit Wasser nach Wunsch verdünnt, dem man etwas schwaches Ammoniak zugesetzt hat. Zu 1 kg Schellack braucht man etwa 5 l Methylalkohol. Die Mischung tut man am besten in ein großes irdenes Gefäß, das man

luftdicht verschließen kann, und läßt es an einem warmen Ort stehen, bis sich alle festen Teile vollkommen gelöst haben. Es sind dazu im allgemeinen etwa 2 bis 3 Tage erforderlich.

Schellack wird sehr vielfach als Appretur bei schwarzen Ledern zu Zeug- und Geschirrledern genommen, aber auch zum Appretieren von Möbelledern, wenn große Ansprüche an die Reibechtheit der Farbe gestellt werden. Für diesen Zweck eignet er sich ganz besonders vorzüglich.

Stärke.

Stärke ist eine organische Verbindung, die, abgesehen von gewissen Ausnahmen, in allen grünen Pflanzen vorkommt.

Weizenstärke. Einen sehr steifen Stärkebrei erhält man, wenn man Stärke in Wasser kocht. Stärke ist für einige Ledersorten ein sehr gebräuchlicher Appreturrohstoff, da sie eine billige, farblose und durchsichtige Appretur gibt. Am besten verfährt man zur Herstellung des Stärkebreies so, daß man die gewöhnliche Handelsstärke mit kaltem Wasser zu einer dünnen Milch anrührt, dann kochendes Wasser zu der Mischung gibt, und sorgfältig immer in ein und derselben Richtung rührt, bis die weiße Lösung allmählich die Farbe verliert und in einen klaren opalisierenden Schleim übergeht.

Man wendet Stärke als Appretur für Schafspalte an, indem man eine dünne Lösung von durchschnittlich 1—2 vH auf das Leder gibt und das Leder dann trocknet. Nach dem Trocknen hat das Leder eine hübsch glänzende Appretur, die nahezu unlöslich ist, und besonders dann, wenn man zum Trocknen ziemlich hohe Temperatur anwandte. Einer der Hauptvorzüge der Appretur mit Stärke ist darin zu erblicken, daß das Leder auch nach dem Appretieren in den Zwischenräumen zwischen den einzelnen Narbenkörnern völlig frei von weißen Niederschlägen ist.

Stärke ist eine gute Appretur für Riemchen-, Koffer- usw. Leder. Sie wird, wie es eben beschrieben wurde, verwendet.

Kartoffelstärke. Diese Stärke, Farina genannt, wird aus den Knollen, den kurzen, dicken, fleischigen, im Boden befindlichen Teilen der Kartoffel gewonnen.

Kartoffelstärke liefert ebenso wie die Weizenstärke eine durchsichtige Appretur. In Wasser gekocht, gibt sie eine Gallerte, die noch etwas steifer ist als die Gallerte aus Weizenstärke. Viele Zurichter ziehen sie der Weizenstärke als Appretur des Narbens bei dunkelgefärbten Ledern zu Taschen, Hosenbesätzen usw. vor. Indessen besitzt sie keine großen Vorzüge vor der gewöhnlichen Handelsstärke; höchstens, daß sie ein wenig billiger und ihre Zubereitung etwas leichter ist. Sie ist eine angenehme Appretur für naturfarbige Leder, d. h. solche, die ihre Farbe aus der Gerbung haben und nicht erst gefärbt werden. Mitunter wird sie auch zum Grundieren vor dem Bürsten genommen, besonders wenn trockne und schon zugerichtete Leder gefärbt werden sollen; aber da die Stärkehaut die Farbe schwer annimmt, ist sie nicht dem Isländischen Moos oder der Leinsamenabkochung gleichzustellen.

Auch als Appretur für Schaffelle und Persians, die glatt zugerichtet werden sollen, ist sie zu verwenden.

Maisstärke, Reisstärke, Sagostärke. Die erste von diesen Stärken gibt einen Brei, der nicht ganz so fest ist, wie der aus Kartoffelstärke gewonnene. Über die anderen ist nichts Besonderes zu erwähnen.

Der Hauptnachteil der Stärke als Appreturmittel ist bei vielen Ledersorten darin zu suchen, daß sie, selbst wenn man sie in verhältnismäßig dünnen Lösungen (2—3 vH) anwendet, das Leder erheblich härter machen und damit die Gefahr des Brechens mit sich bringen. Man kann dies bis zu einem gewissen und recht beträchtlichen Grade vermindern, wenn man zu der Appretur eine kleine Menge Glyzerin zugibt.

Wachse.

Von den vielen vorkommenden Wachsen werden zu Lederappreturen im wesentlichen nur Bienenwachs, Karnaubawachs und Japanwachs gebraucht. Ihre Verwendung ist indessen nur sehr beschränkt und kommt nur bei glatten Waren, wie Gamaschen-, Koffer- und Portefeuilleledern usw. in Frage.

Die Wachse werden gewöhnlich in der Weise angewandt, daß man sie mit Seifen mischt. Nachdem sie zusammengegeben sind, kocht man sie einige Zeit mit der nötigen Menge Wasser und läßt die Mischung dann zu einem dünnen seifenartigen Brei werden. Doch muß man durch fortgesetztes Rühren dabei verhindern, daß das Wachs sich wieder von der Seife scheidet. Genaue Rezepte siehe Seite 266.

Nitrozellulose-Appreturen.

Ebenso wie in anderen Industrien hat auch in der Lederindustrie die Anwendung von Lösungen der Nitrozellulose oder Kollodiumbaumwolle in geeigneten Lösungsmitteln als wasserdichte Appretur eine große Bedeutung gefunden.

Nitrozellulose oder Kollodiumbaumwolle wird durch chemische Behandlung der Zellulose gewonnen. Die Zellulose, welche der Grundstoff aller pflanzlichen Gewebe ist und deren reinste Form die Fasern sind, welche den Samen der Baumwollpflanze umgeben, wird mit einem Gemisch von Salpetersäure und Schwefelsäure zur Reaktion gebracht. Der wichtigste Rohstoff für die Nitrozelluloseherstellung ist daher der Abfall, welcher sich bei den verschiedenen Arbeitsgängen der Baumwollverarbeitung ergibt. Die Nitrierung des getrockneten Rohstoffes erfolgt durch Eintauchen der Rohbaumwolle in das Salpetersäure-Schwefelsäure-Gemisch bei einer bestimmten Temperatur. Je nach der Art von Kollodion-Baumwolle, die erhalten werden soll, richtet sich die Zusammensetzung des Säuregemisches, die Temperatur, bei welcher die Reaktion ausgeführt wird, und die Zeitdauer der Einwirkung. Die durch Abänderung dieser Reaktionsbedingungen erhaltenen verschiedenen Arten von Nitrozellulose haben deutlich unterschiedliche Eigenschaften. Nach der Säurebehandlung wird der Rest der an der herausgenommenen Baumwolle haftenden Säure durch

Zentrifugieren abgeschleudert und die letzten Spuren schließlich durch Waschen mit Wasser entfernt. Das fertige Erzeugnis wird dann getrocknet.

Dieses Erzeugnis, welches unter dem Namen Pyroxyllin oder Schießbaumwolle als Handelsware bekannt ist, hat chemische Eigenschaften, welche die unbehandelte Baumwolle nicht hat. Die wichtigste von ihnen ist, daß die Nitrozellulose außerordentlich leicht entzündlich ist und daß sie die Fähigkeit hat, in einer Reihe von organischen Lösungsmitteln gelöst zu werden, während die gewöhnliche Baumwolle in allen üblichen Lösungsmitteln durchaus unlöslich ist.

Unter dem Gesichtspunkt der Herstellung von Kollodium- oder Nitrozelluloseappreturen für die Lederzurichtung können als die wichtigsten Lösungsmittel die folgenden genannt werden:

Amylazetat, Amylalkohol, Azeton, Benzol und alkoholische Kampferlösung.

Das allgemein bekannte Zelluloid ist eine feste Lösung von Nitrozellulose in Kampfer. Richtig hergestellt und im geeigneten Lösungsmittel gelöst, gibt die Nitrozellulose auf der Oberfläche des damit behandelten Leders eine Haut oder einen Lack, welcher ganz besondere Eigenschaften hat: er ist wasserdicht, biegsam und hat einen sehr hohen Glanz. Da diese Eigenschaften beim Appretieren der Leder sehr gewünscht werden, so findet das Kollodium hier eine sehr ausgedehnte Verwendung. Die lackartige Haut ist mit dem Lack der Lackleder zu vergleichen; sie besitzt aber, unter günstigen Bedingungen hergestellt, noch einen weit höheren Glanz.

Die Nitrozelluloselösung besitzt eine ganz eigentümliche Eigenschaft; sie ist nämlich mit organischen Lösungsmitteln mischbar, in welchen Nitrozellulose selbst nicht löslich ist, ohne daß die Zellulose aus ihrer Lösung ausgefällt wird.

Das beste Lösungsmittel ist vielleicht das Amylazetat, mit dem eine sehr konzentrierte Lösung von Nitrozellulose hergestellt werden kann. Diese kann, um die Kosten bei der Herstellung des Lackes zu verringern, mit einem billigeren Lösungsmittel verdünnt werden, wie Methylalkohol, Amylalkohol, Benzol oder Azeton.

Zelluloselacke werden sehr oft hergestellt, indem Zelluloid als Grundstoff verwendet wird. In Form von Schnitzeln, Abfall, stellt es einen ganz nützlichen Ausgangsstoff für Lacke der verschiedensten Lederarten dar; es hat aber den Nachteil, sehr wesentlich in der Beschaffenheit zu schwanken und nicht einheitlich zu sein, infolge der verschiedenen Nitrierung und der verschiedenartigen Behandlung bei Herstellung der ursprünglichen Kollodiumbaumwolle. Deshalb ist es im allgemeinen doch ratsam, die Kollodiumlösung schon fertig zu kaufen, und zwar von einem Kollodium, welches unter den Bedingungen nitriert ist, die für die Herstellung des für den beabsichtigten Zweck verwendeten Lackes als die besten durch Erfahrung ermittelt sind. Einige Firmen, welche Nitrozellulose herstellen, machen besondere für die Verwendung auf Leder bestimmte Mischungen.

Die Haut, welche beim Verdunsten einer Amylazetatlösung von Nitrozellulose verbleibt, ist etwas spröde und wird leicht brüchig. Man kann diese Sprödigkeit durch Zugabe geringer Mengen von Rizinusöl, in Alkohol gelöst, aufheben und die Haut geschmeidig machen.

Beim Verdünnen von Nitrozelluloselacken, welche aus Nitrozellulose oder Kollodium und Amylazetat hergestellt sind, muß man sehr vorsichtig sein in der Wahl und der Menge des Verdünnungsmittels. Ein großer Zusatz von Azeton kann leicht eine Ausfällung von Nitrozellulose verursachen, und zwar dadurch, daß das Azeton sehr hygroskopisch ist und die Feuchtigkeit, welche es aus der Luft anzieht, die Ausfällung verursacht. Dabei wird die Haut nicht mehr vollkommen durchsichtig und hochglänzend, sondern weißlich, glanzlos und kaum durchscheinend.

Eine vorzüglich brauchbare, wasserdichte Appretur für Leder bekommt man auf folgende Weise: 4—6 Teile Zelluloidspäne werden in 25—30 Teilen Amylazetat gelöst und mit einer Mischung aus gleichen Teilen von Amylalkohol und gewöhnlichem Spiritus auf 100 Teile aufgefüllt. Man erhält einen zähen dicken Lack, den man mit Methylalkohol nach Bedarf verdünnen kann.

Obgleich diese Art Lacküberzug etwas teurer als Schellack ist, so ist sie ihm dennoch bei weitem vorzuziehen. Als Schlußdecke auf Leder, welches nicht mit der Glanzstoßmaschine bearbeitet wird, aber einen hohen Glanz haben soll, ist dieser Lack einzigartig; denn es ist bisher keine andere Appretur bekannt, welche diese Wirkungen ausübt. Als künstlicher Narben auf Spaltleder, welche gepreßt wurden, als wasserdichte Appretur auf Möbelledern, als Lack für Automobilpolsterungen und als ein feiner weicher und farbdichter Überzug für Hutleder leistet diese Appretur besonders ausgezeichnete Dienste.

Die Lösung kann auch als Lack oder als Decke in Verbindung mit mineralischen Pigmenten Anwendung finden und wird auch tatsächlich in großem Umfange für Gamaschen- und ähnliche Leder gebraucht, welche eine geschmeidige wasserdichte Appretur haben sollen.

Der Lack kann entweder mit einer weichen Bürste aufgetragen werden oder durch Spritzen. Das Spritzverfahren wird im allgemeinen bevorzugt. Der Arbeitsraum muß hierfür besonders eingerichtet sein; die schädlichen Dämpfe des Lösungsmittels müssen mit einem Ventilator abgesaugt werden; beim Arbeiten mit der Bürste sind dieDämpfe auch dann noch lästig. Da die Lackappretur sehr teuer ist und beim Spritzen sehr kleine Mengen verbraucht werden, ist dies Verfahren billiger.

Anwendung der verschiedenen Appreturstoffe.

Alles, was über die wichtigeren Lederappreturstoffe erforderlich ist zu sagen, ist auseinandergesetzt worden. Beim Appretieren der verschiedenen Ledersorten wendet man in der Regel Mischungen mehrerer Stoffe an, je nach dem besonderen Zweck, dem sie dienen sollen. In der Praxis werden solche Mischungen häufig aus Bestandteilen zusammengestellt, die untereinander sehr ähnlich sind, und die in den meisten

Fällen sich gegenseitig dennoch schaden. Eine Appretur soll niemals mehr Substanzen enthalten, als zur Erreichung des beabsichtigten Zwecks unbedingt erforderlich sind.

Es seien nachstehend an einigen Beispielen Rezepte von Appreturen für die verschiedenen Ledersorten gegeben.

Rezepte.

Farbige Leder (mit Glanz).

1. 240 g Eieralbumin,
   3 l Milch.

Auf 25 l mit Wasser auffüllen. Das Albumin ist in kaltem Wasser zu lösen.

2. 300 g Kasein
   15 g Borax,
   1800 ccm Milch,

auf $12^1/_2$ l mit Wasser auffüllen.

Das Kasein ist in 10 l Wasser, dem der Borax zugesetzt ist, kochend zu lösen; dann läßt man abkühlen, gibt die Milch und den Rest des Wassers zu.

Schwarze Leder (mit Glanz).

3. 300 g Blauholzextrakt,
   120 g Eisensulfat,
   30 g Glyzerin,
   1800 ccm Milch,
   3 l Blut,
   15 l Wasser.

Der Blauholzextrakt ist in einer kleinen Menge kochenden Wassers zu lösen, auf ungefähr 5 l mit kaltem Wasser zu verdünnen und dann das Eisensulfat, das für sich in etwas kaltem Wasser gelöst ist, hinzuzugeben. Schließlich gibt man Milch und Blut und den Rest Wasser hinzu.

4. 150 g Nigrosin,
   1,8 l Milch,
   30 g Glyzerin,
   3 l Blut,
   30 g Karbolsäure,
   $13^1/_2$ Wasser.

Das Nigrosin wird in wenig kochendem Wasser gelöst, dann erkalten gelassen, Blut und Milch zugegeben und mit Wasser, in dem Glyzerin und Karbol gelöst sind, aufgefüllt.

5. 300 g Leinsamen oder Irisches Moos,
   1200 ccm Milch,
   150 g Eieralbumin,
   25 l Wasser.

Leinsamen oder Moos werden etwa eine halbe Stunde in 5 l Wasser gekocht, durch ein Baumwolltuch durchgeseiht und abgekühlt. Das Albumin wird in kaltem Wasser gelöst. Beide Lösungen dann gemischt, die Milch zugegeben und mit Wasser auf 15 l aufgefüllt.

6.	150 g	Algin (fest),
	1200 ccm	Milch,
	240 g	Blutalbumin,
	15 l	Wasser.

Albumin und Algin werden in kaltem Wasser gelöst, indem man sie einige Stunden stehen läßt, durch ein Tuch geseiht, Milch zugegeben und mit Wasser auf 15 l aufgefüllt.

Appreturen für glatte Zurichtung (mit Glanz von Hand oder Maschine).

7.	500 g	Leinsamen oder Isländisches Moos,
	$1^1/_2$ l	Milch,
	15 l	Wasser.

Leinsamen oder Moos, ungefähr eine halbe Stunde in Wasser, durchseihen und abkühlen lassen, Milch zugeben und schließlich mit Wasser auf 15 l auffüllen.

8.	500 g	Fischleim oder Gelatine,
	$1^1/_2$ l	Milch,
	15 l	Wasser.

Fischleim oder Gelatine bleiben über Nacht mit Wasser stehen; am folgenden Tage im doppelwandigen Kessel gelöst, abgekühlt, Milch zugegeben und mit Wasser auf 15 l aufgefüllt.

Wachsappretur (zum Bürsten oder Handglänzen).

9.	300 g	Karnauba- oder Bienenwachs,
	300 g	Weiße Seife,
	90 g	Glyzerin.

Die Mischung wird bis zur Lösung in 5 l Wasser gekocht. Während des Abkochens von Zeit zu Zeit rühren, das verkochte Wasser auf 5 l nachfüllen und dann emulgieren (siehe 201).

Schellackappretur.

10.	180 g	Schellack,
	15 g	Venetianischer Terpentin,
	15 g	Glyzerin,
	$1^3/_4$ l	Methylalkohol.

Die Mischung bleibt im verschlossenen Gefäß an einem mäßig warmen Ort etwa 24 Stunden stehen, bis alles gelöst ist, was man durch zeitweises Schütteln des Gefäßes befördert.

Appreturen für Chromleder.

Schwarzes Glacé-Kid.

11.	500 g	Blauholz-Kristalle,
	500 g	Nigrosin,
	1000 g	Ei-Albumin,
	150 g	Glyzerin,
	150 g	Lösliches Öl.

Das Albumin wird für sich gelöst, ebenso Blauholz und Nigrosin; dann werden sie vereinigt und mit Wasser auf 50 l aufgefüllt.

Farbiges Glacé-Kid.

12.	1000 g	Ei-Albumin,
	500 g	Saurer Farbstoff,
	$2^1/_4$ l	Milch,
	150 g	Glyzerin,
	75 g	kristall. Karbolsäure.

Albumin für sich kalt lösen, dann die anderen Bestandteile zugeben und mit Wasser auf 50 l auffüllen.

Mattnarbiges Leder.

13.	750 g	Nigrosin,
	1000 g	Neutrale Seife,
	500 g	Schellack,
	125 g	Ammoniak,
	1000 g	Lösliches Öl.

Auf 50 l mit Wasser auffüllen.

Boxkalb.

14.	1500 g	Blutalbumin,
	500 g	Blauholz-Kristall,
	500 g	Nigrosinkristall,
	15 g	Ammoniak,
	175 g	Glyzerin,
	1000 ccm	Methylalkohol.

Auf 50 l mit Wasser auffüllen.

Siebenundzwanzigster Abschnitt.

Appretieren und Glänzen.

Appretieren.

Das Appretieren besteht darin, daß man auf die Narbenseite des Leders Stoffe von der Art aufträgt, daß sie nach dem Trocknen eine genügend harte Decke hinterlassen, um die Oberfläche des Leders unter der Einwirkung der Reibung durch Maschinen Hochglanz bekommt.

Die Glanzappreturen — auch der englische Ausdruck: finish hat sich eingebürgert — welche den Ledern vor dem Glänzen mit der Maschine gegeben werden, setzen sich zusammen aus

1. aus einem Stoff — wie Albumin, Kasein, Gummiarabikum oder Schellack — der, in wässriger Lösung aufgetragen, nach dem Verdunsten des Wassers einen harten Überzug hinterläßt, der durch Reibung Hochglanz bekommt.

2. aus einem Mittel zum Weichhalten. Es wird zugegeben, um die Neigung des Leders, durch die Einwirkung der vorgenannten Stoffe hart zu werden, nach Möglichkeit zu verringern. Ohne diesen Zusatz werden die Leder unerwünscht steif.

3. aus einem Gleit- oder Schmiermittel, um die Gefahr möglichst zu verringern, der das Leder durch die von der Glanzstoßmaschine erzeugten Reibungswärme ausgesetzt wird.

4. häufig aus einem Füllmittel, welches zugesetzt wird, um den Narben weicher zu machen. Dieses ist im allgemeinen ein kolloidaler Stoff, wie Leinsamen, Isländisches Moos, Stärke, Blut usw,

Bei der Auswahl der Mittel für die Appretur muß auf den jeweiligen Zweck sorgfältig Rücksicht genommen werden. Die meisten Fehler, die beim Zurichten des Leders im werktätigen Leben vorkommen, rühren vom Gebrauch von für den vorliegenden Zweck nicht geeigneter Mischung der Appretur her oder vom Gebrauch der Appretur in zu hoher Konzentration. Beide Fehler beeinträchtigen den Wert des zugerichteten Leders.

Die beste Mischung als Appretur für Leder mit Hochglanz ist wahrscheinlich eine Lösung von Eialbumin, Blutalbumin oder Blut, zusammen mit Milch oder löslichem Öl — als Gleitmittel — und mit einer kleinen Menge von Glyzerin — zum Weichmachen —, ferner einer kleinen Menge von Leinsamen oder isländischem Moos — als Füllmittel.

Anwendung der Appretur.

Dieser Arbeitsgang wird entweder von Hand oder mit Maschine ausgeführt. Im ersten Falle geschieht die Arbeit mit einem Schwamm, einer Bürste oder einem Sammetbausch. Es ist ratsam, die Appretur so dünn aufzutragen, wie es der gewünschte Zweck nur zuläßt. Um wirklich gute Ergebnisse beim Arbeiten von Hand zu bekommen, ist eine große Erfahrung und Übung erforderlich. Die Arbeit ist keineswegs leicht auszuführen.

Wenn die Leder Hochglanz bekommen sollen, und wenn sie von Natur einen zarten Narben haben, so bringt es keinen Vorteil, den Narben mit einer zu großen Menge von Appreturmittel zu füllen. Die Schönheit eines Leders hängt von dem Anblick ab, den der Narben bietet; wenn also die Leder zu stark appretiert sind — sei es, daß die Schicht zu dick aufgetragen oder daß die Mischung selbst ungeeignet und zu dickflüssig ist — so wird das Ergebnis nicht annähernd so befriedigend ausfallen, wie wenn sie weniger Appretur bekommen haben und daher der Narben klar in Erscheinung tritt. Zum Appretieren gehört Übung und außerdem Fachkenntnis. Die Appretur soll möglichst in so kleinen Mengen aufgetragen werden, daß die Leder wenige Minuten später trocken genug sind, um geglänzt werden zu können. Es muß Rücksicht darauf genommen werden, daß die Teile der Haut an den Flanken und am Bauch einen weniger geschlossenen Narben haben, und es muß daher dort ein wenig reichlicher Appretur gegeben werden, als an den dichteren Stellen, wie Schwanz und Schultern. Eben hier ist es, wo Kenntnis und Gefühl des Arbeiters den Ausfall der Arbeit entscheidend beeinflußt und wo daher Klugheit und Erfahrung notwendig ist. Da die Maschinenarbeit diesen Unterschieden nicht Rechnung tragen kann, sondern das Leder mit einer gleichmäßig dicken Schicht überzieht, ist eine wirklich gute Handarbeit beim Appretieren der Maschinenarbeit überlegen und ihr vorzuziehen.

Sehr wesentlich zu diesem guten Appretieren ist, daß das Einreiben der Appretur in die Haut so gemacht wird, wie es erforderlich ist.

Die Appretur soll so in das Leder eingerieben werden, daß es praktisch trocken erscheint, daß sie bis unter die Narbenschicht eindringt und nicht etwa eine Decke auf der ganzen Lederoberfläche darstellt, welche dann eben zu dick ist.

Appretieren mit Maschine.

In den letzten Jahren ist auch auf diesem Gebiete die Maschinenarbeit mehr in Aufnahme gekommen, und zwar besonders wegen der großen Anforderung an Tischflächen, welche die Handarbeit mit sich bringt, und der großen Zahl an Arbeitskräften, die notwendig sind, wenn eine große umfangreiche Förderung in Frage kommt.

Abb. 174 und 175 zeigen die beiden gebräuchlichsten Maschinenarten. Wie die Abbildungen erkennen lassen, werden die Leder auf ein endloses Band gelegt und in dieser Lage unter einer Reihe von rotierenden Bürsten vorbeigeführt, welche mit der Appretur getränkt sind. Die Maschine arbeitet ungewöhnlich schnell, und die Leistung ist — unter

Abb. 174.

der Einschränkung, welche oben gemacht wurde, — in vieler Beziehung der Handarbeit ebenbürtig, und wenn die Handarbeit ungeschickt gemacht wird, so ist ihr die Maschine bedeutend überlegen.

Abb. 176 zeigt eine andere Ausführung der Maschine, welche vielfach gebraucht wird. Im allgemeinen Grundsatz ist sie den vorigen Maschinen ähnlich, aber in den Einzelteilen weicht sie von ihnen ab. Das Leder wird an einer Reihe von fünf rotierenden Bürsten vorbeigeführt. Die erste von ihnen trägt die Appretur auf; eine Messingwalze läuft in dem Gefäß, welches die Appretur enthält, und führt sie der Bürste zu. Um Ungleichheiten beim Auftragen auszugleichen — besonders wenn die Maschine zum Arbeiten mit pigmenthaltigen Appreturen verwendet wird — ist eine Vorkehrung getroffen, die letzten beiden Bürsten, mit denen das Leder in Berührung kommt, oszillieren zu lassen; indem sie beide in entgegengesetzter Richtung arbeiten. Durch diese Anordnung werden alle Bürstenstriche verwischt, welche die ersten Bürsten hinterlassen haben.

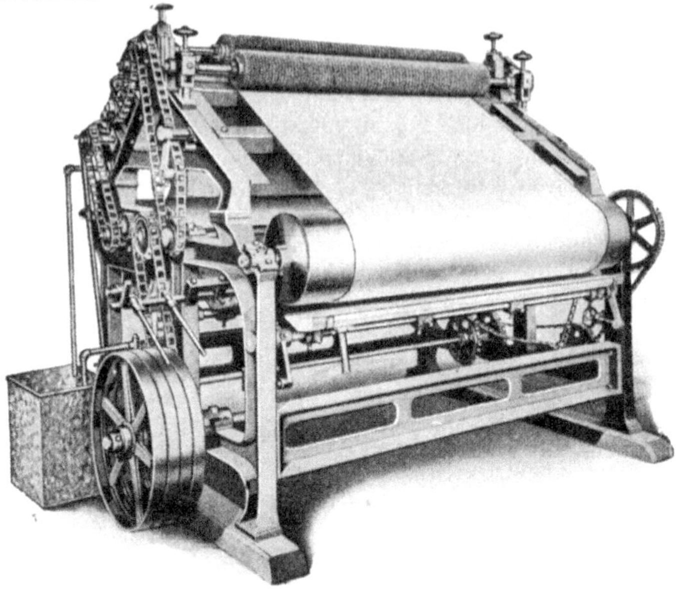

Abb. 175.

Abb. 176.

Um das endlose Band, auf welchem die Leder liegen, von Lederstaub und -fasern, die etwa darauf haften können, zu reinigen, ist eine

Bürste vorgesehen, welche unmittelbar dies Band bearbeitet. Eine mechanische Vorrichtung, welche die Appretur in dem Behälter dauernd rührt, sorgt für deren gleichmäßige Beschaffenheit.

Abb. 177 zeigt eine Rotationsappretur-Maschine. Hier wird das Leder von einer Reihe von drei oder vier Bürsten bearbeitet. Die

Abb. 177.

erste taucht zum Teil in ein oben offenes Geschirr, in dem die Appretur ist, oder sie wird beschickt, indem sie gegen eine teilweise eintauchende Riffelwalze bürstet, und überträgt die Appretur auf das Leder. Die zweite Bürste dreht sich in entgegengesetzter Richtung und reibt die Appretur ein. Die dritte Bürste vervollständigt das Einreiben, und die vierte sorgt durch oszillierende Bewegung, kreuz und quer arbeitend, für möglichste Nachahmung der Handarbeit.

Glasen von Hand.

Eins der ältesten Verfahren, der Narbenfläche des Leders einen Glanz zu geben, war das Glasen oder Abglasen oder Glanzstoßen. Es besteht in der Arbeit mit einer hochpolierten Glasplatte oder einem Stück dicken Glases, welches ähnlich wie der Schlicker in einen Holzschaft eingesetzt ist. Die Arbeit selbst stellt ein Reiben mit diesem Werkzeug auf der Narbenoberfläche dar, bei dem möglichst starker Druck ausgeübt wird, bis das gewünschte „Gesicht“ oder der gewünschte Glanz erreicht ist. Bei gewissen Lederarten wird heute noch dieses Verfahren ganz allgemein ausgeübt.

In früheren Zeiten war das Glänzen des Leders durchgängig Sache der Handwerker, welche es zu irgendeinem Gegenstande verarbeiteten, wie Buchbinder, Täschner u. ä. Wurde ein Glanz verlangt, so wurde er dadurch erzeugt, daß man mit einem polierten Glaszylinder die Narbenfläche an der betreffenden Stelle kräftig reibend bearbeitete, nachdem der Gegenstand fertig hergestellt war.

Es versteht sich von selbst, daß das Handglasen mit dem beschriebenen Werkzeug keinen hohen Glanz gibt, und daß es daher heute nur zum Glätten solcher Lederarten Verwendung findet, bei denen ein Hochglanz nicht gewünscht wird.

Glanzstoßen mit Maschine.

Einer der ersten Versuche, auf maschinellem Wege den Glanz zu erzeugen, dabei gleichzeitig die Arbeit mit der Hand möglichst zu verringern und die Glanzwirkung auf dem Leder möglichst zu erhöhen, war das Glanzstoßpendel oder der „Handjigger".

Das von Hand bewegte Glanzstoßpendel (Abb. 178) besteht aus einem Querstück, welches an den Unterzügen der Decke befestigt und mit einer Feder von der Form einer gewöhnlichen Wagenfeder versehen ist. An Stelle der Wagenfeder kann auch ein 6—8 Fuß langes Holzstück, welches die nötige Federung besitzt, treten. In der Mitte der Feder oder des Holzstückes ist ein Arm angelenkt, der in der Längsrichtung der Feder frei hin- und herschwingen kann. An seinem unteren Ende trägt er ein zylindrisches Stück Glas oder Hartholz (Buchsbaum oder Pockholz). In Abb. 179 stellt *D* eine solche Hartholzrolle für die Handglanzstoßmaschine dar. *A*, *B* und *C* in derselben Abbildung stellen gezahnte Walzen aus Buchsbaum zur Verwendung mit derselben Maschine zur Fertigstellung von Marokkoleder dar. Diese Walzen erlauben in beschränktem Maße eine vertikale Einstellung. Ein auf dem Boden darunter stehender Tisch oder eine Bank trägt das Stoßbrett der Handglanzstoßmaschine, gleichgerichtet mit der Feder, d. h. so, daß seine Längsrichtung der Pendelbewegung des Stoßarmes entspricht. Gewöhnlich besteht das Stoßbrett aus einem Stück Pockholz, das nur an beiden Enden aufliegt, wodurch seinem freihängenden Teil eine gewisse Federung verliehen wird. Das zu stoßende Leder wird auf das Bett der Maschine gelegt; mit Hilfe eines bequem angebrachten Griffes bewegt der Arbeiter den Stoßarm hin und her und durch die Hin- und Herbewegung der Werkzeuge wird auf der Oberfläche des Leders der Glanz erzeugt. Durch die Nachgiebigkeit der Feder am oberen Ende des Armes und durch die Biegsamkeit des aus Pockholz bestehenden Bettes findet die nötige Verkürzung statt, sobald der Arm bei jedem Stoß eine vertikale Stellung annimmt. Durch die Möglichkeit der Höhenverstellung des Werkzeuges wird der von ihm auf das Leder ausgeübte Druck vermindert bzw. erhöht; die Einstellung hängt von dem Grad des Hochglanzes ab, welchen man auf dem Leder hervorzubringen beabsichtigt.

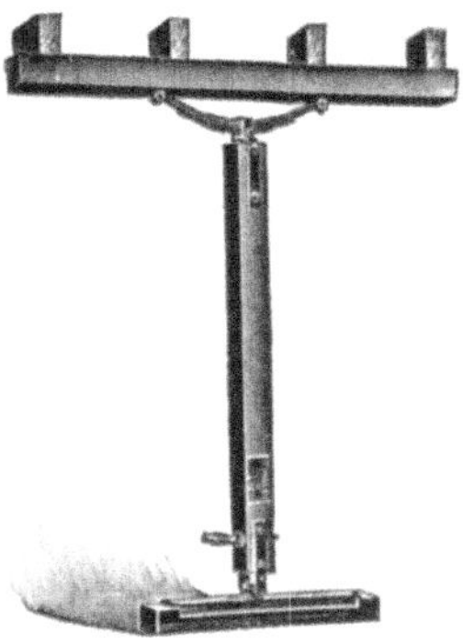

Abb. 178

Die Betätigung des Pendels oder Armes erfolgt mit der rechten Hand, während der Arbeiter mit der linken Hand das Leder nach jedem Stoß etwas verschiebt und dadurch nach und nach die ganze Oberfläche der Haut der Wirkung des Glänzwerkzeuges aussetzt. Die Handglanzstoßmaschine besitzt, ungeachtet der Einfachheit ihrer Konstruktion, Vorteile, welche bisher von den Maschinen mit Kraftbetrieb nicht gänzlich überholt worden sind. Bisher hat man die Handglanzstoßmaschine nur in Verbindung mit dem Glänzen des Leders genannt. Durch Auswechselung der Werkezuge kann man sie zum Karrieren oder auch zum Chagrinieren benutzen.

K in Abb. 179 zeigt eine gradnarbige Druckrolle. Der einzige Unterschied zwischen dem Arbeitsgang des Glanzstoßens und des Chagrinierens mit Hilfe dieser Maschine besteht darin, daß im letzten Falle das zylindrische Werkzeug nicht festgeklemmt ist, sondern sich dreht, während der Arm über das entsprechend vorbereitete Fell in der Rich-

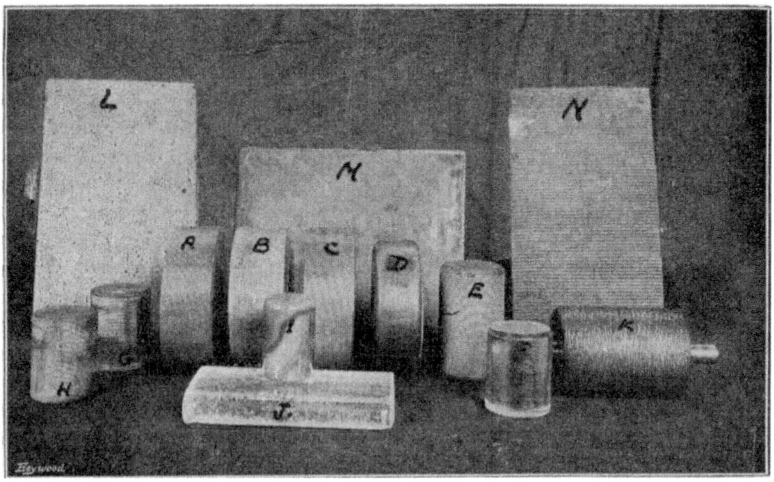

Abb. 179.

tung, in der die Narben hervorgerufen werden müssen, gedrückt wird, wobei die Breite des bei jedem Stoße chagrinierten Streifens der Länge der Walze, d. h. $4^1/_2$ Zoll = ungefähr 115 mm entspricht.

Pendelstoßmaschine oder Bock. Die Pendelstoßmaschine ist mit Kraftantrieb versehen und bedeutet daher einen Fortschritt im Vergleich zu der Handstoßmaschine. Das Antriebsrad der Maschine ist mit einer Kurbel für langen Hub versehen; eine Bleuelstange, welche die Kurbel mit dem Pendelarm verbindet, gibt diesem einen Hub von der Länge des Stoßbrettes und überträgt gleichzeitig eine entsprechende Bewegung auf das Glanzstoßwerkzeug. Diese Type ist immer noch vielfach im Gebrauch, besonders für das Glanzstoßen von farbigen Feinledern, schwarzen Schaffellen usw. usw. Die Maschine leistet eine ausgezeichnete Arbeit und verleiht den Fellen ein Aussehen, wie es mit Hilfe von modernen Maschinen schwer erreichbar ist. Die Hauptnachteile dieser Maschine bestehen darin, daß sie einen großen Aufstellungsraum (ungefähr 4,5 × 1,5 m) benötigt, und daß sie bei der Arbeit großen Lärm verursacht.

Eine der früheren Typen von Glanzstoßmaschinen mit Kraftantrieb war eine Maschine, welche der in Abb. 180 illustrierten etwas ähnlich ist und die gewöhnlich mit „Grashüpfer" bezeichnet wird, obgleich die Konstruktion des ursprünglichen „Grashüpfers" etwas von der in der Abbildung gezeigten abweicht.

Die Maschine besteht aus einem Werkzeughalter, dem durch eine Kurbel und ein Antriebsrad eine oszillierende Bewegung verliehen wird. Der Werkzeughalter bewegt sich in einer Führung auf und ab, wobei der so zurückgelegte Weg dem Hub des Werkzeuges entspricht. Das Bett der Maschine wird durch den in der Abbildung gezeigten Fußhebel gehoben und gesenkt.

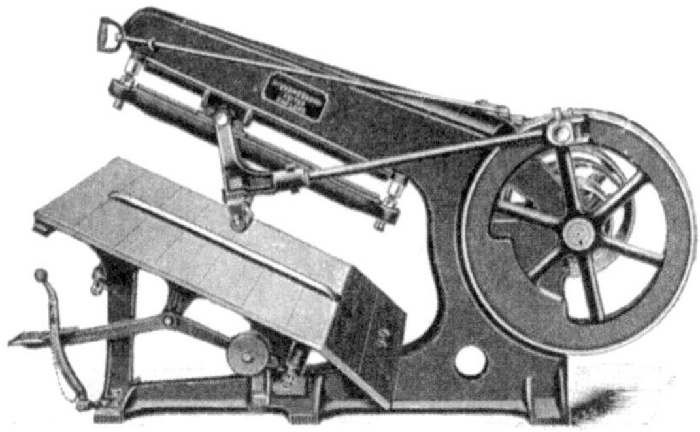

Abb. 180.

Diese Type wird gewöhnlich als ein Ersatz für das Abglasen von Hand benutzt, wo ein vollkommener Hochglanz nicht erforderlich ist wie bei glattem Kalb- und Seitenleder oder wie beim Abglasen oder Kieseln von Wichskalb, Kipsleder usw. Einer der Nachteile dieser Maschinentype besteht darin, daß, wenn während der Arbeit äußerster Druck angewendet wird, eine bedeutende Abnutzung der Führung stattfindet und die Maschine sehr bald geräuschvoll wird. Wegen der ungleichmäßigen Abnutzung der Führung wird es schwierig, den erforderlichen gleichmäßigen Druck über den ganzen Hub zu erzielen. Der Werkzeughalter ist gewöhnlich auswechselbar, und das Abglasen geschieht gewöhnlich mit Hilfe eines Zylinders aus Glas oder Achat; jedoch kann auch zu diesem Zweck ein Stück flaches Glas verwendet werden, wie aus Abb. 181 ersichtlich ist. Wie die Handpendelmaschine kann auch die vorerwähnte Maschine zum Rollen oder Prägen benutzt werden, zu welchem Zweck der Glaszylinder durch eine glatte oder gravierte Rolle, die sich während des Hubs der Maschine dreht, ersetzt wird.

Abb. 181.

Die üblicheren Typen von Glanzstoßmaschinen sind aus den Abb. 182—188 ersichtlich. Eine der frühesten Typen von Glanzstoßmaschinen bestand ganz und gar aus Eisen, und das Bett, auf dem das Glanzwerkzeug betätigt wurde, wurde von Stahlfedern einer sehr starren Type getragen, um ihm die Elastizität zu verleihen, welche nötig ist, um die Ungleichmäßigkeiten des Leders verschwinden zu lassen. Der Nachteil, welcher einer ganz aus Stahl und Eisen bestehenden Maschine anhaftet, ist der, daß ihre Verwendung ein beträchtliches Verhärten des Leders bewirkt, und zwar infolge des beträchtlichen Druckes, der zur Erzielung des Glanzes erforderlich ist.

Viele Versuche sind angestellt worden, eine Maschine zu konstruieren, bei welcher die verhärtende Wirkung ausgeschaltet wird, mit dem Ergebnis, daß auf dem Markt eine ganze Anzahl von Maschinen der verschiedensten Typen vorhanden sind, die alle mehr oder weniger leistungsfähig sind und die eben erwähnten Nachteile mittelst verschiedener konstruktiver Arbeitsweisen überwinden.

Abb. 182.

Bei der Verwendung der Handpendelmaschine war es möglich, einen ungewöhnlich starken Druck anzuwenden, wodurch ein bedeutender Hochglanz ohne eine wesentliche Verhärtung des Leders erzielt wurde. Der letzte Nachteil wurde nur dann festgestellt, wenn es sich um eine starrere, ganz aus Metall bestehende Konstruktion handelte.

Die Abb. 182 und 183 zeigen ganz aus Metall bestehende Maschinen. Der Pendelwerkzeughalter und der Kurbelantrieb bestehen vollständig aus Metall. In der Absicht, den Maschinen die notwendige Elastizität zu verleihen, ist die in Abb. 182 veranschaulichte Maschine mit einem federnd gelagerten Pendel versehen, während bei der in Abb. 183 abgebildeten Maschine die nötige Nachgiebigkeit durch Verwendung eines hölzernen Bettes erzielt werden soll, welches teils auf Holz und teils federnd gelagert ist.

Aus den Abb. 184, 185 und 186 sind Glanzstoßmaschinen ersichtlich, die teilweise aus Holz und teilweise aus Metall bestehen. In den drei abgebildeten Maschinen sind die beweglichen Teile (der Pendelwerkzeughalter und die Kurbel) aus Holz konstruiert, während gleichzeitig das Bett der Maschine auf hölzernen Federn der alten Wagentype ruht. Maschinen dieser Konstruktion wurden infolge des Vorschlages des Verfassers eingeführt, da sie eine Verbesserung der ganz aus Holz bestehenden Typen, wie in Abb. 187 und 188, betrachtet wurden. Die Schwierigkeit, die bei einer ganz aus Holz bestehenden Maschine beobachtet wurde, besonders in Groß-Britannien, besteht darin, daß die veränderlichen, klimatischen Verhältnisse ein fortwährendes Nachjustieren wegen der Beeinflussung durch die Veränderlichkeit der Feuchtigkeit in der Atmosphäre erforderlich machen. Während in Amerika diese Type allgemein verwendet wird, ist sie in England wegen der oben erwähnten Gründe zum größten Teil außer Gebrauch gekommen. Die in den Abb. 183—186 gezeigten Maschinen besitzen die erforderliche Nachgiebigkeit, die den ganz aus Holz bestehenden Maschinen eigen ist, zusammen mit der Festigkeit und Starrheit der

Abb. 183.

eisernen Maschine; aus den Abbildungen ist ersichtlich, daß alle beweglichen Teile aus Holz hergestellt sind, die in einem eisernen Rahmenbau zusammengehalten werden.

In Abb. 188 wird eine sehr bekannte Type einer Glanzstoßmaschine illustriert, die hauptsächlich für das Glanzstoßen von Chromledern, besonders Glacéleder Verwendung findet. Dies ist die Bower-Maschine, die, wie ersichtlich, in Konstruktion von den eben erwähnten Maschinen abweicht. Der Rahmenbau, sowie die beweglichen Teile, bestehen gänzlich aus Holz; das kennzeichnendste Merkmal dieser Maschine besteht jedoch darin, daß das Pendel von Federn getragen wird; dadurch wird die Anwendung eines großen Druckes ermöglicht, ohne daß ein Verhärten zutage tritt. Es ist sonderbar, feststellen zu müssen, daß kein Konstrukteur von Lederbearbeitungsmaschinen daran gedacht hat, eine Glanzstoßmaschine mit eisernem Rahmenbau zu konstruieren, in welcher dieses Aufhängungsprinzip verkörpert ist, trotz der Tatsache, daß die mit einer solchen Maschine erreichten Arbeitsergebnisse nur sehr schwer von anderen hier erwähnten Konstruktionen erzielt werden.

Abb. 189 ist eine Glanzstoßmaschine zum schwachen Glänzen von Fellen und Kipsledern, wie sie zur Verarbeitung zu Futteralen, militärischen Ausrüstungsgegenständen und ähnlichen Sachen verwendet werden.

Es ist festzustellen, und die Abbildungen lassen es klar erkennen, daß in der Konstruktion von Glanzstoßmaschinen Unterschiede herrschen, insofern es Maschinen mit horizontalem Bett und solche mit schrägem Bett gibt.

Abb. 184.

Die Maschinen mit horizontalem Bett ermöglichen einen höheren Druck, als die mit schrägem Bett, andererseits besteht bei den letzten eine geringere Möglichkeit der Faltenbildung während des Glänzens, als bei den Maschinen mit horizontalem Bett. Es ist allgemeiner Brauch, in Fällen, wo das Leder zweimal geglänzt werden muß, zuerst die Maschine mit schrägem Bett und hinterher die mit horizontalem Bett zu benutzen.

Erfahrung hat gelehrt, daß sich gewisse Maschinentypen mehr für gewisse Lederarten eignen. Bei der Glänzung von gespaltenem Schafleder erhält man mit der in Abb. 183 gezeigten Maschine Ergebnisse, wie kaum mit einer anderen Type, wohingegen die in Abb. 185 dargestellte Maschine für den genannten Zweck gänzlich ungeeignet ist. Die durch die Abb. 182, 183 und 186 veranschaulichten Konstruktionen eignen sich sehr für leichte Felle, wie z. B. gespaltenes Kalbleder, braunes Schafleder usw., während die in Abb. 185 und 186 abgebildeten Maschinen sich ganz besonders für das Glänzen von Kalbleder, Seiten in Chrom oder Halbchrom, und die Konstruktionen 185 und 188 für das Glänzen von Glacé und weichem Leder eignen.

Der Stand des Arbeiters ist je nach der Type verschieden. Bei den in Abb. 182, 183, 186 und 188 gezeigten Maschinen steht der Arbeiter am Ende des Tisches, d. h. vor der Maschine. Bei den in Abb. 184, 185 und 187 angedeuteten Konstruktionen ist der Stand des Arbeiters an der Seite. Die letzte Stellung ist, von zwei Gesichtspunkten aus betrachtet, vorteilhaft. Erstens ist der von der Maschine und dem Arbeiter beanspruchte Raum geringer, als wenn die Arbeit vom Ende der Maschine aus verrichtet wird. Zweitens — und dies ist vielleicht der hauptsächlichste Vorteil — hält der Arbeiter bei der Zuführung des Leders während des Laufens der Maschine das Leder mit der rechten Hand vor dem Glas oder dem Glanzwerkzeug, während er mit der linken Hand das Leder hinter dem Werkzeug hält, wodurch

Abb. 185.

er in der Lage ist, das Leder flacher auszubreiten und auch etwas zu strecken, während es der Wirkung des Glanzwerkzeuges ausgesetzt ist, mit der Absicht, die Möglichkeit der Faltenbildung auszuschalten.

Große Aufmerksamkeit und Geschicklichkeit sind erforderlich, um die Maschinen in dem Zustande der höchsten Arbeitsleistung zu halten, sie müssen außerdem Justiermittel für das Werekzug nach beiden Richtungen besitzen, wenn das Glänzen wirklich zufriedenstellend ausfallen soll. Gewöhnlich erhöht man den Druck ein wenig am Anfang des Hubs der Maschine und reguliert dieselbe dann so, daß sich der Druck am Ende des Hubs ein wenig verringert.

Die von dem Glanzwerkzeug nach der Bearbeitung des Leders auf demselben hinterlassene Spur muß, in bezug auf Farbe des Leders und des erzielten Glanzes vollständig regelmäßig und gleichmäßig sein, während sich auch keine Neigung zur Streifenbildung und Unregelmäßigkeit in der Farbe bemerkbar machen darf.

Das Bett, auf dem das Glanzwerkzeug betätigt wird, muß vollständig eben sein. Es besteht gewöhnlich aus einem durch und durch fettfreien ledernen Streifen von 3—4 mm Dicke und von vollkommener Gleichmäßigkeit der Substanz. Der Lederstreifen sollte vorzugsweise mit der Faser des Leders geschnitten werden, so daß die Spur des Werkzeuges nicht gegen die Faser geht, um in bezug auf Lebensdauer das Höchstmaß der Benutzung dieses

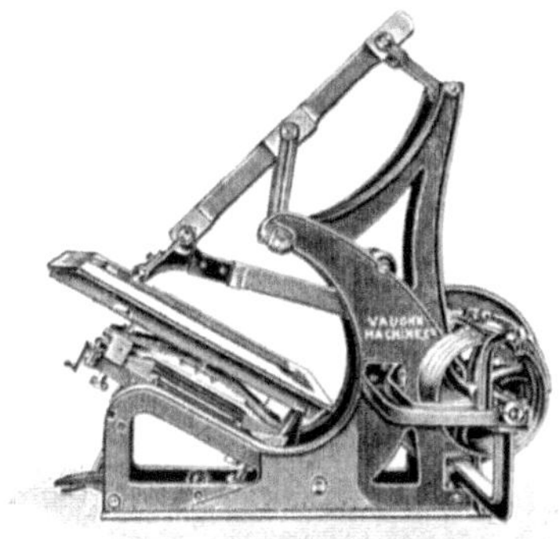

Abb. 186.

Abb. 187.

Lederstreifens herauszuholen, der einer sehr großen Beanspruchung durch Hitze bei fortgesetzter Benutzung ausgesetzt ist.

Das am meisten gebräuchliche Werkzeug ist entweder der Glaszylinder oder der Achatzylinder. Zwei dieser Werkzeuge sind aus Abb. 179 ersichtlich, wobei *F* einen Glaszylinder und *I* einen Achatzylinder darstellt. Dieselben werden gewöhnlich im Werkzeughalter mittelst einer Schraubenvorrichtung festgehalten, wie es in Abb. 181 gezeigt ist, und zwar derart, daß sie unverrückbar in dem Halter sitzen.

In bezug auf den Vorzug von Glas- oder Achatzylinder gehen die Meinungen weit auseinander. Der erste erzielt vielleicht einen etwas höheren Glanz als Achat, doch ist demgegenüber in Berücksichtigung zu ziehen, daß Glas viel leichter schrammt und daß es sich außerdem, da es bedeutend weicher ist, viel schneller abnutzt. Auf der anderen Seite ist nun Achat bedeutend teurer, besitzt aber eine viel längere Lebensdauer. Ferner wird Achat viel heißer als Glas. Die durch das

Reiben des Glas- oder Achatwerkzeuges auf der Oberfläche eines wenig feuchten oder selbst trockenen Leders verursachte Wärme, die freilich kaum imstande ist, die Fasern des Leders zu beschädigen, hat zur Folge, daß das natürliche, im Leder enthaltene Fett an der Oberfläche sichtbar wird. Das Glas- oder Achatwerkzeug sollte in einem kühlen Zustand gehalten werden, damit die ebenerwähnte Möglichkeit vermieden wird. Die beste Arbeitsweise hierfür ist die Befestigung des Glases oder des Achates in dem Werkzeughalter mit einer mit Kupfer bedeckten Asbestpackung, wie sie in Verbindung mit Automobilmotoren gebraucht wird. Diese Arbeitsweise ist der Ableitung der Wärme förderlich und ist bedeutend wirksamer als die Verwendung einer Packung mit Leder, Papier, Pappe usw., die sämtlich schlechte Wärmeleiter sind.

Abb. 188.

Die Geschwindigkeit, die sich für die Glanzstoßmaschine am meisten empfiehlt, hängt bis zu einem beträchtlichen Grade von der Ledersorte, wie auch von der Geschicklichkeit des Arbeiters ab. Es ist nichts Außergewöhnliches, eine „Bower"-Maschine mit einer Geschwindigkeit von 130—140 Stößen pro Minute zu betätigen, obgleich diese Stoßzahl nach der Ansicht des Verfassers zu groß ist. Die gewöhnliche Geschwindigkeit einer Durchschnittsmaschine sollte sich auf ungefähr 100 Stöße pro Minute belaufen.

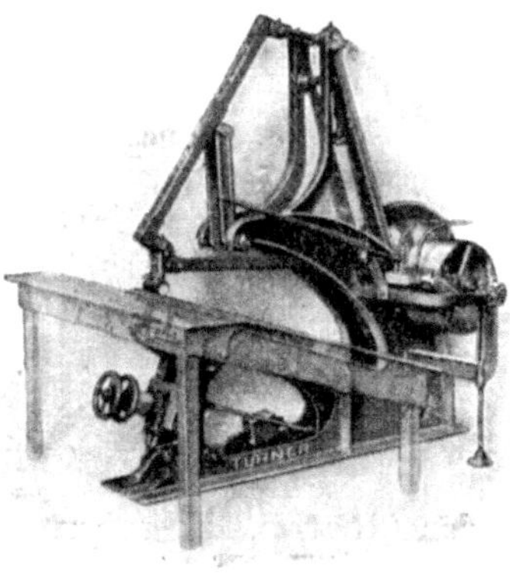

Abb. 189.

Schwärz-, Färbe- und Abölmaschine. Zur Aufgabe des Materials zum Schwärzen, Appretieren oder Abölen dient ein vorne, oberhalb der Maschine angeordneter Metallkasten. An einem Schlitz dieses Kastens streift, genau eingepaßt, eine geriffelte Metallwalze, welche je nach der Einstellung geeignet ist, mehr oder weniger des zu verarbeitenden Materials dem Kasten (Bassin) zu entnehmen und an die dahinter gelagerte Bürstwalze abzugeben. Diese überträgt und verreibt das Material auf das unter derselben hindurchgeführte Leder. Zur Durchführung des Leders dient eine mit Kupfer überzogene, langsam rotierende Trommel.

Um die Aasseite der Leder rein zu halten, wird diese Kupfertrommel unterhalb der Maschine durch eine Abstreichvorrichtung gesäubert und gleichzeitig damit bewerkstelligt, daß überschüssiges und nicht vom Leder aufgenommenes Material in eine Rinne geleitet wird, deren Ausgangspunkt ein Blechkasten bildet. Das überschüssige Material wird durch ein Metallsieb in diesen Kasten geführt und je nach Wunsch oder nach der Beschaffenheit des abgefallenen Materials durch eine Pumpe wiederum in das Aufgabebassin geführt. Hierdurch wird ein sparsamer Betrieb erzielt und sonderlich bei teuerem Material, wie Öl, wirtschaftlicher gearbeitet als bei Handbetrieb.

Wenn es sich um Material handelt, welches infolge der Zusammensetzung leicht gerinnt bzw. dick wird, so kann das Aufgabebassin mit einer Heizvorrichtung versehen werden, um das zu verarbeitende Material dünnflüssig zu erhalten.

Am meisten bewährt hat sich diese Maschine beim Auftragen von Schwärze und Wichse bei der Spalt-Zurichterei sowie beim Abölen von Chromleder.

Appretiermaschine. In der Entwicklung der Appretiermaschinen bildet diese Neukonstruktion einen ganz wesentlichen Schritt vorwärts. Durch die Chromgerbung entstand eine neue Art der Zurichtung von Schuhoberledern auf der Narbenseite, und um diese glänzend zu machen, mußten sie mit einer geeigneten Appretur überzogen werden. Die Handarbeit ist teuer und unangenehm und läßt auch oft an Gleichmäßigkeit zu wünschen übrig. Andererseits fehlte bei den alten Maschinen das wichtigste Moment der Handarbeit, welches erforderlich war, um die Appretur dem Leder wirkungsvoll aufzubringen. Der Auftrag von Hand geschah in doppelter Weise, nämlich derart, daß die Appretur nicht nur auf das Leder gebracht wurde, sondern sie mußte auch tüchtig in den Narben eingerieben und verteilt werden. Die neue Konstruktion der abgebildeten Appretiermaschine besitzt deshalb eine ganze Anzahl arbeitender Werkzeuge, welche diese Handarbeit nachahmen bzw. ergänzen und ersetzen.

Die Aufgabe der Appretur geschieht in ähnlicher Weise wie bei der vorhin beschriebenen Maschine. Wie aus dem Bild ersichtlich, ist vorne an der Maschine eine Pfanne (Bassin) angebracht, aus welcher wiederum eine geriffelte Metallwalze das Material schöpft und an die erste Bürstwalze abgibt. Diese überträgt die Appretur auf das Leder, eine darnach folgende Walze verteilt die Appretur; wiederum nachfolgende Walzen reiben die Appretur in das Leder ein, indem sie eine doppelte, nämlich eine rotierende und eine seitlich oszillierende Bewegung machen. Darnach folgende einfach rotierende Walzen wiederum egali sieren und trocknen die aufgebrachte Appretur ab, so daß die am anderen Ende aus der Maschine kommenden Felle in kurzer Zeit trocknen und zum Glanzstoßen fertig werden. Die Führung der zu bearbeitenden Leder geschieht bei dieser neuen Maschine mittels eines endlosen Gummibandes. Auch hier ist Vorsorge getroffen, daß die Aasseiten der appretierten Leder rein bleiben und auch überschüssiges Material aufgefangen und in ein Bassin geführt wird, von welchem es wiederum durch eine Pumpe in den Aufgabekasten (Bassin) befördert werden kann.

Die ganze Einrichtung der Maschine ist derartig, daß die Walzen sehr leicht aus ihren Lagern herausgenommen und gereinigt werden können. Ferner ist Vorsorge getroffen, daß die Maschinen mit verschiedenen Geschwindigkeiten in ihren einzelnen Teilen laufen können, je nachdem es die jeweilige Arbeit beansprucht.

Glacélederfärbemaschine. Während die voraus beschriebenen Schwärz- und Appretiermaschinen in der Hauptsache bei großflächigen Ledern in Anwendung kommen, ist diese Maschine besonders zum Färben von kleinen Fellen für die Glacéhandschuhfabrikation bestimmt. Bisher wurden die Handschuhfelle auf der Platte unter Verwendung der sogenannten Farbflotten und entsprechenden Handbürsten gefärbt. Dieses ist eine schwierige und viel Zeit und Aufmerksamkeit erfordernde Arbeit, welche nur von erfahrenen Fachleuten ausgeführt werden konnte. Gewisse Farben konnten nur durch immer wiederholtes Auftragen und Verarbeiten auf dem Narben der Felle erzielt werden und erforderten nicht selten denselben Arbeitsgang 7—8 mal wiederholt.

Auf der Glacélederfärbemaschine geschieht diese Arbeit wesentlich vereinfacht und erfordert keinerlei Sonderausbildung oder Erfahrung.

Innerhalb des sichtbaren Kessels bewegt sich eine horizontal schwingende Zinkplatte, welche etwas nach oben gewölbt ist. Auf diese rotierende Zinkplatte wird das Fell aufgestrichen, und aus dem oberhalb der Zinkplatte sichtbaren Röhrensystem wird die Farbe mittels Luftdruck zerstäubt auf das rotierende Fell geschleudert. Die Röhren mit den darunter befindlichen Zerstäubern machen außerdem noch eine hin- und hergehende Bewegung, so daß eine vollkommen gleichmäßige Färbung des Felles erfolgt.

Oberhalb des Röhrensystems sind Gefäße angebracht, in welche die Farbe geschüttet wird. Die Größe der Gefäße ist nach den Erfahrungen so bemessen, daß eine Füllung ausreicht, um ein Fell satt und fertig zu färben. Ist das Gefäß leer gelaufen, so weiß der bedienende Mann, daß das Fell fertig gefärbt ist, und es kann dann entweder auf dem stillgestellten Tisch oder auf einer besonderen Platte fixiert werden.

Diese Maschine wird meistens in Serien von 5—6 Stück aufgestellt, zu deren Bedienung nur ein Mann erforderlich ist. Das Fixieren ist hierbei nicht eingerechnet.

Zur Erzeugung der erforderlichen Druckluft wird ein Kompressor benötigt, dessen Größe man nach der Anzahl der zu bedienenden Maschinen bestimmt.

Achtundzwanzigster Abschnitt.

Verschiedene Arbeitsgänge beim Zurichten.

Krispeln oder Pantoffeln.

Krispeln ist die technische Bezeichnung für eine Arbeitsweise, durch die der natürliche Narben des Felles klarer und deutlicher hervortritt, als er es ohne diese Behandlung tun würde.

Das Krispeln oder — wie es auch mitunter heißt — das Pantoffeln geschieht auf folgende Weise. Das Fell, das in Arbeit ist, wird auf eine leicht abschüssige Platte gelegt und dann gefaltet, so daß die Narbenseite nach innen zu liegen kommt. Das Krispelholz, das der Arbeiter gebraucht, ist gewöhnlich auf der einen Seite flach und auf der anderen leicht gewölbt. Die flache Seite des Holzes ist oben, und auf ihr ist ein Lederriemen befestigt, durch den der Arbeiter mit der Hand durchfaßt, wenn er mit der Arbeit beginnt. Die untere gewölbte Seite hat gewöhnlich einen Korkbelag. Der Arbeiter legt das Fell so, daß die Falte ihm zunächst liegt, und fährt mit dem Krispelholz so über das Fell hin, daß durch das Einsetzen des Korkes der Narben der oberen Hälfte über denjenigen der unteren rollt, aber nicht gleitet. Auf diese Weise bearbeitet er das ganze Fell, indem er allmählich von links nach rechts vorgeht, bald von sich fort stoßend, bald zu sich hin ziehend, je nachdem es die Arbeit erfordert. Durch diese Behandlung wird der Narben auf dem Leder kräftiger und außerdem zugleich weicher und geschmeidiger. Der Druck, den der Arbeiter dabei auf das Holz auszuüben hat, schwankt nach der Art der Leder und der besonderen Narbenzurichtung.

Um Häute und schwere Ledersorten zu krispeln, wie z. B. Kipse usw., eignet sich das Krispelbrett nicht, weil es keinen genügenden Druck zuläßt. Für solche Leder ist vielmehr ein „Armholz" notwendig. Die Handhabe ist ähnlich wie bei dem Krispelbrett; es hat nur außer dem Riemen einen festen Handgriff. Der Arbeiter faßt mit der Hand und dem Unterarm durch das Lederband und hält das Holz an dem Griff fest.

Die Krispelhölzer sind sowohl hinsichtlich ihrer Größe wie ihrer Form verschieden und auch ihrer Arbeitsfläche, die sich immer nach der Arbeit richten muß, zu der sie dienen sollen. Ein Krispelholz z. B., das beim Zurichten von Seehundleder gebraucht wird, hat ein hartes Holzbrett, wie das mit Kork belegte; aber an Stelle des Korkes hat es als Belag ein dünnes durchlochtes Zinnblech, so daß seine Arbeitsfläche derjenigen einer Raspel oder eines Reibeisens ähnelt, wie sie im Haushalt für Nüsse usw. gebraucht werden. Dies Krispelholz heißt „Greifer" und wird nur für das Seehundleder gebraucht. Je feiner oder gröber die Durchlochung des Zinnbleches ist, um so kleiner oder größer ist auch der Narben, der mit dem Werkzeug zu erzielen ist.

Wenn die Felle feucht gekrispelt und darauf bei hoher Temperatur getrocknet werden, um dem Narben mehr Stand zu geben, so sind sie selbst etwas hart geworden und müssen deshalb wieder weich gemacht werden. Sie müssen deshalb abwechselnd auf beiden Seiten bearbeitet werden, und zwar zuerst auf der Narbenseite und dann auf der Fleischseite. Man nimmt dazu das mit Gummi belegte Krispelholz. Beim Bearbeiten des Narbens wird das Fell auf dem Tisch nach innen zusammengeschlagen, so daß die Fleischseite innen ist. Durch Anpressen des Oberschenkels an den überhängenden Teil hält der Arbeiter das Fell auf dem Tisch fest und bearbeitet stoßend die zur Falte gelegte Stelle. Das Bearbeiten der Fleischseite geschieht ähnlich wie das gewöhnliche Krispeln.

Ein anderes Krispelholz, das auch nur beim Zurichten von Seehundleder gebraucht wird, ist in Abb. 179 *N* S. 273 abgebildet. Es ist ein hartes geripptes Holz und dient dem gleichen Zweck wie der „Greifer". Bei der Zurichtung von Ledern für Schuhfutter, von ostindischen Kalbfellen, Schafen, Smyrna usw. wird zum Krispeln ein Handholz mit Glas- oder Sandpapier gebraucht, da es die Geschwindigkeit der Arbeit befördert.

Krispeln ist eine der schwierigsten Arbeiten der ganzen Lederzurichtung, besonders bei der Fabrikation von Saffian. Es erfordert jahrelange Übung, um diese Kunst wirklich zu beherrschen.

Krispeltische. Die Platte, die zum Krispeln des Leders dienen soll, soll eine Neigung haben, und zwar soll diese Neigung stets vom Arbeiter fort verlaufen. Die Größe des Neigungswinkels schwankt in den verschiedenen Zurichtereien und bei den verschiedenen Ledersorten, von ungefähr 40°, bei der Herstellung von glattnarbigem Leder, bis zu 5° oder 10° bei sumachgaren Ziegen als Saffian. Der Krispeltisch beim Zurichten von Kalbleder hat gewöhnlich keine Neigung, sondern ist wagerecht.

Der beste Krispeltisch ist von Mahagoni und soll ganz glatt poliert sein. Er soll vollkommen fehlerfrei sein und weder einen Riß noch eine Schramme haben. Wenn Mahagoni auch teuer ist, so wird, wenigstens bei sorgfältiger Behandlung, ein Mahagonitisch Generationen überdauern. Ein anderer Tisch, der auch hinreicht und dessen Anschaffungskosten viel geringer sind, wenn er auch nicht die Haltbarkeit von Mahagoni hat, besteht aus einer guten Holzplatte (von Fichte oder Tanne), auf die ein Belag von gutem Linoleum oder Kork aufgeleimt ist, der mindestens 0,5 cm stark sein und die ganze Platte bedecken muß.

Kissen. Gewöhnlich wird der Tisch beim Krispeln mit einem Polster bedeckt und das Fell während der Arbeit, statt unmittelbar auf die Tischplatte auf dieses Polster gelegt. Das Polster ist gewöhnlich ein großes Stück Leder. Im allgemeinen wird dazu der Fleischspalt von Seehundleder bevorzugt. Jedoch würde eine gleichmäßige andere Haut oder ein Kalbspalt ebenso gute Dienste leisten. Der Zweck des Polsters liegt darin, daß auf diese Weise ein Gleiten des Felles auf der glatten Tischfläche während der Arbeit vermieden wird. Beim Arbeiten auf einem mit Linoleum belegten Tisch ist ein Polster eigentlich nicht nötig, da Leder auf Linoleum viel fester liegt als auf Mahagoni; indessen wird ein solches Polster die Lebensdauer eines derartigen Tisches beträchtlich verlängern.

Krispeln von Saffian mit der Hand.

Zum Krispeln von Saffianen müssen die Felle immer in einen besonderen welken Zustand gebracht werden. Nach dem Appretieren und Karrieren werden die Felle paarweise, Fleischseite auf Fleischseite, zusammengelegt und in eine Grube oder einen Bottich mit kaltem Wasser getan. Dann werden sie zum Abwelken über eine Hürde gelegt. Oder sie werden mit lauwarmem Wasser gebürstet und für einige Stunden oder über Nacht — wie es am besten paßt — auf Haufen geschichtet. Nach welchem Verfahren man es macht, bleibt sich gleich; die Leder kommen so in den zum Krispeln notwendigen Zustand des Welkseins. Die einzelnen besonderen Vorschriften und Verfahren für die Ausführung des Krispelns hängen vollständig von der gewünschten besonderen Zurichtung ab. Bei der Herstellung von Saffianen für Polster- oder Buchbinderleder geschieht das Krispeln für alle geglänzten Zurichtungen in zwei Teilen. Die Felle werden nämlich zuerst einmal, solange sie welk sind, gekrispelt, dann getrocknet, glanzgestoßen und zum zweiten Male gekrispelt. Das Krispeln von Schuhledern, Boxkalf usw., geschieht stets nach dem Glanzstoßen. Einzelheiten der gewöhnlichen Zurichtungen folgen nachstehend.

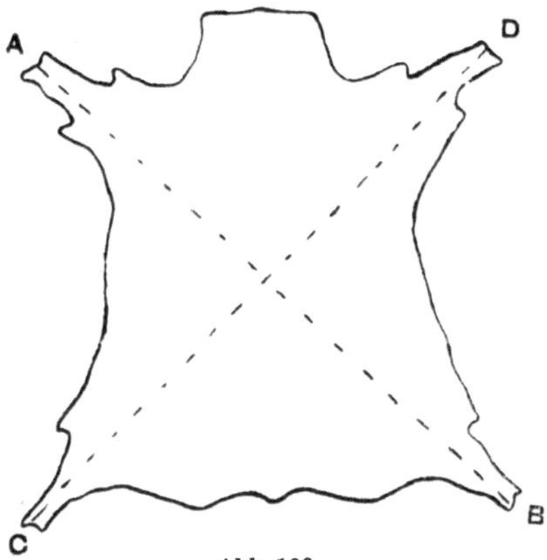

Abb. 190.

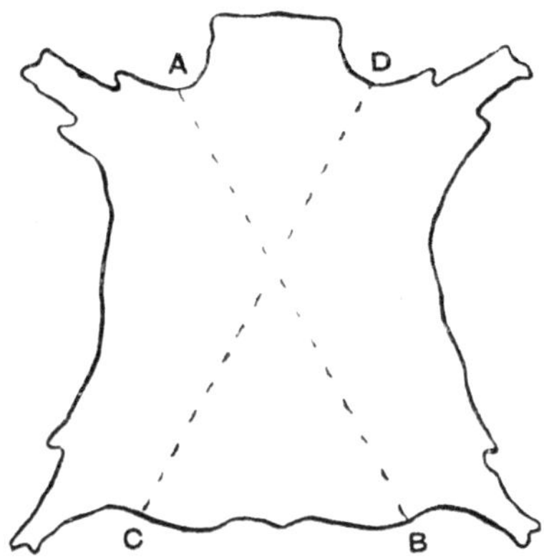

Abb. 191.

Ziegen. Hartnarbige Ziegen (Chagrin) werden nach dem Glanzstoßen — wie oben beschrieben — in geeigneter Weise abgewelkt, und dann erst kreuzweise in der Richtung der Klauen hin und her gekrispelt, von *A* nach *B*, und von *C* nach *D* in der schematischen Abb. 190. Sie werden dann in der Richtung von Seite zu Seite bearbeitet und schließlich vom Kopf zum Schwanz gekrispelt. Diese vier Arbeitsgänge werden gewöhnlich bei der alltäglichen Zurichtung vorgenommen. Häufig ist indessen eine fünfter Arbeitsgang notwendig. Man geht dann rings um das Fell herum, indem man von den Rändern nach innen zu arbeitet und auf diese Weise den Narben an denjenigen Stellen aufarbeitet, die noch keine vollständige Rundung bekommen haben.

Eine andere Arbeitsweise ist folgende: Das Fell wird in der Richtung der punktierten Linie $A\,B$ (Abb. 191) mit der Narbenseite nach innen zusammengelegt und, indem man auf der so gebildeten Falte arbeitet,

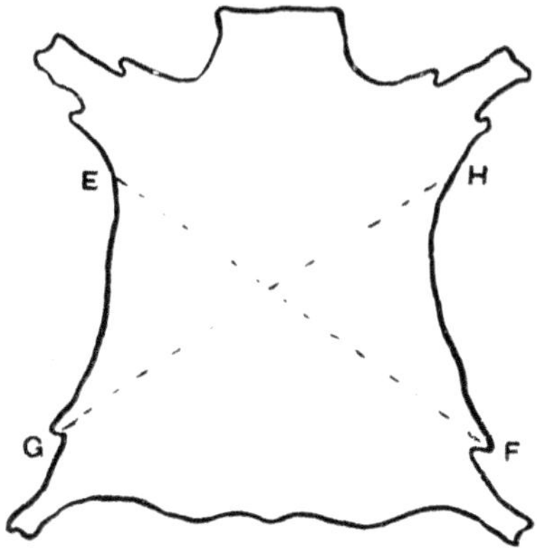

Abb. 192.

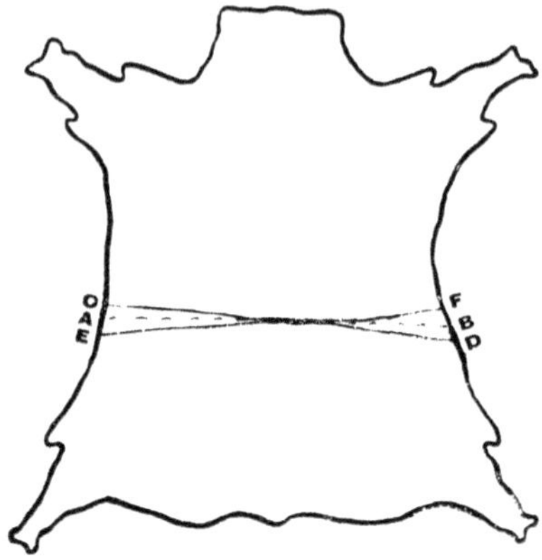

Abb. 193.

über seine ganze Oberfläche hin gekrispelt. Dann faltet man es in der Richtung der Linie CD (Abb. 191) und krispelt nun weiter in dieser Richtung. Hierauf wird nun nacheinander in den beiden Richtungen GH und EF (Abb. 192) gearbeitet und dann das Fell von Bauch zu Bauch und vom Kopf zum Schwanz und schließlich rundherum gekrispelt, wie es im letzten Abschnitt beschrieben wurde, indem man immer vom Rand nach innen arbeitet, nicht unter einem bestimmten Winkel, sondern in jeder Richtung, in welcher ein Heben des Narbens noch notwendig ist. Nach dem Krispeln werden die Felle in einem heißen Ofen getrocknet, und wenn die Farbe nicht satt genug erscheint, so werden sie mit einer Farbstofflösung nachgeschönt und dann getrocknet. Das Trocknen in einem heißen Ofen ist durchaus wesentlich, um den Narben auf die Dauer schön gehoben zu erhalten. Geschieht die Trocknung bei zu niederer Temperatur, so wird der Narben leicht wieder verzogen, wenn die Leder vom Buchbinder zum Auflegen auf den Rücken eines Buches angefeuchtet und ausgezogen werden. Bei glänzender Zurichtung werden sie appretiert, geglänzt und nachher noch einmal in denselben Richtungen wie vorher gekrispelt. Bei matter Zurichtung werden

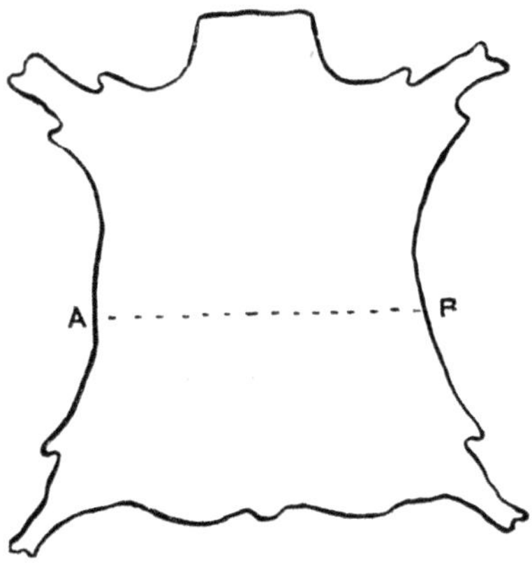

Abb. 194.

sie appretiert, mit der Maschine oder mit der Hand gebürstet, darauf im Ofen getrocknet und schließlich durch Krispeln mit dem Gummibrette wieder weich gemacht.

Gerader Narben bei Ziegen. Nach dem Schönen und Pressen werden die Felle getrocknet, appretiert und gestoßen. Das Stoßen erfolgt in den Richtungen *EF*, *CD* (Abb. 193) und zwar gewöhnlich mit der Karrierrolle Nr. *7*. Darnach wird die Rolle Nr. *7* durch eine solche Nr. *4* ersetzt und das Fell kreuzweise in der Richtung der punktierten Linie *AB* (Abb. 194) bearbeitet. Nach dem Stoßen werden die Felle gleichmäßig in der Richtung *AB* (Abb. 194) vom Kopf bis zum Schwanz gekrispelt. Sie werden dann im Ofen getrocknet, durch Bearbeiten mit dem Krispelgummi wieder weich gemacht, geglänzt und nach dem Glänzen noch einmal gekrispelt.

Kreuznarbige Ziegen. Die Felle werden abgewelkt, darauf gepreßt, leicht in der Richtung von Klaue zu Klaue, von *A* nach *B* und von

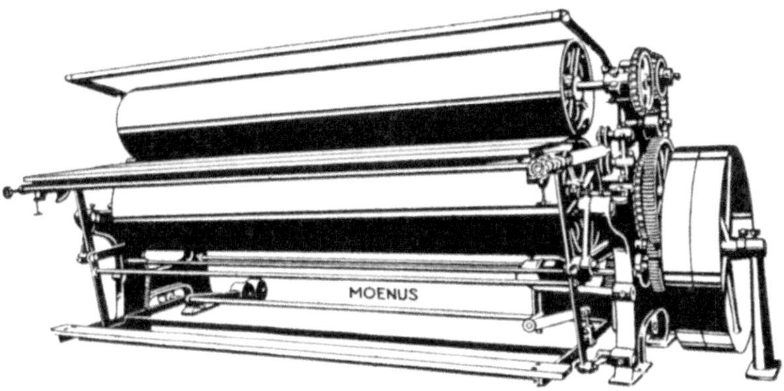

Abb. 195.

C nach *D* (Abb. 190) gekrispelt und getrocknet. Nach dem Trocknen werden sie durch Überbürsten mit einer Farbstofflösung geschönt, wieder getrocknet, appretiert und sachgemäß mit der Karrierrolle Nr. *5* kreuzweise über das Fell hin von *A* nach *B* und von *C* nach *D* (Abb. 190) gestoßen. Dann werden sie bei glänzender Zurichtung noch einmal geglänzt und schließlich in denselben Richtungen wie zuerst noch einmal gekrispelt.

Krispeln mit der Maschine.

Wie oben gesagt wurde, erfordert das Krispeln eine hervorragende Geschicklichkeit; es ist eine Kunst. So sollte es also eigentlich nicht Maschinenarbeit sein können. Indessen findet in Fällen, wo eine annähernde Fehlerlosigkeit hinreicht, wie z. B. bei Boxkalf, und wo nicht die höchste Vollkommenheit mit der Hand zugerichteter Saffiane unerläßlich ist, die Krispelmaschine eine geeignete Verwendung. Die beste Maschine hierfür ist die Walzenkrispelmaschine, die in Abb. 195 abgebildet ist.

Diese Maschine wurde ursprünglich von W. J. Coogan (1873) erfunden und ist von W. Paul (1885) verbessert worden. Das Leder wird zusammengefaltet zwischen zwei Walzenzylindern gepreßt. Die Verbesserung bestand in einer bedeutenden Vergrößerung des Zylinderdurchmessers, die ihn mehr als dreimal so groß wie zuerst werden ließ, und in einer Umkleidung derselben mit Linoleum oder Korkwachstuch, während sie vordem mit richtigen Korkplatten belegt waren. Sie arbeitet außerordentlich einfach.

In der Hauptsache besteht die Maschine aus zwei Walzen (siehe Abb. 196—198). *C* und *D*, von denen *C* die kleinere ist; einem federnden Tisch *FG*, dessen Teil *G* aus Holz ist, während *F* eine daran befestigte Stahlplatte ist; einem Fußtritt *J*; und einem stützenden Rahmenwerk. Die Antriebräder liegen auf einer Welle, die quer durch die Maschine

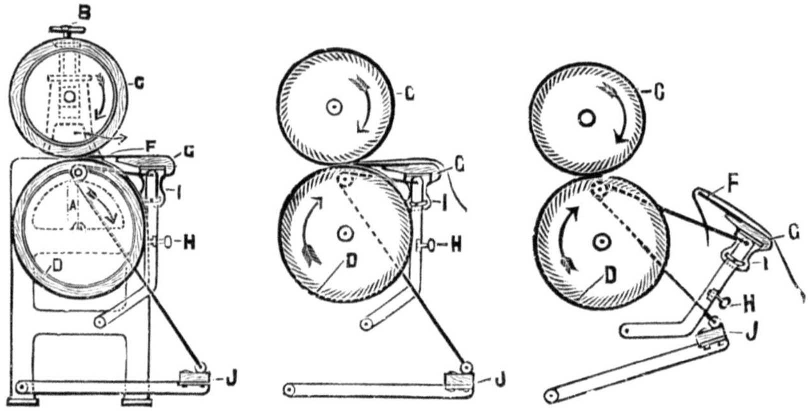

Abb. 196. Abb. 197. Abb. 198.

läuft. Die beiden Walzen werden durch Zahnketten von dieser Welle getrieben, die Walze *D* auf der Seite der Triebräder, die Walze *C* auf der anderen Seite der Welle. Die beiden Zahnketten sind in Abb. 195 zu sehen. Angenommen, die Seiten des Rahmenwerks ständen senkrecht, wie es gewöhnlich der Fall sein wird, wenn die Maschine auf ebenem Boden steht, so ist es zu sehen, daß die Mittelpunkte der beiden Walzen nicht in derselben Senkrechten liegen, sondern daß der Mittelpunkt der Walze *C* etwas hinter der Senkrechten liegt, die den Mittelpunkt der Walze *D* schneidet. Die Walze *D* kann frei rotieren, liegt aber im übrigen fest. Die Walze *C* dagegen, die ebenfalls frei rotieren kann, hat eine einstellbare Führung. Wenn beide Walzen laufen und gerade eben aneinander vorbeikommen, so kann die Walze *C* durch Schrauben, die in der Abbildung nicht sichtbar sind, verstellt und der Abstand beider Walzen so vergrößert werden, daß Raum für die Bearbeitung eines dicken Felles frei wird. Eine andere Einstellung mit Hilfe der Schrauben *B* (Abb. 196), von denen je eine an beiden Seiten ist, ermöglicht dem Arbeiter, den Druck auf das in Arbeit befindliche Fell entsprechend den Anforderungen zu regeln. Der Tritt *J*, der mit dem Fuß niedergetreten wird, hebt den Tisch *FG* aus der Lage in Abb. 198 in diejenige der Abb. 196 und 197. Die Verbindung zwischen Tritt und Tisch geschieht durch eine Schnur oder eine Kette (siehe Abbildung), und der Tisch ist so ausbalanciert, daß er zurückfällt, wenn der Fuß von dem Tritt fortgenommen wird. Bei einer späteren Ausführungsform der Maschine fällt der Tisch durch Federn zurück. Die Maschine hat außerdem eine Art Justierung des Tisches an den Hebeln.

Das Fell, das in Arbeit kommt, wird über die Platte *F* gelegt, und zwar mit der Fleischseite nach oben. Die Einstellung des Tisches ist so, daß, wenn er mit dem Tritt gehoben wird (er kann auch mit der Hand gehoben werden), der Rand der Stahlplatte ziemlich in der Mitte zwischen den Walzen steht. Eine sehr genaue Einstellung ist nicht nötig, da die Platte sich selbst entsprechend der Stärke der in Arbeit befindlichen Haut einstellen wird. Das Fell wird so, wie es auf der Abb. 198 die unregelmäßige Linie zeigt, über den Tisch gelegt, so daß also der freie Teil über die Platte herüberhängt. Durch Treten des Hebels kommt der Tisch mit der Haut in die Stellung, die in den Abb. 196 und 197 zu erkennen ist, und das freie Ende an die Walze *D*. Die Pfeile in den drei Abbildungen geben die Richtung an, in der sich die Walzen drehen, also beide in der gleichen Richtung. Die Walzen werden nun angetrieben, die Falte der Haut, die über den Rand der Platte *F* liegt, wird an die Walze herangebracht. Die Walze *C* faßt die Haut und führt die Krümmung oder Falte, die gerade über dem äußersten Rand von *F* liegt, weiter, so daß diese den Druck der Walzen bekommt, und da sie in Bewegung sind, wird der oben liegende Teil der Falte über den untenliegenden Teil herübergerollt, gerade so wie es beim Krispeln von Hand geschieht. Bei der Maschine ist indessen keine Rückwärtsbewegung, so daß Zug und Stoß sich nicht ablösen und eine stets verlegte Falte der Haut beständig vorwärts geführt wird und den Walzendruck zwischen *C* und *D* bekommt. Kommt sie dann aus dem Druck heraus, so geht sie mit dem unteren Teil über die Walze *D* und kommt unterhalb des Tisches wieder in die Hand des Arbeiters zurück.

Die Bewegung des Felles ist also, wie eben dargelegt, die gleiche wie beim Krispeln mit der Hand; es rollt. Der Narben, der auf dem Felle ausgearbeitet wird, verläuft in der Längsrichtung der Maschine. Das Fell muß also in der entgegengesetzten Richtung in der Maschine bearbeitet werden, wie der Narben verlaufen soll. Um es vollständig zu krispeln und weich zu machen, wird das Fell in verschiedenen Richtungen in der Maschine bearbeitet. Die Abb. 190—194 zeigen Richtungen, in denen gearbeitet werden kann. Das Fell läuft, je nach der Ansicht des Arbeiters, ein- oder zweimal in jeder Richtung durch die Maschine. Liegt das Fell auf der Tischplatte, wobei es zum Teil über die Platte herüberhängt, so hält der Arbeiter den ihm zuliegenden Teil mit den Fingern beider Hände oben auf dem abgerundeten Teil der Platte (der Teil *G* des Tisches) und mit den Daumen unten und hält die Hände möglichst weit auseinander. In dieser Stellung kann er das Leder führen, es an die Walzen heranbringen und so, wie sie es fassen, gerade halten. Durch geringe Übung kommt der Arbeiter leicht dazu, mit dem Fuß den nötigen Druck auszuüben, so daß das Leder frei durch die Maschine geführt wird und sich nicht quetscht oder einkeilt. Um das richtige Walzen herauszubekommen, muß der Arbeiter mitunter mit der Hand etwas nachhelfen. Die Form des Narbens ändert sich nach der Art, wie das Fell durch die Maschine geht. Das Fell läuft in einem Bruchteil einer Minute durch die Maschine. Bei gewöhnlichen Sorten kann man zwanzig Dutzend und mehr an einem Tage verarbeiten.

Die Geschwindigkeit, mit der die Maschine arbeitet, hängt von ihrer Größe und von der Geschicklichkeit des Arbeiters ab. Bei den größeren Typen der Maschinen, von $2^1/_2$—3 m, ist eine Umdrehungszahl der Walzen von 65—75 in der Minute zu empfehlen, bei denjenigen von $1^1/_2$—2 m kann man mit 75—85 Umdrehungen in der Minute arbeiten. Wo die Sorten, die verarbeitet werden, keinen sehr starken Druck erfordern, wird eine geriefelte Rippe aus Messing an die Kante der Platte gemacht, und die Kante der Rippe tritt an die Stelle der Kante der Stahlplatte. Ein weiterer Halt, als ihn die Riefelung gewährt, ist für die Rippe nicht notwendig.

Eine Abänderung der Walzenkrispelmaschine, welche neuerlich eingeführt ist, ersetzt jede Einzelwalze der ursprünglichen Ausführungsform durch ein Walzenpaar, an denen ein endloses Band aus Gummi oder mit Filzbelag angebracht ist. Die Platte, auf welcher das Leder in die Maschine eingeführt wird, ist nach jeder Richtung der ursprünglichen ähnlich. Es wird behauptet — und nach des Verfassers Ansicht mit Recht —, daß die Haut am Rande der Platte gleichmäßiger gefaßt wird, daß die Maschine nicht so grob arbeitet, daß der Narben gleichmäßiger ist und die Maschine viel schneller ihre Arbeit leistet.

Eine andere Art von Krispelmaschinen soll das Handkrispelholz mit Korkbelag ersetzen. Die Maschine ist mit einem Pendel von alternierender Bewegung gebaut und hat ein großes überzogenes Krispelbrett, unter welchem das gefaltete Leder geführt wird. Sie wirkt ähnlich wie die Arbeit von Hand; die leichte Änderung und Anpassung des Druckes der Handarbeit ist indessen natürlich von der Maschine nicht nachzuahmen. Diese Maschine eignet sich nur für das Krispeln und Weichmachen von schweren Ledern, wie schwere Kalbfelle, leichte Häute usw.

Chagrinieren und Pressen.

„Chagrinieren“ heißt ein Muster oder eine Zeichnung durch Eindrücken wiedergeben. „Pressen“ heißt ebenfalls ein Muster oder eine Zeichnung durch Eindrücken wiedergeben. Der Unterschied besteht darin, daß beim Chagrinieren das wiedergegebene Muster durch die tatsächlichen Eindrücke in der chagrinierten Fläche daraufgestellt wird, diese Eindrücke sind also primäre; beim Pressen dagegen sind die Eindrücke sekundär und umrahmen nur die nicht eingedrückten Flächenteile, und diese nicht eingedrückten Flächenteile stellen das ursprüngliche Muster dar. Da die Eindrücke aus Einschnitten oder Vertiefungen bestehen, so stehen die nicht eingedrückten Flächenteile hervor, mit anderen Worten: sie sind gepreßt.

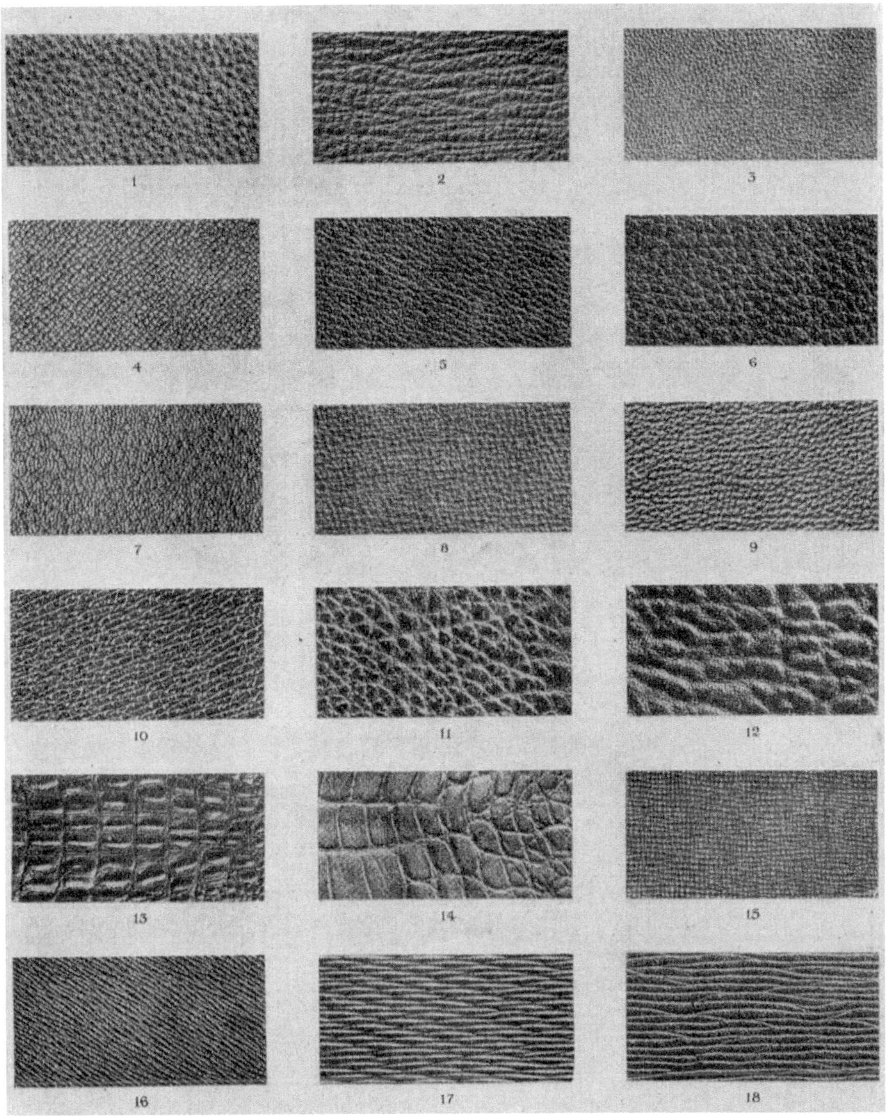

Abb. 199.

1. Seehund.
2. Walroß.
3. Marokko.
4. Ziege.
5. Halbsaffian.
6. Kapsaffian.
7. Kapsaffian.
8. Kalb.
9. Kalb.
10. Schwein.
11. Antik.
12. Antik.
13. Krokodil (Rücken).
14. Krokodil (Bauch).
15. Box.
16. Crossgrain.
17. Korn.
18. Longgrain

Am meisten findet das Pressen beim Leder statt, um auf minderwertigen Ledersorten, wie z. B. Schaffellen, Kuhhäuten, Kipsen usw.

das Korn von hochwertigen Ledern wie Seehund, Alligator, Krokodil usw. zu erzeugen. Da bei der Bearbeitung von Leder beide Verfahren verwendet werden müssen, so wendet man den Ausdruck Chagrinieren allgemein für beide Verfahren an.

Das Chagrinieren, das mit der Hand oder dem Jigger ausgeführt wird, ist nichts Neues. Das Handverfahren, das vor mehr als einem Jahrhundert eingeführt wurde und noch heute verwendet wird, besteht

Abb. 200.

darin, daß man mit der einen oder der anderen Chagrinier- oder Preßwalze über die Narbenfläche des Leders mit möglichst großem Druck hinwegfährt. Das Leder soll dazu schwach, aber gleichmäßig welk sein.

Die Verwendung einer gravierten Walze in einem Jigger war die nächste Verbesserung des Handverfahrens.

Es ist jedoch weder durch das Handverfahren noch mit dem Jigger möglich, solche Wirkungen zu erzielen, wie sie in Abb. 199 dargestellt sind. Ferner kann nur eine Fläche von wenigen Zoll auf einmal gepreßt werden, und endlich ist eine große Übung und Erfahrung erforderlich, um so zu pressen, daß keine Absätze zwischen den einzelnen Druckperioden entstehen.

Die Maschinen, welche gegenwärtig in Gebrauch sind, bestehen in zwei Ausführungsformen, entweder mit Walze oder mit Platte. Die allgemein gebräuchliche Walzenpresse ist in Abb. 200 abgebildet.

In mancher Hinsicht ähnelt diese Maschine der in Abb. 9 (S. 24) dargestellten Bandmesserspaltmaschine. An Stelle der unteren Gummiwalze *G* bei jener Maschine hat diese eine hölzerne, aus Sykomorenholz gefertigte. Ferner hat sie eine Preßwalze, die ebenso angeordnet ist wie die zusammengesetzte Walze *Q* in Abb. 9, und eine große hölzerne Einzugwalze, die ebenso angeordnet ist wie die Walze *D* der Bandmesserspaltmaschine.

Das in der Maschine zu pressende Leder wird in diese über die Vorschubwalze hinweg und unter die Preßwalze eingeführt, wobei der erforderliche Druck durch das Handrad (vgl. die Abbildung) eingestellt wird, das die obere Walze niederdrückt und die Preßwalze gegen die

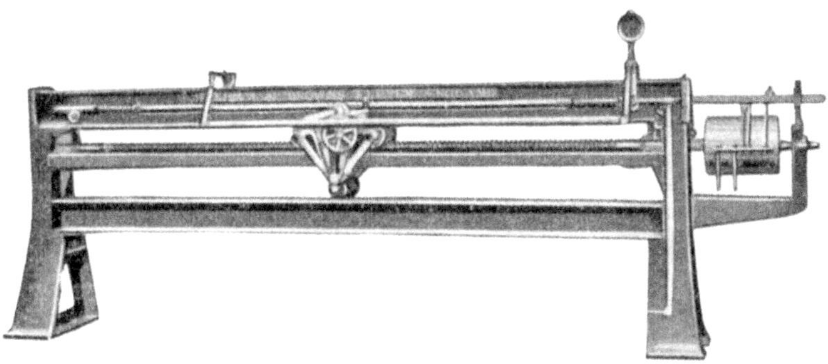

Abb. 201

hölzerne Einzugswalze andrückt. Die Preßwalze hat einen Durchmesser von 85—100 mm, die Sykomorenwalze einen Durchmesser von 450—500 mm.

Die Preßwalze besteht meistens aus zwei Teilen, einem inneren hohlen Teil oder Dorn und einer darüber geschobenen Hülse, in die das zu pressende Muster graviert ist. Diese Bauweise der Walze ist insofern vorteilhaft, als sie es gestattet, verschiedene Hülsen mit mehreren Mustern zu verwenden und diese abwechselnd auf den hohlen Dorn ohne große Mühe aufzusetzen. Ein weiterer Vorteil des hohlen Dorns besteht darin, daß man einen Dampfstrom durch ihn hindurchsenden kann, so daß die gravierte Hülse während des Preßvorganges geheizt werden kann; dadurch werden ein tieferes Pressen und infolgedessen auch schöne, klare Wirkungen möglich gemacht.

Ganz allgemein werden Preßwalzen auf elektrolytischem Wege erzeugt, und dieses Verfahren ist sehr geeignet, wenn es wünschenswert ist, auf einem minderwertigen Leder das Korn eines selteneren Leders zu erzeugen, wie z. B. auf einem Schafspaltleder das Korn von Seehund- oder Ziegenleder. Auf Abb. 199 sind verschiedene gepreßte Körnungen dargestellt.

In Abb. 201 ist eine andere Art von Preßmaschinen dargestellt, die vielfach zum Pressen von Taschenledern, Levantinen usw. verwendet wird. Die Preßwalzen dieser Maschine werden 150—300 mm lang gemacht und können dementsprechend große Häute pressen.

Abb. 202.

Eine der neuesten auf dem Markt befindlichen Preßmaschinen ist in Abb. 202 dargestellt. Diese Maschine preßt nicht mittels einer Walze, sondern mit Hilfe einer gravierten oder elektrotypierten Platte. Durch dieses Verfahren können ausgezeichnete Nachahmungen von Lederkörnungen erzielt werden, die bessere Ergebnisse liefern, als sie durch das Walzverfahren erreichbar sein dürften.

Beim Pressen mit dieser Maschine wird das Leder mit der Fleischseite nach unten auf den horizontalen, von einem Ständer zum andern reichenden Tisch gelegt. Dieser Tisch hat in der Mitte eine Öffnung (vgl. die Abbildung), deren Länge mit dem Hube der unterhalb befindlichen Walze übereinstimmt. Die Walze ist auf einem Laufwagen montiert, der durch eine Leitspindel bewegt wird, die sich ebenso wie der Tisch von einem Ständer zum andern erstreckt und in diesen Ständern gelagert ist. Die Öffnung in dem Tische ist ebenso breit wie die Walze des Laufwagens. Die Preßplatte ist mit der gemusterten Seite nach unten an einem hohlen Kasten befestigt, welcher mit Konsolen an dem oberen Querbalken der Maschine befestigt ist. Wenn die Maschine in Betrieb gesetzt wird, wird der Tisch mit dem daraufliegenden Leder gegen die Preßplatte angehoben, die entweder durch Gas oder durch Dampf in dem daran befestigten hohlen Kasten beheizt wird. Wenn die Laufwagenwalze nun durch die Umdrehung der Leitspindel vorwärts bewegt wird, drückt sie das Leder gegen die Platte, wodurch das Narbenbild in das Leder gepreßt wird. Wenn die Lauf-

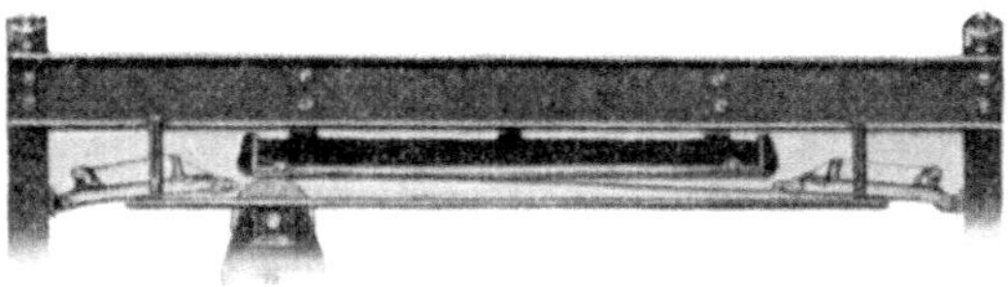

Abb. 203 a.

wagenwalze das Ende ihres Hubes erreicht, so bleibt sie automatisch stehen; der Tisch wird dann automatisch ein wenig gesenkt, um das Leder freizugeben, welches nunmehr um ein der Breite der Platte

Abb. 203 b.

entsprechendes Stück vorgeschoben wird, worauf ein weiterer Teil gepreßt wird. Die Pressung findet also in nebeneinanderliegenden Streifen statt, die etwa 300 mm breit und ebenso lang wie das Leder sind.

Abb. 204.

Abb. 203 zeigt eine der letzten Verbesserungen an der Platten-Chagriniermaschine. Dadurch, daß der übliche hölzerne Tisch niedriger gesetzt und außerdem fest gemacht ist, und weiter dadurch, daß die Druckwalze über den Schlitz im Tisch herausragt, wird es ermöglicht, daß der Arbeiter den Arbeitsgang ständig beobachten kann, und daß das Leder, nachdem es an der Walze vorbei ist, nicht mehr gegen die Platte gedrückt wird. Die Abb. 203 zeigt die Druckwalze einmal in der Stelle, wo sie beim Anlassen steht, und zweitens in der Mitte des Arbeitsganges.

Abb. 204 zeigt eine der besten Bauarten von Narbenpreßmaschinen, sowohl was Schnelligkeit als auch was Vollkommenheit der Arbeit betrifft. Diese Maschine — die Sherida-Presse — erlaubt infolge ihrer ungewöhnlich starken Bauart außerordentlich hohe Drucke auszuüben, bis zu 600 Tonnen, und infolge der Größe ihrer Walze eine Fläche zu pressen von 46 × 36 cm bis zu 137 × 66 cm. Die Maschine arbeitet sehr schnell und kann 12—18 Pressungen in der Minute leisten. Der Vorteil dieser großen Ausmaße besteht darin, daß mit einer Pressung das Narbengefüge einer ganzen Haut auf das bearbeitete Leder gesetzt werden kann und man nicht mehr in Streifen arbeiten muß. Der Nachteil solcher Maschinen besteht erstens in der Höhe und Festlegung der Anschaffungskosten und zweitens in den Kosten, welche die Beschaffung einer Reihe von Preßplatten verursacht.

Bürsten.

Das Abbürsten geschieht heute vorzugsweise auf der Maschine und seltener von Hand. Es ist dies eine Bearbeitung, der viele Sorten von gefärbten Ledern unterworfen werden. Nachdem das Leder eine geeignete Appretur erhalten hat, wird es abgebürstet, um einen gewissen Grad von Politur zu erhalten, der in solchen Fällen gewünscht wird.

Abb. 205.

Es befinden sich verschiedene Bauarten von Abbürstmaschinen im Handel, von welchen die älteste — Abb. 205 — einfach in einer zylindrischen, von Kraft angetriebenen Bürstwalze besteht; das abzubürstende Fell wird auf einen Tisch unter die rotierende Bürste gebracht und sodann der Tisch mittels eines Fußtritthebels emporgehoben oder gesenkt, je nachdem man das Fell der Wirkung der Bürste aussetzen, bzw. es derselben entziehen will. Das Fell wird mit der Hand verschoben, bis seine ganze Oberfläche von der Bürste bearbeitet ist.

Andere Bauarten sind in den Abb. 206—207 gezeigt. Die Bürstwalze in diesen Maschinen hat außer der rotierenden eine hin- und hergehende Bewegung, so daß das Fell mit größerer Geschwindigkeit gebürstet wird, als es mit der älteren Maschinenform möglich ist. Die Hublänge der Maschine bewegt sich zwischen 75 und 90 cm, und der bedienende Mann arbeitet von der Mitte des Felles nach den Rändern zu, indem er die Lage des Felles ständig ändert, um jeden Teil desselben nach und nach der Wirkung der Bürste zu unterwerfen.

Abb. 206.

Rollen.

Bei „glatten“ Ledern wird ein glatter, mattglänzender Narben verlangt, und das meist gebräuchliche Verfahren hierfür besteht darin, daß man die Ware auf der Maschine leicht rollt, nachdem man der

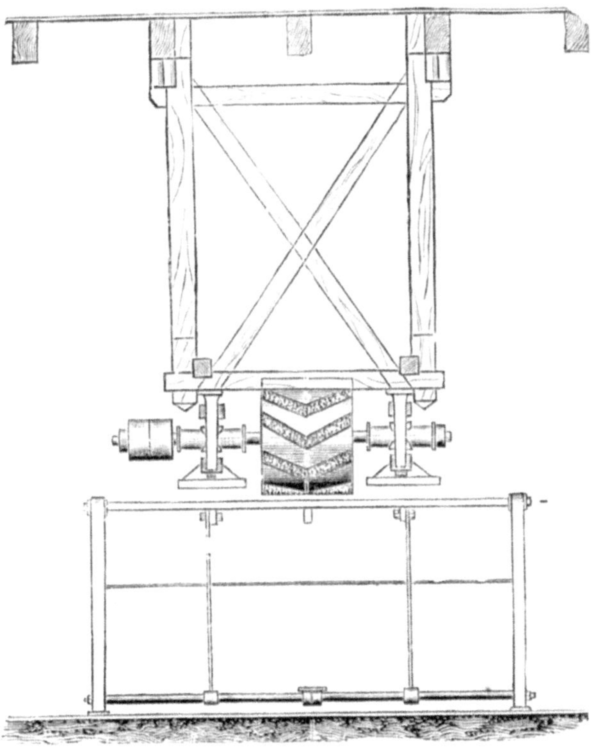

Abb. 207.

Narbenseite des Leders einen leichten Strich mit einer Appretur gegeben hat. Die Rolle ist gewöhnlich von Messing oder Bronze, und sie

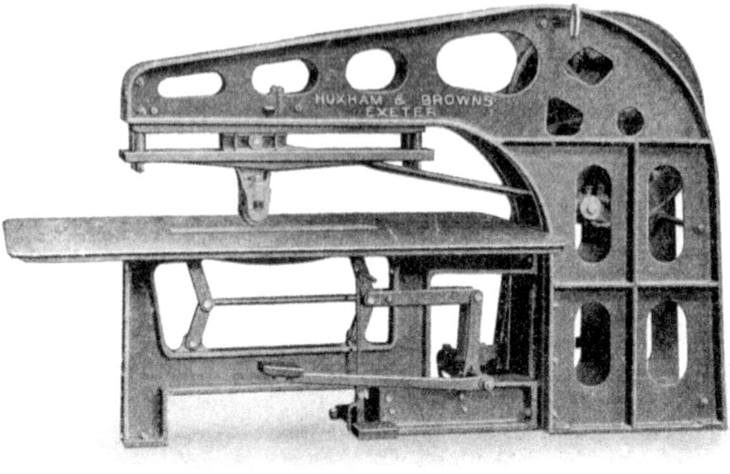

Abb. 208.

wird entweder in einer Handstoßmaschine oder in einer Abglasmaschine oder in einer besonders für solche Arbeit gebauten Maschine verwendet.

Abb. 209.

Es gibt mehrere Sorten von Rollmaschinen im Handel; in Abb. 208 ist eine besondere Art davon abgebildet, die sich zum Rollen von schweren Farbledern eignet; wie z. B. farbigen Vachetten, Hälsen usw.; dieselbe Maschine wird auch, mit einer Narbenwalze ausgestattet, zum Chagrinieren verwendet.

Bügeln.

Bei der Zurichtung vieler Sorten von „glatten" Ledern wie Schafspalten, Kalbfellen, Schafleder für Sportzwecke, Boxkalf u. a. wird das Ergebnis beträchtlich verbessert, wenn die Narbenseite mit einem heißen Bügeleisen, so wie es bei Schneidern in Gebrauch ist, übergangen wird. Das Bügeleisen hat die Wirkung, daß es den Narben niederlegt und eine vollkommen gleichmäßige, glatte Oberfläche erzeugt. Die Arbeit wird in derselben Weise ausgeführt, wie man Tuch oder Leinen bügelt. Das Fell wird mit der Narbenseite nach oben auf einen festen Tisch gelegt, mit einem „Bügeltuch" von Filz oder Flanell bedeckt, und sodann wird das Bügeleisen unter geringem Druck sorgfältig über die ganze Fläche geführt. Am meisten gebräuchlich ist das gewöhnliche Schneidereisen, das in einem entsprechenden Ofen erhitzt wird. Immerhin gehören auch Gasbügeleisen, bei denen die Hitze durch brennende Gase im Innern des Eisens selbst während der Arbeit aufrechterhalten wird, nicht zu den Ausnahmen. Desgleichen elektrische Bügeleisen (solche sind in Abb. 209 zu sehen). Der Vorteil dieser Bügeleisen besteht darin, daß die Erwärmung so reguliert werden kann, daß keine Gefahr irgendeiner Beschädigung der Ware durch überhitzte Eisen besteht.

Abb. 210.

Abb. 210 zeigt die Abbildung einer Plättmaschine, welche bei hellen Ledern sehr gute Dienste leistet. Sie ist der Glanzstoßmaschine ähnlich gebaut, nur daß sie an Stelle des Werkzeuges von Glas oder Achat ein elektroplattiertes Werkzeug in der Form eines gewöhnlichen Bügeleisens hat.

Allgemein gesagt, ist es vorteilhaft, alle glatten Leder zu bügeln. Das Verfahren ist besonders nützlich bei mineralgegerbten Ledern, z. B. alaungaren Ledern, Kalbkid, mattglänzenden Chromledern usw.

Sehr häufig werden auch Schaf- und Kalbliederspalte für Hutfutter gebügelt.

Satinieren.

Das Satinieren besteht darin, daß man das Leder der Wirkung einer erhitzten, polierten Walze unterwirft, und ist ein Ersatz für das Bügeln von Hand oder mit Maschine. Die Satiniermaschine ist in ihrer Bauart ähnlich der Walzenchagriniermaschine, nur besteht die durch Dampf oder Gas geheizte Walze (die mittlere Walze) aus poliertem Kupfer (Abb. 200). Die Arbeit wird manchmal auf einer Rollmaschine von der Art der in Abb. 201 und 208 abgebildeten ausgeführt; dann ist die Rolle hohl und wird durch ein von der Seite eingeführtes Dampf- oder Gasrohr im Innern erhitzt.

Wenn man auf der in Abb. 202 und 204 abgebildeten Maschine eine glatte, polierte Platte verwendet statt der Narbenplatte, so läßt sich darauf vorzüglich bügeln und satinieren. Die Platte ist selbstverständlich geheizt, entweder durch Dampf oder Gas.

Der Vorteil, welchen die Benutzung derartiger Maschinen mit sich bringt, besteht darin, daß die Anwendung des starken Druckes den Narben des Leders eben und glatt legt und bei Ledern mit rauhem oder lockerem Narben daher eine erhebliche Verbesserung im Aussehen der zugerichteten Ware bewirkt. Es ist allgemein üblich, chromgare Hälften auf einer Maschine von der Bauart der Sheridan- oder der hydraulischen Presse zu satinieren oder kalandern; Kalbleder oder Schafspalte für Hutleder werden dagegen im allgemeinen auf den Chagriniermaschinen, welche in Trägern stehen, bearbeitet.

Neunundzwanzigster Abschnitt.

Mode- und Galanterieleder.

Heutzutage, wo die Sucht nach Neuheiten, besonders in den sogenannten Galanterieartikeln, so groß ist, müssen auch die Fabrikanten von Phantasieledern beständig auf dem Posten sein, um einige Neuheiten herauszubringen. Wenn sie dann zu einem oder dem anderen von den Hunderten, heute aus Ledern hergestellten Galanterieartikeln verarbeitet werden, wie Börsen, Täschchen, Photographierahmen, Toiletten- und Juwelenkästchen, Schreibmappen, Albums usw., sollen sie das Auge des Publikums anziehen.

Es ist im Rahmen dieses Buches natürlich nur möglich, einige wenige von den typischen Verfahren zu beschreiben, nach denen die heute modernen Ledersorten hergestellt werden.

Spanisches oder Antik-Leder.

Dieses Leder ist zu Möbelleder und Phantasiegegenständen sehr beliebt. Zu den Nachahmungen von spanischem Leder — richtiger hieße es italienisches Leder, da seine ursprünglichen Muster nicht aus

Spanien, sondern aus Italien stammten — wird gewöhnlich Spaltleder genommen, sowohl von Rindhäuten wie auch von Kalbfellen oder Kipsen und selbst von Schaffellen.

Ein allgemein übliches Verfahren zur Herstellung der „antiken" Wirkung wendet mit Vorteil wasserundurchlässige Mittel an, die auf die erhabeneren Stellen der Narbenpressungen aufgetragen werden. Eine auf dem Festlande weitverbreitete Arbeitsweise besteht darin, das Leder — sei es durch Tunken, Bürsten oder Spritzen — in einem braunen oder einem sonst geeignet erscheinenden Farbton zu färben und nachher den natürlichen runzlichen Narben einer Kuhhaut aufzupressen. Der obere Teil des aufgepreßten Narbens wird sorgfältig mit Wachs oder Fett behandelt, und zwar geschieht das Auftragen von Hand. Dann wird das Leder durch Spritzen oder durch Bürsten mit einer weichen Bürste mit einem geeigneten schwarzen Farbstoff oder mit einer Eisenlösung behandelt. Dadurch werden die Furchen oder die Vertiefungen des aufgesetzten Narbens bräunlich schwarz gefärbt, und die höheren Stellen bleiben durch die schützende Wirkung der Wachs- oder Fettschicht in der ursprünglichen Farbe gefärbt. Der erweckte Eindruck ist derjenige eines alten, an den hochstehenden Teilen des Narbens abgenutzten Leders. Der Wachsrückstand wird dann noch durch Abwischen der trockenen Leder mit einem geeigneten Lösungsmittel, wie Petroläther oder Trichloräthylen, entfernt.

Ein einfaches Verfahren, das Fett oder Wachs aufzutragen, ist folgendes: man schmilzt gleiche Teile von Paraffin und hartem Rindertalg zusammen, läßt die Mischung in einem Gefäß von passender Form erstarren und macht auf diese Weise feste Fettblöcke in den Abmessungen eines Seifenriegels. Mit diesem festen Riegel reibt man nun über die Oberfläche des Narbens hin.

Statt dieser Arbeitsweise kann man auch eine Lösung von Schellack in Spiritus oder eine Zelluloselösung nehmen, wie sie beim Appretieren verwendet werden. Nach dem Verdampfen des Lösungsmittels hinterlassen beide Mittel eine durchsichtige Haut, und es ist daher nicht mehr nötig, irgendeinen Rückstand nach dem Spritzen mit der schwarzen Farbe zu entfernen oder irgendeine weitere Nachbehandlung vorzunehmen.

Eine Abart dieser Wirkung kann auf folgende Weise erzielt werden: Nachdem die Leder in irgendeinem besonderen Tone gefärbt sind, wird der Narben stark aufgepreßt; dann werden sie getrocknet, als ob sie fertig zugerichtet werden sollen, und durch Krispeln auf dem Tisch wieder weich gemacht. Nun wird der Narben abgeschabt, entweder mit der Buffiermaschine oder von Hand mit einem mit Karborundum oder Bimsstein überzogenen Block, um die höherstehenden Teile der Pressung zu entfernen. Entweder läßt man die Leder nun so und richtet sie wie gebuffte Leder fertig zu, oder man gibt ihnen mit Bürsten oder Spritzen noch eine andere Farbdecke, um die Teile der Narbenoberfläche zu färben, welche durch das Abbuffen bedeutend heller gefärbt oder ganz ungefärbt erschienen. Die Wirkung ist: eine Grundfarbe auf der Haut und eine andere auf den abgebufften Stellen. Auf diese Weise werden sehr geschmackvolle Wirkungen auf Kalbleder, Kipsen, Schultern und Hälften erzielt.

Ein noch anderes Verfahren, welches auch besonders auf dem Festlande ausgeübt wird, besteht darin, daß die Leder mit Eisenfeilspänen oder Bohrmehl bestäubt werden, nachdem sie in einem hellen Farbton gefärbt worden waren. Die Leder werden dann gewalzt oder in einer Presse gepreßt, um die kleinen Eisenteilchen fest einzudrücken; diese bleiben bis nach dem Trocknen haften und werden dann entfernt. Durch die Einwirkung des Eisens auf die pflanzlichen Gerbstoffe werden schwarze Färbungen in den Vertiefungen hervorgebracht.

Andere antike oder ähnliche Wirkungen werden durch Betupfen der Lederoberfläche mit einem Schwamm hervorgerufen, in ähnlicher Weise, wie bei den nachstehend beschriebenen marmorierten Ledern, ein Verfahren, welches von den Ledergalanteriewarenherstellern besonders geschickt ausgeübt und allgemein angewendet wird.

Marmoriertes Leder.

Leder mit einer künstlichen Marmorierung oder Sprenkelung wird in einer ganzen Reihe von Abarten hergestellt. Vielleicht das älteste Verfahren, um die Wirkung einer Marmorierung zu erzielen, besteht darin, daß man einen Schwamm, welcher in eine geeignete Farbstofflösung eingetaucht war, auf das Leder drückt. Der Schwamm wird auf die vorbereitete Oberfläche des Leders nur leicht getupft, so daß nur Stellen von ihm mit dem Leder in Berührung kommen und eben an diesen eine Färbewirkung stattfindet. Es ist bei dieser Arbeitsweise üblich, das Leder mit mehreren Schwämmen zu betupfen, welche alle in verschiedenen Farbstofflösungen getränkt waren, und auf diese Weise eine wirre Sprenkelung hervorzurufen.

Mitunter wird das Verfahren dahin abgeändert, daß von einem bereits gefärbten Leder die Farbe abgezogen wird, indem der Schwamm mit einem Mittel befeuchtet wird, welches eine solche Wirkung ausübt. Es werden beispielsweise dunkelbraune Leder, welche mit einem basischen Farbstoff in Verbindung mit einer schwachen Eisenlösung gefärbt worden waren, mit dem Schwamm mit einer Lösung von Oxalsäure betupft, welche an den Berührungsstellen das Eisen herauslösen und eine Marmorierung auf hellem Grunde bewirken wird.

Durch dieses etwas rohe und veraltete Verfahren ist es möglich, eine ganze Reihe von künstlerischen Wirkungen hervorzurufen, welche das Leder besonders zur Verwendung von Phantasieartikeln geeignet machen.

Batik-Marmorierung. Diese hübsche Art des Marmorierens ist von Österreich eingeführt worden. Die Herstellung marmorierter Leder, welche etwa zwei Jahrzehnte gebräuchlich war, war wie andere Modeerzeugnisse veraltet, ist aber neuerdings wieder aufgenommen worden, und zwar sowohl in der alten Art und Weise als auch mit verschiedenen Verbesserungen.

Nach den üblichen Vorarbeiten und nachdem es kräftig ausgestrichen ist, wird das Leder mit den Händen zerknittert oder in Falten geschoben und in dieser unregelmäßig gefalteten Form gefärbt. Für die Art des Färbens sind mehrere Verfahren in Anwendung.

1. Nachdem die Haut einheitlich zusammengeschoben ist, wird sie in einen hölzernen Bottich oder Kasten mit durchlöchertem Boden gelegt; der Bottich soll gerade groß genug sein, um eben die Haut in dieser zusammengefalteten Lage aufzunehmen. Indem man die Farbstofflösung aus einem Krug oder sonst geeigneten Gefäß über die Haut gießt, während sie in dem Bottich liegt, nimmt man die Färbung vor. Diese muß unbedingt möglichst schnell vor sich gehen, und es ist deshalb ratsam, basische Farbstoffe zu verwenden. Nach Verlauf von wenigen Sekunden wird die Haut aus dem Bottich herausgenommen und sofort gewaschen. Dadurch, daß die Haut in Falten lag, ist die Farbstofflösung natürlich ganz unregelmäßig angenommen worden; aber die Farben bilden keine harten Ränder gegeneinander, welche das Auge verletzen würden, sondern gehen sanft ineinander über, und so entstehen sehr gefällige Wirkungen.

2. Die Häute werden zusammengeschoben und in kleine hölzerne Kästen, von denen jeder einen durchlöcherten Boden und einen durchlöcherten Deckel hat, so dicht eingedrückt, daß der Farbstoff nicht bis zu den innersten Falten eindringen kann. Die Kästen werden dann in eine Mulde, in welcher das Farbbad bereitet ist, eingehängt und auf diese Weise die Leder in der zusammengequetschten Lage so lange gefärbt, bis sie die gewünschte Farbtiefe angenommen haben. Dann werden sie herausgenommen, gewaschen und ausgestrichen.

3. Wohl die modernste Art der Arbeit, um die Batikwirkung zu erzielen, ist die, die Leder zusammengeschoben auf einem wagerechten Tisch mit der Farbstofflösung zu spritzen. Eine genügend konzentrierte Lösung von basischen Farbstoffen gibt die gewünschte Tiefe des Farbtones.

4. Ein ganz kürzlich eingeführtes Verfahren, zu batiken, stellt einen Versuch dar, regelmäßigere Muster hervorzubringen und dabei ein blumenähnliches Bild zu erzeugen. Das Verfahren wird Dahlien- oder Margaritenmarmorierung genannt. Die Wirkung wird dadurch erreicht, daß man das Leder — gewöhnlich Schafspalte, dünne persische Schaffelle oder ostindische Ziegen — faltet, indem man sie durch die in regelmäßigen Abständen angebrachten Löcher einer Platte zieht — die Löcher haben die Form von Quadraten, Rechtecken, Kreisen oder Polygonen, und ihre Größe richtet sich danach, wie große Blumenbilder man nachahmen will — und sie in dieser Lage mit einer geeigneten Farbstoffmischung spritzt. Die feinen Fältchen, welche beim Durchziehen der Leder durch die Öffnungen gebildet werden, bringen ein etwa blattähnliches Bild hervor, und es entstehen auf diese Weise hübsche und geschmackvolle Wirkungen. Je nachdem die Arbeitsweise abgeändert wird, ändert sich die Wirkung.

Eine ähnliche Marmorierung kann man auch auf folgende Weise erhalten: Die Leder werden zusammengefaltet über pfriemenartige Dornen gezogen und in einer bestimmten Höhe festgemacht. Die Stärke des Durchmessers der Dornen kann wechseln. In dieser Lage werden die Leder durch Spritzen oder durch Eintauchen für wenige Sekunden in ein konzentriertes Farbbad gefärbt.

Es versteht sich von selbst, daß durch die Verschiedenheit im Falten und Zusammenstoßen und durch Anwendung des Spritzverfahrens eine große Vielgestaltigkeit aller möglichen neuartigen Wirkungen erzielt werden kann, besonders wenn zwei, drei oder mehr Farben verwendet werden. Man kann beispielsweise ganz verschiedene Wirkungen erreichen, wenn man die Leder in verschiedener Weise faltet und jedesmal eine andere Farbe aufspritzt.

Es sei darauf hingewiesen, daß es von wesentlicher Bedeutung ist, wenn man überspannte Muster und Bilder vermeiden will, einen Arbeiter von künstlerischem Geschmack mit diesen Aufgaben zu betrauen. Es sei daran erinnert, daß die Komplementärfarben (s. S. 138) am besten zueinander passen und die größte Farbenharmonie geben.

Gesprenkelte Leder.

Von Zeit zu Zeit werden immer wieder, besonders für Buchbinderzwecke, gesprenkelte Leder auf den Markt gebracht. Ein Leder, das gesprenkelt werden soll, wird gewöhnlich in einem hellen braunen Ton gefärbt und mit einer schwachen Lösung von Eisensulfat gesprenkelt. Die Haut wird auf eine leicht geneigte Platte gelegt. Das Sprenkeln geschieht mit einer Bürste oder mit einem breiten Malerpinsel, der sich für diesen Zweck sehr gut eignet. Die Bürste wird in die Lösung getaucht und aller Überschuß an Flüssigkeit sorgfältig abgestrichen oder abgespritzt. Indem er nun die Bürste mit einer Hand, sagen wir der rechten, über das Leder hält, streicht der Arbeiter sie gegen einen dicken Stock, den er in der Linken hält, und läßt auf diese Weise einen feinen Sprühregen von Eisensulfatlösung auf das Leder kommen. Er bewegt nun Bürste und Stab beständig hin und her und verteilt so den Sprühregen gleichmäßig über die ganze Haut, bis es ihm genug zu sein scheint. Man kann ebensogut das Spritzverfahren anwenden und entweder den Farbstoff oder die Eisensalzlösung spritzen und hierbei einen Spritzapparat, wie er bei Parfüms benutzt wird, verwenden oder die Spritzmaschine, deren Abbildung auf S. 103 gegeben wurde.

Man kann so verschiedenfarbige Wirkungen erzielen, indem man künstliche Farbstoffe, Teerfarbstoffe, anwendet und mit verschiedenen Farben, zwei, drei oder auch mehr sprenkelt.

Noch eine andere Marmorierung bringen die Buchbinder auf dem farbig gebundenen Buche hervor. Indessen wird auch sie heute schon von den Lederzurichtern gemacht. Die Haut, die verarbeitet werden soll, wird zuerst mit einer schwachen Lösung von Kartoffelmehl oder Stärke überstrichen, dann aufgetrocknet und auf ein schräges Brett gelegt. Von einem Bündelchen Zweige, das vorher in Wasser getaucht war, läßt man nun das Wasser auf das Leder herabträufeln. In schmalen Streifen rinnt es über das Leder hin, und beim Hinabfließen vereinigen sich die schmalen Streifen miteinander. Nun werden Lösungen von Eisensulfat (250 g auf 5 l Wasser) und von Kaliumtartrat (360 g auf 5 l

Wasser), die vorher zubereitet waren, in der oben beschriebenen Art über das Leder versprenkelt. Der Erfolg dieses Sprenkelns ist ein Effekt, der wohl Ähnlichkeit mit dem Bilde eines Baumes haben mag. Sobald die Eisenlösung auf das Leder durchgekommen ist, wird dieses gut mit Wasser gewaschen und ist fertig zum Zurichten.

Bronzierte Leder.

An Stelle einer glänzenden Oberfläche wird eine metallähnliche, bronzierte für einige Leder gemacht, besonders für solche, die zu Kinderschuhen, Damenabendschuhen verarbeitet werden sollen. Doch finden sie auch in anderen Phantasieartikeln Verwendung. Man bringt die Bronzewirkung hervor, indem man die natürliche Neigung zu bronzieren, die so viele basische Farbstoffe besitzen, noch verstärkt.

Um einen vollen Bronzeeffekt zu erzielen, muß man die Farbstoffe unbedingt in sehr konzentrierten Lösungen dem Leder geben. Man löst sie am besten dazu in Methylalkohol auf und arbeitet dann mit Bürste oder mit Schwamm, wie gewöhnlich beim Färben oder mit Spritzapparat.

Diejenigen Farbstoffe, die schon beim gewöhnlichen Färben, sei es im Bade oder mit der Bürste, die stärkste Neigung zum Bronzieren zeigen, sind natürlich die geeignetsten, um den Bronzeeffekt zu erzielen. Die landläufigsten von diesen sind Magenta und Safranin, die einen grünlichen Bronzeton geben. Durch Methylviolett bekommt man einen gelblichgrünen Glanz. Methylenblau gibt eine kupferfarbene Bronze und Bismarckbraun eine goldene.

Es empfiehlt sich, Leder, die bronziert werden sollen, zuerst mit einer sehr dunklen Farbe, gleichgültig ob durch Tauchen oder durch Bürsten, vorzufärben. Ein schwarzes oder sehr dunkelblaues Leder eignet sich am besten, um die Bronzewirkung darauf auszuarbeiten. Um die gewünschte Kräftigkeit der Bronze zu bekommen, muß man unbedingt sehr stark konzentrierte Farbstofflösungen anwenden. Die Bronze, die so auf der Bronzeoberfläche erzeugt wird, sitzt ihrer Natur nach außerordentlich locker darauf und wird sehr leicht abgerieben, wenn sie nicht irgendwie befestigt wird. Die Fixierung geschieht gewöhnlich durch Zugabe von Schellack zu der methylalkoholischen Lösung der Farbstoffe, oder durch Anwendung einer wasserdichten Appretur nach dem Bronzieren, wie beispielsweise eine Nitrozellulose- oder Schellackappretur.

Als Beispiele für die Bronzierung können folgende Vorschriften dienen:

Grüne Bronze:	Kupferbronze
340 g Magenta,	280 g Methylenblau,
85 g Safranin,	60 g Bismarckbraun,
60 g Roter Schellack,	280 g Schellack,
5 l Methylalkohol.	5 l Methylalkohol.

Man gibt die Mischung in eine Flasche und läßt diese unter zeitweiligem Umschütteln in einem warmen Raume stehen, bis sich alles vollständig gelöst hat.

Gold- und Silberleder.

Von Zeit zu Zeit werden Gold- und Silberleder für bestimmte Verwendungszwecke gefragt, wie Oberleder für Damengesellschaftsschuhe, theatralische Zwecke; eine beschränkte Anwendung finden sie auch bei der Herstellung von Galanteriewaren, für Ausstellungszwecke, in der Buchbinderei usw.

Für die höchstwertigen Gold- und Silberleder wird echtes Gold und Silber verwendet; Silber wird jedoch, da es weniger haltbar ist, besser durch Aluminium ersetzt. Für gewöhnlichere Ledersorten werden Bronzepulver benutzt. Das Leder, welches auf diese Weise zugerichtet wird, ist gewöhnlich hochwertige Ware, wie Glacékid für Schuhleder, ostindische Ziegen oder Schafe oder andere gute sumachgare Schafleder die billigeren Sorten.

Die Metalle werden als Blattgold, Blattsilber usw. verwendet, ähnlich wie es bei wertvollen Bauten und Ausstattungen geschieht. Das Leder wird im allgemeinen erst dunkel gefärbt, getrocknet und durch Stollen weich gemacht. Durch Spannen und Trocknen bei hoher Temperatur muß sorgfältig darauf hingearbeitet werden, die möglichst große Fläche aus dem Leder herauszuarbeiten. Gewöhnlich wird der Narben leicht abgezogen und dann das Metall mit weichen Kamelhaarbürsten aufgelegt in genau der gleichen Weise, wie es bei Bauten, Bilderrahmen usw. geschieht. Schließlich bekommt das Leder nach dem Trocknen eine durchsichtige Schellack- oder Zelluloseappretur.

Der Vorteil, welchen die Anwendung von Gold- und Aluminiumblatt (weniger Blattsilber) bieten, ist die Beständigkeit gegen Witterungs- und andere äußerliche Einflüsse, während die Verwendung der Bronzepulver bei den billigeren Sorten schon nach sehr kurzer Zeit eine beträchtliche Verfärbung mit sich bringt.

Anwendung von Bronzepulvern. Die Bronzepulver sind, wie oben gesagt, der billigere Ersatz für die echten Metalle. Für Silber wird Aluminiumpulver, für Gold werden die gewöhnlichen Goldbronzepulver genommen; diese letzten sind Kupferlegierungen. Da Kupfer, mit den Fetten in Berührung gebracht, gefärbte Verbindungen liefert und infolgedessen mehr oder minder stark anläuft, und da es mit den Gerbstoffen sich ebenfalls zu gefärbten Verbindungen umsetzt, so muß bei der Vorbereitung der Leder vor der Anwendung dieser Bronzepulver sorgfältig darauf geachtet werden, daß diese Übelstände nicht auftreten können. Das Leder soll durch Auswaschen völlig vom überschüssigen Gerbstoff befreit und durch das übliche Entfettungsverfahren mit Benzin o. ä. völlig entfettet werden. Weder ein fettes Öl noch ein Fett — Mineralöle sind also ausgenommen — darf zum Schmieren oder Fettlickern der Leder verwendet werden, und wenn man die Leder farbig grundieren will, so soll man die basischen Farbstoffe bevorzugen und keine Essigsäure oder andere Säuren anwenden. Man tut gut, wenn man die Leder nach dem Färben ebenfalls gründlich auswäscht, um jeden Überschuß von Farbstoff zu entfernen, und zwar viel gründlicher, als es gewöhnlich nach dem Färben geschieht.

Die Leder werden dann getrocknet, und das Bronzepulver mit einem Kollodiumfirnis aufgespritzt, indem man (s. S. 263) Zelluloidspäne im Amylazetat und Alkohol löst und in der Lösung die Pulver verrührt, so daß man eine zum Aufspritzen geeignete Mischung von guter Deckkraft bekommt.

Es ist ratsam, dann, nachdem man den Ledern eine gute Bronzedecke gegeben hat, sie bei verhältnismäßig hoher Temperatur vollkommen durchzutrocknen, um die letzten Reste des Zelluloselösungsmittels zu entfernen und dann die Haftung der Bronze am Leder dadurch noch zu verstärken, daß man ihnen noch einen farblosen Schellack- oder Zelluloseüberzug durch Spritzen gibt.

Der Zusatz von wasseranziehenden Mitteln, wie Glyzerin, zu der Schellack- oder Zelluloselösung ist zu unterlassen, und ebenso soll der übliche Zusatz von Rizinusöl, der zur Erhöhung der Geschmeidigkeit sonst gegeben wird, unterbleiben, besonders bei Anwendung der Goldbronze. Denn diese Zusätze würden in sehr kurzer Zeit die oben erwähnten Zersetzungen herbeiführen und aus der Goldbronze eine tief dunkelgrüne Farbe machen.

Dreißigster Abschnitt.

Sammetleder.

Sammetleder sind jetzt außerordentlich beliebt geworden und große Mengen davon werden in der Lederwarenindustrie, in der Buchbinderei und in der Bekleidungsindustrie verbraucht. Die Herstellung von Ledern mit einer sammetartig zugerichteten Oberfläche ist schon vor vielen Jahren in fabrikmäßigem Umfange betrieben worden. Das erste Leder dieser Art ist nach Ansicht des Verfassers von der Firma White Bros. in Philadelphia unter dem Namen Oozeleder vor etwa dreißig Jahren eingeführt worden. Es war ein auf der Fleischseite zugerichtetes Kalbleder.

Heute wird Leder sammetartig oder mit abgebuffter Oberfläche aus einer ganzen Reihe von Rohwaren hergestellt, wie beispielsweise: ostindische lohgare Schafe, australische Schafe, gewöhnlich auf der Fleischseite zugerichtet; Kalbfelle, im allgemeinen auf der Narbenseite zugerichtet; Ziegen, meist auf der Fleischseite, doch mitunter auch auf der Narbenseite zugerichtet; alaungare Schaffelle (Schweden), auf der Fleischseite zugerichtet; Mochaleder, auf der Narbenseite zugerichtet; chromgare Kid- und chromgare Kalbleder, auf der Fleischseite zugerichtet; chromgares Roßleder, auf der Narbenseite zugerichtet.

Zur Darstellung der Arbeitsweise dürfte es genügen, die Herstellung von ostindischen lohgaren Schaffellen für diese besondere Art der Zurichtung und diejenige von Kalbledern für die Zurichtung von der Narbenseite zu beschreiben.

Sammet-Schafleder.

Die ostindischen lohgaren Schafleder, sogenannte „Perser“, eignen sich infolge ihres von Natur dichten Fasergewebes und da sie frei von Schlächterschnitten und anderen Fehlern auf der Fleischseite sind, zu dieser Zurichtungsart besonders.

Die Felle werden zuerst sortiert nach Größe, Dichtigkeit der Faser und allgemeiner Belederung; Felle, welche nicht brauchbar sind, um auf der Narbenseite wie üblich zugerichtet zu werden, werden für die Zurichtung auf der Fleischseite genommen.

Nach dem Sortieren werden die Felle am besten zuerst gründlich in irgendeiner bequemen Art und Weise eingeweicht, dann auf der Maschine ausgestrichen und zum Trocknen gehängt. Die Notwendigkeit dieser Arbeitsgänge, des gründlichen Weichens, und Ausstreichens, ergibt sich aus der Tatsache, daß diese Felle gewöhnlich im Rücken gefaltet, mit der Fleischseite nach außen aus dem Ursprungslande eingeführt werden und daß sie natürlich in dieser Verfassung nicht ordentlich gebufft oder geschliffen werden können; sie müssen also erst durch das Ausstreichen glatt gemacht werden. Nun werden die Felle abgezogen oder geschliffen oder abgebufft, damit sie eine schöne sammetflorartige Beschaffenheit auf der Fleischseite bekommen.

Die Bedeutung dieser Arbeitsgänge und die Notwendigkeit, jeden einzelnen von ihnen möglichst peinlich und sorgfältig auszuführen, kann gar nicht stark genug betont werden. Denn man muß bedenken, daß in diesem Falle die Zurichtung v o r dem Färben erfolgt. Viele Hersteller begnügen sich damit, die Felle auf dem Dollierrad zu reinigen, sie dann zu färben und nun erst nach dem Färben abzubuffen. Nach des Verfassers Ansicht ist dieses Verfahren nicht angebracht; denn es ist kostspielig, was den Verbrauch an Farbstoff betrifft, und liefert nicht die möglich besten Ergebnisse.

Das Abbimsen vor dem Färben soll in zwei Arbeitsgängen erfolgen: das erste Mal soll mit einem mittelfeinen Schmirgel oder Karborundumpulver — entweder auf der Abbuffmaschine oder auf dem Dollierrad, wie Abb. 170 zeigt, — und dann zum zweiten Male mit einem ganz feinen Karborundumkorn auf dem Dollierrad (s. Abb. 167) gearbeitet werden.

Ist das Abschleifen gut ausgeführt und hat die Haut einen ganz feinen Flor bekommen, ohne daß zu tief eingeschnitten ist, so ist das Leder fertig zur Vorbereitung für das Färben.

Die Ausführung des Arbeitsganges ist in den verschiedenen Fabriken nicht einheitlich, sondern es gibt erhebliche Abweichungen. Man kann sagen, es ist üblich, den Ledern einen Teil des ursprünglichen Gerbstoffes durch eine Behandlung mit Borax zu entziehen; man kann auch gewöhnliche Waschsoda, kalzinierte Soda oder andere Mittel zum Abziehen (s. Abschnitt VIII) verwenden. Im allgemeinen ist es nicht ratsam, bei dieser Behandlung etwa so weit wie möglich zu gehen. Denn dadurch läuft man Gefahr, die Faser zu lockern und den Ledern, welche sammetartig aussehen sollen, ein krauses, wollähnliches Ansehen zu geben, was nicht erwünscht ist. Deshalb ist es im allgemeinen zu empfehlen, die Leder nur leicht abzuziehen und die Notwendigkeit einer Nachgerbung mit anderen pflanzlichen Gerbstoffen, wie z. B. Sumach, zu umgehen.

Die Leder werden nun gefärbt: das Färben geschieht am besten im Faß unter Verwendung von sauren Farbstoffen. In Fällen, in welchen der Farbstoff das Leder vollkommen durchdringen soll, ist es wesentlich darauf zu achten, daß der übliche Zusatz von Schwefelsäure zum Farbbad nicht vorher gegeben wird, ehe der Farbstoff schon vollkommen durchgedrungen ist. Dieser Zusatz, der gegeben wird, um die Farbe zu entwickeln, würde, wenn er vor dem völligen Durchdringen des Farbstoffes erfolgte, jedes weitere Eindringen verhindern.

Die Farbstoffmenge, welche bei diesen Ledern gebraucht wird, ist natürlich weit größer, als wenn die Leder einfach auf der glatten Narbenseite gefärbt werden. Es ist empfehlenswert, das Volumen der Farbstofflösung so klein wie möglich zu halten, um so die Leder in einem Farbbad von der größtmöglichen Konzentration zu färben, und ferner den größeren Teil des Farbstoffes schon beim Beginn des Färbens in das Faß zu geben.

Um dann die Farbe mit Schwefelsäure zu entwickeln, gibt man diesen Zusatz erst gegen das Ende der Färbung hin; wenn die Leder durchgefärbt sein sollen, erst — wie vorher ausgeführt — nachdem der Farbstoff durchgedrungen ist.

Zusätze zur Beförderung des Durchfärbens, wie essigsaures Ammonium, milchsaures Ammonium, chromsaures Kalium oder Titansalze werden am besten gemacht, indem man die gesamte notwendige Menge zur Farbstofflösung tut, ehe man diese zu den Fellen in das Faß gibt. Nachdem die Leder hinreichend satt gefärbt sind oder — gegebenenfalls — völlig durchgefärbt sind, ist es im allgemeinen zu empfehlen, besonders wenn auf die Weichheit Wert gelegt wird, einen Zusatz von Chromlösung zu machen, am besten in der Form von basischem Chromalaun (s. S. 133), und das Walken etwa eine halbe Stunde fortzusetzen, bevor man zum Fettlickern schreitet. Der Zusatz von Chromsalzen dieser Art ist auch dann zu empfehlen, wann auf die Reibechtheit der Färbung und eine gewisse Wasserfestigkeit Wert gelegt wird. Der Fettlicker, welcher sich am besten eignet, ist eines der vielen wasserlöslichen Öle. Die Menge soll so klein wie möglich sein und gerade eben hinreichen, um die gewünschte Weichheit hervorzubringen. Ein Überschuß von irgendwelchem Fett würde bei diesen Ledern einen unangenehmen fettigen Schein nach der Zurichtung verursachen. Nach Beendigung des Färbens und Fettlickerns werden die Felle in Wasser gespült, ausgestrichen und je nach Bedarf zum Trocknen gehängt oder gespannt.

Die Zurichtungsarbeiten an dem gefärbten Leder sind ungewöhnlich einfach, wenn vorher das Abschleifen oder Abbuffen und das Färben sorgfältig und gut ausgeführt worden war. Die Felle müssen dann nur noch weich gemacht und der Flor gehoben werden. Zu diesem Zwecke läßt man die Leder ganz leicht über ein feines Karborundumpapier auf der Abbuffmaschine oder auf dem Dollierrad gehen; vielleicht am besten wirkt ein besonderes Werkzeug, das für diesen Zweck gemacht ist. Es ist in Abb. 211 abgebildet und besteht in einem Karborundumstein von gewünschter Kornfeinheit, der in den Kopf der Stollmaschine eingesetzt wird. Die Leder werden hiermit gestollt, mit der Fleischseite nach oben; der Karborundumstein hebt den Flor nach Wunsch, und gleichzeitig arbeitet der Schlicker der Stollmaschine den Narben und das ganze Leder weich.

Man kann den Karborundumstein auch auf die andere Seite des Werkzeugs setzen; aber es ist im allgemeinen ratsam, ihn so, wie es

Abb. 211.

die Abbildung zeigt, nämlich oben zu haben, weil der Arbeiter dann das Leder mit der Fleischseite noch oben halten und den Fortgang und die Wirkung seiner Arbeit beobachten kann.

Eine Abart des Arbeitsganges ist die „Schwedische" Zurichtung oder das Abbuffen der Leder in feuchtem Zustande vor dem Färben. Es geschieht auf einem Karborundumrad (s. Abb. 170); die Felle sind dabei in satter welker Verfassung — etwa so wie sie zum Falzen kommen. Der beabsichtigte Zweck ist die Erzeugung eines sehr feinen Flors. Beim Abbuffen im trocknen Zustande besteht die Arbeit in einem Hochheben der Faser, während im feuchten Zustande ein Abschleifen stattfindet, indem die Faser durch die Reibung des feuchten Rades auf der feuchten Oberfläche abgemahlen wird. Die Arbeit ist mühselig und langsam im Vergleich zur Arbeit am trocknen Rade und sie ist daher auf höchstwertige Ware beschränkt, bei welcher die Kosten der Herstellung weniger ins Gewicht fallen.

Wenn durch Falzen das Leder in seiner Stärke verringert werden soll, so soll dieser Arbeitsvorgang einfach in einem „Schrubben" bestehen, weniger in einem Abschaben von Substanz. Will man dünne

Leder haben, so sucht man sie am besten gleich im rohen Zustande aus. Diese Notwendigkeit ergibt sich daraus, daß die Haut das feinste Gewebe an der Fleischseite hat, und daß das Gewebe um so gröber wird, je tiefer man beim Falzen geht. Bei der Verarbeitung dicknarbiger Leder wäre es wahrscheinlich die beste Arbeitsweise, den Ausgleich der Substanz durch Falzen von der Narbenseite zu bewirken; wenigstens in denjenigen Fällen, in denen die besonderen Anforderungen des Verbrauchers es zulassen. Einige Fabrikanten behandeln auch die Narbenseite, sei es vor oder nach dem Färben „schwedisch", um auf diese Weise einen ganz besonders hohen Grad von Weichheit beim fertigen Leder zu erzielen. Das Schleifen oder Abbuffen wird hierbei auf einem mäßig groben Karborundumstein ausgeführt.

Eine weitere Abweichung des Verfahrens besteht darin, das Fell feucht von der Fleischseite auf der Abbuffmaschine abzubuffen. Diese Arbeitsweise wird durch eine erst kürzlich eingeführte Verbesserung des Karborundumpapiers ermöglicht, welches neuerdings wasserfest hergestellt wird und infolgedessen nicht mehr durch den nassen Zustand des Felles beeinträchtigt wird.

Sammet-Kalbfelle.

Wenn man einen sehr feinen Sammetflor zu haben wünscht, werden die Kalbleder gewöhnlich auf der Narbenseite zugerichtet. Nachdem die Felle für ihren besonderen Verwendungszweck nach Größe und Dichtigkeit sortiert sind, werden sie gewöhnlich abgewelkt und durch Falzen ausgeglichen. Durch Walken mit einem schwachen Abziehmittel, wie z. B. Borax, werden sie vorbereitet, gewaschen und meist mit Sumach leicht nachgegerbt, um einen möglichst hellen Untergrund für die nachfolgende Färbung zu bekommen.

Nach der Nachgerbung werden die Felle aus dem Faß genommen, gespült, ausgereckt, abgewelkt und mehrmals ausgestoßen. Hierauf werden sie nach dem letzten Stoßen auf Spannrahmen genagelt und getrocknet, und sind, nachdem sie leicht gestollt sind, fertig zum Abbuffen. Dieses erfordert einen ungewöhnlich hohen Grad von Geschicklichkeit. Die Arbeit wird an einer der in den Abb. 171 und 172 dargestellten Maschinen ausgeführt, und zwar zweimal nacheinander, das erstemal auf einem mittelfeinen Karborundum, von etwa Korngröße 150, das letztemal mit ganz feinem Karborundumpapier von einer Korngröße etwa 220. Es muß bei der Ausführung dieser Arbeit die allergrößte Sorgfalt beobachtet werden, und wenn sie nicht ganz ausgezeichnet gemacht wird, so wird das Ergebnis der Zurichtung ernstlich gefährdet.

Es sei hier noch einmal darauf hingewiesen, daß bei dem Reinigen und Klarmachen der sonst übliche Gebrauch der Schwefelsäure unterbleiben muß, weil sie der Durchdringung des Farbstoffes durch das Leder entgegenwirkt.

Nach dem Abbuffen sind die Leder fertig, um gefärbt zu werden. Man färbt die Sammetkalbfelle am besten im Faß. Ist die Gerbung milde und weich, so kann man am besten das Fettlickern ganz fortlassen; wenn man aber einen Fettlicker gibt, so beschränke man ihn auf die geringste mögliche Menge und wähle vorzugsweise lösliche Mineralöle. Nach dem Färben werden die Leder wie gewöhnlich gewaschen und getrocknet. indem sie aufgehängt oder gespannt werden.

Nach dem Trocknen bekommen die Leder die endgültige Zurichtung durch Bimsen nach schwedischer Art auf der Stollmaschine mit dem Karborundumeinsatz, wie vorher beschrieben, oder der Flor auf der Narbenfläche wird durch Schlichten (s. Abschnitt XXIV) gehoben, wobei man einen sehr scharfen Schlichtmond anwendet.

Man kann den Flor auch nach folgendem Verfahren heben: Die Felle werden auf den Schlichtpfahl gebracht und mit einem Karborundumschrubber bearbeitet oder mit einem Holzschrubber, den man mit Karborundum überzieht. In einigen Fabriken werden die Leder auf dem Tisch zugerichtet; sie werden auf eine dicke Filzunterlage gelegt und sorgfältig von sehr geübter Hand mit einem flachen Holz abgerieben, welches mit einem Karborundumpapier von Korn 220 überzogen ist.

Einunddreißigster Abschnitt.

Farbstoffvergleichung und Farbstoffprüfung.

Es ist unbedingt zu empfehlen, jede Farbstofflieferung daraufhin zu prüfen, ob der Farbstoff, den man bekommt, wirklich rein ist, oder wie weit er rein ist, und ob er die ihm zukommende Farbkraft hat. Ebenso soll man sich vergewissern, ob der für den bestimmten Zweck genommene Farbstoff wirklich der wirtschaftlichste ist, was durchaus nicht heißen muß, daß er der im Preise niedrigste ist.

Beim Einkauf der Farbstoffe ist oft eine ganz beträchtliche Ersparnis möglich; wer die Tätigkeit der Fabriken auch auf diesem Gebiete zu beobachten Gelegenheit gehabt hat, der wird finden, daß diese Möglichkeit sehr oft nicht beachtet wird. Man kann oftmals finden, daß Lederfabrikanten oder Färber Farbstoffe benutzen, die 12—15 Mark pro kg kosten, obgleich sie andere Farbstoffe an deren Stelle verwenden könnten, die dem gewünschten Zweck vollkommen gleichwertig dienen würden, und die vielleicht nur 2,50—3 Mark kosten. Es ist sicherlich etwas überraschend, daß in unseren Tagen, wo der Verdienst so eng begrenzt wird, in den Fabriken so wenig Aufmerksamkeit auf die benutzten Farbstoffe, ihre Qualität und Konzentration und ihren Preis verwendet wird. In vielen Fabriken werden durch die Untüchtigkeit des Färbers oder durch Unterlassen der Farbstoffprüfung jährlich nicht nur Tausende, sondern Zehntausende von Mark vergeudet.

Durch sachgemäßes Mischen verschiedener Farbstoffe kann, wie im Abschnitt VIII, Farben und Farbenmischen, auseinandergesetzt wurde, praktisch jeder denkbare Farbton gewonnen werden, ohne daß die Anzahl der Grundfarbstoffe, die dazu notwendig sind, viel mehr als ein halbes Dutzend zu betragen braucht.

Wenn ein Farbstoff, welcher von irgendeiner Fabrik geliefert wird, 1,25 Mark pro kg kostet, so folgt, wie schon oben erwähnt wurde, daraus noch nicht, daß es billiger sein muß, als die Marke derselben Nuance einer anderen Fabrik, die 2 Mark pro kg kostet. In diesen Zeiten grimmigster Konkurrenz von seiten der Anilinfarbstoffabriken gibt es manch eine, die dazu bereit ist, den Preis der Farbstoffe den praktischen Anforderungen anzupassen und herabzusetzen; aber um es tun zu können, versetzt sie den Farbstoff entsprechend reichlich mit Dextrin, Salz oder Glaubersalz. Man kann in der Praxis Fälle erleben, wo der Preis um die Hälfte herabgesetzt wird, aber der Farbstoff dafür ebenfalls um die Hälfte verringert wird. Die Menge färbender Substanz in einem Muster Farbstoff kann nicht einfach nach dem Gewicht angenommen werden. Es folgt daraus ganz deutlich von selbst, daß jede Sendung Farbstoff untersucht und die darin enthaltene Menge färbender Substanz festgestellt werden muß. Es ist gar nicht daran zu zweifeln, daß, wenn die Untersuchung der Farbstoffe allgemein anerkannte Praxis wäre, die Lieferung der Farbstoffe an die Lederfärbereien gleichmäßiger sein würde, und daß die Zusätze von fremden Beimischungen wie Dextrin, Glaubersalz, Kochsalz usw. nicht nötig wären und bis zu einem ganz außerordentlich erheblichen Grade unterlassen würden.

Um das praktische Färbevermögen oder die Farbkraft eines bestimmten Farbstoffes zu prüfen, werden gleiche Gewichtsmengen von dem zu färbenden Gut oder bei Leder der Fläche nach gleiche große Stücke mit den einzelnen Farbstoffen so gefärbt, daß man zum Farbbad Farbstoffmengen nimmt, die gleichviel kosten. Das Muster, das die beste Färbung und die tiefste Nuance gibt, stellt natürlicherweise den billigsten Farbstoff dar, gleichgültig, wie hoch der tatsächliche Preis sein mag.

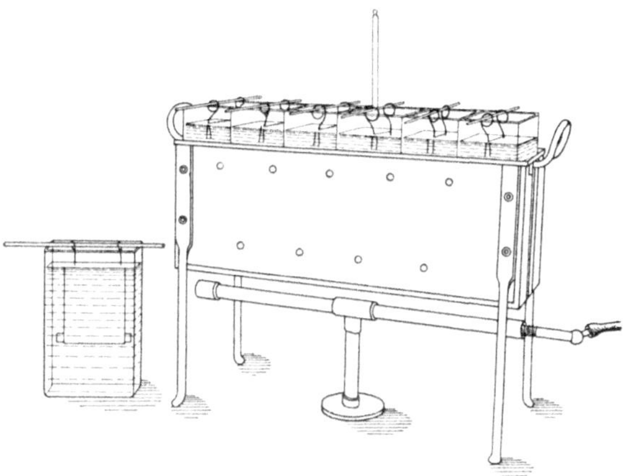

Abb. 212.

Um vergleichende Ausfärbungen auf Leder vornehmen zu können, sind einige passende Apparate nötig. Unabhängig von der Einrichtung und Konstruktion muß ein solcher Apparat die Bedingungen erfüllen, beispielsweise sechs Stücke von gleicher Fläche womöglich gleichzeitig, unbedingt aber bei gleicher Temperatur und mit gleichen Flüssigkeitsmengen im Farbbad färben zu lassen.

Der Apparat, der in Abb. 212 abgebildet ist, ist nach den Angaben von Professor Hummel gemacht und eignet sich sehr gut zu diesen vergleichenden Ausfärbungen. Er besteht aus sechs Standgefäßen — wie sie bei den elektrischen Batterien gebraucht werden — die ungefähr 5 × 10 cm Querschnitt und etwa 16 cm Tiefe haben, und nebeneinander in einen kupfernen rechteckigen Kessel eingesetzt sind. Sollen beispielsweise sechs Muster eines Farbstoffes verglichen werden, so werden sechs Stücke eines sumachgaren Schaffelles sorgfältig zugeschnitten, daß sie möglichst gleich untereinander etwa 8 cm × 20 cm groß sind. Sie werden mit den Buchstaben oder Zahlen, wie die Muster bezeichnet waren, gestempelt und zum Färben vorbereitet, indem sie etwa eine Viertelstunde bei einer Temperatur von 45^{0} bis 50^{0} C in Wasser geweicht werden. Das Weichen läßt sich sehr bequem in einem emaillierten Blechtopf vornehmen.

Nach dem Weichen werden die Leder auf einer glatten Glasplatte mit einem Gummischlicker ausgestrichen; in jede Ecke eines jeden Lederstückes wird ein Loch gestoßen, und jedes Stück wird für sich, die gegenüberliegenden schmalen Seiten aufeinander und die Narbenseite nach außen, zusammengefaltet. Kleine Haken aus Aluminium- oder Kupferdraht werden so geformt, daß man die Leder daran aufhängen kann, und durch die Ecklöcher der Leder gezogen. Ein Glasstab, der die Seitenwände des Standgefäßes überragt und daher darauf liegt, trägt mit den Haken jedes Stück Leder in seinem Gefäße. Ein kürzerer runder Glasstab wird in die Falte bei jedem Leder hineingelegt, um durch sein Gewicht das Leder gleichmäßig gestreckt und vollständig eingetaucht zu halten. In der Abb. 212 ist ein einzelnes solches Standgefäß mit dem darin hängenden Leder gegeben. Die Art, wie die Leder mit den Haken befestigt sind und die beiden runden Glasstäbe sind deutlich darauf zu erkennen. Die sechs Gefäße werden so, wie es eben beschrieben wurde, beschickt und nebeneinander in den kupfernen Behälter gesetzt. Dieser Behälter muß so groß sein, daß er die Gefäße bequem aufnehmen kann, und daß außerdem ringsherum und zwischen den einzelnen Gefäßen Wasser frei zirkulieren kann. Ein Thermometer wird in der Mitte der einen Längsseite befestigt und ein Gasbrenner untergesetzt.

Nun werden dem Geldwert nach gleiche Mengen, deren größte dem Gewicht nach aber nicht mehr als 0,2 g betragen soll, von diesen sechs zur Untersuchung bestimmten Farbstoffen sorgfältig auf einer genauen chemischen Wage in Porzellanschälchen abgewogen. Die sechs Porzellanschälchen müssen durch Buchstaben oder andere Zeichen, wie Zahlen, untereinander erkenntlich sein, und die Zeichen denjenigen der Farbstoffmuster entsprechen. Um den Farbstoff zu lösen, werden die Schälchen mit kochendem Wasser gefüllt. Ist die Lösung vollständig erfolgt, so wird der Inhalt der Schälchen in die entsprechenden gläsernen Standgefäße übergefüllt. Die Standgefäße werden nun in den kupfernen Behälter gesetzt und mit reinem Wasser aufgefüllt. Die Mengen der Farbstofflösungen werden auf diese Weise vollkommen untereinander gleich. Jetzt werden die Lederstücke eingehängt, und die Temperatur wird auf 45°—50° C gebracht und für eine Stunde so gehalten. Während dieser Zeit, besonders während der ersten Viertel-

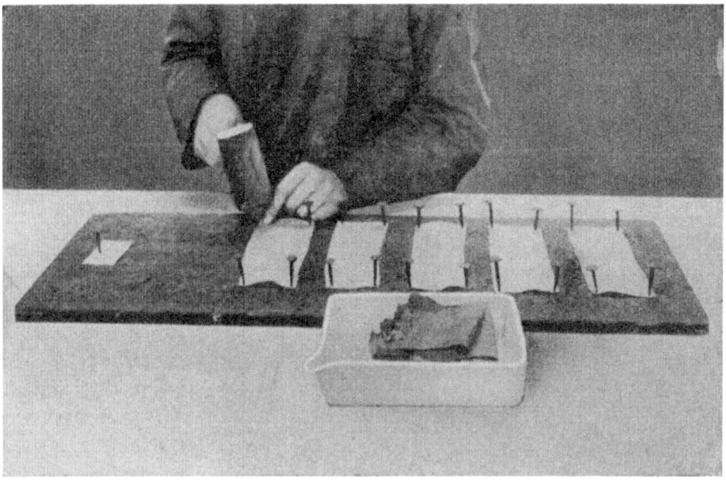

Abb. 213.

stunde, müssen die Lederstückchen ab und zu bewegt werden. Nach Verlauf einer Stunde werden die Leder aus den Gefäßen herausgenom-

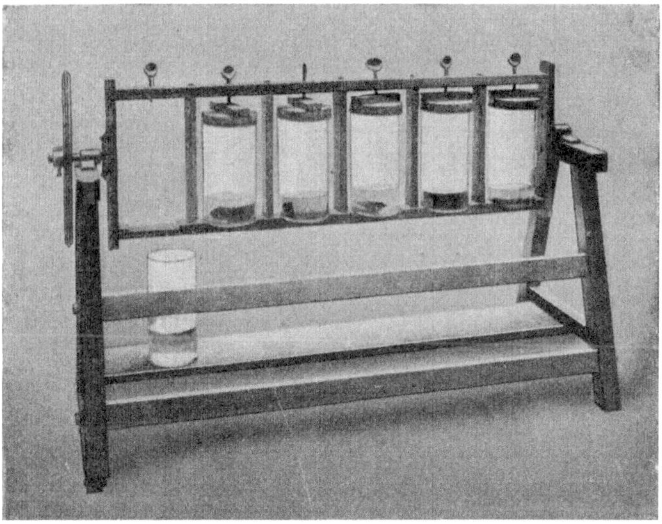

Abb. 214.

men, in warmem Wasser gewaschen und sorgfältig sowohl auf der Fleisch- wie auf der Narbenseite ausgestrichen. Dann werden sie jedes

Stück mit vier Nägeln an den Ecken auf einem Brett aufgespannt, wie es die Abb. 213 zeigt, und in einem Raum, dessen Temperatur 20° C nicht übersteigen soll, sorgfältig getrocknet. Es ist klar, daß das Muster, das nach dem Trocknen die vollste Nuance gibt, unabhängig vom Preise der wirtschaftlichste und billigste Farbstoff ist. Handelt es sich um die Prüfung saurer Farbstoffe, so ist ein Zusatz von 5 ccm einer 5 proz. Schwefelsäure zu jedem Farbbade notwendig.

Ein anderer Versuchsapparat ist auf der Abb. 214 ersichtlich. Er hat als Behälter nicht die vorher verwendeten Standgefäße einer Batterie, sondern zylindrische Gläser, wie sie z. B. allgemein zum Aufbewahren von Zuckerwaren benutzt werden, die ungefähr 20—25 cm hoch sind und einen Durchmesser von 10 bis 15 cm haben. Ein solches Gefäß ist in der Abbildung für sich, abgenommen, gegeben. In diese Gefäße kommt nun die Farbstofflösung; sie werden mit einem hölzernen Deckel und einer zwischen Glas und Holz eingelegten Gummischeibe geschlossen und in einem rechtwinkligen Rahmen, wie ihn Abb. 214 zeigt, festgeschraubt. Die Gefäße stehen auf dem einen Balken, und die Schrauben, die durch den anderen gehen, werden fest auf die Deckel der Gefäße angezogen. Die Zylinder stehen so vollkommen fest, und die darin befindlichen Leder sind, wenn das Rahmenwerk nun in Umdrehung versetzt wird, ständig in Bewegung. Durch die Anziehung der Schrauben sind die Gefäße dicht geschlossen, so daß die Flüssigkeit nicht austreten kann.

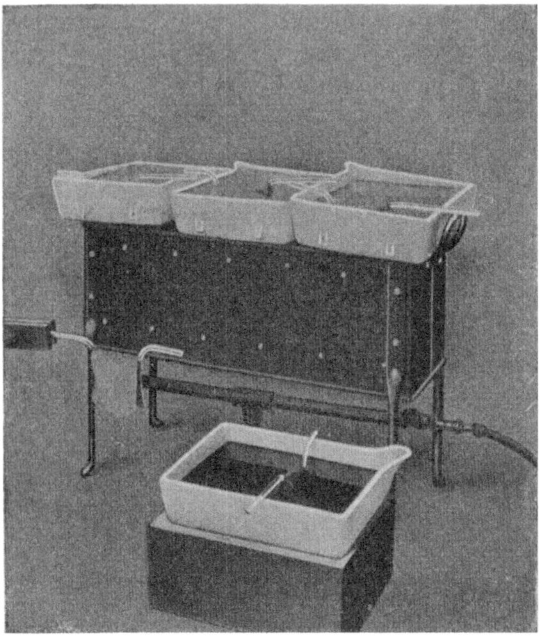

Abb. 215.

Die Abb. 215 zeigt eine andere Arbeitsweise, um vergleichende Ausfärbungen auf Lederstückchen zu machen. Die Farbstofflösung kommt hier in eine gewöhnliche photographische Entwicklerschale. Schale und Inhalt werden während des Färbeprozesses auf der nötigen Temperatur gehalten, indem man sie auf ein Wasserbad setzt. Das Lederstückchen liegt über einem gebogenen Glasstab, wie er unten auf der Abbildung erkenntlich ist, und die Bewegung während des Färbens erfolgt, indem man den Glasstab hin- und herschiebt.

Die Abb. 216 und 217 zeigen noch andere Konstruktionen von Apparaten, die zu vergleichenden Färbeversuchen dienen. Der Proktersche Apparat, Abb. 216, wird auch zur Analyse von Gerbmaterialien benutzt. Er besteht aus einem Kasten, der eine Anzahl von Abteilungen enthält. Jede Abteilung ist mit dickem Filz ausgelegt und groß genug, um eine Flasche von geeigneter Größe aufzunehmen. Der Kasten rotiert um eine horizontale Achse. Zum Färbeversuch kommt das Leder mit der nötigen Menge Wasser von der nötigen Temperatur zusammen mit der Farbstofflösung in die Flasche, die mit einem Gummistopfen verschlossen und in den Kasten eingesetzt wird. Die Flaschen,

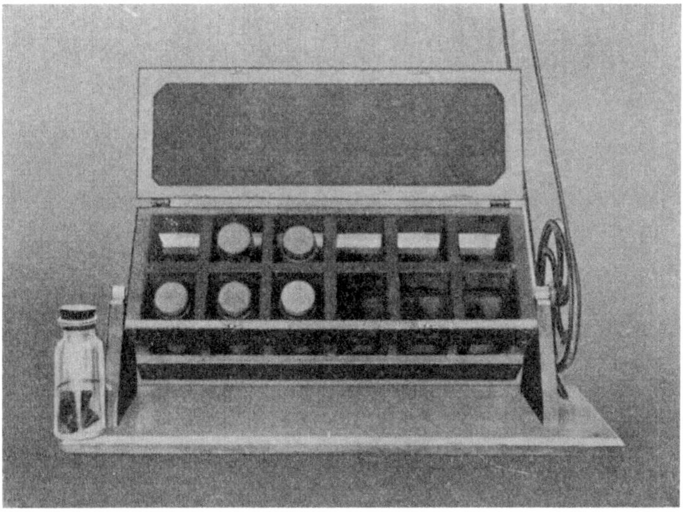

Abb. 216.

ob nun eine oder mehrere, werden an ihrem Platz festgehalten, wenn man den Deckel des Kastens schließt. Der Kasten wird entweder mit Handbetrieb oder — wie in der Abbildung — mit Kraftantrieb gedreht.

Abb. 217 zeigt den Lambschen Apparat. Er hat sechs Arme an einer zentralen Achse. Jeder Arm hat einen Halsring, der ein kleines Stück herauf- und hinuntergeschoben werden kann und durch eine Feder in seiner Lage festgehalten wird. Die Flaschenhälse, die abgerundet sein sollen — siehe in der Abbildung die zwei einzelnen Flaschen — werden in diesen Ringen befestigt und mit Gummistopfen verschlossen. Die Farbstofflösungen mit den Ledern werden hineingetan, die Flaschen fest in die Federn eingesetzt und der Apparat mit der Hand oder mit Kraftantrieb gedreht. Man erhält so eine starke Walkwirkung. Der Apparat hat sich bei Färbeversuchen bewährt und hat den Vorteil, sehr wenig Raum zu beanspruchen.

Mit einem der beschriebenen Apparate kann der Färber Versuche über die Wirkung verschiedener Zusätze zum Farbbade machen; er kann den Einfluß verschiedenartiger Vorbehandlung feststellen, und er

Abb. 218.

Abb. 217.

kann die Mischungen der Farbstoffe ermitteln. Er kann Farbentöne und Mischungen von Tönen in kleinem Maßstabe ausarbeiten und die genauen Farbstoffmengen berechnen, welche er nötig hat, um im großen dann denjenigen Farbton sicher zu treffen, den er zu haben wünscht.

Um einen Färbeversuch an einem oder zwei Fellen vornehmen zu können, bedient man sich mit Vorteil des kleinen Walkfasses, das in Abb. 218 abgebildet ist. Die Maschine walkt sehr wirksam, um Färbungen in kleinem Maßstabe zu versuchen.

Die Prüfung der Farbstoffe schließt auch die Prüfung auf Lichtechtheit der Färbungen in sich. Um sie vorzunehmen, setzt man das gefärbte und getrocknete Muster zugleich mit einem Vergleichsmuster, von dem bekannt ist, welche Zeit es nötig hat, um die Farbe zu verlieren (siehe Anhang B) der unmittelbaren Einwirkung des Sonnenlichtes aus. Man hält dabei aber die eine Hälfte des Musters sorgsam bedeckt, so daß nur die andere vom Licht getroffen wird, und prüft ziemlich häufig den Fortschritt des Verblassens.

Prüfung der Farbstoffe auf Lichtechtheit.

Die Lichtechtheit der Farbstoffe auf Leder gewinnt um so mehr an Bedeutung, je mehr Leder in der Bekleidungsindustrie verwendet wird, wo die Lichtechtheit von ausschlaggebender Wichtigkeit ist.

Die Ledermuster, welche bei der vorher beschriebenen Prüfung der Farbstoffe auf Färbevermögen gewonnen werden, sind auch sehr brauchbar, um die Lichtechtheit vergleichsweise festzustellen, indem man sie der unmittelbaren Einwirkung des Sonnenlichtes aussetzt. Man verfährt dabei gewöhnlich so, daß man einen Teil des Musters sorgfältig mit einem dichten undurchsichtigen Stoff abdeckt, den anderen Teil frei läßt und über das Ganze eine Glasscheibe legt. Am besten stellt man die zu prüfenden Stücke mit der Stirn nach Norden. Durch Vergleich und entsprechende Aufzeichnungen des Befundes stellt man den Fortschritt des Verblassens fest.

Da die Stärke und Wirksamkeit des Lichtes während der verschiedenen Jahreszeiten ganz erheblich verschieden ist, so kann man nicht ohne weiteres Muster, welche beispielsweise im Dezember geprüft wurden, mit denen vergleichen, welche im Juni zur Prüfung der Sonne ausgesetzt waren. Um diesen Vergleich aber dennoch zu ermöglichen, nimmt man Leder, welches mit einem sehr lichtunechten Farbstoff gefärbt wurde, als Gegenmuster und mißt die Lichtwirkung bzw. die Farbechtheit an dem Vielfachen der Zeit, welche nötig ist, um dieses bekannt lichtunechte Gegenmuster völlig ausblassen zu lassen.

Um die Proben auszuführen, kann man recht gut, wenn es sich um eine nur geringe Anzahl von Mustern handelt, die gewöhnlichen photographischen Kopierrahmen mit eingelegter Glasplatte verwenden. Die Prüfung der Farbstoffe auf diese Weise durch Aussetzen gegen das Sonnenlicht ist natürlich lästig und ungewiß und sie erfordert zudem eine beträchtliche Zeit, um die gewünschte Erkenntnis zu bringen.

Um daher schnell die relative Lichtbeständigkeit gefärbter Werkstoffe feststellen zu können, sind Apparate gebaut worden, bei denen die Lichtquelle besonders reich an ultravioletten Strahlen ist, so daß also das Licht, welches auf die Muster wirkt, praktisch einem sehr grellen Sonnenlicht gleichkommt. Die Bleiche geschieht unter genau festgelegten Bedingungen und kann in wenigen Stunden ein Ergebnis liefern, zu dessen Erreichung bei gewöhnlichem Tageslicht Wochen und Monate erforderlich wären.

Zweiunddreißigster Abschnitt.

Färben mineralgarer Leder.

Alaungares Leder. Chromgares Leder.

Das Färben der mineralgaren Leder — alaungarer sowohl wie chromgarer — ist ganz im Gegensatz zu dem, was man theoretisch annehmen könnte, durchaus nicht leicht gut auszuführen. Keins von den beiden Ledern hat eine sonderliche Neigung, die Teerfarbstoffe anzunehmen. Es ist daher von Wesenheit — wie schon oben gelegentlich ausgeführt worden ist —, daß sie eine Vorfärbung oder auch Beize mit einem natürlichen Holzfarbstoff oder einem Gerbstoff bekommen, bevor man ihnen den Teerfarbstoff gibt, sei dieser nun ein saurer, ein basischer oder ein substantiver Farbstoff.

Bei der Anwendung der Farbstoffe auf Alaunleder und dem Färben von Chromleder liegt das Gemeinsame vor, daß in beiden Fällen das Gerbmittel als Beize für den Holzfarbstoff oder für den Gerbstoff wirkt. Daher behandelt man diese Leder zuerst mit einem natürlichen Farbstoff oder mit einem Gerbstoff und vervollständigt die Färbung durch „Decken“ oder Nachfärben mit einer geeigneten Lösung eines Teerfarbstoffes. Der Hauptunterschied bei der Anwendung der Teerfarbstoffe auf diese beiden Arten von Leder ist der, daß beim Alaunleder das Gerbmittel löslich ist und daher leicht bei den vorbereitenden Arbeiten und beim Färben selbst teilweise entfernt wird, während die Chromverbindung im chromgaren Leder unlöslich ist und das Leder daher bei dem wiederholten Waschen nicht beeinträchtigt wird.

Vorbehandlung und Färben von alaungarem Leder.

Felle, welche durch Behandlung mit einer Mischung von Alaun oder Aluminiumsulfat, Salz, Mehl und Eigelb — diese Behandlung heißt eigentlich „Weißgerben“ — in Leder verwandelt sind, werden gewöhnlich für einige Zeit in noch nicht zugerichtetem Zustande, „in der Borke“, lagern gelassen. Dieses Lagern oder, wie es zutreffend genannt wird, „Altern“ oder „Reifen“, hat die Wirkung, daß die Alaunverbindungen weniger löslich werden und sich daher nicht mehr so leicht bei den nassen Vorbereitungsarbeiten und beim Färben entfernen lassen. Je nach der Zeit dieser Lagerung werden die Felle die Feuchtigkeit leicht oder schwer wieder aufnehmen und werden entweder dabei an Substanz oder an Gerbmittel verlieren, so daß sie nach dem Färben schließlich entweder weich oder hart auftrocknen werden.

Es ergibt sich hieraus, daß das Weichen ein außerordentlich wichtiger Arbeitsgang ist. Man führt es am besten im Walkfaß aus und nimmt so wenig wie möglich Wasser dazu, so daß es eben dazu ausreicht, die Felle wieder ordentlich feucht zu machen. Man vermeidet auf diese Weise, daß der Verlust an lederbildenden Stoffen zu groß wird, und erreicht durch die Walkwirkung doch mit Leichtigkeit, daß die Felle die Feuchtigkeit ordentlich aufnehmen. Die Kastenform oder die winkligen Fässer werden ihrer kräftigeren Wirkung halber häufig zu diesem Arbeitsgang verwendet. Das Walken soll mit Wasser von einer Temperatur von 40° C beginnen und so lange fortgesetzt werden, bis die Felle durch und durch feucht sind. Als ein Zeichen dafür, daß dieser Zweck genügend erreicht ist, kann gelten, daß die Felle keine winzigen weißen Flecke mehr haben. Diese Flecke kommen von der Stärke des Mehls her, das beim Gerben verwendet wurde, und diese Stärkekörnchen lassen sich nur schwer anfeuchten. Wenn also die Durchfeuchtung nicht vollkommen war, wird das nachfolgende Färben nicht gleichmäßig ausfallen.

Aus diesem Grunde ist es vorteilhaft, ein diastatisches Ferment in kleinen Mengen anzuwenden. Malzdiastase besitzt die Eigenschaft, Stärke augenblicklich in Zucker zu verwandeln, und daher wird das oben erörterte Durchfeuchten der Stärkekörnchen zu einer Behandlung von wenigen Minuten, wenn man sie hinzusetzt. Die benötigte Menge ist sehr klein. 1 vH des Trockengewichts vom Leder ist im allgemeinen genug und beinahe schon zu viel. Man gibt diese Menge in das Weichwasser und wird gewöhnlich bestätigt finden, daß die Felle nach etwa einer halben Stunde vollauf befriedigend erweicht sind.

Die von den verschiedenen Fabriken angewendeten Färbeverfahren weichen beträchtlich voneinander ab. Die Wahl der Arbeitsweise ist natürlich von den Anforderungen abhängig, die an das fertige Leder gestellt werden, ob beispielsweise die Fleischseite ungefärbt bleiben und die Narbenseite zugerichtet werden soll, oder ob das Leder auf der Fleischseite, z. B. als Schweden, zugerichtet werden soll.

Wenn die Leder beim Zurichten eine weiße Fleischseite behalten sollen, so muß man zum Färben das Verfahren mit der Bürste wählen, und in der Tat ist dieses das einzige werkmäßig angewendete Verfahren bei Leder, welche in Modefarben für die Herstellung feiner Damenhandschuhe gefärbt werden sollen. Bei diesem Verfahren ist es wesentlich, daß die Felle nach dem Wiederweichen, dem sogenannten Broschieren, in Wasser gespült werden, um die überflüssigen löslichen Salze zu entfernen, und dann wieder mit Eigelb behandelt werden, um den Ledern die erforderliche Weichheit zu geben. Diese Nachbehandlung mit Eigelb geschieht also vor dem Färben und ist nicht eine Nachbehandlung wie bei den Verfahren, bei welchen die Leder in die Farbflotte gelegt werden, sei es Tunken oder Walken. Das Eigelb wird im Faß gegeben. Die Leder werden etwa eine Stunde mit einer kurz gehaltenen Eigelbemulsion — 3 bis 6 vH des Ledergewichts — gewalkt, dann zum Abtropfen über den Bock geschlagen und sind nun fertig zum Färben.

Färben mit der Bürste.

Die Felle werden einzeln nach folgender Arbeitsweise gefärbt. Der Arbeitstisch ist eine leicht gewölbte und gewöhnlich mit Zink belegte Platte, welche am Rande ringsherum einen kleinen Abflußkanal für die überschüssige Farbstofflösung hat. Auf dieser Platte werden die

Felle zuerst glatt gestrichen; dann wird die Beize, der Farbstoff usw. mit einer weichen Bürste aufgetragen, wobei man mit dem Bürsten in der Mitte beginnt und von dort nach dem Rande hin arbeitet. Um die Haftung von Farbstoff und Leder zu erhöhen, ist es allgemein üblich, die Leder zuerst mit einem leicht alkalischen Mittel zu bürsten, und hierzu ist eine verdünnte Lösung von Ammoniak, Hirschhornsalz oder Ammoniumphosphat wohl am gebräuchlichsten. Früher nahm man allgemein alten, also alkalisch gewordenen Urin hierzu, und noch heute wird er gelegentlich verwendet. Unmittelbar nach dieser Beize wird die Farbstofflösung aufgetragen. Der Farbstoff ist gewöhnlich eine Abkochung eines natürlichen Farbholzes, deren Konzentration naturgemäß von der Art und Tiefe des gewünschten Farbtones abhängt und von 0,25 bis 5 vH eines Farbholzauszuges schwankt. Für manche Farbtöne ist es notwendig, unmittelbar nach dem Bürsten mit dem Holzfarbstoff noch eine Beize mit einer Metallsalzlösung nachzubürsten.

Die üblichsten, bei diesem Verfahren werkmäßig verwendeten Holzfarbstoffe sind Rotholz, Gelbholz, Blauholz, Goldweide, Erlenrinde u. a. Von den Metallsalzen, die als Beize genommen werden, sind Titan-, Eisen-, Kupfer- und Chromsalze die gebräuchlichsten.

Um den Farbton abzustufen oder auch glänzender zu machen, zu schönen, wird oft ein geringer Zusatz eines basischen Teerfarbstoffes zu der Lösung der Metallbeize gegeben. Um das Schäumen beim Bürsten zu vermeiden, ist häufig ein kleiner Zusatz von Methylalkohol anzuraten, der gleichzeitig verhindert, daß das Eigelb aus dem Leder herausgewaschen wird.

Von äußerster Wichtigkeit ist es, daß beim Färben von alaungarem Leder, welches als Handschuhleder Verwendung finden soll, diejenigen natürlichen Farbstoffe nicht genommen werden, welche einen hohen Gerbstoffgehalt haben. Die Wirkung einer solchen Holzfarbstoffabkochung würde eine erhebliche Herabsetzung der Zügigkeit des Leders sein, da sie das Leder zusammenzieht.

Der Farbton, welcher auf alaungarem Leder von allen am schwersten wirklich befriedigend herzustellen ist, ist das Schwarz. Die schwarzen Färbungen sind gewöhnlich ungenau in dem Farbton und beeinträchtigen die Zügigkeit, so daß die Leder oft dazu neigen, hart zu werden. Diese Schwierigkeiten sind nicht unüberwindbar und können vermieden werden, wenn man die verschiedenen benötigten Werkstoffe sinnvoll anwendet.

Die Schwarzfärberei geschieht im allgemeinen folgendermaßen: Nach der Beize mit einer schwachen Lösung von Ammoniak folgt das Bürsten mit Blauholzextrakt, welcher in Form von Hämatinkristallen verwendet wird, und dann gibt man die Eisenbeize. Nimmt man auch nur von einem dieser drei Werkstoffe zu viel, so bekommt man ein blechiges und durchaus nicht zügiges Leder. Vom Ammoniak soll man nicht mehr nehmen als eine Lösung von 0,1 vH und diese soll unmittelbar beim Gebrauch zu der Blauholzabkochung gegeben werden. Die Blauholzlösung soll im allgemeinen nicht stärker sein als 2 vH. Die Tiefe des schwarzen Farbtones wird verstärkt durch Zugabe geringer Mengen — etwa 0,5 vH — von Gelbholzextrakt. Als Metallbeize ist eine Mischung von Eisen- und Kupfersalz zu empfehlen, und zwar eine Lösung von salpetersaurem Eisen in einer Stärke von 1—2 vH zusammen mit einer Lösung von essigsaurem Kupfer von 0,25 vH. Die Leder werden mit der Eisen-Kupfersalzlösung gebürstet und, Narben auf Narben, etwa eine Stunde über den Bock gelegt, um Zeit zu geben, daß die notwendige Oxydation erfolgen kann. Dann sollen sie noch einmal mit Wasser gebürstet werden, um jeden Überschuß an den Metallsalzen zu beseitigen und, solange sie noch naß sind, eine leichte Appretur mit einer etwa 5—10 vH enthaltenden Eigelblösung bekommen, welch letzter man noch einen geringen Zusatz von sulfuriertem Rizinusöl oder Olivenöl geben kann, um die schwarze Farbe noch zu vertiefen.

Eine andere Arbeitsweise, um auf diese Art Leder schwarz mit der Bürste zu färben, ist folgende: Die Leder werden mit einer schwachen Lösung von Hämatinkristallen — etwa 2 vH —, welche durch Zusatz von Spuren von Ammoniak ganz leicht alkalisch gemacht ist, gebürstet und dann nach einiger Zeit — etwa nach einer Stunde — mit einer 1 vH enthaltenden Lösung eines geeigneten basischen schwarzen Teerfarbstoffes nachgefärbt, zu welcher man mit Vorteil einen geringen Zusatz einer Lösung von essigsaurem Kupfer — etwa 30 g auf 5 l — gibt. Der Zusatz des Kupfersalzes hat die Wirkung, die Färbung lichtechter zu machen.

Färben im Faß.

Auch bei den alaungaren Ledern verdrängt das Verfahren, im Faß zu färben, allmählich das Bürsten; namentlich in England wird selten noch mit der Bürste gefärbt. Die Arbeit im Faß hat den großen Vorteil, daß sie die Herstellung viel größerer Mengen ermöglicht; denn je nach der Größe des Fasses können große Mengen Leder auf einmal gefärbt werden und gleichzeitig wird eine viel größere Gleichmäßigkeit der Färbung erreicht. Gewöhnlich verfährt man so, daß man das Farbbad — meist eine Mischung von natürlichen oder Holzfarbstoffen — zu den Ledern in das Faß gibt, nachdem sie die Weiche oder das Broschieren hinter sich haben. Dann setzt man die Metallbeize hinzu und mitunter gibt man hierauf eine kleine Menge eines geeigneten Teerfarbstoffes. Man beendet schließlich den Arbeitsgang, indem man die für den geringsten Grad von Weichheit notwendige Menge an Eigelb hinzugibt. Auf diese Weise greift eine Arbeit in die andere ohne Unterbrechungen.

Vielleicht das gebräuchlichste Vorgehen in der alltäglichen Werkarbeit ist, das Leder zuerst mit einer Lösung von Gambier zu beizen. Dieser Gerbstoff hat die geringste zusammenziehende Wirkung auf alaungares Leder und kann daher in auch größerer Menge angewendet werden, ohne daß die Zügigkeit des Leders nach dem Zurichten eine Einbuße erleidet. Auf diese Gambierbeize folgt dann gewöhnlich, je nach dem Ton der gewünschten Farbe, eine Lösung von Fisetholz, Gelbholz, Rotholz, Blauholz usw. und der Zusatz von geringen Mengen von Bichromat. Dieser Bichromatzusatz bezweckt das Abtönen der Farben und eine Fixierung des Farbstoffes. Die Anwendung von Titansalzen ist besonders zu empfehlen, wenn es sich um die Herstellung lohbrauner Farbtöne handelt, da sie die Färbungen sehr lichtecht und auch sehr reibecht machen.

Graue Farben sind sehr beliebt, besonders bei „Schweden" und „Moccha"; sie werden gewöhnlich gefärbt, indem sie einen Grund mit Sumach- oder Fisetholzextrakt bekommen, und darauf als Beize eine Mischung von Eisen- und Kupfersalzen, beide gewöhnlich als schwefelsaure Salze. Abtönungen der grauen Farbe werden durch Zusatz von kleinen Mengen Gelbholz erreicht, welcher den Ton etwas ins Grünliche überführt.

Beim Herstellen hell leuchtender Farbtöne ist das Verfahren recht gut — und zwar sowohl bei Zurichtung auf der Narbenseite wie auch auf der Fleischseite —, die Leder mit einer Mischung von Gambier und Chromalaun in annähernd gleichen Teilen zu beizen, indem man sie etwa eine Stunde bei einer Temperatur von 40° C in der Lösung im Faß laufen läßt, dann herausnimmt und in einem besonders angesetzten Farbbad färbt, bei welchem basische Farbstoffe verwendet werden. Gegen Ende des Arbeitsganges gibt man einen Zusatz von geringen Mengen — etwa 0,25 vH des Ledergewichts — an Bichromat, um den Farbstoff zu fixieren und reibecht zu machen.

Ähnlich ist ein anderes Verfahren, um gute schwarze Färbungen zu bekommen. Das Leder wird auch mit Gambier und Chromalaun gebeizt und dann mit einem substantiven Baumwollfarbstoff gefärbt. Man nimmt etwa 2,5 vH Gambier, 2,5 vH Chromalaun und 2 vH Direkt-Schwarz; die Leder werden ungefähr eine Stunde mit der Lösung gewalkt, in welche man bei 40° C mit den Ledern eingeht. Darauf werden sie aus dem Fasse genommen, mit Wasser gespült und mit 1 vH basischem Schwarz nachgefärbt.

Viele alaungare Leder werden weiß für Handschuhleder zugerichtet. Die Felle werden geweicht und noch einmal leicht mit Eigelb behandelt. Dabei muß beachtet werden, daß man nicht zuviel Eigelb gibt, da ein Überschuß einen unangenehmen gelben Ton hervorruft. Dies kann man weitgehend vermeiden, indem man der Eigelblösung einen kleinen Zusatz von Indigokarmin gibt, um die Felle leicht zu „bläuen". Ein lebhafteres Ansehen bekommen die Leder, wenn man der Eigelbmischung 0,5—1 kg Kreide auf ein Dutzend Felle zusetzt; dieser Zusatz hat keine nachteilige Wirkung auf das Eigelb. Statt sie unmittelbar nach dem Walken sogleich herauszunehmen und zum Abtropfen zu bringen, läßt man die Felle noch zwei bis drei Stunden nach dem Walken in der Mischung liegen. Erst dann bringt man sie zum Abtropfen und darauf zum Trocknen. Durch Walken im trocknen Faß mit geringen Mengen von Kreide nach dem Stollen werden diese Art Leder erheblich verbessert, indem diese Behandlung ihnen die erwünschte (seifenähnliche) Schlüpfrigkeit und Geschmeidigkeit gibt und die weiße Farbe verstärkt. Nach dem Trocknen können die Leder fertig gemacht werden.

Schwedische Leder. Zu schwedischen Ledern werden Schaffelle ausgewählt, welche zu fehlerhaftem Narben neigen und daher auf der Narbenseite nicht gut zugerichtet werden können, Kap- und spanische Felle. Nach der Vorbereitung und nachdem sie zum zweiten Male Ei bekommen haben, werden die Felle, wenn sie mit der Bürste gefärbt werden sollen, auf zwei oder mehr Rädern abgeschliffen, und zwar zuerst auf einem weniger feinen, dann auf einem sehr feinen Schmiergelrade und schließlich entweder von Hand mit dem Schlichtpfahl oder auf der Stollmaschine (s. Abb. 159) gebimst.

Ist die Fleischseite gut ausgearbeitet, so werden die Leder mit der Bürste oder im Faß gefärbt. Beim Färben mit der Bürste ist es üblich, für graue und blaugraue Farbtöne Holzfarben, Teerfarbstoffe und Pigmentfarben, z. B. Fullererde, gemischt zu verwenden. Die Anwendung der letzten erleichtert das Gelingen eines sehr feinen Flors nach dem Abbimsen.

Werden alaungare Schaffelle für billige Zurichtung gefärbt, wie z. B. für Damenluxusschuhe, wo es sehr auf den Preis ankommt, so hat in manchen Fabriken folgende Arbeitsweise gute Erfolge ergeben. Die Leder, die gewöhnlich in der weißen Borke gekauft werden, werden einfach, wie sie sind, genommen und zum Beizen mit einer einprozentigen Lösung gleicher Teile von Natriumphosphat und Dextrin gebürstet.

Unmittelbar nach dieser Beize wird der Farbstoff auf die Leder aufgebürstet. Man muß die geeigneten Farbstoffe für dieses Verfahren besonders aussuchen und wird als solche viele der substantiven Baumwollfarbstoffe finden. Eosin und Erythrosin geben z. B. glänzende Töne von Rot und rötlichem Scharlach. Auramin und Pikrinsäure eignen sich für gelb- und bernsteinfarbige Töne. Der Farbstoff wird in einprozentiger Lösung gegeben. Die Felle werden dann getrocknet. Die ganze Arbeit geht ganz schnell vonstatten. Darauf werden die Leder etwas gestollt und leicht abgebürstet. Für diese Art Leder ist dies eine hinreichende Zurichtung.

Vorbereitung und Färben von chromgaren Ledern.

Die Leder müssen durch Waschen von den löslichen Salzen, welche ihnen noch anhaften, befreit werden und außerdem muß die Säure, welche von der Gerbung herrührt, neutralisiert werden, bevor die Färberei vorgenommen werden kann.

Waschen. Die Leder werden mit Wasser von einer Temperatur von 45° C in das Faß gegeben, welches mit einem Lattenverschluß geschlossen wird. Man stellt das Faß an, und bei der Umdrehung fließt das verunreinigte Wasser durch den Lattenverschluß ab, während gleichzeitig eine entsprechende Menge frischen Wassers durch die hohle Achse einströmt. So läßt man die Leder mindestens eine halbe Stunde laufen, um möglichst jede Spur der löslichen Salze auszuwaschen.

Neutralisieren. Der Arbeitsgang besteht im Neutralisieren des größeren Teiles der im Leder von der Gerbung her vorhandenen freien

Säure durch Behandlung mit einem geeigneten alkalischen Mittel. Sie wird in dem gleichen Fasse ausgeführt, in welchem die Leder ausgewaschen worden sind, indem man diese nun in einer hinreichenden Menge Wasser von 40—45° C laufen läßt; der Lattenverschluß wird hierbei wieder durch die feste gefüllte Verschlußklappe ersetzt, und das Alkali, welches vorher durch Lösen in Wasser vorbereitet worden ist, wird durch die hohle Achse einlaufen gelassen. Die Menge des Alkalis hängt einerseits davon ab, wie weit das Auswaschen wirkungsvoll besorgt wurde, und anderseits von der Menge Säure, welche in den Ledern war. Allgemein liegt die erforderliche Menge bei Anwendung von Borax um 2 vH, bei doppeltkohlensaurem Natrium um 0,75 vH und bei kalzinierter Soda um 0,5 vH. Da Borax das schwächste von den genannten alkalischen Mitteln ist und die Gefahr überzuneutralisieren daher bei seiner Anwendung die geringste ist, so wird er am meisten gebraucht, obwohl er bei weitem nicht das billigste Mittel ist. Wer billig arbeiten will, wird die genannten kohlensauren Natronsalze bevorzugen.

Die wirksamen Mengen der handelsüblichen Waren entsprechen folgenden Verhältnissen: 10 kg Borax kommen gleich 7,5 kg kristallisierter Waschsoda; 2,75 kg kalzinierter Soda; 4,4 kg doppeltkohlensaurem Natrium; oder 4 kg Natrium sesquicarbonat.

Beim Neutralisieren ist darauf zu achten, daß ein Überschuß von Alkali sorgfältig vermieden wird. Die Wirkung, wenn mehr Alkali verwendet wird, als eben notwendig ist, um die freie Säure zu neutralisieren, besteht darin, daß das Salz auf der Faser zu basisch wird und infolgedessen der Narben des fertigen Leders hart wird und leicht bricht. Es ist ratsam, lieber etwas unvollständig zu neutralisieren als in dem Bestreben, durchaus vollständig neutralisieren zu wollen, die Gefahr zu laufen, Narben- und Fleischseite oberflächlich alkalisch werden zu lassen. Die Zeit, welche der Arbeitsgang im allgemeinen erfordert, ist 45 Minuten bis eine Stunde; um die ordentliche Neutralisierung durch die ganze Dicke des Leders zu bewirken, gibt man die alkalische Lösung am besten in zwei Teilen.

Es ist unbedingt notwendig, die Leder nach dem Neutralisieren wieder vollständig auszuwaschen, um die löslichen Salze zu entfernen, welche sich bei der Neutralisation gebildet haben. Ohne die Leder aus dem Fasse herauszunehmen, kann man dies tun, indem man die verbliebene Menge Flüssigkeit ablaufen läßt und nun Wasser von 45 bis 50° C zulaufen läßt und eine Viertel- bis eine halbe Stunde gründlich walkt. Die Leder sind nun fertig zum Beizen und zum Färben.

Beizen. Es gibt bis heute noch kein wirklich befriedigendes Verfahren, um Chromleder ohne Anwendung eines pflanzlichen Gerbstoffes oder eines Holzfarbstoffes als Beize so zu färben, daß eine vollkommen gleichmäßige Färbung erreicht wurde, welche mit Glanz zugerichtet werden könnte. Infolgedessen folgt als erster Arbeitsgang nach dem Neutralisieren und Auswaschen das Beizen mit einem der genannten Mittel.

Die nachstehende Zusammenstellung gibt die hierfür gebräuch-

lichsten pflanzlichen Gerbstoffe mit dem Farbton, welchen sie hervorrufen:

Pflanzliche Gerb- und Farbstoffe.	Farbton.
Blauholzauszug (Hämatinkristalle),	Blauviolett,
Gelbholzauszug,	Grünlichgelb,
Rotholzauszug,	Bläulichrot,
Färber-Maulbeerbaum (amerik. Gelbholz),	Gelb,
Gambier,	Bräunlichgelb,
Sumachauszug,	Grau-Weiß bis Grünlichgelb,
Hemlockauszug,	Bräunlichgelb.

Da Sumach eine sehr helle und sehr blasse Färbung gibt, so wird er vor allen anderen Beizen bevorzugt, wenn die Leder in hellen zarten Farbtönen gefärbt werden sollen. Sumachauszug ist für diese Zwecke mehr anzuraten als die gepulverten Sumachblätter; denn er gibt gewöhnlich viel hellere Färbungen. Bei Verwendung von festem Sumach empfiehlt es sich, den Werkstoff auszulaugen, indem man ihn mit Wasser von 60 bis 70^0 C übergießt und einige Stunden stehen läßt; man filtriert von den festen unlöslichen Teilen ab, indem man die Flüssigkeit durch ein Stück reine Packleinwand oder Segeltuch gießt. Die klare Lösung ist dann zum Gebrauch als Beize fertig. Wenn die Leder in braunen Tönen gefärbt werden sollen, so werden Mischungen von Gambier und Gelbholz als Beize bevorzugt. Hemlock wird vornehmlich bei Elfenbeintönen, Steingrau, Champagne genommen; die Leder werden dann häufig ohne weitere Färbung mit Teerfarbstoffen getrocknet und zugerichtet. Für Ochsblut, schokoladenbraune oder dunkele rote Farbtönungen wird gewöhnlich Rotholzauszug angewandt.

Viele von den genannten Werkstoffen werden in Mischung miteinander benutzt, um je nach der Farbe, welche eingearbeitet werden soll, einen entsprechenden Grundton zu geben. Die Menge des pflanzlichen Auszuges schwankt naturgemäß und ist abhängig vom Farbton, der erstrebt wird; man soll indessen möglichst nicht mehr als 2 vH vom Welkgewicht der Leder nehmen. Die Menge der Farb- oder Gerbholzbeize wird notwendigerweise eine veränderliche Größe sein, da sie von der Menge der Feuchtigkeit abhängig ist, welche beim Wägen noch in dem Leder ist. Man tut gut, sie auf jeden Fall so niedrig wie möglich zu wählen. Denn man halte sich stets vor Augen, je größer die angewendete Menge der Gerb- oder Farbholzbeize ist, desto vollkommener wird das Leder von ihr durchdrungen. In solchen Fällen, in denen die gefärbten Leder noch den ursprünglichen Schnitt des chromgaren Leders aufweisen sollen, muß man also die Menge der Holzbeize so iniedrg wie irgend möglich bemessen.

Ist die Menge der verwendeten Holzbeize groß, so werden die Felle oder Häute vollkommen durchgebissen und bekommen den Griff des pflanzlich gegerbten Leders. Beim Färben von Sammetledern — besonders solchen, welche auf der Fleischseite zugerichtet werden sollen, wie z. B. Chrom-Sammetkalbledern — wird dieses völlige Durchdringen im allgemeinen erwünscht sein, um die erforderliche Farbfestigkeit zu erreichen. Um dieses Ergebnis zu gewährleisten, sind also größere Mengen Holzbeize anzuraten.

Die Beize mit dem Farb- oder Gerbholzauszug muß unbedingt im Faß gegeben werden; am besten walkt man die Leder bei 60° C. Es ist hierbei ratsam, die Gabe in zwei Teilen vorzunehmen, und zwar den zweiten Teil ungefähr eine halbe Stunde nach dem ersten. Das Walken wird fortgesetzt, bis der größere Teil der Beize aufgenommen ist, was im allgemeinen eine Stunde erfordert. Die Leder sind dann fertig zum Färben mit sauren oder substantiven (Baumwoll-)Farbstoffen.

Fixieren. Werden basische Farbstoffe angewendet, so ist es empfehlenswert, etwa nicht gebundene Anteile der Beize durch Behandlung mit einem Fixiermittel in unlöslicher Form auf der Oberfläche des Leders festzulegen; als solche Mittel dienen oxalsaures Titankalium, weinsaures Antimonkalium (Brechweinstein) oder milchsaures Antimon. Durch diese Behandlung wird vermieden, daß beim nachfolgenden Färben die Beize in das Farbbad diffundiert. Ist das Tannin nicht auf diese Weise festgelegt, so wird diese Diffusion unweigerlich stattfinden und einen ganz erheblichen Verlust an Teerfarbstoff verursachen. Dazu kommt, daß der sich hierbei als Niederschlag bildende Gerbstoff-Farbstofflack äußerst unangenehm ist, weil er sich unregelmäßig auf der Oberfläche des Leders festsetzt und die Gleichmäßigkeit der Färbung stört oder auch richtige Flecke hervorruft.

Eine der üblichen Arbeitsweisen ist, die Lösung des Antimon- oder des Titansalzes in das Faß zu geben, nachdem die Leder hinlänglich in der Gerb- oder Farbholzbeize gewalkt waren. Die Menge des Fixiermittels richtet sich nach der Menge des Beizmittels und steht daher natürlich auch in einem gewissen Verhältnis zum Gewicht des Leders. Im allgemeinen wird 1 vH genommen, und zwar sowohl von Brechweinstein wie von Kalium-Titanoxalat.

Wird das Fixiermittel unmittelbar in das Faß gegeben, nachdem der größere Teil der Gerb- oder Farbholzbeize von dem Leder aufgenommen ist, so bildet sich aus dem Überschuß des Beizmittels und dem Fixiermittel ein Niederschlag, dessen Menge von derjenigen des unverbrauchten und noch in der Lösung befindlichen Beizmittels abhängt. Es geht also eine geringe Menge des Fixiermittels auf diese Weise verloren. Dieser Verlust ist aber wirtschaftlich eher in Kauf zu nehmen, als die Leder aus dem Faß zu nehmen, es zu reinigen, die frische Lösung hineinzugeben und nun die Leder wieder einzupacken, da der Aufwand an Arbeit kostspieliger ist als der geringe Verlust an Fixiermittel.

Um eine wirksame Fixierung zu erreichen, ist etwa eine halbe Stunde erforderlich. Nach dieser Behandlung sind die Leder fertig, um mit basischen Farbstoffen gefärbt zu werden. Beim Färben mit sauren Farbstoffen ist das Fixieren überflüssig; denn saure Farbstoffe werden von dem Tannin nicht angegriffen. Es kann daher das Färben unmittelbar nach dem Beizen vorgenommen werden.

Eine andere Arbeitsweise ist folgende: Man beizt die Leder mit einer Mischung aus Gerb- oder Farbholzauszug und Titansalzlösung; die Beize wird hierbei während des Beizvorganges fixiert. Man kann dieses Verfahren indessen nur mit Titansalzen und nicht beim Arbeiten mit Antimonsalzen anwenden.

Sind die Leder auf diese Weise gebeizt, so werden sie mit sauren oder auch mit basischen Farbstoffen gefärbt, indem man die Farbstofflösung zu der Mischung von Beize und Titansalz gibt. Man kann auch alle drei Arbeitsgänge gleichzeitig ausführen, indem man Mischungen von Holzbeize, Titansalz und einem sauren Farbstoff anwendet.

Als Zusatz zum Farbbad beim Färben mit sauren Farbstoffen ist Natriumbisulfat der Schwefelsäure vorzuziehen. Natriumbisulfat ist ein „saures" Salz, welches aus Schwefelsäure und neutralem Natriumsulfat (Glaubersalz) gebildet wird. Die Anwendung von Bisulfat liefert bessere Ergebnisse als das Ansäuern des Farbbades mit Schwefelsäure und darauf folgendes Zusetzen von Glaubersalz oder umgekehrt. Die Wirkung des Natriumbisulfates ist viel weniger stark als diejenige der Schwefelsäure, und daher ist die Anwendung der Schwefelsäure in dieser Form vorzuziehen. Ein geringer Überschuß hat keine nachteilige Wirkung auf die nachfolgende Arbeit des Fettlickers.

Als Zusatz zum Natriumbisulfat oder zur Schwefelsäure zwecks Entwicklung der sauren Farbstoffe ist Ameisensäure zu empfehlen; bei Verwendung der käuflichen (60 vH) Lösung nimmt man gleiche Mengen von Ameisensäure und Farbstoff.

Färben. Das Färben wird ausnahmslos im Faß ausgeführt; denn es ist dies das einzige Verfahren, welches annähernd zufriedenstellende Ergebnisse liefert. Nach dem Fixieren — vorausgesetzt, daß es notwendig war — werden die Leder gewaschen und können dann den Farbstoff bekommen.

Zum Auswaschen läßt man den Überschuß des Fixierbades so weit wie möglich durch die Verschlußklappe oder die Zapfpflöcke des Fasses fortlaufen, gibt Wasser — nicht zu viel — zu und läßt darin einige Minuten laufen; nachdem das Waschwasser abgeflossen ist, gibt man so viel frisches Wasser, wie zum Anstellen des Farbbades notwendig ist. Das Färben soll bei einer Temperatur von etwa 60° C erfolgen und wenigstens $^3/_4$ Stunden dauern, um einen vollen Farbton mit Sicherheit zu gewährleisten. Die Farbstofflösung wird allmählich während des Walkens durch die hohle Achse zugegeben.

Schwarzfärben. Ein Verfahren zum Schwarzfärben wird ausgeführt, indem man (für jede 100 kg Falzgewicht) 2 kg kristallisiertes Hämatin, 1 kg kristallisiertes Nigrosin und 50 g Ammoniak nimmt.

Die Hämatinkristalle werden gelöst und dann — nach erfolgter Lösung — das Ammoniak zugegeben. Das Nigrosin wird für sich in genügend kochendem Wasser gelöst. Die Hämatinlösung wird, während das Faß läuft, zugegeben und dann erst nach etwa zwanzig Minuten die Nigrosinlösung zugesetzt. Das Faß läuft dann weiter, bis es insgesamt $^3/_4$ Stunden gelaufen hat.

Es ist gut, dann zur Verstärkung des schwarzen Tones eine Beize mit einem Metallsalz zu geben und das Faß noch weitere 15 Minuten laufen zu lassen. Man nimmt hierzu etwa 0,25—0,5 kg salpetersaures Eisen, welches in kaltem, mit einigen Tropfen Essigsäure schwach angesäuertem Wasser gelöst ist, oder 1 kg oxalsaures Titankalium, welches in wenig warmem Wasser gelöst ist.

Die sogenannten substantiven oder Baumwollschwarze haben eine starke Affinität zum Chromleder; man nennt sie daher auch oft „Chromlederschwarz“. Es ist jetzt allgemein gebräuchlich, aus dieser Tatsache den Vorteil zu ziehen und dadurch ein besseres Verfahren zum Schwarzfärben von Chromledern als die vordem beschriebenen zu gewinnen. Die Verwendung dieser Farbstoffklasse zum Schwarzfärben von Chromledern macht die Anwendung der Eisenbeize oder anderer Beizen überflüssig. Man arbeitet allgemein nach folgendem Verfahren: für jede 100 kg Leder 2 kg kristallisiertes Hämatin, 1 kg Direktschwarz zusammen mit einer geringen Menge — etwa 50 g — Ammoniak; man färbt im Faß, welches man etwa $^3/_4$ Stunde laufen läßt. Wenn schwedische Leder schwarz gefärbt werden sollen, wenn beispielsweise Kalbleder auf der Fleischseite als Schweden zugerichtet werden sollen, so gibt dieses Verfahren einen sehr guten Grund, um durch Nachfärben mit basischem Schwarz ein leuchtendes Schwarz auf der Fleischseite zu erhalten.

Man kann auch Diazoschwarz auf Chromleder herstellen, wenn sehr waschechte schwarze Töne von großer Leuchtkraft verlangt werden. Man schlägt dann durch den dem Chemiker bekannten Diazotierungsgang den Farbstoff unmittelbar auf der Faser nieder.

Färben in braunen Tönen. Es versteht sich von selbst, daß beim Färben in braunen Farben die Farb- oder Gerbholzbeize entsprechend dem braunen Ton ausgewählt werden muß, welcher schließlich gewünscht ist. Am meisten wird hier als Beize eine Mischung von Gambier und Gelbholz genommen, und zwar etwa 0,5 vH von jedem. Beim Färben von Ochsblut oder roten braunen Tönen wird vorteilhaft diesem Gemisch etwas Rotholz zugesetzt; das Weinrot, welches mit diesen Holzfarben auf Chromleder erzeugt wird, ist eine sehr gute Grundfarbe zum Nachfärben in diesen Tönen.

Die braunen Töne werden gefärbt, nachdem die Leder mit der entsprechend gewählten Holzfarbenmischung gebeizt sind, indem man die erste Hälfte der Lösung von den sauren oder substantiven Farbstoffen zusetzt und etwa eine Viertelstunde das Faß laufen läßt; dann gibt man den Zusatz von doppeltschwefelsaurem Natrium und läßt eine weitere Viertelstunde walken, um nun schließlich die zweite Hälfte der Farbstofflösung zu geben. Es ist ganz allgemein zu empfehlen, das Faß nun weiter laufen zu lassen, bis der ganze Arbeitsgang des Färbens mindestens eine volle Stunde gedauert hat, um die Haftung des Farbstoffes so gut, wie es möglich ist, zu erreichen.

Für basische Farbstoffe gibt folgende Zusammenstellung einige Arbeitsweisen an:

	Helle Töne	Mittlere Töne	Dunkele Töne
Beizen:	2 vH Gelbholz 1 vH Gambier —	1,5 vH Gelbholz 1,5 vH Gambier —	1 vH Gelbholz 2 vH Gambier 0,25 vH Rotholz
Fixieren:	0,5 vH Titankalium-oxalat	0,5 vH Titankalium-oxalat	0,5 vH Antimonlaktat oder Brechweinstein
Färben:	1 vH Auramin 0,25vH Bismarckbraun	0,5 vH Auramin 0,5 vH Bismarckbraun 0,1 vH Malachitgrün	0,5 vH Chrysoidin 0,5 vH Bismarckbraun 0,2 vH Malachitgrün

Beim Arbeiten mit diesen Farbstoffen ist es am besten, die Leder nach dem Beizen und Fixieren aus dem Fasse zu nehmen und in Wasser zu spülen, um sie dann in einer frisch angesetzten Flotte zu färben, welcher man den Farbstoff in zwei Teilen zusetzt; das Walken in der Farbstofflösung muß etwa 45 Minuten fortgesetzt werden.

Färben in Phantasiefarben. Das übliche Lager brauner Farbtönungen, in denen diese Art Leder gewöhnlich hergestellt werden, wird durch eine Anzahl von Kunst- oder Phantasiefarben erweitert. So werden Glacékidleder champagnerfarben, Chromlammfelle in hellen Tönungen von Grau, Rosa, Blau, Lavendel, Grün usw. zur Herstellung von Galanteriewaren und Schuhfutter gefärbt.

Champagnerfarbe und Elfenbein wird am besten hergestellt durch Beizen der Leder mit Gambier, welcher zum Abtönen einen sehr geringen Zusatz von Säurebraun oder substantivem Braun bekommt.

Die Phantasiefarben werden erhalten durch Verwendung von sauren Farbstoffen ohne einen Zusatz von Säure oder von substantiven Farbstoffen.

Dreiunddreißigster Abschnitt.

Das Färben und Zurichten fettgarer Leder.

Beim Färben von fettgarem Leder, wie z. B. Sämischleder, hat der Färber mit einem Werkstoff zu tun, der sich von den Erzeugnissen der Lohgerbung oder der Mineralgerbung sehr wesentlich unterscheidet. Im Sämischprozeß werden hauptsächlich Schaffleischspalte (die gewöhnlichen Gemsleder, Sämisch- oder Waschleder) und Bock- und Hirschleder (Wildleder), Antilopen, Gazellen usw. verarbeitet. Sie werden hauptsächlich als Handschuhleder verwendet.

Färben von Sämischleder.

Vor dem Färben müssen die Felle sehr sorgfältig sortiert werden. Man geht dabei gewöhnlich so vor, daß man die Felle erst nach der Größe und der Qualität sortiert. Will man die Felle mit Teerfarbstoffen färben, so müssen alle runzligen als unbrauchbar ausgeschieden werden; denn die harten Stellen, die man auf diesen Fellen findet, nehmen den Farbstoff nicht hinreichend auf, so daß man solche Felle, wenn sie farbig sein sollen, nur mit Farbpigmenten wie z. B. Ocker und ähnlichen Erdfarben behandeln kann. Sollen die Leder als Handschuhleder zugerichtet werden, als Nachahmung von Wildleder und von Bockleder, so sind, wenn es irgend möglich ist, nur solche Felle zu nehmen, die ganz fehlerfrei, gut, weich, kräftig und möglichst gleichmäßig sind.

Vorbereitung. Nach dem Stollen werden die Felle zuerst geschliffen. Das Schleifen besteht in einem Ebenmachen, einem Ausgleichen der Haut, indem die Unebenheiten mit dem mondförmigen Messer fortgeschnitten werden. Die Kante des Messers ist zu diesem Zwecke leicht umgebogen und dieser umgebogene Grat wird zur Schneide. Während der Arbeit werden die Leder in dem Schlichtbaum gehalten, und jedes Stück wird in acht verschiedenen Richtungen bearbeitet. Man soll nur die eine Seite des Leders schleifen, und diese Seite wird dann gegebenenfalls appretiert und zugerichtet. Im allgemeinen, aber nicht immer, ist es ratsam, die Fleischseite dazu zu wählen, besonders wenn man eine gute dichte Zurichtung haben will; mitunter wird aber auch die Spaltseite zugerichtet.

Nach dem Ausgleichen mit dem Mond muß man eine vollkommen gleichmäßige Fläche haben; die Leder sind dann fertig zum Dollieren. Der Zweck des Dollierens ist, einen möglichst feinen und gleichmäßigen, sammetartigen Flor hervorzubringen. Gewöhnlich werden die Leder zweimal dolliert, erst auf einem mittelfeinen Schmirgelrad aus Bimsstein, und dann auf einem ganz feinen. Nach dem Dollieren sind die Leder fertig zum Weichen.

Zum Weichen kommen die Leder in einen Bottich mit warmem Wasser, in dem sie ungefähr eine halbe Stunde mit Hilfe einer langen hölzernen Stange beständig hin und her bewegt und herumgerührt werden. Sind sie vollkommen durchweicht, so läßt man sie kurze Zeit über dem Bock abtropfen, und sie sind dann fertig zum Schrumpfen.

Schrumpfen. Das Geschirr für diesen Arbeitsgang ist ein großer hölzerner Bottich oder ein Faß mit einem Dampfrohr, welches bis auf den Boden reicht und in einer aufwärts gebogenen Schleife endigt. Der Bottich wird mit Wasser gefüllt und dann Dampf eingeblasen, bis das Wasser siedet. Nun werden gewöhnlich 2,5 kg Schmierseife auf 150 l Wasser zugegeben und das Erhitzen bis zur vollkommenen Lösung der Seife fortgesetzt. Die Verwendung einer Emulsion oder eines Fettlickers aus Seife und Öl ist derjenigen von einer reinen Seifenlösung vorzuziehen, da die Leder in einem solchen Fettlicker besser schrumpfen und sich weicher und angenehmer zurichten lassen.

Für einen brauchbaren Fettlicker setzt man zu den oben angegebenen 2,5 kg Seife 0,5 kg Tran und emulgiert diese Mittel gründlich, wenn erforderlich unter Zusatz von einer geringen Menge kalzinierter Soda. Die genannte Menge Fettlicker genügt im allgemeinen zum Schrumpfen von 10 Dutzend Sämischfellen. (S. auch Abschnitt XXXII.) Eine Emulsion von Degras oder Tran kann auch vorteilhaft genommen werden.

Die Felle werden einzeln in die kochende Seifen- oder Fettlickerlösung für wenige Sekunden eingetaucht. Beim Eintauchen in die kochende Flüssigkeit tritt sofort das Schrumpfen ein; die Leder gehen bis auf die Hälfte des ursprünglichen Maßes ein und zeigen das eigenartige und kennzeichnende Aussehen des „aufgeschnurrten“ und verdorbenen Leders, welches in eine zu heiße Flüssigkeit eingetaucht worden ist. Die geschnurrten Felle werden in einem heißen Ofen aufgehängt und einer Temperatur von nicht unter 50—55° C ausgesetzt. Nach dem Trocknen werden die Felle durch Stollen weich gearbeitet und wieder in den weichen Zustand zurückgebracht, in welchem sie vor dem Schrumpfen gewesen waren. Die Arbeit wird im allgemeinen auf dem senkrechten Stollpfahl ausgeführt, obwohl man manchmal auch am Schlichtbaum mit dem Stollkreuz arbeitet. Nach dem Stollen werden die Leder abermals gebimst, auf einem Schmirgelrad oder einem festen Schmirgelstein.

Abziehen. Das Abziehen bezweckt, die Leder von der Schicht von oxydiertem Öl und Fett zu befreien, mit der sie mehr oder weniger bedeckt sind. Am besten wird es im Faß ausgeführt, in dem man sie in einer dünnen Auflösung einer guten weichen Seife laufen läßt.

Um diese Lösung zu machen, nimmt man für jede 50 kg feuchten Leders 1 kg weiche Seife und löst sie in ungefähr 100 l Wasser von einer Temperatur von etwa 40° C. In dieser Lösung laufen die Felle etwa eine halbe Stunde, nach deren Verlauf sie vollkommen klar und sauber sein müssen und keine gelben Flecken von oxydiertem Öl mehr haben dürfen. Sind sie nicht vollständig von Fett und oxydiertem Öl befreit, so muß man noch etwas Seifenlösung in das Faß zugeben und eine weitere halbe Stunde laufen lassen.

Es werden zu diesem Zwecke auch ganz allgemein die üblichen alkalischen Mittel, wie Borax, Soda usw. genommen; sie sind aber der Seife nicht etwa vorzuziehen. Denn sie machen die Leder schwach und dünn. Wenn die Leder mit Seife allein nicht klar werden, dann ist ein Zusatz eines geeigneten Fettlösungsmittels zur Seifenlösung in geringer Menge zu empfehlen, wie Trichloräthylen, Trichloräther, Azeton u. a.

Bleichen. Die Sämischleder werden gewöhnlich an der frischen Luft gebleicht, in der sogenannten Sonnen- oder Rasenbleiche. Die Schwefelbleiche und die Permanganatbleiche brauchen erheblich weniger lange Zeiten und werden bei dieser Art von Ledern ebenfalls angewendet; auch das Bleichen mit Wasserstoffsuperoxyd oder mit Natriumsuperoxyd kann empfohlen werden.

Färben mit Pigmenten. Im allgemeinen werden Sämischleder mit Pigmentfarben gefärbt, obwohl es durchaus möglich ist, sowohl sämischgare wie ölgare Leder auch mit Farbstoffen zu färben, und zwar sowohl mit Teerfarbstoffen als auch mit natürlichen Holzfarbstoffen. Die Ergebnisse bei Anwendung von Teerfarbstoffen, und besonders bei Verwendung von Alizarinfarbstoffen, sind außerordentlich befriedigend und übertreffen die mit Pigmentfarben erhaltenen ganz bedeutend. Dennoch wird das Verfahren, mit Teerfarbstoffen zu färben, nur in beschränktem Umfange angewendet wegen der vielen schadhaften Stellen, welche die Wildleder u. ä. aufweisen, und welche einer gleichmäßigen Färbung hinderlich sind. Stellen, welche einen Teerfarbstoff nicht ordentlich annehmen, sind nämlich schon mit einem Pigment bedeckt, und daher wird das Färben von Wildledern allgemein auf diesem Wege ausgeführt.

Als Pigmentfarben werden die allgemein gebräuchlichen Maler- oder Anstricherdfarben verwendet, Ocker und Umbra z. B. für braune Farbtöne. Die Farbpigmente werden mit Wasser angerieben, in welchem etwas Gummiarabikum — etwa 30 g auf 5 l — gelöst ist. Die Farbe wird in der gleichen Weise aufgetragen wie beim Bürsten, und zwar gewöhnlich auf das trockne Leder. Nach dem Färben werden die Leder in einem warmen Ofen zum Trocknen gehängt und werden darauf gestollt. Dabei wird diejenige Seite des Leders bearbeitet, welche nicht gefärbt ist. Die Felle werden nun „gestäubt", d. h. die nicht oder lose anhaftenden Pigmentteilchen werden abgeklopft; hierbei werden die Felle zu zweien oder dreien genommen und gegen einen leichten hölzernen Stab geschlagen. Dann werden sie noch einmal, und zwar auf einem Rad mit sehr feinem Bimsstein abgebimst, schließlich ein zweites Mal mit der Pigmentmischung gebürstet, getrocknet und gestärkt, und abermals gebimst. Mitunter werden diese Arbeitsgänge auch noch mehrere Male wiederholt, bis das Leder einen schönen sammetartigen Griff und eine gute feste und gleichmäßige Farbe bekommen hat.

Färben mit Teerfarbstoffen. Wenn die Leder mit Teerfarbstoffen gefärbt werden sollen, so müssen sie nach dem Bleichen gebeizt werden. Die hierzu üblichsten Mittel sind Aluminiumsulfat, Chromalaun, Kaliumchromat und Kaliumbichromat in Mischung mit Milchsäure (s. auch Abschnitt XV.) Zum Beizen nimmt man Wasser von einer Temperatur von 30° C.

Die Felle werden zum Beizen in das Faß getan, das Faß angestellt und während des Laufens die Beize in kleinen Mengen allmählich zugesetzt. Obwohl Aluminiumsulfat oben als geeignete Beize für Teerfarbstoffe genannt worden ist, so eignet es sich doch ganz besonders gut für das Färben mit den natürlichen oder Holzfarbstoffen. Die anderen genannten Beizen dagegen eignen sich besser für Teerfarbstoffe und besonders für Alizarin und substantive Farbstoffe.

Beim Beizen mit Kaliumbichromat und Milchsäure löst man 2 kg Bichromat in Wasser und setzt zu der Lösung 3 kg Milchsäure; diese Mengen gelten für jede 100 kg abgetropftes feuchtes Leder. Die Leder kommen mit etwa 250 l Wasser in das Faß, und die Beize läuft während des Walkens durch die hohle Achse in kleinen Mengen allmählich hinzu; das Walken wird gewöhnlich eine halbe Stunde fortgesetzt. Man überzeugt sich aus einem Schnitt, daß die Beize vollkommen das Leder durchdrungen hat. Wird Kaliumchromat als Beize genommen, so werden 3 kg in 125 l Wasser hinreichen. Diese beiden letztgenannten Beizen sind die üblichsten, wenn gelbe und mittelbraune Töne gefärbt werden. Bei dunkelbraunen Tönen ist Chromalaun die beste Beize, und zwar werden 3 kg auf 125 l Wasser geeignete Mengen sein. Durch Zusatz von 250 g Waschsoda, die vorher gelöst waren, soll die Alaunlösung basisch gemacht werden. Nach dem Beizen kommen die Felle aus dem Faß, werden über Böcke geschlagen und abtropfen gelassen.

Leder, welche mit Bichromat und Milchsäure gebeizt worden sind, müssen zugedeckt werden, um nicht durch das Licht zu leiden. Nach dem Abtropfen müssen die Felle so schnell wie möglich gefärbt werden. Sie dürfen in keinem Falle länger als 24 Stunden liegen; denn sonst bekommen sie leicht Flecke und geben keine befriedigende Färbeergebnisse.

Die Farbstofflösung im Faß soll eine Temperatur von 40—50° C haben. Viele der Alizarin- und Anthrazenbraun sind besonders für Wildleder geeignet; sie liefern gut verkäufliche braune Töne von großer Echtheit sowohl gegen Licht wie gegen Reibung. Ein Zusatz einer der Soda äquivalenten Menge an Bisulfat zur Farbstofflösung ist zu empfehlen.

Die Leder werden zum Färben in das Faß getan, ohne sie vorher zu waschen, und der Farbstoff fließt, während das Faß läuft, durch die hohle Achse zu. Zu Anfang wird nur die Hälfte der Farbstofflösung gegeben, dann läßt man etwa zehn Minuten walken, gibt die Lösung von Natriumbisulfat und nach weiterem Walken von zehn Minuten den Rest der Farbstofflösung. Das Walken wird weitere zwanzig Minuten fortgesetzt, bis die Leder genügend gefärbt sind. Der Farbstoff soll das Leder richtig durchdringen.

Alizarinfarbstoffe werden in — etwa 20 vH enthaltenden — Pasten und in Pulverform verkauft; die Pasten sind im allgemeinen vorzuziehen.

Nachdem die Färbung beendet ist, läßt man ungefähr ein Viertel der Farbstofflösung fortlaufen und gibt einen kleinen Zusatz von Fettlicker und Seife und Öl in das Faß. Für 5 Dutzend Wildleder setzt man einen Fettlicker an, indem man etwa 120 g weiche Seife und 120 g Klauenöl in ungefähr $2^1/_2$ l Wasser kocht, dann abkühlt, emulgiert und etwa 60 g Eigelb zugibt. Um den Geruch des Klauenöls zu verdecken, tut man gut, dem Fettlicker geringe Mengen von Duftstoff zuzusetzen. Man nimmt im allgemeinen zu diesem Zwecke etwas Birkenteeröl, welches auch bei der Herstellung der russischen Juchtenleder verwendet wird. Der Fettlicker wird durch die hohle Achse gegeben und das Faß noch eine Viertelstunde etwa laufen gelassen. Die Felle werden herausgenommen, über Böcke geschlagen, dann werden sie gespült, ausgestrichen und an den Hinterklauen im Ofen zum Trocknen gehängt.

Nach dem Trocknen sind die Felle fertig zum Stollen; nach dem Stollen werden sie schließlich noch einmal geschliffen oder gebimst. Um keine rauhe, sondern eine geschlossene Faser zu erhalten, können die Leder auch vor dem Schleifen noch einmal mit der wäßrigen Pigmentaufschlämmung übergebürstet, abermals getrocknet und gestollt werden. Die Pigmentfarben können der Fettlickeremulsion oder dem Rest der Farbbrühe zugesetzt werden; sie müssen natürlich im Ton genau eingestellt werden.

Beim Färben brauner Töne für Handschuhleder ist eine geringer Zusatz von Gerbstoff — es werden vorzugsweise Quebracho oder Kastanie genommen — zum Farbbad ganz dienlich, vorausgesetzt natürlich, daß hierdurch die verwendeten Farbstoffe nicht angegriffen werden, also bei sauren oder Alizarinfarbstoffen. Bei Verwendung von basischen Farbstoffen dagegen wird der Gerbstoffauszug den Ledern im Faß etwa eine halbe Stunde vor dem Zusatz der Farbstofflösung gegeben.

Vierunddreißigster Abschnitt.

Schmieren und Einbrennen.

Die Behandlung der Riemen- und Geschirrleder und bestimmter Arten von Oberleder mit Fellen wird gewöhnlich „Schmieren" genannt. Der Zweck des Arbeitsganges ist, durch das Schlüpfrigmachen der Fasern das Leder geschmeidig und weich zu machen; es wird gleichzeitig infolge der Durchdringung mit Fett verhältnismäßig widerstandsfähig gegen Wasser.

Das wesentliche dieser Durchdringung des Leders mit Öl und Fett ist, daß jede einzelne Lederfaser vollständig mit diesen Mitteln durchtränkt ist. Der Arbeitsgang des Schmierens kann entweder mit der Hand ausgeführt werden oder im Faß, ferner durch Tauchen und schließlich durch „Einbrennen". Nach welcher von den genannten Arten er nun auch vorgenommen wird, so wird nicht nur jede Faser dadurch geschmeidig gemacht, sondern es werden auch die Zwischenräume zwischen den Fasern mit Fett ausgefüllt, so daß die nun schon an sich geschmeidigen Fasern in ein öligfettiges Mittel eingebettet sind.

Das Schmieren ist heutzutage nicht mehr von so großer Bedeutung, wie es noch vor zwei Jahrzehnten war. Vor der Einführung des Chromleders wurde das gesamte Schuhoberleder geschmiert; Wichskalbleder, Wichskipse, Satinleder waren die gebräuchlichsten Sorten. Es waren alles pflanzlich gegerbte Leder, welche stark gefettet waren; heute werden keine nennenswerten Mengen von diesen Arten hergestellt. In ähnlicher Weise hat die Einführung des Motors als Triebkraft für Wagen die Herstellung von Geschirrleder erheblich eingeschränkt.

Das Schmieren von Ledern ist daher weit mehr auf die technischen Leder beschränkt, Riemen, Manschetten und die anderen Zubehörteile zu Maschinen, wenn auch schwarzes Geschirrleder noch in großer Menge gemacht wird und auch Oberleder für Arbeiterstiefel in geringerem Umfange auf diese Weise hergestellt, ebenso wie Wichskipse für den Heeresbedarf noch gebraucht werden.

Die drei Verfahren, das Fett beim Schmieren in das Leder zu bringen, sind:

1. Schmieren von Hand; es wird vorwiegend nur noch bei hochwertigen Lederarten angewendet, wie Sattlerleder, braune Geschirrleder, gutem Riemenleder.

2. Schmieren im Faß; es wird bei Riemenledern und technischen Ledern gemacht.

3. Durchtränken des Leders mittels a) Einbrennen, b) Tauchen; es geschieht bei gewöhnlichem schwarzen Geschirrleder, Manschetten und weniger guten Riemenledern.

Vorbereitung des Leders zum Schmieren.

Wesentlich für das gute Gelingen der Arbeit, gleichgültig ob sie von Hand, im Faß oder durch Imprägnieren geschieht, ist die zweckentsprechende Vorbereitung des Leders. Für die beiden erstgenannten Verfahren ist es von Bedeutung, daß die Leder eine gleichmäßige Feuchtigkeit haben. Deshalb müssen die Leder, nach der erforderlichen Nachgerbung und den anderen schon beschriebenen Vorbereitungsarbeiten, ebenso wie die meisten anderen Lederarten vor der Zurichtung, abgewelkt oder halbtrocken gemacht werden, ehe sie zum Schmieren kommen dürfen. Wenn die einzelnen Fasern oder Fibrillen des Leders nicht durch das Wasser auseinandergelegt werden, wird die Aufnahme der Fettschmiere beeinträchtigt und das Leder wird ungleichmäßig gefettet. Von ganz besonderer Bedeutung ist diese Betrachtung für das Schmieren von Hand. Hier soll das aufgetragene Öl und Fett während des Trocknens vom Leder aufgesogen werden; d. h. in dem Maße, wie die Feuchtigkeit von der Oberfläche der Fasern und aus den Zwischenräumen zwischen den Fasern wegtrocknet, soll das Öl und das Fett an ihre Stelle treten. Der Vorgang spielt sich also nach den Gesetzen der Kapillarität ab.

Schmieren von Hand.

Beim Schmieren von Hand wird das Leder, gewöhnlich auf der Fleischseite, mit Hilfe einer weichen Bürste mit der „Schmiere" eingeschmiert. Die Schmiere besteht gewöhnlich aus einer Mischung von Talg und Tran. Der Feuchtigkeitszustand des Leders ist dabei von außerordentlicher Bedeutung. Ist das Leder zu trocken, so wird es, besonders an den dünnen Stellen, beim Zurichten sehr dunkel werden. Um dies zu vermeiden, werden die Leder, nachdem sie im ganzen schon einmal abgewelkt sind, gewöhnlich an den dünnen Stellen vor dem Auftragen der Schmiere noch etwas feuchter gemacht, indem man sie mit Wasser überbürstet. Beim Auftragen der Schmiere muß sorgfältig darauf geachtet werden, daß man nicht zu viel davon nimmt. Die Frage, ob ein Arbeiter hierzu tüchtig ist oder nicht, hängt im wesentlichen von seiner Fähigkeit ab, den richtigen Feuchtigkeitsgrad des Leders und die geeignete Menge Schmiere sachgemäß zu beurteilen.

Die Bestandteile der Schmiere und ihre Mengenverhältnisse sind abhängig von der Art der verarbeiteten Leder, von der Witterung und dem angewandten Schmierverfahren. Das Mischen der harten und weichen Materialien ist im Winter weit schwieriger als bei warmem Sommerwetter. Die Schmiere für das Schmieren von Hand besteht gewöhnlich aus Talg und Tran, die gemischt und so lange in der Wärme zusammen digeriert werden, bis der Talg vollständig flüssig geworden ist. Man rührt sie zusammen und löst das härtere Fett allmählich in dem Öl auf. Um eine gute Schmiere herzustellen, muß man unbedingt so lange mit dem Rühren fortfahren, bis die Mischung erkaltet ist. Denn sonst kristallisieren die härteren Teile aus, und man bekommt eine kristallinische Masse, aus der sich natürlicherweise das Öl abscheidet. Die kalte Mischung soll durch und durch butter- oder salbenartig sein und eine völlig gleichmäßige Konsistenz haben.

Beim Auftragen der Schmiere muß besonders sorgfältig darauf geachtet werden, die harten und dicken Stellen des Leders stark zu bürsten, die dünnen Stellen und die Flämen dagegen weniger zu decken. In manchen Fällen wird die Schmiere sowohl auf der Narbenseite des Leders wie auf der Fleischseite gegeben.

Nach dem Auftragen der Schmiere werden die Leder in einem mäßig warmen Raum aufgehängt und hier langsam getrocknet. Ein großer Teil des Talges aus der Schmiere bleibt nach dem Trocknen auf der Oberfläche des Leders zurück. Die Menge richtet sich im wesentlichen nach der mehr oder weniger großen Härte der verwendeten Talgarten, da die einzelnen Talgarten in dieser Hinsicht ziemlich verschieden sind. Obwohl also nur ein kleiner Teil des Talges vom Leder aufgenommen wird, so ist er doch als Bestandteil der Schmiere vorteilhaft, weil er sie pastenförmig macht und daher auf dem Leder haften läßt. Der Talg, der nach dem Trocknen auf der Oberfläche bleibt, das so genannte „Tischfett", wird abgeschabt und zu einem neuen Ansatz Schmiere verwendet.

Das Trocknen der geschmierten Leder muß sehr sorgfältig vorgenommen werden. Es soll so geregelt werden, daß die Schmiere währenddessen immer weich bleibt; es soll langsam vor sich gehen, um dem Leder die genügende Zeit zur Aufnahme des Fettes zu geben. Geht es zu schnell, so wird diese Absorption nicht erfolgen, sondern das Öl wird vorher austrocknen.

Besonders wichtig ist, daß das Leder vor dem Schmieren sauber ist. Ein Leder, an dessen Fleischseite feuchte Sumachteilchen oder andere Gerbmaterialien hängen, wird die Schmiere nicht richtig aufnehmen.

Es leuchtet ein, daß diese Arbeitsweise vor den anderen Schmierverfahren den Vorteil hat, daß die Mühe und Sorgfalt, welche darauf verwendet wird, und zwar besonders beim Auftragen der Fettschmiere, sich beim fertigen Leder bezahlt macht. Der sorgfältige Arbeiter wird eine reichlichere Menge Schmiere an den dickeren Stellen der Haut geben und an den von Natur dünneren Teilen, wie beispielsweise den Flanken sparsam verfahren. Auf diese Weise wird der Fettgehalt des Leders im ganzen Stück von einheitlichem Verhältnis und in dem ganzen Posten der in Arbeit genommenen Häute für alle Zwecke und Verwendungsarten gleichmäßig sein, und die Farbe der Leder wird daher auch schön gleichförmig ausfallen.

Wie oben gesagt, wird bei der landläufigen Arbeitsweise zum Schmieren von Hand Tran und Talg genommen. In dieser Wahl zeigt sich die Weisheit des alten Handwerks. Man muß sich vor Augen halten, daß die Hauptaufgabe des Talgzusatzes (besonders der härteren Talganteile) darin liegt, die Schmiere dickflüssig genug, pastenförmig zu machen, so daß sie an dem Leder haften bleibt, während es zum Trocknen hängt.

Man kann den Talg durch andere Stoffe, die ähnlich wirken, ersetzen, wie beispielsweise Chinaclay, Kreide usw. in Mischung mit einem geeigneten Öl. Auch an Stelle der üblichen Schmierenmischung kann man andere Mittel nehmen, und wo das gewöhnliche mit Talg und Tran erhaltene Ergebnis verbessert werden soll, kann man mit Vorteil eine Fettemulsion anwenden. Eine dicke Emulsion aus Tran oder Waltran mit Seife macht die Farbe der Leder erheblich heller. Auch als Fett kann man den Talg durch hydrierte Öle (s. Abschnitt XXI) ersetzen.

Schmieren im Faß.

Die Vorbereitung der Leder zur Faßschmiere ist derjenigen zum Schmieren von Hand sehr ähnlich. Nachdem die Leder, falls notwendig, ihre Nachgerbung bekommen haben, werden sie gereinigt und gut abgebürstet, um von anhaftenden Sumach- oder Schmutzteilen befreit zu werden, und dann am besten vollkommen getrocknet. Sie sollen nun ganz hell und vollständig sauber sein, und zwar sowohl auf der Narben- wie auch auf der Fleischseite. In diesem trockenen Zustande können sie nötigenfalls bleiben, bis sie dann zum Schmieren kommen. Bevor man mit dem Schmieren beginnt, taucht man sie in einen Bottich mit Wasser von 40 °C und feuchtet sie dadurch wieder an; aber man muß besonders darauf achten, daß sie nicht zu feucht werden. Nach dem Tauchen läßt man sie mindestens zwölf Stunden, auf Haufen gepackt, liegen, um die Feuchtigkeit sich gleichmäßig verteilen zu lassen. Man bedeckt die Haufen mit einem feuchten Sack oder noch besser mit einem geteerten Segeltuch, um die außenliegenden Stücke und Ränder vor dem Trockenwerden zu behüten; im Sommer muß hierauf natürlich besonders geachtet werden. Nach diesem Abwelken muß jedes Stück einzeln nachgesehen, und trockene Stellen müssen mit einem Lappen oder einem Schwamm angefeuchtet werden. Außerdem müssen die dünnen Teile der Haut, wie die Flanken, ordentlich naß gemacht werden.

Man kann beim Abwelken vor dem Schmieren niemals zu sehr aufpassen. Denn kommen die Leder zu feucht oder zu trocken in das Faß, so wird das Ergebnis niemals vollständig befriedigen. Eine Prüfung der Leder nach dem Schmieren wird erkennen lassen, ob dem Abwalken die nötige Sorgfalt gewidmet wurde. Wenn die Leder mit einer guten und vollständig gleichmäßigen Farbe auftrocknen, ist das Abwalken sachgemäß ausgeführt worden. Hingegen, wenn die Farbe ungleichmäßig ist, ist beim Anfeuchten und Abwelken nicht gehörig aufgepaßt worden. Selbst dem Laien wird es ganz leicht einleuchten, daß diejenigen Teile des Leders, welche am meisten Feuchtigkeit bekommen haben, am wenigsten Fett aufnehmen können. Denn das Wasser wird dem Eindringen des Fettes Widerstand leisten. Wenn das ganze Leder zu naß gemacht worden war, so wird die Gewichtszunahme infolge der unvollständigen Absorption der Schmiere nicht genügend sein. Der richtige Grad von Feuchtigkeit ist also ein ganz außerordentlich wesentlicher Umstand, und es hängt nur von dem Urteil des Arbeiters ab, daß er richtig getroffen wird. Wenn man das Leder doppelt zusammenfaltet und dann zwischen den Fingern preßt, so soll eine leichte Spur von Feuchtigkeit aus den Poren der Haut austreten.

Die Faßschmiere kann in einem Faß vorgenommen werden, wie es in dem Abschnitt vom Färben beschrieben wurde. Man kann auch eines der modernen Heißluftschmierfässer (Abb. 116 und 117) oder das gewöhnliche Schmierfaß nehmen.

Wenn das gewöhnliche Schmierfaß gebraucht wird, so muß man, bevor die Leder in das Faß hineinkommen, genügend lange Dampf einblasen, um die gewünschte Temperatur zu erhalten. Man schickt den Dampf durch die hohle Achse ein. Dieses Heizen erfordert gewöhnlich etwa eine halbe Stunde. Hat das Faß eine Vorrichtung für heiße Luft, so nimmt man diese statt des Dampfes.

Bevor nun die Leder einzeln eingetan werden, muß das von dem Dampf herrührende Kondenswasser fortgelassen werden. Falls Fett schon von früheren Partien an den Wandungen des Fasses haftet, so wird es durch den Dampf natürlich geschmolzen und schwimmt dann auf dem Kondenswasser. Darum läßt man in solchem Falle das Wasser in einen Bottich laufen. Denn beim Erkalten scheidet es sich in fester Form auf der Oberfläche ab und kann dann wieder benutzt werden. Es ist wesentlich, daß man das Wasser ordentlich ablaufen läßt. Denn tut man es nicht, so nehmen die Leder im Fasse das Wasser wieder auf und werden auf diese Weise zu feucht, um ein erfolgreiches Schmieren zu ermöglichen. Ebenso muß aller Dampf aus dem Fasse entwichen sein, ehe die Leder hineingelegt werden dürfen.

Wenn die Temperatur im Innern des Fasses 60° C beträgt, kommen die sachgemäß abgewelkten Leder hinein. Wenn diese Temperatur überschritten wird, so werden die Leder außerordentlich schwer gefährdet; denn sie schrumpfen oder verbrennen gar. Beim Schrumpfen aber kommen die Lederfasern aneinander, und das Fett kann daher nicht so eindringen, wie es soll.

Man läßt das Faß einige Minuten laufen, und sobald die Leder durch dieses Walken sich angewärmt haben, fließen die geschmolzenen Fette durch die hohle Achse hinein. Man walkt nun so lange, bis praktisch das ganze Fett vom Leder aufgenommen ist. Gewöhnlich reicht ein halbstündiges Walken dazu aus.

Die drei wesentlichen Punkte, von denen der Erfolg der Faßschmiere abhängt, sind 1. die geeignete Zusammensetzung der Schmiere, 2. das richtige Welksein der Leder und 3. die Temperatur im Fasse.

Wenn die Leder einmal zufällig beim Einlegen eine Kleinigkeit zu feucht sind, so tut man gut, sie zehn bis zwanzig Minuten länger als sonst laufen zu lassen. Wenn alles richtig gemacht wird, so wird sehr wenig von der Schmiere auf der Oberfläche des Leders zurückbleiben. Die Menge Leder, die auf einmal verarbeitet werden kann, hängt natürlich notwendigerweise von den Dimensionen des Fasses ab. 125

bis 250 kg dürfte wohl das höchste für eine Partie sein; indessen ist dabei die Art der Leder und ihre Stärke ganz wesentlich mit in Betracht zu ziehen.

Nachdem das Fett aufgenommen ist, läßt man die Leder allmählich abkühlen, ohne daß sie aus dem Faß herausgenommen werden. War das Faß mit Dampf geheizt, so ersetzt man die gewöhnliche Verschlußklappe durch einen durchlöcherten oder sonstwie gitter- oder siebartigen Verschluß und läßt das Faß dann weiter laufen. Heizte man mit heißer Luft, so läßt man jetzt einen kalten Luftstrom durch das Faß gehen. Sind die Leder genügend abgekühlt, so kommen sie nun aus dem Faß heraus und werden auf der Tafel ausgereckt.

Das eben mehrfach erwähnte Heizen des Fasses mit heißer Luft wird folgendermaßen ausgeführt: Die Leder kommen in das trockene Faß, das nun geschlossen und angelassen wird. Nachdem das Faß einige Minuten gelaufen, um durch das Walken die Leder ordentlich zu öffnen, schaltet man den Ventilator ein und drückt durch ihn auf und zwischen die Leder einen Luftstrom, der über Dampfrohre gestrichen und dadurch erwärmt worden ist. Man fährt damit so lange fort, bis ein Thermometer, das in den von dem Faß austretenden und in den Erhitzer zurückgehenden Luftstrom gesetzt ist, eine Temperatur von etwa 45^{0}—60^{0} C anzeigt, je nach der Temperatur, die man für die in Arbeit befindlichen Leder am besten hält. Je schneller die Temperatur auf diesen Punkt kommt, desto besser ist es für die Leder. Denn bei schnellem Erhitzen bleibt die Feuchtigkeit im Leder, während sie, wenn die Leder längere Zeit gewalkt werden, ehe die richtige Temperatur erreicht wird, aus den Ledern herausgewalkt wird und diese durch die warme Luft ausgetrocknet werden. Das Ergebnis ist dann nicht annähernd so gut, wie wenn die Erhitzung schnell vonstatten geht. Je nach der Menge Leder und seiner Beschaffenheit, nach der Größe des Fasses und der erwünschten Temperatur soll das Anheizen von Faß und Ledern 15—20 Minuten in Anspruch nehmen. Ist die Temperatur erreicht, so fließt die Schmiere durch die hohle Achse in das Faß ein. In 15—20 Minuten wird das Leder vollständig mit Fett durchtränkt sein. Die genaue Angabe, wie lange zu walken ist, wird natürlich vom Zustand des Leders und von den Temperaturen des Fettes und des Fasses abhängen und muß notwendigerweise durch die Erfahrung herausgefunden werden. Ist nun genügend lange gewalkt worden, so wird das Luftventil zum Ventilator entfernt, die überschüssige heiße Luft tritt aus, und ein kalter Luftstrom wird eingeblasen. Man kann auch die Verschlußklappe abnehmen und durch ein Gitter ersetzen, wie es beim Heizen mit Dampf oben erwähnt wurde.

Wenn man die beiden Schmierverfahren, dasjenige von Hand und die Faßschmiere, miteinander vergleicht, so ist der wesentliche Unterschied sehr leicht zu erkennen. Beim Handschmieren können nur diejenigen Schmiermaterialien vom Leder aufgenommen werden, die bei der Temperatur des Trockenraumes halbflüssig sind; die Absorption findet also hauptsächlich im Trockenraum statt. Bei der Faßschmiere findet hingegen die Aufnahme des Fettes durch das Leder hauptsächlich in dem geheizten Fasse statt, und man kann bei diesem Verfahren also auch Fette von sehr hohem Schmelzpunkt verwenden. Daher ist es auch auf diese Weise möglich, das Gewicht des Leders beträchtlich zu erhöhen, ohne es übermäßig fettig zu machen. Die Amerikaner haben die Faßschmiere zuerst eingeführt und haben mit ihrer Hilfe ein Rendement von 100 vH und darüber Schmiergewicht gegen das Trockengewicht vor dem Schmieren bekommen können.

Wenn die Leder nach dem Abkühlen aus dem Faß herauskommen, so müssen sie die ganze Schmiere absorbiert haben. Ist dies nicht der Fall, ist nicht das ganze Fett vom Leder aufgenommen worden, so hat das seinen Grund darin, daß die Leder zu feucht ins Faß hineinkamen. Haben beim nachfolgenden Trocknen die Weichteile eine etwas dunklere Farbe als der Kern und die stärkeren Stellen der Haut, so zeigt dies, daß die dünneren Stellen nicht genügend feucht gewesen sind. Die amerikanischen Zurichter gehen im Abwelken weiter als z. B. die englischen, die schon schmieren, wenn die Leder einigermaßen trocken sind. Dies trägt auch wahrscheinlich dazu bei, daß die Amerikaner mehr Fett in das Leder hineinbringen und daher ein größeres Rendement bekommen.

Ein weiterer Vorteil des Faßschmierens vor dem Handschmieren besteht darin, daß man das Leder mit härteren Fetten sättigen und auf diese Weise die Weichteile und die dünneren Stellen der Haut fester machen kann.

Die Zusammensetzung der Schmiere hinsichtlich der Art der Bestandteile und der Mengenverhältnisse schwankt außerordentlich und richtet sich nach den Absichten der Fabrik, nach der Art des verarbeiteten Leders und den anderen schon oben genannten Gesichtspunkten. Ob nun die Amerikaner anders arbeiten oder ob sie nur besser geschult sind, jedenfalls bringen sie, und besonders bei Wichsledern, beträchtlich mehr Fett in das Leder als andere Gerber.

Die Werkstoffe, die meist zur Faßschmiere gebraucht werden, sind Wollfett oder Walkfett, Paraffin, Stearin, Talg, Tran und bisweilen auch Degras und Weißgerberdegras. Ein geringer Zusatz von Harz, meist als venetianisches Terpentin, wird auch mitunter gegeben, um das Leder für eine größere Menge Schmiere aufnahmefähig zu machen, ohne daß es sich übermäßig fettig anfühlt.

Im folgenden sind einige typische Rezepte für die Schmiere gegeben, wie sie in Amerika gebraucht werden, und bei jedem Beispiel das Fettrendement, d. h. der Prozentsatz, der in das Leder eindringt, hinzugesetzt.

Kalbfelle für Wichskalb.

60 vH Stearin,
25 vH Harttalg,
15 vH Wollfett.

Rendement 75 vH—80 vH auf das Trockengewicht des Leders.

Wichsspalte.

80 vH Wollfett.
20 vH Harttalg.

Rendement 50 vH auf das Trockengewicht des Leders.

Handschuh.

60 vH Harttalg,
20 vH Stearin,
20 vH Wollfett.

Rendement 40 vH auf das Trockengewicht des Leders.

Im Gegensatz zu diesen amerikanischen Rezepten seien nachstehend einige Rezepte der englischen Zurichter genannt:

Wichskalb.

65 vH Stearin,
15 vH Degras,
20 vH Tran.

Rendement 35—40 vH auf das Trockengewicht des Leders.

Wichskipse.

50 vH Stearin,
10 vH Paraffin,
20 vH Tran,
20 vH Wollfett.

Rendement 30—40 vH auf das Trockengewicht des Leders.

Unmittelbar nach dem Schmieren müssen die Häute auf der Fleischseite mit dem Schlicker ordentlich gestoßen und auf der Narbenseite mit dem Stein bearbeitet werden, und zwar muß das geschehen, solange die Häute noch warm sind.

Um die Leder nicht zu Schaden kommen zu lassen, muß man sie nach Möglichkeit vor dem Einfluß der Luft hüten, da sich dadurch das Fett oftmals oxydiert und dann Flecken auf dem Leder gibt. Man kann das sehr einfach erreichen, wenn man, wie die Amerikaner es machen, die Leder aus dem Faß heraus in eine luftdichte, etwa mit Zinn ausgeschlagene Kiste bringt; der Arbeiter nimmt Stück für Stück, wie er sie zum Ausstreichen zur Hand haben will, aus dieser Kiste heraus, die möglichst nahe bei der Platte stehen soll.

Nach dem Ausstreichen werden die Leder entweder in Haufen gelegt, oder sie werden aufgehängt, bis sie zum zweiten Ausstreichen fertig sind. Legt man sie in Haufen zusammen, so muß man aufpassen, daß sie sich dabei nicht erhitzen. Haben sie lange genug gelegen oder gehangen, so werden sie nun zum zweiten Male ausgestrichen, indem man gewöhnlich den Narben mit dem Stein bearbeitet. Die Striche, welche der Stein hinterläßt, werden nachher wieder beseitigt; und schließlich werden die Leder auf der Narbenseite mit einem dünnen Stahlschlicker bearbeitet.

Es wird jedem erkenntlich sein, daß diese Art, dem Leder das Fett einzuverleiben, sich grundsätzlich von dem Schmieren von Hand unterscheidet. Während bei dem letzten Verfahren das Leder nur in den Stand gesetzt wird, diejenige Menge an Fett aufzunehmen, welche ihm durch Überbürsten mit der Schmiere geboten wird, und nur die Fasern des Leders geschmeidig gemacht werden, kann bei der Faßschmiere das Leder mit harten Fetten von verhältnismäßig hohem Schmelzpunkt derart vollgefüllt werden, daß auch die Zwischenräume zwischen den Fasern mit den Stoffen des Schmiermittels tatsächlich ausgefüllt werden. Es leuchtet ein, daß auf diese Weise eine große Menge an Fett in das Leder hineingearbeitet und dadurch sowohl sein Gewicht als auch seine Widerstandsfähigkeit gegen Wasser beträchtlich erhöht werden kann.

Während man dieses auf der einen Seite als eine Beschwerung ansehen kann, leuchtet es doch anderseits ein, daß das Ausfüllen der Zwischenräume zwischen den Fasern mit Fett als ein beständiges Schmieren der Faser wirkt, welche in Fett eingebettet ist, und daß das Leder infolgedessen bessere Eigenschaften für den Gebrauch haben kann.

Einbrennen und Tauchen.

Diese beiden Arbeitsweisen sind grundsätzlich sehr ähnlich. Ihre Anwendung ergibt sich aus der Überlegung, daß die Lederfaser beim Eintauchen in Öl oder Fett auch bei verhältnismäßig hoher Temperatur keinen Schaden nehmen kann, wenn sie frei von Wasser ist. Wenn feuchtes Leder bei einer Temperatur, welche höher ist als 55° C, in Öl oder Fett getaucht wird, so wird die Faser beschädigt und das Leder wird hart und brüchig — das Leder ist verbrannt. Wenn aber anderseits Leder, welches tatsächlich wasserfrei ist, bei einer weit höheren Temperatur als der genannten eingetaucht wird, so wird die Faser nicht angegriffen und das Leder nimmt keinen Schaden.

Gewöhnliches lufttrocknes Leder enthält 12—16 vH Feuchtigkeit. Wird ein solches Leder bei einer höheren Temperatur als 55° C in Öl getaucht, so wirkt die Feuchtigkeit als heißes Wasser, und das Ergebnis ist ganz ähnlich, als wenn das Leder in Wasser von solcher Temperatur getaucht worden wäre: das Leder wird verbrannt. Wenn aber das Leder durch Trocknen im Ofen oder im Trockenraum so lange getrocknet worden ist, bis die Feuchtigkeit so gut wie auf Null herabgedrückt ist, so kann es, wenn man will, mit heißem Fett behandelt werden, dessen Temperatur selbst über dem Kochpunkt des Wassers liegt, ohne die Faser zu schädigen.

Wenn Leder, welche durch Einbrennen oder Tauchen gefettet werden sollen, getrocknet werden, so kann man auf einfache Weise den Trocknungsvorgang prüfend verfolgen und sich vergewissern, daß tatsächlich die gesamte Feuchtigkeit beseitigt ist, indem man ein oder mehrere Stücke der Riemenkernstücke o. ä. an einer gewöhnlichen Federwage im Trockenraum aufhängt und so lange die Trocknung fortführt, bis keine Gewichtsabnahme mehr erfolgt.

Einbrennen. Dieses Verfahren wird auf dem Festlande mehr als in England ausgeübt, und zwar bei Riemenleder, schwarzem Geschirrleder usw. Die Leder müssen zunächst in der gewöhnlichen Art und Weise vollkommen getrocknet werden. Nachdem sie auf diese Weise lufttrocken geworden sind, müssen sie im Ofen bei einer Temperatur, welche nicht unter 45° C betragen darf, so lange weiter getrocknet werden, bis sie vollkommen wasserfrei sind. Das Verfahren wird folgendermaßen ausgeführt:

Die Leder werden auf einem aus hölzernen Latten zusammengeschlagenen Rahmen mit der Fleischseite nach oben über einen gewöhnlich verzinkten oder verbleiten Bottich gelegt. Die Mischung zum Schmieren ist schon vorher durch Erhitzen im Dampfkessel auf eine Temperatur von 85°—90° C zurechtgemacht worden, und wird nun auf der Fleischseite aufgetragen. Gewöhnlich wird das Fett mit einer Kelle oder einem Schöpflöffel über das Leder gegossen und dann schnell auf der Oberfläche mit der Bürste verrieben. Man muß in einem sehr heißen Raum arbeiten, in dem eine Temperatur von 40°—45° C herrscht; denn sonst würde das Leder selbst eine niedrigere Temperatur als der Schmelzpunkt der Fettmischung haben und die Fette zum Erstarren bringen in dem Augenblick, wo sie aufgetragen werden, also noch ehe sie in das Innere eindringen konnten. Die Arbeit sollen zwei Arbeiter besorgen, beide an demselben Leder, der eine trägt das Fett auf, der andere bürstet es schleunigst ein. Bevor die Fettmischung auf das Leder gegeben wird, wird gewöhnlich noch die Narbenseite mit einem feuchten Schwamm oder Lappen abgewischt. Und zwar hat das seinen Grund darin, daß dadurch ein Durchschlagen des Fettes auf die Narbenseite verhütet wird. Ein solches Durchschlagen würde die Lederfarbe verdunkeln und eine Ungleichheit der Färbung mit sich bringen.

Die dickeren Teile der Haut werden gewöhnlich zweimal mit der Fettmischung behandelt, während die dünneren, die Flanken usw., nur einmal Fett bekommen. Nach dem Einfetten kommen die Leder in einen Bottich mit Wasser von einer Temperatur von 50° C und sie bleiben dort, bis sie durchweicht sind, also etwa 15—20 Minuten. In diesem feuchten Zustande kommen sie nun in das Walkfaß und werden ungefähr eine halbe Stunde gewalkt. Wenn sie aus dem Faß herauskommen, werden sie für einige Tage auf Haufen gelegt, bis sie ausgesetzt werden können, oder sie werden zum Abwelken aufgehängt und dann gestoßen und ausgesetzt.

Es wurde schon gesagt, und es scheint mit Rücksicht auf die Praxis, für die das Buch in erster Reihe sein soll, angebracht, es zu wiederholen, daß das Einbrennen nur für schwere Leder in Frage kommt, die zu Riemen, schwarzem Geschirrleder usw. verarbeitet werden. Dies Verfahren eignet sich für Leder, die gegebenenfalls geschwärzt werden und für solche, die zu untergeordneten Zwecken verwendet werden, bei denen die Farbe Nebensache oder wenigstens nicht Hauptsache ist, wie Lederhosen, Eimer usw.

Fetten durch Tauchen. Dieses Verfahren ist ein verbessertes Einbrennen. Nachdem die Leder zum Schmieren vorbereitet und vorläufig lufttrocken gemacht sind, werden sie im Ofen — wie es oben beim Einbrennen beschrieben wurde — vollkommen ausgetrocknet. Bei diesem Verfahren wurde besonderer Nachdruck auf die Notwendigkeit gelegt, alle Feuchtigkeit aus den Ledern zu entfernen, bevor sie zum Einbrennen kommen. So wichtig dies auch in der Tat ist, so ist es noch bedeutend notwendiger, jede Spur von Feuchtigkeit zu beseitigen, wenn man das Einbrennen durch Tauchen vornimmt.

Die Einrichtungskosten für das Verfahren sind nicht unbedeutend. Vor allem muß man einen Bottich haben, der groß genug ist, um die ganze Haut, vollkommen ausgebreitet und — wie meistens üblich — am Schwanzende aufgehängt, aufzunehmen. Dann muß man geeignete Heizvorrichtungen für den Bottich haben, seien es nun Gasbrenner oder ein System von Dampfrohren am Boden des Bottich, oder, was am besten ist, einen doppelwandigen Dampfkessel.

Das Verfahren ist folgendes: Zuerst werden die Fettstoffe in den Kessel gebracht und geschmolzen, wobei die Temperatur sorgfältig auf etwa 80° C oder sonst einige Grade über dem Schmelzpunkt der Fettmischung gehalten wird; dann werden die Leder, Stück für Stück, in das geschmolzene Fett hineingesenkt. Wie das erste Stück in das Fettbad hineinkommt, steigen sofort zahlreiche Blasen an die Oberfläche auf; es ist das die Luft, die aus den Poren des Leders durch das eindringende Fett verdrängt wird. Sobald die Blasen aufhören, müssen die Leder sofort herauskommen. Ein Tauchen von nur wenigen Minuten — drei bis fünf Minuten und oft bedeutend kürzer — ist allermeist ausreichend. Jedes Stück läßt man, wenn es aus dem Fettbad herauskommt, abtropfen. Entweder hat man eine Einrichtung zum Hochheben, so daß es unmittelbar in das Bad abtropfen kann, oder man legt es auf ein Brett, das so angebracht ist, daß das überflüssige Fett in den Kessel zurückläuft. Dann wird es auf beiden Seiten mit Putzbaumwolle oder einem anderen geeigneten Werkstoff abgewischt und sofort in lauwarmes Wasser gebracht, in dem es eine halbe Stunde etwa zum Weichen bleibt. Aus dem Wasser werden die Leder dann herausgenommen und auf Haufen gelegt. Man legt sie dann noch einmal in Wasser von etwa 50° C, um sie weich zu machen, und walkt sie schließlich in diesem feuchten Zustande.

Für beide Arten des Einbrennens, für das Schmieren wie das Tauchen, wird gewöhnlich eine Mischung von hartem Talg, Stearin und Paraffin genommen. Das Verhältnis der einzelnen Teile richtet sich nach dem verarbeiteten Leder und dem Zwecke seiner Zurichtung.

Anhang.

I. Zusammenstellung der Farbstoffe.

Saure Farbstoffe für vegetabilisch gegerbte Leder.

Rot:

Azorubin
Benzylbordeaux B.
Bordeaux B. L.
Bordeaux B.
Bordeaux G.
Brillantsäurecarmin
Carmoisin B.
Crocein A. Z.
Croceinrot 7 B.
Croceinscharlach 8 B.
Crystallscharlach 6 R.
Ersamin B.
Eriorubin B.
Eriorubin 2 R.
Eriorubin G.
Echtrot A.
Echtrot A. V.
Echtrot B.
Echtrot E.
Echtrot Ext.
Echtrot ERD.
Echtrot O.
Echtrot 21528
Echtrot 22419 [B.
Naphthylaminscharlach
Naphthylaminrot G.
Oxblut R.
Orseillerot rotstichig
Orseillrot blaustichig
Ponceau 6 RB.
Papierrot P. S. N. R., E.
Roccelin
Säuremagenta S.

Rötlich Scharlach:

Biebricher Scharlach B.
Brillantcrocein
Brillantcrocein MOO.
Brillantcrocein R.
Croceinscharlach B.
Croceinscharlach 2 BN.
Croceinscharlach 3 BN.
Echtscharlach GX.
Papierscharlach
Ponceau BO. Ext.
Ponceau 3 RB., 4 RB.
Ponceau S.
Scharlach B. Ext.
Scharlach E. C.
Scharlach 2 R.
Scharlach 2 R.
Scharlach 3 R.
Scharlach S.
Walkrot G.

Orange Scharlach:

Croceinscharlach R.
Diaminscharlach B.
Ponceau G.
Ponceau R.
Scharlach G.
Scharlach G. L.
Scharlach Y.
Seidenscharlach G.

Orange:

Croceinorange
Goldorange
Mandarin G. Extra
Orange
Orange B. B.
Orange J.
Orange P.
Orange R.
Orange R.
Orange T.
Orange II.
Ponceau 4 G. B.
Ponceau 2 R.
Ponceau B. O. Ext.
Ponceau 3 R. B. Extra L.
Pyrotinorange

Rötlichgelb:

Azoflavin
Azoflavin R.
Azoflavin 2 R. u. 3 R.
Azoflavin R. S.
Azogelb
Azogelb conc.
Azogelb O.
Azogelb R.
Azogelb 3 X.
Azogelb J.
Kubagelb
Kubagelb O.
Curcuma Ext.
Curcuma W.
Curcumagelb
Indischgelb G.
Indischgelb R.
Indischgelb T.
Naphthylamingelb G.

Gelb:

Azogelb J.
Citronin G. & R.
Citronin OOO.
Citronin RR.
Chinolingelb
Curcuma Extra
Curcuma S.
Diphenylcitronin G.
Echtbaumwollgelb
Naphtholgelb S.
Orange II.
Ponceau 4 GB.
Polyphenylgelb 3 BG.
Tartrabarin
Tartrazin
Thioflavin T.
Walkgelb O.

Braun:

Dunkelnußbraun
Echtbraun

Echtbraun G.
Echtbraun 3 B.
Goldbraun Y.
Kastanienbraun
Neugoldbraun A_1
Resorcinbraun
Säureanthracenbraun R.
Säurebraun
Säurebraun B.
Säurebraun D.
Säurebraun G.
Säurebraun R.
Säurebraun R. N. G.
Säurebraun Y.
Säurebraun 70731
Säurelederbraun

Grün:

Azurin B.
Benzylgrün B.
Ebriogrün R. extra
Ebrioglaucin Extra (pat)
Ebrioglaucin R. B. (pat)
Ebrioveridin B.
Echtsäuregrün B. N.
Echtgrün CR.
Guineagrün B. & G.
Hellgrün S. F. blaustichig
Hellgrün S. F. gelbstichig
Nachtgrün A.

Bordeaux:

Bordeaux B. Ext.
Bordeaux BL.
Bordeaux C. O. V.
Bordeaux Ext.
Chromotrop S.
Kolumbiaviolett R.
Echtrot B.
Neuweinrot CM. & L.
Neumagenta O.
Weinrot B. & R.

Blau:

Bairischblau DB.
Baumwollblau I, II u. III
Erioglaucin B. BB. TB. N. W.
Echtblau für Leder
Echtsäureblau B.
Hellblau
Indulin
Indulin 5 B., R. & D.
Lederblau B., 2 B., 4 B.
Lederblau 2 B.
Lederblau 4 B.
Lederblau V.
Löslichblau
Löslichblau BB. R. 3 R & 6 R.
Löslichblau RR.
Marineblau O.
Marineblau
Naphtholblau
Patentblau A.
Reinblau F.
Reinblau AJ. ARJ. BSJ. Blau C III.
Säureviolett 6 B.
Säureviolett 5 BF.
Wasserblau 6 B.
Wasserblau JN. PP. TR.

Blauviolett:

Formylviolett S. 4 B.
Guineaviolett 2 B. 4 B.
Guineaviolett S. 4 B.
Säureviolett
Säureviolett 3 B., 4 B., 6 B.
Säureviolett 5 B., 7 B.
Säureviolett 6 B.
Violamin B.

Rotviolett:

Azosäuremagenta B.
Chromotrop 10 B.
Clemantin
Säuremagenta F. C.
Säuremagenta N. S.
Säureviolett 3 BA.
Säureviolett 4 R.
Säureviolett R.
Säureviolett 5 B.

Schwarz und Grau:

Amidonaphtholschwarz B. B. conc.
Carbonschwarz B.
Grau B. BR. & R.
Graublau
Graugelb
Naphtholschwarz 2 B.
Naphtholblauschwarz N.
Naphthylaminschwarz 4 B.
Naphthylaminschwarz D.
Nigrosin 3 G., wasserlöslich
Nigrosin B., BR., TBN., TTN.
Palatinschwarz L.
Phenylaminschwarz
Silbergrau P.
Silbergrau N.
Tiefschwarz B.
Viktoriaschwarz B.
Wollschwarz
Wollschwarz 6 B.
Wollschwarz G. R.

Passende Mischungen von Säurefarbstoffen für vegetabilisch gegerbte Leder.

Orange II.
Azogelb O.
Patentblau V.

Resorcinbraun
Curcumein Extr.
Nigrosin 105

Säurebraun R.
Indischgelb G.
Reinlöslichblau

Azoflavin R. S.
Echtrot A. V.
Echtblau R.

Säurebraun R.
Azoflavin R. S.
Naphtholblauschwarz

Resorcinbraun
Echtbraun C.
Naphthylaminschwarz D.

Echtbraun G.
Curcumein Ext.
Nigrosin 105

Echtbraun
Indischgelb R.
Echtgrün blaustichig

Säureanthracenbraun
Indischgelb R.
Echtgrün, blaustichig

Echtbraun N.
Azoflavin R. S.
Hellgrün S. F.

Dunkelnußbraun
Azogelb
Säuregrün

Säurebraun
Croceinorange
Baumwollblau 3 R.

Resorcinbraun **Baumwollblau 3 R.**	Indischgelb R. Säurebraun R. Reinlöslichblau	Orange II. Scharlach G. L. Hellgrün S. F.
Naphthylaminbraun **Azoflavin R. S.** **Hellgrün S. F.**	Azosäuregelb conc. Echtbraun O. Echtblau O. Lösl.	Orange II Echtrot AV. Hellgrün S. F. Azoflavin R. S. Säurebraun L. Hellgrün S. F.
Resorcinbraun Azosäuregelb oder Curcumein Ext.	Bronzesäurebraun Indischgelb R. Echtgrün blaustichig	Chokoladenfarben Tartrazin B. oder Azogelb

Basische Farbstoffe für vegetabilisch gegerbte Leder.

Rot:

Brillantsafranin G.
Camelia B.
Rhodamin B.
Rubin (kleine Krystalle)
Russischrot
Russischrot A.
Russischrot B.
Russischrot G.
Russischrot G.
Russischrot R.
Russischlederrot. Juchtenrot GR.
Russischlederrot. Juchtenrot L. M.
Safranin A. G. Ext.
Safranin Ext. B.
Safranin G. Ext.
Safranin G. & B.
Safranin GO. Ext.
Safranin O.
Safranin R. S.
Safranin S. F.
Safranin extrafein, doppelt B.
Safranin T.

Orange braunstichig:

Chrysoidin
Chrysoidin A. G.
Chrysoidin C. Ext.
Chrysoidin
Chrysoidin Ext.
Chrysoidin C.
Chrysoidin, große Krystalle
Chrysoidin, kleine Krystalle
Chrysoidin, Pulver
Chrysoidin YY.

Rötlichgelb:

Corioflavin G. & R.
Diamantphosphin R.
Euchrysin GG., R., RR.
Flavophosphin GO. neu
Flavophosphin RO. neu
Lavalliere I, II
Ledergelb
Ledergelb
Lederphosphin Ext.
Lederorange G.
Neuphosphin
Neuphosphin G.
Paraphosphin 2 A.
Phosphin
Phosphin 1 A.
Phosphin E.
Phosphin G.
Phosphin G. O.
Phosphin L.
Phosphin O.
Phosphin II.
Reinphosphin
Vitolinphosphin 5 G.

Gelb:

Auramin O.
Auramin II.
Aurophosphin 4 G., 4 GK.
Brillantphosphin G. extra
Corioflavin GG.
Flavophosphin 4 G. neu.
Ledergelb 3 G.
Ledergelb Geigy conc.
Phosphin Extra.
Phosphin 3 R.
Philadelphiagelb G.

Braungelb:

Aurophosphin G.
Canella D.
Canella für Leder
Coriphosphin O.
Diamantphosphin D.
Exanthin GGO. GGGO.
Lederbraun G.
Lederbraun O.
Ledergelb G.
Ledergelb R.
Nankin Ext.
Neuphosphin G.
Phosphin 2 A.
Phosphin Ext.
Phosphin M.
Phosphin 3 R & 3 RB.
Phosphin R. Ext.
Rheonin A. Ah. & G.
Xanthin G.

Braun:

Bismarckbraun extra.
Bismarckbraun F. conc.
Bismarckbraun F. S.
Bismarckbraun G. G.
Bismarckbraun GO.
Bismarckbraun 2 R.
Bismarckbraun R. conc.
Bismarckbraun R. Ext.
Bismarckbraun RN.
Bismarckbraun ROO.
Bismarckbraun Y. extra.
Braun G.
Braun R.
Havannabraun
Phenylenbraun 2 G.
Philadelphiabraun.
Phönixbraun D. extra.
Vesuvin
Vesuvin B.
Vesuvin BB.
Vesuvin conc.
Vesuvin OOO.

Grün:

Äthylgrün kryst.
Benzalgrün
Brillantgrün
Brillantgrün kryst.
Chinagrün kryst.

Dunkelrussischgrün 45021
Diamantgrün B.
Diamantgrün G.
Emeraldgrün
Emeraldgrün kryst.
Imperialgrün 3 G.
Malachitgrün
Malachitgrün kryst.
Methylengrün
Methylgrün

Blau:

Benzalblau B.
Benzalblau R.
Chinablau
Echtblau R. kryst.
Echtmarineblau
Methylenblau
Methylblau BB.
Methylblau BG., M., 2 B.
Methylblau 2 BCB.
Methylblau 2 B. conc.
Methylblau 2 B. Pulver extra
Methylblau G.
Methylwasserblau
Naphtholblau B. & D.
Neublau RF.
Neumethylenblau BB.
Neumethylenblau GG.
Setocyanin
Setopalin

Blauviolett:

Klematin
Krystallviolett
Methylviolett B.
Methylviolett B. Ext.
Methylviolett BB.
Methylviolett BX.
Methylviolett 2 B.
Methylviolett 3 B.
Methylviolett 4 B.
Methylviolett 5 B.
Methylviolett 6 B.
Methylviolett 7 B.
Methylviolett 10 B.
Violett kryst. O.

Rotviolett:

Methylviolett B.
Methylviolett R.
Methylviolett 2 R.
Methylviolett 3 R.
Methylviolett 4 R.
Methylviolett 5 R.
Neutralviolett
Neutralviolett XN.

Bordeaux:

Cerise G. & B.
Cerise L.
Cerise P. 4
Grenadin B.
Magenta
Magenta kryst.
Magenta Diamant kryst.
Magenta C.
Magenta Scharlach G.
Rubin
Safranin blaustichig extra

Blaurot:

Rhodamin
Rhodamin B.
Rhodamin B. Ext.
Rhodamin 3 M.
Rhodamin G.
Rhodaminrot
Rhodaminrot B.
Rosazein

Basische Farbstoffe zum Bürsten vegetabilisch gegerbter Leder.

Bismarckbraun M.
Auramin II.
Methylenblau BB.

Rheonin A.
Vesuvin B. 2
Diamantgrün G.

Bismarckbraun Extr.
Philadelphiagelb R.
Malachitgrün kryst.

Neuphosphin G.
Chrysoidein
Neublau B.

Bismarckbraun G. G.
Anilingelb Ext.
Neutralviolett Ext.

Dunkelbraun B.
Auramin L. L.
Emeraldgrün kryst.

Phosphin 3 RB.
Philadelphiagelb R.
Russischgrün 36784

Vesuvin conc.
Auramin conc.
Methylengrün

Bismarckbraun 2 B.
Ledergelb Ext.
Malachitgrün kryst.

Auramin
Braun R.
Malachitgrün

Lederschwarz R.
Gelb 4803
Blauschwarz S.

Lederbraun 375
Echtgelb 168
Methylgrün G. Ext.-fein

Braun N.
Lederbraun P.
Parisviolett O.

Saure Farbstoffe zum Bürsten vegetabilisch gegerbter Leder.

Rot und Orange:

Atlasorange
Atlasorange YS.
Brillantcrocein MOO.
Bordeaux B.
Bordeaux COV.
Bordeaux G.
Croceinorange
Croceinscharlach 3 BN.
Eosin ext., blaustichig
Eosin ext.
Erythrosin Ext.
Echtrot A.
Echtrot AV.
Echtrot F.
Echtrot 12528
Methyleosin
Phloxin BT.
Ponceau 4 GB.
Orange II, B.
Orange II

Orange IV, G.
Orange P. & R.
Roccelin
Scharlach R.

Gelb:

Anilingelb ext.
Azosäuregelb
Azoflavin RS.
Azoflavin 3 R.
Azoflavingelb
Azoflavingelb conc.
Chinolingelb
Curcumagelb
Citronin G. & R.
Curcumein Ext.
Cubagelb
Echtsäuregelb
Goldgelb
Indischgelb G.
Indischgelb R.
Naphtholgelb S.
Phosphinersatz
Säurephosphin JO.
Tartrazin

Braun:

Anthrazenbraun R.
Bronzesäurebraun
Dunkelbraun
Dunkelnußbraun
Echtbraun
Echtbraun G.
Echtbraun GR.
Echtbraun N.
Kastanienbraun
Säurelederbraun
Säureanthracenbraun R.
Säurebraun
Säurebraun D.
Säurebraun L.
Säurebraun R.

Grün:

Erioglaucin
Guineagrün B. & G.
Hellgrün S. F.
Säuregrün
Säuregrün B. & BB. Ext.
Säuregrün Ext.
Säuregrün Ext. conc.
Säuregrün G. & GG. Ext.

Blau:

Baumwollblau S.
Bairischblau DB.
Cyanol Ext.
Echtblau
Echtblau
Löslichblau
Löslichblau JN. PP. & XX.
Marineblau O.
Wasserblau 3 B. 6 B.
Wasserblau N.

Violett:

Formylviolett S. & B.
Neutralviolett X.
Säureviolett
Säureviolett 6 B.
Säureviolett 7 B.
Säureviolett 4 R.
Säureviolett 4 RS.

Schwarz:

Naphthylaminschwarz D.

Basische Farbstoffe zum Bürsten vegetabilisch gegerbter Leder.

Rot:

Juchtenrot G. & B.
Juchtenrot
Juchtenrot
Ochsblut A.
Safranin

Gelb:

Auramin II.
Chrysoidin kryst.
Corioflavin.
Coriphosphin O.
Diamantphosphin GG. & PG. & R.
Euchrysin GG., R., RR.,
Ledergelb DRR.
Ledergelb G.
Ledergelb GG.
Ledergelb O.
Ledergelb 374a 375
Neuphosphin G.
Paraphosphin R. & G.
Philadelphiagelb
Philadelphiagelb OR.
Phosphin N.
Reinphosphin
Vitolingelb 5 G.
Xanthin.

Braun:

Bismarckbraun
Bismarckbraun 2 B.
Bismarckbraun Ext.
Bismarckbraun F.
Bismarckbraun GG.
Bismarckbraun M.
Bismarckbraun R. Ext.
Bismarckbraun 12196
Braun R. & G.
Chrysoidin AG.
Chrysoidin G.
Diamantphosphin D.
Lederbraun O.
Lederbraun GG.
Lederbraun OO.
Lederbraun A. & B.
Manchesterbraun
Manchesterbraun GG., EE., PS. & OW.
Nankin I Ext. & II.
Phenylenbraun G. & 2 G.
Phosphin EFF.
Rheonin A. & N.
Vesuvin B.
Vesuvin conc.
Vesuvin OOO.

Grün:

Äthylgrün kryst.
Brillantgrün
Brillantgrün ANo. 1
Benzolgrün
Echtgrün kryst.
Malachitgrün
Methylengrün
Methylgrün kryst.

Violett:

Methylviolett usw.

Blau:

Neublau D. 120 & FL.

Schwarz:

Corvolin B. & G.
Lederschwarz
Lederschwarz TB., TBB., TG.

Säurefarbstoffe zum Färben von Chromleder auf Tanninbeizen.

(Die mit * bezeichneten sind „substantive“ Stoffe.)

Rot:

*Aceptopurin 8 B.
*Bordeaux COV.
Bordeaux Ext.
Brillantcrocein BOO., MOO., ROO.
Cochenillescharlach PS.
*Columbiaechtscharlach 4 B.

Croceinscharlach 3 B.
*Diaminrot B.
*Diaminrot 4 B.
*Diaminechtrot
*Diaminechtscharlach 5 BFF.
*Diaminbrillantbordeaux R.
*Diphenylpurpurein Ext.
*Diphenylrot 8 B. Ext.
Echtscharlach B.
Neurot B.
Ponceau 4 RB.
Roccelin
Roccelin
*Terracotta F. conc.

Orange:

*Congoorange R.
*Chrysophenin G.
Croceinorange
*Curcumein S.
*Diphenylorange
Mandarin G. Ext.
Orange GG. kryst.
Orange P.
Orange II
*Oxyciaminorange R.
Ponceau
Xylindinorange

Gelb und Gelblichbraun:

Azoflavin
Azoflavin
Azoflavin 3 R.
Azoflavin RS.
Azophosphin O.
Azogelb
Azogelb conc.
Azogelb R.
Chinolingelb
*Chromledergelb R. conc.
Chrysobarin G.
Citronin G. & R.
Cubagelb
Curcumein Ext.
*Diphenylgelb G. conc.
*Diphenylbronze I
Goldorange R.
Indischgelb G.
Indischgelb R.
Indischgelb T.
Indischgelb Y.
Naphthamingelb 2 G. & 3 G.
Naphtholgelb S.
Orange GG.
Orange 1
Orange 4
Resorcingelb
Säuregelb
Säurephosphin JO.
*Sonnengelb G.
Sonnengelb 3 G.

Braun:

*Anthrazensäurebraun B., G., N., R., V.
Azophosphin
Bronzesäurebraun
*Chromlederbraun R.
*Chromlederbraun G.
*Chromlederbraun A., G. & KG.
Chokoladenbraun
*Columbiabraun M.
*Congobraun G.
Dunkelsäurebraun 2357
Dunkelbraun B.
Dunkelnußbraun R.
*Diaminbraun R., 3 G.
*Diamincatechin G. & B.
*Diaminbronzebraun PE.
*Diphenylbraun BN. Ext.
*Diphenylbraun G. conc.
*Diphenylbraun BV. extra
Echtbraun D.
Echtbraun
Echtbraun G.
Echtbraun N.
Havannabraun S. conc.
Kastanienbraun
Naphthaminbraun 4 E., 4 G.
Naphthylaminbraun
Neugoldbraun A 1
Orseillebraun G.
Resorcinbraun
Säureanthrazenbraun R.
Säurebraun
Säurebraun G. & R.
Säurelederbraun
Säurephosphin JO.
Zambesibraun G.

Grün:

*Columbiagrün
Cyanolgrün B. & 6 G.
Cyanolechtgrün G.
*Diaminschwarzgrün N.
Erioglaucin
Echtsäuregrün B. & BN.
Guineagrün G. & B.
Lichtgrün SF.
Lichtgrün 2 G.
Lichtgrün 2 GM.
Naphtholgrün B.
Säuregrün
Säuregrün conc.
Säuregrün Ext. conc.
Säuregrün GG. Ext.

Blau und Violett:

Alkaliblau 6 B.
Azowollblau 6 B.
Bairischblau DB.
*Congoechtblau B.
*Congoechtblau R.
*Columbiaviolett R.
*Columbiablau G.
Cyanol Ext.
*Diaminechtblau
Diaminechtviolett FFB. & FFR.
*Diaminheliotrop B., G. & O.
*Diphenylblau 2 B.
Diphenylblauschwarz Ext.
Diphenylviolett R.
Echtblau 3 R., R., 6 G.
Echtblau O.
Formylviolett S. 4 B.
Guineaviolett 4 B.
Löslichblau 2 B., 3 R. & 5 R.
Löslichblau JN., PP.
Löslichblau
Naphtholblau R. 144
*Polyphenylblau G. conc.
Säureviolett 4 RS.
Säureviolett 2 B.
Säureviolett 6 B.
Setocyanin
Wasserblau 6 B.
Wasserblau TR.

Grau:

Anilingrau
Nigrosin B. & T.
Silbergrau

Schwarz:

Chromlederschwarz usw.
*Chromlederschwarz C., 2061 J., 3498 J., 8189
*Chromlederschwarz F.
*Chromlederschwarz H.
Chromlederbrillantschwarz
*Chromledertiefschwarz G. extra stark
*Columbiaschwarz E. O.
*Diphenyltiefschwarz G. conc.

*Diphenyltiefschwarz R. conc.
*Diphenyltiefschwarz V.
Französischschwarz
Lederschwarz V.
*Lederschwarz JE. extra conc.
*Ledercarbon JE. & JEJ.
Naphtholschwarz B.
*Naphthalinschwarz D., 2 D., 12 B.
Naphthylaminschwarz 4 B. & 6 B.
Neutralschwarz B. und BN. für Leder
Nerazin G., GA., BR.
Nigrosin wasserlösl. OJFB.
*Perchromin B.
Phenylaminschwarz 4 B.
*Polyphenylschwarz T. conc.
Säureschwarz BC., NBZ.

Basische Farbstoffe für Chromleder auf Tanninbeizen.

Auramin II usw.
Aurophosphin G., 4 G., 4 GK.
Bismarckbraun
Chrysoidin
Corioflavin RG. & GG.
Coriphosphin O.
Diamantphosphin GG., PG., R., D.
Französischschwarz
Havannabraun 2
Juchtenrot G. & B.
Lederphosphin Ext.
Ledergelb A.
Ledergelb L., G., R.
Lederschwarz TB., TBB. & TG.
Manchesterbraun PS., EE., GG.
Neuphosphin G.
Neublau D. 120 und FL.
Ochsblut A.
Paraphosphin AGE.
Paraphosphin G.
Paraphosphin L.
Phenylenbraun 2 G.
Philadelphiagelb 4 G.
Phosphin CA.
Phosphin G.
Phosphin N.
Phosphin O.
Phosphin EFF.
Phosphin R., LB.
Phosphin 3 R.
Phosphin 3 RB.
Tanninbraun B.
Tanninheliotrop
Vesuvin OOO.
Xanthin 3 GO., GGO., G.

Saure und basische Farbstoffe zum Färben von Alaunkidledern, sowohl in der Farbflotte wie mit der Bürste.

(Die mit * bezeichneten sind „basische Farbstoffe".)

Rot:
Eosin
Erythrosin
Phloxin B.
Rose bengale
*Safranin

Braun:
*Bismarckbraun u. a.
Bronzesäurebraun
Canelle
*Chrysoidin u. a.
Chromlederbraun B., G. & KG.
*Diamantphosphin D.
Dunkelnußbraun
Echtbraun D.
Havannabraun S. conc.
*Nankin
Neugoldbraun A.
Neugoldbraun A 1
Phosphin EFF.
Resorcinbraun
*Vesuvin OOO.
*Vesuvin 4 DG. conc.

Gelb:
*Auramin II u. a.
Azoflavin 3 R.
Azogelb G.
Chinolingelb
Chromledergelb R. conc.
Cubagelb
Diamantphosphin GG., FG., R.
Indischgelb R.
Indischgelb G.
Naphtholgelb
*Rheonin

Grün:
Diamantgrün B.
Guineagrün B. & G.
Malachitgrün kryst.
Säuregrün u. a.
Säuregrün 2 BG.

Blau:
Cyanol extra
*Methylenblau
Solidblau D.

Schwarz:
Chromledertiefschwarz G. extra stark
Lederschwarz JE. extra conc.

Farbstoffe für Sämischleder.

(Die mit * bezeichneten sind „basische Farbstoffe".)

Saure und basische Farbstoffe.
Azosäurebraun
Azobraun V.
Azoflavin 3 R.
Azoflavin RS.
Azophosphin
Azogelb 3 G.
Azogelb R.
*Bismarckbraun
*Bismarckbraun Ext.
*Bismarckbraun F. & M.
Blau PP.
Bronzesäurebraun
*Canelle für Leder

Chokoladenbraun
*Chrysoidin G. pdr.
Curcumein Ext.
Croceinscharlach 2 BN.
Dunkelbraun
Duneklbraun B.
Dunkelnußbraun
Echtbraun
Echtbraun N.
Goldbraun Y.
Goldgelb
Graublau
*Havannabraun RG.
Indischgelb G.
Indulin NW.
Lederblau V.
*Lederbraun F.
*Lederbraun GG.
*Ledergelb O. Ext.
*Modebraun GO., R., RO.
Naphthylaminschwarz 4 B.
Naphthylaminschwarz 6 B.
Neuviktoriaschwarz B.
*Nachtblau
Nigrosin LT.
Nigrosin
Orange II
Orseillebraun G.
Papierschwarz T.
Pechschwarz kryst.
*Philadelphiabraun
*Philadelphiagelb R.
*Reinphosphin
Resorcinbraun
Säuregrün
Säuregrün BB. Ext.
Säuregrün conc.
Säuregrün G.
Säuregrün 2 G.
Silbergrau N.
Viktoriaschwarz B. & G.

Alizarinfarbstoffe:

Alizarinschwarz
Alizarinblau
Alizarinblau 2 O.
Alizarinbraun Paste
Alizarincorcian AB.
Alizarincyanin E. Ext.
Alizarincyanin grün G. Ext.
Alizaringelb 3 G.
Alizarinorange W.
Alizarinorange 20 R. Paste
Alizarinrot WB.
Anthrazenblau WG.
Anthrazenbraun
Anthrazenbraun GG.
Anthrazenbraun Paste
Anthrazenbraun R.
Anthrazenbraun W.
Azoalizaringelb
Beizengelb O.
Brillantalizarincyanin
Coerulein
Corcian RR.
Gallazin

Substantive Farbstoffe:

Baumwollblau III
Diaminschwarz B.
Diaminorange BH.
Renolaminschwarz BH.

Janusfarbstoffe:

Janusblau B.
Janusbraun R.
Janusscharlochrot B.
Janusgrün G.
Janusrot B.
Janusgelb
Janusgelb R.
Janusgelb G.

Immedialfarbstoffe:

Immedialgelb GG. pat.
Immedialgelb D. pat.
Immedialorange C. pat.
Immedialgelbbraun EN. pat.
Immedialcatechu G. pat.
Immedialcatechu O. pat.
Immedialcatechu R. pat.
Immedialbraun B. pat.
Immedialbraun G. pat.
Immedialbraun RR. pat.
Immedialbronze A. pat.
Immedialdunkelbraun A. pat.
Immedialschwarzbraun D. conc. pat.
Immedialmarron B. conc. pat.
Immedialbordeaux G. conc. pat.
Immedialpurpur C. pat.
Immedialreinblau Pulver conc. pat.
Immedialneublau G. conc. pat.
Immedialindon B. conc. pat.
Immedialindon R. conc. pat.
Immedialindonviolett B. conc. pat.
Immedialbrillantgrün G. conc. pat.
ImmedialbrillantgrünGG. extra pat.
Immedialgrün GG. extra pat.
Immedialgrün BB. extra pat.
Immedialtiefgrün G. pat.
Immedialolive B. pat.
Immedialolive 4 G.
Immedialschwarz NB.pat.
Immedialschwarz NN. conc.
Immedialbrillantschwarz B. pat.

II. Das Ausbleichen künstlicher Teerfarbstoffe auf sumachgarem Leder.

Um die Lichtechtheit verschiedener Teerfarbstoffe zu bestimmen, wurden von Lamb gegen 1500 Färbungen auf sumachgarem Leder hergestellt, jede mit einem besonderen Farbstoff, wie ihn die ersten Fabriken verwenden. Sie wurden auf Brettern befestigt und horizontal in einem Glashaus des Botanischen Gartens in Regents Park in London dem Lichte ausgesetzt, und zwar derartig, daß nur die eine Hälfte voll vom Lichte getroffen, während die andere sorgfältig dagegen geschützt wurde. Um ein Vergleichsmuster zu erhalten, nach welchem die Lichtechtheit der Farbstoffe zu beurteilen möglich war, wurden sechs größere Lederstücke in verschiedenen Farben — sie seien A, B, C, D, E und F genannt — gefärbt, von denen allen bekannt war, daß ihre Lichtechtheit nicht sehr beträchtlich ist. Von diesen wurden sechs Muster geschnitten, eins von jedem, und neben den 1500 dem Lichte ausgesetzt. Nach Verlauf von neun Tagen mit hellem Sonnenlicht war die Farbe des einen zugeschnittenen Musters — sagen wir von D — ausgeblichen.

Die gefärbten Leder wurden nun geprüft und alle diejenigen, die in dieser ersten Periode verblaßt waren, als Serie 1 bezeichnet.

Nun wurde ein zweites Muster von D ausgelegt. Die Verblassungsperiode sei auf einen Monat angenommen, da die Wetterverhältnisse ungünstiger waren und kein so helles Sonnenlicht schien. Es wurden wieder diejenigen Färbungen notiert, die in dieser Zeit verblichen waren, und sie wurden als Serie 2 bezeichnet. Im ganzen wurden, ehe die Untersuchung abgeschlossen wurde, zehn solche Perioden innegehalten, von denen jede einzelne bezüglich der Lichtintensität den ersten neun Tagen entsprach. Diese Untersuchung zog sich so über 13 Monate hin und in dieser Zeit waren alle Farben ausgeblichen.

Neben den gefärbten Ledern wurden ungefärbte Stücke derselben Leder dem Lichte ausgesetzt, um den Einfluß des Lichtes auf die durch die Gerbung allein entstandene Farbe festzustellen. Nach Verlauf der ganzen Versuchsdauer, die 13 Monate betrug, war die Farbe merklich nachgedunkelt. Beim Beurteilen des Ausbleichens der farbigen Lacke wurde diese Nachdunklung mit in Rechenschaft gezogen.

Beim Färben der Leder mit sauren Farbstoffen wurde dem Farbstoff ein Zusatz von Schwefelsäure gegeben. Beim Färben mit basischen Farbstoffen wurde der Überschuß des Gerbstoffes in unlöslicher Form durch eine Vorbehandlung mit Brechweinstein und Kochsalz fixiert.

Zur Vervollständigung der Untersuchung wurden ferner Muster mit sauren Farbstoffen hergestellt, indem zum Säurezusatz Ameisensäure an Stelle der Schwefelsäure verwendet wurde, da die letztere dem Lacke unzuträglich ist. Es stellte sich heraus, daß das Resultat davon gar nicht beeinflußt wurde und das Ausbleichen genau in der gleichen Weise erfolgte wie beim Gebrauch von Schwefelsäure.

Einige Färbungen wurden mit Mischungen verschiedener Farbstoffe hergestellt und dann dem Lichte ausgesetzt[1]). In jedem Falle konnte festgestellt werden, daß das Ausbleichen von dem Verhältnis der Lichtechtheit der einzelnen verwendeten Farbstoffe abhängig ist; d. h. wenn die Nüance durch Mischen eines relativ beständigen und eines unechten Farbstoffes hergestellt war, der unechte ausblaßte, ohne den echten zu beeinflussen.

Schließlich wurde beim Färben mit basischen Farbstoffen ein Zusatz von Formaldehyd versucht; es stellte sich aber heraus, daß er gar keinen Einfluß auf die Lichtechtheit hatte.

Nachstehende Tabelle gibt die gefundenen Serien wieder, von denen naturgemäß die Serie 10 die widerstandsfähigsten, lichtechtesten Farbstoffe enthält.

Serie 1.

Dem Lichte ausgesetzt vom 14. Juli bis 23. Juli (9 Tage).
Die Farbe war vollständig verblichen.

Curcumein	Eosin B. S.	Naphtholgrün B.
Eosin O. O.	Eosin A.	Phloxin B. T.
Eosin Y. S.	Erythrosin	Phloxin N.
	Methyleosin	

Serie 2.

Dem Lichte ausgesetzt vom 14. Juli bis 14. August (31 Tage).
Die Farbe war vollständig verblichen.

Benzoflavin	Chinagrün	Chrysoidin A. G.
Brillantgrün	Chrysoidin R. E.	Chrysoidin O.

[1]) Soc. of Chem. Ind. Jour. November 1913.

Chrysoidin T.
Citronin A.
Echtgrün kryst. O.
Echtgrün B.
Echtgrün kryst.
Echtsäuregrün B. IV.
Emeraldgrün
Imperialgrün G. 1
Imperialgrün G. 2
Imperlalgrün G. 3
Malachitgrün
Methylviolett 2
Naphtholgelb S.
Orange T. 4
Rheonin N.
Rose bengale
Russischgrün B. B.
Russischgrün S.
Russischgrün Y.
Russischrot G.
Russischrot R.
Russischrot 2 C.
Säureviolett 6B.
Säureviolett R. S.
Säureviolett 2 B.
Säuregrün Extr.
Türkischblau B. B.
Türkischblau G.
Titanenbraun R.
Ultramarinblau
Vesuvin
Vesuvin B.

Serie 3.

Dem Lichte ausgesetzt vom 14. Juli bis 21. September (69 Tage).
Die Farbe war vollständig verblichen.

Acridinscharlach 3R.
Acridinscharlach R.
Äthylgrün
Alkaliblau 6R.
Alkaliblau 6B.
Auramin 2
Vuramin 0
Auramin G.
Baumwollblau R.
Bismarckblau G. G.
Bismarckbraun N. Y. Y.
Bismarckbraun F.
Bismarckbraun M.
Bismarckbraun P S.
Bismarckbraun F. W.
Bismarckbraun R.
Bismarckbraun O.
Bordeaux B.
Canella P. W.
Canella L.
Canella L.
Canella O. F.
Canella N. W.
Canella Y.
Canella P.
Cerise A.
Chrysoidin G.
Chrysoidin R.
Chrysoidin Y.
Chrysoidin Y. Y.
Chrysoidin Cryst.
Corolin G.
Crumpsallgelb F. K. P.
Crumpsallgelb Y. Y. P.
Curcumagelb
Diamantblau 3R.
Diamantgrün B.
Eboligrün G.
Echt Säureblau B.
Echt Säureviolett 4B.
Echt Säuremagenta B.
Formylviolett 8, 4B.
Hellgrün N.
Lavilliere 2
Lavilliere 1
Lazulinblau R.
Methylgrün
Naphtholgelb
Neptungrün
Orseille-Ersatz N.
Phosphin 3 R. B.
Phosphin B. Extr.
Phosphin 3
Phosphin 2
Phosphin 1
Phosphin N
Phosphin 3 R.
Phosphin N. A.
Phosphin G. A.
Philadelphiagelb G.
Philadelphiagelb O. R.
Philadelphiabraun
Säuregrün 3B.
Säuregelb
Thioflavin T.
Vesuvin Conc.

Serie 4.

Dem Lichte ausgesetzt vom 14. Juli bis 15. November (124 Tage).
Die Farbe war vollständig verblichen.

Acridinrot B.
Acridinrot 3B.
Acridinrot 2B.
Anilingelb 2
Azosäureviolett R. Extr.
Azosäureviolett B.
Azocochennille
Atlasscharlach 1
Bismarckbraun Y.
Bismarckbraun Y. Extr.
Bismarckbraun 30 R.
Bismarckbraun 2 B.
Bismarckbraun Y. S.
Bordeaux Extra
Bordeaux Y.
Cardinal 4 B
Carmoisin N.
Cerise D. 2
Cerise N.
Chrysoidin Extr.
Chrysophenin S.
Corvolin B.
Cresyechtblau 2 B.
Cubagelb
Cyanol Extr.
Diamant-Magenta
Eboligrün B.
Echtmarinegrün BM.
Echtmarineblau A.
Geranium M.
Goldgelb
Grenadin G.
Guineagrün B.
Guineagrün S.
Hofmannsviolett
Indischgelb T.
Indischgelb S.
Indigoblau L.
Indigoblau N.
Löslichblau G. S.
Löslichblau R.
Löslichblau B.
Magenta W. B.
Magenta R. F.
Magenta W. B. S.
Magentascharlach B.
Magentascharlach S.
Marineblau

Maron
Methylblau
Methylgrün Y. S.
Methylviolett 4 R.
Methylviolett C.
Methylviolett 6 B.
Methylviolett 3 B.
Methylviolett R.
Methylviolett 3 B.
Methylviolett B. Extr.
Methylviolett 2 B.
Methylviolett B. B.
Methylviolett B. O.
Naphtholblau G.
Naphtholblauschwarz N.
Naphthylaminschwarz R.
Nanking
Neublau B.
Neugoldbraun A. 1
Neumagenta O.
Neumethylaninblau
Neupatentblau S. A.
Neutralviolett
Neuviktoriaschwarz S.
Orange S. S.
Patentphosphin S. S.
Philadelphiaschwarz B.
Phosphin E.
Phosphin L.
Phosphin S.
Phosphin R.
Phosphin W. A.
Phosphin 2 A.
Pyronin S.
Reinblau kryst.
Resorcingelb
Rosanilin kryst.
Rubin
Russischrot R.
Russischrot S. S.
Russischrot B.
Russischrot S. R.
Säureblau, grünstichig
Säurebraun 3 B.
Säurebraun R.
Säurebraun B.
Säuregrün, Extr.
Säuregrün B. B. Extr.
Säuregrün S. S. Extr.
Säuregrün 225
Säuregrün O.
Säuregrün conc.
Säuregrün C. E.
Säuregelb B.
Säureviolett 3 B. N.
Säureviolett B. N.
Säureviolett F. S.
Scharlach S.
Scharlach R.
Violettkryst. O.
Xanthin 3 G. O.

Serie 5.

Dem Lichte ausgesetzt vom 14. Juli bis 20. Januar (190 Tage).
Die Farbe war vollständig verblichen.

Acridinorange N. O.
Amaranth
Anthracensäurebraun G.
Atlasorange Y. S.
Atlasorange R. S.
Atlasscharlach 3
Auramin conc.
Azocarmin L.
Azoflavin 7032
Azofuchsin G. W. Extr.
Azogelb 3 G.
Azogelb R.
Azophosphin
Azorubin S.
Azosäurebraun
Baumwollblau O. O.
Bismarcksäurebraun
Brillantscharlach B.
Brillantscharlach 4 R. B.
Brillantscharlach Y. Y.
Brillantscharlach X.
Bronzesäurebraun
Capriblau G. O.
Caprigrün 2 G.
Cardinal 1
Cardinal 3 B.
Carmiosinorange A.
Croceinscharlach B.
Croceinscharlach R.
Doppelponceau 2 R.
Doppelponceau 4 R.
Eriglaucin
Echtblau E. 1
Echtblau O.
Echtblau G.
Echtbraun G.
Echtbraun N.
Echtmarineblau R. M.
Echtrot A.
Echtrot Extr .
Echtrot P. R. Extr.
Echtviolett B. S.
Echtblau G.
Goldbraun Y.
Goldorange
Homophosphin G.
Indulin B.
Mandarin B. extr.
Methylblau
Nachtblau
Naphtholbraun
Naphthylaminschwarz 4 B.
Naphthylaminschwarz 6 B.
Naphtylaminbraun
Naublau
Nauphosphine
Nigrosin G. O.
Nigrosin R.
Nigrosin W.
Orange S.
Orange 2
Orange 2 B.
Orange P.
Orange G.
Orange G. T.
Orange N.
Orange Extr.
Orange Extr. conc.
Orange A.
Patentphosphin 3 R.
Phosphingelb R.
Ponceau 4 G. B.
Ponceau 3 R. Extr.
Ponceau 2 R.
Ponceau Y.
Reinblau P.
Rhodamin 6 G. N.
Safranin G. Extr. C.
Safraninin Extr.
Säurebraun L.
Saäurephosphin T. O.
Säuremarron
Säurebraun R. R.
Säurebraun D.
Säurebraun Y.
Säuregrün 4 B.
Säureviolett R.
Scharlach B.
Scharlach *R.*
Scharlach 3 R.
Scharlach B. B.
Scharlach G. 1
Viktoriaschwarz G.
Wasserblau 3 B.

Serie 6.

Dem Lichte ausgesetzt vom 14. Juli bis 12. April (272 Tage).
Die Farbe war vollständig verblichen.

Azobordeaux	Echtrot K. O.	Ponceau 4 R. B.
Azofuchsin B.	Indulin A.	Ponceau 6 R. B.
Atlasscharlach	Indulin L.	Säuregrün 5677
Birmanischrot	Methylenblau B.	Säureviolett 3 B. A.
Bordeaux 3 B.	Neubordeaux L.	Safranin A. G. extr.
Brillantcrocein M. O. O.	Naupatentblau 4 B.	Safranin 2
Cochinillescharlach P. S.	Neuphosphin, rein	Scharlach 4 R.
Croceinscharlach B.	Nigrosin L. T.	Viktoriaschwarz
Croceinscharlach 6 R.	Nigrosin I. B.	Walkrot R.
Curcuma Extr.	Ponceau 10 R. B.	Wollponceau L. R.
Dunkelnußbraun	Ponceau 4 R.	
Echtbraun O.	Ponceau B. O.	

Serie 7.

Dem Lichte ausgesetzt vom 14. Juli bis 4. Mai (294 Tage).
Die Farbe war vollständig verblichen.

Azobordeaux	Crocein A. Z.	Resorcinbraun
Azocarmin S.	Cubagelb	Rhodamin B.
Azoflavin R. S.	Echtblau R.	Säuremagenta O.
Azogelb B. S.	Echtscharlach B.	Safranin F. F. Ext.
Baumwollblau 2	Flavindulin 2	Safranin 1 Extr.
Bordeaux B. ext.	Hellblau S. F.	Safranin T.
Bordeaux B. L.	Indulin N. W.	Safraninscharlach B.
Bordeaux Y.	Indischgelb R.	Scharlach E. C.
Bordeauxrot B.	Methylenblau B. B.	Tartazin
Brillantcrocein 3 B.	Methylenblau 2 R.	Viktoriaschwart B.
Croceinscharlach 8 B.	Naphthylaminbraun	Wasserblau B. T. R.
Croceinscharlach 7 B.	Orseillerot A.	Wasserblau P. P.
Chinolingelb	Phenolschwarz S. S.	Wasserblau B. B.

Serie 8.

Dem Lichte ausgesetzt vom 14. Juli bis 1. Juni (322 Tage).
Die Farbe war vollständig verblichen.

Azofuchsin S.	Chromotrop 6 B.	Nigrosin B.
Azosäuremagenta B.	Chromotrope 2 R.	Ponceau G. EB.
Bairischblau DB.	Echtblau R.	Rhodamin B. Extra
Baumwollblau BB.	Echtrot S.	Scharlach B. Extra
Baumwollblau I.	Indulin R.	Viktoriaschwarzblau
Bordeaux G.	Kaiserscharlach	Violamin R.
Brillantsafranin G.	Neumethylenblau N.	Wasserblau 6 B.
Brillantsafranin O.	Neumethylenblau G. G.	
Brillantrhodulinrot	Neumethylenblau BB.	

Serie 9 und 10.

Dem Lichte ausgesetzt vom 14. Juli bis zum 15. August (397 Tage).
Die Farbe war vollständig verblichen.

Echtblau 5 B.	Säureviolett 4 R.
Nigrosin WG.	Violamin B.

III. Verschiedene Tabellen.

Spezifisches Gewicht, Baumé- und Twaddell-Grade.

15° C.

Spez. Gew.	Baumé	Twaddell	Spez. Gew.	Baumé	Twaddell
1,000	0	0	1,255	29,3	51
1,005	0,7	1	1,260	29,7	52
1,010	1,4	2	1,265	30,2	53
1,015	2,1	3	1,270	30,6	54
1,020	2,7	4	1,275	31,1	55
1,025	3,4	5	1,280	31,5	56
1,030	4,1	6	1,285	32,0	57
1,035	4,7	7	1,290	32,4	58
1,040	5,4	8	1,295	32,8	59
1,045	6,0	9	1,300	33,3	60
1,050	6,7	10	1,305	33,7	61
1,055	7,4	11	1,310	34,2	62
1,060	8,0	12	1,315	34,6	63
1,065	8,7	13	1,320	35,0	64
1,070	9,4	14	1,325	35,4	65
1,075	10,0	15	1,330	35,8	66
1,080	10,6	16	1,335	36,2	67
1,085	11,2	17	1,340	36,6	68
1,090	11,9	18	1,345	37,0	69
1,095	12,4	19	1,350	37,4	70
1,100	13,0	20	1,355	37,8	71
1,105	13,6	21	1,360	38,2	72
1,110	14,2	22	1,365	38,6	73
1,115	14,9	23	1,370	39,0	74
1,120	15,4	24	1,375	39,4	75
1,125	16,0	25	1,380	39,8	76
1,130	16,5	26	1,385	40,1	77
1,135	17,1	27	1,390	40,5	78
1,140	17,7	28	1,395	40,8	79
1,145	18,3	29	1,400	41,2	80
1,150	18,8	30	1,405	41,6	81
1,155	19,3	31	1,410	42,0	82
1,160	19,8	32	1,415	42,3	83
1,165	20,3	33	1,420	42,7	84
1,170	20,9	34	1,425	43,1	85
1,175	21,4	35	1,430	43,4	86
1,180	22,0	36	1,435	43,8	87
1,185	22,5	37	1,440	44,1	88
1,190	23,0	38	1,445	44,4	89
1,195	23,5	39	1,450	44,8	90
1,200	24,0	40	1,455	45,1	91
1,205	24,5	41	1,460	45,4	92
1,210	25,0	42	1,465	45,8	93
1,215	25,5	43	1,470	46,1	94
1,220	26,0	44	1,475	46,4	95
1,225	26,4	45	1,480	46,8	96
1,230	26,9	46	1,485	47,1	97
1,235	27,4	47	1,490	47,4	98
1,240	27,9	48	1,495	47,8	99
1,245	28,4	49	1,500	48,1	100
1,250	28,8	50	1,505	48,4	101

Spez. Gew.	Baumé	Twaddell	Spez. Gew.	Baumé	Twaddell
1,510	48,7	102	1,680	58,4	136
1,515	49,0	103	1,685	58,7	137
1,520	49,4	104	1,690	58,9	138
1,525	49,7	105	1,695	59,2	139
1,530	50,0	106	1,700	59,5	140
1,535	50,3	107	1,705	59,7	141
1,540	50,6	108	1,710	60,0	142
1,545	50,9	109	1,715	60,2	143
1,550	51,2	110	1,720	60,4	144
1,555	51,5	111	1,725	60,6	145
1,560	51,8	112	1,730	60,9	146
1,565	52,1	113	1,735	61,1	147
1,570	52,4	114	1,740	61,4	148
1,575	52,7	115	1,745	61,6	149
1,580	53,0	116	1,750	61,8	150
1,585	53,3	117	1,755	62,1	151
1,590	53,6	118	1,760	62,3	152
1,595	53,9	119	1,765	62,5	153
1,600	54,1	120	1,770	62,8	154
1,605	54,4	121	1,775	63,0	155
1,610	54,7	122	1,780	63,2	156
1,615	55,0	123	1,785	63,5	157
1,620	55,2	124	1,790	63,7	158
1,625	55,5	125	1,795	64,0	159
1,630	55,8	126	1,800	64,2	160
1,635	56,0	127	1,805	64,4	161
1,640	56,3	128	1,810	64,6	162
1,645	56,6	129	1,815	64,8	163
1,650	56,9	130	1,820	65,0	164
1,655	57,1	131	1,825	65,2	165
1,660	57,4	132	1,830	65,4	166
1,665	57,7	133	1,835	65,7	167
1,670	57,9	134	1,840	65,9	168
1,675	58,2	135			

Spezifisches Gewicht der Schwefelsäure. (Lunge und Isler.) 15° C.

Spez. Gew.	Grad Baumé	Prozent in Gewicht	Spez. Gew.	Grad Baumé	Prozent in Gewicht
1,000	0	0,09	1,160	19,8	22,19
1,010	1,4	1,57	1,170	20,9	23,47
1,020	2,7	3,03	1,180	22,0	24,76
1,030	4,1	4,49	1,190	23,0	26,04
1,040	5,4	5,96	1,200	24,0	27,32
1,050	6,7	7,37	1,210	25,0	28,58
1,060	8,0	8,77	1,220	26,0	29,80
1,070	9,4	10,19	1,230	26,9	31,11
1,080	10,6	11,60	1,240	27,9	32,28
1,090	10,9	12,99	1,250	28,8	33,43
1,100	13,0	14,35	1,260	29,7	34,57
1,110	14,2	15,71	1,270	30,6	35,71
1,120	15,4	17,01	1,280	31,5	36,87
1,130	16,5	18,31	1,290	32,4	38,03
1,140	17,7	19,61	1,300	33,3	39,19
1,150	18,8	20,91	1,310	34,2	40,35

Spez. Gew.	Grad Baumé	Prozent in Gewicht	Spez. Gew.	Grad Baumé	Prozent in Gewicht
1,320	35,0	41,50	1,720	60,4	78,92
1,330	35,8	42,66	1,730	60,9	79,80
1,340	36,6	43,74	1,740	61,4	80,68
1,350	37,4	44,82	1,750	61,8	81,56
1,360	38,2	45,88	1,760	62,3	82,44
1,370	39,0	46,94	1,770	62,8	83,32
1,380	39,8	48,00	1,780	63,2	84,50
1,390	40,5	49,06	1,790	63,7	85,70
1,400	41,2	50,11	1,800	64,2	86,90
1,410	42,0	51,15	1,810	64,6	88,30
1,420	42,7	52,15	1,820	65,0	90,05
1,430	43,4	53,11	1,821	—	90,20
1,440	44,1	54,07	1,822	65,1	90,40
1,450	44,8	55,03	1,823	—	90,60
1,460	45,4	55,97	1,824	65,2	90,80
1,470	46,1	56,90	1,825	—	91,00
1,480	46,8	57,83	1,826	65,3	91,25
1,490	47,4	58,74	1,827	—	91,50
1,500	48,1	59,70	1,828	65,4	91,70
1,510	48,7	60,65	1,829	—	91,90
1,520	49,4	61,59	1,830	—	92,10
1,530	50,0	62,53	1,831	65,5	92,30
1,540	50,6	63,43	1,832	—	92,52
1,550	51,2	64,26	1,833	65,6	92,75
1,560	51,8	65,08	1,834	—	93,05
1,570	52,4	65,90	1,835	65,7	93,43
1,580	53,0	66,71	1,836	—	93,80
1,590	53,6	67,59	1,837	—	94,20
1,600	54,1	68,51	1,838	65,8	94,60
1,610	54,7	69,43	1,839	—	95,00
1,620	55,2	70,32	1,840	65,9	95,60
1,630	55,8	71,16	1,8405	—	95,95
1,640	56,3	71,99	1,8410	—	97,00
1,650	56,9	72,82	1,8415	—	97,70
1,660	57,4	73,64	1,8410	—	98,20
1,670	57,9	74,51	1,8405	—	98,70
1,680	58,4	75,42	1,8400	—	99,20
1,690	58,9	76,30	1,8395	—	99,45
1,700	59,5	77,17	1,8390	—	99,70
1,710	60,0	78,04	1,8385	—	99,95

Spezifisches Gewicht der Essigsäure.

15° C (Oudemans).

Spez. Gew.	Proz.	Spez. Gew.	Proz.	Spez. Gew.	Proz.	Spez. Gew.	Proz.
1,0007	1	1,0142	10	1,0270	19	1,0388	28
1,0022	2	1,0157	11	1,0284	20	1,0400	29
1,0037	3	1,0171	12	1,0298	21	1,0412	30
1,0052	4	1,0185	13	1,0311	22	1,0424	31
1,0067	5	1,0200	14	1,0324	23	1,0436	32
1,0083	6	1,0214	15	1,0337	24	1,0447	33
1,0098	7	1,0228	16	1,0350	25	1,0459	34
1,0113	8	1,0242	17	1,0363	26	1,0470	35
1,0127	9	1,0256	18	1,0675	27	1,0481	36

Spez. Gew.	Proz.	Spez. Gew.	Proz.	Spez. Gew.	Proz.	Spez. Gew.	Proz.
1,0492	37	1,0638	53	1,0729	69	1,0739	85
1,0502	38	1,0646	54	1,0733	70	1,0736	86
1,0513	39	1,0653	55	1,0737	71	1,0721	87
1,0523	40	1,0660	56	1,0740	72	1,0726	88
1,0533	41	1,0666	57	1,0742	73	1,0720	89
1,0543	42	1,0673	58	1,0744	74	1,0713	90
1,0552	43	1,0679	59	1,0746	75	1,0705	91
1,0562	44	1,0685	60	1,0747	76	1,0696	92
1,0571	45	1,0691	61	1,0748	77	1,0686	93
1,0580	46	1,0697	62	1,0748	78	1,0674	94
1,0589	47	1,0702	63	1,0748	79	1,0660	95
1,0598	48	1,0707	64	1,0748	80	1,0644	96
1,0607	49	1,0712	65	1,0747	81	1,0625	97
1,0615	50	1,0717	66	1,0746	82	1,0604	98
1,0623	51	1,0721	67	1,0744	83	1,0580	99
1,0631	52	1,0725	68	1,0742	84	1,0553	100

Es ist bei der Essigsäure zu beachten, daß das spezifische Gewicht bis zu 1,0748 steigt (77—80 %), um dann wieder bis 1,0553 zu fallen. Die spezifischen Gewichte der 80—100 %igen Säuren gleichen also denen der 77—41 %igen Säuren. Um zu sehen, ob eine höher als 78 %ige Säure vorliegt, oder eine schwächere, braucht man nur etwas Wasser zuzusetzen und das spezifische Gewicht noch einmal zu bestimmen. Nimmt es zu, so war die Säure stärker als 78 %ig, nimmt es ab, so war sie schwächer.

z. B. spezifisches Gewicht 1,0660 = 56 %
„ „ 1,0660 = 95 %

Spezifisches Gewicht von Natriumcarbonat-Lösungen (Soda).

15° C (Lunge).

Spez. Gew.	Grad Baumé	Gewichtsprozente Natrium-carbonat	Gewichtsprozente Soda ($Na_2CO_3 + 10$ aq.)
1,007	1	0,67	1,807
1,014	2	1,33	3,587
1,022	3	2,09	5,637
1,029	4	2,76	7,444
1,026	5	3,43	9,251
1,045	6	4,29	11,570
1,052	7	4,94	13,323
1,060	8	5,71	15,400
1,067	9	6,37	17,180
1,075	10	7,12	19,203
1,083	11	7,88	21,252
1,091	12	8,62	23,248
1,100	13	9,43	25,432
1,108	14	10,19	27,482
1,116	15	10,95	29,532
1,125	16	11,81	31,851
1,134	17	12,61	34,009
1,142	18	13,16	35,493
1,152	19	14,24	38,405

Spezifisches Gewicht von Natriumbisulfit-Lösungen (doppeltschwefligsaures Natron).

15° C.

Spez. Gew.	% Bisulfit	% Schweflige Säure	Spez. Gew.	% Bisulfit	% Schweflige Säure
1,008	1,6	0,4	1,171	16,5	10,2
1,022	2,1	1,3	1,190	18,5	11,5
1,038	3,6	2,2	1,210	20,9	12,9
1,052	5,1	3,1	1,230	23,5	14,5
1,068	6,5	3,9	1,252	25,9	15,9
1,084	8,0	4,8	1,275	28,9	17,8
1,100	9,5	5,7	1,298	31,7	19,6
1,116	11,2	6,8	1,321	34,7	22,5
1,134	12,8	7,8	1,345	38,0	23,6
1,152	14,6	9,0			

Spezifisches Gewicht von Eisenacetat-Lösungen (holzessigsaurem Eisen).

18° C.

Spez. Gew.	Gramm Eisenoxyd im Liter	Spez. Gew.	Gramm Eisenoxyd im Liter	Spez. Gew.	Gramm Eisenoxyd im Liter
1,010	5	1,102	70	1,193	135
1,018	10	1,109	75	1,200	140
1,025	15	1,116	80	1,207	145
1,032	20	1,123	85	1,214	150
1,039	25	1,130	90	1,221	155
1,046	30	1,137	95	1,228	160
1,053	35	1,144	100	1,235	165
1,060	40	1,151	105	1,242	170
1,067	45	1,158	110	1,250	175
1,074	50	1,165	115	1,258	180
1,081	55	1,172	120	1,266	185
1,088	60	1,179	125	1,274	190
1,095	65	1,186	130		

Spezifisches Gewicht von Eisensulfat-Lösungen (grüner Vitriol, schwefelsaures Eisen).

15° C.

Spez. Gew.	% krystall. Vitriol	Spez. Gew.	% krystall. Vitriol
1,011	2	1,082	15
1,021	4	1,112	20
1,032	6	1,143	25
1,043	8	1,174	30
1,054	10	1,206	35
1,065	12	1,239	40

Spezifisches Gewicht von Kupfersulfat-Lösungen (blauer Vitriol, schwefelsaures Kupfer).

17° C.

Spez. Gew.	% krystall. Vitriol	Spez. Gew.	% krystall. Vitriol
1,0126	2	1,0933	14
1,0254	4	1,1063	16
1,0384	6	1,1208	18
1,0516	8	1,1354	20
1,0649	10	1,1501	22
1,0785	12	1,1659	24

Spezifisches Gewicht von Brechweinstein-Lösungen.

17,5° C (Streit).

Spez. Gew.	% Brechweinstein	Spez. Gew.	% Brechweinstein	Spez. Gew.	% Brechweinstein
1,005	0,5	1,015	2,5	1,031	4,5
1,007	1,0	1,018	3,0	1,035	5,0
1,009	1,5	1,022	3,5	1,038	5,5
1,012	2,0	1,027	4,0	1,044	6,0

Spezifisches Gewicht von Bleizucker-Lösungen ($Pb(C_2H_3O_2)_2 + 3$ aq. 20° C.) (F. Salomon).

Spez. Gew.	Gramm in 100 ccm	Spez. Gew.	Gramm in 100 ccm	Spez. Gew.	Gramm in 100 ccm
1,0062	1	1,1118	18	1,2142	35
1,0124	2	1,1180	19	1,2201	36
1,0168	3	1,1242	20	1,2261	37
1,0248	4	1,1302	21	1,2320	38
1,0311	5	1,1362	22	1,2380	39
1,0373	6	1,1422	23	1,2440	40
1,0435	7	1,1482	24	1,2499	41
1,0497	8	1,1543	25	1,2558	42
1,0559	9	1,1603	26	1,2617	43
1,0622	10	1,1663	27	1,2676	44
1,0684	11	1,1723	28	1,2735	45
1,0746	12	1,1783	29	1,2794	46
1,0808	13	1,1844	30	1,2853	47
1,0870	14	1,1903	31	1,2912	48
1,0932	15	1,1963	32	1,2971	49
1,0994	16	1,2022	33	1,3030	50
1,1056	17	1,2082	34		

Spezifisches Gewicht von Essigsaure-Tonerde-Lösungen.

17,0° C.

Spez. Gew.	Gramm Al_2O_3 im Liter	Spez. Gew.	Gramm Al_2O_3 im Liter
1,012	5	1,062	25,0
1,025	10	1,074	30,0
1,038	15	1,086	35,0
1,050	20	1,098	40,0
		1,100	40,8

IV. Vorschriften für lederne Bibliothekseinbände, die besonders dauerhaft sein und lange Jahre aushalten sollen[1]).

Beschlossen vom Verein Deutscher Bibliothekare am 8. Juni 1911.

I. Allgemeines.

1. Als dauerhafte Einbandleder werden zugelassen: Ziegen-, Schweins-, Kalb-, Rind- und Schafleder, jedoch unter der Voraussetzung ihrer sachgemäßen Gerbung, Zurichtung und Behandlung und unter Rücksichtnahme auf die Stärke und Größe der Bände.

Über Seehundleder genügen die deutschen Erfahrungen nicht, um es, zumal bei seinem hohen Preise, zu empfehlen.

2. Die Provenienz der Häute ist an sich kein Grund zur Ausschließung.

3. Die Anwendung von Mineralsäuren ist während der ganzen Fabrikation, von der Vorbereitung an bis zur Fertigstellung, gefährlich und deswegen verboten.

II. Gerbung.

4. Geeignete und unschädliche Gerbstoffe sind reiner Sumach, reine Eichenlohe und Galläpfel. Die übrigen vegetabilischen Gerbstoffe wie Fichtenlohe, Birkenlohe, Weidenlohe, Kastanienholz, Quebracho, Cassia, Myrobalanen und andere schnellwirkende Gerbstoffe sind bei den heute bekannten und angewandten Methoden der Gerbung zu verwerfen.

5. Über die Dauerhaftigkeit aller nicht vegetabilisch gegerbten Leder, z. B. der chrom-, alaun- und fettgaren Leder fehlt noch die Erfahrung.

III. Zurichtung.

6. Die Leder dürfen nicht dünner gearbeitet werden, als ihre Verwendbarkeit für Buchbinderzwecke es erfordert.

Die Verwendung von Schafspaltleder ist unbedingt ausgeschlossen.

7. Einbandleder darf ausgereckt, gewalzt und gestoßen werden, da die Festigkeit darunter nicht leidet. Es ist auch nicht zu befürchten, daß die glattgestoßene Oberfläche allzu empfindlich gegen Beschädigungen sei. (Vgl. jedoch Nr. 1, Abs. 1).

8. Die künstliche Narbung des Leders ist verboten.

9. Das Bleichen des Leders ist ganz verboten, weil keine unschädlichen Bleichmittel bekannt sind.

10. Es empfiehlt sich nicht, nur ungefärbte Leder zu verarbeiten.

11. Es wird davon abgesehen, bestimmte Farbstoffe vorzuschreiben. Namentlich kann man heute nicht mehr verlangen, daß mit Ausschluß aller Teerfarbstoffe nur mit Farbhölzern gefärbt wird.

12. Es ist möglich, lichtechte Teerfarbstoffe ohne Schwefelsäure oder andere Mineralsäuren zu verwenden. Deshalb ist beim Färben die Anwendung von Schwefelsäure und anderen Mineralsäuren, sowie von deren sauren Salzen verboten.

13. In bezug auf gleichmäßige Färbung und Einhaltung bestimmter Nuancen dürfen keine übertriebenen Anforderungen gestellt werden. Der heutige Stand der Technik ermöglicht jedoch bei den meisten Farben auch ohne Anwendung von Mineralsäuren eine gleichmäßige Färbung. Deshalb ist ungleichmäßige Färbung durchaus nicht als ein Beweis von Haltbarkeit anzusehen.

14. Das Durchfärben hat vor dem einseitigen Färben der Narbenseite keine Vorzüge.

IV. Benennung.

15. Um dem Mißbrauch vorzubeugen, daß die Leder unter willkürlichen Bezeichnungen und Phantasienamen, wie Saffian-, Bock-Saffian, Maroquin, Bockleder, Bastard usw., in den Handel kommen, ist auf jedes Fell aufzustempeln, ob es Rind-, Ziegen-, Schweins-, Kalb- oder Schafleder ist.

V. Garantie.

16. Ferner ist jedes Fell mit einem Stempel zu versehen, durch den der Lieferant mit seinem Namen die Garantie dafür übernimmt, daß es ein einwandfreies

[1]) Aus dem Zentralblatt für Bibliothekswesen, Jahrgang XXVIII, Heft 7/8.

Fabrikat ist. Dieser Stempel hat den Wortlaut: „Hergestellt gemäß den Vorschriften des Vereins Deutscher Bibliothekare vom 8. Juni 1911.“

Über die Prüfung des fertigen Leders und über Konservierungsmittel enthielt der den Verhandlungen der Kommission zugrunde gelegte Fragebogen noch folgende Fragen:

A. Prüfung des fertigen Leders.

I. Chemische Untersuchung.

a) Was ist von dem natürlichen oder künstlichen Fettgehalt des fertigen Leders zu sagen?

b) Läßt sich das Vorhandensein freier Mineralsäuren durch die chemische Analyse genau feststellen?

c) Welche sonstigen Eigenschaftend es Leders, die für seine Beurteilung von Bedeutung sind, lassen sich auf chemischem Wege feststellen?

II. Mikroskopische Untersuchung.

d) Kann die mikroskopische Untersuchung bei der Prüfung mit herangezogon werden?

III. Mechanische Untersuchung.

e) Ist die Feststellung der Dehnbarkeit und Zerreißfestigkeit bei Einbandleder wichtig?

f) Auf welche Weise kann die Widerstandsfähigkeit des Narbens gegen Abscheuern ermittelt werden?

g) Bei der Papierprüfung werden Falzmaschinen angewendet. Empfiehlt es sich, für die Lederprüfung ähnliche Maschinen zu konstruieren, um festzustellen, wie ein Einbandleder beim Biegen in den Gelenken des Buches Widerstand leistet?

B. Konservierungsmittel.

h) Empfiehlt es sich, für Ledereinbände Konservierungsmittel anzuwenden, besonders wenn die Bücher in trockenen, heißen, hell beleuchteten Räumen aufbewahrt werden?

i) Empfiehlt sich hierfür Lack und welcher?

k) Sind die Einbände gelegentlich oder regelmäßig zu fetten, und womit?

Es wird beschlossen, die Beantwortung dieser Fragen a—k, die gegenwärtig bei dem Stande der Wissenschaft und der praktischen Erfahrung noch nicht möglich ist, einer Unterkommission zu überweisen, der das Recht der Kooptation beigelegt wird. Dieser soll es vorzugsweise obliegen, Material zu sammeln, das dem Zwecke der Feststellung von Normen dienen kann.

Sachverzeichnis.

Die Zahlen bedeuten die Seiten des Buches.

Abbuffen 40. 243. 246
Abölmaschine 280
Abwelken 208
Abziehen 48. 146. 333
Abziehmittel 50
Ägypten 1. 11
Alaungare Leder 320
Albumin 249
Aldehydleder 5
Algen 99. 101. 256
Algin 257
Aluminiumbeizen 131
Ameisensäure 16
Antilopenleder 331
Antikleder 103. 300
Antimonbeizen 131
Antimonlaktat 52. 134
Appretieren 267
Appretiermaschinen 281
Appreturen 265
Arabischer Gummi 260
Aufhellen 46
Ausrecken 174
Ausschlag 49
Aussetzen 16. 46
Australische Basils 11. 16. 48. 53
— Schafe 16
Bagdad 1. 48
Badmesserspaltmaschinen 21
Basils 8. 1. 48. 5. 54
Basische Farbtoffe 52. 99
Bastard 11. 48
Bastwischer 46
Batik 302
Bäuche 56
Baumwollfarbstoffe 114
Baumwollsaatöl 188
Beizen 134
Beizenfarbtoffe 116
Bisulfit 67
Blanchieren 40. 243. 246
Bläuen 324
Blauholz 121
Bleibeizen 134
Bleibleiche 63
Bleichen 57. 333
Blume 10. 44. 46
Blutalbumin 250
Blutflecke 13
Bock 273
Bombay 10. 49
Borax 45
Brasilholz 125
Brechweinstein 52
Brennen 43
Bronzieren 305
Buchbinderleder 52
Bügeln 299
Bürsten, Färben 95
— Zurichten 296
Campecheholz 121
Chagrin 295
Chagrinieren 273. 290
Chemische Flecke 13
Chrombeizen 133
Chromgare Leder 325
Chromsalze 133
Cochenille 125
Cottonöl 188
Dennis 5
Degras 186
Dindigul 10
Dollierrad 243
Druckrolle 273
Eieralbumin 251
Eigelb 192
Einbrennen 336. 344
Eisenbeizen 129
Eisenflecke 12
Emulsionen 191
Eosine 115
Erdöle 189
Falzen 35
Färbemaschinen 94. 281
Farbenlehre 134
Farbenzusammenstellung 134
Färben nach Mustern 142
„ bei künstl. Licht 143
Färbeverfahren 69. 95
Farbstoffe 105
—, basische 52. 99. 106
—, gemischte 119
—, natürliche 121
—, saure 98. 110
—, substantive 114
Farbtoffprüfung 13. 312
Farbstoffvergleichung 312
Fässer 77. 82
—, heizbare 204
Faßverschlüsse 85
Fette 183
Fettemulsionen 191
Fettfarben 116
Fettflecke 14
Fettgare Leder 331
Fettlicker 192, 201. 203
Fettsäuren 49
Fischleim 52. 107. 328
Flecke 12
Fustic 125
Gazellen 331
Gehärtete Öle 191
Gelatine 99. 101. 253
Gelbholz 124
Gemsleder 331
Gerbflecke 14
Geschichtliches 1
Glacelederfärbemaschine 282
Glänzen 267
Glanzstoßen 272
Glasen 271
Goldleder 306
Grashüpfer 274
Greifer 283. 284
Grund 55
Gummi 258
— arabicum 260
— juniperi 260
— tragasol 259
— traganth 99. 101. 258
Hämatein 121
Hämatin 121
Hämatoxylin 121
Hämol 121
Hämolein 121
Härte des Wassers 107. 151
Harzöl 189
Haspel 73
Hausenblase 255
Heißluftschmierfässer 204
Heizvorrichtungen 215
Heringstran 186
Hydraulische Presse 208
Hydrosulfit 146
Hypochlorid 61
Hutleder 64
Indigo 127
Iriches Moos 99. 256
Isländisches Moos 99. 256
Kalbfelle 9. 15. 52. 55. 342
Kaliumantimonytartrat 52
Kalkflecke 14
Karbolsäure 16
Karraghenmoos 256
Karrieren 273

Kasein 252
Kipse 15. 56
Klauenöl 185
Koimbatore 10
Kollodiumwolle 262
Komplementärfarben 138. 304
Kofferleder 99
Krachen 227
Kreuznarbig 287
Krispelmaschine 287
Krispeln 283
Kupferbeizen 134
Kurkuma 126
Lappländer 2
Leim 253
Leinöl 187
Leinsamen 99. 101. 25
Lichtechtheit 319
Limaholz 125
Lösliche Öle 199
Luftzirkulation 211
Luftfeuchtigkeit 210
Madras 10. 49
Malzdiastase 321
Marmorieren 302
Mehl 99
Menhadentran 186
Merinorippe 12
Milch 192. 252
Mineralgare Leder 30
Mineraöl 189
Möbelleder 52
Mulde 68. 69
Narben gerader 287
— harter 284
— lockerer 57
— Reinigung 44
Natriumsuperoxyd 61
Neuseeländische Basils 54
Neutralisieren 325
Ofen 232. 286
Öle 183
—, gehärtete 191
—, lösliche 199
—, sulfurisierte 196
Ölgare Leder 274
Olivenöl 188
Orlean 126
Orseille 127
Ostindische Kipse 56
— Leder 10
— Schafe 16. 54
— Ziegen 16. 54
Oxalsäure 47
Pantoffeln 283
Paraffinwachs 190
Payne 5
Pendelstoßmaschine 273
Permanganat 62
Permutit 167
Pernambukoholz 125
Peroxyde 61
Persianer 11. 48
Petroleum 189
Pfirsichholz 125
Pigmentfärbung 168. 333
Pistole 103
Plätten 299
Pressen 290
—, hydraulische 208
Pullmann 5
Pyroxylin 263
Rahmen zum Spannen 226
Rasenbleiche 58
Reinigen des Narbens 44. 67
Rhizinusöl 49. 188
Roans 8
Rollen 297
Rührvorrichtung 202
Saffian 285
Saffran 126
Salzflecke 13
Salzsäure 17
Sämischleder 174. 331
Sammetleder 173. 307. 311
Sapanholz 125
Säuern 46
Saure Farbstoffe 98. 110
Satinieren 300
Schaffelle 52
Schafspalte 7
Scharlach 125
Schellack 260
Schleifen 243
Schlichten 232. 241
Schlicker 44
Schmieren 336
Schmierseifen 336
Schrumpfen 332
Schulz 5
Schwarzfärbemaschine 281
Schwedische Leder 173. 352
Schwefelbleiche 59
Schwefelfarbstoffe 115
Schwefelflecke 13
Schwefelsäure 46
Seetang 256
Seifen 195
Seifenlösung 45
Sesamöl 49. 188
Silberleder 306
Smyrna 11. 48. 54
Sonnenbleiche 58
Sortieren 6
Spalte 51
Spalten 17
Spanische Leder 103. 300
Spannen 226
Spannrahmen 226
Spermacetiöl 186
Sprenkeln 304
Spritzen 95. 102. 304
Stärke 99. 101. 261. 321
Stearin 184
Stollen 232
Stollenmaschinen 236
Stollenpfahl 235
Substantive Farbstoffe 114
Sulfurierte Öle 197
Sumachflecke 13
Sumachgare Leder 51
Sumachieren 48. 50
Süßen 46
Synthetische Gerbstoffe 57
Talg 184
Tauchen (Färben) 68
— (Fetten) 344
Teerfarbstoffe 165
— lösen 117
Thermometer 91. 225
Titanbeizen 132
Titansalze 52. 132
Tonerdebeizen 131
Tran 185
Trocknen 208. 216
— im Ofen 232
— im Tunnel 219
Trommel 77
Tunneltrocknung 219
Türkische Basils 54
Türkischrotöl 196
Union-Spaltmaschine 18
Urin 322
Ventilatoren 212
Vorbereitung zum Färben 51
Wachse 262
Walfischtran 186
Walkfett 185
Waschleder 331
Wasser 107. 150
Weichen 15
Weißgerberdegras 186
Walkmachen 208
Wichsleder 342. 343
Wildhäute 48
Wildleder 331
Wollfett 185
Zelluloid 263
Zelluloselacke 262
Ziegenfelle 10. 52
Zurichten, Werkstoffe zum 249
Zweimuldenverfahren 71

1. Sumachgarer Schafspalt vor dem Bleichen

2. Sumachgarer Schafspalt nach der Blei-Bleiche

3. Gefärbt mit Säuregrün ohne Zusatz von Säure

4. Gefärbt mit Säuregrün unter Zusatz von Schwefelsäure

5. Gefärbt mit Säuregrün unter Zusatz von Ameisensäure

Lamb-Jablonski, Lederfärberei. 2. Aufl. Verlag von Julius Springer, Berlin

1. Gefärbt mit Chrysoidin
in Wasser von vorübergehender Härte

2. Gefärbt mit Chrysoidin
in Wasser, das mit Essigsäure angesäuert ist

3. Gefärbt mit Magenta
ohne vorhergehende Fixierung

4. Gefärbt mit Magenta
nach Fixierung mit Kalium-Titanoxalat

5. Gefärbt mit Magenta
nach Fixierung mit Brechweinstein

Verlag von Julius Springer, Berlin

1. Gefärbt mit
3 Teilen Säuregrün
2 Teilen Chinolingelb

2. Gefärbt mit
2 Teilen Säuregrün
2 Teilen Säurephosphin R

3. Gefärbt mit
3 Teilen Säuregrün
2 Teilen Orange II

4. Gefärbt mit
1 Teil Wasserblau
5 Teilen Chinolingelb

5. Gefärbt mit
1 Teil Wasserblau
5 Teilen Säurephosphin

Verlag von Julius Springer, Berlin

Tafel IV

1. Gefärbt mit
1 Teil Wasserblau
5 Teilen Orange II

2. Gefärbt mit Säuregrün

3. Gefärbt mit
Säuregrün (wie Nr. 2)
nachgefärbt mit Orange II

4. Gefärbt mit
Ponceau 2 R conc.

5. Gefärbt mit
Ponceau 2R conc., dann abgezogen mit
Hydrosulfit und wieder gefärbt mit
Wasserblau

Basisch

1. 10 g Auramin O

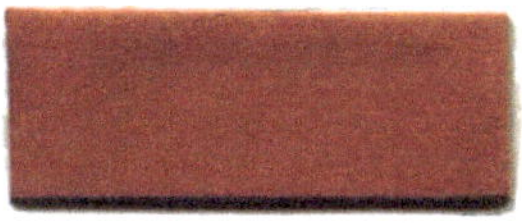

2. 10 g Rhodulinorange NO 29281

3. Diamantphosphin D

4. 10 g Flavaphosphin BN

5. 10 g Chokoladenbraun G

6. 10 g Juchtenrot BX

7. 10 g Rhodulinviolett

8. 10 g Brillantgrün-Kristalle

9. 10 g Neublau R extra

10. 10 g Corvolin BT

Färbungen auf vegetabilisch gegerbten Ledern der I. G. Farbenindustrie AG.

Sauer

11. 15 g Tartrazin O
15 ccm Ameisensäure conc.

12. 15 g Ledergelb GS
15 ccm Ameisensäure conc.

13. 15 g Havannabraun 5 G
15 ccm Ameisensäure conc.

14. 15 g Orange II
15 ccm Ameisensäure conc.

15. 15 g Säureanthracenrot G
15 ccm Ameisensäure conc.

16. 10 g Baumwollscharlach extra
10 ccm Ameisensäure conc.

17. 15 g Alizaringeranol B Plv.
15 ccm Ameisensäure conc.

18. 15 g Cyanol extra
15 ccm Ameisensäure conc.

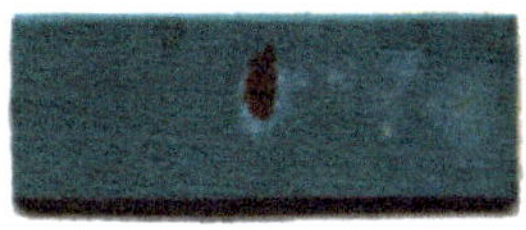

19. 15 g Lichtgrün SF gelblich
15 ccm Ameisensäure conc.

20. 2,5 g Säurealizaringrau G
5 ccm Essigsäure 30%ig

Färbungen auf vegetabilisch gegerbten Ledern der I. G. Farbenindustrie AG.

21. 1,5 % Chromledergelb GX

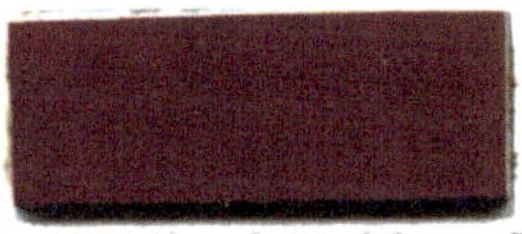

22. 1,5 % Chromlederechtbraun GB

23. 1,5 % Säurelederbraun EG

24. 1,5 % Benzobraun MC 29276

25. 1 % Azosäurebraun 26049
0,5 % Tamol NNO

26. 1 % Säurealizaringrau G
0,25 % Tamol NNO

27. 0,7 % Chromgelb R extra 29273
0,2 % Benzochrombraun 3 R
0,1 % Benzolichtbraun RL 29275
1 % Sumachextrakt
0,5 % Coriphosphin OX 29277

28. 1,5 % Echtbraun O
1 % Gambir
0,6 % Juchtenrot D

29. 0,5 % Baumwollbraun RVN
0,3 % Chromlederdunkelbraun GT
0,25 % Tamol NNO
0,2 % Chromlederbraun G

30. 1,5 % Chromlederschwarz RW extra 29156

Nr. 21—30 Rindbox der I. G. Farbenindustrie Aktiengesellschaft

31. 0,6 % Orange S
0,04 % Aethyllederschwarz T
0,03 % Baumwollscharlach extra
1 % Ammoniak conc.
2 % Ameisensäure conc.

32. 0,53 % Orange S
0,32 % Papiergelb RRNX
0,09 % Aethyllederschwarz T
1 % Ammoniak conc.
2 % Ameisensäure conc.

33. 0,48 % Orange S
0,21 % Papiergelb RRNX
0,06 % Aethyllederschwarz T
1 % Ammoniak conc.
2 % Ameisensäure conc.

34. 0,7 % Orange S
0,28 % Aethyllederschwarz T
0,02 % Baumwollscharlach extra
1 % Ammoniak conc.
2 % Ameisensäure conc.

35. 2 % Tamol NNO
0,2 % Gelbholzextrakt
0,0075 % Säureviolett 4 RNOO
0,02 % Nigrosin WL

36. 5,8 % Orange S
3,15 % Papiergelb RRNX
0,9 % Aethyllederschwarz T
1 % Ammoniak conc.
3 % Ameisensäure conc.

37. 6 % Chromlederschwarz E extra 59158
1,5 % Aethyllederschwarz T
0,4 % Gelbholzextrakt
0,4 % Haematine
0,4 % Corvolin BT conc.
0,3 % Baumwollblau BB conc.
0,18 % Auramin O

38. 0,8 % Immedialschwarz NN conc.

39. 2 % Immedialgelbbraun EN

40. 2 % Immedialrotbraun 3 R

Nr. 31—34 Chromvelour, Nr. 35—37 Chromnubuk, Nr. 38—40 Sämischleder der I. G. Farbenindustrie Aktiengesellschaft

41. 5 g Rhodulinorange N
1 Liter Wasser

42. 5 g Flavophosphin GO
1 Liter Wasser

43. 5 g Lederbraun 4G
1 Liter Wasser

44. 3 g Grundierbraun GT
1 g Agalmaschwarz 4B
1 Liter Wasser
3,5 g Rheonin 3R
1 Liter Wasser

45. 5 g Lederbraun A
1 Liter Wasser

46. 0,5 g Eisensulfat
1 g Nigrosin NB
1 Liter Wasser
Einlaßfarbe
10 g Lederschwarz 28371
1 Liter Wasser

47. 5 g Diamantphosphin D
1 Liter Wasser
Einlaßfarbe
10 g Lederbraun A
1 Liter Wasser

48. 2 g Eisensulfat
1 Liter Wasser
2 g Cannelle ALX
0,5 g Vesuvin BLX
1 Liter Wasser
Einlaßfarbe
5 g Corvolin BT conc.
1 Liter Wasser

49. 5 g Grundierbraun G
5 ccm Ameisensäure conc.
1 Liter Wasser
Einlaßfarbe
10 g Vitolinschwarz BT
1 Liter Wasser

50. 5 g Echtblau O
5 ccm Ameisensäure conc.
1 Liter Wasser
Einlaßfarbe
10 g Lederschwarz TM
1 Liter Wasser

Nr. 41—45 Bürstfärbungen auf Blankleder, Nr. 46—50 Antikfärbungen auf Rindleder der I. G. Farbenindustrie Aktiengesellschaft

51. 5 % Gambir
1 % Chromkali
1 % Phosphin 3 R

52. 5 % Gambir
1 % Chromkali
0,5 % Rheonin AL
0,5 % Vesuvin BL

53. 5 % Gambir
1 % Chromkali
0,75 % Coriphosphin T 29297

54. 1,5 % Säureanthracenbraun T
2 % Gambir
0,3 % Coriphosphin BG 29278
0,2 % Coriphosphin T 29279

55. 1,5 % Lederbraun SS 2649
2 % Gambir
0,25 % Chromkali
0,5 % Lederbraun
0,25 % Juchtenrot RA

56. 2,5 % Nerazin G
0,5 % Havannabraun S conc.
0,25 % Echtbraun D
2 % Gambir
0,5 % Eisensulfat

57. 0,07 % Nigrosin NB
0,02 % Lederechtgelb 1430
0,01 % Benzolichtscharlach 2 G
0,5 % Tamol NNO

58. 0,3 % Azosäurebraun 26049
0,5 % Tamol NNO

59. 2 % Grundierbraun G

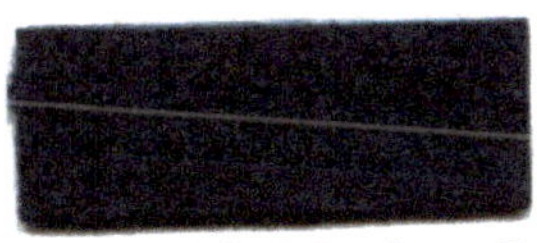

60. 2 % Aethyllederschwarz T
1 % Haematine
1 % Corvolin BB conc.

Nr. 51—56 Färbungen auf Nappaleder, Nr. 57—60 Färbungen auf Chromspalten der I. G. Farbenindustrie Aktiengesellschaft